引江济淮工程（河南段）论文集

本论文集编纂委员会◎编

·南京·

图书在版编目(CIP)数据

引江济淮工程(河南段)论文集 / 本论文集编纂委员会编. -- 南京 : 河海大学出版社, 2024.6

ISBN 978-7-5630-9003-7

Ⅰ. ①引… Ⅱ. ①本… Ⅲ. ①水利工程—文集 Ⅳ. ①TV-53

中国国家版本馆 CIP 数据核字(2024)第 109190 号

书　　名	引江济淮工程(河南段)论文集
书　　号	ISBN 978-7-5630-9003-7
责任编辑	张　媛　金　怡
特约校对	周子妍
封面设计	徐娟娟
出版发行	河海大学出版社
地　　址	南京市西康路 1 号(邮编:210098)
电　　话	(025)83737852(总编室)　(025)83722833(营销部)
经　　销	江苏省新华发行集团有限公司
排　　版	南京布克文化发展有限公司
印　　刷	广东虎彩云印刷有限公司
开　　本	787 毫米×1092 毫米　1/16
印　　张	28.25
字　　数	670 千字
版　　次	2024 年 6 月第 1 版
印　　次	2024 年 6 月第 1 次印刷
定　　价	138.00 元

引江济淮工程(河南段)论文集
编纂委员会

目录

Contents

第一篇　工程设计

第二篇　施工技术与管理

第三篇 科学试验与研究

第一篇

工程设计

引江济淮工程(河南段)建设的必要性

李乐晨,沈振中*,冯亚新,周聪聪

(河海大学水利水电学院, 江苏 南京 210098)

1　引江济淮工程概况

1.1　工程概况

引江济淮工程是历次淮河流域综合规划和长江流域综合规划中明确提出的由长江下游向淮河中游地区跨流域补水的重大水资源配置工程,也是国务院要求加快推进建设的172项重大水利工程之一,已纳入国务院批复的《长江流域综合规划》《淮河流域综合规划》《全国水资源综合规划》。

引江济淮工程沟通了长江、淮河两大水系,输水航运线路穿越长江经济带、合肥经济圈、中原经济区三大发展战略区,其主要工程效益包括解决淮河干旱缺水、发展江淮航运、改善巢湖及淮河水生态等。根据可研批复,供水区共涉及淮河流域的安徽省六安、滁州、淮南、蚌埠、阜阳、亳州、淮北、宿州和河南省的商丘、周口以及长江流域的安徽省安庆、芜湖、马鞍山、合肥等15市55个县(市、区),总面积7.06万km^2。引江济淮按工程地段所在位置、受益范围和主要功能,自南向北划分为引江济巢、江淮沟通、江水北送三大段落。

引江济淮工程(河南段)属于江水北送的一部分。安徽省通过西淝河向河南境内输水,在豫皖两省分界处西淝河与清水河输水河道相连接。在河南境内利用清水河通过3级提水泵站逆流而上向河南境内输水,再经鹿辛运河自流至调蓄水库,后通过加压泵站和压力管道输送至受水区。

1.2　工程任务

根据国家发展和改革委员会批复的《引江济淮工程可行性研究报告》,引江济淮工程任务以城乡供水和发展江淮航运为主,结合灌溉补水和改善巢湖及淮河水生态环境。引江济淮工程(河南段)的工程任务是以城乡供水为主,兼顾改善水生态环境。初设阶段引江济淮工程(河南段)的主要任务与可研阶段保持一致。

1.3　工程规模

引江济淮工程等别为Ⅰ等,工程规模为大(1)。引江济淮工程(河南段)属于引江济淮工程江水北送段,是引江济淮工程的一部分,工程等级亦为Ⅰ等。

至近期规划水平年,本工程多年平均引江水量33.03亿m^3,净调水量27.42亿m^3。引江济淮工程向河南年均分配水量近期规划水平年2030年为5.00亿m^3,远期规划水平年2040年为6.34亿m^3。

2 引江济淮工程的重大作用

引江济淮工程实施后,可向豫东地区的周口、商丘部分地区城乡生活及工业生产供水,保障饮水安全和煤炭、火电等重要行业用水安全。受水区水资源供水配置格局得到进一步完善,水资源利用效率和效益得到提高,城乡供水安全得到有效保障,城市工业用水缺水情况得到有效缓解。在加强流域水污染防治、强化消减污染负荷的基础上,依托引江济淮调入水量,退还淮河流域被挤占的河道生态用水和深层地下水开采量,增加补充生态环境用水。引江济淮工程(河南段)的实施对促进区域社会稳定和可持续发展具有十分重要的意义。

3 引江济淮工程建设的必要性

3.1 引江济淮是支撑中部地区崛起和中原经济区发展不可替代的战略水源工程

2009年《国务院关于促进中部地区崛起规划的批复》(国函〔2009〕130号)指出,中部地区(包括山西、安徽、江西、河南、湖北、湖南六省)崛起重点提升“三个基地、一个枢纽”(粮食生产基地、能源原材料基地、现代装备制造及高技术产业基地和综合交通运输枢纽)。2012年《国务院关于中原经济区规划(2012—2020年)的批复》(国函〔2012〕194号)指出,加快建设中原经济区是巩固提升农业基础地位,保障国家粮食安全的需要,是促进新型城镇化、工业化和农业现代化协调发展,为全国同类地区创造经验的需要。以上战略举措均涉及引江济淮项目区。

为保障国家粮食安全、区域供水安全、流域生态安全,改变淮河流域经济落后、生态恶化局面,在继续加强节水和当地水资源高效利用的同时,必须实施引江济淮跨流域调水工程,以完善淮河流域水资源配置战略格局,提高淮河中游水资源调控水平和供水保障能力,缓解淮河中游长期缺水状况,遏制中深层地下水超采,彻底扭转河道生态用水、农业灌溉用水被长期挤占的被动局面,支撑安徽、河南两省健康持续发展。

3.2 引江济淮是改变受水区水资源短缺、地下水超采局面的重要水源工程

引江济淮工程在河南省供水区为淮河流域豫东地区的7县2区,分别为周口市的郸城、淮阳*、太康3个县,商丘市的柘城、夏邑2个县和商丘市的梁园、睢阳2个区,以及永城和鹿邑2个直管县。区域土地矿产资源丰富,是河南省粮食主产区,也是未来经济发展

---

* 工程建设时为淮阳县,现为淮阳区。后同,不再赘述。

的重点提升区域，但区域内水资源总量少，人均水资源量低于全省和全国人均水资源量，属于水资源贫乏地区。受自然条件影响，受水区区域内河流多属季节性河流，地表径流少，取用水工程条件差，保证程度低。引黄调水水量覆盖区域有限，经济社会用水多依赖地下水，水源结构单一脆弱，区域地下水超采现象普遍，且超采量也呈逐年增加的趋势，开采深井集中、开采层位集中、开采时间集中的“三集中”现象十分突出，导致地下水位大幅度下降，现有取水工程能力不足，形成年年新开取水井工程的恶性循环，也因此带来了地面沉降、地下水漏斗、水质恶化等一系列生态与地质环境问题。水资源短缺已经成为受水区制约经济社会可持续发展的“瓶颈”，亟须实施跨流域的调水工程，以缓解供用水矛盾，解决本区域内资源型缺水问题。

3.3　引江济淮是本地区可持续发展的重大战略性基础设施

引江济淮工程（河南段）供水区不在南水北调中线供水范围内，虽与引黄工程供水（梁园区、睢阳区、鹿邑县、太康县）范围有部分重叠区域，但供水目标不同，水量不重复计列。目前南水北调中线工程和引黄工程水量均已分配完毕，已无向该区域提供水源的可能，必须开辟新水源以解决缺水问题。

为改变该区域水资源严重短缺的局面，在加大节水和污水利用的同时，除严格控制地下水超采外，必须尽快从外流域调水补源，而引江济淮工程是解决水资源供需矛盾和促进本地区可持续发展的支撑工程，是保障水资源有效供给和可持续发展的基本依托，对豫东地区的经济建设与发展具有举足轻重的作用，是改变该区域水资源短缺局面的最佳选择，是一项关系到我省国民经济可持续发展的重大战略性基础设施。

4　总结

引江济淮工程是国务院要求加快推进建设的 172 项重大水利工程之一，工程具有显著的供水、航运、生态等综合效益，对促进区域经济社会可持续发展和水生态文明建设具有重要意义，工程建设是必要的。

引江济淮工程(河南段)地质条件综述及评价

冯亚新,沈振中*,李乐晨,周聪聪

(河海大学水利水电学院，江苏 南京 210098)

摘　要：引江济淮工程区地质条件与水文地质条件复杂。通过对工程区地质构造、地层岩性、水文地质等基本工程地质条件进行分析,可知存在几个主要的工程地质问题,包括河道渗漏、岸坡稳定性差以及施工降排水和导流等方面的问题。因此,在设计和施工过程中需要采取相应的防护和处理措施,以确保工程的安全和稳定。

关键词：工程地质;河道渗漏;岸坡稳定

1　工程区基本地质条件

1.1　区域构造稳定性及地震

勘察区新构造运动强度中等、震荡性显著、继承性明显,主要表现为垂直升降运动,西部隆起区上升,东部坳陷区相对下降,坳陷区的缓慢下降形成了巨厚的第三系和第四系沉积物。沿输水线路场区未发现有第四纪构造活动形迹,区域构造稳定。

工作区属豫皖地震构造区,地震活动强度小、频度低,震级大多为 2～3 级,自有史记载以来发生过的最大地震为 5.5 级(1675 年 8 月 9 日发生在涡河右岸的太康)。

根据《中国地震动参数区划图》(GB 18306—2015)(1∶400 万),商丘市睢阳区古宋街道、新城街道一带(七里桥调蓄水库—新城调蓄水库输水管线桩号 QS35＋810～QS39＋924.6 段)Ⅱ类场地基本地震动峰值加速度为 0.10 g,相当于地震基本烈度Ⅶ度;工程区其余范围Ⅱ类场地基本地震动峰值加速度为 0.05 g,相当于地震基本烈度Ⅵ度。确定的各线路和重要建筑物地震动参数见表 1。

表 1　各线路地震动峰值加速度一览表

位置		Ⅱ类场地基本地震动峰值加速度	
		0.05 g	0.10 g
清水河输水线路	河道工程	桩号 0＋000～47＋460,约 47.46 km	
	重要建筑物	赵楼、袁桥节制闸,清水河控制闸,赵楼、袁桥、试量泵站,试量调蓄水库等建筑物	

续表

位置		Ⅱ类场地基本地震动峰值加速度	
		0.05 g	0.10 g
鹿辛运河输水线路	河道工程	桩号 0+000～16+260，约 16.26 km	
	重要建筑物	后陈楼闸、任庄闸、白沟河闸等建筑物	
后陈楼调蓄水库—七里桥调蓄水库输水管线	管道工程	桩号 HQZ0-516～HQZ29+370.563，约 29.88 km	
	重要建筑物	后陈楼调蓄水库及加压泵站，穿涡河、惠济河、永登高速等建筑物	
七里桥调蓄水库—新城调蓄水库输水管线	管道工程	桩号 QS0+000～QS35+810，约 35.81 km	桩号 QS35+810～QS39+924.6，共约 4.11 km
	重要建筑物	七里桥调蓄水库及加压泵站、穿大沙河、连霍高速等建筑物	穿周商永运河、S325 省道、新城调蓄水库等建筑物
七里桥调蓄水库—夏邑输水管线	管道工程	桩号 QX0+000～QX61+620.752，约 61.62 km	
	重要建筑物	穿大沙河、京九铁路、商合杭高速铁路、济广高速等建筑物	

1.2　地形地貌

工程区位于河南省东部平原，风沙地貌类型广泛分布，尤其东部地表粉砂、砂壤土分布广，地形上多见东西向宽浅洼地，受西北东南向众多条河流切割河谷微地貌发育，穿越建筑物多。沿线分布河流主要有清水河、鹿辛运河、涡河、惠济河、永安沟、太平沟、洮河、大沙河、陈良河、周商永运河、白河、小洪河、芦河、杨大河、包河、洛沟、东沙河等。

清水河输水线路：地面高程大部分在 36.1～42.0 m，高差 5.9 m，地势平坦，地势西北高、东南低。清水河两侧小支流呈羽状分布。

鹿辛运河输水线路：地面高程大部分在 41.1～43.7 m，高差 2.6 m，地势平坦，地势西高、东低。

后陈楼调蓄水库—七里桥调蓄水库输水管线：地面高程大部分在 41.0～46.0 m，地势总体为西北高、东南低，沿线分布有多条河流，主要有涡河、惠济河、永安沟等。

七里桥调蓄水库—新城调蓄水库输水管线：地面高程大部分在 45.5～49.5 m，地势平坦开阔，东北高、西南低，沿线分布有多条河流，主要有永安沟、太平沟、洮河、大沙河、陈良河、周商永运河等。

七里桥调蓄水库—夏邑输水管线：地面高程大部分在 39.0～46.2 m，地势平坦开阔，由西至东缓慢降低，沿线分布有多条河流，主要有周商永运河、太平沟、洮河支流 1、洮河、洮河支流 2、大沙河支沟、大沙河、白河、小洪河、芦河、杨大河、包河、包河支流 1、包河支流 2、洛沟、东沙河等。

1.3　地层岩性

工程区在大地构造单元上为淮河台向斜，是一个长期下沉的地区，发育有巨厚的第三系、第四系地层,堆积厚度 500～1 000 m,每个统、组下部沉积物的颗粒较粗,向上逐渐变细,组成不完整的沉积旋回,地壳沉降频繁,沉降幅度各异。其中第四系地层厚度达数十米至数百米,一般百米以上,分布广泛,以冲积和洪积为主,多具二元结构,具有明显的沉积韵律。同一地层顺水流方向黏粒逐渐增加,垂直方向由下往上黏粒逐渐增加。受支流与河流走向的影响,土层因相变岩性有明显变化。

勘探深度范围内揭露地层主要为第四系全新统冲积层,局部建筑物揭露第四系上更新统冲积层,地层岩性分布较稳定,岩性主要为轻粉质壤土、重粉质壤土、粉质黏土、砂壤土、粉细砂等。另外,部分河段的河底或闸前为现代沉积物,岩性以重粉质壤土、砂壤土为主。

1.4 地质构造

场区位于华北准地台(Ⅰ)之黄淮海坳陷区(Ⅰ2)中南部,区域新构造分区属豫皖隆起-坳陷区(Ⅲ)。区内构造线走向主要为近东西向或北西向,次为北东向。

近东西向断裂有许昌—太康断裂,该断裂带西起许昌尚集东,向东延伸经鄢陵、太康,直到柘城西北的岗王附近,长约 120 km,为早、中更新世活动断裂,在断裂西端,曾发生 1820 年许昌 6 级地震,东段曾发生太康 1675 年 $5^{\frac{1}{2}}$ 级地震。周口—鹿邑断裂,该断裂西起东夏亭断裂南端,向东延伸经鹿邑,直至安徽省境内的亳州南,交于夏邑—新县断裂,全长 100 km,走向近东西,倾向北,倾角 50°左右,正断层。该断裂切穿上第三系地层,断距大于 300 m,基岩断距 6 000～9 000 m,上部断距小,愈向深部断距愈大,在该断裂东段曾发生 1525 年亳州 $5^{\frac{1}{2}}$ 级地震。

北西向断裂有焦作—新乡—商丘深断裂,正断层,倾向 SW,断距大于 1 000 m,断裂带西起济源、焦作一带,向东经新乡、封丘,过黄河到商丘继续向东南延伸,是一条区域性大断裂,为一组平行断裂。该断裂对区域构造具有一定的控制作用,第四纪以来仍有明显活动。

北东向断裂为曹县—太康断裂,该断裂西南自太康起,向东北经睢县到达曹县东北,再折向北到达郓城以北,呈北北东向展布,全长约 230 km,为倾向北西的正断层,早、中更新世断裂。夏邑—太和—新县断裂北起夏邑,向西南方向延伸,经太和、潢川、光山止于新县西南,走向北北东,倾向北西,全长 340 km,为第四纪活动断裂。永城—阜阳断裂,该断裂北起永城市境内,向南西方向延伸,经安徽省王老人集、阜阳,走向北北东,倾向北西西,1481 年在断裂带中段曾发生涡阳 6 级地震,据此判断该断裂为第四纪活动断裂。

1.5 水文地质条件

工作区属暖温带半湿润大陆性季风气候区,气温、降水和风向随季节变化。其特征表现为:春秋季较短,气候温暖;春夏之交多干风,夏季炎热,降雨集中;冬季较长,寒冷雨雪少。

区内多年平均降水量为 720～820 mm。降雨年内变化较大,汛期 6—9 月份降雨量占全年的 70%以上,降雨年际变化亦较大,年最大降雨量是最小降雨量的 2～4 倍。多年平均蒸发量上游为 1 200～1 400 mm，中下游为 1 866 mm。全年无霜期为 204～219 天。地面最大冻土深度 35 cm，夏季多东南风，冬季多西北风。

场区地下水类型为第四系松散层孔隙潜水，主要赋存于砂壤土、轻粉质壤土及粉细砂层内，下部粉细砂层中地下水具承压性；砂壤土、粉细砂具中等透水性，轻粉质壤土具弱～中等透水性，重粉质壤土具弱透水性，为相对隔水层。勘探期间地下水埋深一般为 3～5 m。地下水具动态特征，变幅一般为 1～3 m。

场区内地下水主要接受大气降水、侧向径流及局部河段入渗补给，消耗于蒸发、开采、侧向径流及河流排泄。场区河水与地下水互为补排，河水高时，河水补给地下水，河水水位低时，地下水补给河水。

勘察期间在勘察区内取地下水、河水水样各 4 组作水质简分析及侵蚀性 CO_2 分析。由水质分析成果可知：

河水水化学类型为 HCO_3 - Cl - Ca - Mg、HCO_3 - Cl -（K＋Na）- Mg、HCO_3 -（K＋Na）- Mg、HCO_3 - SO_4 -（K＋Na）- Mg。矿化度 0.685～0.970 g/L，属淡水；总硬度 18.20～28.92H°，属硬水～极硬水；pH 7.06～8.20，属中性～弱碱性水。根据《水利水电工程地质勘察规范》(GB 50487—2008)附录 L 判定，河水对混凝土无腐蚀性，对钢筋混凝土结构中的钢筋及钢结构具弱腐蚀性。

地下水水化学类型为 HCO_3 - Cl -（K＋Na）、HCO_3 -（K＋Na）- Mg、HCO_3 - Mg -（K＋Na）、HCO_3 - Ca。矿化度 0.622～1.468 g/L，属淡水～微咸水；总硬度 9.39～31.20H°，属微硬～极硬水；pH 7.22～9.54，属中性～碱性水。根据《水利水电工程地质勘察规范》(GB 50487—2008)附录 L 判定，地下水对混凝土无腐蚀性，对钢结构具弱腐蚀性，其中试量泵站、袁桥泵站、赵楼泵站附近对钢筋混凝土结构中的钢筋具弱腐蚀性，郭竹园闸附近对钢筋混凝土结构中的钢筋无腐蚀性。

2　主要建筑物工程地质条件

2.1　清水河建筑物工程地质条件及评价

根据本次初设阶段工程布置，清水河新建袁桥站、赵楼站、试量站 3 座河道梯级泵站，新建、重建清水河、赵楼 2 座节制闸，新建、重建支沟沟口闸 21 座，重建跨河桥梁 2 座。这里以袁桥泵站为例进行说明。

根据设计资料，泵站及进口引渠建基面位于第⑥层粉砂中，出口渠段建基面位于第③层重粉质壤土中，其中第⑥层粉砂为中等透水性，且具承压性，存在渗漏、渗透稳定问题，设计时需采取相应的防渗及防护处理措施。另外，存在抗浮稳定问题的可能性。勘察期间，地下水埋深 3.3～4.7 m，高于泵站建基面约 11.0 m，高于进口引渠段建基面 6.0～10.0 m，高于出口渠段建基面 3.0～6.0 m，第⑥层粉砂具中等透水性，且具承压性，存在较为突出的施工降排水、基坑涌水及承压水顶托破坏问题，需采取有效的降排水措施。

场区地层结构属黏砂多层结构，泵站及进口引渠建基面主要位于第⑥层粉砂中，出口渠段建基面位于第③层重粉质壤土中，边坡开挖深度为 7～16 m，边坡岩性上部为重粉质壤土,下部为粉砂、砂壤土,地下水位浅,边坡中下部处于地下水位以下,下部粉砂、砂壤土易产生流土、流沙,存在较为突出的施工边坡稳定问题,需采取相应的支护措施。建议壤土层施工开挖边坡坡比 1∶1.75～1∶2.00,粉砂、粉砂层施工边坡坡比 1∶2.5～1∶3.0,并采用分级开挖,中间留设马道。施工时禁止在基坑周围施加堆载,并加强监测,必要时采取保护措施,确保施工安全。

第⑥层粉砂层承载力标准值 f_k=140 kPa,如不能满足需要,可采取相应的地基处理措施。复合地基承载力特征值应通过现场荷载试验确定。

2.2 鹿辛运河建筑物工程地质条件及评价

根据本次初设阶段工程布置,鹿辛运河新建后陈楼、任庄、白沟河 3 座节制闸,新建、重建支沟沟口闸 19 座,重建跨河桥梁 8 座。这里以后陈楼节制闸为例进行说明。

后陈楼节制闸:场区地层结构属黏砂多层结构,闸室、消力池等建基面位于第③层重粉质壤土中,边坡开挖深度 4～9 m,边坡岩性主要为重粉质壤土粉砂,存在边坡稳定问题,建议施工边坡坡比 1∶1.50～1∶1.75,并采用分级开挖,中间留设马道。施工时禁止在基坑周围施加堆载,并加强监测,必要时采取保护措施,确保施工安全。

勘察期间,地下水埋深 2.0～4.5 m,高于建基面 2.4～4.0 m,存在施工降排水问题,需采取相应的降排水措施。勘察期间河内有水,存在施工导流问题,建议避开汛期施工。

河道边坡岩性为重粉质壤土、粉砂,消力池等建基面位于重粉质壤土中,存在冲刷稳定问题,需采取相应的保护措施。第③层重粉质壤土承载力标准值 f_k=130 kPa,如不能满足需要,可采取相应的地基处理措施。

3 主要工程地质问题

3.1 河道渗漏问题

根据设计及勘探资料,疏浚开挖后,河底板主要位于第③层重粉质壤土、第④层砂壤土或第④-1 层粉细砂中,砂壤土、粉细砂具中等透水性,勘察期间场区地下水埋深一般 4～5 m,地下水具动态特征,变幅一般 1～3 m。设计水位一般高于地下水位 1～3 m,河底板位于砂壤土、粉细砂段存在渗漏问题,建议采取相应的防渗措施,河底板揭露砂壤土、粉细砂主要分布于桩号 20+500～46+950 段,局部见于桩号 1+145、1+175、2+550、7+440、9+400、12+925、15+300、17+775、18+600、19+110 附近。

3.2 岸坡稳定问题

疏浚开挖后,边坡高度一般 6～10 m,桩号 20+500～46+950 段及桩号 1+145、1+175、2+550、7+440、9+400、12+925、15+300、17+775、18+600、19+110 附近组成边坡的地层多为黏砂双层结构,局部为黏砂多层结构,岩性主要为重粉质壤土、砂壤土及粉细砂层,砂壤土及粉细砂结构疏松,抗冲刷能力差,处于地下水位以下,易产生流土或流沙，边坡稳定性差，需采取相应的支护、护砌措施。建议河道疏浚边坡坡比采用1∶2.5～1∶3.0。

3.3　施工降排水及导流问题

地下水埋深较浅，埋深一般4.0～5.0 m，高于设计开挖线2～5 m，砂壤土及粉细砂层具中等透水性，且下部粉细砂层中地下水具承压性，疏浚过程中存在施工降排水问题。设计和施工时应采取相应的降排水措施，同时做好反滤措施，以防发生流土、流沙，必要时采取截渗措施，以确保施工安全。地下水具动态变化特征，建议施工前复测地下水位。工程存在施工导流问题，汛期河内水量较大，建议避开汛期施工。

3.4　河道浸没问题

场区为黏砂双层或多层结构，表层为重粉质壤土，厚一般5～8 m，其下为砂壤土、粉细砂，场区地势平坦，地面比降1/6 000左右。根据设计资料可知设计水位30.20～37.60 m，场区地面高程一般37.40～45.70 m，河道引水后将造成局部地下水位的壅高，产生浸没及盐渍化问题。依据《水利水电工程地质勘察规范》(GB 50487—2008)附录D，评价浸没的临界地下水埋深按下式求得

$$H_{cr}=H_k+\Delta H$$

式中：H_{cr}——浸没的临界地下水位埋深(m)；

H_k——地下水位以上，土壤毛管水上升带的高度(m)。参照燕山水库、出山店水库浸没问题专题研究，粉质黏土取值0.625～0.640 m，重粉质壤土取值0.74 m，本工程地表为重粉质壤土，毛细上升高度取0.74 m；

ΔH——安全超高值(m)。对农业区，该值即根系层的厚度。场区多种植小麦、玉米、红薯、大豆等，取0.40 m；城镇和居民区，该值取决于建筑物基础型式和砌置深度，据现场调查和经验确定，取1.00 m。

经计算，农田区：$H_{cr}=H_k+\Delta H=0.74+0.40=1.14$ m，居民区：$H_{cr}=H_k+\Delta H=0.74+1.00=1.74$ m。

其中桩号0＋240～7＋400段：两岸地面高程一般37.00～37.47 m，输水水位高程36.31～36.35 m，输水水位位于地面以下一般0.50～1.15 m，因此在河道输水期间河道存在对两岸农田、居民区房屋的浸没问题。桩号7＋400～9＋200段：两岸地面高程一般37.50～38.30 m，输水水位高程36.29～36.31 m，输水水位位于地面以下一般1.15～1.75 m，因此在河道输水期间河道存在对两岸居民区房屋的浸没问题。桩号15＋400～21＋300段：两岸地面高程一般38.20～38.60 m，输水水位高程37.55～37.60 m，输水水位位于地面以下一般1.15～1.75 m，因此在河道输水期间河道存在对两岸居民区房屋的浸没问题。桩号21＋300～24＋400段：两岸地面高程一般38.50～39.10 m，输水水位高程37.52～37.60 m，输水水位位于地面以下一般1.15～1.75 m，在河道输水期间河道存在对两岸居民区的浸没问题。

4 结论

引江济淮工程地质条件和水文地质条件极为复杂,存在着河道渗漏、岸坡稳定性差、施工降排水及导流、河道浸没等工程地质问题。应根据地质条件,合理确定输水线路并设计工程枢纽建筑物布置方案。

引江济淮工程(河南段)洪水影响分析

周聪聪,沈振中*,李乐晨,冯亚新

(河海大学水利水电学院,江苏 南京 210098)

摘　要: 引江济淮工程沟通了长江、淮河两大水系,输水航运线路穿越长江经济带、合肥经济圈、中原经济区三大发展战略区,其洪水影响分析对整个工程设计至关重要。清水河结合本工程设计疏挖情况,分别对影响边坡稳定段、渗漏段、采砂坑超挖段以及影响堤脚稳定段进行了不同型式防护处理。这不仅满足了输水要求,而且加强了防洪除涝工程安全保障。鹿辛运河全段进行了防护,两侧岸坡输水位以下采用混凝土预制块护坡,加强了河道及河底防护,进出口闸均采取了消能防冲措施,洪水期间不会造成严重冲刷影响。

关键词: 汛期;暴雨;洪水;岸坡防护

1　工程概况

引江济淮工程等别为Ⅰ等,工程规模为大(1)。引江济淮工程(河南段)属于引江济淮工程江水北送段,是引江济淮工程的一部分,工程等级亦为Ⅰ等。

至近期规划水平年,本工程多年平均引江水量33.03亿m^3,净调水量27.42亿m^3。引江济淮工程向河南年均分配水量近期规划水平年2030年为5.00亿m^3,远期规划水平年2040年为6.34亿m^3。

2　流域特征和暴雨洪水特性

2.1　流域特征

本阶段采用1∶5万地形图,结合已有的河道资料,根据设计洪水和洪水位计算的需要,量算了交叉断面以上的流域面积、河长等流域特征值。引江济淮工程(河南段)交叉河流流域特征值详见表1。

表1 引江济淮工程(河南段)交叉河流流域特征值

序号	管线	交叉河流	交叉断面以上	
			流域面积(km^2)	河长(km)
1	后陈楼调蓄水库—七里桥调蓄水库段	涡河	4 090	62
2		惠济河	3 660	145
3		永安沟	41	15
4	七里桥调蓄水库—新城调蓄水库段	太平沟	116	27
5		永安沟	36	13
6		洮河	130	38
7		北安民沟	40	14
8		大沙河	599	62
9		陈良河	47	17
10	七里桥调蓄水库—夏邑段	永安沟	36	13
11		太平沟	131	32
12		洮河	186	51
13		大坡沟(洮河支流)	37	16
14		进水沟	63	20
15		大沙河	1166	86
16		白河	40	17
17		小洪河	27	13
18		芦河	43	19
19		杨大河	142	30
20		包河	319	71
21		付民沟	58	14
22		洛沟	42	13
23		东沙河	282	67

2.2 暴雨特性

线路沿线地处豫东平原地带,为南北气候过渡带,属温带季风气候区,季风影响明显,地形对暴雨的形成和影响较小,降雨主要由大气冷暖气团交汇而成。区域降水年内分布很不均匀,年际变化大。

暴雨时空变化不大,年际变化大,年降雨量变差系数一般在0.3～0.4,汛期可达0.4～0.7,致使这一地区经常出现连旱连涝年份,同一年份还会出现先旱后涝、涝后大旱、旱涝交替的复杂局面。

2.3 洪水特性

区内交叉河流洪水均由暴雨形成,其变化受暴雨和地形等因素影响。洪水发生的时间与暴雨一致，多发生在7、8月份。该区域属于平原区，地面比降小，当发生大面积暴雨时，形成较平坦的洪水过程线，洪水历时长。这一地区河道属雨源型河流，河道排水能力弱，一旦洪水来临，河道宣泄不及，积滞难下，河槽漫溢，会造成大片农田受淹，导致该区域经常出现大雨大灾、小雨小灾的局面。

由于暴雨时空分布的不确定性，全流域产生大洪水的概率小于局部地区发生洪水的概率。中华人民共和国成立以来只有1957年和1963年两年属全流域大洪水年份，其他各次洪水多为局部暴雨形成。由于暴雨年际变幅大且不均衡，这一地区中小洪水频繁发生并具有连续性，特枯年份往往造成河道断流。流域大洪水出现概率较小，但造成的洪涝灾害却十分严重。

3　输水对河道防洪影响

3.1　清水河及鹿辛运河

利用清水河和鹿辛运河输水需采取疏挖的工程措施，疏挖范围为清水河桩号0＋240～46＋950，鹿辛运河桩号0＋000～16＋260。本工程的建设，将加大相关河流同水位下过洪断面，增强排涝能力，仍可承担原有区域的泄水任务，原有支流来水仍排入原有河道。对于清水河较大支流白杨寺沟、人民沟、小洪河、练江河以及众多排水沟，本工程设计输水位低于地面0.5～1.0 m，基本不影响行洪排涝。鹿辛运河平交有兰沟河、白沟河、嵩须沟，洪水期间，任庄、白沟河、后陈楼3座拦河闸关闭，鹿辛运河上游洪水直接入清水河，任庄闸—白沟河闸—后陈楼闸之间洪涝水分别从兰沟河、白沟河、嵩须沟下泄。可以看出，清水河、鹿辛运河洪涝期间原有的防洪排涝格局未发生变化。

河道反向输水，在工程运行初期，对河道泥沙冲淤变化会有一定影响，但工程运行稳定后，泥沙冲淤变化规律逐渐稳定。长期来看，河道输水对清水河和鹿辛运河的河势稳定基本无影响。

另外根据调度原则，利用河道输水应严格按照除涝水位控制，接受防汛指挥部门调度。为防控洪水风险，当汛期河道水位(上游来水与引水位叠加后)平除涝水位时停止引水；正常引水位应满足河道现有引水灌溉需求。

因此，工程的建设对清水河和鹿辛运河的防洪排涝基本无影响。

3.2　支沟

引江济淮工程河道输水段的疏浚开挖，给河道平交支沟口现有涵闸带来一定的影响。本次对该部分河渠交叉沟口涵闸按与所在河道一致的防洪、除涝标准进行了处理，对沟口涵闸出口跌水进行了防护，因此对平交沟道的防洪排涝基本无影响。

4　洪水对输水河道影响

利用清水河和鹿辛运河输水采取疏挖的工程措施，疏挖段清水河闸0＋240至赵楼闸

15+340段,长度15.10 km,输水断面底宽20.5~26.5 m,河底高程为30.70~32.70 m;赵楼闸15+340至试量闸46+950段,长度31.61 km,输水断面底宽7.0~20.5 m,河底比降基本为平底,河底高程均为32.70 m,疏浚开挖深度一般1.0~5.0 m;鹿辛运河疏挖河道桩号0+000至后陈楼节制闸16+260段,长度16.26 km,输水断面底宽8.0~11.0 m,河底高程为36.10~37.20 m。为满足输水要求,对清水河和鹿辛运河采取了部分疏挖。为减少疏挖影响,对清水河和鹿辛运河均进行了防护处理。

清水河近年对输水利用河段实施了5年一遇除涝、20年一遇防洪治理,达到了防洪除涝标准要求。结合本工程设计疏挖情况,通过对地勘资料进行分析,分别对影响边坡稳定段、渗漏段、采砂坑超挖段以及影响堤脚稳定段进行了不同型式防护处理。这不仅满足了输水要求,而且加强了防洪除涝工程安全。

鹿辛运河全段进行了防护,两侧岸坡输水位以下采用混凝土预制块护坡,以上撒播草籽护坡,在白沟河、兰沟河、篙须沟平交段加强了河道防护。在岸坡防护的同时,河底也进行了防护,进出口闸均采取了消能防冲措施,洪水期间不会造成严重冲刷影响。

清水河和鹿辛运河在豫东平原区,为季节性河道,平时基本无水,大洪水出现概率较小,中华人民共和国成立以来只有1957年和1963年发生过区域性大洪水,其他多为局部洪水。区域雨强小、坡度缓、流速较慢、水流挟沙能力弱,河流含沙量较小。清水河疏挖段长度31.61 km,河底基本为平底,发生洪涝水期间易形成淤积。鹿辛运河为人工开挖河道,主要排泄涝水,冲刷影响较小,主要表现为淤积。根据河南省悬移质多年平均输沙模数分区图,查得本工程区域平均输沙模数为100 t/(km^2·a),河道输沙量较小,对于少量淤积应定期清理,加强管理,以保证正常输水安全。

5 交叉河流防洪影响

按照《中华人民共和国水法》《中华人民共和国防洪法》《河道管理范围内建设项目管理的有关规定》等相关法律法规的规定,对于河道管理范围内的建设项目,应进行防洪影响评价,编制防洪评价报告。受引江济淮工程(河南段)筹建处委托,河南省引江济淮工程有限公司承担了引江济淮(河南段)穿越河流防洪评价编制工作,按照河道管理权限,编制了2本报告。涡河、惠济河为省管河道,编制了《引江济淮工程(河南段)输水管道穿越涡河及惠济河防洪评价报告》;其他河流涉及商丘市,编制了《引江济淮工程(河南段)输水管线穿越商丘市境内河流防洪评价报告》。报告中七里桥调蓄水库至商丘输水管线由南向北依次穿越太平沟、洮河、大沙河3条河流;七里桥调蓄水库至夏邑输水管线由西向东依次穿越太平沟、洮河、进水沟、大沙河、杨大河、包河、付民沟、东沙河8条河流,商丘境内2条管线共穿越8条河流11个交叉断面,其中太平沟、大沙河、洮河都穿越了2次,其余穿越1次。评价的河流穿越处以上流域面积均大于50 km^2。

项目建设对涡河、惠济河及商丘市其他河道治理规划实施、河道泄洪、河势稳定、防汛抢险等方面影响较小。对于太平沟、洮河、进水沟、杨大河、包河、付民沟、东沙河7条采用大开挖施工方式穿越的交叉河道两岸上下游10 m采取M7.5浆砌石防护,以消除对岸坡稳定的影响,防护工程量及投资已列入主体工程。

6 结论

引江济淮河南段主体工程共涉及河流 20 条，其中利用输水河道 2 条，分别为清水河和鹿辛运河，其余 18 条河流为供水管线交叉河流。工程建成后，对河道的河势稳定、河道行洪安全基本无影响。

引江济淮工程(河南段)水资源调配系统设计与开发

李　赫[1],刘进翰[1],左其亭[1],甘　容[1],王　辉[2],冯跃华[3]

(1. 郑州大学水利与交通学院,河南 郑州 450001;2. 河南省引江济淮工程有限公司,河南 郑州 450000;3. 河南省豫东水利保障中心,河南 开封 475000)

摘　要:为强化引江济淮工程(河南段)水资源统一调配,基于 Spring Boot 和 Vue 前后端分离开发的模式,利用天地图 API、WebGL、Echarts 等技术设计研发引江济淮工程(河南段)水资源调配系统。从设计思路、功能界面、关键技术 3 个角度论述系统设计思路和实现过程,从而实现地理信息服务、供需水预测、水资源优化配置、水资源优化调度等功能,实现水量分配可视化、运行调度智能化和跨流域调水管控一体化。系统测试结果表明,引江济淮工程(河南段)水资源调配系统的建立提高了受水区水资源精细化管理水平,解决了引江济淮工程(河南段)跨流域调水的配置难题,为受水区水资源高效利用提供了有效的技术支撑。

关键词:引江济淮工程(河南段);水资源调配系统;Spring Boot 框架;Vue 框架;前后端分离开发模式;水资源和谐配置

引江济淮工程是连通我国长江、淮河两大水系,实现长江下游向淮河中游地区调水的大型跨流域水资源配置工程,是 172 项重大水利工程项目之一[1]。引江济淮工程(河南段)受水区地处河南省东部,属于河南省粮食的重要产区,区域内地表水供水工程 627 座,地下水供水工程即机电井 179 349 眼,但由于规划范围内部分中小型供水工程年久失修,供水条件复杂。用水涉及生活、农业灌溉、工业、生态多个方面,水资源承载能力与人口、耕地分布不相适应,存在着人均亩均水量少、工业用水挤占其他用水、工程措施复杂的问题,加上水资源的先天不足,受水区水资源供需矛盾紧张,人水矛盾日益加大[2-3]。科学合理地调配引江济淮水资源,改善受水区水资源-经济社会-生态环境系统的内部结构和外部条件,对解决受水区用水矛盾,实现人水和谐的目标具有重要意义[4-7]。

智慧水利是解决水资源供需矛盾,实现水利行业数字化、精细化、智能化的必然选择[8]。目前已有学者[9-11]运用 Spring Boot 框架、WebGIS 技术、B/S 架构等结合互联网、物联网对水资源调配系统进行了研究,设计研发多情景多目标的水资源优化调配系统。成良歌[12]基于 B/S 架构和 Spring Boot 框架开发了以发电效益最大为目标的丹江口水库调度系统。陈序等[13]利用 GIS 技术以及 C/S 架构与 B/S 架构相结合的开发模式,开发沿海围垦区水资源管理决策系统。李彤彤[14]利用 ArcGIS Engine 组件,开发海口市水资源优化配置及调度系统,实现多水源、多用户、多目标的水资源优化配置方案。但是目前的研究很少将人水关系考虑到优化目标中，配置结果可能会造成人水不和谐的情况。引江济淮工程已经通水，然而河南段还未有配套的调配系统，如何将和谐调配水的理念纳入水资源优化配置系统以缓解受水区人水矛盾、改善生态环境、带动经济增长是亟待解决的问题。

研究以引江济淮（河南段）受水区为工程案例，结合受水区供需矛盾、人水不和谐现状，以及多水源、多用户、多目标的实际需求，在考虑经济、社会目标的基础上引入和谐目标，构建耦合经济-社会-和谐多目标水资源优化配置模型，并在此基础上设计研发集水资源供需预测-水资源优化配置-水资源优化调度为一体的引江济淮工程（河南段）水资源调配系统。随着物联网、互联网、大数据等新兴技术的发展，进一步推动引调水工程基础设施数字化、综合管理智能化，对于引江济淮受水区（河南段）的高质量发展有着重要意义[15]。

1　工程概况

引江济淮工程（河南段）以城乡供水为主要任务，兼顾改善水生态环境，不考虑农业灌溉和航运，受水区涉及 9 个供水用户，分别是周口市的太康、郸城、鹿邑、淮阳 4 个县，以及商丘市的柘城、夏邑、永城、睢阳和梁园 5 个县（区），总面积 12 114 km^2。引江济淮工程（河南段）属于江水北送的一部分，通过西淝河向河南境内输水，在河南、安徽两省分界处利用泵站将引江济淮水送入清水河。在河南境内利用清水河泵站逆流而上提水，再经鹿辛运河自流至调蓄水库，后通过加压泵站和压力管道输送至各受水区。受水区的供水水源包括当地水源和外调水源，其中，当地水源包括地表水、地下水和中水，外调水源包括引黄水和引江济淮水，用水部门包括工业、农业、生活、生态部门，是一个多水源联合供水、多用户取用水、多部门配水的长距离复杂人工-天然水资源系统。

2　系统设计

2.1　设计思路

前后端分离开发。前后端分离是目前普遍采用的开发模式，它使项目的分工更加明确[16-18]。本系统后端使用 Spring Boot 框架开发，主要负责数据的处理和存储；前端采用 Vue 框架开发，根据用户的需求把相应的请求发送到后端提供的端口，并将后端得到的数据渲染到页面容器中，前端和后端开发人员通过接口进行数据交换（前后端数据交互见图 1）。系统前后端分离开发的优势在于整个项目的开发权重往前移，前后端开发人员可

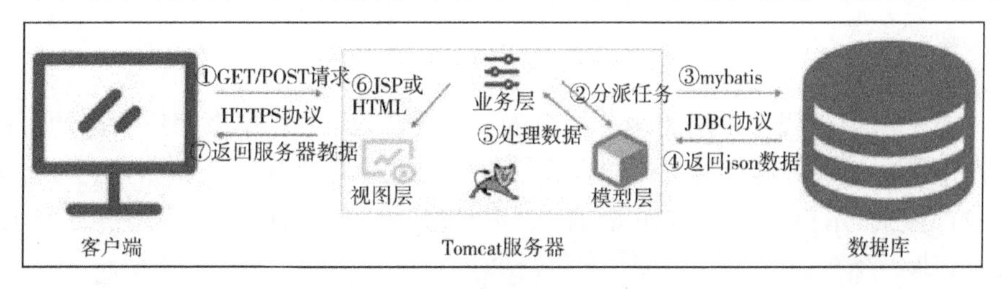

图 1　前后端数据交互过程

以同时进行开发,提高了系统研发的效率,真正地实现系统前后端解耦,动静资源分离,提升了系统的拓展性,便于水资源调配系统的二次开发。

面向服务的系统架构。调配系统采用了面向服务的架构设计,根据不同的功能划分为独立的功能组件,以按需引入的方式导入不同的子模块,提高代码的重用性,降低系统的耦合性,便于后期的维护和二次开发[19]。

微服务框架风格。微服务框架风格是利用多个小服务器单独开发、共同完成项目的框架风格,不同的服务可以利用不同的编程语言实现,以及不同数据库存储技术,使用Spring Cloud 技术完成通信,实现项目的集中式管理[20]。

2.2 系统架构

水资源优化调配系统应具备以下几个特点:遵循网络协议和相关技术的使用规范;高内聚、低耦合的系统框架;高性能,易维护,可拓展。基于以上原则,系统总体架构分为4层,即表现层、业务层、应用支撑层和数据层[21],见图2。

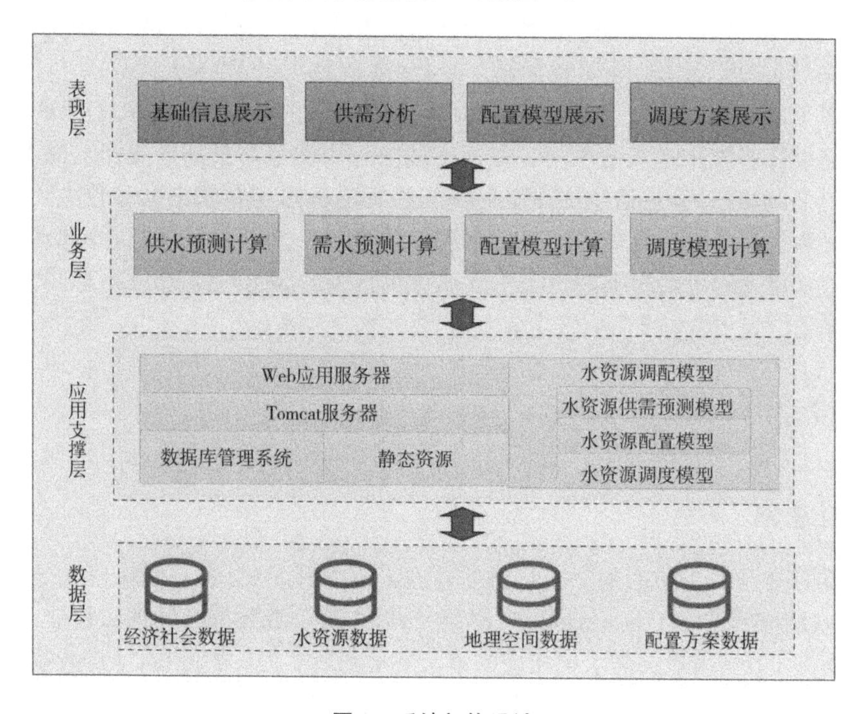

图2 系统架构设计

2.2.1 表现层

表现层是水资源调度系统为用户提供的图形化界面,主要用来完成数据的可视化展示。用户可以通过该层进行信息的输入和结果的获取。表现层由 Vue 框架实现,采用了单页面设计模式,用户可通过浏览器访问。主要包括地理信息展示、模型参数展示、水资源调配过程展示等。

2.2.2　业务层

业务层是表现层与应用支撑层连接的桥梁，来分发任务传递信息。表现层在调用接口访问相关业务时都会通过业务层去调用相关业务并把数据返回给表现层。该系统中业务层包括供需水预测计算、水资源配置模型计算、水资源调度模型计算。该层通过与应用支撑层的交互获取相关数据，同时将表现层输入的模型参数和约束条件传入应用支撑层的水资源调配模型中来完成多水源、多用户、多部门的水资源调配计算，并结合 WebGIS 和可视化技术将水资源配置结果展示到表现层。

2.2.3　应用支撑层

应用支撑层提供水资源调配系统的业务处理、数据管理、调配模型模拟计算等重要功能。该层主要由 Tomcat 构建的 Web 应用服务器、MySQL 数据库管理系统、Lingo 的动态链接库、水资源配置模型等部分组成。应用支撑层通过 MySQL 数据库访问和管理本地或云服务器数据，利用 Spring 框架内置的 Tomcat 技术为系统提供 Web 服务。

2.2.4　数据层

数据层为整个水资源优化调配系统提供数据的增删改查服务。系统的数据主要包括经济社会数据、地理空间数据、水资源数据、配置方案数据等。数据层通过 Spring JDBC 技术来统一管理，应用支撑层调用与数据库对应的 Mapper 文件对数据进行处理。其中，经济社会数据提供项目区主要的经济指标数据，如人口、经济产值、农业灌溉水量等；水资源数据主要提供项目区不同保证率下的供水量和需水量；地理空间数据主要提供项目区的位置和配水的路线信息；配置方案数据提供对业务层水资源配置方案的存储。

3　引江济淮工程(河南段)水资源优化调配系统

根据引江济淮工程(河南段)总体调配需求，将调配系统分为 4 个子模块：信息服务模块、供需水预测模块、水资源优化配置模块、水资源优化调度模块。基于供需预测模型进行水资源供需预测研究，在得到受水区供需分析结果后开展水资源优化配置研究，然后在得到受水区需水量和可配置水量的基础上，按照以供定需的原则进行供需双侧调控，最后在水资源供需平衡的条件下开展水资源优化调度研究，得到受水区多水源、多用户、多部门的调配方案。各模块之间使用同一套数据进行传输，解决了水资源常规配置中供需端和调配端结合不紧密的问题，形成了集供需水预测-水资源优化配置模型-水资源优化调度模型为一体的水资源调配系统，以模块化的形式存储于服务器端的决策系统中，见图 3。

3.1　信息服务模块

信息服务模块为调配系统的基础部分，为用户提供了引江济淮工程(河南段)基本信息的展示，包括受水区水资源综合信息展示、工程调水路线信息展示以及受水区历史数据

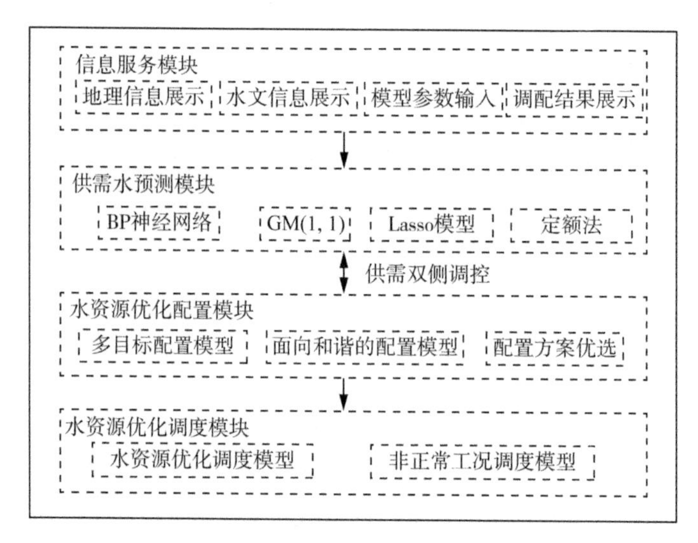

图3　水资源调配系统模块信息

查询3个部分。受水区水资源综合信息展示包括水系、水库、水闸的基础信息的展示;工程调水路线信息展示是将引江济淮工程(河南段)分为清水河段、鹿辛运河段、后陈楼调蓄水库—七里桥调蓄水库段(压力管道)、七里桥调蓄水库—新城调蓄水库段(压力管道)、七里桥调蓄水库—夏邑出水池段(压力管道)5个部分,用户可以在项目规划图中查看调水路线信息;受水区历史数据查询可方便用户查询受水区2010—2020年地表水、地下水、中水对工业、农业、生活、生态多部门的历史供水数据,以及经济发展指标等数据。

通过调用天地图提供的API以及WebGL技术,开发了水资源调度系统的基本信息展示图。地图上展示了受水区的边界图、七里桥水库、袁桥泵站、试量闸等水工建筑物的地理位置、配水路线等信息,用户点击相应的图标可以获取水工建筑物的基本参数信息以及它在水资源配置中起到的作用。受水区基本信息见图4。

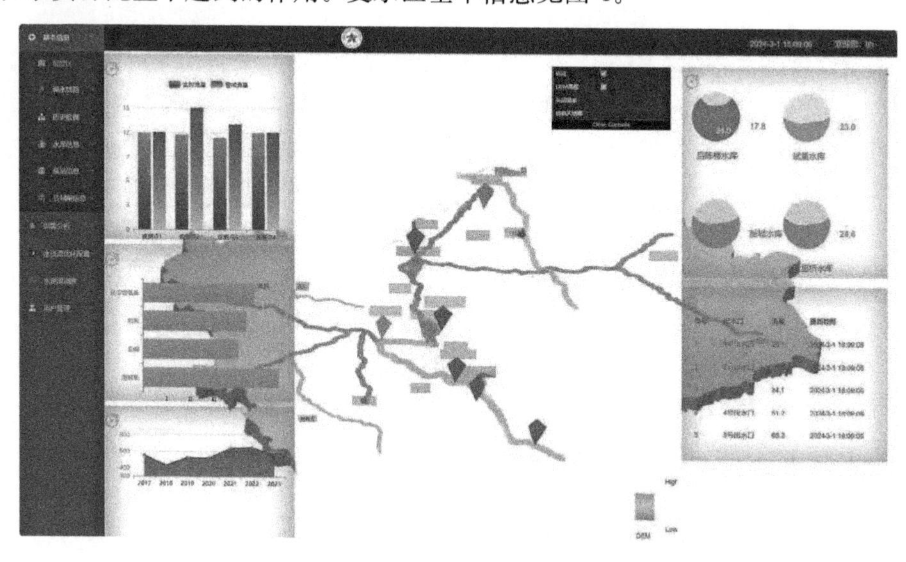

图4　受水区基本信息

3.2 供需水预测模块

系统采用多种方法进行需水量的预测，包括 BP 神经网络[22]、GM(1,1)[23]灰色预测模型以及定额法，用户可结合数据的特征和模型的适用性选择合适的预测模型。用户在前端输入模型的参数，系统后端会基于前端传输的模型参数以及数据库中受水区多年的供需水数据，率定并求解模型，然后在前端页面展示数据的预处理结果、模型构建过程以及预测成果。可供水量包括地表水量、地下水量以及中水，结合《引江济淮工程(河南段)初步设计报告》以及对现状蓄水工程、外调水工程、污水处理工程、地下水预间期可开采量进行分析，利用定额法对 2030 规划年和 2040 规划年的可供水量进行预测。供需水预测结果会以方案的形式存储在数据库中，以供水资源调配模型调取。

水资源供需分析是建立在基准年和规划水平年经济社会发展对水资源的需求的基础上，在无引江济淮工程的前提下，区域内水资源的供求态势分析。如图 5 所示，在 2030 年 75% 保证率下，系统测试结果为：鹿邑县和太康县缺水率较大，分别为 32% 和 36%；受水区总需水量为 28 亿 m^3，总供水量为 21.2 亿 m^3；总缺水量为 6.8 亿 m^3，缺水率为 24.2%。可以看出，随着经济社会的快速发展，如无外水补给，受水区规划水平年的水资源供需矛盾仍然存在。

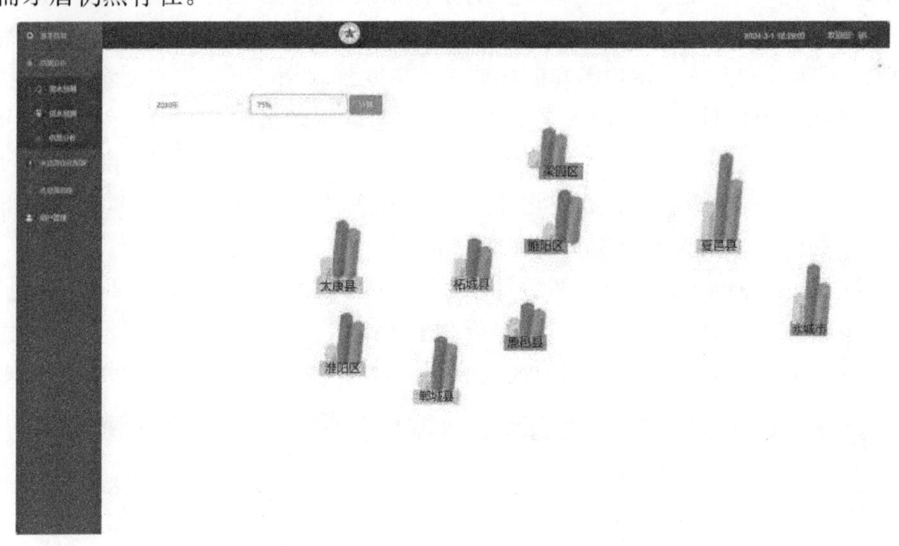

图 5 受水区供需水平衡分析

供需水预测模块使用了 ml5.js、ECharts 等技术。ml5.js 是能在浏览器里运行的机器学习框架，它封装了 Tensorflow.js 的 API，能帮助开发者快速构建机器学习模型。ECharts 是基于 JavaScript 语言实现的可视化图形库，兼容当前绝大部分浏览器，可以为开发者提供动态渲染、内容丰富、交互灵活的图表[24]。

3.3 水资源优化配置模块

水资源优化配置模块包括多目标水资源优化配置模型、面向和谐的水资源配置模型和水资源配置方案优选 3 个部分。其中,多目标水资源优化配置模型以受水区总缺水率最小和总经济效益最大为目标。

引江济淮工程(河南段)水资源和谐调配的目的是缓解受水区供需矛盾、促进受水区人水和谐及高质量发展。通过制定和调整跨流域多水源调度运行方案,寻找和谐度最大时的最优和谐行为,以达到和谐调配的目的。

水资源年度和谐配置以 9 个受水区为主要研究对象,基于受水区缺水率平方和最小、和谐度最大、各用水户产生的总经济效益最大 3 个目标建立了水资源和谐配置模型,针对 3 个优化目标将模型分为 3 层进行求解。每层模型既是相互区别的,又是彼此关联的:它们具有不同的决策变量、目标函数和约束条件,上层的决策变量传递到下层作为参量参与下层约束决策,下层的目标函数也会影响上层模型的结果寻优,彼此相互反馈,直到找到整体最优的多水源和谐配置方案。以受水区综合缺水率最小为第一目标,目的是在可调引江水总量一定的情况下优先满足公平;在满足第一层目标的前提下,以受水区水资源供需和谐度最大为第二目标,进行第二层次的系统优化,目的是调整各用户需水量,使受水区和谐度达到最高水平;将一、二层优化的结果作为第三层的约束条件,以受水区总供水效益最大为目标,求解多水源、多用户的配置结果。详见公式(1)~(3)。其中,和谐度计算采用了和谐论的基本思想[25],通过建立评价体系摸清受水区经济发展和水资源利用现状,借鉴"单指标量化—多指标综合—多准则集成"评价方法,计算和谐分水系数,然后根据公式(2)计算其和谐度。用户需在前端输入决策变量、约束条件、用水保证率及规划年,数据经过后端模型的处理会返回 9 个受水区在规划年中多水源(地表水、地下水、引江济淮水、中水)对工业、农业、生活、生态 4 个部门的配水量以及受水区的缺水率、和谐度、经济效益,实现对年度水资源配置的优化计算,通过报表、图片的生成和导出,为调度部门提供多水源、多用户、多目标的年度和谐配置等信息。

如图 6 所示,左侧为和谐分水系数计算过程。中间柱形图展示了在 2030 规划年,多年平均保证率下不同地区、不同部门的水资源配置结果。右侧为模型参数的输入和多水源配置结果的展示。桑基图中左侧曲线代表不同水源对不同用户的配水情况,右侧曲线

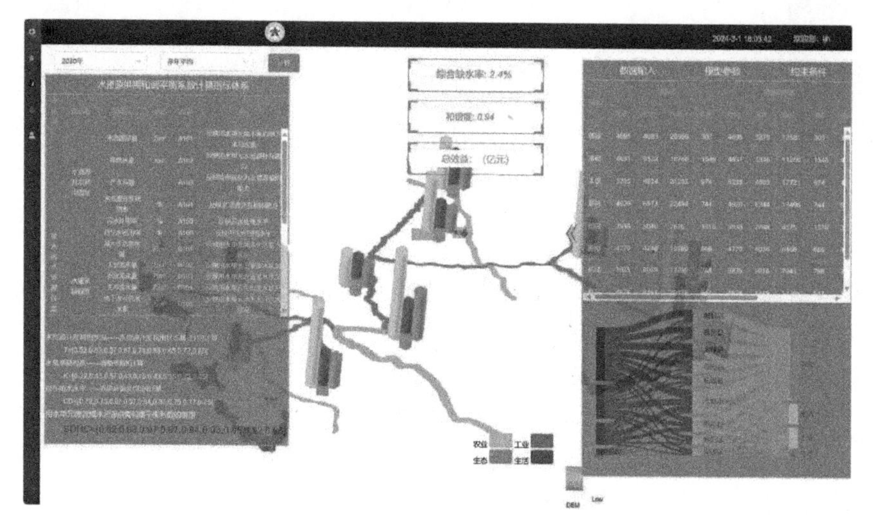

图 6　面向和谐的水资源配置模型

代表不同用户对不同部门的配水情况，曲线的粗细代表了水量的多少。系统测试计算结果表明，受水区地下水的供应量最大，农业部门的用水量最大，其中，和谐度为0.94，综合缺水率为2.4%，经济效益793.1亿元。

受水区缺水率平方和最小，公式为

$$\min F_1(x)=\sum_{j=1}^{J}\left[\frac{L_j-\mu_j X_{j,江}}{D_j}\right]^2 \tag{1}$$

式中：L_j 为 j 受水区不考虑引江济淮工程供水情况下的时段总缺水量，万 m^3；$X_{j,江}$ 为引江济淮工程向受水区 j 地供给的水量；D_j 为 j 受水区需水量，万 m^3；μ_j 为水量损失系数。

水资源供需和谐度最大，公式为

$$\max F_2(x)=\sum_{k=1}^{K}\sum_{j=1}^{J}D_{H_{jk}}=\sum_{k=1}^{K}\phi_k\sum_{j=1}^{J}\omega_j(a_i-b_j) \tag{2}$$

式中：D_{H_j} 为受水区第 j 个用水单元水的和谐度，$D_H\in[0,1]$，D_H 越大，表示受水区水资源的调配总体和谐程度越高；a 为统一度，b 为分歧度，$a=\begin{cases}\dfrac{x_{jk}}{R_{jk}},x_{jk}\leqslant R_{jk}\\1,x_{jk}>R_{jk}\end{cases}$，$b=1-a$；$x_{jk}$ 表示第 j 个用水单元对第 k 个部门的配水量，R_{jk} 为第 j 个受水单元第 k 部门的需水量；ϕ_k 为第 k 个用水户的用水公平系数，ω_j 为第 j 个用水单元和谐分水系数。

多水源供水净效益最大，公式为

$$\max F_3(x)=\sum_{j=1}^{J}\sum_{k=1}^{K}\sum_{i=1}^{l}p_{ijk}x_{ijk}\phi_k\sigma_i R_{ijk} \tag{3}$$

式中：x_{ijk} 为规划水平年 i 水源向受水区 j 地 k 用水户配水量，万 m^3；p_{ijk} 为 i 水源向受水区 j 地 k 用水户配水的净效益系数，元/m^3；σ_i 为 i 水源的供水次序系数；R_{ijk} 为配水关系。

水资源配置方案优选。由于水资源优化调配模型的目标函数、约束条件与模型参数等存在差异，求解结果往往不同。因此，对目前3种年调配方案进行比较：调配方案1来源于《引江济淮工程河南受水区水资源论证报告书》(2019年)；调配方案2为基于多目标规划的优化调配模型求解得到的年优化调配方案；调配方案3为面向和谐的水资源优化调配模型求解得到的年和谐调配方案。如图7所示，系统会计算出不同方案下的经济效益、缺水率、配水量信息以及不同方案差别的原因和最佳配置方案，可以有效辅助用户选择最优的水资源配置方案。

3.4　水资源优化调度模块

水资源优化调度模块包括水资源月优化调度、非正常工况调度两部分。水资源月优化调度以水库和泵站为主要研究对象，以各受水对象缺水率平方和最小为目标函数，以年优化配置结果为边界条件，以各时段水库的出库流量为决策变量，以月为调度时段对工程来水进行调度，最终求得调水期各个时段内各水库、泵站的调度计划(最优调度过程、水库水位及出入库流量)。在 2030 年水平年下,系统测试计算的月调水量见图 8 左侧,其中 1 月份不同节点的流量见图 8 右侧。

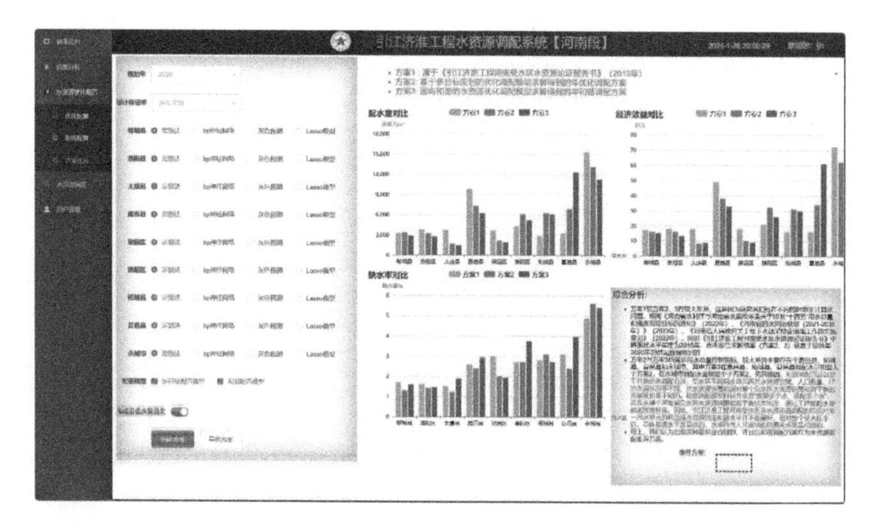

图 7　水资源调配方案优选

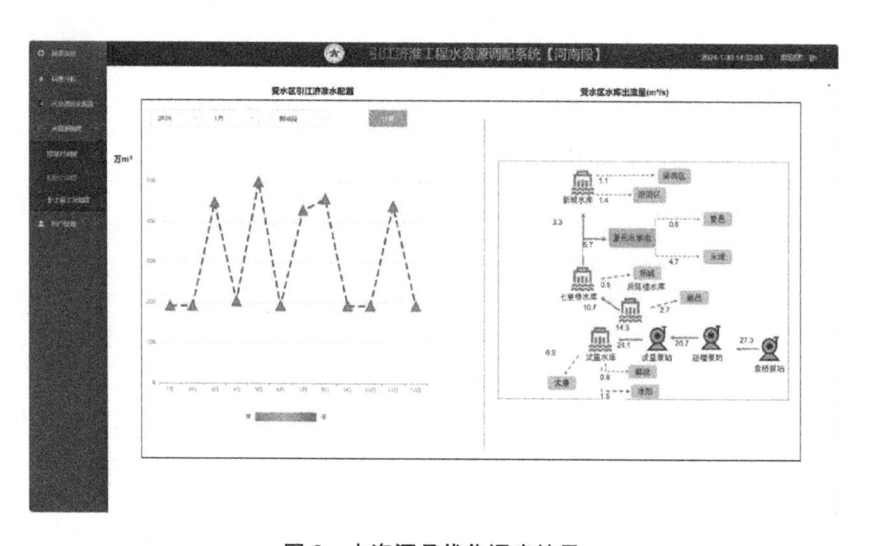

图 8　水资源月优化调度结果

非正常工况调度。在泵站运行过程中,因设备损坏、断电等造成的突然停机会对整个泵站系统运行产生巨大影响。以清水河梯级泵站输水系统为研究对象,分别在单机泵站停机状态与全部泵站停机状态下模拟不同运行水位工况的水力变化过程,分析事故发生后上下级泵站之间的影响,并计算水位超出安全运行区间的时间,提出应急响应调度运行方案,为决策者提供参考。用户可选择损坏的泵站,后端模型会返回泵站低水位、高水位、设计水位运行工况下的最大应急响应时间以及当前工况达到最高(低)水位需要的时间。如图 9 所示,模拟当赵楼泵站出现故障后的处理响应时间。模拟结果可辅助用户制定针对各种突发情况的应急解决方案。

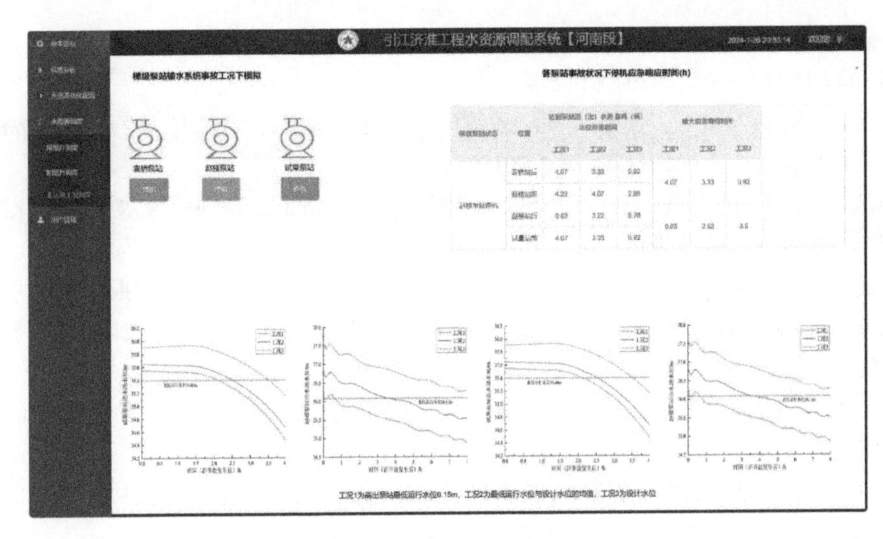

图 9　非正常工况调度

4　结论

结合引江济淮工程(河南段)水资源调配的工程实践需求,研发了一套数字化、智能化、可视化的综合调度管理系统,实现供需水预测、水资源和谐调配计算与结果展示、信息查询与管理等功能,提高了引江济淮工程(河南段)水资源调配管理能力,具体体现在:将受水区水利信息、地理信息进行整合,通过前后端分离开发的模式,实现信息数据和模型数据的统一管理;引入和谐度作为人水和谐的评价标准,旨在缓解受水区供需矛盾,改善生态环境,实现高质量发展;构建集水资源供需预测-水资源优化配置-水资源优化调度为一体的配置模型,解决引江济淮工程(河南段)跨流域调配水的难题,实现了多水源、多用户、多目标水量分配可视化、方案决策智能化和跨流域调水管控一体化。引江济淮工程(河南段)尚处于建设初期,面向数字孪生目标的调度管理模式有待进一步研究和开发。

参考文献

[1] 雷晓辉,张利娜,纪毅,等. 引江济淮工程年水量调度模型研究[J]. 人民长江,2021,52(5):1-7.

[2] 左其亭,赵衡,马军霞. 水资源与经济社会和谐平衡研究[J]. 水利学报,2014,45(7):785-792,800.

[3] 游进军,蔡露瑶,林鹏飞,等. 基于分类效率识别的水资源承载能力三层次评价方法[J]. 南水北调与水利科技(中英文),2022,20(4):631-642.

[4] 关雪桦,陈志和,叶智恒. 中山市水资源系统动态模拟与敏感性分析[J]. 水资源保护,2022,38(2):103-111.

[5] ZHANG Y, ZUO Q T, WU Q S, et al. An integrated diagnostic framework for water

resource spatial equilibrium considering water-economy-ecology nexus[J]. Journal of Cleaner Production, 2023, 414: 137592.

[6] 陶洁,张李婷,左其亭,等.基于泰尔指数的水资源配置公平性研究——以引江济淮工程河南段为例[J].人民长江,2023,54(12):113-119.

[7] 陶洁,王沛霖,王辉,等.基于A-NSGA-Ⅲ算法的引江济淮工程河南段水资源优化配置研究[J].水利水电科技进展,2023,43(6):111-119.

[8] 张建云,刘九夫,金君良.关于智慧水利的认识与思考[J].水利水运工程学报,2019(6):1-7.

[9] 张文,杨立功,罗向平.嘉兴市智慧水利平台设计与应用[J].水电能源科学,2022,40(10):209-212.

[10] 李生钱,袁福永,毛中豪,等.引洮供水一期工程水量调度系统的设计与仿真验证[J].中国农村水利水电,2020(9):122-126.

[11] 刘江啸,张进朝.泵站智慧管控一体化平台的研究[J].中国农村水利水电,2022(9):25-29.

[12] 成良歌.丹江口水库水资源调度管理系统设计与实现[D].武汉:华中科技大学,2019.

[13] 陈序,董增川,杨光.沿海围垦区水资源管理决策系统开发研究[J].南水北调与水利科技,2016,14(1):72-77.

[14] 李彤彤.海口市水资源优化配置及调度系统[D].广州:华南理工大学,2018.

[15] 左其亭,张志卓,李东林,等.黄河河南段区域划分及高质量发展路径优选研究框架[J].南水北调与水利科技(中英文),2021,19(2):209-216.

[16] 魏永强,黄草,张移郁,等.中小流域水库群智能调度与决策支持系统设计与开发[J].中国防汛抗旱,2021,31(10):61-66.

[17] 王微微,李奕超,赵瑞莲,等.Web应用前后端融合的遗传算法并行化测试用例生成[J].软件学报,2020,31(5):1314-1331.

[18] 刘翎翔,潘祖烈,李阳,等.基于前后端关联性分析的固件漏洞静态定位方法[J].信息网络安全,2022,22(8):44-54.

[19] BHADORIA R S, ZAINI H G, NEZAMI M M, et al. Cone model in resource provisioning for Service-Oriented Architecture System: An effective network management to the Internet of things[J]. IEEE Access, 2022, 10: 61385-61397.

[20] ROBLES M C, AMOS H M, DODSON J B, et al. The GLOBE spring cloud challenge[J]. Bulletin of the American Meteorological Society, 2020, 101(11): 985-990.

[21] 王宁,邹强,王汉东,等.基于Flex和SOA的防洪调度管理信息系统开发[J].人民长江,2015,46(23):99-103.

[22] 李晓英,苏志伟,周华,等.基于主成分分析的GA-BP模型在城市需水预测中的应用[J].南水北调与水利科技,2017,15(6):39-44.

[23] 栾清华,庞婷婷,王志友,等.需水量预测技术方法文献分析及其应用综述[J].人民黄河,2022,44(12):62-66.

[24] 芦天亮,涂君奥,杜彦辉,等.基于大数据技术的电信网络诈骗案件分析实验设计[J].实验技术与管理,2020,37(10):50-55.

[25] 左其亭.人水和谐论及其应用研究总结与展望[J].水利学报,2019,50(1):135-144.

浅谈引江济淮工程(河南段)桥梁设计

瓮　宛,杜卫兵

(河南省水利勘测设计研究有限公司,河南 郑州 450016;
河南省引江济淮工程有限公司,河南 郑州 450000)

摘　要: 针对引江济淮工程跨河桥梁的特点,结合中小桥梁跨径设计的总体原则,比选了桥梁上下部结构各种常用型式,通过对桥梁所在工程区的地形、地质条件进行分析,选择合适的桥梁结构设计型式,确保了跨河桥梁的安全性、适用性、经济性,保证了引江济淮工程桥梁的顺利实施。

关键词: 引江济淮工程桥梁;桥梁设计;结构比选

1　工程概况

引江济淮工程是历次淮河流域综合规划和长江流域综合规划中明确提出的由长江下游向淮河中游地区跨流域补水的重大水资源配置工程。引江济淮工程沟通了长江、淮河两大水系,输水航运线路穿越长江经济带、合肥经济圈、中原经济区三大发展战略区,其主要工程效益包括解决淮河干旱缺水问题、发展江淮航运、改善巢湖及淮河水生态等。

引江济淮工程(河南段)的工程任务是以城乡供水为主,兼顾改善水生态环境。引江济淮工程实施后,可向豫东地区的周口、商丘部分地区城乡生活及工业生产供水,保障饮水安全和煤炭、火电等重要行业用水安全。

为满足输水要求,需对引江济淮工程河南境内清水河段、鹿辛运河段输水线路进行清淤疏浚,河道开挖后,桥梁桩身变短,下部结构受到影响,桥梁安全存在隐患,无法继续使用。输水线路范围内跨河桥梁共计 10 座,清水河新建、重建桥梁 2 座,鹿辛运河重建桥梁 8 座。

2　总体设计原则

引江济淮工程桥梁设计遵从以下基本原则——安全性、适用性、美观性和经济性,根据公路线形、桥址、地形地势、地质条件等进行综合考虑,还要充分考虑施工是否便捷,以及地质灾害和环保等因素。

桥梁线形设计应符合原有线路设计的总体要求,还应考虑桥区已有建筑设施等因素。桥梁跨径选择时,应综合考虑美观性与经济性,保证工程和环境相统一、相协调。桥梁优先考虑具有工厂化、标准化及装配化特点的形式，以此缩短工期和减少造价。

桥梁长度不小于河道宽度，不得压缩河道断面。桥梁纵轴线宜与河道水流流向正交，减少斜交桥的设置，尤其是角度为45°的斜桥，应通过错孔、增加跨径等方法来处理。

3 地质条件

根据《中国地震动参数区划图》(GB 18306—2015)，工程区Ⅱ类场地基本地震动峰值加速度为0.05 g，相当于地震基本烈度Ⅵ度，建筑物场地类别为Ⅲ类。场区区域构造稳定性好。

工程区属黄淮冲积平原，地势较平坦、开阔。场区在勘探深度范围内，揭露地层主要为第四系全新统上段(Q_4^{2al})、下段(Q_4^{1al})及上更新统(Q_3^{al})冲积地层，岩性主要为重粉质壤土、砂壤土、粉砂、粉细砂等。综合场区工程地质条件和建筑物型式，采用桩基，场区下部地层可作为桩端持力层，设计可根据上部荷载选择合适的桩长和桩径。

4 上部结构设计

桥梁上部结构和跨径要从地形地质条件、施工简便、造价合理、技术可行几个方面综合进行比选。桥梁整体具有良好协调性，当墩高不超过10 m时，桥梁跨径应在10～20 m最为经济合理。

4.1 结构类型

桥梁上部结构比选方案：

(1) 装配式部分PC预应力混凝土空心板

一般适用于跨径≤20 m的桥梁，应用广泛，施工简单方便，有成熟经验。其最大优点在于工程造价低廉。缺点包括：接缝多、桥下墩柱多、结构离散性大、耐久性差、行车舒适性差、景观效果不佳且桥下交通组织空间小、适用跨径范围小等。

(2) 装配式部分PC预应力混凝土T梁

一般适用于25～45 m的桥梁。以往主要用于跨越山区沟堑及大河的桥梁。T梁主梁吊装后，现浇湿接头形成整体，施工总体上比较简单，缺点是桥下纵横梁交叉密布，视觉凌乱，且容易累积污渍。

(3) 装配式部分PC预应力混凝土箱形连续梁

一般适用于25～40 m的桥梁。箱形梁可以工厂化生产，但对整体运输和吊装设备有一定的要求。其施工方法也是主梁安装后现浇湿接头形成整体，外观优于T梁和板梁。组合小箱梁结构是在T梁和板梁的基础上改进而来，造价较高。

(4) 钢筋混凝土连续箱梁结构

一般适用于跨径≤20 m的桥梁，主要用于跨越要求不高时，一般情况下仅适用于平曲线半径较小的桥梁，但施工较复杂，速度较慢。

综上所述，从结构耐久性、行车舒适性、适用跨径范围、结构整体性、施工方便进行综合对比，桥梁上部结构采用跨径 16 m 装配式预应力混凝土空心板桥梁结构形式。

4.2　桥跨分联

桥梁长度小于 100 m，单联，采用先简支后连续结构，在桥梁两端桥台处设置伸缩缝。

5　下部结构设计

同一桥上墩台高度存在较大变化时，应采用多种墩台形式，然而当某一种形式的数量相对较少时，需要遵循少数服从多数的原则进行归并，减少桩柱的种类，便于施工。

桥梁工程区揭露地层属黏砂多层结构，地层由第四系全新统及上更新统地层组成，可采用桩基础。为便于施工，同一座桥梁桩直径一致。

桥梁最常见的基础形式是沉入桩和钻孔灌注桩，上述两种工艺均较成熟，因此结合引江济淮工程桥梁所在工程区地形及地质条件特点，就桩身截面、入土深度、施工进度、施工设备及场地的要求、施工方便程度、材料用量、对周围环境的影响、质量的保证等各项内容进行全面比较，详见表 1。

表 1　钻孔灌注桩与沉桩比较表

序号	项目	沉桩（打入或压入法施工）	钻孔灌注桩
1	截面尺寸	截面尺寸较小，一般方（圆）桩，其边长或直径均小于 80 cm	截面尺寸较大，多为圆桩，直径 80～200 cm
2	最大入土深度	一般不超过 25 m	一般可达 60 m，或者更深
3	桩的承载力	由于桩径和桩长较小，单桩承载力较钻孔桩小，故一个墩台需用的根数较多	单桩承载力较大，故一个墩台需用的桩数较少
4	施工进度	沉桩速度比较快	传统的钻孔桩施工速度较慢；旋挖钻机能极大地提高成孔速度
5	需用钢筋数量	预制桩在吊桩时要考虑吊装产生的吊装应力，打桩时要考虑拉应力，故需用钢筋数量较多	不考虑左述情况的拉应力，长桩的下部可以相对节省钢筋，故需用钢筋数量较少
6	对周围环境影响	除静力压桩外，锤击和振动沉入的噪声和振动波影响附近环境	噪声和振动波很小，对周围环境影响较小
7	接桩的问题	受桩架高度控制，桩长超过 20 m 时，需接桩	无须接桩
8	沉桩或钻孔设备	一般沉桩桩架和沉桩设备较钻孔桩钻架和钻孔设备高大、笨重	一般钻机、钻架等设备矮小、轻便
9	施工场地	就地预制桩时，需较大的制桩、堆桩场地和制桩用水泥、钢筋和砂石料场地；但沉桩时，占用场地不大	采用正、反循环回转钻孔需设置泥浆沉淀循环池，占地较大；其他钻孔工艺占地不大。灌注混凝土时，需集中拌和
10	用水情况	一般用水量很少	用水较多

钻孔桩对周围环境影响小，仅有泥浆需要处理，不会产生噪声污染，且对周边建筑物

影响较小,故本工程桥梁基础采用钻孔灌注桩。

6 结束语

跨河桥梁设计要统筹兼顾,近远期结合,确保跨河构筑物的安全,但在工程建设中往往存在很多限制性因素,比如建设场地和既有道路交通组织等。为了有效解决各项制约因素带来的问题,降低工程造价,保证结构安全和方案可行等,在复杂建设条件下做好桥梁建设方案的比选工作是十分必要的。

为了保证桥梁安全性、适用性、经济性的基本原则,桥梁上部结构采用装配式预应力空心板,下部采用桩基础。空心板结构和桩基施工工艺都很成熟,更容易满足各项条件和要求,在中小跨径桥梁设计中得到了广泛的应用。

参考文献

[1] 中交公路规划设计院有限公司.公路桥涵设计通用规范:JTG D60—2015[S].北京:人民交通出版社,2015.

[2] 栗志斌.山区中小跨径桥梁设计要点[J].黑龙江交通科技,2019,42(4):130-131.

引江济淮工程水源区和受水区干旱遭遇风险

宋志红[1]，王　辉[2]，景　唤[1]，魏令伟[2]，江生金[2]，王永强[1]，王　冬[1]

（1. 长江水利委员会长江科学院，湖北 武汉 430010；
2. 河南省引江济淮工程有限公司，河南 郑州 450000）

摘　要：干旱遭遇会严重影响跨流域调水工程的效益发挥，为科学评估引江济淮工程水源区和受水区的干旱遭遇风险，采用标准化降水蒸散指数（Standardized Precipitation Evapotranspiration Index，SPEI）和Copula理论构建水源区和受水区干旱指数的联合分布，分析历史和未来两个区域干旱演变规律以及干旱遭遇风险变化。结果表明，1960—2020年水源区和受水区发生干旱的频率分别为27.32%和29.78%；未来情景下两个区域干旱发生频率均有明显增加，尤其高排放情景下特旱发生频率增加超过10%；非汛期水源区和受水区同时发生干旱的概率比汛期高5.49%；未来汛期和全年干旱遭遇频率预计有明显增加，非汛期干旱遭遇频率略有降低；在中高排放情景下（SSP2-4.5和SSP5-8.5），远期干旱遭遇频率相对更高。干旱遭遇风险增加对跨流域调水工程效益发挥带来了巨大挑战，因此迫切需要制定适应性策略，为调水工程正常运行管理和水资源可持续利用提供保障。

关键词：引江济淮工程；干旱遭遇；Copula理论；干旱指数；气候变化

跨流域调水工程是指将水资源较丰富流域的水调到水资源紧缺的流域，调节缺水地区的用水，以满足缺水地区用水需求的水利工程，旨在解决水资源时空分布不均等问题，对于缓解区域水资源供需矛盾、促进区域经济社会发展具有重要意义[1-2]。引江济淮工程是由长江下游干流向淮河中游地区跨流域补水的水资源配置工程，是我国172项节水供水重大水利工程之一[3-6]。长江中下游区域和淮河流域位于我国东部季风区，受季风气候影响，该区域干旱灾害发生频繁[7-8]。由于区域来水的时间波动性和空间差异性，工程水源区和受水区容易出现丰枯遭遇风险，如同时发生干旱事件等不利于调水的情况，会对工程正常调度运行和效益发挥产生重大影响。此外，随着气候变化和人类活动的影响，全球范围的干旱以及高温热浪等复合极端事件呈现多发频发态势，给区域水资源管理、生态系统和经济社会可持续发展带来严重影响。因此，探究气候变化下引江济淮工程水源区和受水区干旱遭遇风险问题，对工程调度运行管理和水资源可持续利用具有重要意义。

关于跨流域调水工程干旱遭遇风险问题的研究主要分为区域降水丰枯遭遇[9-11]、径流丰枯遭遇[12]以及干旱遭遇[13-15]等方面。研究对象主要有南水北调工程[10,13-17]、引汉济渭工程[11-12,18-19]等。研究大多采用 Copula 理论建立不同区域降水或径流的联合分布模型,分析区域间丰枯遭遇概率。如何静等[9]、石卫等[10]和王伟等[11]基于 Copula 理论分别构建了滇中引水工程、南水北调中线工程和引汉济渭工程水源区与相应受水区降水的联合分布模型,综合分析了调水工程水源区与受水区降水丰枯遭遇风险;丁志宏等[20]应用 Copula 方法构造了南水北调西线一期工程调水区径流与黄河上游来水之间的联合分布,评估了有利于调水的频率;马盼盼等[12]分析了汉江干支流径流丰枯遭遇对引汉济渭工程可调水量的影响,并基于 Copula 函数确定了对调水影响最大的丰枯遭遇组合的概率;张璐等[13]、余江游等[14]和 Liu 等[15]通过构建南水北调中线工程水源区和受水区干旱指数的联合分布,探究了南水北调中线工程水源区和受水区干旱遭遇风险及其对工程运行的影响。此外,大量研究[9-10,13-15]也利用气候模式数据预估了未来不同情景下区域间的丰枯遭遇风险。

本文基于标准化降水蒸散发指数(Standardized Precipitation Evapotranspiration Index,SPEI)和 Copula 理论探究引江济淮工程水源区和受水区的干旱演变规律以及干旱遭遇风险,并利用气候模式数据评估未来干旱遭遇风险的变化,为调水工程运行管理和水资源可持续利用提供科技支撑。

1 研究区域及数据

1.1 研究区域概况

引江济淮工程沟通长江、淮河两大水系,是跨流域、跨省的重大战略性水资源配置工程。工程以城乡供水和发展江淮航运为主,结合农业灌溉补水、改善巢湖及淮河水生态环境、排涝等综合利用。工程供水范围涉及皖豫 2 省 15 市 55 县(市、区),包括安徽省安庆、铜陵、芜湖、马鞍山、合肥、六安、滁州、淮南、蚌埠、淮北、宿州、阜阳、亳州 13 个市以及河南省周口、商丘 2 个市的部分地区,受水区总面积 7.06 万 km^2,其中,安徽省 5.85 万 km^2,河南省 1.21 万 km^2。工程区内长江流域多年平均降水量为 1 344 mm,淮河流域多年平均降水量为 875 mm,受季风气候影响,降水年内年际分配不均。工程设计引江流量为 300 m^3/s,规划 2030 年多年平均引江毛水量为 34.27 亿 m^3,受水区河道外引江济淮工程净增供水量为 24.83 亿 m^3,其中,安徽省 19.83 亿 m^3,河南省 5.00 亿 m^3。以长江中下游区域为水源区,以供水范围涉及的 15 个市为受水区,分析工程水源区和受水区的干旱遭遇风险。

1.2 数据资料

研究使用的历史降水和气温数据来自国家地球系统科学数据中心(http://www.geodata.cn/data)提供的 1960—2020 年中国 1 km 分辨率逐月降水量数据集和逐月平均气温数据集[21]。该数据集是据 CRU 发布全球 0.5°气候数据以及 WorldClim 发布的全球高分辨率气候数据,通过 Delta 空间降尺度方案在中国地区降尺度生成,并用 496 个独立气象观测点数据进行验证,验证结果可信,得到广泛使用。为分析气候变化情景下未来干旱遭遇风险变化，本文采用第六次国际耦合模式比较计划（CMIP6）的 9 个气候模式数据，包括 SSP1－2.6（低强迫情景，2100 年辐射强迫稳定在 2.6 W/m^2）、SSP2－4.5（中等强迫情景，2100 年辐射强迫稳定在 4.5 W/m^2）和 SSP5－8.5（高强迫情景，2100 年辐射强迫稳定在 8.5 W/m^2）3 种情景[22]，具体信息见表 1，并采用分位数校正方法对 CMIP6 数据进行偏差校正[23]。

表 1　CMIP6 模式数据基本信息

序号	情景名称	研发机构	分辨率(km)
1	BCC－CSM2－MR	中国国家气候中心	100
2	CAMS－CSM1－0	中国气象科学研究院	100
3	CanESM5	加拿大气候模拟与分析中心	500
4	CESM2－WACCM	美国国家大气科学研究中心	100
5	CESM2	美国国家大气科学研究中心	100
6	EC－Earth3－Veg	欧盟地球系统模式联盟	100
7	IPSL－CM6A－LR	法国皮埃尔·西蒙·拉普拉斯研究所	250
8	MIROC6	日本海洋地球科学与技术处	250
9	MRI－ESM2－0	日本气象局气象研究所	100

2　研究方法

2.1　标准化降水蒸散指数

标准化降水蒸散指数（SPEI）[24]是一种广泛使用的气象干旱指数，SPEI 通过将潜在蒸散发与降水的差值的累积概率标准化来表征区域干湿状况偏离常年的程度。相对于标准化降水指数（SPI）仅考虑降水变化，SPEI 同时考虑气温因素，能够反映温升效应对干旱的影响，更加适用于气候变化下干旱演变规律的研究。本文选取 6 个月和 12 个月时间尺度的 SPEI 序列，分别对引江济淮工程水源区和受水区汛期（5—10 月）、非汛期（11 月—次年 4 月）及全年（1—12 月）3 个时期的干旱变化及遭遇风险进行研究。

利用引江济淮工程水源区和受水区月降水和气温数据计算 SPEI－6 和 SPEI－12 序列，分析水源区和受水区干旱演变规律。以每年 10 月份的 SPEI－6 值表征该年汛期干湿状况，每年 4 月份的 SPEI－6 值表征该年非汛期干湿状况，每年 12 月份的 SPEI－12 值表征该年整体干湿状况，并选择合适的边缘分布拟合不同时期的 SPEI 序列，最后基于 Copula 理论建立水源区和受水区 SPEI 的联合分布，评估两个区域干旱遭遇风险。

根据国家气象等级标准将干旱等级分为无旱、轻旱、中旱、重旱和特旱 5 个等级[25]，具体分级指标见表 2。

表 2 SPEI 干旱等级划分

等级	类型	SPEI
1	无旱	(−0.5,+∞)
2	轻旱	(−1.0,−0.5]
3	中旱	(−1.5,−1.0]
4	重旱	(−2.0,−1.5]
5	特旱	(−∞,−2.0]

2.2 Copula 理论

Copula 函数是用于构造不同边缘分布随机变量间联合分布的有效工具,在多变量水文频率分析中得到广泛应用。Copula 理论的核心是 Sklar 定理:以二维随机变量为例,若 $H(x,y)$是一个具有连续边缘分布的 $F(x)$和 $G(y)$的二元联合分布函数,则存在唯一的 Copula 函数 C,使得 $H(x,y)=C[F(x),G(y)]$。

采用 Copula 函数建立引江济淮工程水源区和受水区不同时期 SPEI 的联合分布,分析其干旱遭遇风险。首先需要选择合适的 SPEI 边缘分布,常用的水文频率分析的分布函数有广义极值分布(GEV)、P-Ⅲ型分布、威布尔分布(Weibull,WEI)和广义逻辑分布(GLO),利用极大似然法结合目估适线法估计分布参数,然后根据均方根误差(RMSE)、AIC(Akaike Information Criterion)信息准则和 Kolmogorov-Smirnov 方法(K-S 检验)进行拟合优度检验,选择最优分布作为 SPEI 边缘分布。表 3 给出了水源区和受水区 SPEI 不同分布函数的 RMSE、AIC 以及 K-S 检验的 p 值。综合对比多个指标,本文选取 P-Ⅲ型分布作为 SPEI 序列的边缘分布。

表 3 SPEI 边缘分布拟合优度

指标	分布函数	水源区			受水区			平均
		非汛期	汛期	全年	非汛期	汛期	全年	
RMSE	GEV	0.026 5	0.015 2	0.034 2	0.024 2	0.053 3	0.035 4	0.031 5
	P-Ⅲ	0.025 0	0.016 8	0.035 3	0.021 9	0.047 5	0.032 6	0.029 9
	WEI	0.029 2	0.016 8	0.037 1	0.024 4	0.045 4	0.029 7	0.030 4
	GLO	0.025 8	0.020 9	0.038 4	0.023 3	0.047 6	0.033 2	0.031 5
AIC	GEV	187.672	154.858	163.124	159.268	138.662	139.312	157.150
	P-Ⅲ	186.363	154.403	161.917	157.250	139.203	140.290	156.571
	WEI	187.612	155.161	161.995	158.669	138.171	139.799	156.901
	GLO	187.252	157.213	165.454	157.441	143.672	144.368	159.233

续表

指标	分布函数	水源区			受水区			平均
		非汛期	汛期	全年	非汛期	汛期	全年	
p 值	GEV	0.848	1.000	0.774	0.867	0.490	0.864	0.807
	P-Ⅲ	0.835	0.996	0.677	0.957	0.694	0.931	0.848
	WEI	0.839	0.999	0.669	0.861	0.766	0.940	0.846
	GLO	0.788	0.977	0.629	0.938	0.537	0.893	0.794

Copula 函数形式众多，采用 3 种常用的 Copula 函数建立不同区域 SPEI 的联合分布，分别为 Gumbel Copula、Clayton Copula 和 Frank Copula。然后计算不同 Copula 函数拟合的 AIC 值，具体见表 4。根据 AIC 平均值最小，选取 Clayton Copula 函数作为引江济淮工程水源区和受水区 SPEI 的联合分布函数。

表 4　不同 Copula 函数拟合的 AIC 值

Copula 函数	汛期	非汛期	全年	平均
Clayton	−28.63	−41.86	−36.85	−35.78
Gumbel	−25.55	−60.64	−20.84	−35.68
Frank	−22.40	−47.13	−27.04	−32.19

3　研究结果

3.1　干旱演变规律

3.1.1　干旱指数变化趋势

图 1 给出了水源区和受水区 SPEI－6 和 SPEI－12 序列变化，可以看出，水源区和受水区旱涝过程基本呈现周期性交替变化，SPEI－6 相对 SPEI－12 变化更为剧烈。对于水源区，1972 年、1978—1979 年、2011 年均发生了较为严重的干旱（重旱以上，SPEI＜－1.5）。对于受水区，1966 年、1978 年、1999—2001 年、2011 年均发生了较为严重的干旱。这与历史实际旱情[7,26-27]较为吻合。根据《中国气象灾害大典》，1966 年淮河流域春夏秋连旱，持续少雨，旱情严重，河南、安徽两省大部 4—11 月上旬总降水量为 300～450 mm，较常年同期偏少四成到五成。1978 年长江中下游大部分省份降水量为 30 年来最少的，3—8 月江淮地区大范围降水量较同期减少三成到八成，长江中下游 1—10 月降水量为有水文记录以来最低，淮河流域径流仅为常年的 1/3。以上结果表明，SPEI 能够较好地用于区域干旱情况的识别。

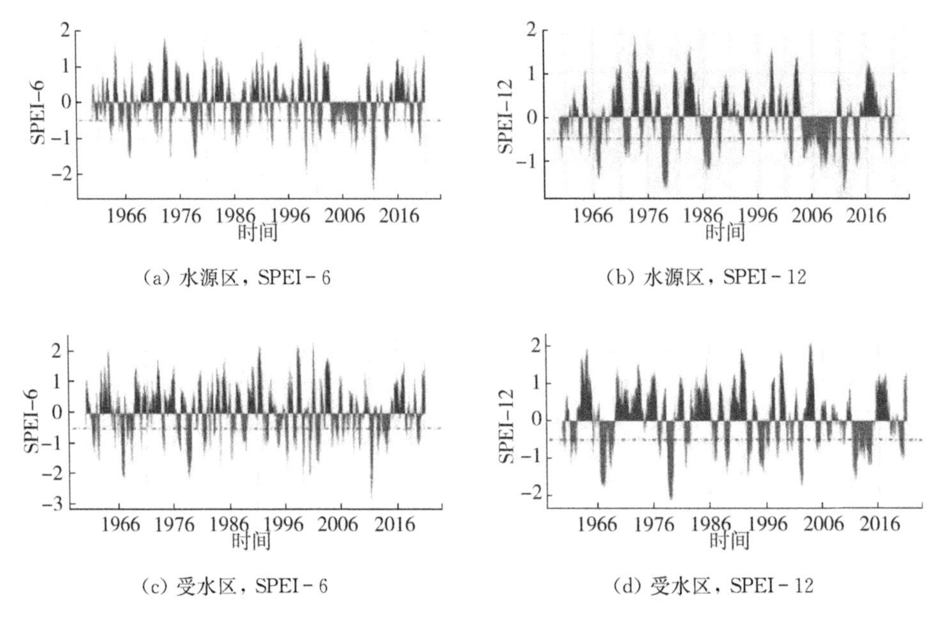

(a) 水源区，SPEI-6　　(b) 水源区，SPEI-12

(c) 受水区，SPEI-6　　(d) 受水区，SPEI-12

图1　水源区和受水区1960—2020年SPEI变化

根据线性回归方法分析计算水源区和受水区历史和未来情景下汛期、非汛期和全年SPEI序列的趋势，见图2。针对历史时期1960—2020年，两个区域非汛期和全年SPEI呈现下降趋势，而汛期为增加趋势，但趋势均不显著($p>0.05$)，在未来不同气候情景下，汛期和全年SPEI基本呈现显著的下降趋势($p<0.05$)，表明未来将面临更加干旱的趋势，尤其是高排放情景(SSP5-8.5)下变干趋势更显著，而非汛期SPEI则表现出增加的趋势，表明未来非汛期变干趋势会有一定减弱。

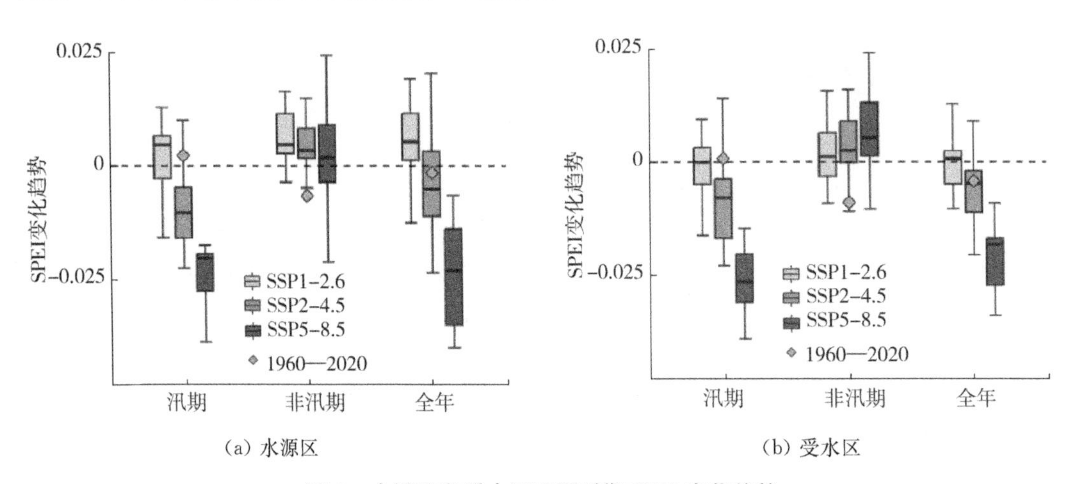

(a) 水源区　　(b) 受水区

图2　水源区和受水区不同时期SPEI变化趋势

3.1.2　干旱发生频率变化

根据SPEI序列值识别出当月干旱等级，并统计不同等级干旱发生频率(发生干旱月数与总月数之比)，分析历史(1960—2020年)和未来情景下水源区和受水区不同干旱等级发生频率，见图3。箱线图表示不同情景下9个气候模式的结果，黑点表示历史干旱发生频率。从整体来看，SPEI-6和SPEI-12的结果有较好的一致性。以SPEI-6为例，1960—2020年水源区和受水区发生干旱的频率分别为27.32%和29.78%，发生重旱以上干旱频率分别为2.05%和4.51%。气候模式结果显示，未来两个区域干旱发生频率明显增加，尤其是在高排放情景下特旱发生频率显著增加。对于水源区，在未来3个情景下干旱发生频率预计增加7.88%～23.64%，特旱发生频率预计增加3.87%～14.52%。受水区在未来情景下干旱发生频率预计增加7.21%～20.08%，特旱发生频率预计增加3.20%～13.86%。

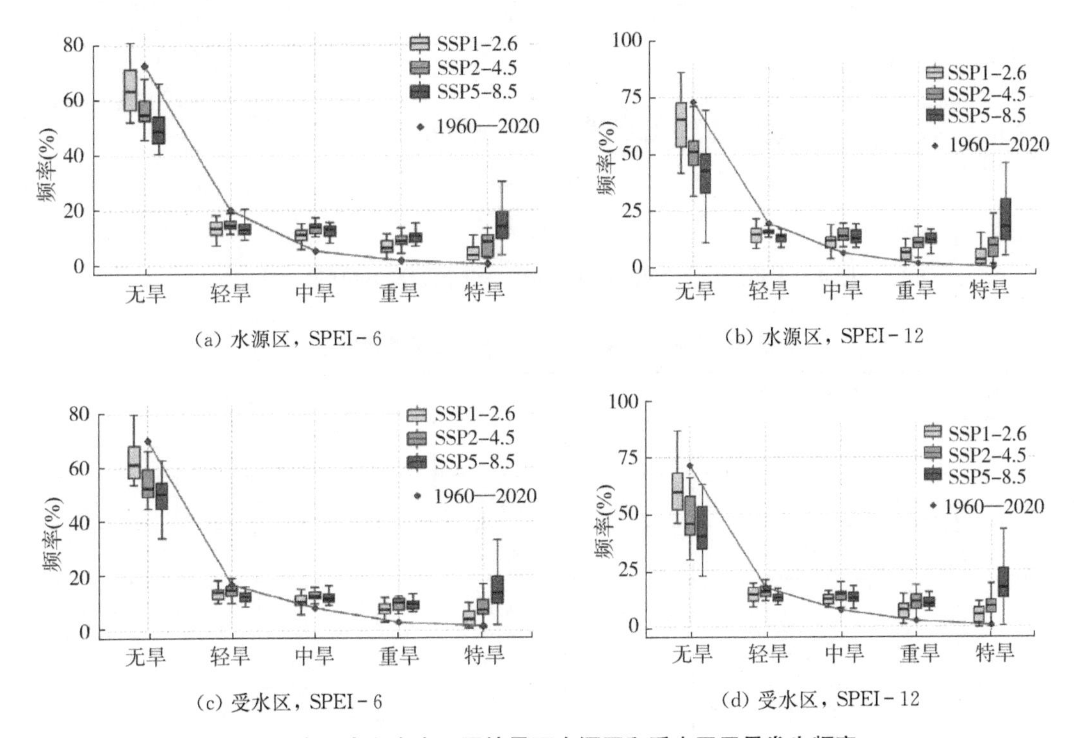

图3　在历史和未来不同情景下水源区和受水区干旱发生频率

3.2　干旱遭遇风险

3.2.1　历史干旱遭遇风险

根据1960—2020年引江济淮工程水源区和受水区不同时期SPEI序列，采用Clayton Copula函数建立两个区域SPEI的联合概率分布，见图4。图中实线为联合概率等值线，圆点为1960—2020年两个区域对应每年实际SPEI散点，其中实心点表示两个区域均发生中旱以上干旱(SPEI＜－1)，汛期、非汛期和全年两个区域干旱遭遇风险小于或接近0.01(重现期为100年)的年份分别为1966年、2011年和1978年。结合3.1.1节分析，这些年份水源区和受水区均发生了极端干旱事件，表明基于Clayton Copula函数建立的水源区和受水区 SPEI 的联合分布能够较好地模拟实际旱情及其遭遇情况。根据联合分布,可计算出水源区和受水区不同干旱等级遭遇概率,见表 5。不同时期水源区和受水区同时发生干旱的概率分别为汛期 17.87%、非汛期 23.36%、全年 15.89%,同时发生中旱以上等级干旱的概率为汛期 5.43%、非汛期 10.71%、全年 6.69%,发生特旱的概率均小于 1%。可以发现,非汛期干旱遭遇概率要明显大于汛期,这对调水工程效益发挥会产生巨大影响。

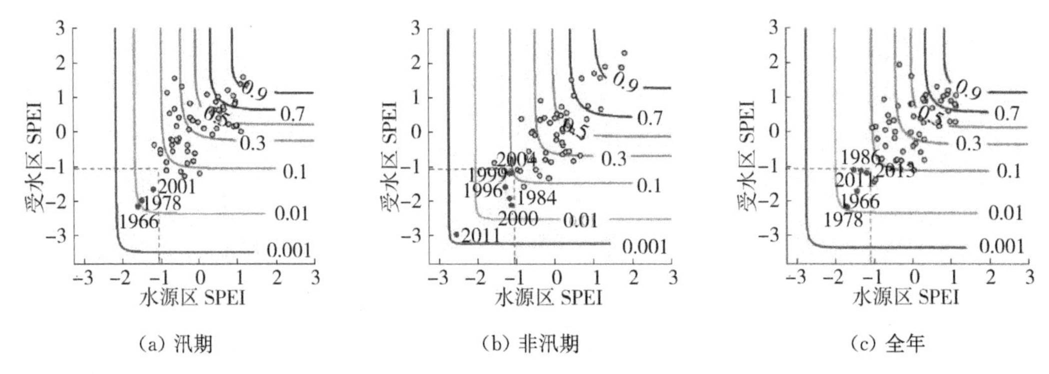

图 4 水源区和受水区 1960—2020 年不同时期 SPEI 联合分布

表 5 水源区和受水区不同干旱等级遭遇概率 单位:%

时间	受水区/水源区	无旱	轻旱	中旱	重旱	特旱
汛期	无旱	68.83	4.98	1.21	0.20	0.03
	轻旱	9.27	4.44	2.37	0.64	0.11
	中旱	1.07	1.35	1.90	1.44	0.64
	重旱	0.02	0.05	0.13	0.31	0.84
	特旱	0	0	0	0	0.15
非汛期	无旱	61.30	9.04	2.05	0.15	0.00
	轻旱	3.83	5.71	5.12	0.93	0.03
	中旱	0.25	0.84	3.11	3.27	0.44
	重旱	0.01	0.02	0.16	1.10	1.64
	特旱	0	0	0	0.02	0.98
全年	无旱	68.59	6.06	1.37	0.18	0.02
	轻旱	6.89	4.50	2.47	0.54	0.06
	中旱	0.95	1.49	2.25	1.38	0.31
	重旱	0.05	0.12	0.40	0.81	0.79
	特旱	0	0	0.02	0.07	0.66

3.2.2　未来干旱遭遇风险

根据未来不同气候情景数据计算出未来引江济淮工程水源区和受水区不同等级干旱的遭遇频率，见图5。箱线图表示在未来不同情景下近期（2025—2060年）和远期（2060—2100年）9个气候模式的干旱遭遇频率分布情况，圆点和方形点分别为1960—2020年历史干旱遭遇频率和2025—2100年未来气候模式平均干旱遭遇频率。表6中未来气候情景下干旱遭遇频率对应是模式平均值。从图5可以看出，未来汛期和全年干旱遭遇频率预计有明显增加，非汛期干旱遭遇频率略有降低。在未来不同情景下，汛期干旱遭遇频率预计增加19.32%～41.25%，重旱以上干旱遭遇频率增加8.15%～29.45%，全年干旱遭遇频率预计增加9.55%～33.55%，重旱以上干旱遭遇频率增加3.68%～21.98%，而非汛期干旱遭遇频率平均减少5.38%。在中高排放情景（SSP2－4.5和SSP5－8.5）下，远期干旱遭遇频率相对更高，如在SSP5－8.5情景下2060—2100年汛期特旱遭遇频率增加了33.66%，表明在中高排放情景下未来干旱遭遇频率呈增加的趋势。

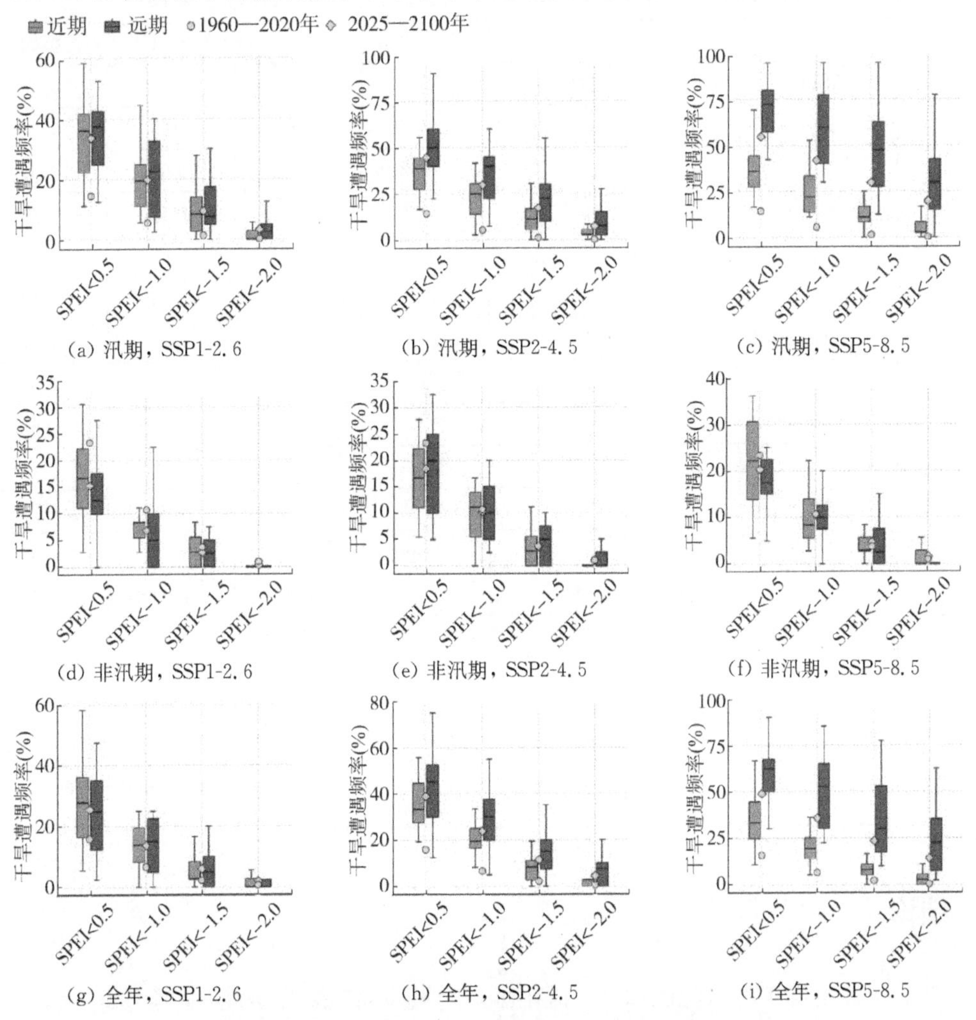

图5　在未来气候情景下水源区和受水区干旱遭遇频率

表 6　在未来气候情景下水源区和受水区干旱遭遇频率　单位:%

时间	情景	时期	轻旱	中旱	重旱	特旱
汛期	历史	1960—2020 年	14.39	5.43	1.31	0.15
	SSP1-2.6	近期	33.60	19.18	8.20	2.25
		远期	33.81	20.48	10.60	4.29
		2025—2100 年	33.71	19.86	9.46	3.32
	SSP2-4.5	近期	38.49	22.49	11.51	4.50
		远期	50.95	37.26	23.21	10.24
		2025—2100 年	45.05	30.26	17.67	7.52
	SSP5-8.5	近期	38.89	23.81	12.70	5.82
		远期	70.71	60.24	47.02	33.81
		2025—2100 年	55.64	42.98	30.76	20.55
非汛期	历史	1960—2020 年	23.36	10.71	3.74	0.98
	SSP1-2.6	近期	16.53	7.54	2.91	0.40
		远期	13.93	6.19	2.50	0.24
		2025—2100 年	15.16	6.83	2.69	0.31
	SSP2-4.5	近期	18.52	9.92	3.04	0.66
		远期	18.45	10.60	4.17	1.43
		2025—2100 年	18.48	10.28	3.63	1.07
	SSP5-8.5	近期	21.56	9.79	4.63	1.59
		远期	19.17	11.43	4.88	1.67
		2025—2100 年	20.30	10.65	4.76	1.63
全年	历史	1960—2020 年	15.89	6.69	2.33	0.66
	SSP1-2.6	近期	27.38	14.02	6.22	1.72
		远期	23.69	13.57	5.83	2.26
		2025—2100 年	25.44	13.78	6.02	2.01
	SSP2-4.5	近期	34.66	20.50	7.94	2.65
		远期	42.98	27.14	15.12	6.43
		2025—2100 年	39.04	24.00	11.72	4.64
	SSP5-8.5	近期	36.51	21.96	10.19	3.70
		远期	61.07	49.40	37.02	24.88
		2025—2100 年	49.44	36.40	24.31	14.85

4　结论

针对引江济淮工程水源区和受水区干旱遭遇风险问题展开研究，根据 1960—2020 年历史实测以及 CMIP6 未来不同气候变化情景下月降水和气温数据，基于 6 个月和 12 个月时间尺度的 SPEI 序列分析了历史和未来水源区和受水区干旱演变规律，采用 P－Ⅲ型分布作为 SPEI 的边缘分布，利用 Clayton Copula 函数构建水源区和受水区汛期、非汛期和全年 SPEI 的联合分布，定量评估了引江济淮工程水源区和受水区历史和未来的干旱遭遇风险，主要结论如下：

SPEI 能够较好地用于区域干旱情况的识别，水源区和受水区在 1966 年、1978 年、2001 年和 2011 年发生了严重干旱。1960—2020 年水源区和受水区发生干旱的频率分别为 27.32% 和 29.78%。在未来不同气候情景下汛期和全年 SPEI 呈现显著的下降趋势，而非汛期 SPEI 则表现出增加的趋势。在未来情景下，两个区域干旱发生频率均有明显增加，尤其高排放情景下特旱发生频率增加超过 10%。

基于 Clayton Copula 函数建立的水源区和受水区 SPEI 的联合分布能够较好地模拟实际旱情及其遭遇情况。非汛期水源区和受水区同时发生干旱的概率相对较高，比汛期高 5.49%。未来汛期和全年干旱遭遇频率预计有明显增加（10%～40%），非汛期干旱遭遇频率略有降低（平均约 5.38%）。在中高排放情景（SSP2－4.5 和 SSP5－8.5）下，远期干旱遭遇频率相对更高，表明未来干旱遭遇频率是增加的趋势。

气候模式结果显示未来近期干旱遭遇风险预计增加，这给调水工程效益发挥带来了巨大挑战。未来应加强节约用水管理并制定应急抗旱预案，加强调蓄工程建设和供水工程应急调度，加强受水区应急备用水源地保护和建设，提高水资源调控水平和供水保障能力，以更好地应对未来可能增加的干旱遭遇风险。

参考文献

[1] 谷丽雅，侯小虎，张林若. 浅谈国外跨流域调水工程现状、机遇和挑战[J]. 中国水利，2021(11):61-62.

[2] 田君芮，丁继勇，万雪纯. 国内外重大跨流域调水工程管理模式研究[J]. 中国水利，2022(6):49-52.

[3] 左其亭，杨振龙，路振广，等. 引江济淮工程河南受水区水资源利用效率及其空间自相关性分析[J]. 南水北调与水利科技（中英文），2023,21(1):39-47,75.

[4] 陶洁，王沛霖，王辉，等. 基于 A－NSGA－Ⅲ的引江济淮工程河南段水资源优化配置研究[J]. 水利水电科技进展，2023,43(6):111-119.

[5] 韵和. 引江济淮工程 铸国之重器 惠江淮人民[J]. 中国水利，2022(19):94-95.

[6] 祝东亮. 引江济淮工程调水对受水区水资源影响分析[J]. 治淮，2019(7):9-10.

[7] 张强，谢五三，陈鲜艳，等. 1961—2019 年长江中下游区域性干旱过程及其变化[J]. 气象学报，2021,79(4):570-581.

[8] 方国华，涂玉虹，闻昕，等. 1961—2015 年淮河流域气象干旱发展过程和演变特征研究[J]. 水利学报，2019,50(5):598-611.

[9] 何静，吕爱锋，张文翔. 气候变化背景下滇中引水工程水源区与受水区降水丰枯遭遇分析[J]. 南水北调与水利科技（中英文），2022,20(6):1097-1108.

[10] 石卫，雷静，李书飞，等. 南水北调中线水源区与海河受水区丰枯遭遇研究[J]. 人民长江，

2019,50(6):82-87.

[11] 王伟,钟永华,雷晓辉,等.引汉济渭工程水源区与受水区丰枯遭遇分析[J].南水北调与水利科技,2012,10(5):23-26,36.

[12] 马盼盼,白涛,武连洲,等.汉江干支流径流丰枯遭遇对跨流域调水的影响[J].水利水电技术,2017,48(8):13-17,106.

[13] 张璐,卢一杰,张增信,等.南水北调中线水源区和受水区干旱遭遇风险评估[J].南水北调与水利科技(中英文),2022,20(6):1148-1157.

[14] 佘江游,夏军,佘敦先,等.南水北调中线工程水源区与海河受水区干旱遭遇研究[J].南水北调与水利科技,2018,16(1):63-68,194.

[15] LIU X, LUO Y, YANG T, et al. Investigation of the probability of concurrent drought events between the water source and destination regions of China's water diversion project[J]. Geophysical Research Letters,2015,42(20):8424-8431.

[16] 方思达,刘敏,任永建.南水北调中线工程水源区和受水区旱涝特征及风险预估[J].水土保持通报,2018,38(6):263-267,276.

[17] 康玲,何小聪.南水北调中线降水丰枯遭遇风险分析[J].水科学进展,2011,22(1):44-50.

[18] 高月娇,黄生志,聂明秋,等.引汉济渭工程水源区与受水区的丰枯遭遇及动态变化[J].自然灾害学报,2022,31(6):162-173.

[19] 陈睿智,桑燕芳,王中根,等.丰枯遭遇对引汉济渭受水区水资源配置的影响研究[J].资源科学,2013,35(8):1577-1583.

[20] 丁志宏,冯平,张永.基于Copula模型的丰枯频率分析——以南水北调西线工程调水区径流与黄河上游来水的丰枯遭遇研究为例[J].长江流域资源与环境,2010,19(7):759-764.

[21] PENG S, DING Y, LIU W, et al. 1 km monthly temperature and precipitation dataset for China from 1901 to 2017[J]. Earth System Science Data,2019,11(4):1931-1946.

[22] 周天军,陈梓明,陈晓龙,等.IPCC AR6报告解读:未来的全球气候——基于情景的预估和近期信息[J].气候变化研究进展,2021,17(6):652-663.

[23] SONG Z, XIA J, SHE D, et al. Assessment of meteorological drought change in the 21st century based on CMIP6 multi-model ensemble projections over Chinese mainland[J]. Journal of Hydrology, 2021, 601:126643.

[24] VICENTE-SERRANO S M, BEGUERÍA S, LÓPEZ-MORENO J I. A multiscalar drought index sensitive to global warming: The standardized precipitation evapotranspiration index[J]. Journal of Climate, 2010,23(7):1696-1718.

[25] 中华人民共和国国家质量监督检验检疫总局,中国国家标准化管理委员会.气象干旱等级:GB/T 20481—2017[S].北京:中国标准出版社,2017.

[26] 刘建刚.2011年长江中下游干旱与历史干旱对比分析[J].中国防汛抗旱,2017,27(4):46-50.

[27] 夏军,陈进,佘敦先.2022年长江流域极端干旱事件及其影响与对策[J].水利学报,2022,53(10):1143-1153.

引江济淮工程(河南段)输水线路比选

吴 昊,李冠杰,郭深深

(河南省水利勘测设计研究有限公司,河南 郑州 450016;
河南省引江济淮工程有限公司,河南 商丘 476000)

摘 要:引江济淮工程(河南段)输水线路以豫皖省界为起点利用清水河通过泵站提水至试量闸上游,经鹿辛运河自流至鹿邑后陈楼调蓄水库,然后通过压力管道依次将水输送至柘城县和商丘市境内。初设阶段对工程输水线路做了进一步的比选,最终进行了优化调整。

关键词:引江济淮;河南段;输水线路

1 概述

引江济淮工程是由长江下游向淮河中游地区跨流域补水的重大水资源配置工程。引江济淮工程(河南段)通过西淝河引水入河南。引江济淮工程(河南段)可研阶段批复的输水线路为:以豫皖省界为起点利用清水河通过3级泵站提水至试量闸上游,经鹿辛运河自流至鹿邑后陈楼调蓄水库,然后通过压力管道依次将水输送至柘城县和商丘市境内。其中,清水河输水河道长48.4 km,鹿辛运河输水河道长16.5 km,鹿邑后陈楼调蓄水库—柘城七里桥调蓄水库段输水管线长30.9 km,柘城七里桥调蓄水库—商丘城湖调蓄水库段输水线路长40.6 km。

水规总院水总设〔2015〕1321号《水规总院关于引江济淮工程可行性研究报告审查意见的报告》中提出,初步设计阶段应进一步研究利用淮水北调工程的合理性,梳理江水北送不同布局方案的建设内容,计算各方案的全口径投资,进行技术经济比较,复核江水北送布局方案。

引江济淮工程(河南段)初步设计阶段,对输水线路布置进行了进一步的研究,设计和勘测单位对输水线路进行了多次查勘,补充了大量的勘察设计工作,确定了对柘城七里桥调蓄水库以后线路进行调整的方案。

2 输水线路比选方案

结合受水区地理位置,在可行性研究报告的基础上,初设阶段拟定了三个布置方案进行比选。

2.1 各方案线路布置

(1) 方案一输水线路布置

方案一输水线路即为可研阶段批复线路。主要包括清水河段输水河道、鹿辛运河段输水河道、鹿邑后陈楼调蓄水库—柘城七里桥调蓄水库段输水管线、柘城七里桥调蓄水库—商丘城湖调蓄水库段、古宋河段输水河道。本方案共布置4座调蓄水库,分别为试量调蓄水库、后陈楼调蓄水库、七里桥调蓄水库、城湖调蓄水库。结合方案一线路对供水配套工程进行了布置,根据主体工程输水线路布置和受水区水厂建设及规划情况,供水配套工程共布置输水线路8条。

(2) 方案二输水线路布置

可研批复输水线路利用了古宋河河道和睢阳区城湖调蓄水库,输水线路涉及大运河商丘段、宋国故城和归德府城墙3处全国重点文物保护单位。为便于本工程水质保护、水源地保护和文物保护,对可研方案线路进行部分调整,形成了方案二。

方案二中清水河段、鹿辛运河段、鹿邑后陈楼调蓄水库—柘城七里桥调蓄水库段输水线路布置和规模不变,柘城七里桥调蓄水库—商丘段的输水线路调整为2条规模较小的线路分别进行输水。一条仍采用原线路,供水目标为商丘市梁园区和睢阳区,该线路流量由可研方案的20.10 m^3/s减小为6.60 m^3/s;另一条为从七里桥调蓄水库向夏邑和永城直接供水,不绕行商丘,该段线路流量为13.80 m^3/s。

本方案在调整输水线路的同时对输水河道、建筑物和管线设计也进行了优化和调整,调蓄水库布置结合线路变化和地方城区规划进行调整。

结合方案二线路对供水配套工程进行了布置,根据主体工程输水线路布置和受水区水厂建设及规划情况,供水配套工程共布置输水线路7条。

(3) 方案三输水线路布置

方案三对输水管线进行重新布置,调整缩短鹿邑后陈楼调蓄水库—柘城—商丘段的输水线路,同时减少柘城境内柘城出水池至夏邑、永城分水口线路长度。根据上述原则,初拟后陈楼调蓄水库—柘城—商丘段线路沿省道S207西侧布置,柘城出水池布置在商丘市睢阳区包公庙乡西侧约5.6 km处,柘城七里桥调蓄水库位置和方案二一致,柘城出水池至七里桥调蓄水库之间通过配套工程连接。后陈楼调蓄水库—柘城出水池段管线长度32.09 km,柘城出水池至商丘新城调蓄水库段线路长度35.29 km。

线路初步拟定后经与所属市县相关部门沟通,认为线路初步布置方案存在以下四个主要问题:①线路布置穿过鹿邑县产业集聚区;②线路与拟建鹿邑县通用机场用地有交叉;③线路与在建禹亳铁路贾滩火车站用地有交叉;④按初步布置方案柘城出水池及向柘城、商丘和夏邑三地的泵站占地在商丘市睢阳区包公庙乡境内。

在与地方相关部门沟通后,结合商丘市、柘城县、夏邑各方意见,对线路进行调整优化:后陈楼调蓄水库—柘城出水池段管线在初步布置方案基础上向西调整,避开鹿邑县产业集聚区和鹿邑县通用机场用地,调整后线路长度28.48 km。将柘城出水池布置在柘城县老王集乡西侧约2.8 km处。柘城出水池至商丘新城调蓄水库段线路调整后长度为37.99 km。

方案三后陈楼调蓄水库—柘城—商丘段线路经优化调整后总长度减少 1.09 km，总长度差别不大，但优化后的线路避开了城市规划产业集聚区及机场等重要基础建设用地，且柘城出水池位于柘城县境内，有利于工程建设协调。

结合方案三线路对供水配套工程进行了布置，根据主体工程输水线路布置和受水区水厂建设及规划情况，供水配套工程共布置输水线路 7 条。

2.2 主要设计指标对比

三个方案分段线路输水规模对比见表 1，三个方案输水管道主要参数对比见表 2。

表 1 三个方案分段线路输水规模对比表

序号	输水线路	线路所含泵站工程	设计输水流量(m^3/s)		
			方案一	方案二	方案三
1	清水河输水线路	袁桥泵站	43.00	43.00	43.00
		赵楼泵站	42.00	42.00	42.00
		试量泵站	40.00	40.00	40.00
2	鹿辛运河输水线路	—	30.60	30.90	30.90
3	后陈楼调蓄水库—七里桥调蓄水库(柘城出水池)段	后陈楼泵站	22.64	22.90	22.90
4	七里桥调蓄水库(柘城出水池)—商丘段	七里桥泵站	20.10	6.60	6.60
5	七里桥调蓄水库(柘城出水池)—夏邑段	七里桥泵站	0	13.80	13.80

表 2 三个方案输水管道主要参数对比表

输水管道段	方案一		方案二		方案三	
	线路长度(km)	管径(m)×根数	线路长度(km)	管径(m)×根数	线路长度(km)	管径(m)×根数
后陈楼调蓄水库—七里桥调蓄水库(柘城出水池)段	30.90	3.8×2	29.88	3.0×2	28.48	3.0×2
七里桥调蓄水库(柘城出水池)—商丘段	40.60	3.6×2	39.92	2.2×1	37.99	2.2×1
七里桥调蓄水库(柘城出水池)—夏邑段	—	—	61.62	3.2×1	51.29	3.2×1

2.3 输水线路的比较与选定

从环境影响、文物保护、输水安全、地质条件、地方规划、移民占地、工程管理、施工条件、配套工程、投资等方面进行技术经济比选。

(1) 环境影响

上述三个方案对环境的影响差别不大。方案二、方案三均新增加了七里桥调蓄水库—夏邑输水管线。由于线路增加，方案二和方案三对环境影响稍大。方案一以城湖为调蓄水库，增加了水质保护难度。

(2) 文物保护

方案一涉及3处全国重点文物——大运河商丘段、宋国故城、归德府城墙,方案二、方案三避开城湖可避免对宋国故城和归德府城墙保护区产生影响。从文物保护的角度来看,方案二、方案三基本相同,均优于方案一。

(3) 输水安全

由于配套工程均采用单根管道输水,实际运行中管道条数对方案二、方案三两方案影响差距不大,水质影响则更为明显。综合而言,方案二、方案三优于方案一。

(4) 地质条件

经过对比,三个方案的各段输水线路地质情况相差很小,方案二和方案三新增的七里桥调蓄水库—夏邑段线路地质情况与七里桥调蓄水库—商丘段也基本相同。故认为三个方案地质条件相同。

(5) 地方规划

初步设计过程中经与地方结合,工程沿线县市认为方案二符合沿线城乡总体规划,并出具了相关文件。方案三中鹿邑—商丘段管道线路经过通柘煤矿柘城矿区运煤通道、货场货运站及矿务局规划区域。方案三线路与规划区域冲突。方案一和方案二与地方规划结合较好。

(6) 移民占地

通过对比,方案二和方案三工程占地基本相当,方案一最大。这主要是因为方案一中有城湖调蓄水库扩挖需要的占地面积以及搬迁人口。方案二、方案三减少了占地面积和搬迁人口,降低了征迁难度,便于工程实施。

从移民占地角度来看,方案二与方案三相当,方案一投资大、实施难度大。

(7) 工程管理

方案一、方案二两方案清水河—鹿辛运河段线路相同,工程管理方面完全一致,两方案区别主要在管线和调蓄水库。综合来看,方案一和方案二基本相同,方案三管理难度较大。

(8) 施工条件

方案二由于增加了线路长度,穿越数量较多,施工难点稍有增加,但与另两个方案没有大的差别,均没有制约因素。故认为三个方案基本相同。

(9) 配套工程

按照方案二的线路布置,各县(区)配套线路布置更加均衡,整体布局更为合理。方案二全口径投资少于方案一,可降低终端水价,有利于配套工程的顺利实施。

方案三中鹿邑—商丘段线路相对偏东布置,柘城配套线路有所增加。

综合分析,方案二最优,方案三次之,方案一较差。

(10) 投资对比

根据三个方案的工程布置,对三个方案的工程量和投资分别进行了计算。方案二、三根据鹿邑县规划情况,对后陈楼调蓄水库的形状和面积进行调整。

三个方案的投资对比见表3。方案二主体工程投资与方案一差别不大,方案三主体工程投资略小。

表 3　三个方案投资对比表　单位：万元

编号	工程或费用名称	方案一	方案二	方案三
1	主体工程投资	785 439.74	737 359.02	702 331.82
2	配套工程投资	615 386.91	455 020.57	465 320.64
3	总投资	1 400 826.65	1 192 379.59	1 167 652.46

方案一中夏邑和永城的分水口位于商丘，分水口至夏邑和永城需分别铺设 70.80 km 和 96.03 km 的输水管道。方案二和方案三中夏邑和永城的分水口位于夏邑县境内，距离夏邑和永城分别为 21.80 km 和 47.03 km，可减少 49 km 的输水线路。方案三与方案二相比，柘城县配套工程有一定的增加，考虑配套工程后方案三总投资相对较低，方案二比方案三总投资稍多，方案一总投资最大。

三个方案对比的主要结论见表 4。

表 4　三个方案对比主要结论

项目	对比结果
环境影响	方案一略有优势，方案二和方案三基本一致
文物保护	方案二、方案三基本相同，均优于方案一
输水安全	方案二、方案三基本相同，均优于方案一
地质条件	三个方案基本相同
地方规划	方案一、方案二与地方规划结合较好，方案三与规划有冲突
移民占地	方案二、方案三基本相同，方案一较差
工程管理	方案一、方案二基本相同，方案三工程安全运行有较大影响
施工条件	三个方案基本相同
配套工程	方案二较优，方案三次之，方案一较差
投资对比	全口径投资方案三最少，方案二稍高，方案一较高

三个方案的优缺点对比见表 5。

表 5　三个方案的优缺点对比

方案	优点	缺点
方案一	1. 利用城湖现有工程，解决永城调蓄的问题 2. 对环境影响较小 3. 施工难度小于方案二	1. 受地理位置及现状情况限制，古宋河和城湖调蓄水库的水质保护较困难 2. 工程实施过程中城湖及其周边的文物保护较困难 3. 全口径投资最高

续表

方案	优点	缺点
方案二	1. 输水安全性更高 2. 避免了对城湖区域文物的影响 3. 缩短了夏邑、永城的输水距离,有利于配套工程实施,整体布置更合理 4. 投资较低 5. 符合地方规划 6. 占地面积和搬迁人口较少	线路长,穿越工程数量较多
方案三	1. 避免了对城湖区域文物的影响 2. 全口径投资最低 3. 缩短了夏邑、永城的输水距离,有利于配套工程实施	1. 线路长、穿越工程数量较多 2. 所选线路通过通柘煤矿柘城矿区运煤通道、货场货运站及矿务局规划区域,与其规划相冲突

综合比较,方案一线路短,但与配套线路不衔接,水质保护困难,总体投资最大。方案二和方案三总体布置思路较为接近,方案三比方案二投资略低,方案三经过通柘煤矿建设规划区域,与其规划相冲突。方案二符合地方规划,易与配套线路衔接,便于实施和管理。

综合考虑,方案二整体布局较为合理,更有利于整个工程的实施和运行,具有优势。因此,将方案二作为引江济淮工程(河南段)初步设计阶段的推荐方案。

3 结论

经过上述比较,初设阶段对可研输水线路进行了调整。调整后清水河段、鹿辛运河段、鹿邑后陈楼调蓄水库—柘城七里桥调蓄水库段输水线路布置和规模不变,柘城七里桥调蓄水库—商丘段的输水线路调整为 2 条规模较小的线路分别进行输水。一条仍采用原线路,供水目标为商丘市梁园区和睢阳区,该线路流量由可研方案的 20.10 m^3/s 减小为 6.60 m^3/s;另一条为从七里桥调蓄水库向夏邑和永城直接供水,不绕行商丘,该段线路流量为 13.80 m^3/s。

由于对输水线路进行局部调整,取消了原城湖调蓄池,消除了可研方案中存在古宋河水质和城湖调蓄水库水质保护对工程的影响,减少了管道进入睢阳区对文物的影响,输水规模的减小使得穿越大运河商丘段文物保护区的难度大大降低。采用 2 条线路分别输水,目标更加明确,缩短了夏邑和永城所分配水量的输水距离。

参考文献

李朋.长距离输水管道工程规划设计要点归纳总结[J].河北水利,2023(7):34-35,38.

引江济淮工程(河南段)后陈楼加压泵站机组选型

刘团结,魏令伟,郑云龙

(河南省水利勘测设计研究有限公司,河南 郑州 450016;
河南省引江济淮工程有限公司,河南 商丘 476000)

摘　要: 本文简要介绍了引江济淮工程(河南段)后陈楼加压泵站水泵机组和辅机系统的选型过程。水泵机组的选择应满足泵站设计流量和泵站设计扬程要求。机组设备性能先进,结构、技术成熟,产品高效节能,运行安全可靠,以提高供水保证率。综合考虑各种不同组合的扬程工况,使泵站在各种工况下均能安全、稳定运行。设计工况下,水泵能满足泵站设计流量且水泵在高效率区运行,同时在最高扬程和最低扬程区间内能安全、稳定运行。机组安装、检修方便,便于维护和管理。辅机系统的选型应满足主机组的运行和检修需要。

关键词: 后陈楼加压泵站;机组选型;辅机系统选型

1　工程概况

引江济淮工程纵跨安徽省和河南省,是大型引调水工程。引江济淮工程(河南段)引水来自安徽境内西淝河,由西淝河上的龙德泵站将西淝河水送至河南境内的清水河。

引江济淮工程(河南段)利用清水河河道通过袁桥、赵楼和试量泵站逆流而上向上游输水至试量调蓄水库,经鹿辛运河自流至后陈楼调蓄水库,然后通过后陈楼加压泵站提水至七里桥调蓄水库,再通过七里桥加压泵站分别提水至新城调蓄水库和夏邑出水池。

引江济淮工程(河南段)输水线路布置图见图 1。引江济淮工程(河南段)共计 5 座泵站,分别为袁桥泵站、赵楼泵站、试量泵站、后陈楼加压泵站和七里桥加压泵站。

后陈楼加压泵站设计流量 22.9 m^3/s,泵站加压双管输水,输水管线全长 29.88 km,输水管径为 DN3000 mm,输水管材为 PCCP 管(水泥砂浆内衬)。

后陈楼加压泵站进水池最低水位 37.25 m,设计水位 39.45 m,最高水位 39.95 m。泵站出水池最低水位 42 m,设计水位 45.5 m,最高水位 46 m。

2　水泵选型

2.1　水泵型式确定

根据泵站进、出水池特征水位,确定泵站最高净扬程 8.75 m,设计净扬程 6.05 m,最

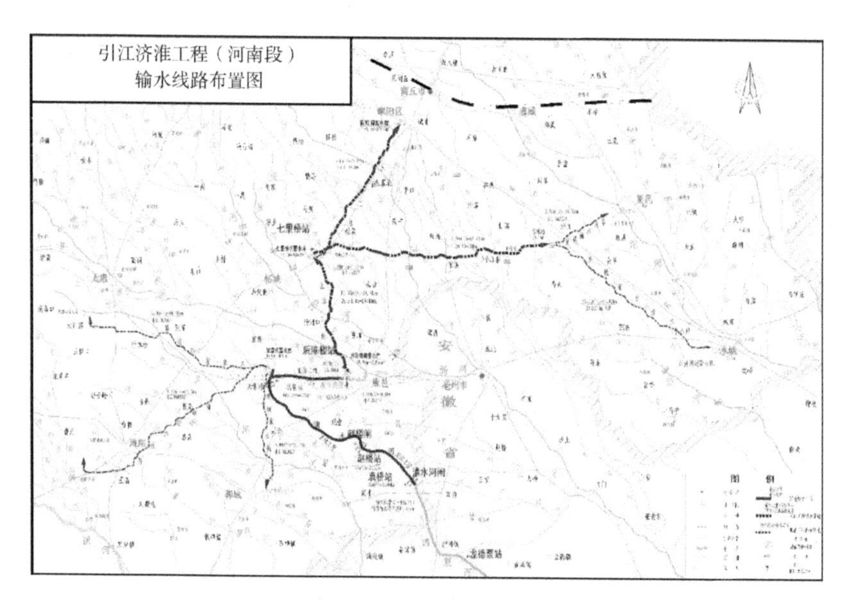

图 1　引江济淮工程(河南段)输水线路布置图

小净扬程 205 m。在设计工况下,根据泵站设计流量、输水距离、输水管路材质(PCCP管)及输水管径,计算输水管路沿程损失、局部损失和泵房内水力损失,最终确定泵站设计扬程 29.09 m。

泵站设计扬程在 15～50 m 时,泵站可选泵型有潜水电泵、双吸离心泵和立式蜗壳泵。由泵站技术参数可知,适合后陈楼加压泵站的水泵泵型有潜水电泵、单级双吸离心泵和立式蜗壳泵三种泵型。潜水电泵的单机提水流量相对偏小,且潜水电泵配套电机为潜水型,安装、运行维护和检修不便。立式蜗壳泵适用于大流量、高扬程泵站,且相对于双吸离心泵开挖深度深、跨度大且泵房结构复杂。在泵站投资方面,立式蜗壳泵站投资较大。综上所述,后陈楼加压泵站的泵型选用单级双吸离心泵。

2.2　装机台数及水泵性能参数确定

在泵站设计流量确定后,水泵台数多少直接影响着水泵选型、泵站工程投资及建成后的运行管理费用等。水泵台数少,选择的泵型就大;反之就小。大泵与小泵相比,效率高,能源消耗、运行费用和土建投资较节省,管理也较方便。因此,泵站装机台数不宜过多。

为避免开发新转轮,减少研发费用,节约工程投资,在水泵选型上应立足于现有产品。《泵站设计标准》(GB 50265—2022)中规定,共用一根出水总管,并联运行的水泵台数不宜超过 4 台。其原因在于并联台数越多,水泵扬程变化范围越大,对水泵流量和效率影响越明显,流量增大,效率降低。考虑到后陈楼加压泵站为双管输水,泵站工作泵台数按 4 台和 6 台分别从提水流量、效率、汽蚀性能、装机容量、运行灵活性和泵站投资等方面进行比较。工作泵台数 4 台时拟采用 S1400 - 14 型双吸离心泵,工作泵台数 6 台时拟采用 S1200 - 12 型双吸离心泵。

在泵站设计工况点,装机 4 台、6 台总提水流量能满足泵站规划提水流量。效率和效率范围:在设计扬程和最高扬程工况点下,装机 4 台效率均高于装机 6 台;在最低扬程工况点下，装机 4 台效率略低于装机 6 台。汽蚀性能：装机 6 台水泵的汽蚀性能稍优于装机 4 台。泵站主泵装机容量：4 台 8 960 kW，6 台 9 600 kW。装机 4 台总装机容量较装机 6 台低 640 kW。运行灵活性：装机 6 台最好，装机 4 台次之。泵站投资：通常情况下装机台数越少，投资就越小。因此，装机 4 台投资最小，6 台次之。

综合考虑泵站的主要功能及水泵选择满足泵站各种工况运行的要求，选择泵站装机 4 台主泵比较合适。考虑到后陈楼加压泵站为重要供水泵站且年运行小时数较多，设 2 台同容量的备用机组(每条输水线路各备用 1 台机组)。因此，后陈楼加压泵站共装机 6 台(4 用 2 备)。后陈楼加压泵站水泵性能参数见表 1，S1400 - 14 型水泵综合特性曲线见图 2。

表 1　后陈楼加压泵站水泵性能参数

项目		参数	备注
水泵性能参数	水泵型式	卧式单级双吸离心泵	中开式
	水泵型号	S1400 - 14	
	装机台数(台)	6	4 用 2 备
	转速(r/min)	425	
	扬程范围(m)	34～30～24	
	流量范围(m^3/s)	4.159～5.942～7.13	
	效率范围(%)	85～90～87	
	必需汽蚀余量(m)	10	
	水泵进口直径(mm)	1 400	
	水泵出口直径(mm)	1 200	

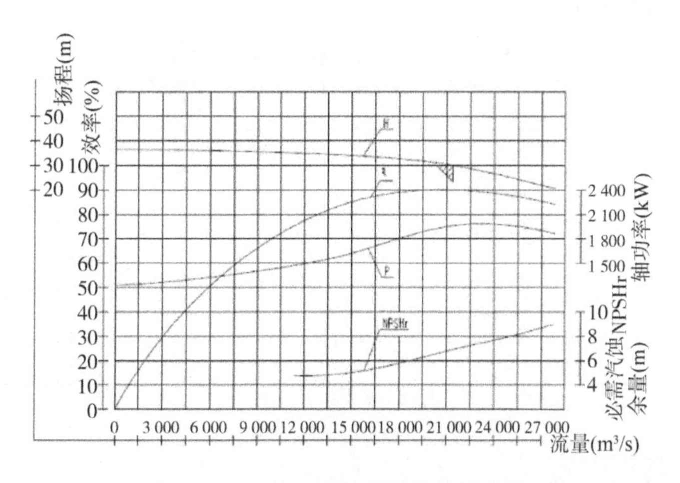

图 2　S1400 - 14 型水泵综合特性曲线

3 电机选型

电动机容量选择合适关系到整个泵站经济运行。电动机容量偏小,造成电动机长期过载运行,易烧毁电动机。电动机容量偏大,即储备系数偏大,电动机负载率偏低,电动机效率也随之降低,造成机组运行不经济。

通常与水泵配套的电动机的输出功率应大于水泵轴功率。电动机所具有的输出功率 $P_{配}$ 按下面公式计算

$$P_{配}=K\cdot 9.81\cdot Q\cdot H/(\eta_{传}\cdot \eta_{泵})$$

式中:$P_{配}$——电动机的输出功率(kW);

H——水泵最不利工作扬程(m);

Q——水泵在最不利工作扬程下的流量(m^3/s);

$\eta_{泵}$——水泵在最不利工作扬程下的效率(%);

$\eta_{传}$——传动效率(%);

K——功率备用系数,K 取值不小于 1.05。

与水泵配套的电机容量根据水泵所有运行工况下的最大轴功率进行选择,并留有一定的储备系数,储备系数按 1.05~1.20 选取。本泵站配套电机储备系数取 1.10。水泵所有运行工况下的最大轴功率为 1 978 kW。水泵与电机采用直联传动。

后陈楼加压泵站电动机的单机容量为 2 240 kW,根据《三相异步电动机经济运行》(GB/T 12497—2006)中电动机工作电压选择的规定,后陈楼加压泵站的电动机宜选用高压电动机。

考虑以往电网供电线路的电压等级普遍为 6 kV,电动机的额定电压以 6 kV 居多。随着电网结构的调整,10 kV 电压等级逐渐取代 6 kV 电压等级,且 6 kV 电动机和电气设备生产厂家较少,后期运行、维护成本增加,最终确定后陈楼加压泵站电动机的电压等级为 10 kV,电机性能参数见表 2。

表 2 后陈楼加压泵站电机性能参数

项目		参数	备注
电机性能参数	电机型式	卧式异步电机	
	电机型号	YSPKK630-8 IP54	变频
	额定功率(kW)	1 120	
	电压等级(kV)	10	
	额定转速(r/min)	740	
	效率(%)	95.2	

4 水泵安装高程确定

考虑到后陈楼加压泵站为重要供水泵站,安全要求较高,为便于自动化运行和管理,

水泵机组均采用自灌式启动。根据泵站进水池特征水位、水泵必需汽蚀余量、水泵控制尺寸及水泵吸水管管件控制尺寸等，综合确定后陈楼加压泵站的水泵安装高程为 34.10 m。

5 起重设备选择

为便于后陈楼加压泵站机组的安装检修和设备吊运，在泵房内设 1 套起重设备。结合泵房的设备布置以及水泵、电机的重量，按照设备安装检修及起吊最重件的要求，选取主钩起重量为 50 t、副钩起重量为 10 t 的 QD 型电动双梁桥式起重机。

6 辅机系统设计

6.1 油系统设计

油系统主要分为透平油系统和绝缘油系统。透平油供机组润滑、散热和液压操作用，绝缘油供变电设备及其他电器设备用。

根据泵站所选机型，泵站机组轴承均采用润滑油脂润滑，运行时加油量很少。该站内主变为油浸式变压器，站用变均为干式变压器，主变运行时加油量较少、更换间隔时间长，不需要大量储存和净化等。油的品种、牌号及油量按厂家提供资料要求加注，则泵站内不设储油设备和净化设施。

6.2 供水系统设计

后陈楼加压泵站供水主要包括机组技术供水、生活用水和消防用水，三者均单独布置。

机组技术供水主要是水泵轴承润滑用水。根据水泵机型的特点，水泵轴承润滑水源是从泵体引出，通过供水管路来供水，不再设技术供水泵。

为满足泵站内运行管理人员的生活用水需要，在泵房外合适位置暂打井 1 眼，井深暂定为 70 m，井口尺寸暂定为 300 mm，选择 1 台 150QJ5-100/14-4 型深井潜水泵作为生活供水泵。

6.3 排水系统设计

(1) 泵房内排水

后陈楼加压泵站的泵房为干式。为方便水泵进出水管路检修、维护及满足泵站渗漏排水的要求，泵站内设有 2 个集水井。每个集水井均设置 2 台排水泵，2 台排水泵 1 用 1 备，也可同时工作。排水泵为移动式。

在 2 个集水井内各设 1 套 MPM460W 型液位变送控制器，用以监测水位，从而控制水泵的启停。

(2) 泵站进水池检修放空排水

在泵站进水池检修或清淤时，需将进水池放空。由于泵站地面高程高于进水池水位，无法进行自流放空排水,必须采取强制排水措施。

6.4 水力监测系统设计

(1) 机组状态在线监测系统

机组状态在线监测系统能够在线连续监测机组运行过程中的振动、摆度、转速等参数,并长期记录对设备管理、诊断有用的数据,提供相关的数据、图形、曲线,可及时识别机组的状态,发现故障早期征兆,对故障原因、严重程度及发展趋势做出预判,从而及时消除故障隐患,避免破坏性事故发生;同时实施设备状态检修,可提高设备的可靠性,降低维修成本,提高运行管理水平。

机组状态在线监测系统测量内容有振动测量、温度测量、摆度测量、压力测量、转速测量,其由传感器检测单元、在线状态监测仪、分析和显示单元(包括软件、服务器)三大部分组成。

后陈楼加压泵站内共安装 6 台机组,每台机组在线监测测点均相同。

(2) 水位测量

后陈楼加压泵站进水池侧设置 1 套液位变送控制器,用以监测水位,从而进行水泵机组启停的自动控制。

7 水力机械设备布置

后陈楼加压泵站共布置 6 台机组,考虑到泵站运行的方便性等,后陈楼加压泵站的机组采用单列布置。

后陈楼加压泵站出水管为钢制多机一管布置,每 3 台机组合并为 1 条输水管道,共计 2 条 DN3000 的输水管道。机组间距为 11 m,起重机跨度为 17.50 m。

水泵安装高程 34.10 m。水泵进水管中心线高程为 32.56 m,水泵出水管中心线高程为 32.86 m,泵房底板高程为 30.7 m,进水池底板高程为 28.76 m。

8 结论

根据后陈楼加压泵站设计参数,最终确定泵站总装机台数为 6 台,4 用 2 备,水泵配套电机采用卧式异步变频电动机,电压等级 10 kV,电机转速 425 r/min。起重机和辅机系统的设计可满足泵站运行、检修需要。

参考文献

[1] 姜乃昌. 泵与泵站(第五版)[M]. 北京:中国建筑工业出版社,2007.
[2] 汤蕴璆. 电机学(第 5 版)[M]. 北京:机械工业出版社,2014.
[3] 中华人民共和国住房和城乡建设部. 泵站设计标准:GB 50265—2022[S]. 北京:中国计划出版社,2022.

引江济淮工程(河南段)专业项目处理方案综述

李小舟,吕保生,郑云龙

(河南省水利勘测设计研究有限公司,河南 郑州 450016;
河南省引江济淮工程有限公司,河南 商丘 476000)

摘 要: 引江济淮工程(河南段)主要是利用清水河、鹿辛运河和压力管道向周口和商丘7县2区提供城镇生活和工业用水,工程线路距离长、影响专业项目多。针对本工程影响专业项目的特点,提出专业项目处理方案,推动工程和谐、顺利实施。

关键词: 引江济淮;河南段;专业项目;方案

1 工程概况

引江济淮工程是由长江下游向淮河中游地区跨流域补水的重大水资源配置工程,工程沟通了长江、淮河两大水系,输水航运线路穿越长江经济带、合肥经济圈、中原经济区三大发展战略区,其主要工程效益包括解决淮河干旱缺水、发展江淮航运、改善巢湖及淮河水生态等。按工程所在位置、受益范围和主要功能,自南向北划分为引江济巢、江淮沟通和江水北送三部分。

引江济淮工程(河南段)属于江水北送的一部分,主要是利用清水河、鹿辛运河和压力管道向周口和商丘7县2区提供城镇生活和工业用水。输水线路总长度为195.14 km,总投资约73亿元。

2 移民安置概况

工程移民安置规划设计内容包括建设用地范围及实物、农村移民安置规划、专业项目处理、补偿投资概算。

工程建设用地范围涉及直管县鹿邑县,周口市的郸城县及商丘市的柘城县、睢阳区、虞城县、夏邑县,共6个县(区)。主要实物成果为:工程总用地面积29 873.28亩*,其中永久征地4 862.54亩,临时用地25 010.74亩;农村居民拆迁211户,涉及安置的共190户676人。农村副业19户。拆迁各类房屋45 906.31 m^2;影响专项线路1 276条。移民安置补偿投资11.099 2亿元。

---

* 1亩≈666.67 m^2。

3 专业项目处理方案

3.1 影响情况

本工程影响专业项目包括输变电工程设施、通信工程设施、广电工程设施及各类管道,共涉及专项管线 1 276 条,其中电力线路 281 条、通信线路 849 条、广电线路 54 条、各类管道 92 条。

(1) 电力线路

本工程共影响电力线路 281 条,其中 400 V 线路 137 条、10 kV 线路 129 条、35 kV 线路 12 条、110 V 线路 3 条。400 V 线路中有 89 条为地埋电缆,其余均为架空线路,占压线杆(塔)。

(2) 通信线路

本工程共影响通信线路 849 条,其中架空线路 813 条、地埋线路 36 条。架空线路中 5 条线路不占压线杆,且架线高度大于 6 m,其余均占压线杆。

(3) 广电线路

本工程共影响广电线路 54 条,均为架空线路,占压线杆。

(4) 管道

本工程共影响管道 92 条,其中饮水安全供水管道 88 条、燃气管道 3 条、污水管道 1 条。涉及饮水安全供水管道均位于工程管道用地范围内,与工程管道交叉;3 条燃气管道中有 1 条西气东输燃气管道在商丘市睢阳区境内与工程管道交叉,1 条位于虞城县境内 203 省道西侧与工程管道交叉,1 条位于鹿邑县境内、清水河底部,因工程疏挖河道受影响。

影响专项线路汇总详见表 1。

表 1 影响专项线路汇总表

序号	市	县、区	电力(条)	通信(条)			广电(条)	管道(条)	合计	
				架空	地埋	合计	架空		条	km
1	周口市	郸城县	2	8		8			10	
2	鹿邑县		35	251	6	257	14	1	307	14.26
3	商丘市	柘城县	56	192	15	207	13	37	313	46.78
4	商丘市	睢阳区	167	238	3	241	27	38	473	48.48
5	商丘市	虞城县	9	56	7	63		9	81	14.85
6	商丘市	夏邑县	9	68	5	73		7	89	7.06
7	商丘市	市电业局	3						3	
	商丘市合计		244	554	30	584	40	91	959	117.17
合计			281	813	36	849	54	92	1 276	131.43

3.2　处理原则及标准

对于电力、通信、广电、管道等需要复建的专项设施，按“原规模、原标准、恢复原功能”的原则复建规划，复建后架空线路净高应不低于 6 m，以满足工程施工要求。对管道开挖区不占压杆(塔)且满足 6 m 净高的架空线路，不予处理。对已经失去原有功能不需恢复重建的专项设施给予合理补偿，不再进行复建。

专项设施复建规划应遵循“原规模、原标准、恢复原功能”的原则，凡扩大规模或提高标准的，所增加投资由有关产权部门自行解决。

3.3　处理方案

专业项目处理规划及投资原则上由产权单位按照工程设计单位提供的工程设计、施工要素提出处理措施及费用，由设计单位复核后纳入报告；未提供处理方案及投资的，由设计单位根据处理原则结合实际情况规划处理方案，参照省内在建工程标准计算投资。

(1) 架空线路

包括电力、广电及通信线路。对于开挖区占压杆(塔)的线路，将杆(塔)移出复建并满足工程要求，对于不占杆但架线高度较低不满足工程要求的线路，将杆升高，以满足工程要求；对于不占杆且架线高度较高、满足工程要求的线路，不予处理。

(2) 地埋线路

均为通信线路。对于与工程管道交越的线路，可采取临时架空线路保通，待工程管道施工后恢复直埋，也可采取顶管处理方式；位于清水河底部地埋线路采取直埋改迁处理方式。

(3) 管道

对占压的供水管道，根据受影响情况分别采取拆除重建及保护的处理方式，按实际工程量计算迁建费用。对位于商丘市睢阳区境内与工程管道交叉的西气东输燃气管道，采取保护措施；对位于鹿邑县境内、清水河底部的另一条燃气管道，采取河底直埋迁建方式。

本工程影响的专项线路涉及供电公司、移动公司、联通公司、电信公司、通信传输局、广电公司、水利局(水务局)、市政公用设施养护中心、燃气公司等单位，设计单位与各专项产权单位现场逐一调查后，原则上由产权单位按照设计单位提供的工程设计、施工要素等对影响的专项线路提出处理措施及费用，经设计单位复核后纳入报告，未提出处理方案及投资的，由设计单位根据处理原则结合实际情况规划处理方案，对需要改建的线路按不同等级、规格计算投资。

(4) 文物古迹及矿产资源

①文物古迹。鉴于地上文物普查、保护及不可预见的地下文物勘探、考古发掘均需要一定的费用，根据河南省文物局重点项目建设文物保护办公室、河南省文物考古研究院于 2016 年 12 月联合编制的《引江济淮工程(河南段)文物调查及文物保护规划报告》，本工程共涉及文物点 11 处，拟进行考古勘探的 9 处。

②矿产资源。根据河南省地质矿产勘查开发局第二地质环境调查院编制的《引江济淮工程(河南段)建设用地拟压覆矿产资源储量核实报告》及评审意见,由于引江济淮工程(河南段)建设用地拟压覆河南省商丘地区胡襄煤普查区内的煤炭资源埋藏深度大于1 500 m,依据《河南省国土资源厅关于进一步规范建设项目压覆重要矿产资源补偿工作的意见》(豫国土资规〔2016〕1 号)文件精神,暂不补偿。

引江济淮工程(河南段)资金筹措方案分析

孙 熙,王 兵,赵 鹏

(河南省水利勘测设计研究有限公司,河南 郑州 450016;
河南省引江济淮工程有限公司,河南 商丘 476000)

摘 要:引江济淮工程(河南段)是以城乡供水为主,兼顾改善水生态环境的跨流域调水工程,供水对象是周口和商丘7县2区的城乡生活和工业用水。工程调水线路长,涉及安徽和河南两省,成本测算较为复杂,尤其是年运行费;另外静态总投资较大,水价方案的确定对工程的建设和运行产生一定程度的影响。针对受水区经济发展水平,提出供水水价,复核贷款能力,推荐资金筹措方案,推动工程建设健康发展。

关键词:引江济淮;河南段;费用分摊;水价;资金筹措

1 工程概况

引江济淮工程沟通长江、淮河两大水系,穿越长江经济带、合肥经济圈和中原经济区三大区域发展战略区,地跨皖豫2省15市55县(市、区),是由长江下游向淮河中游地区跨流域补水的重大水资源配置工程。工程开发任务为以城乡供水和发展江淮航运为主,结合灌溉补水和改善巢湖及淮河水生态环境。工程建成后可向安徽省安庆、合肥、六安、淮南、蚌埠、阜阳、亳州7个市以及河南省周口、商丘2个市等部分地区供水。

引江济淮工程(河南段)属于江水北送的一部分,工程任务是以城乡供水为主,兼顾改善水生态环境,无航运任务和农业灌溉任务。输水线路总长度195.14 km,总工期5年,工程静态总投资72.57亿元。

2 水量分配方案

规划2030年引江口多年平均引江毛水量33.02亿m^3,其中给河南省供水的引江口门水量为6.90亿m^3,两省交界处多年平均水量为5.41亿m^3(袁桥站水量),其中城镇生活供水1.89亿m^3,城镇工业供水2.94亿m^3,城镇供水合计4.83亿m^3,农村生活供水0.58亿m^3;河南段口门水价即主体工程末端多年平均水量为5.00亿m^3,其中城镇生活供水1.74亿m^3,城镇工业供水2.72亿m^3,城镇供水合计4.46亿m^3,农村生活供水0.54亿m^3。

规划2040年引江口多年平均引江毛水量43.00亿m^3,其中给河南省供水量的引江口门水量为8.88亿m^3,两省交界处多年平均水量为6.86亿m^3(袁桥站水量),其中城镇生活供水2.63亿m^3,城镇工业供水3.55亿m^3,城镇供水合计6.18亿m^3,农村生活供水0.68亿m^3;河南段口门水价即主体工程末端多年平均水量为6.34亿m^3,其中城镇生活供水2.43亿m^3,城镇工业供水3.28亿m^3,城镇供水合计5.71亿m^3,农村生活供水0.63亿m^3。

3 费用分摊及成本测算

引江济淮工程(河南段)的工程任务是以城乡供水为主,投资按城镇供水量和农村供水量的比例分摊。

3.1 总成本费用

融资后总成本费用包括折旧费、年运行费和财务费用等,融资前总成本费用包括折旧费和年运行费。

(1) 折旧费

工程按年限平均法折旧,计算中采用综合年折旧率测算,详见公式(1)。综合折旧率为各类固定资产的折旧率加权平均而得,根据不同项目类别按规范分别选取折旧年限。河道、渠道等土建工程50年,机电设备25年,金属结构25年,其他设施采用20年。经计算,综合年折旧率为2.22%。除机电设备和金属结构外的建筑物及建筑工程考虑2%的残值率。经测算,折旧费为1.61亿元。

$$\text{折旧费}=\text{固定资产原值}\times(1-\text{残值率})\times\text{综合年折旧率} \tag{1}$$

(2) 年运行费

年运行费包括材料费、燃料及动力费、修理费、职工薪酬、管理费、其他费用、固定资产保险费、购水水费等。根据相关规范,固定资产原值作为成本测算的基数时,材料费、修理费、保险费等项采用扣除占地淹没补偿费用后的值。本工程中燃料及动力费主要为抽水电费费用,根据水机专业所提抽水耗电量,综合考虑河南各行业用水量及提水扬程,测算综合提水电价为0.758 2元/(kW·h)。河南向安徽的购水水费为省界处供水量乘以可研批复省界处水价。经测算,年运行费为12.60亿元。

3.2 费用分摊

远期设计水平年2040年河南段主体工程末端城镇供水量5.71亿m^3、农业供水量0.63亿m^3,保证率均为95%。投资分摊由城镇供水和农村生活供水二者分摊,并按多年平均供水量分摊。城镇供水、农村生活供水分摊投资比例分别为90.08%、9.92%。经测算,城镇供水分摊投资65.37亿元,农村生活供水分摊投资7.20亿元。

3.3 成本测算

年运行费和总成本费用分摊计算时,购水费按城镇、农村生活各自供水量和购水水价计算,其余分项按城镇供水、农村生活供水的分摊投资比例计算。

经测算,城镇供水总成本费用13.17亿元,年运行费11.72亿元,成本水价2.30元/m³,其中运行成本水价2.05元/m³。

农村生活供水总成本费用1.04亿元,年运行费0.88亿元,成本水价1.66元/m³,其中运行成本水价1.40元/m³。

4　可承受水价分析

4.1　城镇可承受水价分析

4.1.1　城镇居民用水可承受水价分析

城镇居民用水可承受能力测算主要采用两种方法:水费支出能力指数法、水价增长趋势法。

(1) 水费支出能力指数法

城镇居民生活用水水价承受能力主要依据居民水费支出占可支配收入的比重分析。根据世界银行及相关机构的研究成果,家庭或个人水费支出占其可支配收入的比重为3%~5%为可行。根据建设部(现住房和城乡建设部)《城市缺水问题研究报告》的成果,我国城市居民生活用水水费支出占家庭平均收入的2.5%~3%比较合适。根据国内外统计资料,城市居民的全年水费支出占其年可支配收入的1.5%~3%是可以接受的。通过受水区2012年水价调查,水费支出基本占低收入人群可支配收入的0.8%~1.1%。综合项目区已往年份的水费支出比例,不宜超过低收入人群可支配收入的2%。

2012年引江济淮工程受水区城镇居民可支配收入平均为17 408元,低收入人群可支配收入为11 495元。根据近十年引江济淮工程受水区城镇居民可分配收入增长趋势,2005—2012年河南省人均可支配收入增长率为13%,预测2010—2020年按年均增长率6%计算,2030年按年均增长4%计算,2040年按年均增长2%计算。考虑到河南省缺水较严重,低收入人群全年水费占其可支配收入的比例为1.6%。预测2030年引江济淮工程河南省受水区城镇居民低收入人群可支配收入27 120元,测算城镇用户可接受水价为6.60元/m³;2040年河南省受水区城镇居民低收入人群可支配收入为33 059元,可接受水价为7.63元/m³。受水区2030年、2040年各市城镇生活可承受水价分析见表1和表2。

表1　受水区2030年各市城镇生活可承受水价分析

地区	2030年城镇居民可支配收入(元)	2030年城镇居民低收入人群可支配收入(元)	城镇居民生活用水定额[L/(p·d)]	城镇居民生活用水水价(元/m³)	水费支出系数(%)
商丘市	43 203	27 017	180	6.58	1.6
周口市	38 935	27 224	180	6.63	1.6
河南省	41 069	27 120	180	6.60	1.6

表 2 受水区 2040 年各市城镇生活可承受水价分析

地区	2040 年城镇居民可支配收入(元)	2040 年城镇居民低收入人群可支配收入(元)	城镇居民生活用水定额[L/(p·d)]	城镇居民生活用水水价(元/m^3)	水费支出系数(%)
商丘市	52 664	32 933	190	7.60	1.6
周口市	47 462	33 186	190	7.66	1.6
河南省	50 063	33 059	190	7.63	1.6

(2) 水价增长趋势法

统计分析河南省城镇居民 2003—2012 年水价平均增长率为 9.77%。考虑经济增长未来发展有所放缓的实际,预测到 2030 年增长率降低 2 个百分点,2040 年再降低 2 个百分点。按照此增长趋势,预测河南省 2030 年水价为 10.76 元/m^3,2040 年为 13.46 元/m^3,详见表 3。

表 3 受水区城镇生活可承受水价分析(水价增长趋势)

地区	2003 年执行水价(元/m^3)	2012 年执行水价(元/m^3)	水价增长率(%)	2030 年水价(元/m^3)	2040 年水价(元/m^3)
商丘市	1.2	2.79	8.80	9.12	10.38
周口市	1.0	2.80	10.84	12.87	17.88
河南省	1.1	2.80	9.77	10.76	13.46

(3) 推荐方案

淮河中游人口众多、资源丰富,是国家重要粮仓和能源基地,也是我国水多、水少、水脏并重的典型流域。该区域以农业经济为主导,经济相对落后,是中部和东部地区的经济洼地。受水区域与全国同类城市相比也处于相对落后状态,可承受水价不宜超过低收入人群可支配收入的 2%。考虑到河南省缺水较严重,河南省按照可支配收入的 1.6%取值,河南省最大可承受水价 2030 年为 6.60 元/m^3、2040 年为 7.63 元/m^3。

若按河南省最大可承受水价计算,并考虑污水处理费的涨价(2012 年 0.65 元/m^3、2030 年涨至 1.20 元/m^3、2040 年涨至 1.80 元/m^3)、管网输水费和水厂处理费的涨价(2012 年 1.27 元/m^3、2030 年涨至 1.80 元/m^3、2040 年涨至 2.20 元/m^3)、配套工程水价按照淮水测算的微利水价 1.20 元/m^3(淮水北调成本水价 1.00 元/m^3),反推最大可承受原水价 2030 年为 2.40 元/m^3、2040 年为 2.43 元/m^3。结合同类工程经验,原水水价一般占总水价的 1/3,推算最大可承受原水价 2030 年为 2.20 元/m^3、2040 年为 2.54 元/m^3。

推荐河南省最大可承受原水价 2030 年为 2.40 元/m^3、2040 年为 2.43 元/m^3,详见表 4。

表 4 受水区城镇生活可承受水价分析(推荐方案) 单位:元/m^3

省份	水平年	用户可承受水价	污水处理费	管网输水费和水厂处理费	配套工程水价	工程输出水价	按照原水水价占总水价的 1/3
河南	2030 年	6.60	1.20	1.80	1.20	2.40	2.20
	2040 年	7.63	1.80	2.20	1.20	2.43	2.54

4.1.2　工业用水可承受水价分析

工业企业用水对水价的承受能力根据工业用水成本占工业产值的比例分析确定。

据有关资料统计，工业用水支出占工业产值的3%，是工业企业对工业用水是否重视的临界值。根据国内外统计资料，城市居民的全年水费支出占工业产值的2%～5%是可以接受的。引江济淮区域以农业经济为主导，经济相对落后，是中部和东部地区的经济洼地。受水区域与全国同类城市相比也处于相对落后状态，河南省可承受水价不宜超过工业产值的1.5%。考虑到未来节水力度加大，工业用水定额降低，由于节水已投入大量资金，2040年河南省可承受水价不宜超过工业产值的1.2%，详见表5。

表5　受水区城镇工业可承受水价分析表

地区	2030年			2040年		
	万元产值取水定额(m^3/万元)	水费支出比例(%)	工业可承受水价(元/m^3)	万元产值取水定额(m^3/万元)	水费支出比例(%)	工业可承受水价(元/m^3)
商丘市	21	1.5	7.14	13	1.2	9.23
周口市	18	1.5	8.33	12	1.2	10.00
河南省	20	1.5	7.50	13	1.2	9.23

可见，河南省用户断面工业企业可承受水价2030年为7.50元/m^3、2040年为9.23元/m^3。

若按河南省最大可承受水价计算，并考虑污水处理费的涨价(2012年0.79元/m^3、2030年涨至1.50元/m^3、2040年涨至2.50元/m^3)、管网输水费和水厂处理费的涨价(2030年涨至2.00元/m^3、2040年涨至2.60元/m^3)、配套工程水价按照淮水测算的微利水价1.20元/m^3(淮水北调成本水价1.00元/m^3)，反推最大可承受原水价2030年为2.80元/m^3、2040年为2.93元/m^3。结合同类工程经验，原水水价一般占总水价的1/3，推算最大可承受原水价2030年为2.50元/m^3、2040年为3.07元/m^3，详见表6。

推荐河南省最大可承受原水价2030年为2.80元/m^3、2040年为2.93元/m^3。

表6　受水区城镇工业可承受水价组成分析表　　单位：元/m^3

省份	水平年	用户可承受水价	污水处理费	管网输水费和水厂处理费	配套工程水价	工程输出水价	按照原水水价占总水价的1/3
河南	2030年	7.50	1.5	2.00	1.20	2.80	2.50
	2040年	9.23	2.5	2.60	1.20	2.93	3.07

4.1.3　城镇用水综合可承受水价分析

根据规划水资源配置方案，河南省2030年项目主体工程末端城镇生活供水量为17 455万m^3，工业供水量为27 165万m^3，加权平均后2030年城市主体工程末端可承受水价为2.64元/m^3；2040年项目主体工程末端城镇生活供水量为24 336万m^3，工业供水量为32 809万m^3，加权平均后2040年城市主体工程末端可承受水价为2.72元/m^3，详见表7。

表 7 受水区城镇综合可承受水价

省份	水平年	生活配置水量（万 m^3）	工业配置水量（万 m^3）	生活可承受水价（元/m^3）	工业可承受水价（元/m^3）	综合可承受水价（元/m^3）
河南	2030 年	17 455	27 165	2.40	2.80	2.64
	2040 年	24 336	32 809	2.43	2.93	2.72

4.2 农村可承受水价分析

农村居民用水水价承受能力计算参照城镇生活用水测算方法，主要依据居民水费支出占可支配收入的比重分析。考虑到受水区农村发展水平较低，农民收入普遍不高的实际情况，2030 年农村居民可承受水价采用人均可支配收入的 0.8%测算。根据《河南统计年鉴 2023》，2012 年引江济淮工程受水区农村居民可支配收入平均为 6 313 元。可见现状农村人均收入水平远低于城市，城乡差距较大。考虑到我国加快发展农村经济和缩小城镇化差距政策的实施，未来农村经济会加速发展，人均收入增长率将快于城镇，预测 2010—2020 年按年均增长率 8%计算，2030 年按年均增长 6%计算，2040 年按年均增长 4%计算。预测 2030 年引江济淮工程河南省受水区农村居民可支配收入为 20 926 元，按照全年水费占年可支配收入的 0.8%测算农村用水户可接受水价为 5.73 元/m^3。预测 2040 年引江济淮工程河南省受水区农村居民可支配收入为 30 975 元，按照全年水费占年可支配收入的 0.8%测算农村用水户可接受水价为 6.79 元/m^3。受水区 2030 年、2040 年农村生活可承受水价分析表见表 8、表 9。

表 8 受水区 2030 年农村生活可承受水价分析表

地区	2030 年农村居民可支配收入(元)	农村居民生活用水定额[L/(p·d)]	农村居民生活用水水价（元/m^3）	水费支出系数(%)
商丘市	21 302	80	5.84	0.8
周口市	20 549	80	5.63	0.8
河南省	20 926	80	5.73	0.8

表 9 受水区 2040 年农村生活可承受水价分析表

地区	2040 年农村居民可支配收入(元)	农村居民生活用水定额[L/(p·d)]	农村居民生活用水水价（元/m^3）	水费支出系数(%)
商丘市	31 532	100	6.91	0.8
周口市	30 418	100	6.67	0.8
河南省	30 975	100	6.79	0.8

若按河南省最大可承受水价计算，并考虑污水处理费的涨价(2012 年 0.65 元/m^3，2030 年涨至 1.20 元/m^3、2040 年涨至 1.80 元/m^3)、管网输水费和水厂处理费的涨价(2012 年 1.27 元/m^3，2030 年涨至 1.80 元/m^3、2040 年涨至 2.20 元/m^3)、配套工程水价按照淮水测算的微利水价 1.20 元/m^3(淮水北调成本水价 1.00 元/m^3)，反推最大可承受原水价 2030 年为 1.53 元/m^3、2040 年为 1.59 元/m^3，详见表 10。

表 10　受水区农村生活可承受水价组成表　　单位：元/m³

省份	水平年	用户可承受水价	污水处理费	管网输水费和水厂处理费	配套工程水价	工程输出水价
河南	2030 年	5.73	1.2	1.8	1.2	1.53
	2040 年	6.79	1.8	2.2	1.2	1.59

5　水价方案

5.1　城镇供水水价

河南段主体工程末端 2030 年城镇可承受水价 2.64 元/m³，2040 年可承受水价 2.72 元/m³。城镇水价可在成本水价 2.30 元/m³ 至可承受水价 2.72 元/m³ 之间进行方案分析。

5.2　农村生活供水水价

河南段受水区现状农村自来水水价 1.50～2.00 元/m³，基本不收原水水费。2030 年农村生活可承受水价 1.53 元/m³、2040 年 1.59 元/m³。安徽向河南农村生活供水价格为 1.00 元/m³，考虑到农村生活供水具有一定的公益性功能，河南省农村供水水价可在购水价 1.00 元/m³ 至可承受水价 1.59 元/m³ 之间进行方案分析。

6　贷款能力复核

初设阶段根据批复意见拟订 3 种方案：

①如维持国家发展和改革委员会批复的项目资本金 59.31 亿元不变，其余投资均利用贷款，当贷款年限为 25 年，满足还贷条件的城镇供水水价为 2.5 元/m³，农村供水水价为 1.2 元/m³。

贷款本金 13.26 亿元，占项目静态总投资的 18.27%；建设期利息 1.55 亿元，资本金 59.31 亿元，总投资为 74.12 亿元。

②如维持国家发展和改革委员会批复的贷款本金 10.32 亿元不变，其余投资均为资本金，当贷款年限为 25 年时，满足还贷条件的城镇供水水价为 2.4 元/m³，农村供水水价为 1.2 元/m³。

贷款本金 10.32 亿元，占项目静态总投资的 14.22%；建设期利息 1.20 亿元，资本金 62.25 亿元，总投资 73.77 亿元。

③如维持国家发展和改革委员会批复的水价不变，即城镇供水水价为 2.3 元/m³，农村供水水价为 1.2 元/m³，当贷款年限为 25 年时，测算最大贷款本金。

贷款本金 8.16 亿元，占项目静态总投资的 11.24%；建设期利息 0.95 亿元，资本金 64.41 亿元，总投资 73.52 亿元。

7 推荐的资金筹措方案

根据可研阶段发改委批复,考虑受水区用水户水价承受能力及水价涨幅的可行性,初步设计阶段推荐采用贷款不变方案,即方案 2。引江济淮河南段从安徽购水综合水价 1.53 元/m^3,主体工程末端城镇供水水价为 2.4 元/m^3,农村供水水价为 1.2 元/m^3,综合水价 2.18 元/m^3;城镇供水水价比可研阶段批复价格高 0.1 元/m^3,农村供水水价不变。

贷款本金 10.32 亿元,占项目静态总投资的 14.22%,建设期利息 1.20 亿元,资本金 62.25 亿元,总投资 73.77 亿元。资本金中,中央预算内投资定额安排 25.88 亿元,其余由河南省负责安排。

引江济淮工程(河南段)水环境影响及保护

周明迪,孙永吉

(河南省水利勘测设计研究有限公司,河南 郑州 450016)

摘　要:引江济淮工程(河南段)主要是利用清水河、鹿辛运河和压力管道向周口和商丘7县2区提供城镇生活和工业用水,工程的建设和运行都会对水环境产生不同程度的影响。针对工程建设与水环境之间的关系,提出水环境保护的对策,以提升水环境质量,推动工程健康发展。

关键词:引江济淮;河南段;水环境;影响;保护

1　工程概况

引江济淮工程是由长江下游向淮河中游地区跨流域补水的重大水资源配置工程,工程沟通了长江、淮河两大水系,输水航运线路穿越长江经济带、合肥经济圈、中原经济区三大发展战略区,其主要工程效益包括解决淮河干旱缺水、发展江淮航运、改善巢湖及淮河水生态等。按工程所在位置、受益范围和主要功能,自南向北划分为引江济巢、江淮沟通和江水北送三部分。

引江济淮工程(河南段)属于江水北送的一部分。主要是利用清水河、鹿辛运河和压力管道向周口和商丘7县2区提供城镇生活和工业用水。输水线路总长度为195.14 km,总投资约73亿元。

2　水环境影响

工程建设对水环境的影响按施工期和运行期划分,不同时期的影响不同。

2.1　施工期

施工期主要是施工生产废水的处理影响。施工废水主要包括混凝土养护废水,混凝土拌和系统冲洗废水,砂石料冲洗废水,施工机械、车辆检修废水以及施工人员的生活污水等。

混凝土养护废水经过吸收和蒸发,不会进入河道,不会对地表水体产生影响。混凝土拌和系统冲洗废水时混凝土量小得多,加强施工管理,混凝土冲洗废水采取沉淀措施后回用,不会对地表水体产生影响。施工机械、车辆检修废水等经过处理达标后能循环利用的尽量利用。施工期产生的生活污水的排放特点是:瞬时流量大,水量在时间上分布不均;

污水排放具有连续性;污染物指标以 COD、BOD_5、总氮、总磷为主,COD、BOD_5 浓度分别可达 300 mg/L、250 mg/L,同时含有较多细菌和病原体,需经过处理后才能循环利用。

2.2 运行期

运行期影响主要是对水文情势、地下水、地表水和水资源等方面的影响。

对水文情势的影响:工程利用清水河、鹿辛运河现有河道输水,非汛期时,现状河道流量相对较小,有的河段甚至断流,水环境不断恶化,通过引提水入河可适当改善现有的水环境。

对地下水的影响:工程供水范围内,现状工业、农业、城市生活用水等主要靠超采地下水供水,为河南省淮河流域缺水最严重的区域,通过引提水入河可适当改变现有的水环境和缺水状况,有效减少地下水开采。

对地表水环境的影响:工程施工期,随着施工人员及机械的撤出,对生态环境的影响逐渐降低;工程运行期,通过引提水入河可改善水质,扩大水域,地表水环境得以改善。

对水资源的影响:工程的建设将为 7 县 2 区更好利用水资源提供必要的条件,提高供水的保证率,为打造宜居河畔环境提供条件。

3 水环境保护对策

3.1 饮用水水源地保护

引江济淮工程(河南段)利用河道或管道向商丘市、周口市的 5 县 2 区和永城、鹿邑 2 个直管县提供城镇生活、工业用水,新建试量、后陈楼、七里桥和新城 4 座调蓄水库。工程建成后,当地政府应对相应的河道、管线和调蓄水库划定饮用水水源保护区范围。通水供水前,主管部门或地方政府应结合项目特点及本地情况,制定出台相应的环保法规、制度或管理办法。

(1) 划定水源地保护区,调整水功能区划,加强管理

工程建成后,当地政府划定饮用水水源保护区范围,将水源地保护区的设置纳入当地社会经济发展规划和水污染防治规划,保障供水水质达标,相应调整区域水功能区划,并根据水源地水质保护要求加强管理。建成后,以保护水源地为原则,管理部门应编制污染防治规划和水污染风险应急预案,并予以实施。

(2) 加强水质监测

运行期间,应加强流域内和水库内水质的监测,包括水库上游及河段的水质监测。其中水库水质监测频率不应少于 3 个月一次,以确保供水安全。

(3) 隔离措施

对水源地取水口采取隔离防护,通过在保护区边界设立隔离防护措施,防止人类活动等对水源地的干扰,拦截污染物直接进入水源保护区。对清水河、鹿辛运河两条河流未设隔离网的河段,沿河道两岸设灌草篱笆,并在河流及调蓄水库适当位置设保护区界标、交通指示牌和宣传牌。根据饮用水水源保护区的管理要求,在清水河、鹿辛运河两条河流流

经村庄、人类活动频繁地域处及进出保护区的主要道路路口和调蓄水库设置界标、指示牌和宣传牌。保护标志应明显可见。隔离网结构示意图见图 1。灌草篱笆布置示意图见图 2。

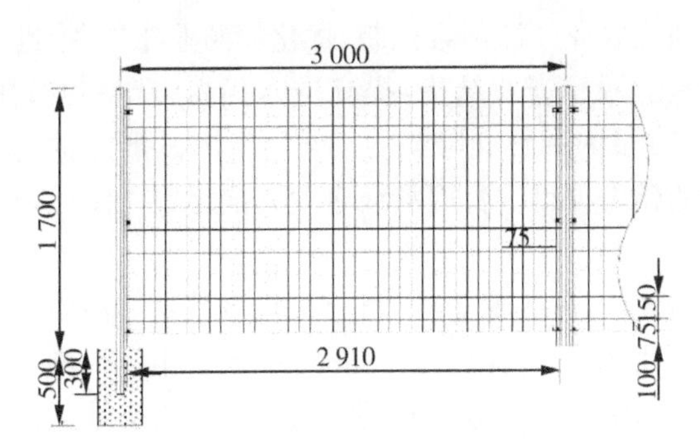

图 1　隔离网结构示意图(mm)

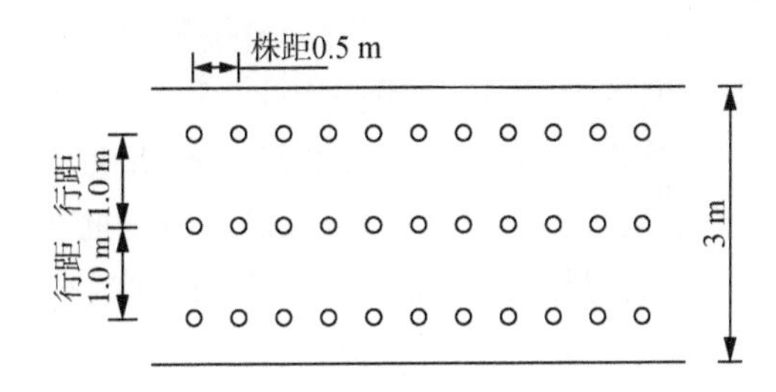

图 2　灌草篱笆布置示意图

(4) 风险防控

为满足输水要求,需对引江济淮工程河南境内清水河段、鹿辛运河段输水线路进行清淤疏浚,河道开挖后,桥梁桩身变短,下部结构受到影响,桥梁安全存在隐患,无法继续使用。为避免交通可能对河流造成的不利影响,过水桥面均设计了高度不小于 1.10 m 的防撞墙。事故水直接进入河道,造成的影响需要很长时间才能消除。为避免可能发生的事故水造成不利影响,在桥梁两侧均设置排水管排水,且引流至河堤以外低洼地带事故池。

3.2　供水水质保护

清水河、鹿辛运河现状水质为Ⅳ～Ⅴ类。地方相关部门应以输水河道水质达到Ⅲ类为目标,在输水涉及的相关河湖达到相应水质要求、工程相关地方性法规颁布实施前,不得实施调水、输水。供水水质目标拟定为清水河及鹿辛运河鹿邑段水质 2020 年底前水质全段优于Ⅲ类,保障供水水质。

(1) 鹿辛运河

经现场调查,目前鹿辛运河沿线居民生活污水、农业生产污水和企业生产废水直接入河,河岸垃圾对河流造成面源型污染,水质较差。沿河共有排污口 13 处,基本上为管道排放形式。

要落实政策文件,明确河道水污染防治目标任务,强化源头控制,坚持水陆兼治,统筹水上、岸上污染治理,加强排污口监测与管理。开展城乡生活垃圾分类收集,污水处理设施建设和提标改造,提高村庄生活污水处理设施覆盖率,加强水系连通,实施清淤疏浚,构建健康水循环体系。强化农业面源污染控制,优化养殖业布局,推进规模化畜禽养殖场粪便综合利用和污染治理。调整产业结构,提高准入门槛,严格执行国家及省相关产业政策,控制产业发展导向目录内禁止和限制的工艺、产品,从严审批高耗水、高污染物排放、产生有毒有害污染物的建设项目。督促沿线企业完成增设污水处理设施和监测设施。

(2) 清水河

清水河沿线排污口较少,无工业企业,目前存在城镇生活污染、农田面源污染、规模养殖场配套粪污处理设施比例小,养殖污水直排入河、农村生活污染等问题,水质较差。

要明确河道水污染防治目标任务,强化源头控制,坚持水陆兼治,统筹水上、岸上污染治理,加强排污口监测与管理。开展城乡生活垃圾分类收集,污水处理设施建设和提标改造,提高村庄生活污水处理设施覆盖率,加强水系连通,构建健康水循环体系。强化农业面源污染控制,优化养殖业布局,推进规模化畜禽养殖场粪便综合利用和污染治理。优化沿岸城镇污水处理厂污泥处理技术,推进污泥稳定化、无害化和资源化处理,提高污泥的治理和综合利用能力;加强城镇污水处理厂污泥检验。严格执行建设项目水资源论证制度,对未依法完成水资源论证工作的建设项目,审批机关不予批准。稳步推进灌渠节水改造工程建设,加快小型农田水利建设,因地制宜推广管道输水、喷灌和微灌等先进的节水灌溉技术。

3.3 地下水保护

项目区属于深层承压水一般超采区,商丘市和周口市应根据划定的地下水禁采区和限采区范围逐步实现水源替代。深层承压水原则上作为应急和战略储备水源,除经严格审批的应急供水、生活及特种需求供水外,其他供水要使用替代水源,强化节约用水意识,逐步减少深层承压水开采量。地下水禁采区内,通过取水许可管理逐步促进地下水用户转换水源;地下水限采区内,根据超采程度逐步核减地下水开采总量和年度取水指标,逐步实现地下水采补平衡;对城市供水管网覆盖范围外,无其他替代水源、确需取用地下水的,要严格论证审批,加强日常监督管理,严控新增取用地下水。

3.4 工程废污水处理

3.4.1 基坑排水

基坑排水主要由降水、渗水和混凝土浇筑产生的养护废水等施工用水汇集而成,主要污染物为悬浮物,悬浮物浓度约为 2 000 mg/L,并略呈碱性(pH 9～11)。根据处理经验,一般在基坑内布置沉淀池,并投加絮凝剂和中和剂,静置沉淀 8 h 后抽至周边水体,底泥定期人工清除。基坑排水沉淀池工艺简单,所需设备较少,正常工况下系统稳定性和可靠性较高,且维护运行成本低,出水可满足排放标准,对受纳水体水质影响较小,且基本不影响沟渠的正常使用功能。

3.4.2　混凝土拌和系统废水

混凝土拌和、养护废水为碱性废水，因施工废水中SS含量较高。针对混凝土拌和系统冲洗废水量少、冲洗时间短、间歇性排放、回用水水质要求不高的特点，选用平流式沉淀池，池体平面为矩形，进口和出口分设在池长的两端。由于废水污染物较为单一，且水量较小，拟采用中和沉淀法进行处理。在沉淀过程中加入适当酸进行中和并用助凝剂助凝，澄清水进入蓄水池储存回用。

3.4.3　施工机械、车辆检修冲洗废水

结合引江济淮工程机械车辆冲洗废水产生量少、出水可用于施工场地洒水等特点，选用隔油沉淀池。隔油沉淀池处理量灵活、基建投资少，通过隔油板去除冲洗废水中的石油类，通过沉淀去除泥沙。在施工区的机械停放场设置机械车辆冲洗废水处理设施，经简易滤池处理后的机械车辆冲洗废水，其石油类浓度可大大降低。由于冲洗废水产生量较少，出水一般用于场地洒水，处理效果良好。经处理达标后的废水用于洒水抑尘，不外排。

3.4.4　生活污水处理措施

生活污水通常处理方式有化粪池、净化沼气池、生活污水处理成套设备等。

大型施工区生活污水处理结合运行期管理用房设施考虑，按永久设施进行设计，采用成套处理设备。生活污水成套设备是以A/O生化工艺为主，集生物降解污水沉降、氧化消毒等工艺于一体的生活污水处理设备，适用于处理中、小水量的生活污水。项目区位于农村地区，周边均分布有耕地，施工区生活污水经成套设备处理后，可用于农田灌溉，也可作施工道路洒水降尘和绿化用水。运行期可用作管理用房范围绿化洒水。

其余线性工程和较小建筑物施工期较短，单个施工区人数较少，按临时设施设计，采用化粪池进行处理，出水可用于周边耕地灌溉或洒水，不排放。

参考文献

陈普红.水利工程建设对生态环境的影响研究[J].陕西水利，2018(6)：271-272.

引江济淮工程(河南段)移民安置规划要点

李小舟,王　涛

(河南省水利勘测设计研究有限公司,河南 郑州 450016;
河南省引江济淮工程有限公司,河南 商丘 476000)

摘　要: 引江济淮工程(河南段)主要是利用清水河、鹿辛运河和压力管道向周口和商丘7县2区提供城镇生活和工业用水,工程占地面积大、影响范围广。针对本工程建设征地移民安置的特点,提出移民安置规划,推动工程和谐、健康发展。

关键词: 引江济淮;河南段;移民安置;规划

1　工程概况

引江济淮工程是由长江下游向淮河中游地区跨流域补水的重大水资源配置工程,工程沟通了长江、淮河两大水系,输水航运线路穿越长江经济带、合肥经济圈、中原经济区三大发展战略区,其主要工程效益包括解决淮河干旱缺水、发展江淮航运、改善巢湖及淮河水生态等。按工程所在位置、受益范围和主要功能,自南向北划分为引江济巢、江淮沟通和江水北送三部分。

引江济淮工程(河南段)属于江水北送的一部分,主要是利用清水河、鹿辛运河和压力管道向周口和商丘7县2区提供城镇生活和工业用水。输水线路总长度为195.14 km,总投资约73亿元。

2　移民安置规划

工程移民安置规划设计内容主要包括建设用地范围及实物、农村移民安置规划、专业项目处理、补偿投资概算。

工程建设用地范围涉及直管县鹿邑县,周口市的郸城县及商丘市的柘城县、睢阳区、虞城县、夏邑县,共6个县(区)。主要实物成果为:工程总用地面积29 873.28亩,其中永久征地4 862.54亩,临时用地25 010.74亩;农村居民拆迁211户,涉及安置的190户676人。农村副业19户。拆迁各类房屋45 906.31 m^2;影响专项线路1 276条。移民安置补偿投资11.099 2亿元。

2.1　建设征地范围

工程建设用地征地范围涉及鹿邑县、周口市郸城县及商丘市的柘城县、睢阳区、虞城县、夏邑县6个县(区)。按所占土地的用途,分为工程用地、施工用地、管理机构用地三部分。其中工程用地包括河道工程用地,泵站、水闸、桥等建筑物工程用地,调蓄水库工程用地,管道检查孔、阀井等用地,管道开挖及截渗沟开挖用地;施工用地包括施工道路用地、施工营地用地、导流工程用地、弃渣场、临时堆土场等用地;管理机构用地包括管理机构城市用地和现地管理机构用地,其中一级管理机构城市用地1处(河南省引江济淮工程有限公司),设于商丘市,二级管理机构城市用地2处,分别设于鹿邑县和商丘市柘城县。按土地的用地性质,分为永久征地和临时用地。

(1) 永久征地

永久征地共计4 862.54亩,其中河南段工程建设征地4 503.17亩、安徽段工程建设征地359.37亩(均在河南境内)。包括工程用地中河道工程用地,泵站、水闸、桥等建筑物工程用地,调蓄水库工程用地,管道检查孔、阀井等用地4 851.54亩,及现地管理机构征地11亩。各类永久征地面积汇总详见表1。

表1　各类永久征地面积汇总表　　单位:亩

序号	市	县、区	工程用地					管理机构用地	合计
			河道工程	调蓄水库	泵站、水闸、桥等建筑物	管道检查孔、阀井等	小计		
1	周口市	郸城县	310.37		234.34		544.70		544.71
2	鹿邑县		349.40	2 348.30	187.62	12.56	2 897.88	6.00	2 903.88
3	商丘市	柘城县		757.14		31.86	789.01	5.00	794.01
4	商丘市	睢阳区		560.21		23.13	583.34		583.34
5	商丘市	虞城县				8.34	8.34		8.34
6	商丘市	夏邑县			24.39	3.76	28.15		28.15
	商丘市合计			1 317.35	24.39	67.10	1 408.95	5.00	1 413.95
合计			659.77	3 665.65	446.35	79.65	4 851.54	11.00	4 862.54

(2) 临时用地

临时用地共计25 010.74亩,其中河南段工程建设用地24 447.89亩、安徽段工程建设用地562.85亩(均在河南境内)。包括工程用地中管道开挖用地5 145.42亩、截渗沟开挖用地287.96亩及施工用地19 577.36亩。其中施工用地包括施工道路1 165.50亩、施工营地911.01亩、导流工程254.74亩、弃渣场6 442.38亩、临时堆土7 259.86亩、堆管及施工道路3 543.88亩。各类临时用地面积汇总详见表2。

表 2　各类临时用地面积汇总表

单位:亩

市	县、区	施工用地							工程用地			合计
		施工道路	施工营地	导流工程	弃渣场	临时堆土	堆管及施工道路	小计	管道开挖	截渗沟开挖	小计	
周口市	郸城县	180.44	94.01	32.04	700.65	32.10		1 039.24		154.80	154.80	1 194.04
鹿邑县		664.50	547.00	12.70	4 338.93	832.21	430.69	6 826.03	677.99	133.16	811.15	7 637.18
商丘市	柘城县	132.55	123.00	80.00	416.80	2 467.38	1 225.18	4 444.91	1 814.68		1 814.68	6 259.59
商丘市	睢阳区	162.40	106.00	90.00	986.00	2 549.95	1 283.11	5 177.46	1 794.43		1 794.43	6 971.89
商丘市	虞城县	18.80	30.00	30.00		937.85	408.21	1 424.86	581.90		581.90	2 006.77
商丘市	夏邑县	6.80	11.00	10.00		440.36	196.69	664.86	276.42		276.42	941.28
商丘市合计		320.55	270.00	210.00	1 402.80	6 395.55	3 113.20	11 712.09	4 467.43		4 467.43	16 179.52
合计		1 165.50	911.01	254.74	6 442.38	7 259.86	3 543.88	19 577.36	5 145.42	287.96	5 433.38	25 010.74

2.2　征地实物

河南省人民政府于 2015 年 10 月 23 日以豫政文〔2015〕130 号下发了《河南省人民政府关于严格控制引江济淮工程(河南段)建设用地范围内新增建设项目和迁入人口的通知》,随后即开展实物调查工作。在项目业主协调下,设计单位会同工程涉及的各市、县(区)移民安置机构,在涉及各乡(镇、街道)及行政村(社区)的积极配合下,对工程建设用地范围内的各项实物进行了全面调查,对项目区社会经济资料进行收集,设计单位负责对调查成果进行整理汇总。

工程征地范围涉及周口市郸城县,鹿邑县,商丘市柘城县、睢阳区、虞城县和夏邑县 6 个县(区)。主要实物成果为:工程总用地面积 29 873.28 亩,其中永久征地 4 862.54 亩,临时用地 25 010.74 亩;农村居民拆迁 211 户,涉及安置的 190 户 676 人。农村副业 19 户。拆迁各类房屋 45 906.31 m^2;影响专项线路 1 276 条。主要实物汇总表见表 3。

调查成果经张榜公示,得到了相关各方的认可,并由设计单位汇总后交由各县(区),各县(区)人民政府签署认定意见。

表 3　主要实物汇总表

序号	市	县、区	土地(亩)			房屋	副业(户)	调查人口(人)	专项(条)
			永久	临时	合计	小计			
1	周口市	郸城县	544.70	1 194.04	1 738.74	915.18	1	25	10
2	鹿邑县		2 897.99	7 637.33	10 535.33	18 069.26	10	269	307
3	商丘市	柘城县	789.01	6 283.70	7 072.71	25 544.82	3	370	313
4	商丘市	睢阳区	583.34	6 945.61	7 528.95	1 209.46	4	9	476
5	商丘市	虞城县	8.34	2 007.34	2 015.68	167.59	1	3	81
6	商丘市	夏邑县	28.15	942.43	970.59				89
	商丘市合计		1 408.84	16 179.09	17 587.93	26 921.88	8	382	959
管理机构用地			11		11				
合计			4 862.54	25 010.74	29 873.28	45 906.31	19	676	1 276

2.3　农村移民安置规划

2.3.1　规划目标

遵照国家《大中型水利水电工程建设征地补偿和移民安置条例》等有关文件精神，依据《水利水电工程建设征地移民安置规划设计规范》(SL 290—2009)及批复的《引江济淮工程建设征地移民安置规划大纲》，安置规划的总目标是：使移民拥有可靠的生产生活条件、稳定的经济收入来源及必需的生活环境，确保移民生产、生活达到或超过原有水平；移民住房、公共基础设施、居住环境及交通条件等较安置前有所改善。

2.3.2　安置标准

(1) 生产安置

根据批复的移民安置规划大纲、移民安置规划目标，结合建设征地区实际情况确定生产安置标准为：

①为保证调地安置地区原居民的生产生活水平不至于因安置移民而大幅下降，结合建设征地区现状条件，拟定安置标准为工程用地前人均耕园地的85%，并不低于0.6亩。

②有集体预留机动地的村庄，可使用机动地补充部分生产用地，标准为工程用地前人均耕园地。

③对于工程用地后仍有一定数量承包地，保证拥有基本的口粮田的村，可不调整生产用地。

(2) 搬迁安置

居民点用地标准及居民点供排水、供电、交通等基础设施建设标准，根据《镇规划标准》(GB 50188—2007)，参照原有水平和安置区具体条件，按有关规定经济合理地进行规划。

①居民点用地标准。农村新居民点建设用地标准采用80 m^2/人。

②居民点基础设施建设标准。

供水标准：生活用水标准为180 L/(d·人)，生活饮用水水质要符合现行国家标准的有关规定。

供电标准：生活用电负荷标准为4 kW/户。

交通标准：首先根据居民点人口确定居民点规模等级，按相应标准规划干路、支路、巷路，干路、支路、巷路红线及行车道宽分别为14 m、10 m、4.5 m及8 m、6 m、3.5 m。

3　生产安置规划

本工程永久征地包括调蓄水库工程用地，河道扩挖用地，建筑物(泵站、水闸、桥梁等)工程用地，输水管道上阀井、检查孔等用地。其中河道扩挖用地主要为鹿辛运河扩挖用地，征地宽度一般在9～12 m，为线性工程占地；建筑物用地一般比较小且分散；调蓄水库征地面积较大且集中。线性工程占地及建筑物占地对当地生产安置影响相对较小。

工程影响区农民的主要生产资料是耕地，因此本工程生产安置人口以耕地为指标计算,按占压影响的耕园地除以该村(组)占地前人均占有耕园地数量计算。

占地前人均耕园地面积=总耕园地面积/总农业人口。

生产安置人口=永久征用耕园地面积/占地前人均耕园地面积。

采用上式计算,可以得出基准年需要生产安置的人口,然后按人口自然增长率7‰计算至规划水平年即为规划生产安置人口。

经计算,本工程用地区基准年生产安置人口5 453人,规划水平年生产安置人口5 568人,其中调蓄水库工程永久征地涉及村民小组生产安置人口4 939人,除调蓄水库以外工程永久征地涉及村生产安置人口629人。

根据环境容量分析成果评价,对调蓄水库工程永久征地涉及的村及调蓄水库以外工程永久征地涉及的村分别进行生产安置规划。经现场调查,分别位于鹿邑县、柘城县及睢阳区的后陈楼、试量、七里桥和新城4座调蓄水库距离城区均不远,所在村村民外出打工、做生意的现象非常普遍。经多次与当地相关部门沟通,各地意见比较统一,并由县、区人民政府出具了安置意见,一致认为本工程征地所在区域土地分田到户已经几十年,村集体又无机动土地可调配,因此生产安置采取调地安置方式不现实。结合当地实际情况及近年来补偿安置情况,可采取以下两种具体措施保障移民拥有可靠的生产生活条件、稳定的经济收入来源及必需的生活环境。

①对调蓄水库工程永久征地涉及的村,由地方政府负责开展失地农民就业技能培训,针对失地农民制定相关就业安置优惠政策。根据工程征地区域实际情况,对鹿邑县试量调蓄水库占地较多的重点进行种植、养殖及农副产品加工技能培训,引导失地农民创业增收;对鹿邑县后陈楼调蓄水库失地农民,可结合鹿邑县产业集聚区用工需求,开展纺织、制鞋、尾毛制品加工等操作技能的培训,积极引导其到附近的鹿邑县产业集聚区就业;对柘城县七里桥调蓄水库失地农民,重点结合柘城县产业集聚区用工需求,开展服装加工、金刚石微粉加工等操作技能的培训,积极引导其到附近的柘城县产业集聚区就业;对睢阳区新城调蓄水库失地农民,结合食品工业园区用工需求,开展食品加工等技能培训,积极引导其到附近的食品工业园区就业。通过以上各种具体措施,使农民安置后有可靠、固定的生活来源,以保证安置后生活水平不降低。

②对调蓄水库以外工程永久征地涉及的村,利用工程永久征地补偿费用,采取完善水利设施、改变种植结构等措施,提高种植业收入,同时结合失地农民社会保障相关政策,弥补由于工程永久征地造成的种植业收入损失,使农民安置后生活水平不降低。

4 搬迁安置规划

搬迁安置人口包括直接占房人口和占地不占房无法就近生产安置需异地安置的人口。本工程不发生易地安置,因此搬迁安置人口均为直接占房人口,基准年搬迁人口为676人,推算到规划水平年689人。其中柘城县七里桥调蓄水库涉及商丘市柘城县梁庄乡毛王村搬迁居民109户356人,其余19个行政村搬迁居民较少,共81户320人。

毛王村搬迁安置方案为集中安置,根据方案规划安置区,将其基础设施作为典型设计。

4.1　安置区对外基础设施规划

主要包括对外交通、10 kV 电力线路、通信线路架设、供水和对外排水规划五部分。

对外交通：经现场调查，居民区南为柘城县北环路，安置区内布置主干道连至北环路，对外交通 680 m。

对外排水：根据居民区地形及排水计算，对外排水向南布置，采用 DN700 混凝土管道，长 680 m，至北环路市政排水、排污管道。

供水：从安置区南侧北环路市政供水管网接 DN100 PE 供水管 680 m 至安置区。

10 kV 电力线路：从安置区南侧 10 kV 线路引接 500 m 至安置区变压器。

通信线路架设：现有通信线路斜穿安置区，需将其改建至沿安置区主街南北向纵穿安置区，共需改建 390 m。

4.2　安置区内部基础设施规划

主要包括竖向规划及道路、排水、给水、电力、通信、环境卫生规划七部分内容。

竖向规划：安置区现状地面高程在 45.93～46.49 m，西高东低、南高北低。结合安置区地形，需回填低洼地，设计村台顶面高程为 46.40 m。

安置区场地平整尽量做到挖填平衡。回填土料中有机质含量不得大于 5%。场地回填前，应将原地面杂草树根及淤泥清理干净，并在周边的地面设临时排水明沟，实施组织排水，村台应分层压实，分层厚度不大于 0.3 m，村台压实度不小于 0.94。

竖向规划工程量采用方格法计算，场地土方开挖 716 m^3，土方回填 1 854 m^3。

道路工程：安置区内沿南北方向修建 1 条主街，长 150 m；沿东西方向修建 1 条支街，长 188 m；沿南北方向修建 8 条巷路，共长 1 504 m。主街红线宽 14 m，车行道 8 m，每侧人行道宽 3 m；支街红线宽 10 m，车行道 6 m；巷路红线宽 4.5 m，路面宽 3.5 m。街道均采用混凝土路面，路面厚 0.18 m，下铺 0.15 m 级配碎石和 0.2 m 厚石灰土。

排水工程：排水体制选择雨污分流制。排水量包括雨水量、污水量，雨水量按商丘城市的标准计算，生活污水量可按生活用水量的 75%～85%计算。经计算，安置区内主排水沟沿主街两侧设置，采用矩形砖砌沟，沟深 0.50 m，宽 0.50 m，长 300 m，加设混凝土盖板；支排水沟沿支街和巷路一侧布置，采用矩形砖砌沟，沟深 0.20 m，宽 0.30 m，加设混凝土盖板，长 1 692 m。污水排放采用管道，布置主、支排污管，经化粪池和一体化设施处理后排入村外市政排污管道，主、支排污管道的布置考虑有利排放及便于检修等因素。经计算，主排污管道采用直径 500 mm 的混凝土管，沿主街两侧设置，长 300 m，支排污管道采用直径 300 mm 的混凝土管，沿支街和巷路一侧布置，长 1 692 m。布置化粪池 1 座，有效容积 16 m^3，污水停留时间 12 h，清掏期 90 d；布置地埋式无动力一体化生化处理设施 1 套，污水处理能力 5 m^3/h。

给水工程：包括用水量计算、水源选择、供水管网布置。

消防用水量按 1 次火灾持续时间 2 h，消防用水流量 10 L/s 计算，一次消防用水量 72 m^3。安置区内部给水管网比较完善，规划将生活给水管与消防给水管合建。

主供水管沿主街两侧布设，采用 DN50 PE 管，长 300 m；支供水管沿支街和巷路一侧布设,采用DN32 PE管,长1 692 m;进户管采用DN20 PE管,长972 m。工作压力大于0.6 MPa,应符合供水卫生要求,管网布设尽量与道路坡降一致,管道覆土深度大于0.7 m。

供电工程:整个安置区设1台250 kVA变压器,10 kV线路从村外架设至变压器,380 V干线沿主街两侧架设,长300 m;380 V接户线沿支街和巷路一侧架设,长1 692 m;220 V接户线长5 400 m。变压器容量确定方式如下。

$$P(\text{居民})=\text{安置户数}\times 4\ \text{kW/户}\times 0.3\times 1.05\approx 136(\text{kW})$$

$$P(\text{总})=P(\text{居民})+P(\text{公共设施})=136+18=154(\text{kW})$$

$$Sj=P/\cos\Phi=154/0.85\approx 181(\text{kVA})$$

$$S=181/0.8\approx 226(\text{kVA})$$

通信工程:从安置区南侧改建390 m通信线路到安置区内部,经交换箱,与380 V供电线路同杆沿村庄主街布设主线,沿支街布设支线。

环境卫生工程:生活垃圾经垃圾桶、垃圾箱收集后,运往附近生活垃圾填埋场处理。经计算,布置垃圾箱7个,容积2 m^3;布置垃圾收集点1个。

5 农副业安置规划

本工程影响农副业19户,多为养殖场,还有小型超市、饭店、木材加工厂等。目前均正在生产或营业,占压附属设施主要有房屋、围墙、混凝土晒场等。

根据各副业规模、影响程度、处理原则,结合地方政府意见,均采用一次性补偿方案。

6 耕地占补平衡

根据《大中型水利水电工程建设征地补偿和移民安置条例》,大中型水利水电工程建设占用耕地的,应当执行占补平衡的规定。

水利水电工程建设占用耕地,由建设项目法人负责补充数量相等和质量相当的耕地;没有条件补充或补充的耕地不符合要求的,建设项目法人应按有关规定缴纳耕地开垦费。本工程没有条件补充耕地,按有关规定缴纳耕地开垦费。

7 临时用地复垦规划

临时用地使用结束后,在交给当地农民耕种前,必须进行复垦。复垦按照原标准,分不同用途,采取耕作层恢复、灌溉设施恢复、道路恢复、排水沟恢复、地力恢复等措施。

本工程临时用地共25 010.74亩,其中耕园地24 454.04亩,使用结束后耕园地全部复垦。

生态效益指标:临时用地复垦后均按原标准恢复,或根据实际情况及周边条件适当优化场内道路及灌溉设施,耕作条件得到有效改善,地力至少恢复到使用前水平。

引江济淮工程(河南段)概算编制要点总结

姜　辉,王　辉

(河南省水利勘测设计研究有限公司,河南 郑州 450016;
河南省引江济淮工程有限公司,河南 商丘 476000)

摘　要: 工程设计概算对工程建设投资分析研究具有十分重要的工程意义。合理进行设计概算项目划分,准确选取计算标准(主要包括基础单价、费率、永久及施工临时工程和独立费用等方面),进而完成工程项目概算并编制概算总表等,确定工程概算主要投资指标,同时确定相应的资金筹措方案。

关键词: 引江济淮;河南段;设计概算;分析

1　工程概况

河南省引江济淮工程供水范围是2市2直管县,分别为周口市的郸城、淮阳、太康3个县,商丘市的柘城、夏邑2个县及梁园、睢阳2个区,以及永城和鹿邑2个直管县。

引江济淮工程(河南段)利用清水河通过3级泵站提水逆流而上向河南境内输水,再经鹿辛运河自流至后陈楼调蓄水库,后通过加压泵站和压力管道输送至柘城县、睢阳区和夏邑县境内。

2　工程概算主要投资指标

工程设计概算总投资737 751.16万元,其中工程静态总投资725 712.05万元,建设期贷款利息12 039.11万元。

工程部分投资为597 650.21万元,建设征地与移民补偿投资110 992.16万元,水土保持投资为11 090.98万元,环境保护投资5 978.70万元。

3　概算编制

3.1　基础单价

①人工预算单价。根据水利部水总〔2014〕429号文《水利工程设计概(估)算编制规定》计算,引水工程人工预算单价分别为:工长为9.27元/工时,高级工为8.57元/工时,

中级工为 6.62 元/工时,初级工为 4.64 元/工时。②主要材料预算价格。主要材料钢筋、水泥、木材、汽油、柴油、砂石料等预算价格采用工程沿线郸城、柘城、夏邑、商丘等县、市 2018 年三季度的发布价加上到工地的运杂费后的价格,根据各设计单元主要材料用量,加权平均计算本工程主要材料价格。根据水利部办公厅文件办水总〔2016〕132 号文《关于印发〈水利工程营业税改征增值税计价依据调整办法〉的通知》规定,砂石料预算价格按 70 元/m^3 进入工程单价,主材按水泥 255 元/t、钢筋 2 560 元/t、汽油 3 075 元/t、柴油 2 990 元/t、炸药 5 150 元/t 限价进入工程单价,超过部分以材料补差列入单价表并计取税金,作为与限价的差值计入。③施工用电以电网供电和自发电结合。电网与自发电分别占 95%和 5%,计算电价为 0.91 元/(kW·h)。施工用水以河道抽水或打井开采地下水供水为主,计算水价为 0.801 元/m^3。施工用风采用 6~9 m^3/min 电动移动式空压机供风,价格经计算为 0.161 元/m^3。④台时费按《水利水电工程施工机械台时费定额》计算。折旧费按除以 1.13 调整系数,修理及替换费按除以 1.09 调整系数。

3.2 费率计取

建安单价由直接费、间接费、利润、材料补差及税金等组成。①其他直接费:夜间及冬雨季施工增加费、临时设施费、安全生产措施费和其他。建筑工程为直接费的 5.5%,安装工程为直接费的 6.2%。②间接费:由规费和企业管理费组成。土方、石方、混凝土浇筑、模板、钢筋制安、灌浆及锚固和其他工程分别取直接费的 5%、10.5%、8.5%、7%、5%、9.5%和 8.5%。机电、金属安装按人工费 70%计。③利润:建筑和机电设备、金属结构安装均按直接与间接费和的 7%计算。④税金:建筑和机电设备、金属结构安装均按直接费、间接费、利润、材料补差的和的 9%计算。

3.3 建筑工程概算编制

①主体建筑工程、交通工程、供电工程,按工程量乘以单价编列。②房屋建筑工程,生产和管理办公部分,按扩大指标编列;生活文化福利建筑工程按主体建筑工程投资的 0.5%计算,室外工程按房屋建筑工程投资的 20%计算。③安全监测工程按工程量乘以单价计算,其他按主体建筑工程的 0.5%计算。

3.4 机电、金属结构设备及安装工程概算编制

机电、金属结构设备及安装工程概算按工程量乘以设备单价、安装单价计算,其中设备单价按厂家询价,主要设备安装单价采用定额计算,设备运杂费率按 5.74%计。

3.5 施工临时工程概算编制

①施工导流工程、施工交通工程、施工供电工程:根据施工组织设计提供的工程量乘以工程单价计算。②施工房屋建筑工程:施工仓库按施工组织设计提供的面积,以单位造价 300 元/m^2 计算。办公、生活及文化福利建筑投资按工程一至四部分建安工作量(不包括办公、生活及文化福利建筑和其他施工临时工程)之和的 1.0%计算。③其他施工临时工程:按工程一至四部分建安工作量(不包括其他施工临时工程)之和的 2.5%计算。

3.6　独立费用概算编制

①建设管理费：根据水利部水总〔2014〕429 号文表 5-12，根据各档费率按一至四部分建安工程投资乘以相应费率计列。②工程建设监理费：按照国家发改委和建设部（现住建部）《关于印发〈建设工程监理与相关服务收费管理规定〉的通知》计算。③联合试运转费：按泵站 60 元/kW 计列。④生产准备费：生产及管理单位提前进厂费，按一至四部分建安工作量的 0.25%计算；生产职工培训费，按一至四部分建安工作量的 0.45%计算。管理用具购置费：按一至四部分建安工作量的 0.03%计算；备品备件购置费，按设备费的 0.5%计算；工器具及生产家具购置费，按设备费的 0.15%计算。⑤科研勘测设计费：工程科学研究试验费，按建安工作量的 0.7%计算；勘测设计费，按国家计委、建设部（现住建部）计价格〔2002〕10 号文发布的《工程勘察设计收费管理规定》的有关规定，计算初设及以后阶段勘测设计费用；规划、项目建议书、可研阶段等费用按国家发改委、建设部（现住建部）发改价格〔2006〕1352 号《水利、水电、电力建设项目前期工作工程勘察收费暂行规定》和国家计委计价格〔1999〕1283 号《建设项目前期工作咨询收费暂行规定》计列。⑥工程保险费：按工程一至四部分投资合计的 0.45%计算。

3.7　预备费、建设期融资利息

基本预备费，按一至五部分投资合计的 5.5%计算；价差预备费按照 1999 年国家计委 1340 号文，物价指数为零。

4　资金筹措

引江济淮河南段工程城镇供水水价 2.30 元/m^3，农村生活供水水价 1.2 元/m^3。从安徽购水水价为：城镇供水水价 1.6 元/m^3，农村供水水价 1.0 元/m^3。按照还款期 25 年，长期贷款利率为 4.9%，则工程贷款额度为 81 600 万元，占总投资的 11.21%，建设期利息 9 520 万元，资本金 646 630 万元。资本金中，中央预算内投资定额安排 258 800 万元，其余投资由河南省负责安排。

参考文献

常新.某综合治理河道工程设计概算要点[J].河南水利与南水北调，2023，52(9)：94-95.

引江济淮工程(河南段)国民经济评价综述

王　兵,孙　熙,李　辉

(河南省水利勘测设计研究有限公司,河南 郑州 450016;
河南省引江济淮工程有限公司,河南 商丘 476000)

摘　要:引江济淮工程(河南段)向周口和商丘7县2区提供城镇生活和工业用水,对促进该地区经济社会协调可持续发展具有重要作用。本文重点对该工程费用、效益进行详细分析计算,在此基础上进行了经济费用效益分析、敏感性分析。

关键词:引江济淮;河南段;费用;效益;敏感性

1　工程概况

引江济淮工程是由长江下游向淮河中游地区跨流域补水的重大水资源配置工程,工程沟通了长江、淮河两大水系,输水航运线路穿越长江经济带、合肥经济圈、中原经济区三大发展战略区,其主要工程效益包括解决淮河干旱缺水、发展江淮航运、改善巢湖及淮河水生态等。按工程所在位置、受益范围和主要功能,自南向北划分为引江济巢、江淮沟通和江水北送三部分。

引江济淮工程(河南段)属于江水北送的一部分,主要是利用清水河、鹿辛运河和压力管道向周口和商丘7县2区提供城镇生活和工业用水。规划2030年引江口多年平均引江毛水量33.02亿 m^3,其中给河南省供水量的引江口门水量为6.90亿 m^3,两省交界处多年平均水量为5.41亿 m^3(袁桥站水量);规划2040年引江口多年平均引江毛水量43.00亿 m^3,其中给河南省供水量的引江口门水量为8.88亿 m^3。

输水线路总长度为195.14 km,总投资约73亿元。

2　国民经济评价

引江济淮工程经济评价的主要内容包括费用计算、效益计算、费用效益分析等。

2.1　费用计算

2.1.1　工程静态投资

引江济淮工程(河南段)静态总投资725 712万元,工程部分静态总投资597 650万元，建设征地移民补偿投资 110 992 万元，环境保护工程投资 5 979 万元，水土保持工程投资 11 091 万元。

2.1.2 年运行费

引江济淮工程年运行费包括材料费、燃料及动力费、修理费、职工薪酬、管理费、水资源费、其他费用、固定资产保险费等。

(1) 材料费

材料费指水利工程运行维护过程中自身需要消耗的原材料、原水、辅助材料、备品备件。材料费按固定资产原值的 0.1%取值，河南段为 615 万元。

(2) 燃料及动力费

燃料及动力费主要为抽水电费。河南省 35～110 kV 的一般工商业用电价格为 0.758 2 元/(kW·h)，农业生产用电为 0.466 2 元/(kW·h)，居民生活用电为 0.521 元/(kW·h)。根据其他专业成果，河南段抽水耗电量为 13 174 万 kW·h。综合考虑河南各行业用水量及提水扬程，测算河南段综合提水电价为 0.758 2 元/(kW·h)。经计算，河南段工程燃料及动力费用为 9 988.53 万元。

(3) 修理费

修理费主要包括工程日常维护修理费用和每年需计提的大修费基金等。根据形成的固定资产原值减扣淹没占地投资后计算，取 1%，河南段为 6 147 万元。

(4) 职工薪酬

职工薪酬包括职工工资、职工福利费、医疗保险费、养老保险费、失业保险费、工伤保险费和生育保险费等社会保险费，以及住房公积金、工会经费和职工教育经费等。

淮水北送河南段管理定员为 108 人。根据河南省公布的各行业人均工资标准，河南省内工资按照 4.3 万元/(人·a)计。职工福利等其他按工资总额的 62%计(职工福利费 14%、工会经费 2%、职工教育经费 2.5%、养老保险费 20%、医疗保险费 9%、工伤保险费 1.5%、生育保险 1%、职工失业保险基金 2%、住房公积金 10%)。河南段职工薪酬为 752 万元。

(5) 管理费

管理费主要包括水利工程管理机构的差旅费、办公费、咨询费、审计费、诉讼费、排污费、绿化费、业务招待费、坏账损失等。按职工薪酬的 1.0 倍计，河南段为 752 万元。

(6) 水资源费

河南段不考虑征收水资源费。

(7) 其他费用

其他费用指水利工程运行维护过程中发生的除职工薪酬、材料费等以外的与生产活动直接相关的支出，包括工程观测费、水质监测费、临时设施费等。按照材料费、燃料及动力费、职工薪酬及修理费之和的 10%取值，为 1 750 万元。

(8) 固定资产保险费

按固定资产原值的 0.05%计算，为 307 万元。

(9) 购水水费

河南向安徽买水主要是用于城镇供水和农村供水，根据可研批复，城镇供水水价1.6元，农村供水水价1.0元，并乘以各自供水量计算。2030年购水水费为83 051万元，2040年购水水费为105 679万元。

综上，工程总成本为142 086万元，运行成本为125 976万元。

2.1.3 流动资金

流动资金计算断面为主体工程末端，项目流动资金按照年运行费的10%取值，河南段为12 598万元。

2.1.4 税金、利润

税金包括营业税、所得税、增值税和销售税金附加。

根据现行财税规定，城市供水按增值税的6%计征，其余不计税。

营业税随征的城市维护建设税5%、教育附加费3%、地方教育费附加2%。

企业所得税25%。

利润＝销售收入－总成本费用－销售税金附加。税后利润＝利润－应缴所得税。

税后利润提取10%的法定盈余公积金后，为可分配利润。

2.2 效益计算

引江济淮工程供水效益是工程向受水区提供城镇生活用水、工业用水、农村生活用水而产生的效益。本工程的投资只包括主体工程的投资，未包括主体工程分水口门到城市自来水厂前池之间的配套工程投资以及水厂到用户间的输水、净水工程及管网配水工程投资。按照效益与费用一致的原则，供水效益应在主体工程与配套工程、城市水厂净水工程及城市管网工程之间分摊。同时，考虑到引江济淮工程沿线利用了较多的已有工程设施，因此，工程效益还应与已建工程进行分摊。

引江济淮主体工程河南段供水效益分摊系数[主体工程投资/(主体工程投资＋配套工程投资＋已有水利工程资产重估值)]为0.613；城市水厂前工程投资与城市水厂工程、净水工程及管网配套工程分摊系数暂取0.70。综上，引江济淮主体工程河南段综合分摊系数为0.43。

2.2.1 城镇生活供水效益

根据《河南统计年鉴》，2012年引江济淮工程受水区城镇居民可支配收入河南省平均为17 408元，低收入人群可支配收入为11 495元。根据近十年引江济淮工程受水区城镇居民可分配收入增长趋势，2005—2012年河南省人均可支配收入增长率为13.0%，预测2010—2020年按年均增长率6%计算，2020—2030年按年均增长率4%计算，2030—2040年按年均增长率2%计算。预测2030年引江济淮工程河南省受水区城镇居民低收入人群可支配收入27 120元，考虑到河南省缺水较严重，按照低收入人群全年水费占可支配收入的1.6%测算城镇用水户可接受水价为6.60元/m^3。预测2040年引江济淮工程河南省受水区城镇居民低收入人群可支配收入为 33 059 元，考虑到河南省缺水较严重，按照全年水费占年可支配收入的 1.6%测算城镇用水户可接受水价为 7.63 元/m^3。

引江济淮工程受水区 2030 年城镇生活（生态供水量计入城镇生活）供水量为 17 455 万 m^3，净增供水量 14 838 万 m^3，城镇生活供水效益为 42 109 万元；2040 年城镇生活供水量为 24 336 万 m^3，净供水量为 20 686 万 m^3，农村生活供水效益为 67 867 万元。

2.2.2　农村生活供水效益

农村生活供水效益暂按单方水灌溉补水效益 3.42 元/m^3 估算。

引江济淮工程受水区 2030 年农村生活供水量为 5 408 万 m^3，净增供水量 4 596 万 m^3，农村生活供水效益为 6 759 万元；2040 年农村生活供水量为 6 290 万 m^3，净增供水量 5 347 万 m^3，农村生活供水效益为 7 863 万元。

2.2.3　工业供水效益

工业供水效益计算采用分摊系数法，根据需水预测成果，受水区 2030 年万元工业增加值用水定额为 19 m^3，2040 年万元工业增加值用水定额为 12 m^3。受水区 2030 年工业净增供水量为 25 263 万 m^3，2040 年净增供水量为 30 512 万 m^3。

本次对受水区内企业进行工业生产成本调查，分析各企业工业生产成本中水利成本所占比例，为 2.0%～4.0%。结合其他地区工程工业水利分摊系数取值经验，保守考虑，工业供水水利分摊系数为 2%。受水区 2030 年工业供水效益为 114 348 万元，2040 年工业供水效益为 218 669 万元。

2.2.4　供水总效益

引江济淮工程 2030 年经济效益共计 163 216 万元，2040 年经济效益共计 294 399 万元。

2.3　经济费用效益分析

2.3.1　主要参数

引江济淮工程是一项以城市生活、工业供水、农业灌溉补水和发展航运为主，结合改善巢湖及淮河水环境的准公益性大型工程。根据《建设项目经济评价方法与参数》（第三版），本次社会折现率采用 8%。

2.3.2　经济盈利能力分析

在以上各项经济费用效益计算基础上，编制本项目经济费用效益流量表，计算经济内部收益率、经济效益费用比和经济净现值等分析指标。

经计算，工程经济内部收益率为 10.40%，大于社会折现率 8%，经济效益费用比 1.20，大于 1，经济净现值 268 630 万元，大于 0，投资回收期为 17.6 年，说明建设引江济淮工程在经济上是合理的。

2.4 敏感性分析

针对工程整体进行敏感性分析,不确定因素主要为固定资产投资、工程效益、年运行费。对上述主要不确定因素进行敏感性分析,计算结果见表1。

表1 经济敏感性分析表

项目	内部收益率 EIRR(%)	经济净现值 ENPV(万元)	效益费用比
基本方案	10.40	268 630	1.20
建设投资变化			
-20%	11.83	371 680	1.31
-10%	11.05	319 340	1.25
10%	9.80	214 660	1.16
20%	9.29	162 320	1.11
直接效益变化			
-20%	8.02	14 340	1.01
-10%	9.03	108 650	1.08
10%	11.62	425 360	1.32
20%	12.75	583 720	1.44
经营费用变化			
-20%	11.66	423 960	1.37
-10%	11.03	345 480	1.28
10%	9.72	118 530	1.14
20%	9.02	110 050	1.07

计算结果表明,引江济淮工程建设投资增加20%、直接效益减少20%、经营费用增加20%时,内部收益率均大于社会折现率8%,经济净现值均大于0,效益费用比均大于1。该方案工程抗风险能力较强。

第二篇

施工技术与管理

引江济淮工程(河南段)施工导流设计

袁　欢,刘　渊

(河南省水利勘测设计研究有限公司，河南 郑州 450016；
河南省引江济淮工程有限公司，河南 商丘 476000)

摘　要: 施工导流设计方案决定着主体工程施工进度安排和施工安全,引江济淮工程(河南段)涉及2条河道、3条管线、4座水库、5座泵站,以及各类附属建筑物。本工程分为需要进行施工导流和不需要进行施工导流两种。根据各建筑物的施工特点,对于是否进行施工导流确定如下原则:调蓄水库、梯级泵站等工程,不需要进行施工导流设计;河道工程(包括节制闸、沟口涵闸、桥梁等建筑物)、管线穿越主要河(渠)等工程,均需要进行施工导流设计。设计时充分掌握基本资料,全面分析影响施工导流方案设计的导流条件、导流标准、导流方式、导流建筑物设计等因素,并结合工程施工区的周边情况,合理确定施工导流方案,使工程尽早发挥效益。

关键词: 引江济淮;河南段;导流标准;导流方式;导流建筑物设计

1　工程概况

引江济淮工程是国务院批复的长江流域规划、淮河流域规划、全国水资源规划中提出的由长江下游向淮河中游跨流域补水的重大水资源配置工程。由长江下游引水,经巢湖,向淮河中游地区补水,是一项以城乡供水和发展江淮航运为主,结合灌溉补水和改善巢湖及淮河水生态环境等综合利用的大型跨流域调水工程。引江济淮工程包括引江济巢、江淮沟通、江水北送三部分。河南段属于江水北送的一部分。

1.1　工程位置及交通条件

引江济淮工程(河南段)涉及2市2直管县,共9个县(区),分别为周口市的郸城、淮阳、太康3个县,商丘市的柘城、夏邑和梁园、睢阳2县2区,以及永城和鹿邑2个直管县。

工程区内有济广高速,永登高速,连霍高速,国道G311、G105,省道S210、S207、S206、S326、S214、S327、S325,县道X025、X002、X037、X207、X016、X010、X033、X027、X030、X017通过,各乡镇道路纵横交错,均可与上述道路相通。工程沿线施工场地相对平缓开阔,对外交通运输条件便利。施工期间大宗物资材料及机械设备可通过上述道路和县乡公路及纵横交错的村村通公路进场。结合现场情况,需修筑一定长度的连接道路。

1.2　工程主要建设内容

引江济淮工程(河南段)包括2条河道、3条管线、4座水库、5座泵站,以及各类附属建筑物。工程输水线路总长 195.14 km,其中,输水河道总长 63.72 km,输水管道总长 131.42 km。引江济淮工程(河南段)主要建设内容见表 1。

线路:清水河—(试量调蓄库)鹿辛运河—(后陈楼调蓄库)后陈楼至七里桥—(七里桥调蓄库)七里桥至夏邑、七里桥至商丘(新城调蓄库)。清水河上有 3 座梯级提水泵站:界首袁桥站,中间赵楼站,尾端试量站。后陈楼站、七里桥站为两座加压泵站。后陈楼至七里桥线路长 29.88 km,七里桥至商丘线路长 39.92 km,七里桥至夏邑线路长为 61.62 km。

表 1 引江济淮工程(河南段)主要建设内容表

序号	工程内容	单位	数量	备注
一	主体河道工程			
1	利用河道数量	条	2	清水河和鹿辛运河
2	利用河道长度	km	63.72	清水河 47.46 km,鹿辛运河 16.26 km
3	河道疏浚长度	km	62.97	清水河 46.71 km,鹿辛运河 16.26 km
二	主河道建筑物工程			
1	河道梯级泵站(新建)	座	3	袁桥泵站、赵楼泵站、试量泵站
2	节制闸	座	5	赵楼闸、后陈楼闸、清水河节制闸、任庄节制闸、白沟河节制闸
3	重建、新建沟口闸	座	40	清水河 21 座,鹿辛运河 19 座
4	重建、新建桥梁	座	10	清水河 2 座,鹿辛运河 8 座
三	调蓄水库工程			
1	调蓄水库	座	4	试量、后陈楼、七里桥、新城调蓄水库
2	进水闸	座	2	试量、后陈楼进水闸
3	分水口门	座	9	
四	压力管线			
1	压力管线条数	条	3	
2	压力管线长度	km	131.42	
3	加压泵站	座	2	后陈楼泵站和七里桥泵站

2 施工导流条件

2.1 地形地貌

工程沿线区域地形绝大多数相对平缓开阔,场区地形地貌主要为黄淮冲积平原,沿线分布有多条河流,主要有清水河、鹿辛运河、涡河、惠济河、永安沟、太平沟、洮河、大沙河、陈良河、周商永运河、白河、小洪河、芦河、杨大河、包河、洛沟、东沙河等。工程区共划分 2 个地貌单元,分别为冲积平原、河谷地貌。

清水河引水线路：为河谷地貌形态，地势平坦，西北高、东南低，高程大部分在37.40～45.70 m，高差8.3 m，地面比降1/6 000左右。河谷形态呈宽浅"U"形，河道较顺直，河槽宽度一般20～40 m，下切深度一般3～5 m。清水河两侧小支流呈羽状分布。

鹿辛运河引水线路：为河谷地貌形态，地势平坦，西高、东低，高程大部分在41.10～43.70 m，高差约2.6 m，地面坡降1/6 300左右。河道沿G311国道北侧呈东西走向，河道顺直，宽度一般30～40 m，深度一般4.0～5.5 m。

后陈楼调蓄水库—七里桥调蓄水库管线：场区地形地貌主要为黄淮冲积平原，沿线分布有多条河流，主要有涡河、惠济河、永安沟等。工程区地貌单元主要为冲积平原，穿越河流处为河谷地貌。地面高程大部分在41.00～46.00 m，地势总体为西北高、东南低，平均坡降一般小于0.5‰。

七里桥调蓄水库—新城调蓄水库管线：场区地形地貌主要为黄淮冲积平原，沿线分布有多条河流，主要有永安沟、太平沟、洮河、大沙河、陈良河、汴河故道、周商永运河等。工程区地貌单元主要为冲积平原，穿越河流处为河谷地貌。地面高程大部分在45.50～49.50 m，地势平坦开阔，东北高、西南低，平均坡降一般小于0.2‰。

七里桥调蓄水库—夏邑管线：场区地形地貌主要为黄淮冲积平原，沿线分布有多条河流，主要有永安沟、周商永运河、太平沟、洮河支流1、洮河、洮河支流2、大沙河支沟、大沙河、白河、小洪河、芦河、杨大河、包河、包河支流1、包河支流2、洛沟、东沙河等。工程区地貌单元主要为冲积平原，穿越河流处为河谷地貌。地面高程大部分在39.00～46.20 m，地势平坦开阔，由西至东缓慢降低，平均坡降约为0.1‰。

试量调蓄水库：工程区属黄淮冲积平原，地势较平坦、开阔。场区地面高程一般41.40～42.40 m。在湖区中部有一条南北向排水沟分布，排水沟底宽3～5 m不等，开口宽10～15 m，沟深约2.5 m。场区有乡间道路、村村公路与G311国道相通，交通较便利，场地条件较好。

后陈楼调蓄水库：工程区属黄淮冲积平原，地势较平坦、开阔。场区地面高程一般40.70～41.50 m。场区有乡间道路、村村公路与G311国道相通，交通较便利，场地条件较好。

七里桥调蓄水库：工程区属黄淮冲积平原，地势较平坦、开阔。场区地面高程一般45.50～46.30 m。场区有村村通公路与北湖路、S206省道相通，交通便利，场地条件较好。

新城调蓄水库：工程区属黄淮冲积平原，地势较平坦、开阔。场区地面高程一般47.70～49.30 m。场区紧邻珠江路与北海路，交通便利，场地条件较好。

2.2　水文气象

引江济淮工程(河南段)所在区域属暖温带大陆性季风气候区，气温、降水和风向随季节变化显著。其特征表现为：四季分明，春秋季较短，气候温暖；春夏之交多干风，夏季炎热，降雨集中；冬季较长，寒冷雨雪少。四季气温变化明显，温差较大，年平均气温14.4℃，各月平均气温以1月份最低，月平均气温0.1℃，7月份最高，月平均气温27.3℃，极端最低气温－15.3℃，极端最高气温41.9℃。历年最大冻土深度0.32 m。本区风向风速随季节变化比较明显,冬春季节多吹北到东北风,夏秋季节多吹南到东南风。年平均风速 2.9 m/s。年平均相对湿度 72%,各月相对湿度高值出现在 7 月至 8 月份,低值出现在 5 月至 6 月份。

区域内多年平均降雨量 720~780 mm,雨量从南向北递减,年内分配极不均匀,冬季雨雪稀少,夏季雨量充沛。降水比较集中(6—8 月),占全年的 50%以上,降水年际变化较大,丰枯悬殊。鹿邑站最大年降水量为 1963 年 1 248.5 mm,年降水量最少的是 1993 年,只有 422.6 mm,最大年降水量约是最小年降水量的 3 倍。多年平均水面蒸发量 950~1 300 mm,各月平均蒸发量 5 月至 6 月份最大,12 月至 1 月份最小。

根据水文气象资料及工程施工进度安排,本工程河道范围内工程主要安排在非汛期施工。

3 施工导流标准

3.1 施工导流分类

本工程分为需要进行施工导流和不需要进行施工导流两种。根据各建筑物的施工特点,对于是否进行施工导流确定如下原则:

①调蓄水库、梯级泵站等工程,不需要进行施工导流设计。

②河道工程(包括节制闸、沟口涵闸、桥梁等建筑物)、管线穿越主要河(渠)等工程,均需要进行施工导流设计。

3.2 导流建筑物等级及导流标准

本工程中输水河道及主要建筑物级别为 2 级,沟口涵闸为 3~4 级,输水管道为 2~3 级,按照《水利水电工程等级划分及洪水标准》(SL 252—2017)表 4.8.1 和 5.6.1 的规定,根据其保护对象、失事后果、使用年限和围堰工程规模,导流建筑物应按 4~5 级建筑物标准设计,其中输水河道及主要建筑物的土石围堰建筑物设计洪水标准为 10~20 年,沟口涵闸的土石围堰建筑物设计洪水标准为 5~10 年,2 级输水管道穿越主要河渠的土石围堰建筑物设计洪水标准为 10~20 年,3 级输水管道穿越主要河渠的土石围堰建筑物设计洪水标准为 5~10 年。

结合输水河道及建筑物的具体情况,考虑其失事后对下游及工程本身的影响程度不大,因而输水河道及主要建筑物的导流建筑物设计洪水标准选用 10 年一遇,沟口涵闸的导流建筑物设计洪水标准选用 5 年一遇,输水管道穿越河渠的导流建筑物设计洪水标准选用 5~10 年一遇。非汛期洪峰流量与全年相比相差较大,采用不同导流时段的洪峰流量,导流工程费用相差也较大。鉴于以上情况,输水河道及建筑物采用非汛期施工,即每年 11 月 1 日至次年 4 月 30 日施工,输水管道穿越惠济河和大沙河在每年 11 月 1 日至次年 4 月 30 日施工,穿越其他河渠在每年 12 月 1 日至次年 2 月 28 日施工,汛期河槽停止施工。

4　施工导流方式

4.1　施工导流方式的选择原则

施工导流方式的选择应遵循以下原则：

①适应河流水文特性和地形、地质条件；

②工程施工期短，投资省，发挥工程效益快；

③工程施工安全、灵活、方便；

④结合永久建筑物，满足施工要求，减少导流工程量和投资；

⑤河道截流、围堰挡水和供水等各阶段能够合理衔接。

4.2　导流方式的确定

(1) 输水河道工程

输水河道工程主要工程量为河道开挖、混凝土护坡护脚、黏性土换填，须干地施工。清水河与鹿辛运河在试量镇东侧交叉，现状的试量闸在鹿辛运河下游清水河上，工程施工时可利用试量闸来调节清水河和鹿辛运河施工期洪水，两条河道互相作为导流通道。

第一个非汛期先施工鹿辛运河工程，在清水河与鹿辛运河交叉处鹿辛运河上修筑围堰以阻断来水，上游来水利用清水河导流，下游开闸泄水，在上下游修筑围堰河道底部沿线开挖导流沟槽，结合平交河道进行导流，围堰下埋设涵管后接拍门，防止基坑外抽排水倒流进基坑。其间若遇到超标洪水导致水量较大的情况，可临时停止施工，撤出施工机械，让河道过流。

清水河工程在第二个非汛期施工，鹿辛运河在第一个非汛期施工完成后，清水河上游来水利用鹿辛运河及其平交河道白沟河和兰沟河等导流，在交叉位置通过试量闸下闸阻断上游来水，下游开闸泄水。根据工程实际情况，河道桩号 7＋300 以下河道局部由底部回填平整河道，可择机在上下游修筑围堰，河道底部沿线开挖导流沟槽，结合抽排进行干地施工，桩号 7＋300 以上河道施工时分段修筑横向围堰以阻断下游水倒流进基坑，在河道底部沿线开挖导流沟槽，结合抽排进行导流，围堰下埋设涵管后接拍门，防止基坑外抽排水倒流进基坑。

(2) 节制闸工程

清水河节制闸位于清水河河道上，袁桥泵站的出口渠道位于清水河节制闸一侧的耕地上，采用全断面围堰、明渠导流方式。在上下游筑围堰挡水，在泵站一侧利用部分出口渠道开挖导流明渠导流。

赵楼节制闸位于清水河河道上，赵楼泵站位于赵楼节制闸一侧的耕地上，采用分期施工方式。一期施工泵站的引水渠，填筑横向围堰，利用泵站引水渠导流，施工水闸；二期利用水闸过流，施工泵站。

鹿辛运河上的后陈楼节制闸与前崔寨闸主体工程量及导流规模较小，采用全断面围堰、明渠导流方式，在上下游筑围堰挡水，在一侧开挖导流明渠导流。

鹿辛运河上的任庄节制闸和白沟河节制闸主体工程在鹿辛运河上,可结合鹿辛运河河道工程进行施工,不再单独进行施工导流。

(3) 沟口闸工程

沟口闸规模及导流流量均不大,采用上下游填筑围堰挡水,利用涵管、明渠导流。流量0.5 m^3/s以下采用围堰挡水涵管导流,流量0.5 m^3/s以上采用明渠导流,其中位于白沟河下游的白沟河闸1施工时,上游来水可利用鹿辛运河导流。根据上述施工导流方式的选择,确定各沟口涵闸的施工导流特性,具体见表2。

表2 沟口涵闸施工导流特性表

序号	涵闸名称	所在河流	河道桩号	设计流量(m^3/s)	导流标准(a)	控制流域面积(km^2)	施工期洪水流量(m^3/s)	导流方式
1	杨庄闸	清水河	16+300	4.30	5	3.0	0.1	涵管导流
2	李胡同闸	清水河	16+180	4.30	5	3.0	0.1	涵管导流
3	小厂集闸	清水河	15+900	3.60	5	2.5	0.1	涵管导流
4	赵大楼闸	清水河	15+380	4.90	5	3.4	0.1	涵管导流
5	王小寨闸	清水河	14+410	27.80	5	19.3	0.5	涵管导流
6	孟庄闸	清水河	14+410	6.20	5	4.3	0.1	涵管导流
7	孙小楼闸	清水河	14+100	0.45	5	0.3	0.0	涵管导流
8	孙庄闸	清水河	13+040	0.78	5	0.5	0.0	涵管导流
9	王大庄闸	清水河	12+925	3.90	5	2.7	0.1	涵管导流
10	朱庄闸	清水河	12+585	2.90	5	2.0	0.1	涵管导流
11	段庄闸	清水河	12+575	25.60	5	17.8	0.4	涵管导流
12	张段庄闸	清水河	12+165	3.30	5	2.3	0.1	涵管导流
13	赵阁寨闸	清水河	11+430	4.50	5	3.1	0.1	涵管导流
14	郭竹园闸	清水河	11+430	6.00	5	4.2	0.1	涵管导流
15	大李庄闸	清水河	10+700	0.88	5	0.6	0.0	涵管导流
16	后郑庄闸	清水河	10+600	0.99	5	0.7	0.0	涵管导流
17	大郑庄闸	清水河	10+345	5.30	5	3.7	0.1	涵管导流
18	李桥闸	清水河	10+030	26.90	5	18.7	0.5	涵管导流
19	铁佛寺闸	清水河	9+555	3.60	5	2.5	0.1	涵管导流
20	刘胡庄闸	清水河	7+545	5.60	5	3.9	0.1	涵管导流
21	多迷店闸	清水河	6+110	2.88	5	2.0	0.1	涵管导流
22	前崔寨闸	鹿辛运河	0−142	57.00	5	35.3	0.9	明渠导流

续表

序号	涵闸名称	所在河流	河道桩号	设计流量(m^3/s)	导流标准(a)	控制流域面积(km^2)	施工期洪水流量(m^3/s)	导流方式
23	孙庄闸	鹿辛运河	1+810	13.60	5	3.3	0.4	涵管导流
24	肖庄闸	鹿辛运河	3+150	5.20	5	1.7	0.0	涵管导流
25	后杨庄闸	鹿辛运河	3+900	3.70	5	1.3	0.0	涵管导流
26	兰沟河闸 1	鹿辛运河	4+880	13.50	5	10.7	0.3	涵管导流
27	兰沟河闸 2	鹿辛运河	4+870	13.50	5	10.7	0.3	涵管导流
28	史庄闸	鹿辛运河	5+910	15.80	5	4.6	0.1	涵管导流
29	田桥闸	鹿辛运河	6+940	2.90	5	2.1	0.1	涵管导流
30	小袁庄闸	鹿辛运河	7+790	2.40	5	1.2	0.0	涵管导流
31	白沟河闸 1	鹿辛运河	9+230	60.30	5	53.7	1.3	运河导流
32	白沟河闸 2	鹿辛运河	9+230	60.30	5	74.7	1.9	明渠导流
33	跃进河闸	鹿辛运河	9+600	14.30	5	7.0	0.2	涵管导流
34	薛杜庄闸	鹿辛运河	10+880	4.70	5	2.0	0.1	涵管导流
35	孙鲁英闸	鹿辛运河	12+135	8.70	5	3.1	0.1	涵管导流
36	薛庄闸	鹿辛运河	12+390	3.80	5	0.6	0.0	涵管导流
37	王小庄闸	鹿辛运河	12+900	3.61	5	0.5	0.0	涵管导流
38	东大王闸	鹿辛运河	13+235	4.40	5	1.6	0.0	涵管导流
39	后陈闸	鹿辛运河	14+000	9.70	5	1.4	0.0	涵管导流
40	蒿须沟闸	鹿辛运河	15+730	44.40	5	46.7	1.2	明渠导流

(4) 输水管道工程

输水管道穿越河(渠)处在河渠上下游填筑围堰,从场地开阔的一侧开挖导流明渠导流,施工输水管道。流量 0.5 m^3/s 以下的河渠采用围堰挡水涵管导流,流量 0.5 m^3/s 以上采用明渠导流。根据上述施工导流方式的选择,确定输水管道穿越河(渠)的施工导流特性,见表 3。

表 3 输水管道穿越河(渠)施工导流特性表

序号	管线名称	桩号	河(渠)名称	导流标准(a)	控制流域面积(km^2)	施工期洪水流量(m^3/s)	导流方式
1	后陈楼调蓄水库—七里桥调蓄水库输水线路	13+768	惠济河	10	3 660.0	137.8	明渠导流
2		27+570	永安沟	10	41.0	0.6	明渠导流

续表

序号	管线名称	桩号	河(渠)名称	导流标准(a)	控制流域面积(km^2)	施工期洪水流量(m^3/s)	导流方式
3	七里桥调蓄水库—新城调蓄水库输水线路	0+368	永安沟	10	36.2	0.5	涵管导流
4		7+990	太平沟	10	116.0	1.7	明渠导流
5		11+679	洮河	10	130.0	2.0	明渠导流
6		17+900	北安民沟	10	40.0	0.6	明渠导流
7		25+440	大沙河	10	599.0	24.0	明渠导流
8		27+830	陈良河	10	47.0	0.7	明渠导流
9	七里桥调蓄水库—夏邑输水线路	6+474	太平沟	10	131.1	2.0	明渠导流
10		17+62	洮河	10	186.0	2.8	明渠导流
11		19+200	大坡沟	10	37.0	0.6	明渠导流
12		22+100	进水沟	10	63.0	0.9	明渠导流
13		23+158	大沙河	10	1166.0	46.6	明渠导流
14		28+130	白河	10	40.0	0.6	明渠导流
15		34+306	小洪河	10	27.4	0.4	涵管导流
16		35+592	芦河	10	43.0	0.6	明渠导流
17		39+728	杨大河	10	142.3	2.1	明渠导流
18		45+416	包河	10	319.0	4.8	明渠导流
19		48+460	付民沟	10	58.0	0.9	明渠导流
20		53+517	洛沟	10	42.3	0.6	明渠导流
21		56+67	东沙河	10	282.0	4.2	明渠导流

5 导流建筑设计

结合导流方式的选择进行施工导流建筑物设计，明渠导流流量为 0.6～137.8 m^3/s，底宽 2.0～15 m，渠深 2.0～5.5 m，两侧边坡 1∶1.5～1∶2.0，过流最大流速为 1.6 m/s。施工围堰采用梯形断面，堰顶宽度依据交通和施工要求确定，宽度一般为 3～5 m，堰顶高程根据明渠水位加波浪爬高及安全超高后确定，围堰堰顶安全超高满足不过水围堰堰顶安全超高 0.5 m；迎、背水面坡度 1∶2.5～1∶2.0。围堰主体一般为黏土或壤土，由导流明渠、建筑物基坑开挖土料填筑而成的均质围堰。本工程设计均为土围堰。选取典型断面进行稳定计算，通过毕肖普法，计算得各工况围堰边坡稳定系数均大于 1.15，满足规范要求。施工围堰设计特性见表 4。施工导流明渠设计特性见表 5。

表 4　施工围堰设计特性表

序号	项目	围堰工程			备注
		最大堰顶宽(m)	最大堰高(m)	围堰长度(m)	
1	输水河道工程				
(1)	清水河				
	河道开挖横向围堰	5	1.0～2.5	401	10 处
	袁桥节制闸	7	4.8	122	上下游
	赵楼节制闸	7	4.0	89	上下游
	沟口闸及桥梁	3～7	2.0～4.0	10～50	22 处
(2)	鹿辛运河				
	河道开挖围堰	5	1.5～3.0	138	4 处
	后陈楼节制闸	7	5.0	71	上下游
	沟口闸及桥梁	3～7	2.0～4.0	10～60	27 处
2	输水管线工程				
	后陈楼调蓄水库至七里桥调蓄水库输水管线穿越河渠	3～5	1.0～6.2	46～72	2 处
	七里桥调蓄水库至新城调蓄水库输水管线穿越河渠	3～5	1.0～3.2	20～80	6 处
	七里桥调蓄水库至夏邑输水管线穿越河渠	3～5	1.0～3.8	20～90	13 处

表 5　施工导流明渠设计特性表

序号	项目	导流明渠			备注
		长度(m)	底宽(m)	平均渠深(m)	
1	输水河道工程				
	后陈楼节制闸	220	3	2.0	1 处
	沟口闸	560	2～3	2.0	3 处
2	输水管线工程				
	后陈楼调蓄水库至七里桥调蓄水库输水管线穿越河渠	345	2～15	2.0～5.5	2 处
	七里桥调蓄水库至新城调蓄水库输水管线穿越河渠	778	2～5	2.0～3.8	6 处
	七里桥调蓄水库至夏邑输水管线穿越河渠	2006	2～10	2.0～4.7	13 处

6　施工导流设计特点

引江济淮工程(河南段)施工导流设计过程中,认真研究工程区的地形地貌、周边建筑物及工程设计布置等特点,充分掌握基本资料,全面分析影响施工导流方案设计的导流条件、导流标准、导流方式、导流建筑物设计等因素,并结合工程施工区的周边情况,合理确定施工导流方案,使工程尽早发挥效益。推荐的施工导流方案具有以下特点:

①河道工程场地布置导流明渠从位置和经济角度分析有一定局限性,本工程利用平交河道作为互相导流的通道,分段进行施工,上下游修筑围堰,河道底部沿线开挖导流沟槽,结合平交河道与抽排进行导流,围堰下埋设涵管后接拍门,防止基坑外抽排水倒流进基坑。其间若遇到超标洪水导致水量较大的情况,可临时停止施工,撤出施工机械,让河道过流。

②河道大型节点建筑物采用全断面围堰、明渠导流方式,并充分利用周边的导流通道进行永临结合使用。

③河道小型沟口闸根据其规模导流流量均不大的情况,采用上下游填筑围堰挡水,利用涵管、明渠导流。流量 0.5 m^3/s 以下采用围堰挡水涵管导流,流量 0.5 m^3/s 以上采用明渠导流。

④输水管道穿越河(渠)处充分考虑周边地形地貌和河道范围内的穿越建筑物布置,进行施工导流设计,尽可能做到永临结合,减少工期,减少投资。

施工导流方案合理与否直接影响跨河建筑物工程的施工进度。进行施工导流设计时应充分考虑穿越建筑物所处河道的特点和周边的自然条件,再进行施工导流方案的分析和选择。

参考文献

[1] 中华人民共和国水利部.水利水电工程施工组织设计规范:SL 303—2017[S].北京:中国水利水电出版社,2017.

[2] 全国水利水电施工技术信息网.水利水电工程施工手册[M].北京:中国电力出版社,2005.

[3] 中华人民共和国水利部.水利水电工程施工导流设计规范:SL 623—2013[S].北京:中国水利水电出版社,2014.

[4] 中华人民共和国水利部.水利水电工程围堰设计规范:SL 645—2013[S].北京:中国水利水电出版社,2013.

试量泵站结构布置设计

黄秋风，江生金，蒋　恒

（河南省水利勘测设计研究有限公司，河南 郑州 450016；
河南省引江济淮工程有限公司，河南 商丘 476000）

摘　要：泵站作为具有灌溉、供水、排污等功能的建筑物，应根据提水流量和扬程等的不同，选择合适的泵型。由于泵型不同，泵站结构布置也各不相同。本文以引江济淮工程（河南段）试量泵站为例，介绍立式轴流泵的设计。

关键词：引江济淮工程；泵站；立式轴流泵；结构设计

1　工程概况

引江济淮工程是一项以城乡供水和发展江淮航运为主，结合灌溉补水和改善巢湖及淮河水生态环境等综合利用的大型跨流域调水工程，是集供水、航运、生态等效益为一体的水资源综合利用工程。

引江济淮工程（河南段）清水河段通过新建、重建和利用原节制闸，在闸一侧新建 3 座梯级泵站，利用原河道逆流而上，并通过鹿辛运河输水至试量和后陈楼调蓄水库，向河南境内输水。3 座梯级泵站自清水河下游到上游分别是袁桥泵站、赵楼泵站和试量泵站。

试量泵站是清水河上第三级泵站，设计流量为 40 m^3/s，泵站安装立式轴流泵机组 4 台，其中备机 1 台，设计扬程 6.0 m，配额定功率为 1 100 kW 的同步电机，总装机 4 400 kW。工程位于鹿邑县试量镇丁庄西北清水河左岸，试量闸东侧。

2　工程地质

（1）地形地貌

工程区属黄淮冲积平原，地势较平坦、开阔。场区附近清水河河道宽约 35 m，深约 3 m，附近河底高程约为 38.00 m；河道左岸地面高程一般 41.60～42.30 m；附近堤防顶宽一般 6.0 m，高约 2.0 m。国道 G311 从场区北侧约 200 m 东西向穿过，交通较便利，场地条件较好。

（2）地层岩性

场区在勘探深度范围内，揭露地层主要为第四系全新统上段（Q_4^{2al}）、下段（Q_4^{1al}）及上更新统(Q_3^{al})冲积地层,现自上而下分述如下。

①砂壤土(Q_4^{2al}):褐黄、浅黄色,松散状,见少量锈黄色浸染。土质不均,层间夹砂壤土透镜体,上部为耕植土。该层层厚1.3~3.1 m。

①-1重粉质壤土(Q_4^{2al}):褐黄、黄褐色,可塑状,见少量锈黄色浸染及灰色条带。该层呈透镜体状分布,层厚0.6~1.4 m。

②重粉质壤土(Q_4^{1al}):灰褐、灰黑色,可塑状,局部硬塑状,见少量锈黄色斑点,土质不均,局部为粉质黏土。该层层厚0.7~1.1 m。

③重粉质壤土(Q_4^{1al}):灰黄、浅棕黄色,可塑~硬塑状,见较多锈黄色浸染及灰绿色条带,见少量黑色铁锰质斑点,含少量钙质结核,局部含量较高,粒径一般1~2 cm,个别3~4 cm。土质不均,局部为粉质黏土。该层层厚4.0~6.4 m。

④粉砂(Q_4^{1al}):浅黄色、褐黄色,饱和,稍密~中密,成分主要为长石、石英,少量云母。砂质不均,局部相变为砂壤土(④-1)。层间夹重粉质壤土透镜体(④-2)。该层揭露总厚度约17.6 m,单层厚度一般2~6 m。

④-1砂壤土(Q_4^{1al}):褐黄色,饱和,稍密~中密,见锈黄色浸染。土质不均,夹重粉质壤土薄层,局部相变为轻粉质壤土。该层以透镜体或夹层型式分布于砂层中,单层层厚1.0~5.0 m。

④-2重粉质壤土(Q_4^{1al}):褐黄色,可塑~硬塑状,见铁锈条纹及灰色条纹,偶见黑色铁锰质斑点。土质不均,夹轻粉质壤土薄层。该层以透镜体或夹层型式分布于砂层中,单层层厚2.0~3.0 m。

⑤重粉质壤土(Q_3^{al}):褐黄色、灰黄色,可塑状,见铁锈条纹及灰色条纹,土质较致密,含少量钙质结核,粒径一般1~2 cm。该层未揭穿,揭露最大厚度4.4 m。

(3) 水文地质条件

场区地下水类型为第四系松散层孔隙潜水,主要赋存于下部壤土及粉砂、砂壤土层中,下部粉砂层中地下水具承压性,观测表明,砂层承压水水头高度3.0 m左右。勘察期间地下水埋深3.7~5.4 m,水位高程37.95~38.28 m,河水深约0.5 m。

地下水对混凝土无腐蚀性,对钢筋混凝土结构中的钢筋具弱腐蚀性,对钢结构具弱腐蚀性。

根据本次勘察成果,并结合附近地质资料,本建筑物场地各土体的力学性指标建议值见表1。

表1 各土体的力学性指标建议值表

土体单元	力学性质						渗透系数	承载力标准值	桩周土的侧阻力特征值(CFG桩)
	压缩系数	压缩模量	饱和快剪		饱和固结快剪				
			凝聚力	内摩擦角	凝聚力	内摩擦角			
	$\alpha_{1\text{-}2}$	Es	C	φ	C	φ	K	f_k	qsi
	MPa^{-1}	MPa	kPa	°	kPa	°	cm/s	kPa	kPa
①砂壤土(Q_4^{2al})	0.25	8.5	7	20	7	22	5.50E-04	110	

续表

土体单元	力学性质						渗透系数	承载力标准值	桩周土的侧阻力特征值(CFG桩)
	压缩系数	压缩模量	饱和快剪		饱和固结快剪				
			凝聚力	内摩擦角	凝聚力	内摩擦角			
	$\alpha_{1\text{-}2}$	E_s	C	φ	C	φ	K	f_k	q_{si}
	MPa^{-1}	MPa	kPa	°	kPa	°	cm/s	kPa	kPa
①-1 重粉质壤土(Q_4^{2al})	0.45	4.8	20	12	20	14	6.00E-05	110	
②重粉质壤土(Q_4^{1al})	0.35	5.2	22	13	22	15	2.00E-05	120	
③重粉质壤土(Q_4^{1al})	0.32	5.7	22	13	22	15	6.00E-05	130	
④粉砂(Q_4^{1al})			0	25			2.00E-03～8.50E-03	130	25
④-1 砂壤土(Q_4^{1al})	0.23	9.0	7	20	7	22	5.50E-04	130	25
④-2 重粉质壤土(Q_4^{1al})	0.30	6.0	22	13	22	15	6.00E-05	140	28
⑤重粉质壤土(Q_3^{al})	0.28	7.0	24	13	24	15	6.00E-05	150	34

3　泵站结构设计

(1) 主要控制高程的确定

本泵房采用站身挡洪。设计洪水防洪标准为 50 年一遇，校核防洪标准为 200 年一遇，相应设计洪水水位 43.01 m，校核洪水位为 44.10 m。本工程泵房利用站身防洪，泵房、安装间和副厂房、变电站均应高于设计洪水和校核洪水位。主泵房顶板高程及安装间高程取决于设计水位、波浪爬高和安全超高，根据《泵站设计规范》，在设计运行情况下安全超高为 0.5 m，在校核洪水安全超高为 0.4 m，波浪爬高经计算为 0.043 m，因此，泵站顶板高程应不低于 44.543 m，取 45.40 m。

泵房底板顶高程根据水泵安装高程和进、出水流道尺寸确定，为满足水泵在进水池最低运行水位时的必需汽蚀余量要求，水泵叶轮中心安装高程确定为 32.20 m，底板顶高程确定为 29.20 m。主厂房高度根据主机设备吊运要求确定，屋面下弦高程为 57.90 m，吊车轨道顶高程为 55.15 m。

(2) 结构型式及布置

泵房内安装 2200ZLB14.2-6.0 型立式轴流泵机组 4 台，其中备机 1 台，配额定功率为 1 100 kW 的同步电机，总装机 4 400 kW。

泵房内 4 台机组沿厂房轴线一字形排列，垂直水流向长 35 m，顺水流向长 18.63 m。泵站为一联，两机组间间距 7.0 m。泵房自下而上依次为进水流道层、水泵层、联轴层和电机层，各层安装高程根据机电设备的尺寸及安装要求确定。主泵房上部为跨度 12.5 m 的排架结构，屋面为网架轻钢结构。主泵房设置两个安全出口，一个在安装间一侧，另一个出口与副厂房相通。

进水流道:采用肘型进水流道,总长度 9.0 m。进口段底面高程 29.20 m,进口上缘高程为 32.50 m,进口段顶板仰角 16.98°,满足规范规定不大于 30°的要求。流道进口为矩形断面,尺寸为 3.3 m(高)×4.6 m(宽)。流道进口由矩形断面逐渐收缩过渡成圆形断面,与水泵喇叭口相衔接。

出口流道:采用平直管出水流道,出口流道长 14.2 m,平底高程 36.315 m,出口断面 3 m(高)×4.6 m(宽),出口流速为 0.72 m/s,满足规范要求的出口流速小于 1.5 m/s 的要求;站上最低水位为 40.57 m。出口设置一道快速启闭工作闸门和一道事故闸门,采用油压启闭机启闭。

水泵层:水泵安装高程是在综合考虑站下水位和出水流道上缘淹没深度等因素后确定的,叶轮中心线高程 32.20 m。水泵基础顶高程 33.70 m,各孔间设置检修通道。

联轴层:为了方便检修、拆除联轴器、检修电机下部结构及布置油、气、水管道等,同时保证主电机大梁下的高度能方便检修和巡视,综合考虑,联轴层高程定为 36.68 m。

电机层:电机层安装高程定为 40.88 m。为改善工作环境,泵房通风采用机械通风方式,通风机布置在安装间。根据机组安装要求,泵房内设置电动双梁桥式起重机 1 台,采用标准跨度 12.5 m。泵房进口检修平台宽 5.53 m(含 1.2 m 宽人行便桥),平台高程 45.40 m,采用固定卷扬式启闭机启闭;出口设置门机 1 台,平台高程 45.40 m。

(3) 主要结构尺寸的确定

泵房底板长度是根据主机组及辅助设备、电气设备布置、金属结构布置以及进、出水流道尺寸等确定的。经计算,底板顺水流方向长度为 34.5 m,出水流道一部分在泵房内,流道渐变部分末端设置 2 道快速启闭闸门,泵房宽度根据机组间距要求和流道宽度要求确定,因机组流道净宽取 4.6 m,中墩厚度 0.8 m,边墩厚度 1.8 m,经计算底板宽度为 35 m。

泵站纵剖面图见图 1。

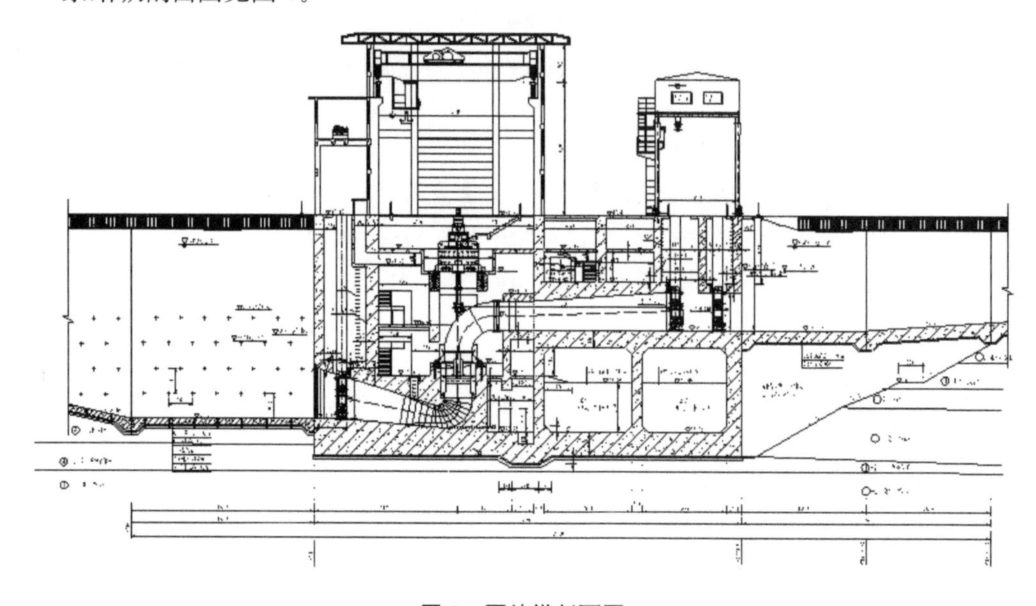

图 1 泵站纵剖面图

（4）站身稳定计算

试量泵站底板为四孔一联，两侧土压力和水压力平衡，因此仅对顺水流向进行稳定分析。袁桥泵站基础位于④-2重粉质壤土（Q_4^{1al}）层上，地基允许承载力为140 kPa。根据计算结果，除地基承载力不满足规范要求外，抗滑稳定系数、抗浮稳定系数和不均匀系数均满足规范要求。

根据地勘资料，地基土为第④-2层重粉质壤土，饱和固结快剪情况下，黏聚力C=22 kPa，内摩擦角为15°。经计算，地基土承载力修正后为186 kPa，不满足承载力要求，需要进行基础处理。

采用CFG桩提高基础承载力，参照《建筑地基处理技术规范》(JGJ 79—2012)，经计算泵站CFG桩径0.5 m，桩长8.5 m，桩间距1.5 m，复合地基承载力达到241 kPa，满足承载力要求。

（5）泵房结构计算

本泵房结构计算对泵房两侧侧墙、站上游侧侧墙以及底板进行计算。

计算工况：完建期，正常运行期，校核洪水期。

按照双向板对各构件进行计算，计算结果见表2，配筋结果满足规范要求。

表2　泵房结构计算成果表

工况	部位	弯矩(kN·m)	配筋	裂缝宽度(mm)
完建期	两侧墙	787.16	C25@150	0.231
	站上游墙	320.00	C22@150	0.195
	底板	602.62	C25@150	0.238
正常运行期	两侧墙	1 047.77	C25@125	0.226
	站上游墙	516.65	C25@150	0.257
	底板	373.30	C25@150	0.147
校核洪水期	两侧墙	1 461.01	C25@125	0.242
	站上游墙	789.15	C25@125	0.289

根据计算结果，泵站总体布置满足规范和水泵使用要求，满足规划设计需求。

引江济淮工程(河南段)施工总布置设计

袁　欢,杜卫兵,王　辉

(河南省水利勘测设计研究有限公司,河南 郑州 450016;
河南省引江济淮工程有限公司,河南 商丘 476000)

摘　要: 引江济淮工程(河南段)利用清水河通过3级泵站提水逆流而上向河南境内输水,再经鹿辛运河自流至后陈楼调蓄水库,然后通过加压泵站和压力管道输送至柘城县、睢阳区和夏邑县境内。工程建设内容主要包括2条河道、3条管线、4座水库、5座泵站及各类附属建筑物。工程输水线路总长195.14 km,其中输水河道总长63.72 km,输水管道总长为131.42 km。针对引江济淮(河南段)工程特性、施工条件、施工布置条件、施工布置原则、施工分区、施工交通、弃渣(土)场布置等进行施工总布置设计。总结施工总布置设计的理念,为今后同类工程提供借鉴。

关键词: 引江济淮;河南段;施工总布置;施工交通;弃渣(土)场布置

1　工程概况

引江济淮工程是国务院批复的长江流域规划、淮河流域规划、全国水资源规划中提出的由长江下游向淮河中游跨流域补水的重大水资源配置工程。由长江下游引水,经巢湖,向淮河中游地区补水,是一项以城乡供水和发展江淮航运为主,结合灌溉补水和改善巢湖及淮河水生态环境等综合利用的大型跨流域调水工程。引江济淮工程包括引江济巢、江淮沟通、江水北送三段。

河南段属于江水北送的一部分,包括2条河道、3条管线、4座水库、5座泵站及各类附属建筑物。工程输水线路总长195.14 km,其中输水河道总长63.72 km,输水管道总长为131.42 km。批复总工期60个月。

线路:清水河—(试量调蓄库)鹿辛运河—(后陈楼调蓄库)后陈楼至七里桥—(七里桥调蓄库)七里桥至夏邑、七里桥至商丘(新城调蓄库)。清水河上有3座梯级提水泵站:界首袁桥站,中间赵楼站,尾端试量站。后陈楼站、七里桥站两座加压泵站。后陈楼—七里桥线路长29.88 km,七里桥—商丘线路长39.92 km,七里桥—夏邑线路长61.62 km。

引江济淮工程(河南段)主要建设内容见表1。

表 1 引江济淮工程(河南段)主要建设内容表

序号	工程内容	单位	数量	备注
一	主体河道工程			
1	利用河道数量	条	2	清水河和鹿辛运河
2	利用河道长度	km	63.72	清水河 47.46 km,鹿辛运河 16.26 km
3	河道疏浚长度	km	62.97	清水河 46.71 km,鹿辛运河 16.26 km
二	主河道建筑物工程			
1	河道梯级泵站(新建)	座	3	袁桥泵站、赵楼泵站、试量泵站
2	节制闸	座	5	赵楼闸、后陈楼闸、清水河节制闸、任庄节制闸、白沟河节制闸
3	重建、新建沟口闸	座	40	清水河 21 座,鹿辛运河 19 座
4	重建、新建桥梁	座	10	清水河 2 座,鹿辛运河 8 座
三	调蓄水库工程			
1	调蓄水库	座	4	试量、后陈楼、七里桥调、新城调蓄水库
2	进水闸	座	2	试量、后陈楼进水闸
3	分水口门	座	9	
四	压力管线			
1	压力管线条数	条	3	
2	压力管线长度	km	131.42	
3	加压泵站	座	2	后陈楼泵站和七里桥泵站

2 施工条件

2.1 场地利用条件

工程沿线区域地形绝大多数相对平缓开阔,各施工生产生活区可沿现有道路、河道、调蓄水库、输水管线就近布置,永久占地范围内无场地面积可利用。

2.2 主要建筑材料供应条件

工程建设所需要的钢材、水泥、木材等材料,可以从工程沿线县、市、区建材市场采购;汽油、柴油可从当地石油公司采购使用。

各种输水管材及管件属于定型产品,在河南的南阳、许昌、洛阳、郑州、鹤壁、安阳及山东等地均有一定规模的生产厂家,通过招标选定供货厂家后,可以通过铁路和公路运输到达工地。考虑到工程的性质,可根据实际情况在当地设置管材分厂。

2.3 施工期水、电供应条件

河道工程战线较长,主要是混凝土工程、节制闸及施工营地需要施工临时用电,可从附近 10 kV 线路接引,沟口涵闸和桥梁工程可就近利用农用电或采用柴油发电机解决;泵站工程施工用电考虑永临结合。调蓄水库工程施工营地用电以电网供应为主,可从附近 10 kV 线路接引,加压泵站施工及生活用电考虑永临结合。输水管线工程施工临时用电主要为阀井和镇墩、管线穿越处及施工营地,管线穿越处及施工营地可从附近 10 kV 线路接引,其他管线施工用电量较小,施工临时用电考虑从附近农用电接引或采用柴油发电机解决。

施工期生活用水,可利用工程附近的村庄、城镇已有的供水系统或打井取用地下水。生活用水有条件的可就近接用地方自来水;无自来水条件的采用自打井或租用民井取水,设蓄水塔(罐)供应;用水既分散又少的地方,可采用汽车或拖拉机就近拉水,以满足生活用水需求。施工期施工用水可直接从附近的河道或沟渠中抽取,或者打井取用地下水。

工程区域通信条件良好,同时移动、联通、电信通信信号覆盖所有工程施工区域,通信快捷方便。

工程施工期间工地只设置一般性小修及保养服务,工程施工区域沿线市、县、区可提供中修及以上修配加工服务。工程施工期间所需生活必需品主要依靠当地供应。工程施工区域沿线有多家县、区、市级医院,医疗条件较好。总体而言,该工程区域社会化服务条件较好。

2.4 地形地貌

场区地形地貌主要为黄淮冲积平原,沿线分布有多条河流,主要有清水河、鹿辛运河、涡河、惠济河、永安沟、太平沟、洮河、大沙河、陈良河、商周运河、白河、小洪河、芦河、杨大河、包河、洛沟、东沙河等。工程区共划分 2 个地貌单元,分别为冲积平原、河谷地貌。

3 施工交通运输

3.1 对外交通运输

国道 G311,省道 S210、S207,县道 X025、X002 从工程区通过,各乡镇道路纵横交错,均可与上述道路相通,河道及其建筑物工程可通过上述国道、省道、县道及乡镇道路进场,部分乡镇道路标准低,损坏严重,需修建一部分进场道路。调蓄水库工程附近有鹿邑县迎宾大道、鹿穆路、国道 G311、清水河堤防道路、县道 X002、省道 S206、县道 X037、柘城县北湖路及县乡镇道路,可利用上述道路到达施工场地附近,结合现场情况修筑一定长度的连接道路。输水管线工程附近有济广高速,永登高速,连霍高速,国道 G105,省道 S206、S326、S214、S327、S325,县道 X037、X207、X016、X010、X033、X027、X030、X017 及各乡镇道路,施工时可利用其作为进场道路。管件可通过相应的交叉道路进入施工临时道路。

3.2　场内交通运输

场内交通运输主要为工程区与弃土区之间的土方机械运输道路和输水管线沿线管材、材料及施工机械的运输道路，除部分利用现有道路外，大部分需要修筑施工临时道路。各项工程场内施工临时道路设置具体如下。

（1）清水河工程

①河道开挖、沟口涵闸、桥梁施工临时道路：为方便河道开挖弃土运输和沟口涵闸施工，施工时利用河道现有堤防堤顶路，扩宽整平作为施工场内运输道路，路面为简易土石路面，总宽为 10 m。

②节制闸和泵站施工临时道路：为方便建筑物开挖弃土运输和建筑材料运输，每处节制闸和泵站修筑场内施工临时道路与河道临时道路相连接，路面为简易土石路面，总宽为 8 m。

（2）鹿辛运河工程

①河道开挖、沟口涵闸、桥梁施工临时道路：为方便河道开挖弃土运输和沟口涵闸及桥梁工程施工，施工时在河道左侧修筑一条施工临时道路，路面为简易土石路面，总宽为 10 m，同时可利用河道右侧国道 G311 作为施工道路。

②节制闸施工临时道路：为方便建筑物开挖弃土运输和建筑材料运输，节制闸修筑场内施工临时道路与河道临时道路相连接，路面为简易土石路面，总宽为 8 m。

（3）调蓄水库工程

为方便调蓄水库开挖弃土运输和建筑材料运输，沿调蓄水库开挖线外侧修筑一条施工临时道路，路面为简易土石路面，总宽为 10 m。

（4）输水管线工程

为方便施工机械、材料及管材运输，输水管道场内临时施工道路沿输水线路一侧布置，路面总宽为 10 m，简易土石路面；管线穿越地方交通道路采用开挖方式施工时，需考虑修筑绕行道路，绕行临时道路按所破道路同等标准修建，并设置安全、警示标志，回填后恢复路面。穿越乡村道路绕行道路总宽为 8 m，穿越县级以上道路总宽为 10 m。

本工程布置 3 座跨河交通桥梁，满足施工过程中河道两岸交通运输需求。涉及的河道主要为惠济河和大沙河，其中大沙河在七里桥调蓄水库至新城调蓄水库段和七里桥调蓄水库至夏邑段管线工程各穿越 1 次。

4　施工总布置

4.1　施工总布置原则

施工总布置设计应贯彻执行合理利用土地的方针，遵循施工临建与永久利用相结合、因地制宜、因时制宜、有利于生产、方便生活、易于管理、安全可靠、经济合理、环境友好、资源节约的总原则。本工程施工总布置的规划原则是：

①在保证施工需要的基础上，尽量少占耕地；

②根据工程施工场所，为方便管理，生产、生活区尽量集中，就近布置；

③外运管材及材料要就近放置,避免多次倒运;

④充分利用机械施工,减小劳动强度,加快施工进度;

⑤做好开挖土方堆放,保证施工环境不产生新的水土流失,减少赔偿费用。

由于本工程施工线路多又比较分散,工程的线性分布特点决定了工程施工的总体布置具有比较高的流动性和多头平行施工的可能性,所以施工布置会有一定的重复。

根据施工强度、施工进度及工程性质、对外交通条件等具体情况,将工程划分成若干个设计单元,每个设计单元划分成若干个施工区,各个施工区分别布置生产生活区。河道工程施工分段,每个施工区布置一处生产生活区;规模较大的建筑物每处单独成为一个施工区,布置生产生活区。调蓄水库工程、加压泵站、进水闸工程各自独立成为一个施工区。管线工程施工分段,每个施工区布置一处生产生活区;顶管穿越处每处单独成为一个施工区,布置生产生活区。

4.2 施工营地

本工程根据工程内容、工程区域位置、工程施工强度等具体情况,共划分为十个设计单元,详见表2。

表2 设计单元划分及主要内容

编号	项目	长度(km)	主要内容
1	清水河工程	47.46	河道工程、沟口涵闸21座、桥梁2座、节制闸2座、泵站3座
2	鹿辛运河工程	16.26	河道工程、沟口涵闸19座、桥梁8座、节制闸3座
3	试量调蓄水库		调蓄水库、新建进水闸1座、分水口门3座
4	后陈楼调蓄水库		调蓄水库、进水闸1座、分水口门1座
5	七里桥调蓄水库		调蓄水库、分水口门1座
6	新城调蓄水库		调蓄水库、分水口门2座
7	鹿邑后陈楼调蓄水库至柘城七里桥调蓄水库管道工程	29.89	管线工程、顶管穿越工程3处、加压泵站1座
8	七里桥调蓄水库至新城调蓄水库市管道工程	36.314	管线工程、顶管穿越工程2处
9	七里桥调蓄水库至夏邑管道工程	58.004	管线工程、顶管穿越工程3处、分水口门2座
10	七里桥调蓄水库至新城调蓄水库夏邑共槽段	3.616	管线工程、加压泵站1座

根据设计单元划分、工程特性分别布置施工区和施工点,本工程共布置施工区45处,施工点54处。

4.3 土石方平衡和渣场规划

4.3.1 土石方平衡

土石方平衡根据工程开挖区的地形地质条件、开挖料的质量特性和工程建筑材料的技术要求，结合施工进度安排，填筑料尽量利用开挖料，开挖料利用时尽量直接利用，减少存放周转渣料的数量，合理规划存、弃渣场，使填筑料和弃渣料运输顺畅、运距短。结合上述原则进行土石方平衡设计。

①清水河工程：河道土方开挖314.26万 m^3，土方回填28.05万 m^3，弃土281.16万 m^3，全部弃于弃渣场；沟口涵闸土方开挖2.47万 m^3，土方回填0.76万 m^3，弃土1.58万 m^3，弃于就近的弃渣场；节制闸、泵站土方开挖81.98万 m^3，土方回填万56.07 m^3，弃土15.82万 m^3，弃于就近的弃渣场。

②鹿辛运河工程：河道土方开挖64.58万 m^3，土方回填6.45万 m^3，黏土换填23.96万 m^3，弃土31.37万 m^3，全部弃于弃渣场；沟口涵闸土方开挖11.43万 m^3，土方回填9.12万 m^3，弃土2.29万 m^3，弃于就近的弃渣场；节制闸土方开挖4.26万 m^3，土方回填3.71万 m^3，弃土0.85万 m^3，弃于就近的弃渣场。

③试量调蓄水库工程：水库土方开挖110.09万 m^3，土方回填12.65万 m^3，弃土92.19万 m^3，全部弃于弃渣场；新建进水闸土方开挖1.64万 m^3，土方回填0.92万 m^3，弃土0.56万 m^3，弃于就近的弃渣场。

④后陈楼调蓄水库工程：水库土方开挖474.70万 m^3，土方回填31.98万 m^3，弃土434.99万 m^3，全部弃于弃渣场；新建进水闸土方开挖5.39万 m^3，土方回填3.87万 m^3，弃土0.82万 m^3，弃于就近的弃渣场。

⑤七里桥调蓄水库工程：水库土方开挖174.58万 m^3，土方回填17.16万 m^3，弃土154.33万 m^3，全部弃于弃渣场。

⑥新城调蓄水库工程：水库土方开挖201.20万 m^3，土方回填18.95万 m^3，弃土178.84万 m^3，全部弃于弃渣场。

⑦后陈楼调蓄水库至七里桥调蓄水库管道工程：管线工程土方开挖351.63万 m^3，土方回填270.85万 m^3，弃土32.03万 m^3，弃土弃于就近的后陈楼调蓄水库弃渣场和七里桥调蓄水库弃渣场。加压泵站土方开挖20.07万 m^3，土方回填8.85万 m^3，弃土9.63万 m^3，弃土就近弃于后陈楼调蓄水库弃渣场。

⑧共槽段末端至新城调蓄水库管道工程：管线工程土方开挖268.49万 m^3，土方回填238.91万 m^3，挖填平衡。

⑨共槽段末端至夏邑管道工程：管线工程土方开挖688.70万 m^3，土方回填587.69万 m^3，挖填平衡。

⑩七里桥调蓄水库至新城调蓄水库夏邑共槽段工程：管线工程土方开挖52.57万 m^3，土方回填43.21万 m^3，弃土1.59万 m^3，弃土就近弃于七里桥调蓄水库弃渣场。加压泵站土方开挖22.16万 m^3，土方回填14.32万 m^3，弃土5.26万 m^3，弃土就近弃于七里桥调蓄水库弃渣场。

4.3.2 渣场规划

根据土石方平衡结果，结合开挖料部位及施工区内实际地形条件进行弃渣场规划。弃渣场规划时应遵循以下原则：弃渣场容量适当留有余地，满足环境保护、水土保持要求和当地城乡建设规划要求，布置在靠近开挖作业区的沟、坡、荒地等地段，不占或者少占耕

(林)地等。

本工程共规划29处弃渣场用于堆放工程弃渣，各渣场容量及位置特性见表3。

表3 各渣场容量及位置特性表

项目	弃渣场编号	渣场位置	堆高(m)	弃渣(m^3)
清水河工程	1-11'	河道桩号1+700处	3	6.64
	1-10	河道桩号9+800处	3	10.88
	1-10'	河道桩号10+200处	3	10.85
	1-9	河道桩号14+300处	3	17.62
	1-9'	河道桩号14+300处	3	17.62
	1-8	河道桩号17+200处	3	10.71
	1-8'	河道桩号18+200处	3	10.71
	1-7	河道桩号23+500处	3	7.41
	1-7'	河道桩号23+400处	3	7.41
	1-6	河道桩号27+400处	3	8.15
	1-6'	河道桩号27+600处	3	8.15
	1-5	河道桩号30+000处	3	19.53
	1-4	河道桩号35+600处	3	33.26
	1-3	河道桩号37+600处	3	30.46
	1-2	河道桩号42+200处	3	47.01
	1-1	河道桩号44+900处	3	52.15
鹿辛运河工程	2-1#	河道桩号4+430处	3	12.24
	2-2#	河道桩号8+430处	3	14.37
	2-3#	河道桩号13+530处	3	7.62
试量调蓄水库工程	3-1#	调蓄水库北侧李屯东侧清水河西侧	3	61.83
	3-2#			30.92
后陈楼调蓄水库工程	4-1#	调蓄水库北侧展庄大张庄村前牛店村	3	27.59
	4-2#			293.00
	4-3#			140.87
七里桥调蓄水库工程	5-1#	调蓄水库西北侧柳园南侧	9	177.20
新城调蓄水库工程	7-1#	调蓄水库西南侧夏营村附近	3	32.54
	7-2#			61.94
	7-3#			59.04
	7-4#			25.32

4.4 施工占地

本工程施工临时征地共计24 447.91亩，主要为弃渣场、施工营地、临时堆土区、施工道路、堆管区、管道开挖区、导流工程占地等。

5　施工总布置设计特点

引江济淮工程(河南段)施工总布置设计过程中,认真研究工程区的地形地貌、社会环境及工程设计布置等特点,推荐的施工总布置方案具有以下特点:

①施工场地布置最大限度地减少占地,做到了节约用地,尽量利用永久范围内的场地作为施工临时用地,施工布置紧凑、集约,将工程建设与水保环保等统筹考虑,尽可能地减少了水土保持和环境保护临时措施。

②土石方平衡设计紧密结合工程填筑料设计,最大限度地减少倒运、减少运距,合理利用现有场地进行周转用地的重复利用,实现弃料变宝用于工程永久建筑物回填,为打造资源节约型、环境友好型工程提供了有力保障。

③充分考虑工程区经济条件、人多地少、社会风险因素等,在设计过程中充分贯彻环境友好协调、资源节约的设计理念,将工程建设与当地社会环境、生活习惯、建设规划等统筹考虑,最大限度地减少对当地人民生产生活的影响,有利于工程建设顺利推进。

参考文献

[1] 中华人民共和国水利部.水利水电工程施工组织设计规范:SL 303—2017[S].北京:中国水利水电出版社,2017.
[2] 全国水利水电施工技术信息网.水利水电工程施工手册[M].北京:中国电力出版社,2005.

引江济淮工程(河南段)清水河输水河段边坡护砌方案研究

吴　昊,陈跃林,刘　铭

(河南省水利勘测设计研究有限公司, 河南 郑州 450016;
河南省引江济淮工程有限公司, 河南 商丘 476000)

摘　要: 引江济淮工程(河南段)利用清水河、鹿辛运河输水,清水河疏浚后期河道边坡的砂壤土及粉细砂结构疏松,抗冲刷能力差,易产生流土或流沙,边坡稳定性差。根据地质情况,结合工程特点,对清水河的护砌方案进行了分析,最终针对不同的情况选定了支护、护砌措施。

关键词: 引江济淮;河南段;清水河;边坡护砌

1　工程概况

引江济淮工程是由长江下游向淮河中游地区跨流域补水的重大水资源配置工程。引江济淮工程(河南段)通过西淝河引水入河南,在豫皖两省分界处西淝河与清水河输水河道相连接。河南境内利用清水河通过泵站3级提水至试量闸上游后一路经清水河自流进试量调蓄水库,另一路由清水河经鹿辛运河自流至鹿邑后陈楼调蓄水库,再由后陈楼调蓄水库通过管道输水至柘城七里桥调蓄水库,最后由七里桥水库通过两路管道分别输水至商丘新城调蓄水库和夏邑出水池。

清水河是引江济淮工程进入河南后的第一段输水河道,清水河段设计输水流量为40～43 m^3/s,利用河道输水长度为47.46 km。引江济淮工程(河南段)利用清水河河槽输水,需对河道部分河槽进行疏浚扩挖,不影响原有的防洪体系,原河道防洪标准不变。

2　工程地质

工程建设对水环境影响按施工期和运行期划分,不同时期的影响不同。

2.1　地形地貌

工程区属黄淮冲积平原,为河谷地貌形态,地势平坦,西北高、东南低,高程大部分在37.40～45.70 m,高差8.3 m,地面比降1/6 000左右。

河谷形态呈宽浅“U”形，河道较顺直，河槽宽度一般 20～40 m，下切深度一般 3～5 m。滩地上大多种植杂草、树木，局部为耕地。

2.2　地层岩性

勘探深度范围内，场区为第四系全新统冲积层（Q_4^{al}）。岩性为重粉质壤土、砂壤土、轻粉质壤土等。人工填土：色杂，以褐黄色为主，干～稍湿，为堤防填土，成分主要为重粉质壤土，含少量钙质结核，粒径一般 1.0～3.0 cm。层厚 2.0～3.5 m。

①砂壤土、轻粉质壤土：灰黄、稍湿、可塑，厚 2.2～4.3 m。分布于地表，表层为耕植土，多为重粉质壤土。

②重粉质壤土：黄褐、褐黄色，可塑～硬塑状，岩性不均一，底部多呈灰褐色，结构疏松，多具薄层理。土质不均，局部为粉质黏土及中粉质壤土。层厚 3～4 m。

③重粉质壤土：褐黄、浅灰黄色，硬可塑，见较多锈黄色浸染，少量灰绿色条带及黑色铁锰质斑点，含少量钙质结核，局部含量较高，粒径一般 1～3 cm。土质不均，局部为粉质黏土及中粉质壤土。层厚一般 2～4 m，局部可达 5～10 m。

④砂壤土：褐黄色、灰黄色，多呈松散～中密状，土质不均一，多为砂壤土，局部相变为粉、细砂，局部夹重粉质壤土。揭露厚度一般 3～4 m。

④-1 粉细砂：褐黄色、灰褐色，饱水，稍密～密实状，成分主要为长石、石英及少量云母碎片。该层与砂壤土互层，局部为砂壤土，揭露厚度大于 5 m。

④-2 重粉质壤土：褐黄色、灰黄色、浅棕黄色，可塑状，见较多锈黄色条纹及黑色铁锰质斑点，含有较多钙质结核，粒径 1～3 cm。该层分布不稳定，层厚 1.3～7.7 m。

其中，局部未治理段河底淤积有厚约 0.5 m 的淤泥质重粉质壤土，灰黑色，软塑状，具腥臭味，含螺壳碎片及植物根系。

2.3　水文地质条件

场区地下水类型为第四系松散层孔隙潜水，主要赋存于砂壤土、轻粉质壤土及粉细砂层内，下部粉细砂层中地下水具承压性；砂壤土、粉细砂具中等透水性，轻粉质壤土具弱～中等透水性，重粉质壤土具弱透水性，为相对隔水层。勘探期间地下水埋深一般 3～5 m。地下水具动态特征，变幅一般 1～3 m。

场区内地下水主要接受大气降水、侧向径流及局部河段入渗补给，消耗于蒸发、开采、侧向径流及河流排泄。场区河水与地下水互为补排，河水水位高时，河水补给地下水，河水水位低时，地下水补给河水。

2.4　岸坡稳定问题

清水河输水河段疏浚开挖后，边坡高度一般 6～10 m，桩号 20＋500～46＋950 段，及桩号 1＋145、1＋175、2＋550、7＋440、9＋400、12＋925、15＋300、17＋775、18＋600、19＋110 附近组成边坡的地层多为黏砂双层结构，局部为黏砂多层结构，岩性主要为重粉质壤土、砂壤土及粉细砂层。砂壤土及粉细砂结构疏松，抗冲刷能力差，处于地下水位以下，易产生流土或流沙，边坡稳定性差，需采取相应支护、护砌措施。建议河道疏浚边坡坡比采用1∶2.5～1∶3.0。

3 边坡护砌设计

3.1 输水河道断面设计

清水河输水线路总长47.46 km(含试量闸至试量调蓄水库段河道),起始位置为清水河节制闸桩号0+240;终点位置为试量调蓄水库进水闸处,桩号47+700。

本次清水河疏浚治理长46.71 km,共分3段,即0+240(清水河节制闸)—4+100(袁桥节制闸)、4+100(袁桥节制闸)—15+340(赵楼节制闸)、15+340(赵楼节制闸)—46+950(试量节制闸)。46+950(试量节制闸)—47+700(试量调蓄水库进水闸)段不需要进行疏浚。设计参数见表1。

表1 清水河设计参数一览表

<table>
<tr><th>里程桩号</th><th>水面高程(m)</th><th>河底高程(m)</th><th>河底宽度(m)</th><th>河底比降
(河道行洪方向坡度)</th><th>边坡</th></tr>
<tr><td>46+950</td><td>36.00</td><td>32.70</td><td rowspan="2">7.0</td><td rowspan="3">平底</td><td rowspan="9">1∶2.5</td></tr>
<tr><td>18+000</td><td>37.58</td><td>32.70</td></tr>
<tr><td>15+340 闸下</td><td>37.60</td><td>32.70</td><td>20.5</td></tr>
<tr><td>15+340 闸上</td><td>36.15</td><td>32.70</td><td rowspan="2">20.5</td><td rowspan="2">1/9 500</td></tr>
<tr><td rowspan="2">7+300</td><td rowspan="2">36.32</td><td rowspan="2">31.81</td></tr>
<tr><td rowspan="2">25.5</td><td rowspan="2">1/4 500</td></tr>
<tr><td rowspan="2">4+600</td><td rowspan="2">36.33</td><td rowspan="2">31.21</td></tr>
<tr><td rowspan="2">26.5</td><td rowspan="2">1/9 000</td></tr>
<tr><td>0+240</td><td>36.35</td><td>30.70</td></tr>
</table>

3.2 河道边坡稳定分析

边坡稳定计算采用计及条块间作用力的简化毕肖普法。

(1) 设计计算工况

工况1:计算内坡,渠道内输水水深,地下水处于稳定渗流状态。

工况2:计算内坡,渠内洪水水位,地下水处于稳定渗流状态。

(2) 校核计算工况

校核工况1:计算内坡,施工期,渠内无水,地下水处于稳定渗流状态。

校核工况2:计算内坡,设计工况1+地震。

边坡稳定计算成果见表2。

表2　边坡稳定计算成果汇总表

典型断面	计算边坡		边坡计算安全系数			
	内坡	外坡	设计工况Ⅰ	设计工况Ⅱ	校核工况Ⅰ	校核工况Ⅱ
	m_1	m_1			I_1	II_1
Q4+100	2.5	2	2.49	3.30	2.63	2.40
Q11+490	2.5	2	3.71	4.35	3.10	3.50
Q33+000	2.5	2	2.78	3.40	2.79	2.65
Q46+526	2.5	2	2.74	3.51	2.75	2.63

3.3　护砌方案比选

根据水流条件结合已建工程经验，拟定了现浇混凝土、浆砌石、混凝土预制块等护坡型式进行方案比选。

方案1：现浇混凝土护坡。现浇混凝土0.15 m，下设厚度0.15 m碎石垫层和土工布一层。

方案2：浆砌块石护坡。护坡厚度0.30 m，下设厚度0.15 m碎石垫层和土工布一层。

方案3：混凝土预制块护坡。护坡厚度0.15 m，下设厚度0.15 m碎石垫层和土工布一层。

边坡结构型式方案比较见表3。

表3　边坡结构型式方案比较表

项目	方案1 现浇混凝土护坡	方案2 浆砌块石护坡	方案3 混凝土预制块护坡
抗冲刷效果	耐冲刷、 整体性好	耐冲刷、 整体性一般	耐冲刷、 整体性好
就地取材	较差	较差	较好
生态景观效果	较差	较差	较差
施工质量	地形适应性差；施工快捷，但毁坏后不易修复	石料规格和尺寸要求低，质量易保证，但施工效率低	适宜批量生产，板块组装施工后，相邻板块之间连锁
单位造价	128.7元/m^2	140元/m^2	147.45元/m^2

现浇混凝土护坡抗冲刷能力强，整体性好，防渗效果好，价格最优；浆砌块石护坡抗冲刷能力强，整体性差，价格较高，砌筑时对人工要求较高；混凝土预制块护坡抗冲刷能力强，抗变形能力好。

综合比较，清水河河道护砌选用C25混凝土预制块护砌。

3.4　护砌原则

①渠底高程位于砂壤土及粉砂层以上，渠道不做护砌，采用土质渠道。

②渠底高程位于砂壤土以下，但砂壤土位于渠底以上1.0 m范围内，此类断面砂壤土

出露厚度<1.0 m,可挖除砂壤土,用 C20 现浇混凝土进行坡脚防护。

③渠底高程位于砂壤土以下,但砂壤土位于渠底以上 1.0 m 范围以外,此类断面砂壤土出露厚度较大,采用 C25 混凝土预制块护坡和 C20 现浇混凝土护脚的方式进行边坡防护处理,护坡顶高程为设计输水位+0.8 m(或渠内滩地地面高程),护砌高程以上采用撒播草籽护坡。

④输水段河底高程与原河道河底高程衔接段,由于高差较大,存在冲刷稳定问题,采用 C20 现浇混凝土护脚的方式进行边坡防护处理,采用干砌石进行河底防冲防护。

3.5 护砌设计方案

(1) 边坡护砌方案 1

对 21+100—27+300 段、28+200—42+400 段、42+600—46+900 段进行两岸边坡护砌,以保证河坡稳定和输水安全,减少冲刷破坏。该段总护砌长度为 42.3 km(两岸合计),其中,右岸 24+500—24+600、26+500—27+700、29+600—31+100、30+900—31+000、32+500—32+700 和左岸 28+850—29+050、30+500—30+800、32+100—32+400、33+000—33+200、34+500—34+800、38+700—39+200 共 11 处弯曲河段边坡护砌总长度 9.6 km,其余部分边坡护砌长度 32.7 km。边坡均采用 150 mm 厚开孔率 25%C25 预制混凝土砌块护砌,下设 150 mm 厚碎石层和 350 g/m^2 土工布。该护砌段均采用 C25 现浇混凝土护脚,总长 42.3 km,其中弯曲段河道护脚尺寸为 0.5 m×1.5 m,长 9.6 km,其余段河道护脚尺寸为 0.4 m×1.0 m,长 32.7 km。护砌高程以上均采用撒播草籽护坡。清水河河道护砌方案 1 断面标准图详见图 1。

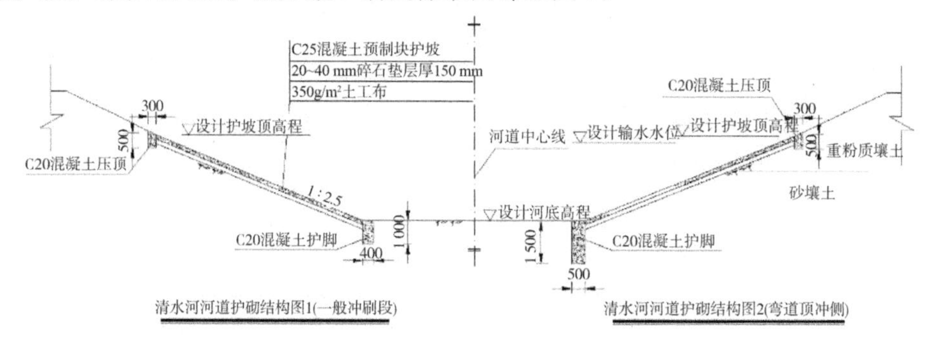

图 1 清水河河道护砌方案 1 断面标准图(标高:m;尺寸:mm)

(2) 边坡护砌方案 2

对 45+900—46+900 段进行两岸边坡护砌,边坡护砌总长 2.0 km(两岸合计)。由于本段砂壤土分布高程较低,为保证河坡稳定和输水安全,减少冲刷破坏,边坡均采用高度 1 m、埋深 1 m 的 C20 多边形混凝土护脚进行防护。该段河道为老河道与新开挖河道的顺接段,河底高程由 46+750 处高程 32.70 m 渐变至 46+900 处 37.60 m,该段河底渐变坡度 1/30。为减少该段的河底冲刷,该段河道河底采用 300 mm 厚干砌石护底。清水河河道护砌方案 2 断面标准图详见图 2。

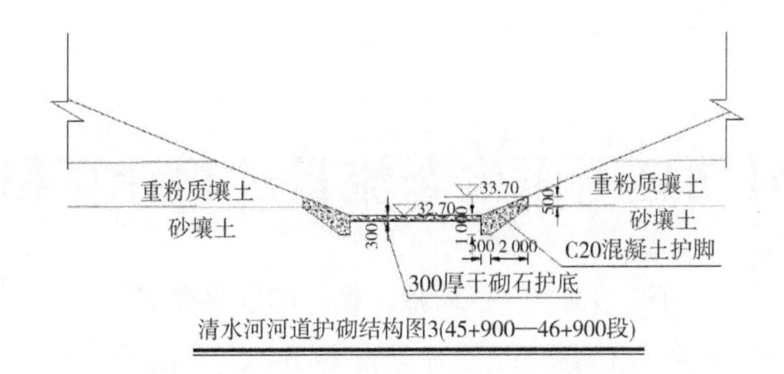

图 2　清水河河道护砌方案 2 断面标准图(标高:m;尺寸:mm)

(3) 边坡护砌方案 3

对 27＋300—28＋200 段、42＋400—42＋600 段河道进行两岸边坡防护，边坡护砌总长 2.2 km(两岸合计)，以保证河坡稳定和输水安全，减少冲刷破坏。该段边坡均采用高度 1 m、埋深 1 m 的 C20 多边形混凝土护脚进行防护。清水河河道护砌方案 3 断面标准图详见图 3。

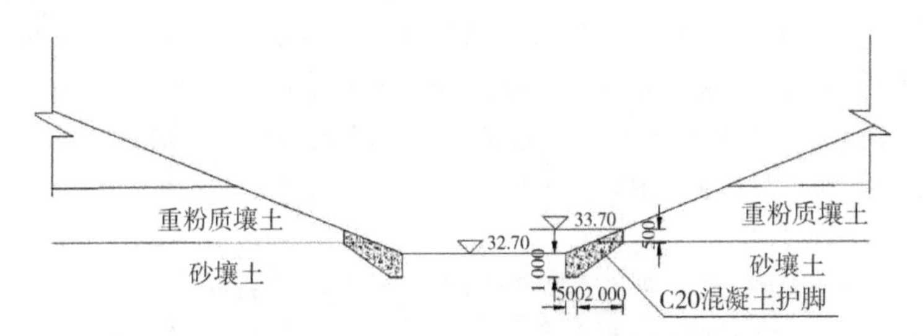

图 3　清水河河道护砌方案 3 断面标准图(标高:m;尺寸:mm)

参考文献

赵春会，魏陆宏. 河道断面形式与护坡材料的选择分析[J]，水利水电技术，2019，50(S1)：172-174.

沙颍河周口断面生态流量过程计算和分析

陶 洁[1,2,3],乔文昭[1],曹 阳[1],曲晓宁[4]

(1. 郑州大学水利科学与工程学院,河南 郑州 450001;2. 河南省水循环模拟与水环境保护国际联合实验室,河南 郑州 450001;3. 郑州市水资源与水环境重点实验室,河南 郑州 450001;4. 河南省水利勘测设计研究有限公司,河南 郑州 450016)

摘 要: 维持河流一定的流量是保障河流生态系统结构稳定和功能完整的重要手段。以沙颍河周口水文站河流断面为研究对象,基于周口水文站1956—2018年日流量数据,运用改进年内展布法、RVA法、Lyon法、湿周法和流速法计算生态流量过程,分析各方法的优劣。结果表明,改进年内展布法与湿周法计算得到的生态流量年内变化趋势及数值大小基本一致,生态流量较小且上下波动不明显;RVA法和Lyon法计算得到的生态流量年内变化趋势基本一致,体现了河流汛期较非汛期流量大的年内变化特征,基本满足鱼类产卵期最低生态流量需求;流速法计算得到的最小生态流量只在鱼类产卵期(4—7月)发生了变化,汛期(8—10月)生态流量相对较小,可能无法满足生物正常生存需求;基于改进年内展布法、RVA法、Lyon法和湿周法综合得到最小生态流量过程线,可基本满足水生生态系统的需求。

关键词: 生态流量过程;水文学法;水力学法;周口水文站;沙颍河

维持河流合理的生态流量不仅是生态保护的需要,而且是改善水体水质的重要手段[1]。2020年水利部《关于做好河湖生态流量确定和保障工作的指导意见》提出,以维护河湖生态系统功能为目标,科学确定生态流量。生态流量的概念最早是20世纪40年代美国鱼类和野生动物保护协会在开展鱼类渔获物和早期资源产量与河流流量响应关系研究中提出的[2]。随后的相关研究对其内涵进行了延展和细化[3],对生态流量的认识也从"维持水生生态系统的最小流量"逐渐转变为"维持水生生态系统近自然的、可变的流量过程"[4]。Tennant[5]分析了美国11条河流流量与河宽、流速、水深的关系,提出以历年平均流量的10%、30%分别作为最小生态流量、基本生态流量,这是用水文学法研究河流生态流量理论的开端。King等[6]提出构建模块法(BBM),将流量组成人为地分成枯水年基流量、平水年基流量、枯水年高流量和平水年高流量,以研究流量与生物群落之间的关系,估算可以维持河流健康的生态流量。美国科罗拉多州联合野生动物管理局提出了流量增量法(IFIM法),研究特定流量对河道连通性、鱼类产卵及栖息地的影响,是北美估算生态流量常用的方法之一[7]。胡和平等[8]指出生态流量过程线是一个流量过程范围,可以根据季节的丰枯变化、生物种群及结构的变化定义满足于河流生态系统的最适宜生态流量过程线。Biggs等[9]认为不同时间尺度的流量变动通过不同干扰因素对河流生态系统产生影响，如阻力干扰、鱼类食物摄取过程等。董哲仁等[10]提出不宜把环境流标准绝对化，应根据河流自然水文情势变化构建一条可维持水域生物和河岸带健康的生态流量过程线。

综合国内外研究成果，尽管生态流量的基本理论和方法还未形成统一认识，但基本认为单一的流量值不能完全满足河流不同时期的流量需求及下游各生态环境的需水过程，河流生态环境需水在时空上是一个生态流量过程线，因此提出了生态流量过程的概念[8,11]。生态流量过程是以生态基流为基础，与天然径流的复杂水文过程相结合，满足全年不同时期河流及其水生生态系统需求的流量过程线。周口水文站位于沙河与颍河汇流后的沙颍河干流周口闸下，可基本反映沙颍河上中游的水文状况，因此选取周口水文站作为生态水量控制断面，基于周口水文站 1956—2018 年逐日流量序列，明确沙颍河周口段主要生态保护目标，开展生态流量过程计算和分析，以期对沙颍河生态系统健康维持提供科学依据。

1　研究区概况

沙颍河是淮河最大的支流，发源于豫西伏牛山区鲁山县境内二郎庙西，流经平顶山、漯河、周口、阜阳等，在安徽省颍上县沫河口汇入淮河。沙颍河全长 621.20 km(以沙河为源)，流域面积为 39 075.30 km^2，河南省境内流域面积为 34 467.0 km^2，占流域总面积的 88.21％[12]。沙颍河鱼类以鲤科为主，体型偏小，调查显示大部分鲤科鱼类喜缓流和静水，无特定高密度集中群体，产卵期为 4—7 月[13-14]。流域内闸坝众多，闸坝修建运行改善河流水质的同时，破坏了河流的连续性，导致其不能自然流动，污染物不能顺利降解从而沉积于坝前，在闸坝泄水时易对下游造成二次污染。

2　计算方法

2.1　改进年内展布法

传统年内展布法是将年最小流量与多年平均流量的比值作为同期均值比，再与多年平均月流量相乘得到河流月生态流量过程[15]。整个计算过程简单、资料获取容易，但忽视了个别极端水文事件和流量的季节性变化[16-17]。因此，多位研究者提出了不同的改进方法。范博伟等[16]只选取 5％～95％保证率的月均流量进行河流生态需水量计算，避免了极丰或极枯年份对计算结果的影响；赵然杭等[18]将同期均值比修改为 90％保证率河道年平均流量与多年平均流量的比值，使得生态需水量的计算结果更加稳定，更加适用于季节性河流；雷付春[19]基于同频率月均流量，将 12 个月划分为丰、平、枯水期，分别计算其均值比，适用于季节性较强的北方旱区河流生态基流量的计算；宋增芳等[20]将 95％保证率河道年平均流量与去除极丰和极枯年份的最小年平均流量进行耦合，代替多年最小年平均流量与多年平均流量求得同期均值比，进而计算出河流最小生态流量。结合传统和改进的年内展布法提出以下计算过程。

①流量资料可靠性、代表性和一致性审查。可靠性审查主要考察资料来源是否符合

国家标准。根据水文数据模比系数累计平均过程线进行流量资料代表性审查,当系数趋于稳定时,说明所选数据代表性良好[21]。采用 Mann-Kendall(M-K)趋势检验法进行流量资料一致性审查,该方法不要求数据具有正态分布特征,适合于水文、气象资料等的一致性检验[22]。标准化统计量 Z 表征流量序列增大或减小趋势,当 $Z>0$ 时表示增大趋势,当 $Z<0$ 时表示减小趋势。输入置信度水平 α(α 为 M-K 检验错误地拒绝了零假设时可容忍的概率),若 $|Z|\geqslant Z_{1-\alpha/2}$,则表示原假设不成立,变量值随时间增大或减小显著,其中 $Z_{1-\alpha/2}$ 为流量序列发生显著变化的临界统计量。置信水平 90%、95%、99%对应的 $Z_{1-\alpha/2}$ 分别为 1.64、1.96、2.58。

②计算月均流量。考虑极端流量事件对生态流量计算的不利影响,将多年保证率5%~95%的天然月均流量作为计算资料。将计算资料按月份划分为汛期(6—10 月)和非汛期(11 月至次年 5 月)两个时段,计算多年各月平均流量 $\overline{q}_t$(t 为月份)、汛期多年月均流量 $\overline{Q}_1$、非汛期多年月均流量 $\overline{Q}_2$。

③选取 90%保证率的多年各月平均流量 $\overline{q}_{t(90\%)}$ 计算汛期、非汛期 90%保证率的多年月均流量 $\overline{Q}_{1(90\%)}$、$\overline{Q}_{2(90\%)}$。

④计算不同时段的同期均值比

$$\eta_1=\frac{\overline{Q}_{1(90\%)}}{\overline{Q}_1} \tag{1}$$

$$\eta_2=\frac{\overline{Q}_{2(90\%)}}{\overline{Q}_2} \tag{2}$$

式中:η_1、η_2 分别为汛期、非汛期的同期均值比。

⑤计算各月的生态流量。各月的生态流量 Q_t 为

$$Q_t=\eta_t\overline{q}_t \tag{3}$$

式中:η_t 为同期均值比。

2.2 RVA 法

变化范围法(RVA)是在水文变化指标法(IHA)基础上提出的,用以评估受人类活动影响的河流水文变化状态,从而识别水文变化在维护生态系统中的重要作用[23]。水文特征指标变化范围不超过其天然可变范围(即 RVA 阈值[24],RVA 阈值为流量过程线的可变范围),即天然生态系统可以承受的变化范围,有利于维持河流生态系统健康。将30%、70%保证率流量值作为阈值上、下限,生态流量估算公式为

$$Q_{\mathrm{R}}=\overline{Q}-(Q_{\text{上限}}-Q_{\text{下限}}) \tag{4}$$

式中:Q_{R} 为 RVA 法确定的生态流量;$\overline{Q}$ 为月均流量;$Q_{\text{上限}}$ 为 RVA 阈值上限;$Q_{\text{下限}}$ 为 RVA 阈值下限。

2.3 Lyon 法

Lyon 法是美国基于水文频率变动和生态需求开发的水文学方法,计算尺度为月,将

多年月中值流量的百分比作为河流生态流量的推荐值，计算公式为

$$Q_{LF}=\begin{cases}0.4Q_M & (Q_m<Q_a)\\0.5Q_M & (Q_m\geqslant Q_a)\end{cases} \tag{5}$$

式中：Q_{LF} 为 Lyon 法确定的生态流量；Q_M 为月中值流量；Q_m 和 Q_a 分别为月均流量和年均流量。

2.4　湿周法

湿周法通过建立湿周与流量关系曲线，在曲线上用斜率法（斜率 $k=1$）和曲率法（曲率绝对值最大）确定临界点，临界点对应流量即河流最小生态流量[25-27]。本文绘制周口水文站各月湿周与流量关系曲线，将关系曲线上曲率绝对值最大处的点所对应的流量作为河流最小生态流量。为了消除坐标尺度的影响，将流量与湿周用相对于各月最大流量 Q_{max} 及最大湿周 χ_{max} 的比例来表示，即相对流量 $Q_{相对流量}$ 和相对湿周 $\chi_{相对湿周}$ 为

$$Q_{相对流量}=Q/Q_{max} \tag{6}$$

$$\chi_{相对湿周}=\chi/\chi_{max} \tag{7}$$

式中：Q 为各月流量；χ 为各月流量相应的湿周。

2.5　流速法

流速法是将河流流速作为反映生物栖息地状态的指标，根据河段关键指示性物种或优势物种确定生态流速，以此来确定断面生态流量过程[14,28]。将沙颍河周口段主要鱼类最小生态流速作为满足河流生态系统基本需求的状态指标。流速与断面关系式为

$$Q_v=vA \tag{8}$$

式中：Q_v 为流速法确定的生态流量；v 为根据指示物种或优势物种确定的河流流速；A 为河流过水断面面积。

3　结果分析

3.1　改进年内展布法计算结果

①流量资料可靠性、代表性和一致性审查。采用的流量数据为周口水文站 1956—2018 年实测逐日流量数据，可基本反映沙颍河上中游的水文状况。流量数据均按国家标准整编，资料具有可靠性。河流流量模比系数累计平均过程线见图 1。由图 1 可以看出，流量模比系数累计平均值随时间延长变幅越来越小，逐渐趋近于 1.0，表明实测流量资料具有稳定性。由 Mann-Kendall 检验法得到流量序列的统计量 $Z=-0.095$，$|Z|<1.64$、1.96、2.58，说明没有通过 90%、95%和 99%的显著性检验，周口水文站流量资料一致性较好。

②生态流量过程计算。根据选取的 5%～95%保证率流量数据及改进年内展布法计

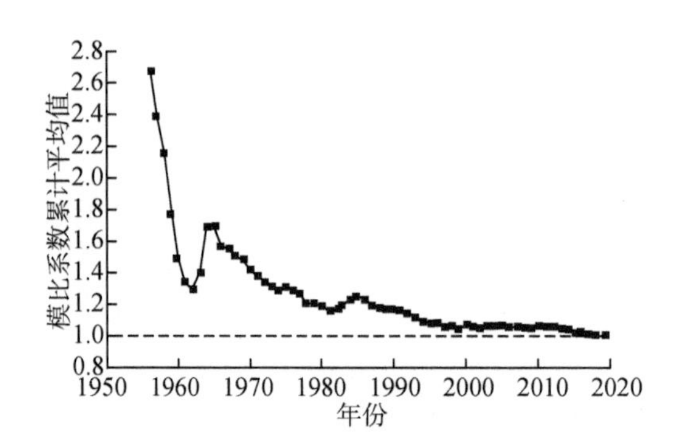

图 1　河流流量模比系数累计平均过程线

算过程确定各月生态流量,见表 1。6—10 月为汛期,生态流量较大,占多年平均流量的 8%～25%;11 月至次年 5 月为非汛期,生态流量较小,占多年平均流量的 3%～8%。

表 1　改进年内展布法计算的各月生态流量

变量	1 月	2 月	3 月	4 月	5 月	6 月	7 月	8 月	9 月	10 月	11 月	12 月
$\overline{q}_t$(m³/s)	31.22	29.09	34.69	41.22	58.85	66.23	191.37	198.37	130.00	91.58	62.84	44.00
$\overline{q}_{t(90\%)}$(m³/s)	2.28	1.62	1.31	6.38	10.42	3.73	36.18	18.55	8.90	7.28	6.47	6.89
η_t	0.108 4	0.108 4	0.108 4	0.108 4	0.108 4	0.114 9	0.114 9	0.114 9	0.114 9	0.115 0	0.108 4	0.108 4
Q_t(m³/s)	3.38	3.15	3.76	4.47	6.38	7.61	22.00	22.80	14.94	9.93	6.81	4.77

3.2　RVA 法计算结果

RVA 法计算的 1—12 月生态流量分别为 5.86 m³/s、2.22 m³/s、4.11 m³/s、26.35 m³/s、25.00 m³/s、23.06 m³/s、70.53 m³/s、50.20 m³/s、52.91 m³/s、15.24 m³/s、19.00 m³/s、12.05 m³/s。计算结果表现出明显的季节性,7—9 月生态流量较其他月份的明显增大。

3.3　Lyon 法计算结果

Lyon 法计算的 1—12 月生态流量分别为 10.30 m³/s、8.51 m³/s、10.91 m³/s、14.23 m³/s、16.95 m³/s、14.68 m³/s、60.37 m³/s、64.70 m³/s、47.07 m³/s、22.66 m³/s、19.14 m³/s、14.59 m³/s。7 月生态流量骤然增大,7—9 月生态流量均较大,其余月份生态流量较小且较稳定。

3.4　湿周法计算结果

沙颍河周口水文站断面为复式断面,当建立全断面湿周与流量的关系时,曲率绝对值最大处(临界点)出现在断面变化较大的位置,其对应的流量非常大,在汛期漫滩时才能出现这种大流量情况。因此,选择主河槽部分(水位 41.5 m 以下河槽)的水文数据建立湿周与流量关系曲线，进而找出临界点对应的河道最小生态流量。沙颍河周口水文站不同季节代表性月份湿周与流量关系曲线见图 2。将关系曲线上曲率绝对值最大的点所对应的流量作为河道的最小生态流量，1—12 月生态流量分别为 3.37 m^3/s、3.20 m^3/s、3.87 m^3/s、4.69 m^3/s、6.26 m^3/s、7.42 m^3/s、15.65 m^3/s、17.98 m^3/s、11.23 m^3/s、9.70 m^3/s、6.24 m^3/s、3.98 m^3/s。生态流量在 11 月至次年 4 月较小且变化不大，6—10 月较大，体现出流量的年内变化特性。

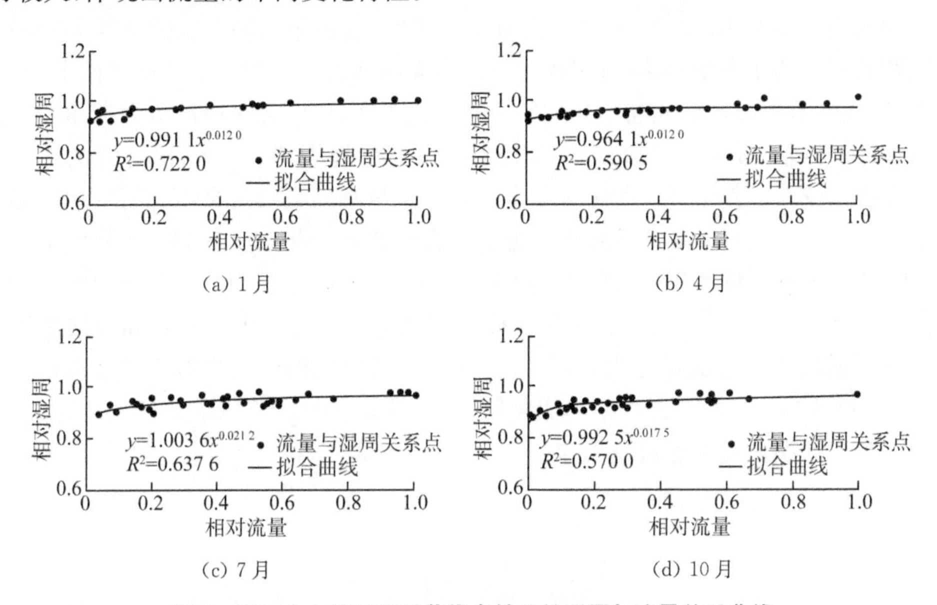

图 2 周口水文站不同季节代表性月份湿周与流量关系曲线

3.5 流速法计算结果

调查沙颍河主要鲤科鱼类的生态习性，鱼类产卵期最小生态流速为 0.2 m/s，非产卵期最小生态流速为 0.07 m/s[14,29-30]。拟合周口水文站的流量与流速散点关系曲线图（见图 3），推算出产卵期（4 月至 7 月）河流最小生态流量为 19.16 m^3/s，非产卵期（8 月至次年 3 月）最小生态流量为 2.06 m^3/s。8 月至次年 3 月生态流量值过小且固定，可能无法满足其他生物的正常需求，因此不考虑流速法计算的生态流量过程。

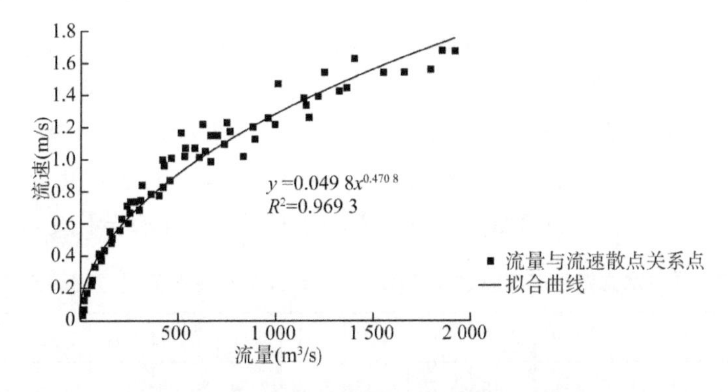

图 3 周口水文站流量与流速散点关系曲线

4 结果比较分析

周口水文站多年月均流量及5种方法计算的生态流量过程见图4。断面多年月均流量呈明显季节性变化,7—8月流量明显高于其他月份。改进年内展布法和湿周法计算结果年内变化趋势与生态流量相近,所求均为河流较小生态流量过程,生态流量整体变化不明显,4月流量小幅度增大,7—8月达到最大。其中,改进年内展布法计算结果较好地反映了沙颍河流量的年内变化特征;湿周法建立在实测河道断面与流量数据基础上,有较高可信度,但生态流量在产卵期与汛期均较小且变化不大,可能无法满足鱼类产卵期对流量及流量脉冲的需求。RVA法和Lyon法计算结果变化趋势基本一致,所计算的生态流量在5种方法中较大。其中,RVA法是在多年月均流量基础上减去RVA阈值差,与多年月均流量变化趋势一致;Lyon法将月中值流量的百分比作为生态流量,7—9月生态流量较大,但4—6月生态流量小于RVA法和流速法计算的最小生态流量,不利于鱼类产卵。每种方法均有利弊,计算得到的生态流量过程各有优劣。改进年内展布法和湿周法得到周口水文站断面较小生态流量过程,这是维持河流生态健康的基本生态流量过程;RVA法和Lyon法计算的生态流量过程年内变化较大,能较好反映研究区季节性变化特征,还可以保证鱼类产卵期最低生态流量需求。

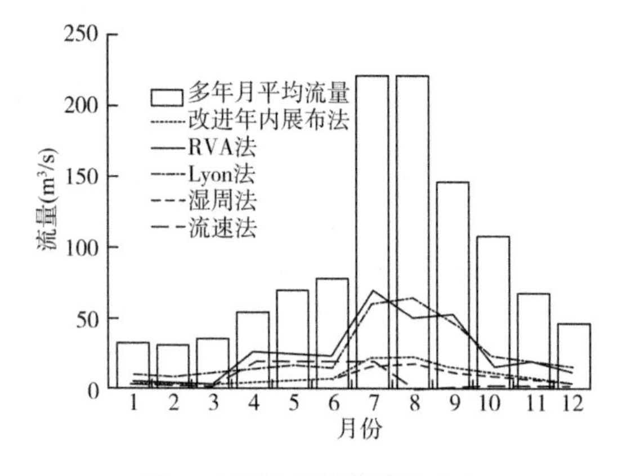

图4 不同方法计算结果对比

依据Tennant法[31-33],当河道内某时段最小生态流量占同时段多年平均天然流量的10%以上时,河流仍可以保持一定的河宽、水深和流速,用以满足鱼类洄游等要求,是维持大多数水生生物短期生存栖息的最小瞬时流量。6—10月为汛期和水生生物的主要生长期,需要较大的生态流量以保证鱼类繁殖、鱼卵的悬浮等,取生态流量10~25 m^3/s。由4种计算方法得到的最小生态流量过程及其占多年月平均流量百分比见表2。

表2 周口水文站生态流量过程计算结果对比及最小生态流量过程综合确定

方法	1月	2月	3月	4月	5月	6月	7月	8月	9月	10月	11月	12月
改进年内展布法(m^3/s)	3.38	3.15	3.76	4.47	6.38	7.61	22.00	22.80	14.94	9.93	6.81	4.77

续表

方法	1月	2月	3月	4月	5月	6月	7月	8月	9月	10月	11月	12月
RVA法(m^3/s)	5.86	2.22	4.11	26.35	25.00	23.06	70.53	50.20	52.91	15.24	19.00	12.05
Lyon法(m^3/s)	10.30	8.51	10.91	14.23	16.95	14.68	60.37	64.70	47.07	22.66	19.14	14.59
湿周法(m^3/s)	3.37	3.20	3.87	4.69	6.26	7.42	15.65	17.98	11.23	9.70	6.24	3.98
最小生态流量过程综合确定(m^3/s)	3.37	3.15	3.76	4.69	6.26	14.68	22.00	22.80	14.94	15.24	6.81	4.77
占多年月平均流量百分比(%)	10.80	10.83	10.84	11.38	10.64	22.16	11.50	11.50	11.49	16.64	10.84	10.84

5　结论与展望

运用改进年内展布法、RVA法、Lyon法、湿周法和流速法从水文水力学角度计算了周口水文站河流断面生态流量过程，分析各方法的优劣，探讨其适用性，并依据Tennant法，对改进年内展布法、RVA法、Lyon法和湿周法4种方法的计算结果进行合理性分析，综合得到最小生态流量过程线，以满足鱼类繁殖和河流生态健康的基本需求。

在目前计算河流生态流量的众多方法中，水文学方法因应用简捷、数据易获取而应用次数最多，但该类方法缺乏对河流生物需求及与周围环境相互作用的考虑，设定的统计标准也没有严格验证。湿周法和流速法属于水力学方法，但计算结果仅为最小生态流量，能满足河流生态系统基本流量需求，无法使河流生态系统维持在最好状态，且流速法根据优势鱼类或指示鱼类等可接受的流速求生态流量，计算结果具有局限性。因此，在后续河流生态流量的计算工作中，应更加清晰其生态功能定位，不断完善其生态流量过程。

参考文献

[1] 于守兵，凡姚申，余欣，等. 黄河河口生态需水研究进展与展望[J]. 水利学报，2020，51(9)：1101-1110.

[2] NEWSON M. New Concepts for Sustainable Management of River Basins[J]. Aquatic Conservation: Marine and Freshwater Ecosystems，2000，10(1)：73.

[3] KARIMI S S，YASI M，ESLAMIAN S. Use of Hydrological Methods for Assessment of Environmental Flow in a River Reach[J]. International Journal of Environmental Science and Technology，2012，9(3)：549-558.

[4] BUNN S E，ARTHINGTON A H. Basic Principles and Ecological Consequences of Altered Flow Regimes for Aquatic Biodiversity[J]. Environmental Management，2002，30(4)：492-507.

[5] TENNANT D L. Instream Flow Regimens for Fish，Wildlife，Recreation and Related Environmental Resources[J]. Fisheries，1976，1(4)：6-10.

[6] KING J，LOUW D. Instream Flow Assessments for Regulated Rivers in South Africa

Using the Building Block Methodology[J]. Aquatic Ecosystem Health & Management, 1998,1(2): 109-124.

[7] BOVEE K D. A Guide to Stream Habitat Analysis Using the Instream Flow Incremental Methodology[J]. Federal Government Series, 1982(12): 82.

[8] 胡和平,刘登峰,田富强,等.基于生态流量过程线的水库生态调度方法研究[J].水科学进展,2008,19(3):325-332.

[9] BIGGS B J F, NIKORA V I, SNELDER T H. Linking Scales of Flow Variability to Lotic Ecosystem Structure and Function [J]. River Research and Applications,2005,21(2-3): 283-298.

[10] 董哲仁,张晶,赵进勇.环境流理论进展述评[J].水利学报,2017,48(6):670-677.

[11] 韩仕清,李永,梁瑞峰,等.基于鱼类产卵场水力学与生态水文特征的生态流量过程研究[J].水电能源科学,2016,34(6):9-13.

[12] 左其亭,罗增良,石永强,等.沙颍河流域主要参数与自然地理特征[J].水利水电技术,2016,47(12):66-72.

[13] 舒卫先,韦翠珍.沙颍河鱼类种类组成和特征分析[J].治淮,2015(1):27-28.

[14] 王俊钗,张翔,吴绍飞,等.基于生径比的淮河流域中上游典型断面生态流量研究[J].南水北调与水利科技,2016,14(5):71-77.

[15] 潘扎荣,阮晓红,徐静.河道基本生态需水的年内展布计算法[J].水利学报,2013,44(1):119-126.

[16] 范博伟,张泽中,齐青青.针对河流生态需水的年内展布法改进及其应用[J].水利科技与经济,2018,24(11):1-6.

[17] 林梦珂,魏娜,卢锟明,等.基于改进年内展布法的生态基流计算方法[J].水电能源科学,2021,39(5):66-70.

[18] 赵然杭,彭弢,王好芳,等.基于改进年内展布计算法的河道内基本生态需水量研究[J].南水北调与水利科技,2018,16(4):114-119.

[19] 雷付春.改进的年内展布方法在干旱区河流生态基流量计算的适用性研究[J].水利规划与设计,2019(11):37-39,117.

[20] 宋增芳,程玉菲,李莉,等.黑河干流引水式水电站生态流量计算[J].人民黄河,2021,43(3):112-115.

[21] 于冰,张丹丹.安帮河流域水文资料插补延长方法和代表性分析[J].黑龙江水利科技,2013,41(8):12-15.

[22] 常福宣,陈进,黄薇.河道生态流量计算方法综述及在汉江上游的应用研究[J].南水北调与水利科技,2008,6(1):11-13,17.

[23] 官云飞,黄显峰,方国华,等.基于RVA框架的河流适宜生态环境需水研究[J].中国农村水利水电,2014(1):105-110,117.

[24] 舒畅,刘苏峡,莫兴国,等.基于变异性范围法(RVA)的河流生态流量估算[J].生态环境学报,2010,19(5):1151-1155.

[25] 吉利娜,刘苏峡,王新春.湿周法估算河道内最小生态需水量:以滦河水系为例[J].地理科学进展,2010,29(3):287-291.

[26] SHANG S H. A Multiple Criteria Decision-Making Approach to Estimate Minimum Environmental Flows Based on Wetted Perimeter[J]. River Research and Applications, 2008,24(1): 54-67.

[27] 张叶,魏俊,黄森军,等.基于湿周法的济南山区中小河流生态流量研究[J].人民黄河,2022,44(1):89-93.

[28] 闫少锋,熊瑶,谢文俊.基于流速法与环境流量的生态需水研究[J].中国农村水利水电,2021(2):51-57.

[29] 蔡露,王伟营,王海龙,等.鱼感应流速对体长的响应及在过鱼设施流速设计中的应用[J].农业工程学报,2018,34(2):176-181.

[30] 谢东坡,赵辉,翟公敏,等.沙颍河水系周口段水质监测结果及评价[J].周口师范学院学报,2008,25(2):69-73.

[31] 吕翠美,刘苗苗,王民,等.基于四大家鱼生境需求的灌河生态需水过程研究[J].水利水电技术(中英文),2021,52(5):149-157.

[32] 刘中培,李鑫,窦明,等.淮河干流河南段基本生态流量保证率研究[J].华北水利水电大学学报(自然科学版),2020,41(2):50-54,71.

[33] 王惠英,于鲁冀.高度人工干扰流域河流环境流量分区界定研究[J].人民黄河,2018,40(12):92-96.

基于泰尔指数的水资源配置公平性研究
——以引江济淮工程(河南段)为例

陶 洁[1,2],张李婷[1],左其亭[1,2],冯跃华[3],张玉顺[4]

(1. 郑州大学水利与交通学院,河南 郑州 450001;2. 河南省水循环模拟与水环境保护国际联合实验室,河南 郑州 450001;3. 河南省豫东水利保障中心,河南 开封 475000;4. 河南省水利科技应用中心,河南 郑州 450000)

摘 要: 水资源的公平性配置对促进区域水资源量与经济社会空间均衡发展具有重要意义。选择泰尔指数表征区域间和区域内用水户间不同层面配水的公平性,以缺水率最小、经济效益最大、公平性最高为目标函数构建水资源优化配置模型,并以引江济淮工程(河南段)为实例开展应用研究。结果表明,工程调水后,规划年 2030 年和 2040 年河南段受水区缺水率降低为 10.42%和 5.48%,有效调整了水源供水结构,缓解了地下水超采、生态用水被挤占等问题;规划年 2030 年和 2040 年河南段受水区泰尔指数分别为 0.479 和 0.420,水资源配置公平性得到明显提升,区域内不同用水户间的差异是影响河南段受水区水资源配置公平性的主要因素。

关键词: 水资源优化配置;泰尔指数;空间均衡;引江济淮工程(河南段)

水资源配置是水资源规划管理的核心内容,其目的是基于有效、公平、可持续等原则,对有限的不同形式的水资源在不同甚至是冲突的利益主体之间进行分配,最终促进经济社会与资源、生态、环境和谐的可持续发展[1-2]。水资源多目标配置可以平衡区域内不同用水户的供需要求,实现最大的社会经济效益和最小的环境影响[3-4]。Flinn 等[5]于 1970 年提出了空间均衡的概念,并在水资源配置中进行研究应用,以实现水资源公平性分配。水资源公平分配与否直接影响着区域间和用户间的用水矛盾甚至冲突,也被普遍认为是水资源可持续利用的关键[6-7]。

目前水资源公平性配置研究也从定性分析逐渐转向定量评估,多通过基尼系数和泰尔指数等开展[8-9]。基尼系数自从被 Cullis 等[10]确定是衡量水分配不平等的可行量化方法后,多应用于水资源公平性研究,如 Hu 等[11]和 Xu 等[12]利用基尼系数研究了区域水资源配置中公平与经济效益的关系。与基尼系数相比,泰尔指数是由荷兰经济学家 Theil[13]根据信息理论提出的,最初用于国家间收入差距的研究,现多用于判断区域资源量与经济发展间的均衡性,反映配水的公平性。泰尔指数能够在反映公平性的基础上,允许进一步将全局差异分为不同时间、区域和层次范围内的差异,并进一步分析导致不公平性的原因[14-15]。例如,黄万华等[16]运用泰尔指数分析长江流域上、中、下游水资源管理绩效水平区域间和区域内部的差距，发现组内差异是总体差异的主要来源。黄锋华等[17]利用泰尔指数对粤港澳大湾区东片区和西片区进行水资源空间均衡性分析，发现区域间差异对总体差异贡献率较大。然而，当前研究主要集中在流域内和流域间的水资源优化配置，而对同一地区不同用水户水资源配置公平性的研究较少。迄今为止，不同用水户间的矛盾多用水资源多目标优化配置模型来解决[18]。因此，将泰尔指数与水资源多目标优化配置模型相结合，不仅可以提高受水区不同县区间配水的公平性，而且可以有效解决不同用水户间的用水冲突问题。

引江济淮工程是实现长江下游向淮河中游地区跨流域补水的重大水资源配置工程，是国务院要求加快推进建设的172项重大水利工程之一，其中河南段工程也被列为河南省十大水利工程之一。为了给河南段受水区提供更好的水资源分配策略，本文以泰尔指数构建考虑区域水资源空间均衡的多目标优化配置模型，并以2020年为现状年，2030年和2040年为规划水平年，研究引江济淮工程（河南段）9个受水区之间跨流域调水的竞争问题，以期实现区域间公平可持续发展。

1　工程和受水区概况

引江济淮工程（河南段）在豫皖两省交界处，由西淝河通过龙德泵站提长江水入清水河，利用三级泵站提水至试量闸上游向河南境内输水。经过水利部行政许可文件（水许可决〔2019〕38号）批复，规划2030年和2040年在试量站断面分别引江水5.00亿m^3和6.34亿m^3。

河南段受水区范围涉及商丘、周口的9个区县（见图1）。受水区位于豫东平原区，人口密集，水资源匮乏，区域内降水时空分布不均，地表水利工程拦蓄条件差，是河南省淮河流域缺水最严重的区域[19]。现状年2020年受水区可供水量为15.59亿m^3，其中地下水供水12.30亿m^3，占供水总量的78.90%，不合理的供水结构导致地下水超采严重，形成地下漏斗。现状年2020年受水区生活、工业、农业和生态用水量分别占总用水量的12.38%、9.88%、74.48%和3.25%，农业灌溉用水占比较大，生态用水被挤占现象严重，行业之间存在严重的水资源竞争矛盾，容易增加缺水风险。

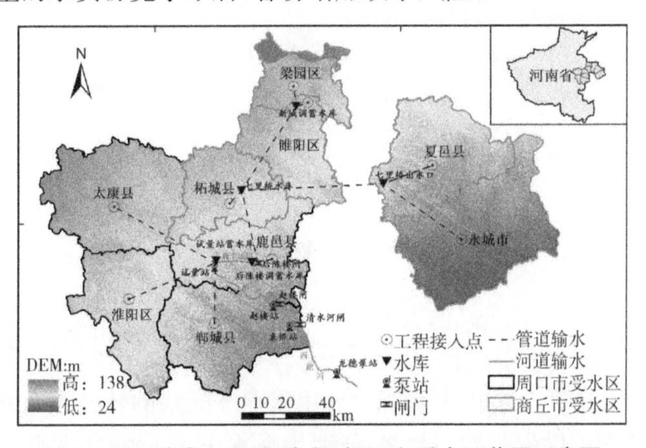

图1　引江济淮工程（河南段）概况和受水区范围示意图

2 面向公平的水资源多目标优化配置模型

2.1 配置原则

①以流域和区域水资源可利用量为基础,以最严格水资源管理制度"三条红线"为原则,维持河南省淮河流域水资源配置格局。规划年引入引江济淮水后,用水总量仍然不突破用水总量控制标准。

②遵循用水次序原则。优先保证城乡居民基本生活和最小生态环境用水;其次考虑到受水区是重要的粮食产地,因此先满足农业需水,再满足工业和一般生态需水。

③遵循供水次序原则。根据《引江济淮工程(河南段)水资源论证报告》对当地不同水源开发利用状况及河南省人民政府对当地水源的统筹规划,确定受水区内供水水源配置次序为:引江济淮水、地表水(不含引江济淮水)、浅层地下水、中水。其中,中水主要用于煤电、工业园区等大型用水企业或被作为市政杂用水和生态用水等;浅层地下水主要用于农业灌溉及少量乡镇工业用水;深层地下水全面禁采,只在特殊情况下作为备用水源。依据《调水工程设计导则》(SL 430—2008)规定"应根据调水工程的任务及用户的重要程度,结合水资源分布及可利用情况,合理确定供水保证率。城乡生活供水保证率为95%~97%,工业供水保证率为90%~95%,农业和生态环境供水保证率为50%~90%",引江济淮工程(河南段)设计供水保证率为:城镇生活、工业供水保证率为95%;农业灌溉用水为当地水,农业灌溉设计保证率为60%。

2.2 目标函数

按行政区划将研究区域分为9个受水子区,用 k 表示;供水水源分为地表水、浅层地下水、引江济淮水及中水回用4种,用 i 表示;用水户分为生活、工业、农业和生态4类,用 j 表示。从社会效益、经济效益、公平性3个方面设置目标函数。

①社会效益 $f_1(x)$。区域缺水率的大小和程度直接影响社会发展和稳定,故以区域缺水率最小作为社会效益目标,即

$$\max f_1(x)=\min\left[\sum_{k=1}^{9}\sum_{j=1}^{4}(D_j^k-\sum_{i=1}^{4}x_{ij}^k)/D_j^k\right] \tag{1}$$

式中:D_j^k 为规划年受水子区 k 用水户 j 的需水量,万 m^3;x_{ij}^k 为受水子区 k 中供水水源 i 给用水户 j 的配置水量,万 m^3。

②经济效益 $f_2(x)$。以可供水资源量带来的经济效益最大为目标,即

$$\max f_2(x)=\max\left[\sum_{k=1}^{9}\sum_{j=1}^{4}\sum_{i=1}^{4}(m_{ij}^k-n_{ij}^k)\times\omega_k x_{ij}^k\alpha_i^k\beta_j^k\right] \tag{2}$$

式中:m_{ij}^k,n_{ij}^k 为受水子区 k 中供水水源 i 给用水户 j 配水的效益系数和费用系数;ω_k 为不同受水子区 k 的配水优先系数;α_i^k,β_j^k 分别为受水子区 k 中供水水源 i 的供水次序系数、用水户 j 的用水次序系数。

③公平性 $f_3(x)$。用泰尔指数表征区域间、区域内不同用水户间两个层面水资源配置的差异和公平性。指数越大，指标间匹配程度越低，即水资源量与经济发展不平衡，水资源配置不公平；指数越接近于零，表示差异性越小，水资源配置越公平。

$$\max f_3(x)=\min(T_{wr}+T_{br}) \tag{3}$$

$$T_{wr}=\sum_{k=1}^{9}\frac{G_k}{G}\sum_{j=1}^{4}\left[\frac{G_j^k}{G_k}\times\ln\left(\frac{G_j^k/G^k}{x_j^k/D^k}\right)\right] \tag{4}$$

$$T_{br}=\sum_{k=1}^{9}\left[\frac{G^k}{G}\times\ln\left(\frac{G^k/G}{x^k/D}\right)\right] \tag{5}$$

式中：T_{wr} 为受水子区内不同用水户间配水的差异；T_{br} 为各受水子区间配水的差异；x_j^k 为受水子区 k 中用水户 j 的分配水量，万 m³；D^k 为受水子区 k 的总需水量，万 m³；D 为 9 个受水子区的总需水量，万 m³；G_j^k 为受水子区 k 中用水户 j 配置水量产生的经济效益，万元；G^k 为受水子区 k 配置水量产生的经济效益，万元；G 为 9 个受水子区配置水量产生的总经济效益，万元。其中 $G_j^k=D_j^k\times\sum_{i=1}^{4}(m_{ij}^k-n_{ij}^k)$；$G^k=\sum_{j=1}^{4}G_j^k$；$G=\sum_{k=1}^{9}G^k$；$D_j^k$ 与 m_{ij}^k，n_{ij}^k 含义同上所述。

2.3 约束条件

2.3.1 供水能力约束

供水水源 i 实际供水量不能超过其可供水总量上限，即

$$\sum_{j=1}^{4}x_{ij}^k\leqslant R_i^k \tag{6}$$

式中：R_i^k 为受水子区 k 不同供水水源 i 的可供水量，万 m³。

2.3.2 需水约束

为了满足基本用水需求，分配给各受水子区各用水户的总水量应以其最大需水量为上限，以其最小需水量为下限，即

$$L_j^k\leqslant\sum_{i=1}^{4}x_{ij}^k\leqslant H_j^k \tag{7}$$

式中：L_j^k，H_j^k 分别为受水子区 k 中用水户 j 的最小、最大需水总量，万 m³。

2.3.3 引江济淮工程可调水量约束

引江济淮工程可调水量约束见公式(8)。

$$\sum_{k=1}^{9}x_{4j}^k\leqslant Q \tag{8}$$

式中：Q 为引江济淮工程（河南段）调水量，规划年 2030 年调水量为 5.00 亿 m³，2040 年为

6.34 亿 m^3。

2.3.4 非负约束

配置水量均满足非负约束条件。

2.4 参数确定

2.4.1 供水次序系数、用水次序系数

受水子区配水优先系数按照受水子区产值占整个受水区生产总值的比例确定。当地供水水源不同用水户用水次序系数根据受水子区水资源配置原则,按公式(9)计算得到:生活 0.4、农业 0.3、工业 0.2、生态 0.1。引江济淮水不同用水户用水次序系数为:生活 0.50、工业 0.34、生态 0.16。

水源供水次序系数根据各水源的调节能力和水资源配置原则,按公式(10)计算,结果为引江济淮水 0.4、地表水 0.3、浅层地下水 0.2、中水 0.1。

$$\alpha_i^k = \frac{1 + z_{\max}^k - z_i^k}{\sum_{i=1}^{n}(1 + z_{\max}^k - z_i^k)} \tag{9}$$

$$\beta_j^k = \frac{1 + z_{\max}^k - z_j^k}{\sum_{j=1}^{m}(1 + z_{\max}^k - z_j^k)} \tag{10}$$

式中:z_i^k 为受水子区 k 中供水水源 i 供水次序的序号;z_j^k 为受水子区 k 中用水户 j 用水次序的序号;$z_{\max}^k$ 为受水子区 k 中供水水源供水次序或用水次序的最大值。

2.4.2 效益系数和费用系数

效益系数为单位用水量创造的产值。工业、农业用水效益系数分别为单位用水量创造的工业增加值、农业生产总值[20]。但是生活、生态用水效益系数难以确定,本文按工业用水效益系数进行折算确定,具体计算如式(11)~(14)所示[21-22],取值结果见表 1。

$$m_{i1}^k = \gamma_1 m_{i2}^k \tag{11}$$

$$\gamma_1 = \begin{cases} \alpha_1 \\ [\alpha_1 L_1^k + \beta_1(D_1^k - L_1^k)]/D_1^k \\ [\alpha_1 L_1^k + \beta_1(H_1^k - L_1^k)]/D_1^k \end{cases} \tag{12}$$

$$m_{i4}^k = \gamma_4 m_{i2}^k \tag{13}$$

$$\gamma_4 = \begin{cases} \alpha_4 \\ \alpha_4 L_4^k + \beta_4(D_4^k - L_4^k)]/D_4^k \\ [\alpha_4 L_4^k + \beta_4(D_4^k - L_4^k) - \lambda_4(H_4^k - L_4^k)]/D_4^k \end{cases} \tag{14}$$

式中:m_{i1}^k,m_{i2}^k,m_{i4}^k 分别为生活、工业和生态用水效益系数;γ_1,γ_4 为生活和生态效益的分

摊系数；α,β 为折算系数，其中 $\alpha>1$,$0<\beta<1$，通常采用层次分析法确定。由于生活和生态用水所需保证率较高，根据供水优先顺序取 α_1,α_4 分别为 1.5、1.2；生活和生态用水户用水保证率较高，故需水量的上下限均取生活和生态用水户的需水量，即 $D_i^k=L_i^k=H_i^k$，$D_i^k-L_i^k=0$；$H_i^k-L_i^k=0$，与 β 的取值无关，D_1^k,D_4^k,L_1^k,L_4^k,H_1^k,H_4^k 分别为生活和生态的需水量、需水量上限、需水量下限，含义同上。

农业、工业、生活费用系数参考当地水价标准确定，生态费用系数按与生活费用系数相等的原则确定。最终确定研究区生活、工业、农业、生态用水户的费用系数依次为 2.4 元/m^3、3.2 元/m^3、0.47 元/m^3、2.4 元/m^3。

表 1　效益系数及配水优先系数

受水区		效益系数 m_{ij}^k（元/m^3）				配水优先系数	
		生活	工业	农业	生态	2030 年	2040 年
周口市	郸城县	688.73	459.15	31.49	596.90	0.09	0.09
	淮阳区	688.70	459.13	31.67	596.87	0.08	0.07
	太康县	688.68	459.12	36.31	596.86	0.11	0.11
	鹿邑县	751.96	501.31	38.05	651.70	0.13	0.14
商丘市	梁园区	918.26	612.17	43.80	795.82	0.11	0.10
	睢阳区	593.57	395.72	38.84	514.43	0.10	0.09
	柘城县	972.76	648.51	36.55	843.06	0.09	0.09
	夏邑县	924.05	616.04	27.19	800.85	0.09	0.08
	永城市	601.21	400.81	31.94	521.05	0.20	0.22

2.4.3　需水量上下限

依据受水区供水保证率要求，结合参考文献[23]，确定各用水户需水量的上下限：

①生活用水属于保障性用水，需要优先满足，生活需水量上下限均取规划年需水量。

②工业需水量上限取规划年需水量，下限取规划水平年需水量的 0.95 倍。

③农业需水量上限取规划年需水量，下限取规划水平年需水量的 0.6 倍。

④生态需水量上下限与生活用水相同，上下限均取其规划水平年的需水量。

2.4.4　供需水量预测

采用定额法预测规划年 2030 年、2040 年的需水量[23]。从不同的水源考虑现状工程供水能力、水资源可利用量及工程变化状况，综合确定可供水量。现状年供水量查阅相关水资源公报确定。

2.5　模型求解

目前，求解多目标的复杂非线性优化模型最流行的是基于参考点的非支配排序方法的进化算法（NSGA），其中 NSGA－Ⅲ算法利用参考点分布良好的特征来维持种群的多样性，其优势是在处理 3 个以上目标时具有更好的收敛性，避免了 NSGA－Ⅱ算法陷入局部最优解的情况[24]。本文选择 NSGA－Ⅲ算法求解水资源配置模型。

3 结果分析

3.1 水资源优化配置方案分析

引江济淮工程(河南段)规划年水资源配置方案见表2。2030年、2040年河南段受水区缺水量分别为2.68亿m^3、1.53亿m^3,相较于现状年2020年(6.95亿m^3)缺水明显减少,工程调水有效缓解了当地供水压力。规划年2030年、2040年地下水供水占比分别为53.31%、46.58%,较现状年2020年(78.88%)显著降低,可改善靠超采地下水来维持受水区供水的状况。

3.2 社会效益分析

规划年受水区配置方案社会效益(以缺水率来表征)见表3。生活和生态用水户需水量均满足,图2仅展示工业和农业用水户的缺水量状况。由于永城市是一座能源工业城市,工业需水量较大,工业缺水最严重。仅太康县受水区农业用水户满足需求,这主要是因为太康县浅层地下水资源丰富,在满足农业用水户需求外,仍有剩余可供给工业;夏邑县农业需水量大,但主要供给农业的浅层地下水量较小,导致夏邑县农业缺水最为严重,2030年和2040年缺水量分别为7 447万m^3和4 989万m^3。

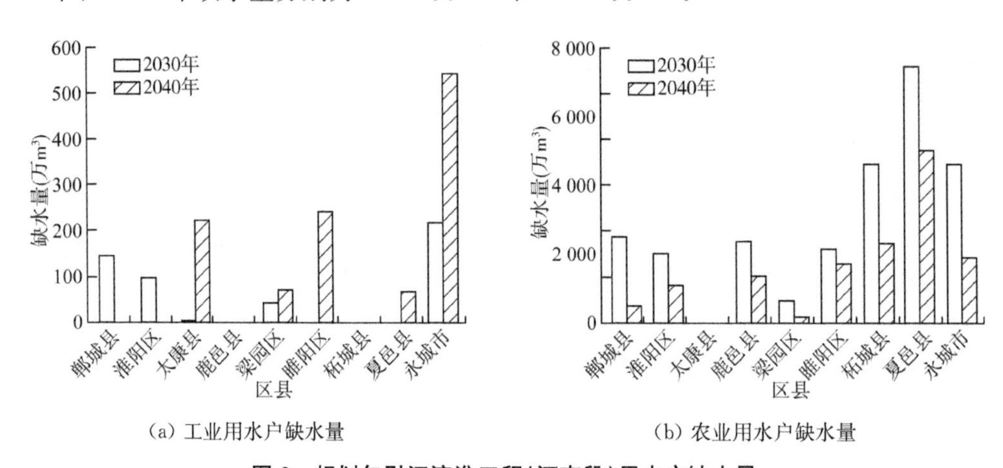

(a) 工业用水户缺水量　　(b) 农业用水户缺水量

图2 规划年引江济淮工程(河南段)用水户缺水量

3.3 经济效益分析

规划年水资源配置方案的目标效益见表3。

2030年、2040年受水区总经济效益分别为747.49亿元、945.81亿元,2040年较2030年增长了26.53%,其中郸城县经济效益增幅最大,增长了37.16%。永城市矿产资源和农业产品丰富,在受水区中经济产值最高,2030年、2040年占比分别为17.86%和18.21%。

表 2　规划年引江济淮工程(河南段)水资源配置方案

单位:万 m^3

河南段受水区		规划年	分水源供水量					分用户配置水量					需水量	缺水量
			地表水	地下水	中水	引江济淮水	合计	生活	工业	农业	生态	合计		
周口市	郸城县	2030	6 100	17 259	1 113	2 119	26 591	4 400	4 352	17 488	351	26 591	29 234	2 643
		2040	6 265	17 259	2 354	4 748	30 626	5 802	5 475	18 903	446	30 626	31 107	481
	淮阳区	2030	6 489	15 542	945	2 495	25 471	4 187	3 634	16 102	1 548	25 471	27 561	2 090
		2040	6 838	15 542	2 015	3 686	28 081	5 583	4 204	16 507	1 787	28 081	29 174	1 093
	太康县	2030	6 213	21 687	1 363	2 337	31 600	4 831	5 593	20 098	1 078	31 600	31 604	4
		2040	6 563	21 687	2 796	2 562	33 608	6 284	6 589	19 487	1 248	33 608	33 831	223
	鹿邑县	2030	3 882	13 916	1 409	8 024	27 231	4 500	6 493	15 656	582	27 231	29 599	2 368
		2040	4 262	13 916	3 220	10 762	32 160	5 761	9 417	16 069	851	32 098	33 543	1 445
	小计	2030	22 684	68 404	4 830	14 975	110 893	17 918	20 072	69 344	3 559	110 893	117 998	7 105
		2040	23 928	68 404	10 385	21 758	124 475	23 430	25 685	70 966	4 332	124 413	127 655	3 242
商丘市	梁园区	2030	5 994	6 067	917	2 408	15 386	3 503	3 097	7 617	1 169	15 386	16 094	708
		2040	7 807	6 067	1 990	2 022	17 886	4 538	4 299	7 781	1 268	17 886	18 153	267
	睢阳区	2030	5 156	7 252	1 172	6 524	20 104	4 466	4 313	10 461	864	20 104	22 261	2 157
		2040	6 378	7 252	2 289	5 832	21 751	5 778	4 623	10 392	958	21 751	23 745	1 994
	柘城县	2030	3 234	9 307	906	5 568	19 015	3 737	3 363	11 127	788	19 015	23 613	4 598
		2040	3 908	9 307	1 882	7 651	22 748	4 713	4 202	12 914	919	22 748	25 028	2 280
	夏邑县	2030	3 790	11 855	1 018	6 575	23 238	4 506	3 367	14 818	547	23 238	30 685	7 447
		2040	4 870	11 855	2 142	8 340	27 207	5 822	4 191	16 541	640	27 194	32 250	5 056
	永城市	2030	4 730	20 105	3 248	13 978	42 061	7 081	12 178	20 105	2 697	42 061	46 878	4 817
		2040	5 663	20 105	6 367	17 832	49 967	8 999	15 958	21 951	3 059	49 967	52 440	2 473
	小计	2030	22 904	54 586	7 261	35 053	119 804	23 293	26 318	64 128	6 065	119 804	139 531	19 727
		2040	28 626	54 586	14 670	41 677	139 559	29 850	33 273	69 579	6 844	139 546	151 616	12 070
合计		2030	45 588	122 990	12 091	50 028	230 697	41 211	46 390	133 472	9 624	230 697	257 529	26 832
		2040	52 554	122 990	25 055	63 435	264 034	53 280	58 958	140 545	11 176	263 959	279 271	15 312

表 3 规划年引江济淮工程(河南段)水资源配置方案的目标效益

河南段受水区		缺水率(%)		经济效益(亿元)		用水户配水差异	
		2030 年	2040 年	2030 年	2040 年	2030 年	2040 年
周口市	郸城县	9.04	1.55	59.37	81.43	0.045	0.041
	淮阳区	7.58	3.75	60.47	75.15	0.044	0.037
	太康县	0.01	0.66	64.67	79.62	0.054	0.044
	鹿邑县	8.00	4.31	97.72	129.54	0.050	0.043
	小计	6.02	2.54	282.23	365.74	0.193	0.165
商丘市	梁园区	4.40	1.47	66.86	74.98	0.050	0.044
	睢阳区	9.69	8.40	68.44	77.70	0.038	0.033
	柘城县	19.47	9.11	92.13	122.13	0.051	0.047
	夏邑县	24.27	15.68	104.30	133.01	0.068	0.063
	永城市	10.28	4.72	133.53	172.25	0.060	0.052
	小计	14.14	7.96	465.26	580.07	0.267	0.239
合计		10.42	5.48	747.49	945.81	0.461	0.404

3.4 公平性分析

3.4.1 匹配性分析

规划年水资源量与经济效益的匹配性分析见图 3。2030 年配置水量最少与经济效益最差的分别为梁园区和郸城县,区域间水资源配置存在不匹配现象;2040 年配置水量和经济效益最低的均为梁园区,配置水量与经济效益匹配性提升,区域间水资源配置公平性提高。规划年各用水户配置水量占比最高的是农业用水户,而经济效益占比最高的是生活用水户,农业用水户产生的经济效益最低,夏邑县水资源配置公平性最差也与上述原因一致,区域内用水户间水资源配置不公平性现象明显。

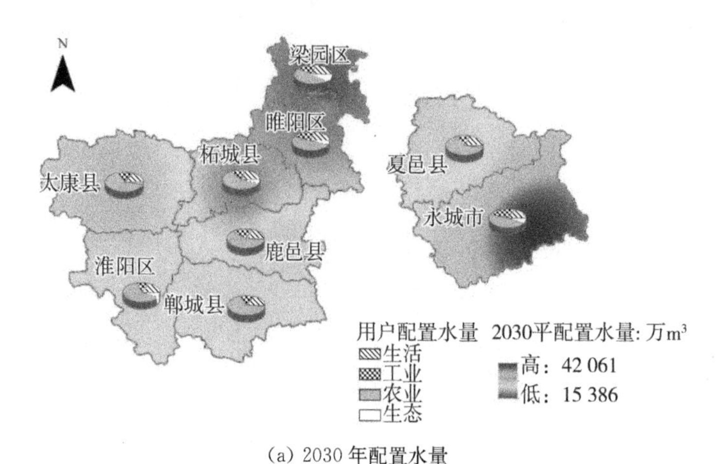

(a) 2030 年配置水量

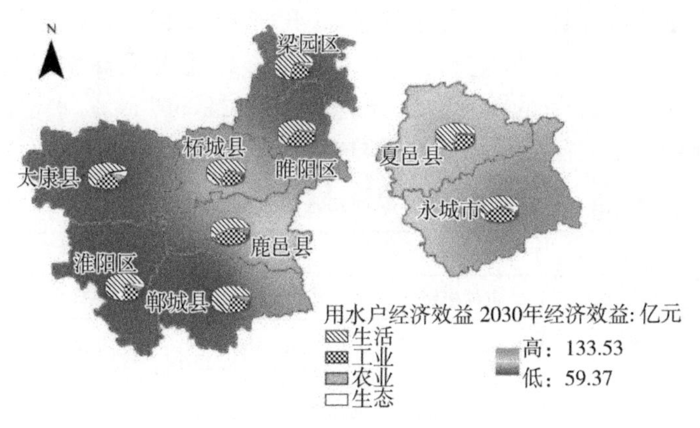

(b) 2030 年经济效益

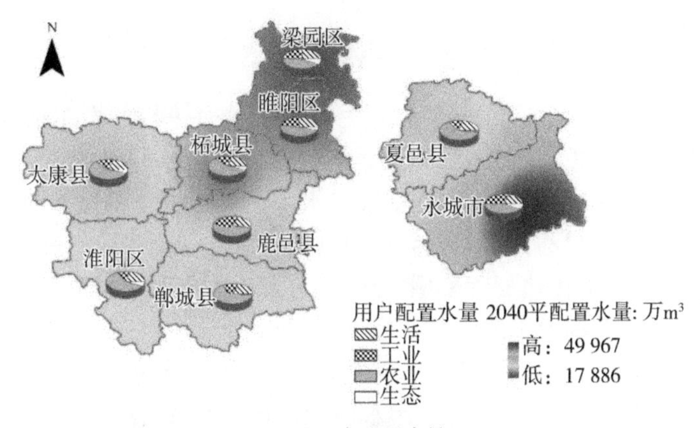

(c) 2040 年配置水量

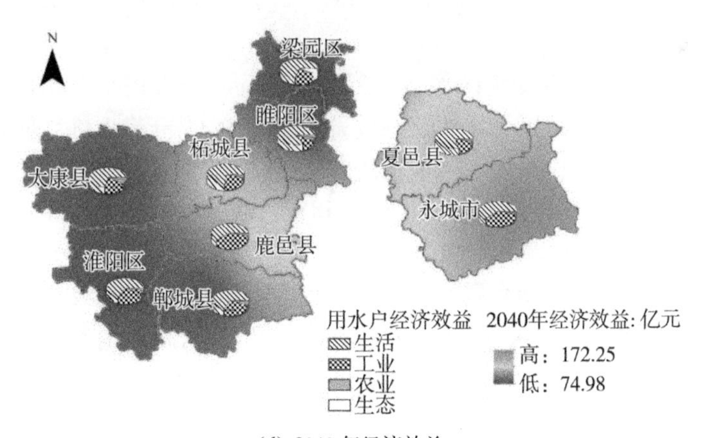

(d) 2040 年经济效益

图 3　河南段受水区规划年水资源配置匹配性分析

3.4.2　差异贡献率分析

规划年区域内用水户间水资源配置差异结果见表 3。区域内和区域间配水差异对总体水资源配置公平性的贡献率见表 4。规划年泰尔指数计算结果均远大于零，经济角度下河南段受水区水资源配置处于不公平状态,2040 年泰尔指数较 2030 年有所降低,水资源配置公平性提升,这与上述水资源量与经济效益匹配度提高结果相同。2030 年和 2040 年用水户间水资源配置的差异占比分别为 96.24%、96.19%,水资源配置不公平主要是受水区区域内用水户间的用水量差异导致的,其直接影响其他用水户的经济效益。

表 4 河南段受水区规划年水资源配置公平性分析

年份	区域内用水户配水差异		区域间用水户配水差异		泰尔指数
	差异值(T_{wr})	贡献率(%)	差异值(T_{br})	贡献率(%)	
2030 年	0.461	96.24	0.018	3.76	0.479
2040 年	0.404	96.19	0.016	3.81	0.420

4 结论与展望

本文将体现区域水资源与当地经济发展差异、表征公平性的泰尔指数纳入水资源配置模型,并开展引江济淮工程(河南段)应用研究,得到结论如下:

①规划水平年 2030 年和 2040 年河南段受水区泰尔指数分别为 0.479 和 0.420,水资源配置公平性提高,用水户间配水的差异性对河南段水资源配置公平性起到决定性作用,将公平性目标纳入水资源优化配置模型,能够将有限的水资源更合理地分配,分析水资源配置不公平产生的原因,为区域空间均衡发展提供借鉴。

②由配置结果得出,针对受水区供水结构,需通过强化节约用水、计划用水、科学用水等措施减少无效需求,减轻供水压力。污水回用占比较小,受水区要扩大水源,加快城市污水处理设施建设、努力实现污水资源化,提高工业用水的重复利用率,增加污水处理回用量,加大该区的供水能力。

③引江济淮工程河南省受水区人口密集、耕地率高,农业用水占比最大,而产生的经济效益较小,因此,未来河南段受水区应在保证粮食安全、严守耕地红线的基础上,通过改变种植结构,提高农业灌溉水利用系数,推进农业产业化,优化农业生产结构和区域布局,加强粮食生产功能区、重要农产品生产保护区和特色农产品优势区建设,提高农业用水户的经济效益。

本次研究仅从年尺度开展水资源配置公平性研究,后续有必要进一步细化到月、日、实时尺度;且模型构建中有必要进一步纳入区域水污染、生态环境等问题,以期实现水资源与经济社会发展和生态环境保护相协调。

参考文献

[1] LI J H, QIAO Y, LEI X H, et al. A two-stage water allocation strategy for developing regional economic-environment sustainability [J]. Journal of Environmental Management,2019,244:189-198.

[2] 王浩,游进军. 中国水资源配置 30 年[J]. 水利学报,2016,47(3):265-271,282.

[3] LI M S, YANG X H, WU F F, et al. Spatial equilibrium-based multi-objective optimal allocation of regional water resources[J]. Journal of Hydrology: Regional Studies, 2022(44): 2214-5818.
[4] 李丽琴,王志璋,贺华翔,等. 基于生态水文阈值调控的内陆干旱区水资源多维均衡配置研究[J]. 水利学报,2019,50(3):377-387.
[5] FLINN J C, GUISE J W B. An application of spatial equilibrium analysis to water resource allocation[J]. Water Resource Research,1970,6(2):398-409.
[6] ZHANG L N, ZHANG X L, WU F P, et al. Basin initial water rights allocation under multiple uncertainties: a trade-off analysis[J]. Water Resource Management, 2020, 34(3): 955-988.
[7] 张赵毅,何艳虎,谭倩,等. 粤港澳大湾区城市群水资源配置模型[J]. 水力发电学报,2022,41(9):31-43.
[8] DEXELLE B, LECOUTERE E, VAN B. Equity-efficiency trade-offs in irrigation water sharing:evidence from a field lab in rural Tanzania[J]. World Development, 2012, 40(12): 2537-2551.
[9] 李万明,黄程琪. 西北干旱区水资源利用与经济要素的匹配研究[J]. 节水灌溉,2018(7):88-93.
[10] CULLIS J, KOPPEN B V. Applying the gini coefficient to measure inequality of water use in the olifants river water management area, South Africa[J]. IWMI Research Reports, 2009, 1(15): 91-110.
[11] HU Z, CHEN Y, YAO L, et al. Optimal allocation of regional water resources: From a perspective of equity-efficiency tradeoff[J]. Resources, Conservation and Recycling, 2016(109): 102-113.
[12] XU J P, LV C L, YAO L M, et al. Intergenerational equity based optimal water allocation for sustainable development: A case study on the upper reaches of Minjiang River, China [J]. Journal of Hydrology, 2019, 568: 835-848.
[13] THEIL H. Economics and information theory[M]. Amsterdam: North-Holland Publishing Company, 1967.
[14] MALAKAR K, MISHRA T, PATWARDHAN A. Inequality in water supply in India: an assessment using the Gini and Theil indices[J]. Environment, Development and Sustainability, 2018(2):841-864.
[15] 程文亮. 生态农业发展水平测度及空间异质性分析:基于南水北调中线受水区数据验证[J]. 生态经济,2022,38(6):122-130.
[16] 黄万华,王梦迪,高红贵. 长江流域水资源管理绩效水平测度及时空分异[J]. 统计与决策,2022,38(20):48-53.
[17] 黄锋华,黄本胜,洪昌红,等. 粤港澳大湾区水资源空间均衡性分析[J]. 水资源保护,2022,38(3):65-71.
[18] 邹进. 基于二元水循环及系统熵理论的城市用水配置[J]. 水利水电科技进展,2019,39(2):16-20.

[19] 吴奕,宋瑞鹏,张红卫,等.河南省降水量、地表水资源量变化趋势及演变关系[J].人民黄河,2021,43(11):92-96.

[20] 李建美,田军仓.NSGA-Ⅲ算法在水资源多目标优化配置中的应用[J].水电能源科学,2021,39(2):22-26,81.

[21] 张永祥,王慧峰,王昊,等.北京市朝阳区水资源优化配置研究[J].桂林理工大学学报,2016,36(4):787-791.

[22] 吴浩云,刁训娣,曾赛星.引江济太调水经济效益分析:以湖州市为例[J].水科学进展,2008,19(6):888-892.

[23] 张玲玲,高亮.多目标约束下区域水资源优化配置研究[J].水资源与水工程学报,2014,25(4):16-19.

[24] 王一杰,王发信,王振龙,等.基于NSGA-Ⅲ的水资源多目标优化配置研究:以安徽省泗县为例[J].人民长江,2021,52(5):73-77,85.

堆石料粒径对附加质量法测试的影响研究

代志宇[1,2]，张　帆[3]，杨浩明[1,2]，侯佼建[1,2]

（1. 黄河水利委员会黄河水利科学研究院，河南 郑州 450003；2. 水利部堤防安全与病害防治工程技术研究中心，河南 郑州 450003；3. 河南新华五岳抽水蓄能发电有限公司，河南 信阳 465450）

摘　要： 近年来，附加质量法已逐步应用于堆石体碾压密度无损检测中。基于现有研究成果，考虑检波器主频、激振锤落距、激振锤偏移距、附加质量大小、附加质量级数5个测试因素，在河南新华五岳抽水蓄能电站上水库主堆石料和过渡料上分别进行了附加质量法测试影响因素试验。结果表明，堆石料颗粒粒径变化对附加质量法测试参数的选择影响较大，这主要与堆石料的岩性、级配、刚度有关。为提高附加质量法测试的可靠性，在进行附加质量法测试前，应首先在测试堆石体上进行附加质量法参数标定试验。

关键词： 堆石体；附加质量法；碾压密度；测试参数；粒径

“十四五”以来，我国出台了一系列政策推动抽水蓄能行业发展，抽水蓄能电站项目储备数量超过200个。抽水蓄能电站具有上、下两座水库联动运行的特点，上水库设计坝型常采用碾压堆石坝结构，坝体填筑料碾压施工面积广、规模大、安全要求高，压实质量的好坏将直接影响堆石坝的沉降变形和稳定性。目前堆石体碾压密度的常用检测方法是灌水法[1]，这种方法受限于挖坑检测的方式，存在测量区域小、成本高、效率低等不足，对坝体造成一定程度的破坏，在面板堆石坝工程质量的全面性、精细化控制方面存在一定缺陷。

李丕武等[2-3]提出使用附加质量法检测堆石坝碾压密度及压实质量，该方法以其高效、精准且无损的优势，逐步应用于堆石料的压实质量检测技术研究中。张智等[4]、张维熙等[5]、谭峰屹等[6]、薛云峰等[7]利用附加质量法检测了糯扎渡水电站、梨园混凝土面板堆石坝、昆明新机场、燕山水库的填料压实度。李旭[8]、袁林阳[9]通过数值计算的方法得到了不同荷载、偏移距、附加质量块半径、检波器滤波条件和堆石体介质参数对附加质量法测试的影响。蔡加兴等[10]结合堆石坝堆石体密度测定试验研究实例，分析了附加质量法测试的参数与料源特性的关系，并对该方法的应用效果进行了分析和评价。刘潘等[11]以堆石体刚度和参振质量为影响因素，构建了基于BP神经网络的密度预测模型。张建清等[12]研究了相关法求取密度、数据采集及处理、质量控制评价、三维可视化等一套关键技术。Wang等[13]分析了附加质量、加载步骤数等技术参数与土石复合地基振动主频、刚度、质量的关系。Liu等[14]研究了不同细粒含量对附加质量法测试的影响。

综上所述,附加质量法已在堆石体填筑密度检测领域得到了初步应用,测试结果具有较强的可靠性,但是,目前针对堆石料粒径对附加质量法测试的影响研究还不充分。本研究在考虑偏移距、落距、附加质量、附加质量级数等因素的影响下,在两种不同粒径的堆石料上进行了附加质量法测试,以期为合理确定附加质量法测试参数、提高附加质量法测试精度提供参考。

1 测试原理简介

附加质量法是将堆石体等效考虑为单自由度的线性弹簧系统,测试原理如图 1 所示。

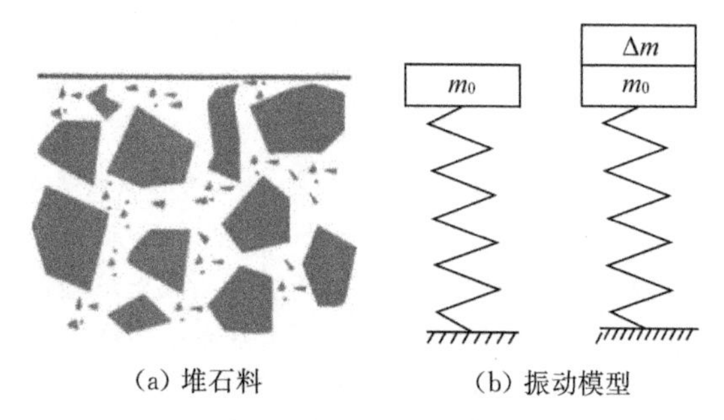

图 1 堆石料振动模型

根据质弹模型性质,当附加质量块不受外力作用、做自由振动时,可以得到如下公式

$$m\ddot{Z}+KZ=0 \tag{1}$$

$$K=\omega^2 m \tag{2}$$

$$Z=Z_0\sin(\omega t+\varphi) \tag{3}$$

式中:Z 为信号接收点振动的位移,m;$\ddot{Z}$ 为信号接收点振动的加速度,m/s^2;m 为堆石体与附加质量块的质量之和,kg;K 为堆石体系统的动刚度,N/mm;ω 为信号接收点振动的圆频率,rad/s;Z_0 为信号接收点振动位移幅值,m;t,φ 分别为振动延续时间,s,初相角,rad。

在附加质量法中参与振动的总质量是堆石体参振质量与附加质量块的质量之和,于是

$$K=\omega^2(m_0+\Delta m) \tag{4}$$

$$\frac{1}{\omega^2}=\frac{1}{K}(m_0+\Delta m) \tag{5}$$

式中:m_0,Δm 分别为堆石体质量、附加质量块质量,kg。

从式(5)可以看出,$1/\omega^2$ 和 Δm 曲线的逆斜率为动刚度 K,在实测过程中通过改变附加质量块数量,研究在附加质量块顶部中心处,提取得到速度时程曲线主频的变化,利用式(5)计算得到堆石体的动刚度 K 和圆频率 ω,再根据参振体动刚度 K、圆频率 ω 与其密度的线性关系即可求得测点的密度。

2　现场试验堆石料和试验区域简介

2.1　试验堆石料

现场试验所用堆石料取自河南五岳抽水蓄能电站上水库大坝施工现场。主堆石料采用较新鲜的花岗岩作为母岩进行爆破开采。其初拟主要设计参数为：孔隙率≤20.5%，最大粒径 800 mm，连续级配，分层碾压，层厚≤0.9 m，32 t 自行式振动碾碾压不少于 8 遍。坝体过渡料采用开挖的微风化—新鲜的花岗岩石料，最大粒径为 300 mm，连续级配，分层碾压，层厚≤0.4 m。主堆石料、过渡料颗粒级配曲线如图 2 所示。

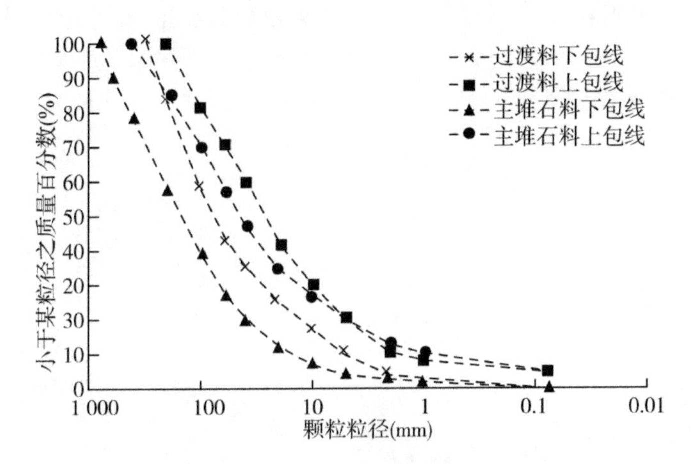

图 2　主堆石料、过渡料颗粒级配曲线

2.2　试验场地和设备

附加质量法试验场地长 40 m、宽 30 m，试验堆石料取自堆石坝施工现场，共铺设 2 层，每层虚铺厚度约 0.9 m，铺料和碾压方法与现场施工方法相同，分层搭接碾压完成后堆石体厚约 1.6 m。试验所用设备包括：笔者自主研发的激振设备、50 kg 激振锤，28、40、50、60 Hz 速度型检波器，38、25 kg 附加质量块若干。

3　附加质量法测试影响因素研究

本节在考虑检波器主频、激振锤的落距、激振锤的偏移距、附加质量的大小和级数影响的情况下，分别在主堆石料和过渡料上进行附加质量测试影响因素试验，以研究堆石料粒径对附加质量法测试参数的影响。

3.1 主堆石料上附加质量法测试结果

3.1.1 检波器测试主频的影响

堆石体的振动主频与其表观结构、级配分布有关，受限于检波器的测试主频参数，在测试堆石体振动主频时检波器应用效果往往不同，因此有必要在附加质量法测试试验开始前，选择最佳测试主频的检波器进行试验。在堆石料碾压完成后，选择测试主频为28、40、50、60 Hz的检波器分别进行试验，测试时激振锤落距为20 cm，偏移距为50 cm，附加质量为1级50 kg，每个检波器连续测试10次，测试试验在3个测点上进行，通过比较检波器测试结果的稳定性选择最佳的测试设备。

图3为4个检波器在3个测点上的测试结果，可以看出，通过计算得到测试主频为28、40、50、60 Hz的检波器在3个测点上10次测试主频方差的平均值分别为68.37、6.84、48.57、30.89，3个测点上的测试结果中40 Hz的检波器表现最为稳定。

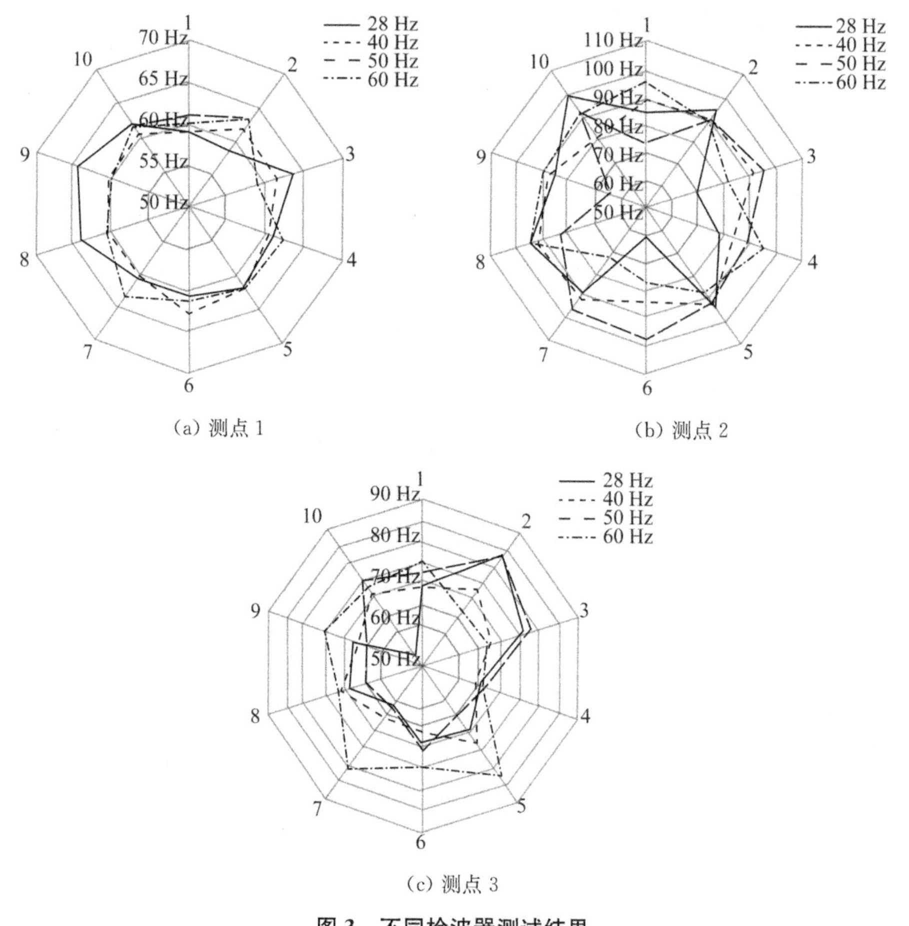

(a) 测点1

(b) 测点2

(c) 测点3

图3 不同检波器测试结果

3.1.2　激振锤落距和偏移距的影响

在使用激振锤锤击堆石体产生振动时，落距和偏移距过大或过小都会导致振动信号测试出现偏差。为了提高测试结果的稳定性，拟通过控制落距和偏移距分别进行试验，得到最优落距和偏移距。首先控制激振锤落距分别为 10、20、30 cm 进行试验，试验时检波器测试主频为 40 Hz，激振锤偏移距为 50 cm，附加质量为 1 级 50 kg，每个检波器连续测试 10 次，测试试验在 3 个测点上进行，通过比较检波器测试结果的稳定性选择最佳的测试设备。图 4 为不同落距下 3 个测点上的测试结果，可以看出，3 个测点的测试结果中 20 cm 的落距下测试结果最为稳定，通过计算得到落距为 10、20、30 cm，3 个测点上每点 10 次测试主频方差的平均值分别为 42.67、7.32、80.06，激振锤偏移距 20 cm 下的测试数据最为稳定。

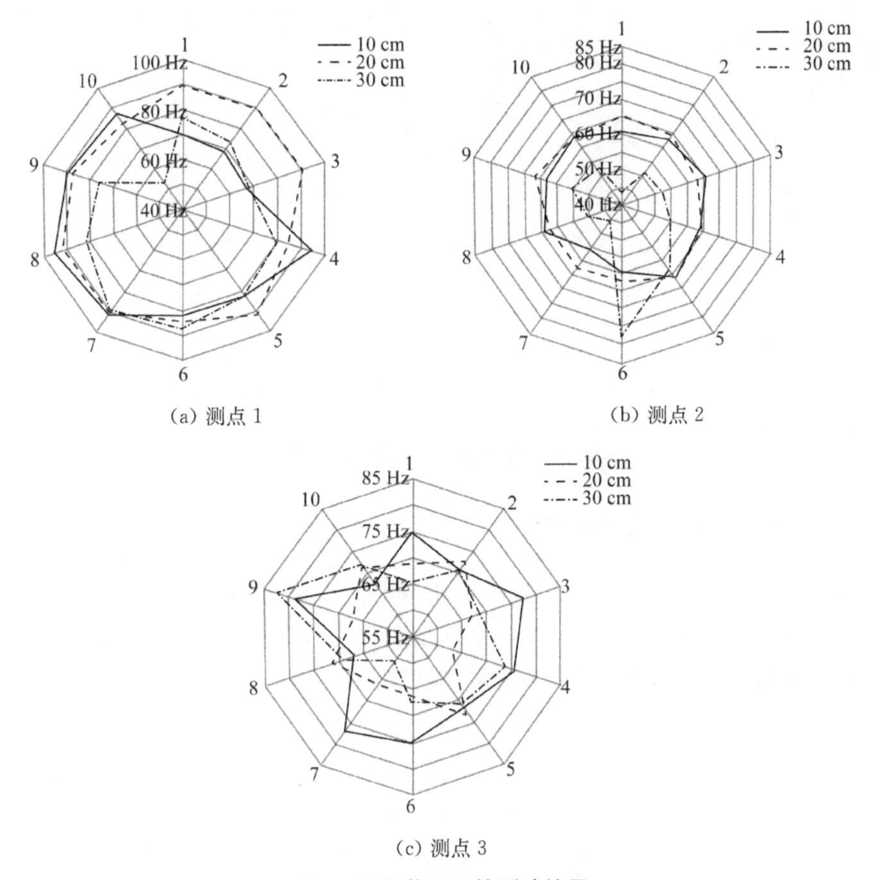

(a) 测点 1　　(b) 测点 2

(c) 测点 3

图 4　不同落距下的测试结果

控制偏移距为 30、50、70 cm，检波器测试主频为 40 Hz，激振锤落距为 20 cm，附加质量为 1 级 50 kg，每个检波器连续测试 10 次，测试试验在 3 个测点上进行，通过对比不同落距下振动信号测试结果的稳定性来确定最佳落距。3 个测点不同偏移距下的试验结果如图 5 所示，从中可以看出，通过计算 3 个测点上不同偏移距条件下的测试结果，方差平均值分别为 11.52、8.23、25.12，在偏移距为 50 cm 时堆石体振动主频测试结果最为稳定。

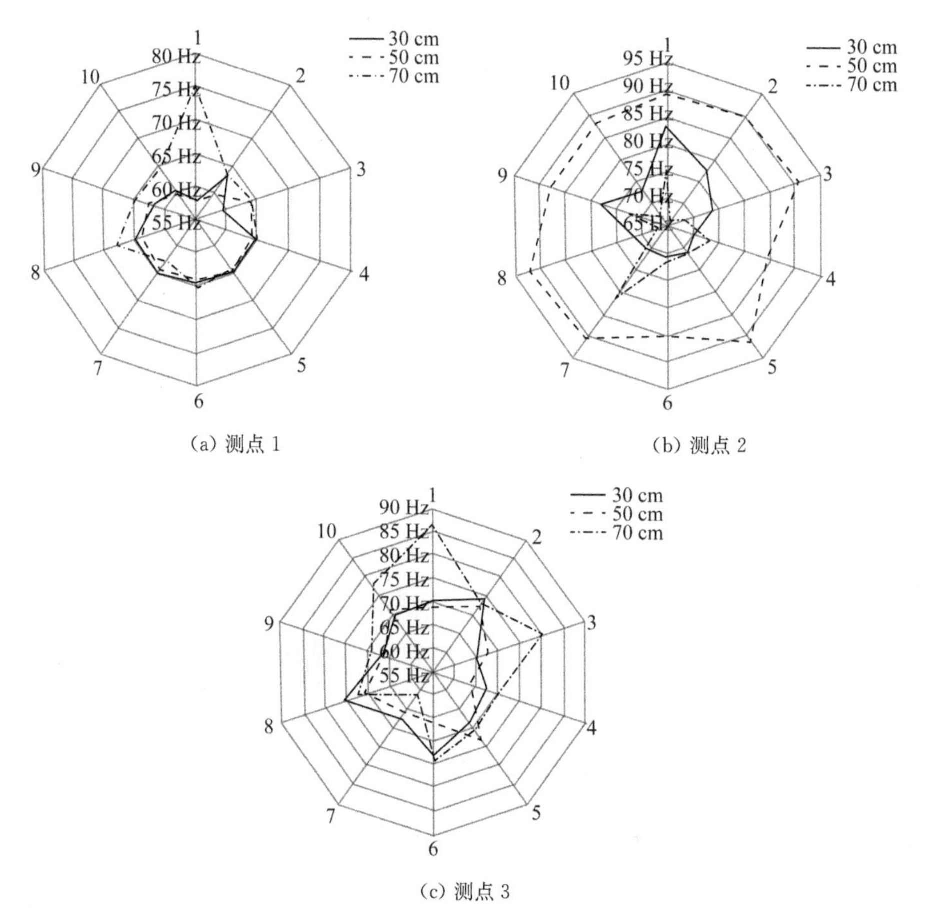

(a) 测点 1 (b) 测点 2

(c) 测点 3

图 5 不同偏移距下的测试结果

3.1.3 附加质量大小和级数的影响

拟合附加质量测试曲线逆斜率时,附加质量的大小会直接影响刚度计算结果。试验分别控制附加质量为 38、50、75 kg,在 3 个测点上分 4 级加载,通过比较 3 个测点中拟合直线 R^2 结果的稳定性,得到最优附加质量,测试结果见图 6、图 7。在附加质量为 38、50、

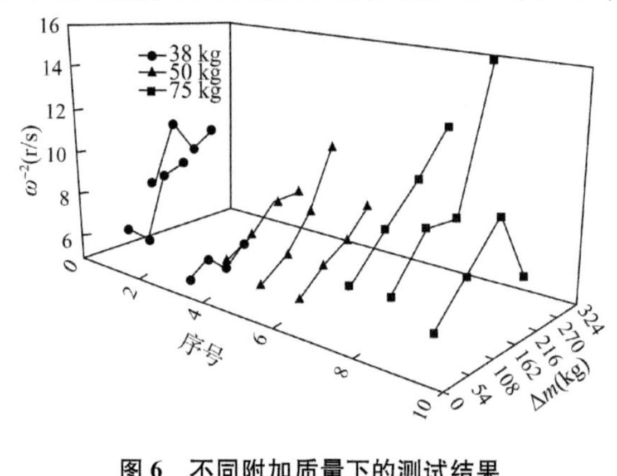

图 6 不同附加质量下的测试结果

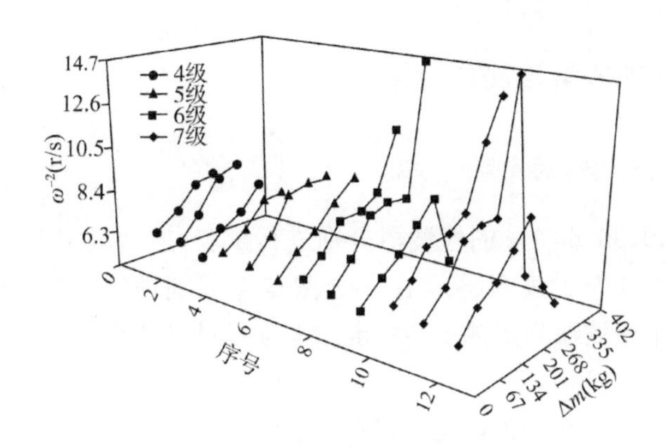

图 7　不同附加质量级数下的测试结果

75 kg 时，3 组测试数据拟合刚度的线性相关度平均值分别为 0. 603、0. 985、0. 823。附加质量为 50 kg 时，拟合直线 R^2 的相关性明显优于另外两种情况。

在建立附加质量法反演模型时，Δm 级数直接影响 $\Delta m—\omega^{-2}$ 散点图拟合的堆石料刚度结果。Δm 级数太小会导致拟合结果不够精确，太大则会增加现场工作量，降低测试效率。因此，在进行附加质量法测试前，有必要得到 Δm 的最优测试级数。根据图 7 中的试验结果，选择单级附加质量为 50 kg，附加质量级数为 4、5、6、7 级，在 3 个测点上分别进行试验，通过对比不同级数下拟合直线的 R^2，得到最优测试级数。

从图 7 中可以看出，在附加质量为 50 kg 时，随着级数的增加，主频增长趋势逐渐减缓。在振动力学中，物体的振动频率和质量的关系为

$$\omega=\frac{1}{2\pi}\sqrt{\frac{k}{m}} \tag{6}$$

式中：k 为系统的弹性系数。

随着测试质量的增加，系统振动主频增量逐渐减小，这是由物体的振动特性决定的。在附加质量法测试中，当附加质量级数大于 4 级时，检波器难以准确量测出两级附加质量间系统的频率值；当附加质量级数大于 5 级、附加质量大于 300 kg 时，测试主频出现了较大的波动。为了提高附加质量法测试精度，试验将附加质量从第 1 级至第 5 级优化为 38、50、50、75、75 kg。从图 8 中 3 个测点的测试结果可知，测试结果具有较好的稳定性且线性度较好。

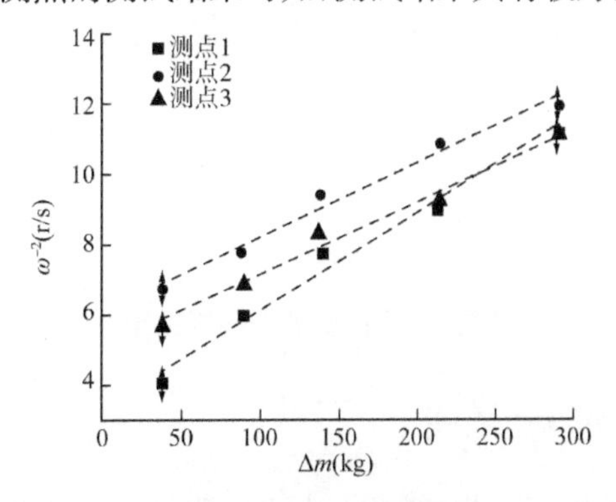

图 8　变级测试结果

3.2 过渡料上附加质量法测试结果

3.2.1 检波器测试主频的影响

试验选择 28、40、50、60 Hz 的检波器分别进行试验，控制激振锤落距为 20 cm，偏移距为 50 cm，附加质量为 1 级 50 kg，在 3 个测点上分别进行试验，每个测点重复测试 10 次，通过对比 4 个检波器测试频率的稳定性来选择过渡料碾压密度附加质量法测试时的最佳检波器。

图 9 为 3 个测点上 4 个检波器的测试结果。从图 9 中可以看出，4 个检波器在测试过程中测试结果均具有一定的波动性。经计算，测试主频为 28、40、50、60 Hz 的 4 个检波器在 3 个测点上测试结果的方差平均值为 61.39、15.94、23.76、19.44，选择测试主频为 40 Hz 的检波器进行过渡料碾压密度检测。

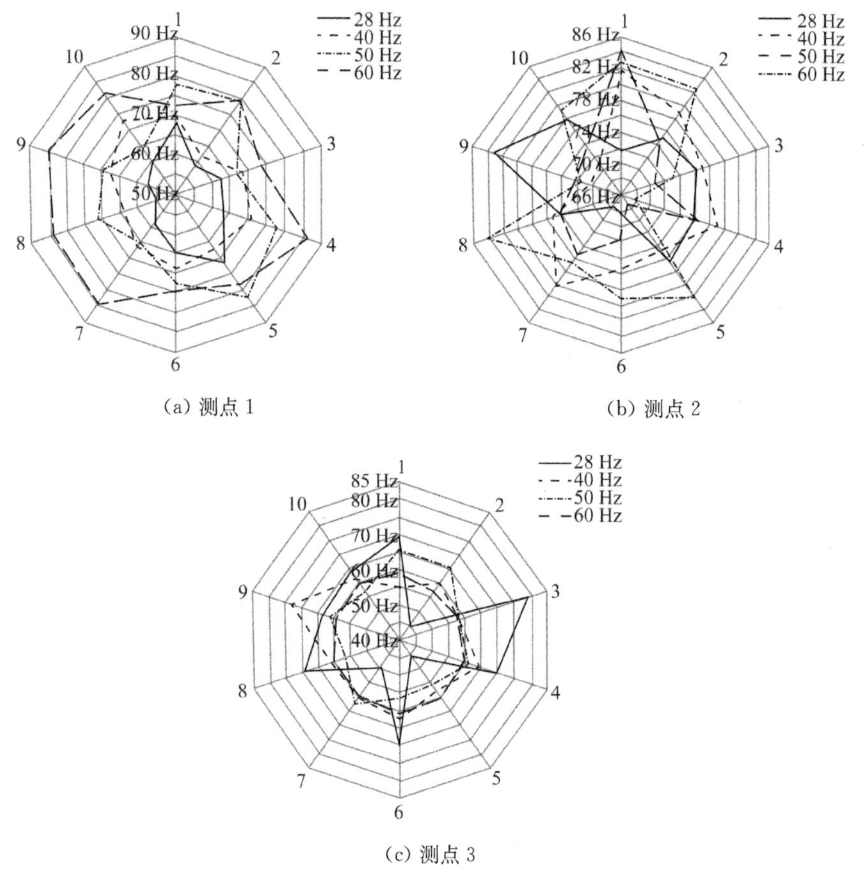

图 9 不同检波器测试主频

3.2.2 激振锤落距和偏移距影响

过渡料颗粒级配与主堆石料相差较大，在进行附加质量法测试前，需要在碾压完成的过渡料上确定激振锤的最佳落距和偏移距。选择的激振锤的落距分别为 10、20、30 cm，控制检波器主频为 40 Hz，激振锤的偏移距为 50 cm，附加质量为 50 kg，每个落距测试 10 次，通过对比 3 个测点上测试数据的稳定性来选择激振锤的最佳落距。

图 10 为 3 个测点在不同落距下的测试结果。经计算，在 10、20、30 cm 的落距下，3 个测点上测试频率的方差分别为 33.19、24.80、240.86，落距为 20 cm 时采集到的测试频率的稳定性明显优于落距为 10、30 cm 时采集到的数据。

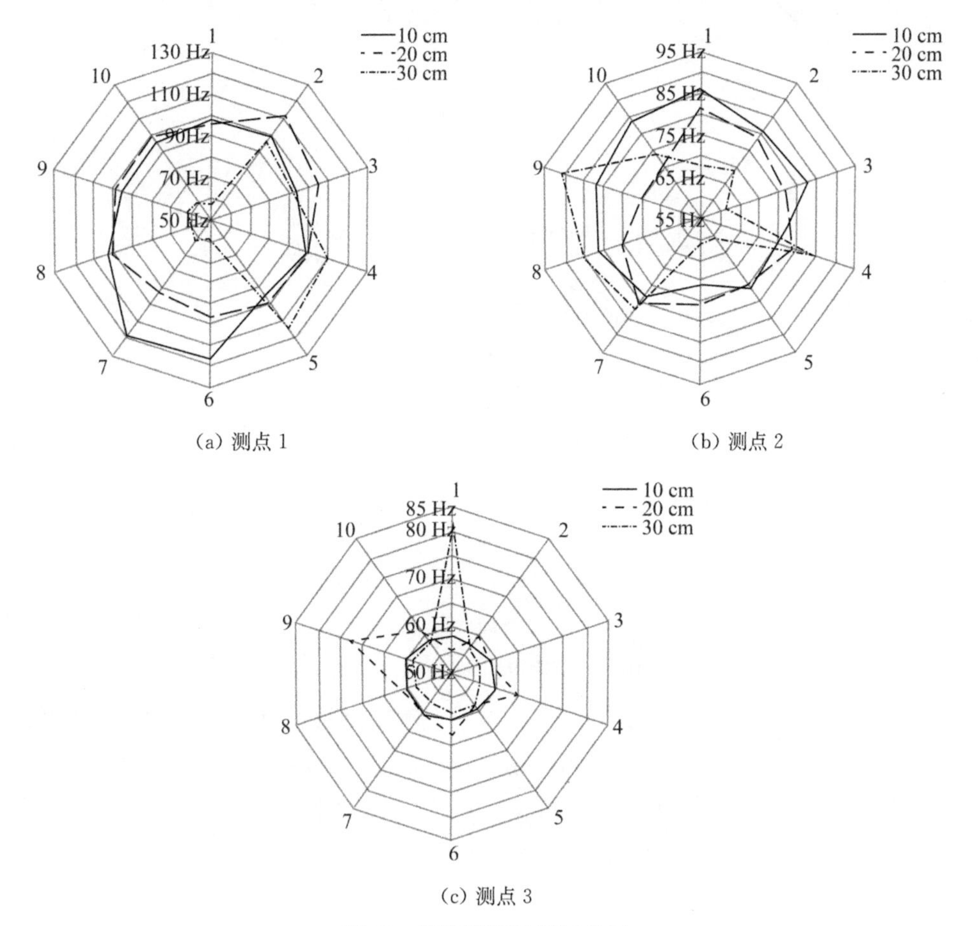

(a) 测点 1

(b) 测点 2

(c) 测点 3

图 10 不同落距的测试结果

基于以上试验结果，控制检波器主频为 40 Hz，激振锤落距为 20 cm，附加质量为 50 kg，激振锤偏移距分别为 30、50、70 cm，在 3 个测点上分别进行试验，通过对比不同偏移距测试结果的稳定性来选择测试最佳偏移距。图 11 为 3 个测点上不同偏移距的附加质量法测试结果。经计算，在偏移距为 70 cm 时，测试主频的稳定性优于偏移距为 30、50 cm 的测试结果。

3.2.3 附加质量大小和级数的影响

基于以上试验结果，在过渡料碾压完成后，控制检波器主频为 40 Hz，激振锤落距和偏移距分别为 20 cm 和 70 cm，控制附加质量级数为 4 级，附加质量分别为 25、50、75 kg，

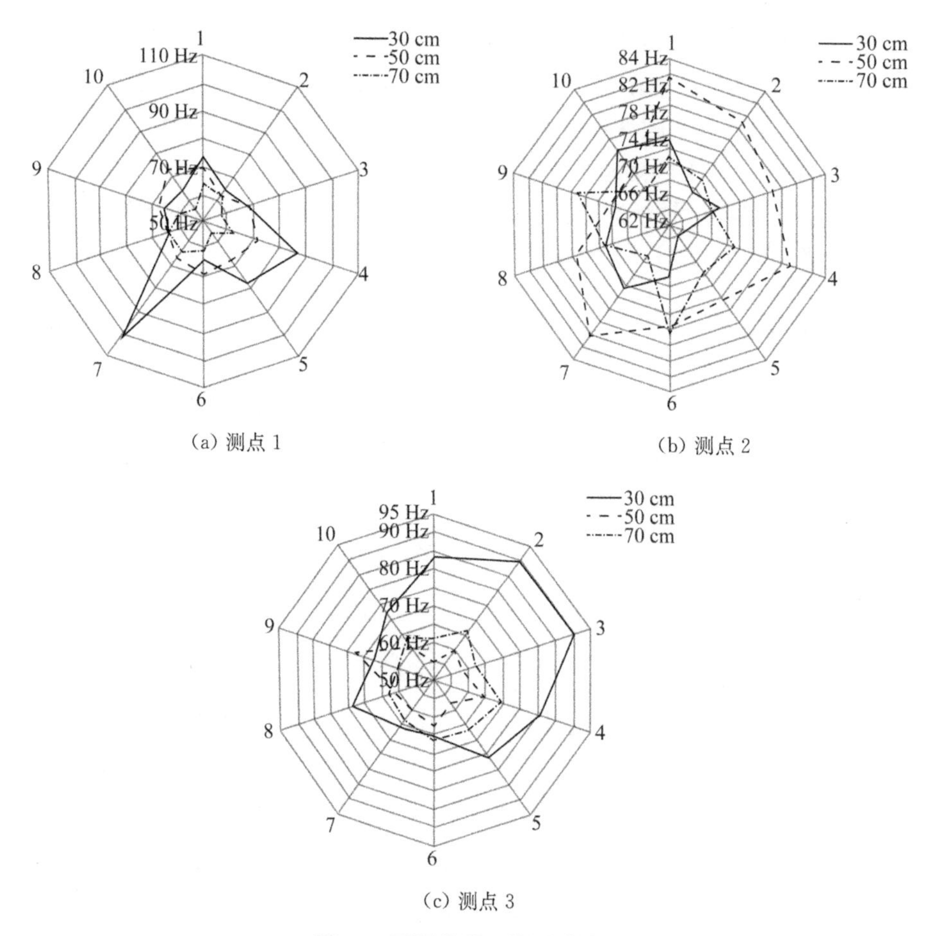

(a) 测点 1

(b) 测点 2

(c) 测点 3

图 11　不同偏移距的测试结果

在 3 个测点上分别进行试验,通过对比 $\Delta m—\omega^{-2}$ 测试结果拟合之前直线 R^2 结果,选择最佳附加质量。图 12 为 3 个测点上不同附加质量的 $\Delta m—\omega^{-2}$ 测试结果。通过对各测点 $\Delta m—\omega^{-2}$ 进行线性拟合,得到附加质量 25、50、75 kg 的平均线性相关度分别为 0.94、0.79、0.46,附加质量为 25 kg 时测试结果最好。

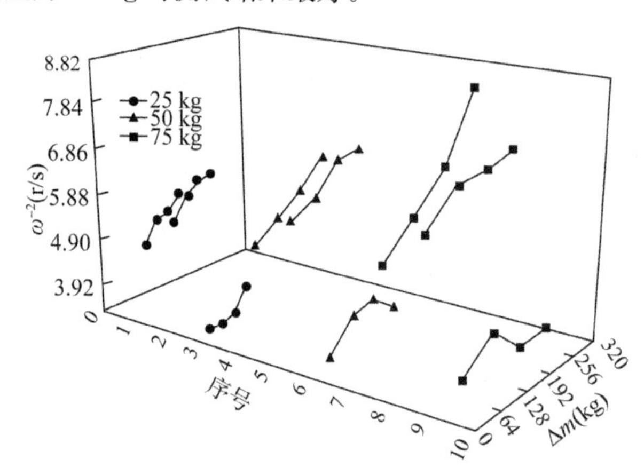

图 12　不同附加质量下的测试结果

以控制检波器主频为 40 Hz，激振锤落距和偏移距为 20 cm 和 70 cm，附加质量为 25 kg，附加质量级数为 4、5、6、7、8、9 级进行试验，同时对比 $\Delta m—\omega^{-2}$ 结果中拟合直线的线性度，选择最佳测试级数。图 13 是 3 个测点上不同附加质量级数的测试结果。从图中可以看出，4～6 级的测试结果规律性较好，随着 Δm 的增大，ω^{-2} 呈逐级递增趋势。从第 7 级开始，部分测点出现测试主频不稳定的情况。经计算，4～9 级测试结果的 $\Delta m—\omega^{-2}$ 拟合直线线性度分别为 0.93、0.90、0.96、0.86、0.81、0.68，在附加质量级数为 6 级时测试效果最好。

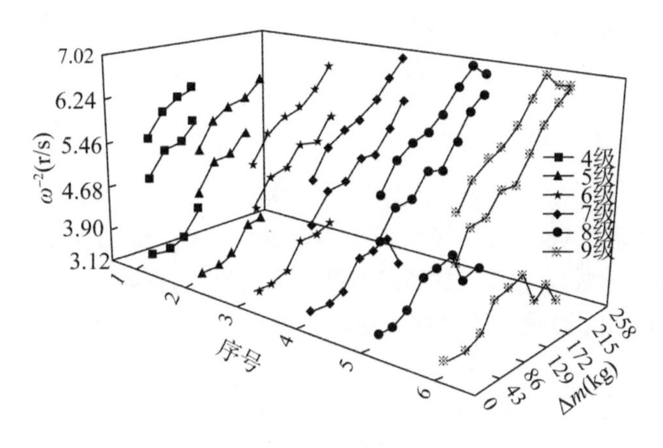

图 13　不同附加质量级数的测试结果

3.3　测试结果分析

3.3.1　检波器测试结果分析

对比主堆石料和过渡料上检波器的测试结果可知，在两种粒径的堆石料上进行附加质量法参数试验时，40 Hz 的检波器在主堆石体和过渡料上的测试性能良好。经计算，主堆石料和过渡料上测试结果方差平均值分别为 6.84、15.94，检波器在主堆石料上的测试结果较好，测试曲线前后比较稳定。

3.3.2　落距和偏移距测试结果分析

在 20 cm 落距下，主堆石料测试结果方差平均值为 7.32，过渡料测试结果的方差平均值为 24.80。在同样的落距下，主堆石料的测试频率更为稳定。这是因为主堆石料动刚度较大，在同样的能量作用下，主堆石料的振动反馈小于过渡料，因此主堆石料的测试结果较为稳定。

在 50 cm 偏移距下，主堆石料和过渡料测试结果方差平均值分别为 8.39、15.94，主堆石料的测试结果明显优于过渡料。这是因为过渡料的动刚度和自振频率理论上应小于主、次堆石料，在相同的激振能量下，过渡料更容易发生弹性振动，且振幅较大。因此，在过渡料上进行测试时，若偏移距太小会导致检波器周围激振能量过大，检波器接收到的振动主频较不稳定，造成测试结果间出现较大偏差。

3.3.3 附加质量大小和级数测试结果分析

对比主堆石料和过渡料上附加质量大小和级数变化可知,主堆石料采用了变级测试,过渡料的附加质量大小均相同。当附加质量大于4级后,相同的击振能量下,主堆石料的振动反馈更弱。过渡料上的附加质量小于主堆石料,而附加质量级数大于主堆石料。当外界条件变化,改变附加质量的大小和级数时,过渡料由于动刚度较小,对测试环境的变化较为敏感,因此附加质量的变化不宜过大。过渡料在相同的激振能量下,检波器的测试主频波动也较大,为了提高测试结果精确性,附加质量级数也应较多。

4 结论

本研究考虑检波器主频、激振锤落距和偏移距、附加质量的大小和级数5个测试因素,对堆石料粒径用附加质量法测试的影响展开系统研究,得到了以下结论:

①当测试主频随附加质量的增加出现较大波动时,可根据波动特性选择变级测试优化刚度计算模型。

②主堆石料和过渡料附加质量法测试参数出现差异的原因主要是两者的岩性、级配、刚度差异较大。

③堆石料粒径大小对附加质量法测试参数选择有较大影响,进行附加质量法测试前应首先通过标定试验确定测试参数。

参考文献

[1] LIU Q, HU J, LIU P, et al. Uncertainty Analysis of In-Situ Pavement Compaction Considering Microstructural Characteristics of Asphalt Mixtures[J]. Construction and Building Materials,2021,279(1): 122514.

[2] 李丕武.地基承载力动测的附加质量法[C]//中国地球物理学会.1992年中国地球物理学会第八届学术年会论文集.北京:地震出版社,1992:169.

[3] 李丕武,冷元宝,袁江华.堆石体密度测定的附加质量法[J].地球物理学报,1999,42(3):422-427.

[4] 张智,刘雪峰,蔡加兴,等.测定堆石体密度的附加质量法的实验研究[J].地球物理学进展,2013,28(1):498-506.

[5] 张维熙,钱启立.附加质量法在梨园混凝土面板堆石坝压实度检测中的应用[J].水利水电技术,2013,44(5):27-30.

[6] 谭峰屹,姜志全,李仲秋,等.附加质量法在昆明新机场填料压实密度检测中的应用研究[J].岩土力学,2010,31(7):2214-2218.

[7] 薛云峰,崔琳,李丕武,等.刚度相关法测试堆石体密度[J].岩土工程学报,2010,32(6):987-990.

[8] 李旭. 附加质量法检测堆石体密度的理论分析研究[D]. 哈尔滨:哈尔滨工业大学,2013:55-56.

[9] 袁林阳. 土石混填路基施工质量评价的附加质量法研究[D]. 重庆:重庆交通大学,2009:51-54.

[10] 蔡加兴,张志杰. 附加质量法用于测定大坝堆石体密度应用效果分析与评价[J]. 长江科学院院报,2008,120(5):186-190.

[11] 刘潘,赵明阶,汪魁,等. 基于BP神经网络预测的附加质量法堆石体密度反演[J]. 水电能源科学,2016,34(5):91-93.

[12] 张建清,周正全,蔡加兴,等. 附加质量法检测堆石体密度技术及应用评价[J]. 长江科学院院报,2012,29(8):45-51.

[13] WANG J, ZHONG D, WANG F. Evaluation of Compaction Quality of Earth-Rock Dam Based on Bacterial Foraging-Support Vector Regression Algorithm [C]//Proceeding of the 2016 International Conference on Innovative Material Science and Technology (IMST 2016). Paris: Atlantis Press, 2016: 265-270.

[14] LIU S, XU S, WU P, et al. Compaction Density Evaluation of Soil-Rock Mixtures by the Additive Mass Method[J]. Construction and Building Materials, 2021, 306(5): 124882.

引江济淮工程(河南段)多目标水量优化调度研究

宋志红[1],刘　渊[2],江生金[2],蒋　恒[2],方　俊[2],陈　钊[2],王永强[1],王　冬[1]

(1. 长江水利委员会长江科学院,湖北 武汉 430010;
2. 河南省引江济淮工程有限公司,河南 郑州 450000)

摘　要:引江济淮工程(河南段)涉及河道、闸泵、管道和调蓄水库,约束条件复杂,常规的优化调度算法难以搜索可行解,求解效率低。本文选用受水区缺水率平均值最小、泵站总抽水量最小和受水区缺水率标准差最小作为目标函数,从供水保障、供水成本和公平性角度构建多目标水量优化调度模型。基于可行搜索思路,结合逆序演算和顺序演算过程,对约束条件进行处理,引入决策系数,通过映射关系使搜索空间保持在可行域中,结合多目标非支配排序遗传算法(Non-dominated Sorting Genetic Algorithms,NSGA-Ⅱ)进行求解,得到Pareto最优解集,并采用熵权法进行方案优选。结果表明,基于可行搜索的NSGA-Ⅱ算法能够有效求解复杂调度系统的多目标优化问题,综合考虑多个目标的最优方案相对单目标方案更加合理,结果可为引江济淮工程(河南段)运行管理提供决策支撑。

关键词:引江济淮工程(河南段);可行搜索;多目标;水量优化调度;NSGA-Ⅱ算法

我国地域辽阔,气候类型多样,南北差异性较大,水资源时空分布不均,严重制约区域经济社会可持续发展[1-2]。跨流域调水工程是解决区域水资源分配不均、供需矛盾突出的重要手段,其目的是将水资源从丰水地区调入缺水地区,从而缓解水资源短缺问题,保障缺水地区供水安全与经济社会发展[3-4]。引江济淮工程[5]是沟通长江、淮河两大流域和皖豫两省的重大战略性水资源配置和综合利用工程,对于解决淮河流域及输水沿线地区水资源短缺、水生态恶化等问题具有重要意义。河南段工程作为江水北送段的一部分,通过西淝河向河南省商丘、周口地区供水,可保障受水区城乡生活及工业生产用水安全并改善水生态环境。

多目标水量优化调度问题是当前水资源领域的研究热点。水量调度是指通过合理运用各类水工程,在时间和空间上对水资源进行调节、控制和分配的活动,是科学指导工程运行管理的重要内容,对保障供水目标实现、调水工程效益发挥具有重要意义。引江济淮工程(河南段)涉及管道、闸泵和调蓄水库等多种输水建筑物以及输水河道,供水调度系统复杂。此外,调水工程水量调度往往需要考虑供水保障、供水成本以及公平性等多个调度目标,且这些目标之间往往存在相互竞争关系,使得求解相对困难。因此,针对复杂调度系统多目标水量优化调度问题的研究显得尤为重要。当前研究有采用智能优化算法来求解复杂水量调度模型,即通过优化决策变量的取值,使目标函数在给定约束条件下达到最优，常用的方法包括线性规划、非线性规划、动态规划法和启发式算法等[6]。其中启发式进化算法因其具有全局优化性能、稳健性强、通用性强、求解效率高等特点在水量优化调度领域中得到广泛应用，如遗传算法（Genetic Algorithm，GA）[7-8]、人工神经网络（ANN）[9]、粒子群算法（PSO）[10]和蚁群算法（ACO）[11]等。在多目标决策问题中，应用较广的多目标智能优化算法有多目标差分演化算法（DEMO）[12]、多目标遗传算法（MMGA）[13]、非支配排序遗传算法（NSGA-Ⅱ）[14-16]等。

在水量调度模型优化求解过程中，约束条件的处理一直是智能算法的核心和难点问题[17]。一般智能算法是通过在给定上下限的决策变量空间中进行随机搜索，但是对于复杂调度系统，约束条件类型和决策变量数量过多，且各个决策变量之间存在强关联性，导致可行空间在整个搜索空间中的比例很小。算法需要通过增加种群和迭代次数以实现扩大搜索，造成计算耗时较长、收敛性差的问题，甚至无法搜索到可行解。为解决这一问题，常用的处理约束条件的方法有将常规调度生成的解直接引入算法的初始解空间；采用适当的修复算子，将不可行解转化为可行解，使得搜索始终在可行域内进行；在求解时引入罚函数将有约束问题转化为无约束问题。但这些方法可移植性差，求解效率偏低，收敛性也难以保证。有学者尝试将可行搜索思路与优化算法结合来提高求解效率。如艾学山等[18]针对梯级水库优化调度问题提出了可行搜索-离散微分动态规划（FS-DDDP）方法，其通过寻找水库优化调度过程的大量可行轨迹，以目标函数较大的几个可行轨迹为DDDP方法的初始轨迹分别进行再寻优计算。王旭等[19]提出了基于可行空间搜索遗传算法的水库调度图优化模型，通过量化决策变量之间的二维拓扑关系，将搜索范围限制在可行空间之内，以达到提高搜索效率和全局优化能力的效果。明波等[17]提出了梯级水库发电优化调度搜索空间缩减法，并与智能算法耦合，利用优化的搜索空间产生高质量的初始种群，同时使算法在更小的搜索空间内寻优，进而提升算法的搜索效率。纪昌明等[20]在水库调度约束处理问题上引入映射思想，提出基于可行域搜索映射的动态规划算法，通过在时段可行搜索空间中进行动态规划计算，以规避无效系统状态计算，缩减算法运行时间。但这些方法主要是针对水库优化调度问题，难以用于涉及复杂调水工程的水量调度系统，因此需要研究涉及多类型水工程的复杂调度系统的多目标优化求解技术，以提高求解效率和精度。

本文为准确高效求解引江济淮工程（河南段）多目标水量优化调度问题，通过考虑复杂约束下决策变量之间的强关联性，推导得到不同时段决策变量的可行区间范围，再基于映射关系引入0～1决策系数，耦合多目标优化算法NSGA-Ⅱ，通过对决策系数进行优化，使决策变量始终保持在可行空间内，从而实现快速求解，提高收敛效率。

1 工程概况

引江济淮工程（河南段）的任务是以城乡供水为主，兼顾改善水生态环境。引江济淮工程实施后，可向豫东地区的周口、商丘部分地区城乡生活及工业生产供水，保障饮水安全和煤炭、火电等重要行业用水安全。引江济淮工程（河南段）属于江水北送的一部分。安徽省通过西淝河向河南境内输水，在豫皖两省分界处将西淝河与清水河输水河道相连接。在河南境内利用清水河通过3级提水泵站逆流而上提水至试量闸上游，经鹿辛运河自流至鹿邑后陈楼调蓄水库,然后通过加压泵站和压力管道输送至各受水区。

工程供水范围在河南省涉及7县2区共9个供水目标,分别为周口市的郸城、淮阳、太康3个县,商丘市的柘城、夏邑2个县和梁园区、睢阳区2个区,以及永城和鹿邑2个直管县,总面积12 114 km^2。《引江济淮工程(河南段)初步设计报告准予行政许可决定书》(水许可决〔2019〕38号)批复引江济淮工程向试量站断面供水2030规划水平年多年平均为5.00亿m^3,2040规划水平年多年平均为6.34亿m^3。

引江济淮工程(河南段)利用清水河河道通过袁桥、赵楼和试量泵站逆流而上向上游输水至试量调蓄水库,经鹿辛运河自流至后陈楼调蓄水库,然后通过后陈楼加压泵站提水至七里桥调蓄水库,再通过七里桥加压泵站分别提水至新城调蓄水库和夏邑出水池,调蓄水库或出水池与各个分水口之间通过配套工程连接。

根据引江济淮工程(河南段)的工程总体布局以及供水范围分布情况,对与工程供水相关的对象进行概化建模,主要对象包括河道、管道、泵站、闸门、调蓄水库、分水口等。水量调度系统概化图见图1。

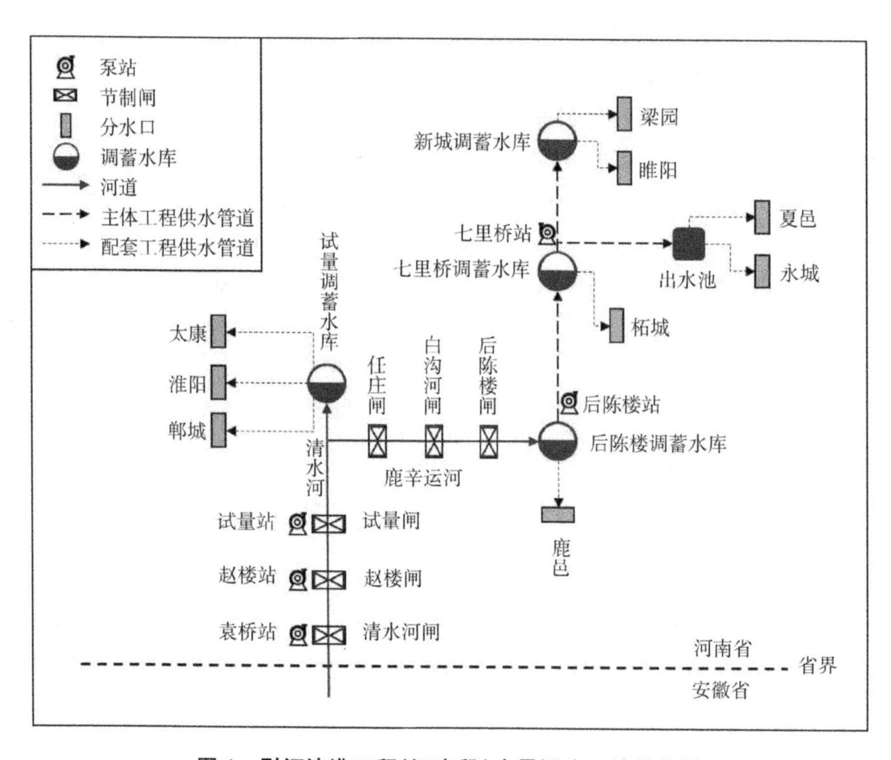

图1 引江济淮工程(河南段)水量调度系统概化图

2 研究方法和数据

2.1 模型构建

构建引江济淮工程(河南段)旬水量多目标优化调度模型,考虑到清水河袁桥泵站至试量泵站之间无分水口，因此调度范围以试量泵站为起点，各分水口为终点，决策变量为试量泵站、后陈楼泵站与七里桥泵站的时段抽水量以及各分水口的时段供水量，调度目标包括各受水区缺水率平均值最小、泵站总抽水量最少以及各受水区缺水率标准差最小。

2.1.1　目标函数

引江济淮工程(河南段)的主要作用是保障城乡饮水安全和行业用水安全，首要目标就是各受水区缺水情况最小化，将受水区缺水率平均值作为一个重要的优化目标。此外，为降低供水成本，减少水量损失，提高河南省供水效率，将泵站总抽水量作为优化目标之一。最后，为提高受水区供水的空间均衡性，保证供水公平性，选择各受水区缺水率的标准差作为优化目标之一。因此，本文综合考虑供水保障、供水成本以及公平性等多个目标进行优化调度，目标函数形式如下。

(1) 供水保障目标——受水区缺水率平均值最小

$$f_1 = \min \frac{\sum_{i=1}^{N} \sum_{t=1}^{T} \frac{[Q_d(i,t) - Q_s(i,t)]}{Q_d(i,t)}}{N} \tag{1}$$

(2) 供水成本目标——泵站总抽水量最少

$$f_2 = \min \sum_{t=1}^{T} \sum_{j=1}^{M} Q_b(j,t) \cdot \Delta T(t) \tag{2}$$

(3) 公平性目标——受水区缺水率标准差最小

$$f_3 = \min \sqrt{\frac{\sum_{i=1}^{N} [\alpha(i) - \overline{\alpha}]^2}{N}} \tag{3}$$

式中：t 为时段序号，$t=1\sim T$；i 为受水区序号，$i=1\sim N$，$N=9$；j 为泵站序号，$j=1\sim M$，$M=3$；$Q_d(i,t)$为 t 时段 i 受水区的需水流量(指扣除当地供水后的缺水量)，m^3/s；$Q_s(i,t)$为 t 时段 i 受水区对应分水口的实际供水流量，m^3/s；$Q_b(j,t)$为 t 时段 j 泵站的抽水流量，m^3/s；$\Delta T(t)$ 为 t 时段时长，s；$\alpha(i)$ 为 i 受水区的缺水率，$\alpha(i) = \sum_{t=1}^{T} \frac{[Q_d(i,t) - Q_s(i,t)]}{Q_d(i,t)}$；$\overline{\alpha}$ 为 N 个受水区的平均缺水率。

2.1.2　约束条件

调度系统中约束主要包含各个输水部分(调蓄水库、泵站、闸门、河道、管道)设计输水能力约束和水量平衡约束，以及批复的规划水平年供水总量约束。

(1) 设计输水能力约束

调蓄水库、泵站、闸门、河道、管道的输水流量不超过设计值。

(2) 水量平衡约束

调蓄水库水量平衡约束

$$V(k,t+1)=V(k,t)+[Q_r^{in}(k,t)-Q_r^{out}(k,t)]\cdot\Delta T(t) \tag{4}$$

$$Q_r^{out}(t)=\sum Q_b(t)+\sum Q_s(t) \tag{5}$$

式中:k为调蓄水库序号,$k=1\sim4$;$V(k,t)$表示t时段第k个调蓄水库的库容,m^3;$Q_r^{in}(k,t)$和$Q_r^{out}(k,t)$分别表示t时段调蓄水库k的入库和出库流量,m^3/s;$\sum Q_b(t)$和$\sum Q_s(t)$分别表示t时段与相应调蓄水库连接的泵站抽水流量之和与分水口供水流量之和,m^3/s。

连接闸泵及调蓄水库的各级河道和管道水量平衡约束

$$Q_c^{up}(t)=Q_c^{down}(t)+L_c(t) \tag{6}$$

式中:$Q_c^{up}(t)$和$Q_c^{down}(t)$分别表示t时段河道或管道上断面和下断面的流量,m^3/s;$L_c(t)$为t时段河道或管道输水损失,m^3/s。

闸泵的水量平衡约束

$$Q_b^{in}(j,t)=Q_b^{out}(j,t) \tag{7}$$

式中:$Q_b^{in}(j,t)$和$Q_b^{out}(j,t)$分别表示t时段闸泵引水流量、出水流量,m^3/s。

(3) 供水总量约束

$$\sum_{t=1}^{T}Q_b(1,t)\cdot\Delta T(t)\leqslant S_{max} \tag{8}$$

式中:$Q_b(1,t)$表示t时段试量泵站抽水流量,m^3/s;S_{max}表示设计供水总量,m^3。

此外,决策变量(泵站抽水过程、分水口供水过程)以及状态变量(调蓄水库水位库容过程、管道、闸门输水过程等)均非负。

根据《引江济淮工程(河南段)初步设计报告》,得到不同输水建筑物的设计运行规模和调度规则,确定建筑物的不同约束条件类型,见表1。

表1 不同输水建筑物约束条件

约束类型	约束对象		约束条件(m^3/s)
流量约束	闸泵	试量泵站/节制闸	40.0
		试量水库进水闸	9.6
		任庄节制闸	30.9
		白沟河节制闸	30.9
		后陈楼进水闸	30.9
		后陈楼泵站	22.9
		七里桥泵站	20.4

续表

<table>
<tr><th>约束类型</th><th colspan="3">约束对象</th><th colspan="2">约束条件(m^3/s)</th></tr>
<tr><td rowspan="12">流量约束</td><td rowspan="3">管道</td><td colspan="2">后陈楼调蓄水库—七里桥调蓄水库段</td><td colspan="2">22.9</td></tr>
<tr><td colspan="2">七里桥调蓄水库—新城调蓄水库段</td><td colspan="2">6.6</td></tr>
<tr><td colspan="2">七里桥调蓄水库—夏邑段</td><td colspan="2">13.8</td></tr>
<tr><td rowspan="9">分水口</td><td colspan="2">郸城</td><td colspan="2">3.0</td></tr>
<tr><td colspan="2">淮阳</td><td colspan="2">3.3</td></tr>
<tr><td colspan="2">太康</td><td colspan="2">3.3</td></tr>
<tr><td colspan="2">梁园</td><td colspan="2">3.1</td></tr>
<tr><td colspan="2">睢阳</td><td colspan="2">3.5</td></tr>
<tr><td colspan="2">柘城</td><td colspan="2">2.5</td></tr>
<tr><td colspan="2">夏邑</td><td colspan="2">2.8</td></tr>
<tr><td colspan="2">永城</td><td colspan="2">11.0</td></tr>
<tr><td colspan="2">鹿邑</td><td colspan="2">8.0</td></tr>
<tr><td rowspan="5">水位约束</td><td>调蓄水库</td><td>正常蓄水位(m)</td><td>死水位(m)</td><td>调节库容(万 m^3)</td><td>总库容(万 m^3)</td></tr>
<tr><td>试量</td><td>40.9</td><td>37.5</td><td>70</td><td>80</td></tr>
<tr><td>后陈楼</td><td>40.2</td><td>40.1</td><td>210</td><td>302</td></tr>
<tr><td>七里桥</td><td>46.0</td><td>42.0</td><td>143</td><td>160</td></tr>
<tr><td>新城</td><td>48.5</td><td>42.5</td><td>163</td><td>175</td></tr>
<tr><td>供水总量约束</td><td>试量泵站</td><td colspan="4">试量站供水 2030 规划水平年多年平均为 5.00 亿 m^3，2040 规划水平年多年平均为 6.34 亿 m^3</td></tr>
</table>

2.2　求解方法

2.2.1　FS-NSGA-Ⅱ算法

NSGA-Ⅱ算法是 2002 年 Deb 等人在非支配排序遗传算法(Non-dominated Sorting Genetic Algorithm，NSGA)的基础上发展而来，NSGA-Ⅱ算法通过引入拥挤度和拥挤度比较算子、精英保留策略及快速非支配排序算法，在降低计算复杂度的同时，保证了种群多样性并提高了优化结果精度，且具有运行速度快、收敛性较好的特点，被广泛用于多目标优化问题的求解中。

在 NSGA-Ⅱ算法的初始种群生成以及进化过程中，变量抽样空间的上下限通常为固定值。而对于大多数实际问题来说，决策变量之间都存在一定的相关关系，这种固定抽样空间的方式会导致优化过程中产生大量不可行解，显著降低了搜索效率。因此，本文利用可行搜索思路，通过引入决策系数，建立其与决策变量之间的线性映射，使算法始终在可行域中进行搜索，提出基于可行搜索的非支配排序遗传算法(FS-NSGA-Ⅱ)。

(1) 约束处理机制

约束条件处理一直是智能算法求解各类复杂优化问题的核心和难点问题。复杂水量调度系统包含多类多时段决策变量,且决策变量之间存在的复杂非线性相关联系构成一种强约束。传统智能算法在给定决策变量上下限的空间中进行随机搜索,但是复杂调水系统优化问题解的可行域占搜索空间的比重极小,导致优化过程中必须浪费大量的计算能力在不可行解的生成和处理上,而没有将其真正用于搜索最优解。算法通常需要更大的种群和更多的迭代次数以实现扩大搜索,这就使得算法的计算耗时较长、收敛性差。

FS-NSGA-Ⅱ算法将搜索空间限制在可行域中,极大地缩小搜索范围,并且保证每个个体都是可行解,有效改进算法搜索效率和收敛性。主要策略为:首先根据输水建筑物分布和调度规则对调度系统进行概化,基于水量平衡关系从系统末端(即分水口)逆序推算至系统始端(试量泵站)得到各节点需水过程,再结合约束条件通过顺序演算计算出各时段决策变量的可行上下限,对于每个决策变量,给定一个[0,1]范围的决策系数,将决策变量根据可行上下限映射至[0,1]空间,通过优化决策系数,使算法始终在决策变量可行上下限范围内进行搜索,最后根据映射关系将决策系数转换为决策变量,进而实现NSGA-Ⅱ算法的可行搜索和优化。可行搜索思路示意图见图2。

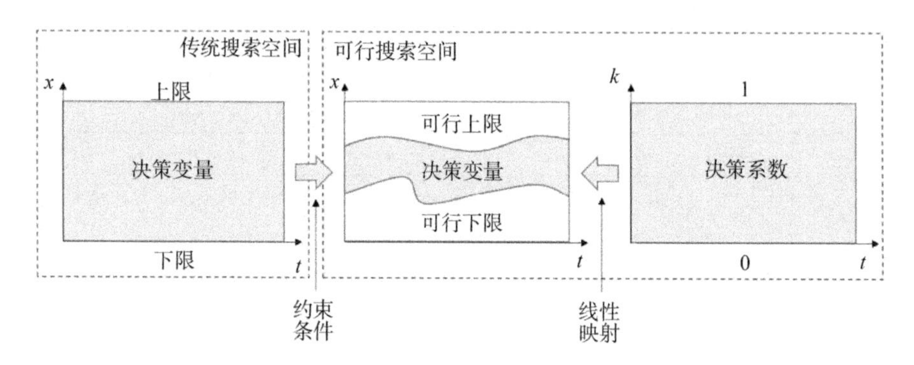

图2 可行搜索思路示意图

(2) 可行域求解过程

决策变量可行域求解过程包含三个部分:

①逆序演算,该过程是从工程末端枢纽(各分水口)开始演算推至工程起点枢纽(试量泵站)的逆序模拟过程,主要考虑各受水区的逐时段需水量和沿程输水损失,倒推出工程全段所需的逐时段需水量过程,并与工程各类建筑物设计输水能力约束进行对比,取两者较小值,从而实现“以需定供”的理念;

②决策系数生成,随机生成一组[0,1]范围内的决策系数;

③顺序演算,对于给定时段t,根据逆序演算确定的试量泵站需水量,与其设计输水能力和设计供水总量比较,取三者最小值作为试量泵站抽水量上限,其下限为0,并基于决策系数得到当前时段的试量泵站抽水量,决策变量映射转换公式见式(9)。然后通过顺序演算从工程起点枢纽(试量泵站)开始演算至工程终点枢纽(各分水口),根据水量平衡关系与约束条件分别计算各决策变量的上下限范围,结合相应的决策系数,得到一组可行解,即整个工程调度过程。

$$x = x_{min} + \theta(x_{max} - x_{min}) \tag{9}$$

式中：x 为决策变量；x_{max} 和 x_{min} 分别为 x 的可行上下限；θ 为决策系数，$\theta \in [0,1]$。

2.2.2　熵权法

通过 FS－NSGA－Ⅱ算法得到一组工程供水调度的 Pareto 最优解，综合考虑受水区缺水率平均值、标准差和泵站总抽水量三个指标，采用熵权法进行方案评价，在 Pareto 最优解中集中优选调度方案。具体步骤为：根据三个指标构建评价矩阵，归一化后确定信息熵值，再利用信息熵计算指标权重，最后得到各个方案的得分。分值最高的方案作为最优方案。

综合以上，基于 FS－NSGA－Ⅱ优化算法和熵权法评价优选方案的框架见图 3。

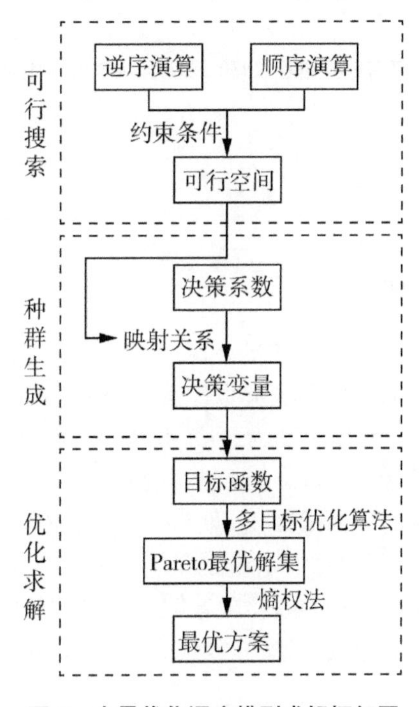

图 3　水量优化调度模型求解框架图

2.3　研究数据

研究数据主要为引江济淮工程(河南段)2030 规划水平年各受水区逐旬需水数据(扣除当地供水，即需调水量)。该部分数据是依据《引江济淮工程(河南段)初步设计报告》成果，结合受水区不同水平年经济社会发展指标，在无引江济淮工程的前提下，采用定额法开展需水量、可供水量预测和供需平衡分析计算得到的。图 4 给出了河南省受水区 2030 规划水平年需水流量过程，规划 2030 年多年平均总需水量为 26.25 亿 m^3，总供水量为 20.32 亿 m^3，缺水量为 5.93 亿 m^3，缺水率约为 23%。在无引江济淮工程供水情形下，受水区规划水平年水资源供需矛盾突出。

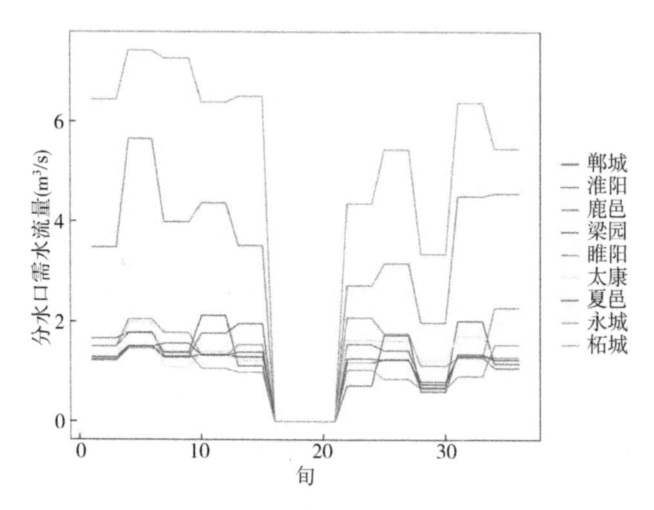

图4　河南省受水区2030规划水平年需水流量过程

3　结果

3.1　Pareto最优解集分析

本文采用R语言"mco"程序包[21]中的NSGA-Ⅱ函数进行优化计算,参数设置为:种群规模N=1 000,迭代次数K=200,变异概率为0.2,交叉概率为0.8。计算时段为旬,时长为36旬(1年),水库初始水位设为正常蓄水位,利用FS-NSGA-Ⅱ算法求解2030规划水平年引江济淮工程(河南段)水量优化调度模型,得到面向多个优化目标的Pareto最优解集以及其对应的目标函数值,即Pareto前沿(见图5)。从图中可以看出,受水区缺水率平均值、标准差与泵站总抽水量之间均有着密切的联系,泵站总抽水量越大,缺水率平均值往往越小。缺水率标准差会随着缺水率平均值的增大呈现出先增大后减小的趋势,表明在缺水率平均值很小(<10%)或很大(>25%)的时候,受水区缺水率较为均

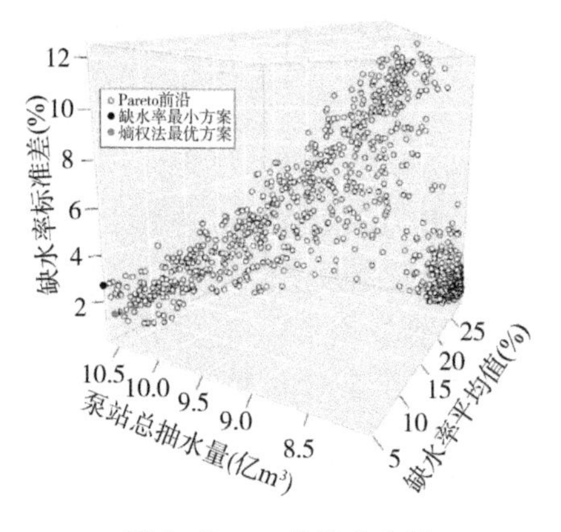

图5　Pareto前沿分布图

衡，而缺水率平均值在15%～20%时，受水区缺水率标准差较大，缺水在空间上不均衡。总体上来看，泵站总抽水量与受水区缺水率平均值和标准差呈现竞争关系，随着总抽水量的增大，缺水率平均值和标准差均降低。

3.2　方案评价比选

基于受水区缺水率平均值、泵站总抽水量和缺水率标准差三个评价指标，采用熵权法进行调度方案的评价比选。根据熵权法确定的三个指标权重分别为0.568、0.207和0.225，受水区缺水率平均值权重最大，这与以供水保障为首要目标的原则相一致。泵站总抽水量和缺水率标准差的权重相当，供水成本和公平性目标是在保证供水安全的前提下，以尽可能地减少运行成本和提高供水空间均衡性，为次要目标。在Pareto最优解集中，本文选择缺水率最小方案（方案一）和根据熵权法评价得分最高方案（方案二）进行比选，图5中灰色圆点和黑色圆点分别展示了缺水率最小方案和熵权法最优方案在Pareto前沿面中的位置，表2给出了不同方案下的评价指标值和熵权法得分。可以发现，方案二的缺水率平均值相对方案一略有增加，但泵站总抽水量和缺水率标准差均比方案一有所减少，其中泵站总抽水量减少了约200万 m^3，标准差相对降低了约51.6%。

表2　不同方案评价指标值及熵权法得分

序号	方案	缺水率平均值(%)	泵站总抽水量(亿 m^3)	缺水率标准差(%)	得分
1	缺水率最小	4.88	10.66	2.75	72.88
2	熵权法最优	5.68	10.64	1.33	73.52

图6展示了两种方案下各受水区的缺水率及其距平。从图中可以看出，方案一不同受水区之间缺水率差异较大，其中梁园缺水率最小为1.85%，而永城缺水率达到10.40%；方案二不同受水区的供水在空间上相对均衡，缺水率范围在4.32%～8.52%，其中永城缺水率相对方案一降低了约2%。永城市在引江济淮工程（河南段）受水区中面积最大，缺水量（需调水量）也最大，其生产总值和人均GDP也是受水区中最高，且永城市是我国重要的煤炭能源基地，工业用水需要得到保障。因此，本文选择缺水空间均衡性更高的方案二作为引江济淮工程（河南段）最优调度方案。

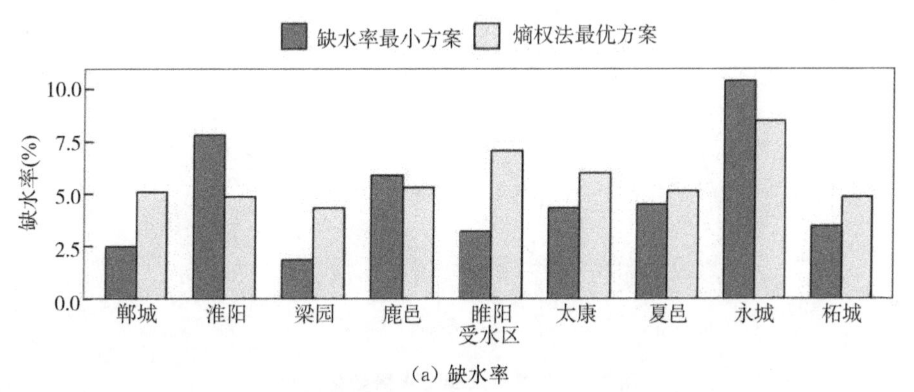

(a) 缺水率

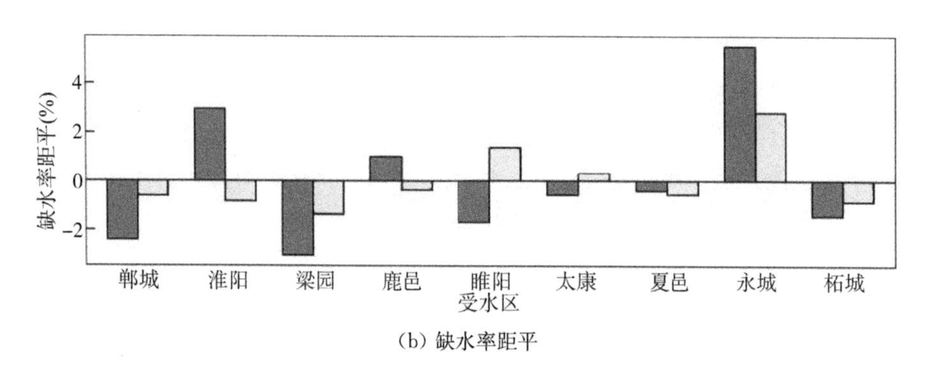

(b) 缺水率距平

图 6 受水区缺水率及其距平

3.3 最优调度方案分析

以 2030 规划水平年为例，针对熵权法确定的最优调度方案进行分析。图 7 是 2030 规划水平年 4 个调蓄水库的蓄水量变化过程，从图中可以看出，调度方案充分发挥了水库的调蓄作用，试量、后陈楼和七里桥调蓄水库蓄水量波动较为明显。其中，试量调蓄水库在 3 月下旬和 5 月下旬以及 8—11 月蓄水量变化较大；后陈楼和七里桥调蓄水库

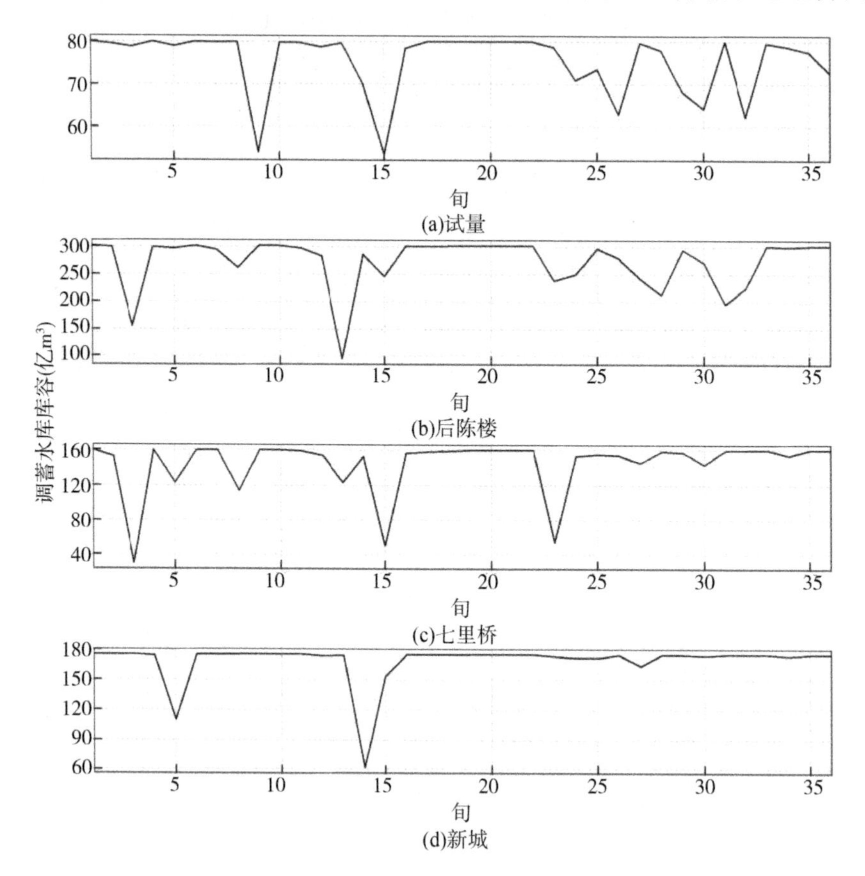

图 7 4 个调蓄水库蓄水量变化过程

在 1 月下旬以及 5 月份均有较大的利用，后陈楼调蓄水库在 8—11 月蓄水量也有一定波动，七里桥调蓄水库在 8 月中旬蓄水量明显减少；新城调蓄水库蓄水量在 2 月和 5 月中旬有较大的变化，其他时段水库基本维持在正常蓄水位。根据《引江济淮工程(河南段)初步设计报告》，调蓄水库库容是按满足县区 8～10 天供水考虑。尽管以旬尺度进行调度模拟，调蓄水库在调度过程中会出现单个时段达到死水位的情况，但在下一个时段能够及时蓄满，并不会出现长时间低水位运行的情形，避免了出现紧急情况无水可用的风险，保障了用水安全。

图 8 展示了试量、后陈楼和七里桥 3 个泵站的抽水过程，2030 规划水平年 3 个泵站总抽水量分别为 5.00 亿 m^3、3.04 亿 m^3 和 2.60 亿 m^3，其中试量泵站总抽水量是按 2030 规划水平年多年平均设计供水量控制的。根据《引江济淮工程(河南段)初步设计报告》给出的工程调度原则，汛期需防控洪水风险，当河道水位过高时停止引水，且 6—7 月份受水区基本不缺水，需水由当地水供给，因此 6—7 月份泵站抽水流量为 0 m^3/s。整体上 3 个泵站抽水过程较为一致，在输水阶段(除 6—7 月)，试量、后陈楼和七里桥 3 个泵站的平均抽水流量分别为 19.28 m^3/s、11.74 m^3/s 和 10.02 m^3/s。

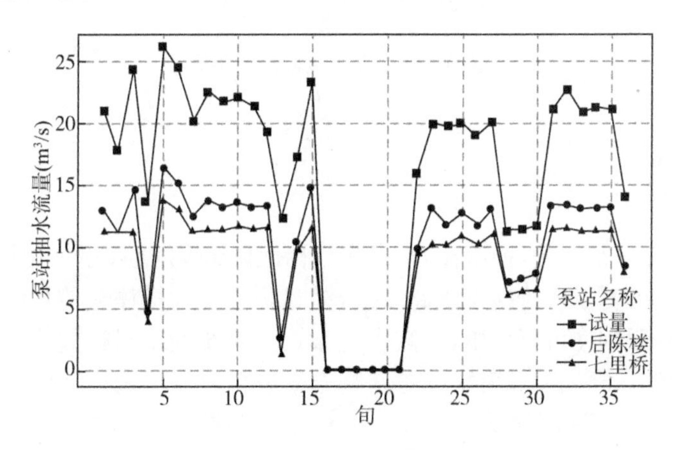

图 8 3 个泵站抽水过程

4 讨论

本文提出一种可行搜索策略，并与多目标优化算法耦合，用以优化过程中约束条件的处理，使得随机搜索保持在可行空间中，提高了搜索效率，为复杂调度系统多目标水量优化调度问题的求解提供了一个有效工具。传统优化算法的搜索空间一般是给定决策变量的上下限，在整个空间中进行搜索，对于决策变量过多且存在复杂关联的问题，其可行域空间较小，算法通常需要花费大量时间去处理不可行解，甚至出现无法搜索到可行解的情况。本文通过引入决策系数，结合逆序和顺序演算过程，根据水量平衡和约束条件，根据输水顺序依次计算出各决策变量上下限，通过线性映射，将决策系数映射至决策变量可行空间，优化算法通过在决策系数的 0～1 空间中进行搜索寻优，实现决策变量的可行搜索。以后陈楼泵站时段抽水流量为例，图 9 展示了优化算法传统搜索和可行搜索空间的对比。

可以发现,决策变量可行搜索空间为黑色带状区域,只占传统搜索空间的 2.1%,表明可行搜索策略能够有效提高求解效率。

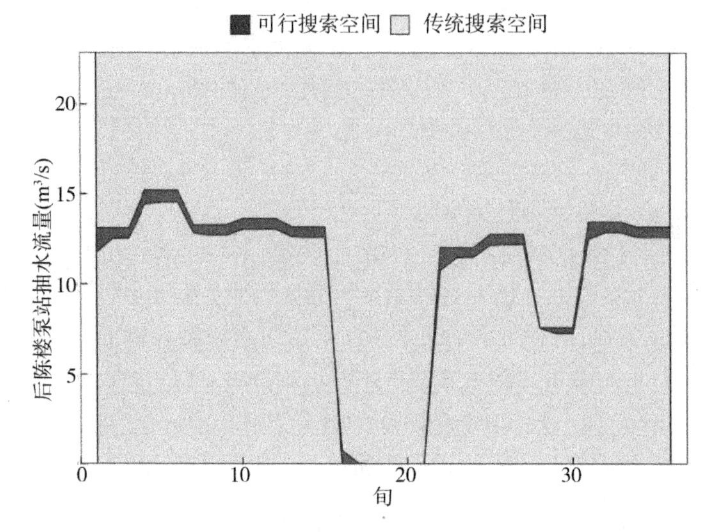

图 9 优化算法搜索空间对比

5 结论

本文针对引江济淮工程(河南段)水量多目标优化调度问题,考虑供水保障、供水成本和公平性三个目标,基于可行搜索思路,结合多目标非支配排序遗传算法,通过引入决策系数,使搜索过程限制在可行域中,实现了复杂调度系统的多目标优化调度求解,并获取了 Pareto 最优解集,最后采用熵权法对调度方案进行评价优选。结果表明,基于可行搜索的 NSGA-Ⅱ优化算法能够快速有效地对调度模型进行求解,提高了求解效率,并有效避免了复杂约束条件导致的无法搜索到可行解的困境。此外,基于熵权法优选的最优方案相较缺水率最小方案具有更好的空间均衡性,综合考虑了供水保障、供水成本和公平性多个目标的最优调度方案相对单一目标更加合理,能够防止为实现单一目标最优而牺牲其他目标效益的情况。本文提出的可行搜索策略为复杂调度系统多目标水量优化调度问题求解提供了思路,可为调水工程实际运行管理提供决策支撑。

参考文献

[1] LI P, QIAN H. Water resources research to support a sustainable China[J]. International Journal of Water Resources Development, 2018, 34(3): 327-336.

[2] PIAO S, CIAIS P, HUANG Y, et al. The impacts of climate change on water resources and agriculture in China[J]. Nature, 2010, 467(7311): 43-51.

[3] 谷丽雅,侯小虎,张林若. 浅谈国外跨流域调水工程现状、机遇和挑战[J]. 中国水利, 2021(11): 61-62.

[4] 田君芮,丁继勇,万雪纯.国内外重大跨流域调水工程管理模式研究[J].中国水利,2022(6):49-52.

[5] 左其亭,杨振龙,路振广,等.引江济淮工程河南受水区水资源利用效率及其空间自相关性[J].南水北调与水利科技(中英文),2023,21(1):39-47,75.

[6] 郭生练,陈炯宏,刘攀,等.水库群联合优化调度研究进展与展望[J].水科学进展,2010,21(4):496-503.

[7] 王超,孔令仲,朱双,等.考虑湖泊调蓄的引江济淮工程旬水量调度方案[J].南水北调与水利科技(中英文),2022,20(6):1109-1116.

[8] 郑姣,杨侃,倪福全,等.水库群发电优化调度遗传算法整体改进策略研究[J].水利学报,2013,44(2):205-211.

[9] 刘攀,郭生练,庞博,等.三峡水库运行初期蓄水调度函数的神经网络模型研究及改进[J].水力发电学报,2006(2):83-89.

[10] 郭旭宁,雷晓辉,李云玲,等.跨流域水库群最优调供水过程耦合研究[J].水利学报,2016,47(7):949-958.

[11] 纪昌明,喻杉,周婷,等.蚁群算法在水电站调度函数优化中的应用[J].电力系统自动化,2011,35(20):103-107.

[12] ROBIČ, T., FILIPIČ, B. DEMO. Differential Evolution for Multiobjective Optimization [C]//In: Coello Coello, C. A., Hernández Aguirre, A., Zitzler, E. (eds) Evolutionary Multi-Criterion Optimization. EMO 2005. Lecture Notes in Computer Science, 2005, 3410. Springer, Berlin, Heidelberg.

[13] CHEN L, MCPHEE J, YEH W W-G. A diversified multi-objective GA for optimizing reservoir rule curves[J]. Advances in Water Resources,2007,30(5):1082-1093.

[14] DEB K, PRATAP A, AGARWAL S, et al. A fast and elitist multiobjective genetic algorithm: NSGA-Ⅱ[J]. IEEE Transactions on Evolutionary Computation, 2002, 6(2): 182-197.

[15] 谢云东,章四龙,王红瑞,等.基于NSGA-Ⅱ算法的硗碛水电站多目标调度研究[J].中国农村水利水电,2022(3):207-211.

[16] 朱迪,周研来,陈华,等.考虑分级防洪目标的梯级水库汛控水位调度模型及应用[J].水利学报,2023,54(4):414-425.

[17] 明波,黄强,王义民,等.梯级水库发电优化调度搜索空间缩减法及其应用[J].水力发电学报,2015,34(10):51-59.

[18] 艾学山,冉本银.FS-DDDP方法及其在水库群优化调度中的应用[J].水电自动化与大坝监测,2007(1):13-16.

[19] 王旭,雷晓辉,蒋云钟,等.基于可行空间搜索遗传算法的水库调度图优化[J].水利学报,2013,44(1):26-34.

[20] 纪昌明,马皓宇,李传刚,等.基于可行域搜索映射的并行动态规划[J].水利学报,2018,49(6):649-661.

[21] MERSMANN O. Mco: multiple criteria optimization algorithms and related functions [M/OL]. https://CRAN.R-project.org/package=mco.

PCCP保护层砂浆性能影响因素的试验研究

王 浩[1],杨亚彬[2,3],王 坤[3],吕艺生[2],尚鹏然[2,4],李风兰[2,4]

(1. 河南省富臣管业有限公司,河南 新乡 453400;2. 华北水利水电大学黄河流域水资源高效利用省部共建协同创新中心,河南 郑州 450046;3. 华北水利水电大学土木与交通学院,河南 郑州 450045;4. 华北水利水电大学河南省生态建材工程国际联合实验室,河南 郑州 450045)

摘 要:PCCP保护层砂浆辊射成型质量受多种因素的影响,是PCCP生产质量控制的难点之一。考虑辊射系统参数、辊射轮状态、辊射距离、砂灰比及新拌砂浆含水率等因素,进行了PCCP保护层砂浆的工作性能和力学性能试验研究。结果表明,辊射系统整体运行速度为中高速条件下,所成型的砂浆强度、吸水率及保护层厚度可达到最优;辊射轮外缘相切、辊射距离为40 cm时,砂浆强度、吸水率及回弹率最佳;砂浆抗压强度随着砂灰比的降低而逐渐增大,但吸水率随砂灰比的降低呈现先降低后升高的现象。当砂灰比为2.4时,PCCP保护层砂浆的吸水率最小;当砂灰比不变时,新拌砂浆含水率越大,砂浆试块的抗压强度越高,其吸水率越低。

关键词:PCCP;保护层砂浆;抗压强度;吸水率;含水率;砂灰比

预应力钢筒混凝土管(Prestressed Concrete Cylinder Pipe, PCCP)的保护层砂浆,通过高速旋转的辊射轮辊射至管芯预应力钢丝之间及外侧成型,砂浆中水泥提供的高碱环境会在预应力钢丝外表面形成一层钝化膜。这层钝化膜能够有效保护预应力钢丝,延缓或阻止钢丝在外界侵蚀环境下发生腐蚀,并通过其与钢丝间的黏结力防止钢丝断裂后PCCP立即失效而发生爆管的事故[1-4]。因此,保护层砂浆的质量对PCCP的使用和安全尤为重要。

研究表明[5],辊射机参数,如轮旋转速度、管芯旋转和移动速度、输料速度等的不同,保护层砂浆性能会出现较大差异。同时,由于辊射的砂浆呈干硬性状态,其配合比设计不能直接采用建筑砂浆的设计方法。规范《预应力钢筒混凝土管》(GB/T 19685—2017)[6]中对于辊射砂浆配合比设计的规定仅限制了最大的砂灰比。实际工程采用的砂浆配合比以试配和经验数据为主,缺少系统的研究成果。在砂浆生产过程中,砂浆的含水率会因气候环境的影响而出现变化,最终影响辊射砂浆的成型质量[7]。

为此,本文基于系列试验,分析了辊射系统参数、砂灰比、新拌砂浆含水率等因素对砂浆保护层的厚度、抗压强度和吸水率的影响规律。该分析研究成果可为PCCP生产过程中保护层砂浆的质量控制提供依据。

1　原材料与配合比

本试验采用的水泥为P·O 52.5，其具体物理指标见表1。

表1　水泥物理指标

比表面积(m^2/kg)	密度(kg/m^3)	标准稠度用水量(%)	初凝时间(min)	终凝时间(min)
352	3 125	29	110	205

水泥胶砂试件的3、7 d抗压强度分别为31.7、56.3 MPa，抗折强度分别为5.5、8.3 MPa。

根据《预应力钢筒混凝土管》[6]的要求，保护层砂浆中的砂宜选用细度模数为1.6～2.2、含泥量不大于1%的天然细砂。本试验用砂的细度模数为2.1，含泥量为0.9%，表观密度为2 540 kg/m^3，堆积密度为1 410 kg/m^3。

砂浆配合比依据《预应力钢筒混凝土管》并结合工程经验进行设计及试配[6-8]。配合比设计见表2，其中，砂灰比为砂与水泥的质量之比，水灰比为水与水泥的质量之比。

表2　辊射砂浆配合比

工况	水泥(kg)	砂灰比	水灰比	新拌砂浆含水率(%)
PHB1	1	2.2	0.28	8.21
PHB2	1	2.3	0.28	8.14
PHB3	1	2.4	0.28	8.10
PHB4	1	2.5	0.28	8.12
PHB5	1	2.6	0.30	7.90
PHB6	1	2.8	0.32	8.16

2　试验方法

2.1　砂浆辊射

PCCP保护层砂浆使用立式砂浆辊射机辊射成型的过程为：混凝土管体固定于回转平台后转动，砂浆拌合料被辊射轮离心甩出至管体表面，随着辊射小车的提升，砂浆由下而上铺满管体表面。本试验中考虑到皮带输料、辊射小车提升和回转平台参数设计了6种工况。皮带输料和回转平台的参数值为操作面板上显示的数值，辊射小车升降单动速度参数的基准值为50 Hz，升降参数见表3。

皮带输料参数、回转平台参数和辊射小车升降速度系数这3个参数的共同作用将影响辊射系统整体运行的功率大小，进而影响整体辊射系统的运行速度。辊射轮啮合状态为两轮外表面相切状态，辊射距离设定为 30 cm。砂浆各材料质量之比为水泥：砂：水=1.0：2.6：0.3。

表 3　辊射系统参数

工况	皮带输料参数(Hz)	辊射小车升降速度系数	回转平台参数(Hz)	整体速度
CS1	13	15	30	低速
CS2	15	20	35	中低速
CS3	18	25	40	中速
CS4	20	30	45	中高速
CS5	22	35	50	高速
CS6	20	30	40	中高速

除辊射系统参数外，由于辊射轮采用富有弹性的聚氨酯橡胶材料，砂浆被吸入辊射轮的瞬间受到一定的挤压力，两辊射轮啮合的紧密程度会对砂浆辊射至管壁表面的挤压力产生影响，进而影响辊射砂浆的性能。为了探究辊射轮状态以及辊射距离对保护层砂浆性能的影响，两辊射轮状态设定为内嵌、相切和相离 3 种工况(辊射轮内嵌重合部分长度为 8 mm，相离状态齿轮外表面距离为 10 mm)，辊射距离分别设定为 30、40、50 cm，共有 9 种工况，具体见表 4。

表 4　辊射轮状态及辊射距离

辊射轮状态	内嵌			相切			相离		
	30	40	50	30	40	50	30	40	50
工况	NQ30	NQ40	NQ50	XQ30	XQ40	XQ50	XL30	XL40	XL50

由于辊射工艺采用的是干硬性砂浆，砂浆辊射至管体表面会有部分砂浆受到反作用力而产生回弹，回弹掉落的砂浆与辊射整根管所需砂浆的质量比称为回弹率。整根管辊射完成后进行砂浆回弹率的测定，回弹料质量不应超过总用料的 25%。

PCCP 保护层砂浆的厚度(砂浆外表面到钢丝外表面的距离)不得小于 25 mm[6]，在刚辊射完毕的砂浆板中间位置自下而上等间距取 3 个点，采用钢针插入砂浆层的方法测量保护层厚度(钢针插入深度与钢丝直径 7 mm 的差值即为保护层厚度值)。

2.2　砂浆取样

根据《混凝土输水管试验方法》[9]规定，结合工程现场实际情况，设计制作了适合现场取样检测用的模板，取样时需要用液压设备将模板固定在管体表面，随着管体的转动和辊射的持续进行，砂浆就会铺满整个模板。模板及取样砂浆分别如图 1(a)和图 1(b)所示。

(a) 固定的模板

(b) 取样砂浆

图 1　模板及取样砂浆

砂浆取样结束后在自然条件下保持表面湿润养护 4 d，然后转至标准养护室养护 28 d。到期后，将砂浆试块切割为边长 25 mm 的立方体试块，再进行砂浆的抗压强度与吸水率试验。

2.3　抗压强度和吸水率试验

砂浆试块切割完成后，从中挑选出 10 个立方体试块，用游标卡尺测量其尺寸，计算出试块实际的受压面积，并进行抗压强度试验。取 10 个强度值中较大的 6 个的平均值作为抗压强度值。吸水率试验所用试块规格与抗压强度试验的相同，采用沸煮法进行吸水率试验[9]。每组测定 3 个试块的吸水率值。根据规范 GB/T 19685—2017[6]要求，砂浆试块的 28 d 抗压强度须不小于 45 MPa，吸水率最大值不超过 10%、平均值不超过 9%。

3　试验结果及分析

3.1　辊射参数的影响

不同辊射系统参数时的各工况试验结果如图 2 所示。由图 2 可知，CS4 和 CS6 工况的砂浆试块的强度和吸水率的最大值和平均值均满足要求，抗压强度分别高于规范 GB/T 19685—2017 要求值的 2.2%和 11.1%，其他工况的辊射砂浆试块的抗压强度均不达标；CS5 工况试块的吸水率最大值满足限值要求，但平均值大于规范中平均值的限值；抗压强度和吸水率之间有一定的关系，抗压强度高的试块吸水率偏低；在 CS1、CS2、CS3 工况下，砂浆保护层的厚度分别比限值高了 80%、44%、20%；在 CS4、CS5 工况下，砂浆保护层的厚度均低于限值要求；在 CS6 工况下，砂浆保护层的厚度符合限值要求。

辊射系统参数不同会影响系统整体的运行速度，回转平台转速参数与辊射小车升降速度系数较小时将导致砂浆流在同一位置的堆叠，使成型的砂浆层过厚，并且后续砂浆流对前面已经敷设到管体表面的砂浆层进行二次冲击，导致管体表面的砂浆层变得疏松，造成砂浆保护层的抗压强度和吸水率不达标。回转平台转速参数与辊射小车升降速度系数较大时，砂浆流对管体表面辊射不充分导致砂浆保护层厚度过薄，保护层厚度达不到要求。因此，需要合理设置辊射参数，在试验中发现，CS6 为最佳工况。

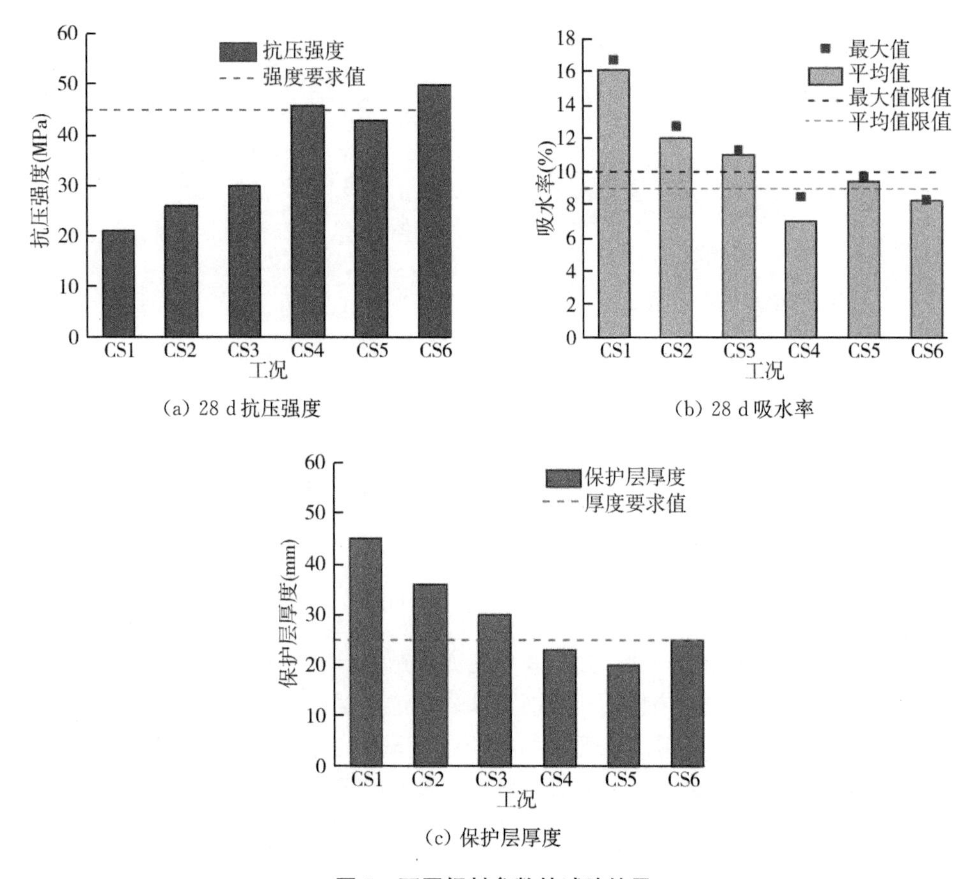

(a) 28 d 抗压强度

(b) 28 d 吸水率

(c) 保护层厚度

图 2　不同辊射参数的试验结果

选取 CS6 工况的辊射系统参数进行辊射轮状态和辊射距离试验,结果如图 3 所示。两辊射轮为内嵌或相切状态,且辊射距离不超过 40 cm 时,砂浆 28 d 抗压强度均超过 45 MPa,对应的吸水率最大值与平均值均符合要求;砂浆的回弹率虽偏高,但未超过 25%。总体而言,辊射距离越大、辊射轮外缘相距越远,砂浆保护层的抗压强度越低,吸水率越高。

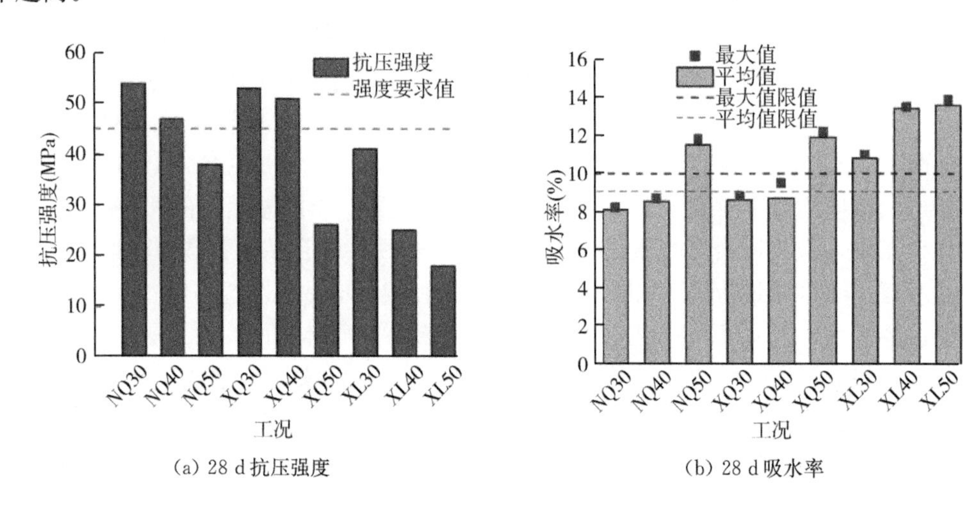

(a) 28 d 抗压强度

(b) 28 d 吸水率

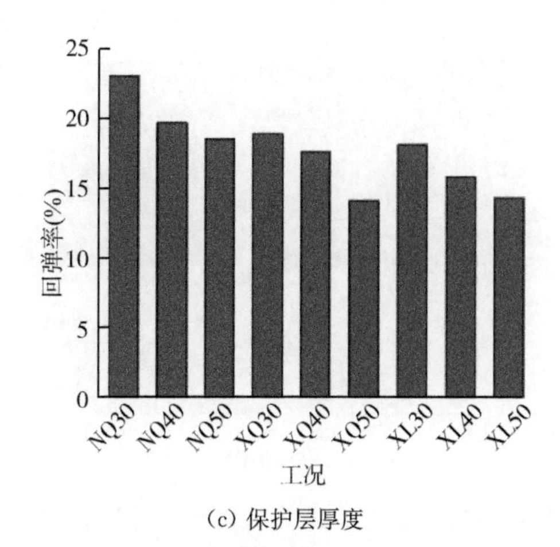

(c) 保护层厚度

图 3　不同辊射轮状态和距离的试验结果

分析其原因，两辊射轮咬合紧密程度决定了砂浆离心甩出瞬间获取动能的大小。相同条件下，两轮啮合越紧密，两轮之间储存的势能越大，势能转化成的动能越大[10]，砂浆离心的瞬时速度越大，辊射到管体表面形成的砂浆层越密实，砂浆保护层的抗压强度越高，吸水率越低，产生的回弹料越多。此外，辊射距离也会影响砂浆的致密性。距离越远，砂浆流在空气中的累计动能损失越大，使砂浆入射速度减小，致密程度降低。

综合考虑抗压强度、吸水率以及回弹率指标，选择 XQ40 工况(两轮外缘相切、辊射距离为 40 cm)进行砂浆配合比试验。这样既能保证管体表面砂浆保护层质量，又能减少材料的回弹量，减少浪费。

3.2　砂灰比的影响

将辊射系统参数设置为 CS6 工况，辊射轮调整至相切的状态，辊射距离固定为 40 cm，进行砂灰比变化对 PCCP 保护层砂浆性能影响的相关试验。

3.2.1　外观质量

PCCP 保护层砂浆除了要满足强度和吸水率的要求，还应满足外观质量要求。目前大多以观察法判断砂浆层是否平整，本文从砂浆配合比的角度分析其对管体外观质量的影响。不同配合比、实测含水率及管体外观质量的关系如图 4 所示。由图可知，砂灰比大于 2.4，且新拌砂浆含水率(水质量与干料质量的比值)低于 8.2%时，管体外观平整规则；砂灰比过低，新拌砂浆含水率偏高，管体外观会出现圈状凹凸不平整现象。

砂灰比、新拌砂浆含水率对保护层砂浆外观质量的影响机理需结合辊射工艺进行分析。砂浆的黏聚状态影响辊射轮输出砂浆流的连续稳定性，砂浆的砂灰比高、搅拌形成的砂浆相对干硬，进入辊射轮啮合区不会堵塞和黏附在出料口的位置，有利于砂浆均匀稳定输出；反之，会造成辊射轮在单位时间内出料量不同，导致砂浆在管体表面形成凹凸形状。拌合料的黏聚状态也会影响砂浆瞬时敷设至管体表面的形态，砂子在拌合料中起到骨架支撑的作用。砂灰比低的砂浆较为黏滞，在辊射力强大的冲击作用下，砂浆在管体表面会出现较大的蠕动变形，形成的表面存在不同程度的凹凸形状。

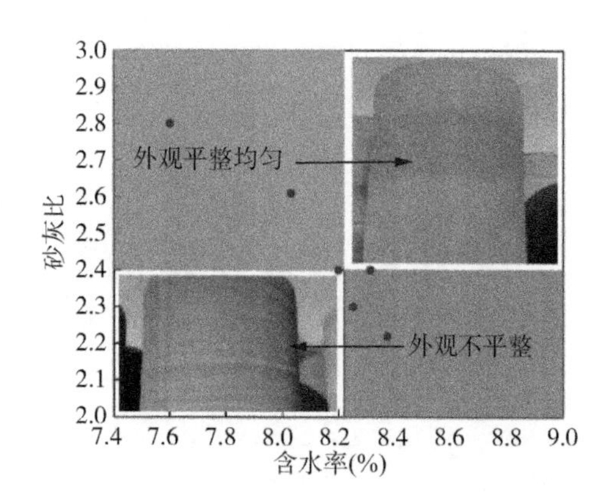

图 4 新拌砂浆含水率、砂灰比与外观质量的关系

3.2.2 砂浆试块的抗压强度和吸水率

砂浆的抗压强度和吸水率随龄期变化的情况如图 5 所示。

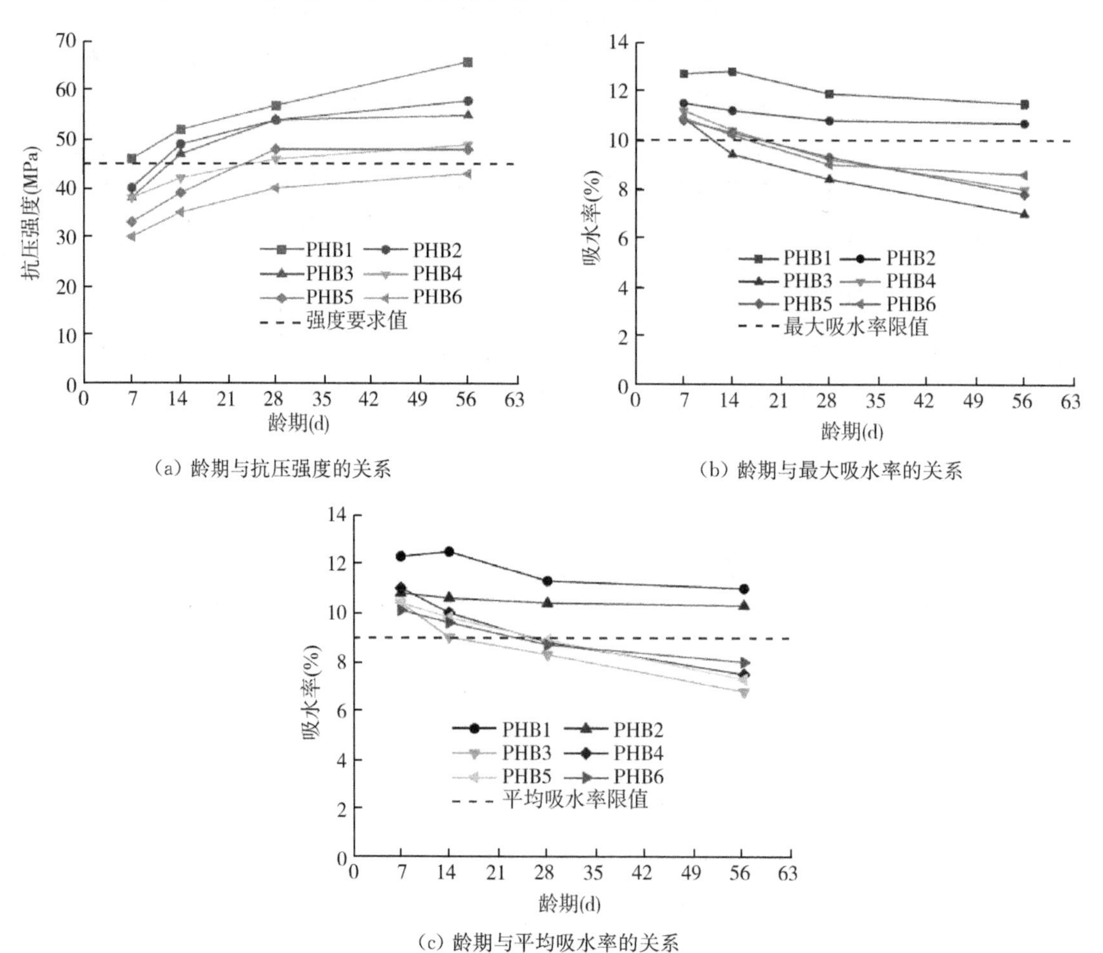

图 5 不同砂灰比砂浆的抗压强度和吸水率随龄期的变化情况

分析图 5 可得到以下结论：

①砂浆强度随龄期呈增加的趋势，其中砂灰比相对低的砂浆（PHB1、PHB2、PHB3 工况）在各个龄期的抗压强度值偏高，龄期 14 d 时砂浆的抗压强度均达到要求值；除了 PHB6 工况，其余工况砂浆在龄期 28 d 时的抗压强度均满足要求。

②吸水率变化曲线随龄期的增加有逐渐下降的趋势，28 d 龄期时 PHB1 与 PHB2 工况的砂浆吸水率的最大值和平均值均超过了规范要求的限值，PHB3～PHB6 工况砂浆的吸水率符合规范要求[6]。砂灰比过低会导致砂浆抗压强度达标而吸水率不达标。这是由于较大的水泥用量容易引起砂浆产生较大的收缩，导致砂浆基体内部出现细微裂缝[8,10-11]，进而导致砂浆的吸水率偏高。砂灰比增大至 2.4（PHB3 工况）时，砂浆的吸水率显著降低；砂灰比进一步增大至 2.5，砂浆的吸水率均降低至规范要求。因此，砂灰比在一定范围增大有利于降低砂浆的吸水率，砂灰比超出该范围后继续增加则会提高砂浆的吸水率。

3.3　新拌砂浆含水率的影响

PCCP 保护层砂浆属于干硬性砂浆，含水量偏低。在气温较高的环境中，水分蒸发较快，砂浆的含水率会产生较大的变化。为此，选择 PHB3 工况下砂浆的配合比，在搅拌仓实测出 4 种新拌砂浆的含水率，分别为 5.8%、6.6%、7.8%和 8.3%，在龄期为 7、14、28 d 时分别测试各砂浆试块的抗压强度和吸水率。图 6 为不同含水率砂浆试块的切面情况。由图可知，含水率为 5.8%和 6.6%时，砂浆试块内部结构疏松多孔；含水率为 7.8%时，其内部结构较为密实，但是存在一些可见的细小孔洞；含水率为 8.3%时，砂浆试块切面几乎看不到孔洞，砂浆的内部结构密实。

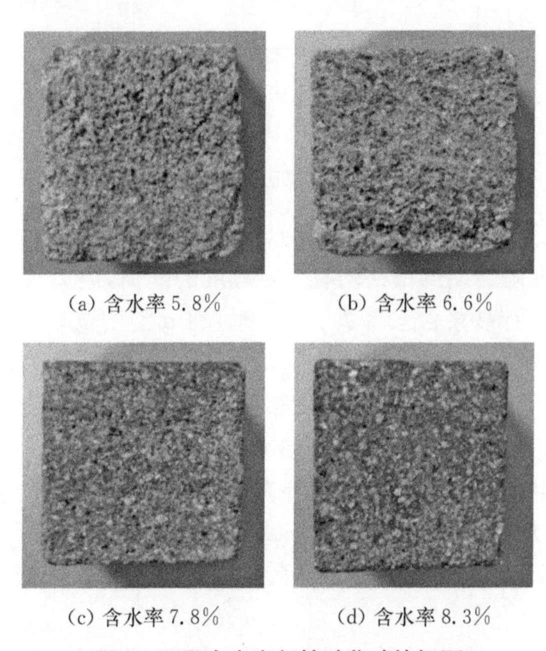

(a) 含水率 5.8%　(b) 含水率 6.6%

(c) 含水率 7.8%　(d) 含水率 8.3%

图 6　不同含水率新拌砂浆试块切面

新拌砂浆含水率对砂浆试块的抗压强度和吸水率的影响试验结果如图 7 所示。

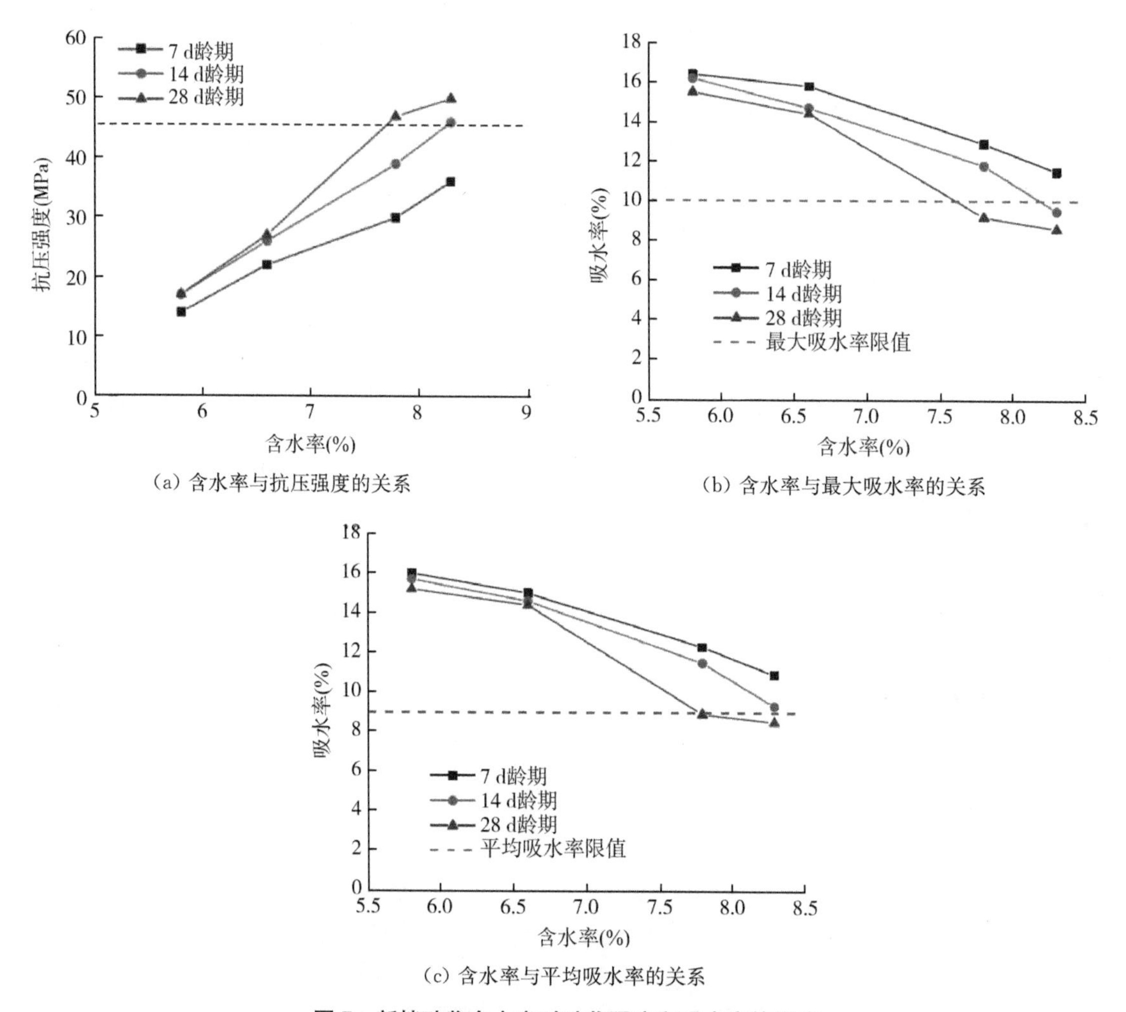

(a) 含水率与抗压强度的关系

(b) 含水率与最大吸水率的关系

(c) 含水率与平均吸水率的关系

图 7　新拌砂浆含水率对砂浆强度和吸水率的影响

由图 7 可知,砂浆试块的抗压强度随含水率的增大而提高;含水率为 5.8%和 6.6%的砂浆试块的抗压强度随龄期的增大均有一定幅度的提高,但 28 d 龄期时试块的抗压强度均未达到 45 MPa;新拌砂浆含水率为 7.8%时,28 d 龄期试块的抗压强度高于规范中限值的 4.4%;含水率为 8.3%时砂浆试块的抗压强度进一步提高,28 d 龄期的抗压强度高于规范中限值的 13.3%。砂浆试块的吸水率最大值与平均值变化曲线随龄期的增加呈下降的趋势,且随含水率的增加而降低;含水率为 5.8%和 6.6%的砂浆试块的吸水率最大值与平均值在不同龄期均不满足规范要求;含水率为 7.8%的砂浆试块 28 d 龄期时的吸水率最大值低于规范中限值的 10.0%,吸水率平均值低于规范中限值的 9.0%,符合规范要求;含水率为 8.3%的砂浆试块 28 d 龄期时的吸水率最大值和平均值低于规范中限值的 7.8%,满足要求。

分析原因,新拌砂浆含水率过低会导致砂浆中水泥浆体少,不能完全包裹住砂粒,砂浆整体的黏聚性差,辊射到管体表面时造成试块内部结构疏松多孔,且由于含水率低,水泥水化反应不充分，产生的各种水化产物不能完全填充砂粒之间的空隙，导致试块的抗压强度增长缓慢，吸水率一直偏高。随着新拌砂浆含水率的提高，其黏聚性变好，成型后的砂浆试块内部结构会更加致密，水泥的水化反应更加充分，砂浆试块的抗压强度更高、吸水率更低。因此，虽然砂浆配合比相同，但环境条件不同，也会引起砂浆含水率变化，在施工过程中应引起重视。

4　结论

①辊射系统参数对砂浆质量影响较大，辊射系统整体运行速度以中高速为宜，在此运行速度下砂浆的抗压强度、吸水率和保护层厚度均符合规范要求；同时也得到了合适的辊射轮状态和辊射距离，这些可为实际生产提供参考。

②砂灰比低的砂浆试块的抗压强度高，吸水率也偏高，且辊射成型后试块的外观不平整，因此不能片面追求高的水泥掺量，本研究中砂灰比控制为 2.4～2.6 比较合适。

③新拌砂浆含水率会影响砂浆试块的密实度、抗压强度和吸水率，随着含水率的增加，试块的抗压强度逐渐增大，吸水率逐渐降低，含水率为 7.8%和 8.3%的砂浆试块 28 d 时的抗压强度和吸水率均满足规范要求。

参考文献

[1] 胡少伟. PCCP 在我国的实践与面临问题的思考[J]. 中国水利，2017(18)：25-29.

[2] POZOS-ESTRADA O, SÁNCHEZ-HUERTA A, BREÑA-NARANJO J, et al. Failure analysis of a water supply pumping pipeline system[J]. Water, 2016, 8(9): 395-411.

[3] 阚小平，张秀菲. PCCP 砂浆保护层吸水率的质量控制方法研究[J]. 混凝土与水泥制品，2018(4)：38-42.

[4] HASSI S, TOUHAMI M, BOUJAD A, et al. Assessing the effect of mineral admixtures on the durability of Prestressed Concrete Cylinder Pipe (PCCP) by means of electrochemical impedance spectroscopy [J]. Construction and building materials, 2020, 262: 120925.

[5] 周燕. 用辊射法制作保护层的原理以及参数的选择与应用[J]. 混凝土与水泥制品，1991(6)：31-35.

[6] 全国水泥制品标准化技术委员会. 预应力钢筒混凝土管：GB/T 19685—2017[S]. 北京：中国标准出版社，2017.

[7] 赵顺波，王磊，李长永. 聚丙烯纤维机制砂水泥砂浆干缩性能试验研究[J]. 华北水利水电大学学报(自然科学版)，2014，35(1)：17-21.

[8] 李凤兰，梁娜，李长永. 聚丙烯纤维和机制砂中石粉对水泥砂浆抗裂性能的影响[J]. 应用基础与工程科学学报，2012，20(5)：895-901.

[9] 全国水泥制品标准化技术委员会. 混凝土输水管试验方法：GB/T 15345—2017[S]. 北京：中国标准出版社，2017.

[10] 斯培浪,周燕. 用辊射法制作三阶段管保护层易出现的质量问题及解决办法[J]. 混凝土与水泥制品,1995(3):32-33,31.

[11] LIU M, CHENG X Q, LI X G, et al. Effect of carbonation on the electrochemical behavior of corrosion resistance low alloy steel rebars in cement extract solution[J]. Construction and Building Materials,2017,130:193-201.

水化热抑制剂在泵站混凝土防裂中的对比分析

刘小江[1]，王永智[2]，陈海霞[2]，马树军[1]

（1. 河南省水利第一工程局，河南 郑州 450000；
2. 河南省引江济淮工程有限公司，河南 郑州 450003）

摘　要： 本文针对引江济淮七里桥泵站大体积混凝土结构在夏季采用商品混凝土浇筑温控防裂难度大的问题，运用等效冷却水管模型的三维有限元计算程序，对比研究了无温控措施、采用冷却水管、采用冷却水管＋水化热抑制剂三种情况下的混凝土施工期温度场和应力场。结果表明，掺入水化热抑制剂后，混凝土的水化反应速度减慢，浇筑块临空面和冷却水管可以有充分的时间散热，可更好地控制混凝土最高温，且温控措施可简化。有关措施可为类似工程提供借鉴。

关键词： 大体积混凝土；仿真计算；温度；应力；水化热抑制剂

0　引言

在大体积混凝土施工期应力的影响因素中，温度应力通常是主要的影响因素。对于夏季浇筑的大体积混凝土，温度应力往往比其他季节更大。七里桥泵站采用高流动性泵送混凝土施工，主体大体积混凝土结构在夏季浇筑，其温控防裂难度很大。在类似的工程实践中，墩墙结构会在浇筑后产生贯穿性裂缝，对于结构的耐久性、安全性将产生较大影响。如果在夏季仅采用水管冷却措施，则需要布置非常密集的水管以及配置低温水，将增加施工的不便程度。因此，本文采用数值模拟方法，探索了采用水化热抑制剂与冷却水管联合进行温控防裂的方式。

水化热抑制剂由于其本身应用的复杂性一直以来受到水利学者的高度关注，徐文强研究了不同厚度的水工大体积混凝土对水化热抑制剂的适用性，认为厚度小于1.2 m的混凝土可以用抑制剂代替冷却水管。Yan等人从微观结构出发，对于新型淀粉基作为抑制剂的影响进行了探究，但对于实际大体积混凝土工程的影响仍有待进一步深入。

本文运用等效冷却水管模型的三维有限元计算程序对引江济淮七里桥泵站大体积混凝土结构进水池中联部位开展了仿真计算，仿真计算内容为施工期的温度场及应力场，并在混凝土中掺入水化热抑制剂以简化温控措施，相关温控措施可为今后类似大体积混凝土工程提供借鉴。

1 主要计算参数

1.1 气温资料

考虑±6℃的昼夜温差,该工程所在地月平均气温拟合曲线公式如下

$$T_a(t)=15.10-13.90\times\cos\{\pi/[6(t+25)]\}$$

式中,t 为每天中的时刻;T_a 为日平均气温。

1.2 地基和混凝土主要热力学参数

地基热力学参数参考类似工程,详见表1。

表1 地基热力学参数表

导热系数 λ [kJ/(m·h·℃)]	比热 C [kJ/(kg·℃)]	导温系数 a (m^2/h)	弹性模量 α (MPa)	线膨胀系数 α (1/℃)	密度 ρ (kg/m^3)	泊松比 μ
2.41	1.91	1.20×10^{-3}	20.00	0.80×10^{-5}	1 830.00	0.20

垫层为C15混凝土,底板及底板以上结构为C30混凝土。根据七里桥泵站工程施工混凝土配合比资料拟定了混凝土热力学参数,详见表2。不掺抑制剂和掺入抑制剂的主要材料参数发展历时曲线见图1、图2。

表2 混凝土热力学参数表

混凝土标号	导热系数 λ [kJ/(m·h·℃)]	比热 C [kJ/(kg·℃)]	导温系数 a (m^2/h)	线胀系数 α (10^{-6}/℃)	泊松比 μ	密度 ρ (kg/m^3)	最终弹性模量 E_0(GPa)
C30	9.20	0.98	3.95×10^{-3}	9.26	0.17	2 389.00	32.00
C15	11.46	0.99	4.87×10^{-3}	7.37	0.17	2 384.90	18.00

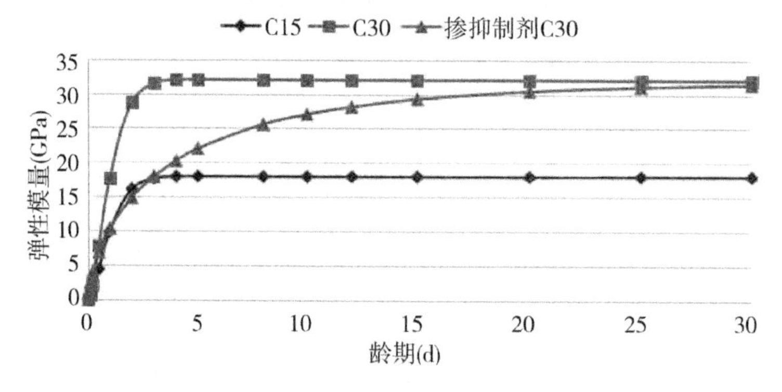

图1 混凝土弹性模量历时曲线图

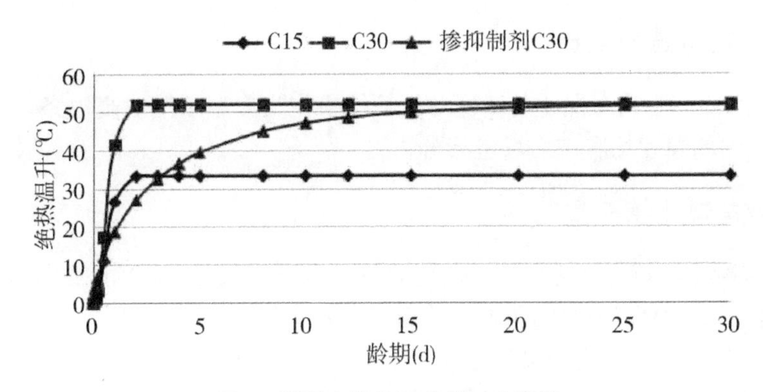

图 2 混凝土绝热温升历时曲线图

2 仿真计算分析

2.1 计算模型

进水池中联总体有限元模型示意图如图 3 所示，单元总数为 59 889 个，节点总数为 71 383 个。坐标原点位于进口处垫层，Z 轴竖直向上，X 轴指向水流方向，Y 轴按右手螺旋法则指向左岸。

温度场仿真计算中，地基侧面及底面为绝热边界，上表面为散热边界。施工临时缝面和结构永久缝面在未被覆盖时为散热边界，覆盖后为绝热边界。其他表面均为散热边界。应力场仿真计算中，在地基的侧面及底面施加法向约束，上表面为自由边界。结构永久缝面为自由边界，其他表面为自由边界。

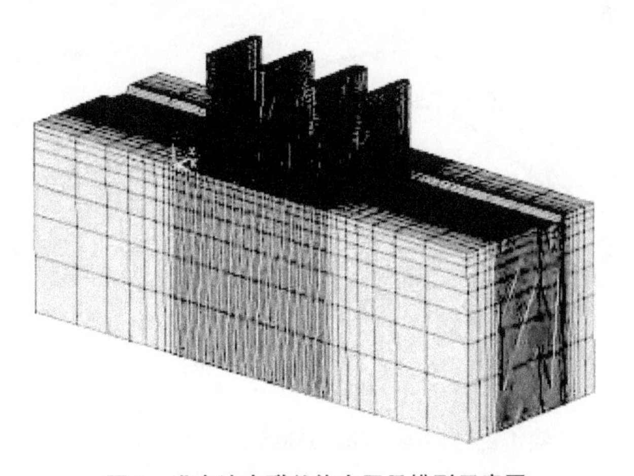

图 3 进水池中联总体有限元模型示意图

2.2 主要工况与结果对比

限于篇幅,取工况 1、工况 4 与工况 6 计算结果作为典型工况对高温条件下采用商品混凝土浇筑泵站的温度场和应力场进行分析。

2.2.1 无抑制剂计算工况

工况 1:混凝土浇筑温度为多年平均的日均气温+5℃。浇筑块的龄期前 5 d 表面有钢模板,拆模后无表面保温措施,混凝土内部无冷却水管。

工况 4:混凝土浇筑温度为多年平均的日均气温+2℃。第一、第二浇筑块的龄期前 3 d 采用钢模板,第三、第四浇筑块龄期前 3 d 采用木模版。拆模后在浇筑块表面覆盖保温材料,散热系数为 150 kJ/(m^2 · d · ℃),保温至龄期 130 d。在底板及以上的浇筑层布置冷却水管,通水 10 d,对齿墙及第二浇筑层削峰(削减温度峰值)25℃,第一、第三、第四浇筑层削峰 15℃。

2.2.2 有抑制剂计算工况

工况 6:混凝土浇筑温度为多年平均的日均气温+2℃。第一、第二浇筑块的龄期前 3 d 采用钢模板,第三、第四浇筑块龄期前 3 d 采用木模版。拆模后表面覆盖保温材料,散热系数均为 150 kJ/(m^2 · d · ℃),保温至龄期 130 d。在底板及以上的浇筑层布置冷却水管,通水 8 d,对齿墙削峰 15℃,第一、第二、第三浇筑层削峰 10℃,第四浇筑层削峰 5℃。在底板及以上的浇筑层中掺入水化热抑制剂。

各工况计算结果见图 4、图 5,实测温度探头位于底板内部 1 m 深处。实际工程施工中采用的措施与工况 4 接近,故实测温度接近工况 4 的温度曲线。

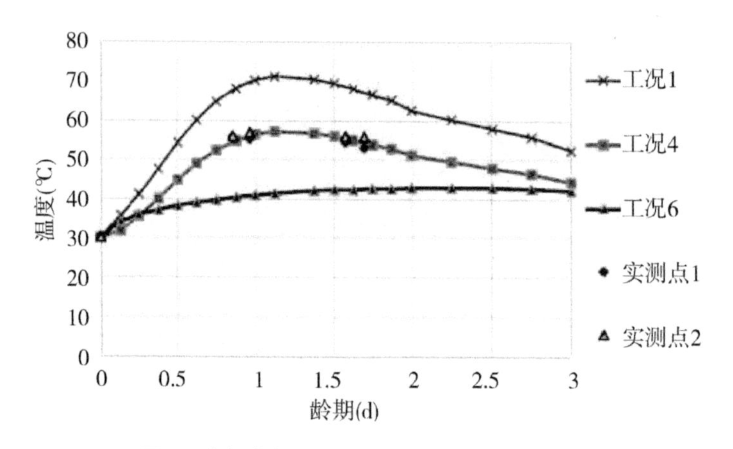

图 4 底板内部的早龄期温度历时曲线对比图

为控制该进水池中联大体积混凝土的施工期拉应力,采取了温控+抑制剂等多种温控措施协同发挥作用,最终将施工期应力降至混凝土抗拉强度范围内。

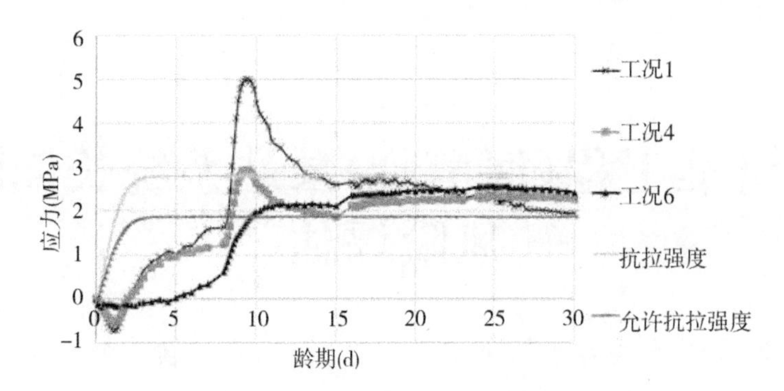

图 5　底板内部的早龄期应力历时曲线对比图

3　结论

夏季气温高，商品混凝土的浇筑温度难以控制，这两个因素易使得混凝土的水化反应迅速，会缩短冷却水管发挥作用的时间，导致夏季采用商品混凝土很难有效控制大体积薄壁结构混凝土浇筑块的水化热最高温。掺入水化热抑制剂后，混凝土的水化反应速度明显减慢，浇筑块临空面和冷却水管可以有充分的时间散热，从而可以更好地控制夏季浇筑混凝土的最高温。与仅采用冷却水管来控制最高温的措施相比，掺入水化热抑制剂后，可以有效简化温控措施，包括水管间距、冷却水流量、冷却水水温，都可以放宽要求。

参考文献

[1] 王碗琴，王桂生，强晟，等. 大体积薄壁混凝土墩墙结构早龄期开裂过程的数值模拟[J]. 水电能源科学，2018，36(4)：139-142.

[2] 强晟，张勇强，钟谷良，等. 高温季节碾压混凝土坝强约束区温控防裂方案研究[J]. 三峡大学学报(自然科学版)，2013，35(4)：1-4.

[3] 强晟，张杨. 大体积混凝土施工期温度场和应力场的仿真算法研究[M]. 南京：河海大学出版社，2013.

[4] 杨翠萍，孟广清，石方建，等. 徐州刘山北泵站大体积混凝土施工期温控防裂应用研究[J]. 江苏水利，2019(7)：49-53+57.

[5] 袁敏，张义乐，王京杭，等. 五峰山长江大桥大体积锚碇混凝土的施工期应力数值仿真及控制[J]. 三峡大学学报(自然科学版)，2018，40(4)：10-14.

[6] 章景涛，郑学瑞，裘华锋，等. 夏季采用商品混凝土浇筑大型泵站的温度和应力控制[J]. 三峡大学学报(自然科学版)，2019，41(1)：24-27.

引江济淮工程(河南段)泵站系统长期服役风险评估

景　唤[1,2],王永智[3],宋志红[1],王　辉[3],方　俊[3],王永强[1]

(1. 长江水利委员会长江科学院水资源与生态环境湖北省重点实验室,湖北 武汉 430010;
2. 长江水利委员会流域水环境保护与治理创新团队,湖北 武汉 430010;
3. 河南省引江济淮工程有限公司,河南 郑州 450003)

摘　要: 运用故障树分析法对引江济淮工程(河南段)泵站系统长期服役主要风险源及作用关系进行识别,以归纳的风险要素类别为基础,采用层析分析法和专家咨询法依次确定泵站系统长期服役风险评估指标、指标权重和风险率等级赋分标准,建立引江济淮工程(河南段)泵站系统长期服役风险评估方法;基于收集的泵站系统工程特性、防洪设计参数等资料,运用构建的评估方法对袁桥、赵楼、试量、后陈楼和七里桥泵站长期服役风险进行评估。结果表明,各级泵站长期服役风险率均在(1,2]级,总体风险较低。然而,由于泵站多为串联关系且上游泵站的设计规模往往大于下游泵站,一旦上游泵站失效,下游泵站均受影响,泵站设计规模的空间差异和结构关系将显著增加系统运行风险,在后续的风险控制及运行管理中需加以重视。

关键词: 引江济淮工程(河南段);泵站系统;长期服役风险;指标体系;综合评估

跨流域长距离调水工程受空间跨度大、沿线地理环境复杂多变、建筑物和机电金属结构繁多等因素影响,工程运行中不可避免地面临工程管理、自然灾害、调度运行、设备故障等多种风险[1-3]。泵站系统作为跨流域长距离调水工程的核心基础设施与动力来源,运行任务繁重、设备种类多样、技术难度大,一旦发生故障,系统正常运行受到影响,可能造成供水异常,甚至引发生态环境、社会环境、人员伤亡等一系列不良后果[4]。开展跨流域长距离调水工程泵站系统长期服役风险评估,充分预估各类风险,掌握工程总体风险水平,可为决策者制定科学、合理的风险管控措施提供依据。

目前,国内外关于泵站系统风险评估开展了大量研究。施工过程方面的研究有:孙序营[5]从技术、人员、管理、设备、材料、环境等角度探讨了大型调水工程抽水泵站电气、水机、通信、金属结构的安装风险及防范措施;曹金山等[6]探讨了抽水泵站机电设备安装工程的管理风险与技术风险等。工程结构方面的研究有:Bhattacharjee 等[7-8]采用多项式逻辑回归(Multinomial Logistic Regression, MLR)方法对潜水泵构件潜在失效风险因素间的作用关系进行了探讨,并依据多准则决策方法-比例风险评估模型(Proportionate Risk Assessment Model, PRASM)给出了潜水泵构件失效核心变量的风险贡献值;姜蓓蕾等[9]运用层次分析法对南水北调东线工程的提水、输水、蓄水系统的风险因子进行了识别分析；Li 等[10]运用层次分析方法提出了综合考虑水工建筑物、机电设备、金属结构、综合管理的泵站老化状况评估体系，可为城市排水系统泵站改造和城市防洪提供决策支持；Gerlach 等[11]采用故障树分析方法对影响污水泵站运行稳定性、水力性能和效率的关键风险要素展开分析，并据此提出了包含失效概率和失效损失的泵站堵塞风险评估框架；Moeini 等[12]综合考虑机械因素、电气因素及控制因素，提出了基本风险事件的故障树组合及基于历史数据统计分析和专家咨询法的概率确定方法等。运行管理方面的研究有：刘圣桥等[13]从控制系统网络安全技术和网络安全管理的角度对现有泵站控制系统网络安全风险进行分析并制定泵站控制系统网络安全防护建设及管理方案；高玉琴等[14]从规范化管理、设施设备管理、信息化管理、调度运行及应急处理能力、水生态环境管理等层面提出了大中型泵站管理现代化评估指标体系。

以往研究在泵站系统的运行风险管理方面已取得大量成果。但已有成果多侧重泵站系统运行风险的某一方面，如工程施工与设备安装、机电设备损坏与老化、渠道建筑物的老化与破损、运行管理、信息化程度等，难以全面、系统、客观地反映大型引调水工程泵站系统的长期服役风险状况。此外，已有成果多针对某单一泵站风险状况，较少关注跨流域长距离调水工程多级联动运行泵站系统问题，对于多级泵站的空间结构关系、提水设计规模等关键要素的考虑仍有不足。引江济淮工程是一个跨流域、跨区域的水资源配置和综合利用工程，其泵站系统规模大、结构复杂、供水范围广，在未来长期服役过程中面临多种不确定风险威胁。为此，本文以引江济淮工程（河南段）泵站系统为研究对象，全面、系统地开展风险识别，明晰风险源和作用关系，据此确定泵站系统长期服役风险评估指标、指标权重和风险率等级赋分标准，提出引江济淮工程（河南段）泵站系统长期服役风险评估方法，并对多级泵站空间结构关系及设计规模对运行风险的影响展开探讨，为后续工程长期服役性能及失效风险调控奠定基础。

1　研究区域概况与数据

1.1　研究区域概况

引江济淮工程是以城乡供水和江淮航运为主，兼顾灌溉补水、巢湖及淮河水生态环境改善的跨流域、跨区域水资源配置和综合利用工程，由南向北分为引江济巢、江淮沟通、江水北送 3 部分。从行政区划看，工程包括河南段和安徽段 2 部分。引江济淮工程（河南段）供水范围涵盖周口、商丘的 2 个市 9 个县（市、区），规模庞大，结构复杂，主要工程设施包括 2 条输水河道、5 座提水泵站和 4 座调蓄水库，工程布设见图 1。其中，提水系统是工程的核心部分，包含梯级泵站和加压泵站两类。梯级泵站有袁桥、赵楼、试量泵站 3 座，加压泵站有后陈楼和七里桥泵站 2 座。

1.2　研究数据选取

引江济淮工程（河南段）泵站系统风险评估的数据资料主要为袁桥、赵楼、试量、后陈楼和七里桥泵站的水工建筑物、机电设备、地基特性等工程特性资料、防洪设计资料及运

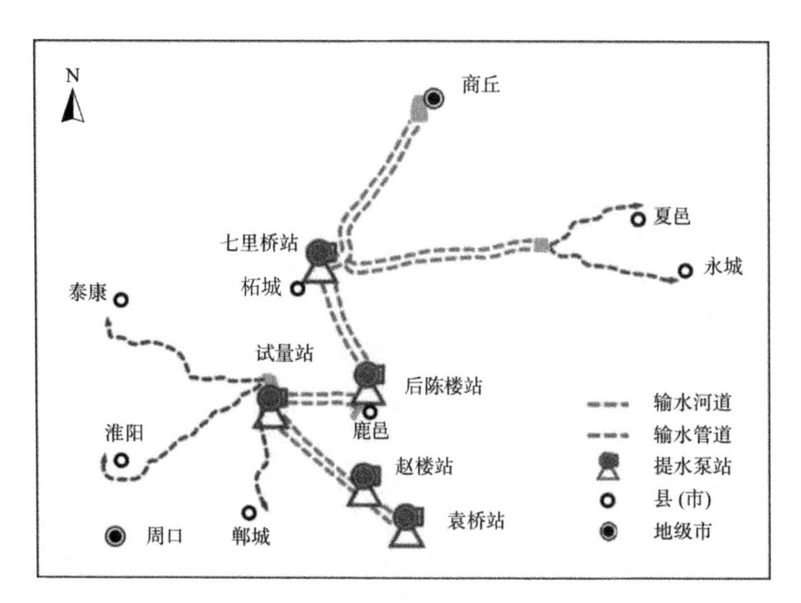

图 1　引江济淮工程(河南段)工程布设

行管理资料,其中,工程特性资料和防洪设计资料通过《引江济淮工程(河南段)初步设计报告》等查阅得到,运行管理资料由现场调研、座谈等途径收集得到。各泵站基础信息见表 1 至表 3。

表 1　引江济淮工程(河南段)各泵站装机情况

泵站名称	泵站类型	单机功率(kW)	总装机功率(kW)	总机组数量(台)	备用机组数量(台)	设计流量(m^3/s)
袁桥泵站	梯级泵站	1 300	5 200	4	1	43.0
赵楼泵站		500	2 000	4	1	42.0
试量泵站		1 100	4 400	4	1	40.0
后陈楼泵站	加压泵站	2 240	13 440	6	2	22.9
七里桥泵站(商丘机组)		2 240	6 720	3	1	6.6
七里桥泵站(夏邑机组)		2 600	10 400	4	1	13.8

表 2　引江济淮工程(河南段)泵站地基特性

泵站名称	泵站类型	地基类型	地基允许承载力[基底平均应力](kPa)	基础稳定性		地基处理方式
				抗滑稳定性系数 K_c	抗浮稳定性系数 K_f	
袁桥泵站	梯级泵站	第⑥层粉砂层	195.40[63.09,236.69]	[1.98,3.41]	[1.36,2.70]	CFG 桩加固
赵楼泵站		第④层粉砂层	195.40[98.44,169.34]	[15.93,73.74]	[2.39,2.65]	—
试量泵站		④-2 重粉质壤土	186.00[66.90,225.50]	[2.71,13.53]	[1.42,3.37]	CFG 桩加固

续表

泵站名称	泵站类型	地基类型	地基允许承载力 [基底平均应力](kPa)	基础稳定性		地基处理方式
				抗滑稳定性系数 K_c	抗浮稳定性系数 K_f	
后陈楼泵站	加压泵站	第④层粉细砂层	130.00[73.47,252.20]	[1.19,17.51]	[1.52,2.36]	CFG 桩加固
七里桥泵站		第⑥层细砂层	160.00[80.11,283.06]	[1.28,7.06]	[1.53,2.45]	CFG 桩加固

表 3　引江济淮工程(河南段)泵站工程防洪设计参数

泵站名称	泵站类型	防洪方式	防洪标准		防洪特征水位(m)	
			设计标准	校核标准	设计洪水位	校核洪水位
袁桥泵站	梯级泵站	站身挡洪	50 年一遇	200 年一遇	39.65	41.00
赵楼泵站			50 年一遇	200 年一遇	40.77	40.91
试量泵站			50 年一遇	200 年一遇	43.01	44.10
后陈楼泵站	加压泵站	—	50 年一遇	200 年一遇	39.45	39.95
七里桥泵站			50 年一遇	200 年一遇	45.50	46.00

2　泵站系统长期服役风险率评估方法

2.1　泵站系统长期服役风险因子识别

影响引江济淮工程(河南段)泵站系统正常服役的风险源主要集中于提水效率和泵站系统工程安全两个方面,即内因或外因作用下提水量难以满足设计要求或存在防洪要求的泵站,汛期遭遇洪水难以正常运行[9]。关于泵站提水效率,扬程变化、泵站设备老化、管理维护不善等均可能造成提水量不能满足受水区需求,类型可归纳为 3 个主要方面:运行条件、设备质量、技术状况[15-17]。结合引江济淮工程(河南段)区域特点,运行条件方面,考虑到工程流经大量人口密集区域,汛期生活垃圾及农作物秸秆存在入渠可能,故而侧重拦污清污设备装置不完善或运行状况不佳改变水泵扬程造成提水效率降低情况。另外,考虑因运行管理或人员操作不当等原因,导致前池水位偏低或后池水位偏高,进而造成水泵提水扬程增加,导致水泵的上游来水量减少或效率降低的问题。设备质量方面,关注泵站设备老化造成的提水效率降低或机组备用不足而难以应对突发的机组失效情况。技术状况方面,关注安装、调节不当造成的水泵叶片角度和形状误差或管理维护不利造成的工况变化[17]。同样,关于泵站系统工程安全,则侧重与工程位置有关的地基失稳、洪水漫堤威胁工程安全等[17]。从以上思路出发,本文运用故障树分析法对引江济淮工程(河南段)泵站系统的风险源进行识别,风险源识别清单及结果见表 4 和图 2。

表4 引江济淮工程(河南段)泵站系统风险源识别清单

一级风险类别	二级风险类别	风险要素	风险事件
提水效率	运行条件	拦污清污设备	(1) 拦污清污设备锈蚀、变形
			(2) 拦污清污设备设置不足
			(3) 来流污物增多
			(4) 监督力度不够
			(5) 人员技能不足
		前后池水位	(6) 前池水位偏低
			(7) 后池水位偏高
	设备质量	机组备用状况	(8) 备用机组损坏
			(9) 备用机组设置不足
		机组设备老化	(10) 电机构件老化
			(11) 构件磨损、噪声、渗漏、振动
			(12) 叶片、泵壳汽蚀
			(13) 叶片、轴承变形
			(14) 绝缘部件老化
	技术状况	水泵特性误差	(15) 水泵叶片角度减小
			(16) 水泵叶片形状异常
		管理维护状况	(17) 管理维护制度不完善
			(18) 制度执行未规范化
			(19) 自动化监测程度不高
			(20) 运行调度信息化程度不高
			(21) 管理人员结构不合理
			(22) 专项资金落实不到位
工程安全	工程位置	地基特性	(23) 地基承载力低于设计值
			(24) 地基出现流土、流砂
			(25) 承压水突涌
			(26) 边坡支护、衬砌设施损坏
			(27) 边坡不均匀沉降
			(28) 边坡坡脚淘刷严重
			(29) 边坡坡体裂缝发育
	防洪条件	洪水位、堤高	(30) 洪水频率超工程设计标准
			(31) 进水渠道淤积严重
			(32) 进水渠道障碍物阻水
			(33) 地基沉降大,堤防高度不足

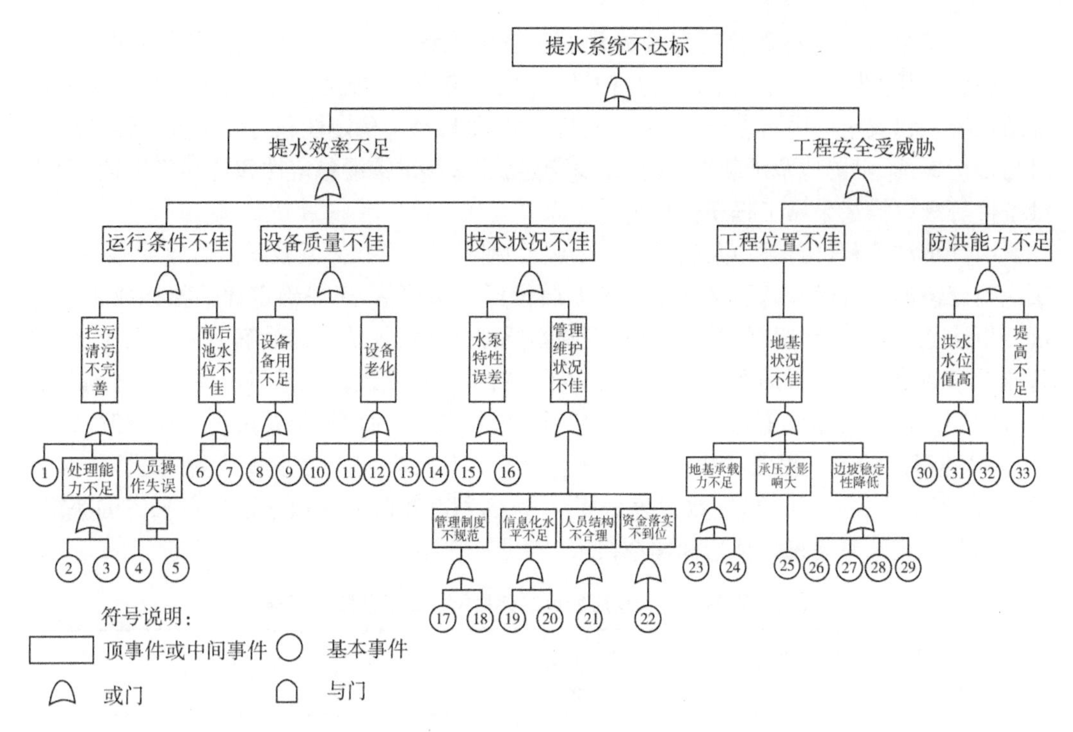

图 2　引江济淮工程(河南段)泵站系统故障树

2.2　泵站系统长期服役风险率评价体系建立

借鉴南水北调工程提水系统风险评估指标体系的构建思路,从运行条件、设备质量、技术状况和工程安全多维度入手[17],采用层次分析法和专家咨询法构建引江济淮工程(河南段)泵站系统长期服役风险评估指标体系。

运行条件。考虑到引江济淮工程(河南段)泵站系统均为新建泵站,机电设施运行状况较好,主要考虑入渠污染物对泵站正常运行的影响。经文献调研与指标遴选,侧重拦污清污设施设计合理性与设施锈蚀或变形程度,设置拦污清污设施拦污能力和拦污清污设施完好程度以描述泵站拦污清污设施拦污效果[18-19]。

设备质量。设备质量对于保障引江济淮工程(河南段)泵站系统的安全至关重要。为确保按照设计流量完成江水北送,泵站系统的机组备用状况、机组设备老化情况以及泵站附属建筑物安全状况是需要考虑的关键要素。在满足能够综合反映设备特性、易于操作等原则基础上,经文献调研与指标遴选,设置泵站机组备用比例、泵站投产使用年限和附属建筑物完好程度以描述泵站系统的设备质量[17,20-24]。

技术状况。技术状况的好坏直接关乎泵站提水效率及安全性,影响主要集中在水泵特性和管理维护状况两个方面[17,25]。因引江济淮工程(河南段)泵站均为新建泵站,安装调试较为完备,主要关注设备管理与维护方面。考虑水利工程管理现代化的发展对高质量工程管理的需求,拟从“管理制度规范化”“管理手段信息化”“人员结构合理性”“资金落实状况”几个方面开展评估[26-28]。经文献调研与指标遴选,设置管理制度规范化、管理手段信息化、人员结构合理化和管理维护资金落实等指标以描述泵站技术状况。

工程安全。工程安全状况直接关乎引江济淮工程安全。结合引江济淮工程(河南段)泵站工程特性,即泵站均采用站身挡洪,承担一定防洪、排涝任务,因而认为可能影响泵站系统工程安全的因素主要为:泵站地基状况、基础整体稳定性和防洪条件。经文献调研与指标遴选,设置地基承载力状况、站身稳定状况(侧重抗滑稳定性和抗浮稳定性)和防洪条件等级以描述泵站工程安全状况[17,29-30]。

引江济淮工程(河南段)泵站系统长期服役风险评估指标体系及赋分标准见表5。为实现引江济淮工程(河南段)泵站系统长期服役风险率评估,还需确定评估指标权重。层次分析法是工程风险评估的常用方法,其基本原理为将待评估目标分解为多个层级,依据行业专家或决策制定者的经验对评估层指标相对重要程度进行定量与定性相结合判断的综合方法。评估指标权重确定的核心为判断矩阵构造,在对两评估要素进行比较时,常以1～9描述不同的影响程度,判断矩阵元素1、3、5、7、9对应表征同等重要、稍微重要、明显重要、强烈重要、极端重要,倒数则表示相反含义,判断矩阵元素值常通过专家咨询获得,这里据此确定泵站系统评估指标体系权重。

表5 泵站系统长期服役风险评估指标体系及赋分标准

一级指标(A_k)	权重(ω_k)	二级指标($R_{k,m}$)	权重($\omega_{k,m}$)	三级指标($R_{k,m,n}$)	权重($\omega_{k,m,n}$)	赋分标准
提水效率	0.75	设备质量	0.66	泵站机组备用比例	0.69	计算方式:$N_{备}=(Q_{实}-Q_{设})/Q_{单}$,备用比例$=N_{备}/N_{总}$(其中,$Q_{实}$为泵站总装机流量;$Q_{设}$为泵站设计流量;$Q_{单}$为单机流量;$N_{备}$为备用机组数量;$N_{总}$为总机组数量)。按照机组备用比例>30%、(15%,30%]、(10%,15%]、(5%,10%]、(0, 5%],风险等级依次为1～5级
				泵站投产使用年限	0.16	泵站机组投产使用年限在[0, 10)、[10, 15)、[15, 20)、[20,25)、≥25年时,风险等级依次为1～5级
				附属建筑物完好程度	0.15	附属建筑物设施完好且运行安全、偶尔出现问题但不影响正常功能、偶尔出现问题但抢修后可安全运行、经常出现事故且影响安全运行、无法正常运行,风险等级依次认定为1～5级
		运行条件	0.16	拦污清污设施拦污能力	0.50	拦污清污设施拦污能力达设计能力90%以上风险等级为1级,每减少10%,风险等级增加1级,小于设计值50%以上,均为5级
				拦污清污设施完好程度	0.50	拦污清污设施完好风险等级为1级,锈蚀或变形面积大于15%为5级,其余内插
		技术状况	0.18	管理制度规范化程度	0.28	具备完善的日常管理维护制度及应急预案、完善的日常管理维护制度、较完善的日常管理维护制度、初步的日常管理维护制度、无日常管理维护制度,风险等级依次为1～5级
				管理手段信息化程度	0.30	基础硬件设施及监测-监控-调度-管理业务系统完善、基本完善、部分完善、初步具备、无,风险等级依次为1～5级

续表

一级指标（A_k）	权重（ω_k）	二级指标（$R_{k,m}$）	权重（$\omega_{k,m}$）	三级指标（$R_{k,m,n}$）	权重（$\omega_{k,m,n}$）	赋分标准
提水效率	0.75	技术状况	0.18	人员结构合理化程度	0.24	人力资源技术结构合理化程度高、较高、一般、较低、低，风险等级依次为1～5级
				管理维护资金落实程度	0.18	按照水利部、财政部《水利工程管理单位定岗标准（试点）》等规定，管理专项经费足额落实且渠道通畅、管理专项经费足额落实、管理专项经费基本落实、管理专项经费部分落实、管理专项经费难以落实，风险等级依次为1～5级
工程安全	0.25	工程位置	0.75	地基承载力状况	0.33	天然地基承载力完全满足设计要求、天然地基承载力基本满足设计要求、未满足但处理后满足设计要求、未满足且处理后基本满足设计要求、地基承载力不足，风险等级依次为1～5级
				站身稳定状况	0.67	泵站抗滑、抗浮及不均匀系数均满足设计要求，风险等级为1级，其中任一参数低于标准10%，风险等级增加1，若不同参数评估结果不同取最差值
		防洪条件	0.25	防洪条件等级	1.00	参照泵站的防洪设计标准200年一遇、100年一遇、50年一遇、20年一遇和无确切水文设计标准，风险等级依次为1～5级

对一级评估指标提水效率和工程安全构造判断矩阵C，表达式为

$$C=\begin{bmatrix}1 & 3\\1/3 & 1\end{bmatrix} \tag{1}$$

计算得出一致性比率$R_C=0<0.1$，满足一致性要求，则提水效率和工程安全权重分配为$\omega_i=(0.75\ 0.25)$。

对提水效率的二级评估指标运行条件、设备质量、技术状况构造判断矩阵C_1，表达式为

$$C_1=\begin{bmatrix}1 & 5 & 3\\1/5 & 1 & 1\\1/3 & 1 & 1\end{bmatrix} \tag{2}$$

计算得出一致性比率$R_C=0.028<0.1$，满足一致性要求，则运行条件、设备质量、技术状况权重分配为$\omega_i=(0.66\ 0.16\ 0.18)$。

对工程安全的二级评估指标工程位置和防洪条件构造判断矩阵C_2，表达式为

$$C_2=\begin{bmatrix}1 & 3\\1/3 & 1\end{bmatrix} \tag{3}$$

计算得出一致性比率$R_C=0<0.1$，满足一致性要求，则工程位置和防洪条件权重分配为$\omega_i=(0.75\ 0.25)$。

三级指标权重计算过程省略，具体见表5。

3 泵站系统长期服役综合风险评估

3.1 泵站系统长期服役风险率评估

依据上文构建的引江济淮工程(河南段)泵站系统长期服役风险率评估方法对泵站系统长期服役风险率进行计算,公式为

$$X=\sum_{i=1}^{n}X_iW_i \tag{4}$$

式中:X 为评估对象的风险率等级;X_i 为某一指标的风险率等级;W_i 为相应指标所占权重。为更加简洁、明了地反映工程风险率水平,这里将风险率等级描述为低、较低、中等、较高、高 5 个等级,对应风险率范围依次为(0,1]、(1,2]、(2,3]、(3,4]、(4,5]。根据《引江济淮工程(河南段)初步设计报告》及现场调研、座谈等资料收集结果,对袁桥、赵楼、试量、后陈楼和七里桥泵站各指标赋值,结果见表 6。可以发现,引江济淮工程(河南段)各泵站系统长期服役风险率等级均在(1,2],总体风险水平较低,其中,后陈楼泵站、七里桥泵站(商丘机组)因泵站机组备用比例略高(33%),风险率等级略低于其他泵站。

表 6 泵站系统长期服役风险率综合评估结果

评价指标			袁桥	赵楼	试量	后陈楼	七里桥(商丘机组)	七里桥(夏邑机组)
提水效率 A_1	设备质量 $R_{1,1}$	$R_{1,1,1}$	2	2	2	1	1	2
		$R_{1,1,2}$	1	1	1	1	1	1
		$R_{1,1,3}$	1	1	1	1	1	1
	运行条件 $R_{1,2}$	$R_{1,2,1}$	1	1	1	1	1	1
		$R_{1,2,2}$	1	1	1	1	1	1
	技术状况 $R_{1,3}$	$R_{1,3,1}$	2	2	2	2	2	2
		$R_{1,3,2}$	2	2	2	2	2	2
		$R_{1,3,3}$	1	1	1	1	1	1
		$R_{1,3,4}$	1	1	1	1	1	1
工程安全 A_2	工程安全 $R_{2,1}$	$R_{2,1,1}$	2	1	2	3	3	3
		$R_{2,1,2}$	1	1	1	1	1	1
		$R_{2,1,3}$	3	3	3	3	3	3
综合评估			1.61	1.54	1.61	1.33	1.33	1.67

3.2 泵站系统长期服役综合风险探讨

由于引江济淮工程(河南段)运行风险受风险率与风险损失共同影响,仅探讨风险率难以综合反映工程运行风险,还需对风险损失加以考虑。显然,泵站系统失效后果与泵站设计规模关系密切,设计流量大的泵站失效后果比小泵站严重。这里以泵站设计流量表

征失效后果严重程度，将各泵站的设计流量划分为若干区间，依次为(0,10]、(10,20]、(20,30]、(30,45] m^3/s，为表征失效后果严重、较严重、一般、较轻微、轻微。与此同时，结合风险率等级划分结果，将引江济淮工程(河南段)泵站长期服役风险率-风险损失矩阵表(表7)划分为5类区域，依次表示综合风险高、较高、中等、较低、低，由此对泵站系统运行综合风险进行评估。

表7　引江济淮工程(河南段)泵站长期服役风险综合评估

设计流量(m^3/s)	(4,5]	(3,4]	(2,3]	(1,2]	(0,1]
(30,45]				袁桥泵站、赵楼泵站、试量泵站	
(20,30]				后陈楼泵站	
(10,20]				七里桥泵站(夏邑机组)	
(0,10]				七里桥泵站(商丘机组)	

可以发现，在引江济淮工程(河南段)各泵站系统长期服役风险率等级相近的情况下，由于各泵站设计规模的差异，综合风险存在显著差别。袁桥、赵楼和试量梯级泵站因设计流量大(依次为43、42、40 m^3/s)，长期服役综合风险中等；后陈楼加压泵站设计流量居中(22.9 m^3/s)，长期服役综合风险较低；七里桥泵站(商丘机组)与七里桥泵站(夏邑机组)设计流量小(仅为6.6、13.8 m^3/s)，长期服役综合风险低。

不仅如此，除七里桥泵站商丘机组、夏邑机组为并联结构外，引江济淮工程(河南段)其余泵站均为串联结构，若中间某一环节出现问题，其下游泵站均将受到影响，对工程系统功能发挥产生叠加风险。因此，有必要就泵站空间结构关系对引江济淮工程(河南段)长期服役综合风险的影响加以探讨。

依据南水北调中线工程对风险率等级及风险概值的描述，风险率等级(0,1]、(1,2]、(2,3]、(3,4]、(4,5]对应的风险概值依次为(0.000 001,0.001]、(0.001,0.01]、(0.01,0.1]、(0.1,0.5]、(0.5,0.99][17]。考虑到当风险率等级在(1,3]时，风险概值随风险率等级增加近似成指数规律变化，这里根据引江济淮工程(河南段)各级泵站风险率等级曲线插值获得其风险概值，风险概值计算结果依次为0.004、0.003、0.004、0.002、0.002、0.005。考虑各泵站风险事件相互独立，认为若某一泵站出现问题，其下游串联泵站均无法正常运行但并联泵站不受影响。

据此，结合泵站空间结构关系对其失效风险率加以修正。引江济淮工程(河南段)泵站风险概值修正结果见表8。

以修正的风险率等级为基础，引江济淮工程(河南段)泵站长期服役风险综合评估结果见表9。可以发现，相比于未考虑泵站间的空间结构关系影响的综合风险评估结果，除袁桥泵站、赵楼泵站位于上游受影响较小外，各泵站的风险率等级均增加为(2,3]级，修正后试量泵站长期服役综合风险较高，袁桥泵站、赵楼泵站和后陈楼泵站风险中等。可见，引江济淮工程(河南段)泵站以串联关系为主的空间结构显著增加了提水系统长期服役风险，在后续的风险控制及运行管理中需加以重视。

表 8　引江济淮工程(河南段)泵站风险概值修正

泵站名称	修正后风险概值	风险率等级
袁桥泵站	0.004	(1,2]
赵楼泵站	0.007	(1,2]
试量泵站	0.011	(2,3]
后陈楼泵站	0.013	(2,3]
七里桥泵站(商丘机组)	0.015	(2,3]
七里桥泵站(夏邑机组)	0.018	(2,3]

表 9　引江济淮工程(河南段)泵站长期服役风险综合评估

设计流量(m^3/s)	(4,5]	(3,4]	(2,3]	(1,2]	(0,1]
(30,45]			试量泵站	袁桥泵站、赵楼泵站	
(20,30]			后陈楼泵站		
(10,20]			七里桥泵站(夏邑机组)		
(0,10]			七里桥泵站(商丘机组)		

4　结论

从提水效率不足和工程安全受到威胁造成正常提水功能难以发挥的角度入手,运用故障树分析法对引江济淮工程(河南段)泵站系统的风险源进行识别,明确威胁泵站系统安全运行主要风险源及相互作用关系。

以归纳的长期服役风险要素类别为基础,从运行条件、设备质量、技术状况和工程安全多维度入手,采用层次分析法和专家咨询法确定泵站系统长期服役风险率的评价指标、指标权重和风险率等级赋分标准,建立引江济淮工程(河南段)泵站系统长期服役风险率评价方法。

基于收集的引江济淮工程(河南段)泵站工程特性、防洪设计参数等数据资料,对引江济淮工程(河南段)泵站系统长期服役风险率加以评估。结果表明,各级泵站长期服役风险率接近,均在(1,2],处于风险较低水平。

但值得注意的是,综合风险受风险损失与风险率共同影响。就风险损失而言,设计流量大的泵站失效后果比小泵站严重,引江济淮工程(河南段)上游泵站设计规模往往大于下游泵站,上游泵站风险损失更大;就风险率而言,除七里桥泵站商丘机组、夏邑机组为并联关系外,其余均为串联关系,一旦上游泵站失效,下游泵站均受影响,泵站系统失效风险率沿程叠加。若以设计流量表征风险损失,探讨泵站设计规模和空间结构关系对泵站长期服役综合风险的影响,可以发现,在泵站设计规模沿程减小与串联结构特性共同作用下,试量泵站综合风险最高,等级为较高,袁桥、赵楼和后陈楼泵站次之,等级为中等,在后续的风险控制及运行管理中需加以重视。

参考文献

[1] 聂相田,范天雨,董浩,等.基于IOWA-云模型的长距离引水工程运行安全风险评价研究[J].水利水电技术,2019,50(2):151-160.

[2] 王芳,何勇军,李宏恩.基于系统动力学的引调水工程风险分析:以倒虹吸工程为例[J].南水北调与水利科技(中英文),2020,18(3):184-191.

[3] 汤洪洁,赵亚威.跨流域长距离调水工程风险综合评价研究与应用[J].南水北调与水利科技(中英文),2023,21(1):29-38.

[4] 李扬,田扬,齐进,等.南水北调泵站工程实体问题分析判定[J].水利水电技术(中英文),2021,52(S1):271-278.

[5] 孙序营.J泵站机电设备安装工程安全风险管理问题研究[D].青岛:青岛大学,2021.

[6] 曹金山,付明伟.抽水泵站机电设备安装工程技术与管理风险分析[J].科技资讯,2012,9(17):167.

[7] BHATTACHARJEE P, DEY V, MANDAL U K, et al. Quantitative risk assessment of submersible pump components using interval number-based Multinomial Logistic Regression (MLR) model[J]. Reliability Engineering & System Safety, 2022, 226: 108703.

[8] BHATTACHARJEE P, HUSSAIN S A I, DEY V, et al. Failure mode and effects analysis for submersible pump component using proportionate risk assessment model: A case study in the power plant of Agartala[J]. International Journal of System Assurance Engineering and Management, 2023,14(5): 1778-1798.

[9] 姜蓓蕾,刘恒,耿雷华,等.层次分解法在南水北调东线工程风险因子识别中的运用[J].水利水电技术,2009,40(3):65-67,73.

[10] LI X, LI Y, LIANG H, et al. Research on evaluation of urban pumping station engineering aging based on AHP and IAHP[A]. 2017 4th International Conference on Information Science and Control Engineering (ICISCE)[C]. Berkeley, 2017.

[11] GERLACH S, UGARELLI R, THAMSEN P U. Case study on the functional performance of a Large wastewater pumping station[C]//16th International Symposium on Transport Phenomena and Dynamics of Rotating Machinery. Honolulu, 2016:1-8.

[12] MOEINI S S, BAI L, USHER J S, et al. Reliability study for pump stations in Louisville, KY[C]//IIE Annual Conference: Proceedings. Institute of Industrial and Systems Engineers. San Juan, 2013:3355-3364.

[13] 刘圣桥,谷峪,郑英.调水工程泵站控制系统网络安全风险评估[J].水利水电技术(中英文),2022,53(S1):403-406.

[14] 高玉琴,汤宇强,黄祚继,等.大中型泵站管理现代化评价指标体系及其应用[J].三峡大学学报(自然科学版),2016,38(4):31-35,39.

[15] 蒋一鸣,陈世阳,冯沧,等.城市污水泵站服务效能综合评价研究[J].给水排水,2019,45(9):41-45.

[16] 王发廷,高里.抽水泵站机电设备安装工程技术与管理风险分析[J].水利水电技术,

2003,34(8):15-17.
[17] 耿雷华,姜蓓蕾,刘恒,等.南水北调东中线运行工程风险管理研究[M].北京:中国环境科学出版社,2010.
[18] 孙双科,柳海涛,李振中,等.抽水蓄能电站侧式进/出水口拦污栅断面的流速分布研究[J].水利学报,2007,38(11):1329-1335.
[19] 高学平,袁野,刘殷竹,等.拦污栅结构对进出水口水力特性影响试验研究[J].水力发电学报,2023,42(2):74-86.
[20] 骆辛磊,高占义,冯广志,等.泵站工程老化评估研究[J].水利学报,1997(5):42-48.
[21] 姜成启.大中型泵站老化模糊层次综合评估体系研究[D].扬州:扬州大学,2005.
[22] 徐艳茹,陈坚.泵站工程老化评价浅析[J].中国农村水利水电,2009(11):92-94.
[23] 杨露.基于层次分析法的城市排水泵站老化评估系统研究与开发[D].昆明:云南大学,2018.
[24] 周琪慧,方国华,吴学文,等.基于遗传投影寻踪模型的泵站运行综合评价[J].南水北调与水利科技,2015,13(5):985-989.
[25] 姚林碧,张仁田,朱红耕,等.大型泵站选型合理性评价体系研究[J].南水北调与水利科技,2011,9(3):150-154.
[26] 方国华,高玉琴,谈为雄,等.水利工程管理现代化评价指标体系的构建[J].水利水电科技进展,2013,33(3):39-44.
[27] 贾梧桐,韦楚来,符向前.泵站信息化的评价体系与指标的研究[J].水利信息化,2016(3):16-20,39.
[28] 谭运坤,关松,赵娜.水利工程管理现代化评价指标体系及其方法研究[J].三峡大学学报(自然科学版),2013,35(3):36-39.
[29] 冯峰,倪广恒,何宏谋.基于逆向扩散和分层赋权的黄河堤防工程安全评价[J].水利学报,2014,45(9):1048-1056.
[30] 顾冲时,苏怀智,刘何稚.大坝服役风险分析与管理研究述评[J].水利学报,2018,49(1):26-35.

水下玻纤套筒在引江济淮工程桥梁加固中的应用

董　党，卫　振，王华震，史静静

（中国水利水电第十一工程局有限公司，河南 郑州 450001）

摘　要： 引江济淮工程为国务院要求加快推进的172项重点工程之一，居河南省十大水利工程之首，河道沿线桥梁涉及较多。通过查看引江济淮工程（河南段）的现状桥梁桩基，本文对比分析了不同桥梁桩基加固的处理方法。研究发现，玻纤套筒技术在处理桥梁桩基时能够加快施工进度，并能很好地克服水下环境的影响，为类似工程施工提供一定的借鉴经验。

关键词： 玻纤套筒；桩基加固；水下环境

引江济淮工程是历次淮河流域综合规划和长江流域综合规划中明确提出的由长江下游向淮河中游地区跨流域补水的重大水资源配置工程。按工程地段所在位置、受益范围和主要功能，引江济淮工程自南向北划分为引江济巢、江淮沟通、江水北送三个部分。引江济淮工程（河南段）属于江水北送的一部分，对于河南省水效益发挥具有重大战略意义，本工程包含的清水河通过疏浚开挖现有河道满足输水流量要求，清水河输水线路总长为47.46 km。受河道河底高程影响，人们需要进行规划疏浚，导致沿线桥梁下部结构的桩基显露，显露桩基部位面临河道冲刷的问题。但是，沿线涉及桥梁众多，涉及桥梁质量状态较好，拆除重建会造成工程投资浪费，人们需要及时加固受影响的桥梁桩基并采取相应的预防性措施，这是消除结构安全隐患的重要保障[1]。

1　现状桥梁危害分析

现状河道需要进行规划疏浚，导致清水河全部桥梁桩基显露，部分河道开挖后，桩基存在较多混凝土剥落及露筋情况（见图1），若不及时处理，将造成极大的安全隐患。下面将对桥梁存在的问题进行分析，涉及的桥梁多连通附近村庄、城镇，人们需要寻找一种更为快捷、安全、有效的施工技术。

图1　桩基外侧混凝土剥落

1.1　桩基承载力降低

经河道疏浚，桩基外露面增大，钢筋、水、空气形成恶性循环反应后，混凝土将进一步剥落，露筋部位进一步腐蚀，将造成桩基的承载力降低。

1.2 桩基发生挠曲

清水河设计流量为 40 m^3/s，桩基处于河道中，随着河流的不断冲刷，桩基必将受到水流的水平冲击力影响。当水平作用力达到一定值时，桩基将发生挠曲。

1.3 桩基发生偏移

桩基发生偏移的主要原因是桩基有效桩长减小。疏浚开挖造成桩身裸露，桩基与土体之间的摩擦力降低，极易造成桩基偏移。

2 水下玻纤套筒加固技术与传统工艺的对比

受河道河底高程影响，本工程需要进行规划疏浚，导致沿线桥梁下部结构的桩基显露。显露桩基部位面临河道冲刷的问题，危及结构安全，大大缩短桥梁的使用寿命。另外，交通量不断增大，重型车辆增加，超载现象严重，超限运输频繁出现，因此旧桥的检测和加固迫在眉睫[2]。

2.1 传统的桥梁桩基加固方法

传统的桥梁桩基加固方法主要有 4 种。一是增大截面加固法。它是指在原有的桩基上重新增加钢筋绑扎和浇筑混凝土，使得桩基的截面增大，增强桩基承载力。二是粘贴钢板加固法。粘贴钢板加固法，顾名思义，就是在桩基周围利用粘贴剂将钢板固定到桩基上，使得钢板和桩基合为一个整体，起到加固效果。另外，钢板具有一定的挠度，对于抗弯要求的构件尤为有效。三是粘贴纤维片材加固法。这种方法与粘贴钢板加固法的原理相同，其充分利用片材的特性，纤维片材具有抗弯性能好、质量轻、强度高、抗腐蚀性强、寿命长的特点，施工操作安全便捷。四是体外预应力加固法。它是指在桥梁桩基周围增加预应力钢撑杆及拉杆支撑桥面，大大提高桥面底部支撑力。这种技术可以增强桩基的承载力，抵消部分桥面恒载，并具有抗疲劳特性，对桥面竖向裂缝的产生有较好的控制效果[3]。

传统加固工艺工期长，成本高，必须在干地环境中施工，施工期间需要断行，未来可能需要对墩柱进行重复维修[4]。引江济淮工程(河南段)清水河涉及较多需要处理的桥梁，而桥梁为当地交通必经之路，基于以上要求，人们急需探寻一种水下施工、质量有保证、施工快捷的施工技术。

2.2 水下玻纤套筒加固技术

水下玻纤套筒加固技术是针对桥梁墩柱进行加固的一种新型工艺，可以对存在稳定性问题的桥梁墩柱进行有效加固。该技术施工快捷，无须修筑围堰，并且可在水下作业。水下玻纤套筒加固技术在引江济淮施工中主要有三大特点。

(1) 可水下施工

玻纤套筒加固技术所采用的环氧灌浆料可在水下施工，同时施工时可自流平，不离析，并具有较好的黏结力。另外，该技术无须修筑围堰，在保证施工质量的同时，可大大提高施工速度。

（2）材料防腐性较好

环氧灌浆料为高分子聚合物，有高强度的防腐蚀作用，可应对水质碱性和酸性腐蚀。另外，玻纤套筒对化学反应表现出惰性，对碱性和酸性物质也具有较好的抗性。

（3）耐久性强

引江济淮工程（河南段）处于北方区域，四季明显，存在干湿、冻融等环境影响因素。环氧灌浆材料及玻纤套筒抗环境变化能力强，适用于该地区。

3　技术参数要求

本工程采用的桩基加固材料有玻璃纤维套筒、环氧灌浆料（按比例配置）、水下环氧封口胶（CMSR）、水下环氧封顶胶（CUCR）、密封条、紧固带和不锈钢钉等。其加固截面示意图如图2所示。玻纤套筒性能指标如表1所示，水下环氧封口胶（CMSR）性能指标如表2所示，水下环氧封顶胶（CUCR）性能指标如表3所示。

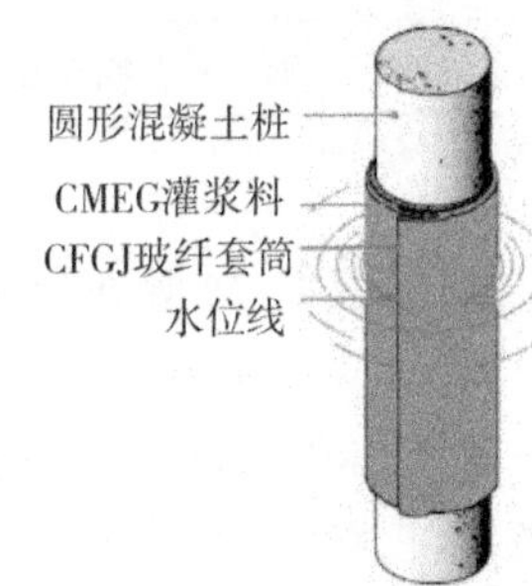

图2　桥梁桩基加固示意图

表1　玻纤套筒性能指标

序号	项目名称	性能指标
1	横向拉伸强度(MPa)	≥200
2	纵向拉伸强度(MPa)	≥200
3	横向弯曲强度(MPa)	≥200
4	纵向弯曲强度(MPa)	≥200
5	横向弯曲弹性模量(GPa)	≥10
6	纵向弯曲弹性模量(GPa)	≥10
7	巴氏硬度	≥35
8	吸水率(%)	≤0.7

表2　水下环氧封口胶(CMSR)性能指标

序号	项目名称	性能指标
1	抗拉强度(MPa)	≥30
2	抗压强度(MPa)	≥70
3	钢对钢拉伸抗剪强度标准值(水下固化)(MPa)	≥10
4	钢对钢T冲击剥离长度(mm)	≤25
5	钢对C45混凝土正拉黏结强度(MPa)	≥2.5

表 3 水下环氧封顶胶(CUCR)性能指标

序号	项目名称	性能指标
1	抗拉强度(MPa)	≥30
2	抗压强度(MPa)	≥70
3	钢对钢拉伸抗剪强度标准值(水下固化)(MPa)	≥10
4	钢对钢 T 冲击剥离长度(mm)	≤25
5	钢对 C45 混凝土正拉黏结强度(MPa)	≥2.5

4 水下玻纤套筒加固技术施工过程

玻纤套筒加固的基本步骤为:现场调查→处理待加固构件表面→玻纤套筒安装→拌制并灌注水下环氧灌浆料→使用封顶胶封顶→固化。

4.1 现场调查

现场进行排查,根据设计图纸要求进行现场疏浚开挖,对桥梁底部疏浚开挖后的断面进行调查及测量,包括河底底部高程、桩基外露情况、地层等因素,以便调整桥梁桩基加固方案。排查时,应仔细检查所需加固桥梁每根桩基的现状及周围环境,对每座桥梁的桩基进行现场量测,明确每座桥梁桩基所需玻纤套筒的长度及直径,达到物尽其用的目的。

4.2 处理待加固构件表面

河道疏浚开挖后,外露的待加固桥梁桩基表面应进行清理。桥梁桩基长期处于水下环境中,受到水流冲刷,表面附着的杂物、锈蚀、水生物等应清理干净。对于桩基表面存在的影响桩基强度的破损面,应进行表面凿毛处理,将破损处凿毛至新鲜混凝土为止。另外,查看桩基表面是否有露筋现象,若出现露筋现象,应进行钢筋补强加固或者除锈处理,补强钢筋应采用不小于原直径的钢筋进行焊接处理。

4.3 玻纤套筒安装

根据现场桩基调查结果,将符合现场要求尺寸的玻纤套筒运送至施工工作面,并检查玻纤套筒外观是否存在缺陷,待现场监理验收合格后方可使用。玻纤套筒安装前,首先将可压缩密封条紧紧固定在玻纤套筒底部,固定完成后,应检查可压缩密封条的密闭性和牢固性,避免灌注水下环氧灌注料时出现灌注料漏失而影响加固效果。待密封条加固合格后,在玻纤套筒上、下两端安装限位器。限位器可使桩基加固时桩基与玻纤套筒之间的间隙均匀一致,在灌注完灌注料后能够保证灌注料包裹桩基的厚度一致,可使玻纤套筒与桩基更好地结合为一个整体。安装完玻纤套筒上、下限位器后,在套筒底部均匀灌注 CMSR 水下环氧封口胶,然后撑开玻纤套筒,包裹住桩基,经待加固区域玻纤套筒精确定位,采用紧固带临时固定套筒,紧固带每条之间的间隔不大于 1 m,玻纤套筒节段间的衔接长度为

15 cm。

4.4　拌制并灌注水下环氧灌浆料

水下环氧灌浆料分为三种料(料1、料2、料3)，现场根据料1∶料2∶料3＝2.5∶1.0∶9.0的比例进行拌制，添加先后顺序分别为料1、料2、料3，添加完后，采用拌和器充分搅拌，直至颜色均匀。现场随用随拌，一次拌和不宜超过30 kg。拌和完成后，将拌和料匀速灌入玻纤套筒内，灌注时采用分层灌注法，每次灌注高度为15 cm，每层灌注间隔8 h，以便灌浆料充分固化。由于该技术在水下环境施工，灌注时玻纤套筒内存有水分，灌注完成后，灌浆料将套筒内的水分充分挤压出来，直至灌浆料距离玻纤套筒顶部1～2 cm处停止灌注。

4.5　使用封顶胶封顶

水下灌注料灌注完成并待其固化后，在玻纤套筒顶部采用CUCR水下环氧封顶胶进行封顶。涂抹封顶胶时，宜在玻纤套筒顶部抹成斜坡状，以增强封顶胶的稳固性和密封性。

4.6　固化

上述工序完成后，经过24 h，水下环氧灌浆料便可完成固化，这时便可取下临时紧固带，完成此次桩基玻纤套筒加固工作。

5　结语

引江济淮工程是国务院要求加快推进的172项重点工程之一，居河南省十大水利工程之首，沿线河道涉及桥梁较多，重复修建投资大，不能充分发挥其剩余社会价值。另外，桥梁是连通两岸村庄、城镇的必经之路，桥梁的安全性尤为重要。传统桥梁桩基加固方法工期长，成本高，人们急需寻找一种快速施工技术以应用到现场施工。引进新型桥梁加固技术势在必行。水下玻纤套筒加固技术无须修筑围堰，且可在水下作业，节约工期，降低施工成本，是一种新型的水下构筑物加固技术，在水利工程施工中有着广阔的应用前景。

参考文献

[1] 王全，刘洪瑞，吴冬亮. 河床下切对桥梁桩基承载能力的影响及加固[J]. 城市道桥与防洪，2010(1)：60-63.
[2] 陈强，吴才俊. 桥梁病害加固技术探讨[J]. 现代交通技术，2011(3)：45-47，78.
[3] 练广龙，吴泳钿. 桥梁水中桩桩基加固应用研究[J]. 低温建筑技术，2014(5)：133-134.
[4] 肖勇辉. 水下玻纤套筒加固技术研究[J]. 城市道桥与防洪，2017(7)：146-149.

Influence of Teleconnection Factors on Extreme Precipitation in Henan Province under Urbanization

Yuxiang Zhao[1,2], Jie Tao[1,2], He Li[1,2*], Qiting Zuo[1,2], Yinxing He[3] and Weibing Du[4]

(1. School of Water Conservancy and Transportation, Zhengzhou University, Zhengzhou 450001, China; 2. Yellow River Ecological Protection and Regional Coordinated Development Research Institute, Zhengzhou University, Zhengzhou 450001, China; 3. Water Conservancy Security Center of East Henan, Kaifeng 475000, China; 4. Henan Water Diversion Engineering Co., Ltd., Zhengzhou 450003, China * Correspondence: lihe@zzu.edu.cn)

Abstract: Urban extreme precipitation is a typical destructive hydrological event. However, the disaster-causing factors of urban extreme precipitation in Henan Province have rarely been discussed. In this study, daily precipitation data of 11 stations covering a disaster-affected area in "21.7" rainstorm event from 1951 to 2021 and hundreds of climatic indexes set were selected. First, the Granger causality test was adopted to identify the dominant teleconnection factors of extreme precipitation. Then, the effects of teleconnection factors on extreme precipitation in four design frequencies of 10%, 1%, 0.1%, and 0.001% in typical cities of Henan Province were analyzed by using regression and frequency analysis. Finally, the future variation was predicted based on CMIP6. The results show that: (1) The West Pacific 850 mb Trade Wind Index, Antarctic oscillation index, and other factors exert common influence on disaster-affected cities. (2) Teleconnection factors are the dominant force of urban extreme precipitation in most cities (50.3%~99.8%), and area of built-up districts, length of roads, area of roads, and botanical garden areas are the key urbanization indicators affecting extreme precipitation. (3) In the future scenarios, the duration and intensity characteristics of urban extreme precipitation will increase, and the growth rate will increase monotonically with the recurrence period.

Keywords: teleconnection factors; Henan Province; urban extreme precipitation; Granger causality test; urbanization indicators

1 Introduction

In recent years, global climate change has impacted atmospheric circulation worldwide, while human activities represented by urbanization have exacerbated underlying surface in urban areas prominently, especially aggravating the extremeness and harmfulness of urban precipitation events[1-3]. With the rapid development of urbanization, the corresponding research on extreme precipitation in urban regions has been gradually increasing, which mainly has the following characteristics. Firstly, the research objects are mainly typical agglomerations and highly urbanized areas, such as the Yangtze River Delta, Guangdong-Hong Kong-Macao Greater Bay Area, Beijing-Tianjin-Hebei region, and Tokyo, Seoul[4-6]. Zhang[7] noted that the increase in the intensity and frequency of extreme precipitation in cities due to rapid urbanization has been widely detected worldwide. Secondly, the research mainly focuses on analyzing the driving force of extreme precipitation in urban areas. Zhang et al.[8] explored urbanization effects on extreme precipitation using physical metrics including area, complexity, fragmentation, and dominance deduced from five periods of land use maps and found that magnitudes and frequencies are enhanced by them, especially in central urban region. Therefore, taking climate control and urbanization as the driving force to analyze the impacts on urban extreme precipitation in typical cities or agglomerations is of practical significance.

It is crucial to separate the influence of one concerned driving force from the other when exploring the impact of different forces on urban precipitation. Relevant climate indexes can be adopted to characterize their independent function to isolate the influence of climate control on urban precipitation. Teleconnection refers to the significant correlation between meteorological anomalies in locations separated by a certain distance, typically spanning thousands of kilometers. Its main mechanism involves modifying local tropospheric temperatures, thereby altering large-scale pressure and wind fields or facilitating the cross-regional transfer of dust and other substances through wind movement. Silva et al.[9] validated the recognized teleconnection response of seasonal precipitation to sea surface temperature patterns (El Niño-Southern Oscillation) using the Granger causality test at different time scales. Yoo et al.[10] utilized teleconnection in the Northern Hemisphere to propose a composite statistical model for predicting the temperature within 6 weeks in East Asia during winter. Applying the teleconnection factor with inherent evolutionary mechanisms to characterize the contribution of climate control in quantitative attribution is an objective and credible approach. Commonly used approaches for identifying teleconnection include Pearson correlation coefficient, the Granger causality test, Copula analysis, and information entropy[11]. The separation of the impact of urbanization on urban precipitation can be classified into two main approaches: observation-based methods and model-based methods[5,12]. The observation-based methods primarily utilize statistical approaches for analysis[13,14], which have the advantage of removing the influence of climate system variability. On the other hand, model-based methods involve simulating and analyzing physical mechanisms using numerical weather models or theoretical physical models, which are mainly implemented in individual cases with limited universality. Song et al. [15] found that urbanization could induce the intensification of extreme precipitation, with a higher amount, intensity, and frequency of precipitation extremes and a larger magnitude of their trends in urban areas by comparison with those rural areas. Zhu et al. [16] analyzed the influence of urbanization on the spatial pattern and cause of hourly precipitation in Beijing through circular analysis and the Granger causality test and discovered that the urban areas with the highest population density exhibited longer duration, higher intensity, and larger magnitude. Paul et al. [17] analyzed the extreme precipitation in Mumbai, India, through WRF numerical simulations, and found that urbanization led to an enhanced magnitude of extreme precipitation. Given the aforementioned background, exploring the influence of teleconnection and urbanization on extreme precipitation in typical cities is of significant importance for understanding the inducing mechanisms of urban extreme precipitation and formulating corresponding prevention and control measures.

Henan Province is located in central China and serves as a vital transportation hub and a center for capital, logistics, and information flow. Henan Province is prone to experiencing heavy precipitation processes, and the occurrence of historical heavy rainstorm disasters was always attributed to typhoons, such as the "75. 8" extremely heavy precipitation. The extreme precipitation event known as the "7. 21" incident that occurred in July 2021 in Henan Province resulted in severe urban waterlogging disasters and significant social impacts[18]. Between 17 and 21 July 2021, Henan Province experienced a historically rare extreme rainfall event. The strongest period occurred from 08:00 on 19 July to 08:00 on 21 July, with the precipitation center predominantly concentrated in the central region of Henan Province, centered around Zhengzhou. The precipitation recorded at the Zhengzhou station on 20 July reached an astonishing 663. 9 mm[19-21], and the three-day cumulative rainfall in most surrounding areas exceeded 400 mm, surpassing all historical records since the establishment of meteorological stations. Research based on reanalysis data and observational data has been conducted to analyze this extreme rainstorm event. The research findings indicate that stable atmospheric circulation patterns, abundant moisture and energy supply, pronounced terrain effects, as well as the continuous accumulation, merging, and stagnation of convective systems in the precipitation area were the primary causes of this heavy rainfall event[22-24]. Deng et al. [25] pointed out that the binary typhoon Infa and Cempaka provided moist air parcels for "21. 7" heavy rainfall in Henan province through numerical simulations. Wang et al. [26] determined the relationship between rainfall intensity and road-pipe overflow patterns based on "21. 7" precipitation monitoring data. Zhao et al. [27] found that the upper-level synoptic-scale disturbance, which leads to the development of potential vorticity anomalies and its downward intrusion, played a critical role in the development of the "21. 7" event. As a typical inland province in the central plains of China, the response of typical urban clusters in Henan Province to subtropical highs and typhoon reflects the teleconnection accurately. However, existing research has rarely been conducted from the perspective of teleconnection and focused on the typical inland urban clusters of Henan Province to reveal the impact of teleconnection on urban extreme precipitation under the urbanization.

This study selected nine typical cities in Henan Province to analyze the impact of teleconnection on urban extreme precipitation, based on precipitation data from 11 meteorological stations from 1951 to 2021 as well as 130 teleconnection factors. The dominant teleconnection factors, which influenced urban extreme precipitation in each city, were identified by the Granger causality test. Then, the precipitation characteristics were obtained by multiple liner regression and frequency analysis methods through comparing different driving force scenarios. Finally, the design values were calculated under various design frequencies based on the above, and the connection between 10 urbanization indicators and extreme precipitation was explored. This study aims to address the following specific questions: (1) What teleconnection factors dominate urban extreme precipitation, and do they exert common influence on disaster-affected cities? (2) What urbanization indicators are prominent in urban extreme precipitation? (3) What are the future variations?

The organization of this paper is as follows: Section 2 introduces the main methods used in this paper, including selection of statistical indicators, the Granger causality test, and the calculation of contribution; Section 3 briefly introduces the study area and used data; Section 4 is the results and discussions; Section 5 is the summary.

2 Methodology

This study is comprised of three steps taken to analyze the influence of teleconnection factors on extreme precipitation in Henan Province under urbanization (Figure 1):

Step1: Teleconnection identification. The nonstationarity of urban precipitation series was diagnosed by two nonparametric methods and the statistical characteristics were recognized. Then, the dominant teleconnection factors were selected through Granger casualty test.

Step2: Interpreting attribution. The reconstructed precipitation series were simulated by virtue of relationship between teleconnection factors and precipitation, and the attributions are quantified under four different design frequencies. Then, the contribution was further interpreted by urbanization indicators.

Step3: Future prediction. The most optimal CMIP6 climate model for each city was selected and the future variation in extreme precipitation are predicted.

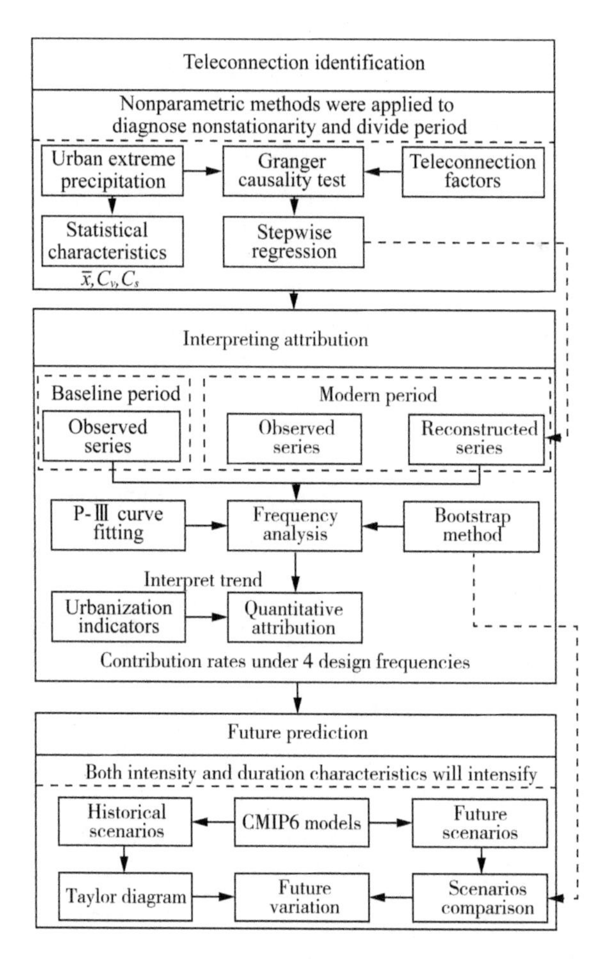

Figure 1　Flowchart for researching influence of teleconnection factors on urban extreme precipitation in Henan Province under urbanization

2.1　Extreme Precipitation Connotation and Selection of Statistical Indicators

Extreme precipitation is one type of extreme event. Currently, there are five main methods internationally used to define extreme precipitation: the maximization method, the absolute threshold method, the standard deviation method, the percentile threshold method, and the membership degree method. Considering the "7.21" extreme precipitation event in Henan Province, where both the annual maximum one-day (AM1X) and annual maximum three-day (AM3X) precipitation exceeded historical records, this study selected these two indicators as the statistical metrics for extreme precipitation in Henan Province. The annual maximum method of sampling was used to derive data series consisting of the maximum precipitation at different windows across multiple stations over the years. Specifically, the AM1X and AM3X series at each station were obtained by arithmetic mean method and moving statistics method.

The statistical characteristics of the urban extreme precipitation series (mean, C_v, C_s) were obtained based on the three-parameter Pearson type Ⅲ (P-Ⅲ) distribution using the curve-fitting method. The probability density function of P-Ⅲ can be expressed by Equation (1):

$$f(x)=\frac{\beta^{\alpha}}{\Gamma(\alpha)}(x-a_0)^{\alpha-1}e^{-\beta(x-a_0)} \tag{1}$$

where $\Gamma(\alpha)$ is the gamma function of α; α is shape parameter; β is scale parameter; a_0 is location parameter ($\alpha>0$ and $\beta>0$).

The bootstrap method[28] was used to overcome the uncertainty in the parameter estimation to obtain the design point values and interval estimation of the extreme precipitation at the four different design frequencies (0.01%, 0.1%, 1%, and 10%), which are key references for urban meteorological warning and engineering flood prevention.

2.2 Principle of Granger Causality Test

In order to characterize the role of climate control, previous studies usually selected fundamental hydrological elements (such as evaporation, temperature, etc.) as climate indicators. However, the basic hydrological elements are also influenced by human activities, especially in urban areas. Therefore, it is inaccurate to rely solely on basic hydrological elements to represent the impact of climate control on extreme precipitation in urban areas. Therefore, this study utilizes teleconnection factors, with internal evolving mechanisms which are less influenced by human activities, to represent the influence of climate control. The relationship between teleconnection factors and extreme precipitation are identified using the Granger causality test.

The Granger causality test method is used to detect the causal relationship between two time series, X and Y ($i=1,\cdots,m$)[29]. The model is shown in Equations (2) and (3): if X causes changes in Y, the overall α value is not equal to 0, and the overall λ value is equal to 0; if Y causes changes in X, the overall a value is equal to 0, and the overall λ value is not equal to 0; if X and Y are mutually causal, the overall value of the α and λ are not equal to 0; if X and Y are independent of each other, the overall value of the α and λ are equal to 0.

$$Y_t=\sum_{i=1}^{m}\alpha_i X_{t-i}+\sum_{i=1}^{m}\beta_i Y_{t-i}+\mu_{1t} \tag{2}$$

$$X_t=\sum_{i=1}^{m}\lambda_i Y_{t-i}+\sum_{i=1}^{m}\delta_i X_{t-i}+\mu_{2t} \tag{3}$$

where α, β, λ, and δ are model coefficients; μ_{1t} and μ_{2t} are model white noise, assuming they are uncorrelated. In this study, the series X represents each teleconnection factor, and the series Y represents urban extreme precipitation.

2.3 Contribution of Teleconnection Factors and Urbanization to Urban Extreme Precipitation

The impact of teleconnection factors and urbanization on extreme precipitation at different frequencies can be quantified by Equations (4) and (5) realized by the form of contribution rates, where the contribution of urbanization can be reflected by the difference between reconstructed values and observed values.

$$r_c = \frac{|pre_c|}{|pre_c| + |pre_h|} \times 100\% \tag{4}$$

$$r_h = \frac{|pre_h|}{|pre_c| + |pre_h|} \times 100\% \tag{5}$$

where pre_c denotes the design value obtained from the frequency analysis; pre_h denotes the difference between the observed value and the design value during the modern period; r_c denotes the contribution of teleconnection factors to extreme precipitation; and r_h denotes the contribution of urbanization to extreme precipitation.

3 Case Study

3.1 Study Area

The study areas selected in are shown in Figure 2. According to the administrative divisions, Zhengzhou, Anyang, Xinxiang, Kaifeng, Luoyang, Pingdingshan, Xuchang, Zhoukou, and Nanyang City in Henan Province are included, all of which are within the impact range of "21.7" extreme rainstorm in Henan Province[30,31].

Henan province is a typical inland province, it is located in the western transitional zone of the Yellow-Huai River plain. It is shifted from the warm semi-humid temperate in the north to the North Subtropical climate in the south, and terrain is transformed from hilly and mountainous in the west to plain in the east. Heavy rainstorm in Henan Province exhibits distinct seasonal and regional characteristics, with an average annual precipitation range from 407.7 to 1295.8 mm, which is concentrated from June to August. In terms of spatial distribution, the days and the amount of heavy rainstorms generally decrease from east to west and from south to north. Meanwhile, Henan Province is the most populous province in China and has undergone rapid urban expansion. The permanent resident population has grown from 13.49 million in 1950 to 98.83 million in 2021, and the urbanization rate has increased from 6.8% in 1950 to 56.45% in 2021.

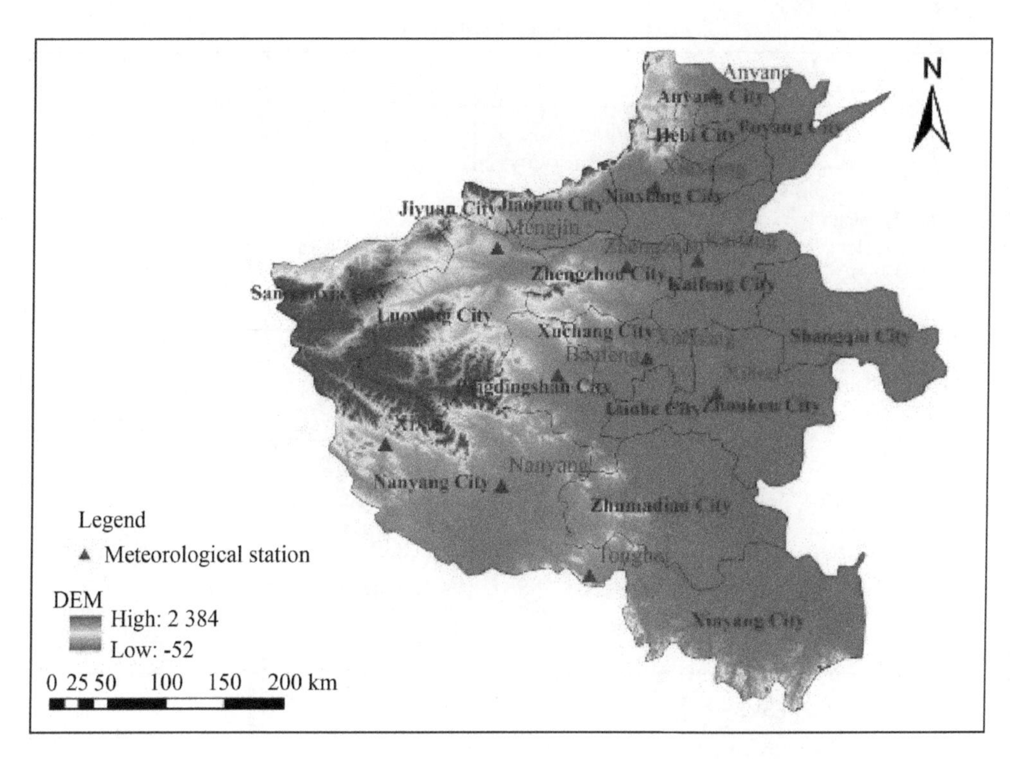

Figure 2　Location of the study area and layout of stations

3.2　Data

The precipitation data of 11 stations covering 9 cities and teleconnection factors including 130 items were sourced from National Climate Center (NCC). The climate models of CMIP6 were retrieved at the Inter-Sectoral Impact Model Intercomparison Project (ISIMIP). This contains daily historical data (1951—2014) and simulation data for the future (2015—2100), and there are four future period scenarios (SSP1-2.6, SSP2-4.5, SSP3-7.0, SSP5-8.5) according to the differences in shared socio-economic paths, which represent the multifarious participation level of human activities. Statistical downscaling and bias correction have been implemented in each CMIP6 model, and all of the CMIP6 models are downscaled from their original resolution in Table 1 to $0.5° \times 0.5°$.

The data of 10 urbanization indicators were sourced from China Economic and Social Big Data Research Platform and Henan Statistical Yearbook[32]. Due to disclosure restrictions, only 21 years of data from 2001 to 2021 could be downloaded.

The detailed properties of multiproxy data are summarized in Table 1.

Table 1 Details of data properties

Data Type	Detail	Source	Scale	Span
Precipitation	Zhengzhou (Zhengzhou City), Xinxiang (Xinxiang City), Mengjin (Luoyang City), Nanyang (Nanyang city), Tongbai (Nanyang City), Xixia (Nanyang City), Baofeng (Pingdingshan City), Anyang (Anyang City), Xuchang (Xuchang City), Kaifeng (Kaifeng City), Xihua (Zhoukou City)	NCC	Daily	1951—2021
Teleconnection	88 atmospheric circulation indexes, 26 Sea Surface Temperature (SST) indexes, 16 other indexes	NCC	Monthly	1951—2021
GCMs	IPSL-CM6A-LR	Institute Pierre-Simon Laplace (IPSL), Europe	2.5°×1.26°	1951—2100
	MRI-ESM2-0	Meteorological Research Institute (MRI), Japan	1.125°×1.125°	1951—2100
	CNRM-ESM2-1	CNRM-CERFACS, France	1.4°×1.4°	1951—2100
	CanESM5	Canadian Centre for Climate Modelling and Analysis (CCCma), Canada	2.8°×2.8°	1951—2100
	MIROC6	MIROC, Japan	1.4°×1.4°	1951—2100
Urbanization indicators	Urbanization rate, population density, per capita GDP, built-up district area, built-up areas density of water pipes, density of sewers in built district, green coverage rate of built-up district, length of road, road area, botanical garden areas	Henan Statistical Yearbook	Yearly	2001—2021
		China Economic and Social Big Data Research Platform	Yearly	2001—2021

4 Results and Discussion

4.1 Temporal and Spatial Variations of Urban Extreme Precipitation under Urbanization

The Mann-Kendall[33,34] and Pettitt test[35] were applied to examine the stationarity of precipitation series. The common results in two kinds of tests were regarded as mutation points, while mutation points were selected according to the series length and the actual situations when the different results were obtained. The mutation points for the

11 stations are listed as Table 2. According to the temporal variations in urban extreme precipitation series, the study area could be roughly divided into four categories (Figure 3), that is, area whose mutation points occurred around 2001 including Mengjin, Zhengzhou, Xinxiang, and Anyang; area whose mutation points occurred around 1983, including Baofeng, Xixia, and Kaifeng; area whose mutation points occurred around 1991, including Xuchang and Xihua; and area whose mutation points occurred around 2012, including Nanyang and Tongbai. In particular, the temporal variation in urban extreme precipitation was represented by nonstationarity in time series, which reflected the time-dependent node when urbanization played a significant role in urban extreme precipitation. The spatial variation was represented by the common category for mutation point in different cities, which reflected the regional scope of urbanization impact on urban extreme precipitation. Figure 3 shows that the information of the distribution of cities in the same category is continuous, which indicates that the region impact of urbanization exists.

Figure 3 shows the trends of urban extreme precipitation before and after the mutation point. Urban extreme precipitation increases or decreases gently before the mutation point; however, (1) in the areas where the mutation points are around 2001, there are sharp growths after the mutation point (the most significant in Zhengzhou); (2) in the areas where the mutation points are around 1983, the trends show a gentle upward trend after the mutation point; (3) in the areas where the mutation points are around 1991, there are downward trends after the mutation point; and (4) in the areas where the mutation points are around 2012, the trends increase sharply in Tongbai and decrease in Nanyang.

Henan province straddles the south-north climate transition zone and is deeply affected by monsoon climate. The southern region, located near the Qinling Mountains and Huaihe River, belongs to the north subtropical monsoon climate region, with abundant precipitation and long rainy seasons. The incidence of heavy rainfall is low in the northwestern region because the continental climate is strong, and it is relatively difficult for the monsoon to penetrate. Influenced by the seasonal variation in atmospheric circulation and the difference in latitudes and terrain between north and south, the precipitation contour of Henan Province shows an east-west trend, while the plain area shows a northeast-southwest trend.

The formation of extreme precipitation requires three basic conditions: water vapor condition, unstable structure, and uplift condition. The extreme precipitation in Henan province mainly occurs in June, July, and August. There are three main types of weather conditions: marginal high subtropical type, low trough type, and northwest airflow type; the first two weather conditions appeared more frequent and concentrated in July and August, the last weather condition appeared less frequent and concentrated in June.

Table 2 The diagnosed results of nonstationary precipitation series

Station	Mutation Point of AM1X Series(Year)	Mutation Point Of AM3X Series(Year)
Zhengzhou	2004	2002
Xinxiang	2001	2001
Mengjin	2001	2004
Nanyang	2012	1994
Tongbai	2014	2016
Xixia	1983	1983
Baofeng	1985	1985
Anyang	2001	2001
Xuchang	1991	1997
Kaifeng	1978	1978
Xihua	1991	1993

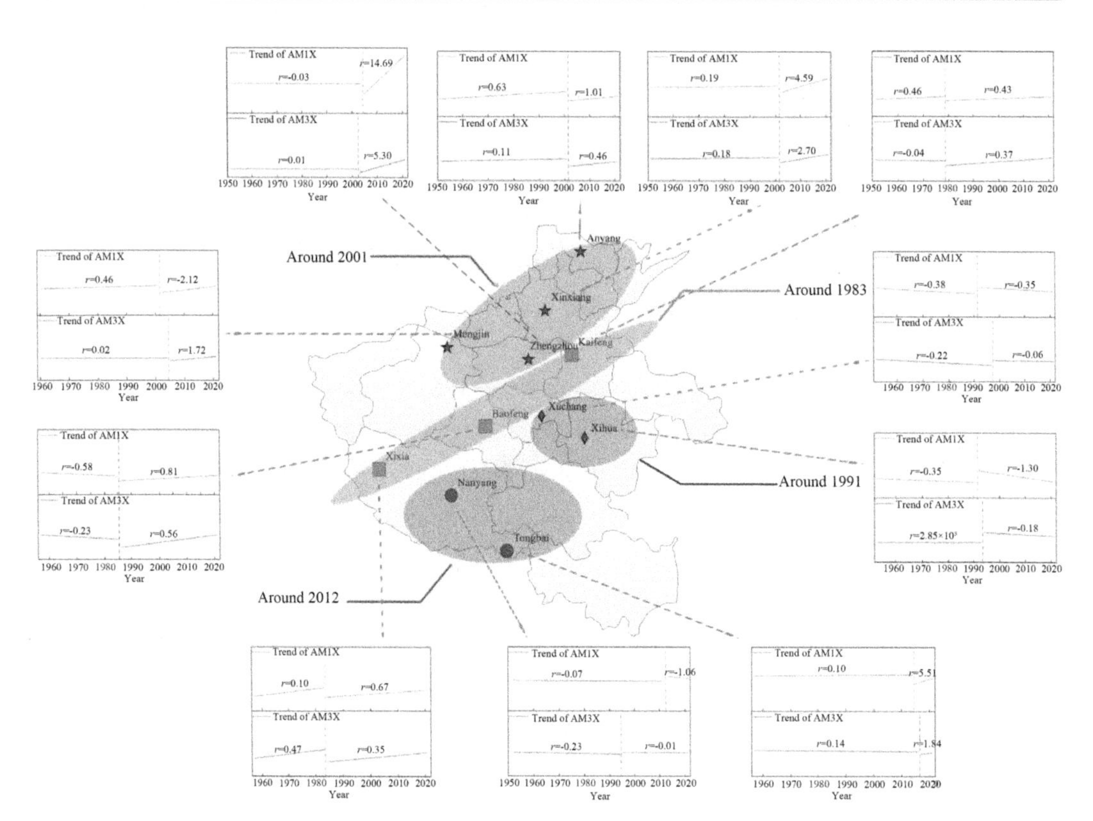

Figure 3 The trend and spatial pattern of nonstationarity in extreme precipitation

In detail, the main characteristics of the marginal subtropical high type include that the subtropical high is strong, the lower level is warm humid moisture, and the water vapor transport conditions are sufficient. The main characteristics of the low trough type are that the positive vorticity advection in front of the 500 hPa low trough provides better upper-level dynamic conditions for the development of strong convection, while the development of the low-level Southerly jet provides more favorable temperature and humidity stratification conditions.

4.2 The Dominant Teleconnection Factors of Urban Extreme Precipitation

It is assumed that the stationarity of the urban extreme precipitation series was broken by urbanization when this force accumulated to be largely enough, and this time node was defined as the mutation point. Based on the above assumptions, the period before the mutation point is defined as the "baseline period" when urbanization is weak and negligible, and only the teleconnection dominates precipitation. The period after the mutation point is defined as the "modern period" when urbanization begins to have a significant impact and is also taken into account. In the baseline period, the Granger causality test was used to identify the dominant teleconnection factors affecting urban extreme precipitation with a set time lag of 0～12 months. The results show that the AM1X in Zhengzhou, Xinxiang, Mengjin, Nanyang, and Anyang are more sensitive to teleconnection factors than the AM3X, that is, there are more teleconnection factors owning notable Granger causality with AM1X than AM3X; meanwhile, the AM3X in Tongbai, Xixia, Baofeng, Xuchang, Kaifeng, and Xihua are more sensitive to the teleconnection factors than the AM1X. Furthermore, the response pattern to teleconnection over the above cities corresponds to the spatial pattern in Figure 3. This indicates that teleconnection also exists in the region impact aside from urbanization as mentioned in Section 4.1, which reflects the fact that teleconnection always influences the same urban extreme precipitation indicators (AM1X or AM3X) within the same category in Figure 3.

In order to eliminate collinearity among the factors, stepwise regression was used to optimize the identified factors and find out the most explanatory independent variables. Then, multiple linear regression models were constructed by the most germane teleconnection factors without considering urbanization (Table 3). We can see from Table 3 that atmospheric circulation indexes are most considerable in teleconnection, and the more atmospheric the circulation indexes are, the better model interpretation ability is. SST indexes are more notable than other indexes generally. In addition, the results show that the influence of teleconnection factors on urban extreme precipitation appears to be on regional common characteristics, which means that the same factors affect multiple cities in the same category region in Figure 3. For instance, the West Pacific

850 mb Trade Wind Index (zonal wind average standardized value in 850 hPa zonal wind field, 5° N~5° S,135° E-180° W), East Pacific 850 mb Trade Wind Index (zonal wind average standardized value in 850 hPa zonal wind field, 5° N~5° S, 135° W~120° W), Atlantic Multi-decadal Oscillation Index (regional average of sea surface temperature anomaly in the 0° N~70° N and 80° W~0° W region), Antarctic Oscillation Index [the normalized sequence of the time coefficients of the first mode obtained from the empirical orthogonal function analysis (EOF) of the anomaly field at a height of 700 hPa in the region of 20°~90° S and 0°~360°], Western Pacific Subtropical High Intensity Index (the cumulative values of the difference between the geopotential height and 5870 geopotential meters multiplying the cell area, within the range >5880 geopotential meters in 500 hPa field, 10° N~60° N, 110° E~180° E), Indian Ocean Basin-Wide Index (regional average value of sea surface temperature anomaly in the 20° S~20° N and 40°~110° E region), Northern Hemisphere Polar Vortex Central Latitude Index (the latitude position of the center of a low vortex with the lowest geopotential height in the high latitude region of 550 hPa altitude field of northern hemisphere), and another 22 teleconnection factors exert significant influence on the urban extreme precipitation of two or more cities in the Xixia-Baofeng-Kaifeng region. Three teleconnection factors, namely Atlantic-European Polar Vortex Area Index (the sector area enclosed north of the characteristic contours of the polar vortex southern boundary, in the 500 hPa height field of the northern hemisphere, 30° W~60° E), West Pacific 850 mb Trade Wind Index and Tropical Northern Atlantic SST Index (regional average value of sea surface temperature anomaly in the 5. 5° N~23. 5° N, 57. 5° W~15° W region) exert the simultaneous influence on urban extreme precipitation of Zhengzhou-Xinxiang-Mengjin-Anyang region. Three teleconnection factors, namely the West Wind Drift Current SST Index (regional average value of sea surface temperature anomaly in the 35° N~45° N, 160° E~160° W region), NINO B SSTA Index (regional average value of sea surface temperature anomaly in the 0°~10° N, 50° E~90° E region), and South Indian Ocean Dipole Index (the difference between the regional average value of sea surface temperature anomaly in the 45° S~30° S and 45° E~75° E regions and the 25° S~15° S and 80° E~100° E regions) exert influence on urban extreme precipitation in the Xuchang-Xihua region. The Asian Meridional Circulation Index (the average meridional index of three regions which is divided at 30 longitude intervals in the 500 hPa altitude field, 45° N~65° N and 60° E~150° E) affects the urban extreme precipitation in Nanyang and Tongbai. The urban extreme precipitation series, which is assumed to be only affected by teleconnection, of every station in the modern period was reconstructed based on the regression models.

Table 3　Functional relationship between extreme precipitation and teleconnection factors in typical cities

Station	Series	Atmospheric Circulation Indexes	SST Indexes	Other Indexes	R^2	p
Zhengzhou	AM1X	3	0	0	0.281	8.31×10^{-4}
	AM3X	1	1	2	0.468	4.33×10^{-6}
Xinxiang	AM1X	4	0	1	0.548	9.32×10^{-7}
	AM3X	4	1	1	0.528	5.70×10^{-6}
Mengjin	AM1X	1	0	1	0.336	4.12×10^{-4}
	AM3X	1	1	1	0.395	1.44×10^{-4}
Nanyang	AM1X	3	0	1	0.485	6.75×10^{-7}
	AM3X	4	1	0	0.520	4.63×10^{-5}
Tongbai	AM1X	2	1	0	0.280	5.451×10^{-4}
	AM3X	6	1	0	0.535	8.73×10^{-7}
Xixia	AM1X	16	7	1	1.000	1.16×10^{-7}
	AM3X	11	2	0	0.995	1.11×10^{-11}
Baofeng	AM1X	22	3	1	1.000	4.14×10^{-7}
	AM3X	18	5	3	1.000	1.75×10^{-8}
Anyang	AM1X	6	2	0	0.658	1.62×10^{-7}
	AM3X	1	0	0	0.084	4.07×10^{-2}
Xuchang	AM1X	6	1	0	0.688	2.25×10^{-6}
	AM3X	7	8	0	0.903	9.24×10^{-11}
Kaifeng	AM1X	21	3	1	1.000	6.47×10^{-7}
	AM3X	1	0	0	0.171	2.89×10^{-2}
Xihua	AM1X	0	1	1	0.286	2.32×10^{-3}
	AM3X	3	3	1	0.745	6.34×10^{-8}

According to the previous literature, the main source of water vapor flux for summer precipitation in North China is the western Pacific Ocean, the South China Sea, and the mid-high latitude westerlies, while the water vapor from the Bay of Bengal also has a certain strengthening effect on heavy rainfall. Furthermore, at 500 hPa altitude field, the southwest flow is dominant in the west of the subtropical high when the center of the subtropical high is in the west to the north, which can carry a lot of water vapor to the North China.

4.3 The Influence of Teleconnection on Urban Extreme Precipitation under Urbanization

In order to quantify the effects of teleconnection and urbanization on urban extreme precipitation in different design frequencies, frequency analysis was carried out on the observed values of AM1X and AM3X series in the baseline period, modern period, and the whole period, as well as the reconstructed values in the modern period. In detail, there are two steps in frequency analysis; P-Ⅲ distribution was adopted for curve fitting and the bootstrap method was applied to reduce uncertainty in the representation of samples. The design values of urban extreme precipitation under four frequencies of 10%, 1%, 0.1%, and 0.01% were deduced. Specifically, the statistical characteristic parameters of the urban extreme precipitation series in every city are listed in Table 4, and have been compared with the Rainstorm Atlas and Parameter Description of Henan Province to confirm the rationality.

Table 4 Statistical characteristics of extreme precipitation in typical cities

	AM1X			AM3X		
	C_v	C_s	Mean(mm)	C_v	C_s	Mean(mm)
Zhengzhou	1.15	7.38	92.86	1.11	7.28	40.95
Xinxiang	0.65	3.23	87.15	0.67	2.35	39.65
Mengjin	0.39	1.05	69.24	0.39	1.77	32.59
Nanyang	0.39	1.13	94.55	0.47	2.53	43.10
Tongbai	0.47	1.61	121.17	0.49	1.79	56.27
Xixia	0.41	1.76	84.33	0.41	1.84	38.07
Baofeng	0.50	2.06	90.82	0.46	1.39	40.51
Anyang	0.52	1.74	85.28	0.51	1.63	39.05
Xuchang	0.40	0.99	83.52	0.41	1.63	38.31
Kaifeng	0.50	1.55	89.57	0.50	1.77	39.77
Xihua	0.39	1.27	91.86	0.44	1.08	41.79

The point and interval estimation of the design values for the urban extreme precipitation series in three kinds of period (baseline, modern, and future) under four design frequencies, deduced by bootstrap method and P-Ⅲ distribution, are exhibited in Figure 4. It should be noted that the order of the stations in every period is the same as that in Table 3, and that SSP2-4.5 scenario does not exist in some CMIP6 climate models in the future period, with the future predicted value being represented by multi-model ensemble mean, and only the design values of the observed period being marked because of the overshort reconstructed series of Tongbai County.

Figure 4 shows the information of difference between urban extreme precipitation in the baseline and modern period, with the influence of teleconnection reflected in the observed series and the influence of urbanization is reflected in reconstructed series. In terms of the influence of teleconnection, most design urban extreme precipitation in different frequencies has no significant change, except for Xinxiang compared with the baseline period. In terms of the influence of urbanization, it was established that urban extreme precipitation has been aggravated in different frequencies by urbanization from the mutation point onward, which is reflected in the considerable design value of reconstructed series in modern period.

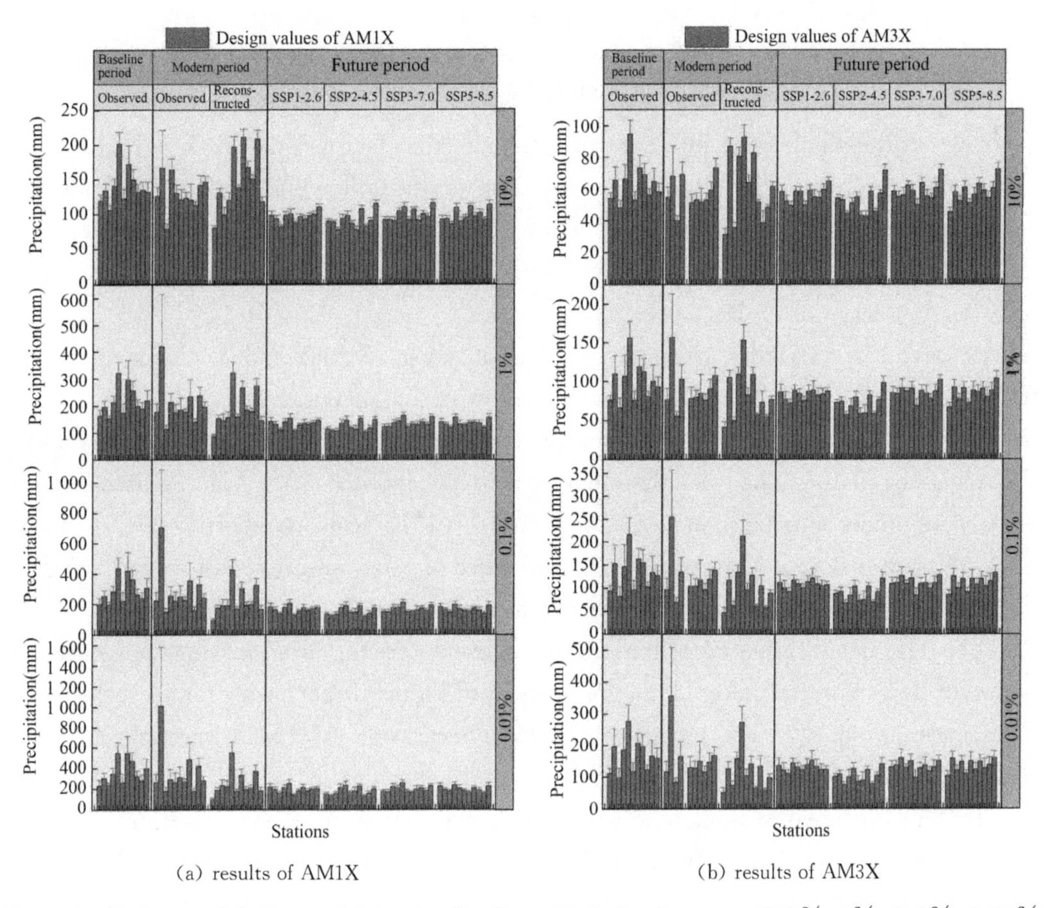

(a) results of AM1X　　(b) results of AM3X

Figure 4　Design precipitations and interval estimation with design frequency of 10%, 1%, 0.1%, 0.01%

The contribution of teleconnection and urbanization to urban extreme precipitation under four design frequencies is shown in Figure 5. It can be seen that the main driving force of extreme precipitation in most cities is teleconnection factors, which account for 50.3%～99.8%. In terms of spatial distribution, from the contribution rates of urbanization emerges a radial distribution with an overall decrease in central and southern regions as well as an overall increase in other marginal regions. The major results are as follows:

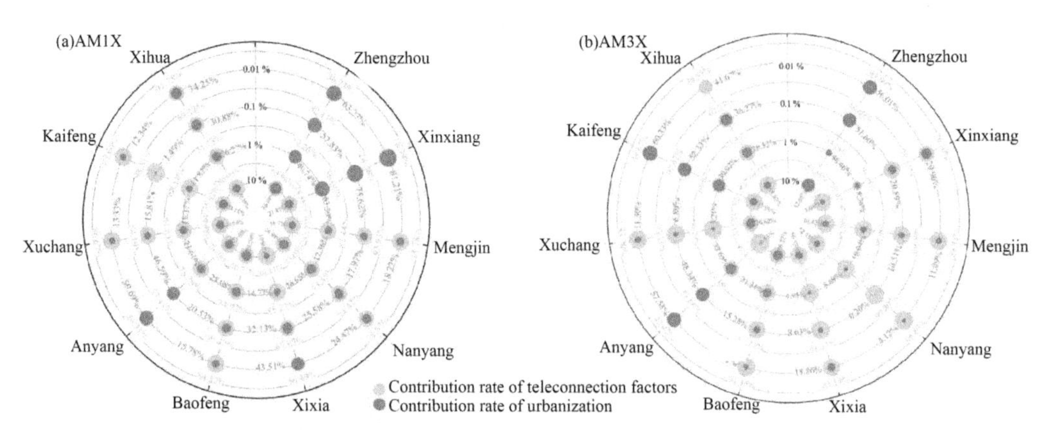

Figure 5 The contribution rates of teleconnection factors and urbanization to urban extreme precipitation under different frequency

(1) On the whole, the influence of teleconnection factors on AM3X is higher than that on AM1X, especially for the precipitation of the following stations with specific design frequency, and the increments of the contribution rates were calculated: (a) the precipitation of Xinxiang, Mengjin, Nanyang, and Baofeng at four frequencies, had a respective increase of +13.3～+55.0%, +6.4～+7.6%, +14.7～+25.4%, +3.0～+7.2%; (b) the precipitation of Zhengzhou, XiXia, and Xuchang under the frequency of 1%, 0.1%, and 0.01%, had a respective increment of +3.2～+7.3%, +9.8～+24.6%, and +2.0～+15%; (c) the precipitation of Kaifeng and Xihua under the frequency of 10%, had an increment of +6.3% and +3.3%; (d) the precipitation of Anyang under the frequency of 10% and 0.01%, had a respective increment of +21.3% and +2.1%. Conversely, the influence of teleconnection factors on AM1X is higher than that on AM3X for the remaining stations and design frequencies.

(2) The quantitative contribution also presents trend variations in the recurrence period of design precipitation. It can be seen from Figure 5 that, with the increase in the recurrence period. (a) The influence of teleconnection on AM1X in Zhengzhou, Xinxiang, Xihua, and Xixia, as well as the AM3X in Zhengzhou, Xinxiang, Xihua, Anyang, and Kaifeng, decreases monotonously, while the influence of urbanization increases monotonically. (b) The influence of teleconnection and urbanization on AM1X in Mengjin and Nanyang and AM3X in Mengjin is almost stable, with a change in contribution rate of less than 3%. (c) The influence of teleconnection on the AM1X in Baofeng (from 70.7% to 84.2%) and Xuchang (from 80.0% to 86.7%), and the AM3X in Baofeng (from 73.7% to 91.4%), increases monotonically, but the influence of urbanization decreases monotonically. Considering that different areas have different levels of urbanization, that is to say, the influence degree of urbanization on extreme precipitation is individual. Thus, these trend variations in quantitative contribution are attributed to inconsistent the urbanization level, which is concreted by urbanization indicators.

(3) The sensitive urbanization indicators of every typical city are relatively consistent. The correlation coefficient between urbanization indicators and urban extreme precipitation is calculated individually for every city, and the results are shown in Figure 6. In a clockwise manner, in Figure 6, the most impressionable areas for each urbanization indicator to urban extreme precipitation are: (a) Kaifeng, Xihua, Nanyang, Zhengzhou, Baofeng, Baofeng, Kaifeng, Zhengzhou, Zhengzhou, and Zhengzhou, for AM1X, respectively; (b) Xinxiang, Xihua, Xinxiang, Mengjin, Kaifeng, Baofeng, Mengjin, Baofeng, Zhengzhou, and Mengjin, for AM3X, respectively. In particular, the AM3X in Mengjin is remarkably relevant to botanical garden areas ($r=0.54$, $p=1.09\times10^{-2}$) and built-up district areas ($r=0.48$, $p=2.73\times10^{-2}$) compared with AM1X. AM3X in Baofeng has the same situation with length of road ($r=0.54$, $p=1.24\times10^{-2}$) compared with AM1X, which should be paid high attention in local rainstorm and flood management. The four main communal indicators affecting urban extreme precipitation are road area, built-up district area, botanical garden areas, and length of road, which directly reflect the state of urban impervious underlying surface and have significant impact on urban hydrological cycle. Among them, the extreme precipitation in Zhengzhou, Kaifeng, Mengjin, Baofeng, Xinxiang, and Nanyang presents strong relation to the urbanization indicators, showing a high correlation level with most urbanization indicators. The correlation between extreme precipitation and the urbanization indicators is relatively weak in Anyang, Xuchang, Xihua, Xixia, and Tongbai. At the same time, the trend changes in quantitative attribution are also highly correlated with the level of urbanization. In areas with a high urbanization level, the influence of urbanization indicators on extreme precipitation increases significantly with the recurrence period and decreases significantly with the reverse. Taking Zhengzhou City (Zhengzhou Station) and Pingdingshan City (Baofeng Station) as examples, the impact of urbanization on extreme precipitation in Zhengzhou City also increases with the recurrence period. On the contrary, the impact of urbanization on extreme precipitation in Pingdingshan City decreases with the recurrence period (Figure 7).

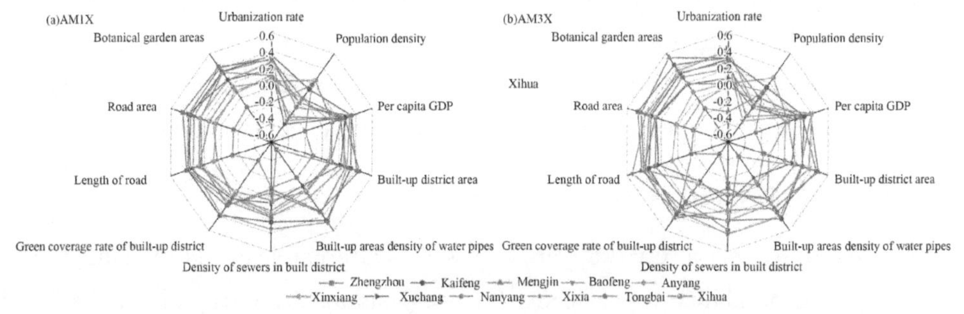

Figure 6　Analysis of importance of different urbanization indicators to extreme precipitation in typical cities of Henan Province

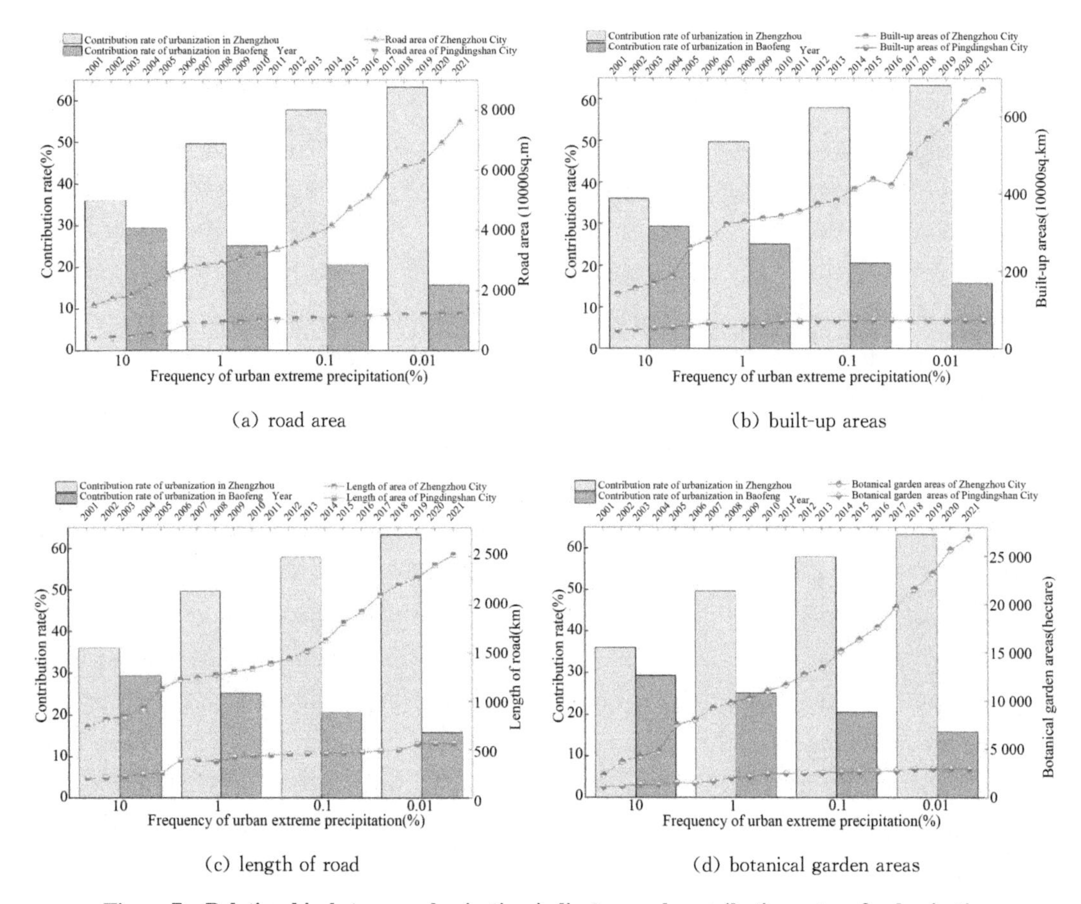

(a) road area

(b) built-up areas

(c) length of road

(d) botanical garden areas

Figure 7　Relationship between urbanization indicators and contribution rates of urbanization

(4) Therefore, for the above typical cities in Henan Province, teleconnection factors should be considered in the urban precipitation forecast to improve precision on the basis of considering the urban climate and geographical situations. Meanwhile, engineering measures should be strengthened according to local conditions and the corresponding sensitive indicators of each city, on the basis of improving the common shortcomings of prevention and control for urban extreme precipitation disaster. Moreover, urbanization indicators, including area of built-up districts, length of roads, area of roads, and botanical garden areas, are highly relevant to urban extreme precipitation and all of which need prudent decision making in urban planning and construction.

4.4　Prediction of Future Extreme Precipitation

Five climate models of CMIP6 were assessed as alternatives, and the climate model with the best analog ability was selected for every station by virtue of the Taylor diagram[36] in Figure 8, which is listed in Table 5.

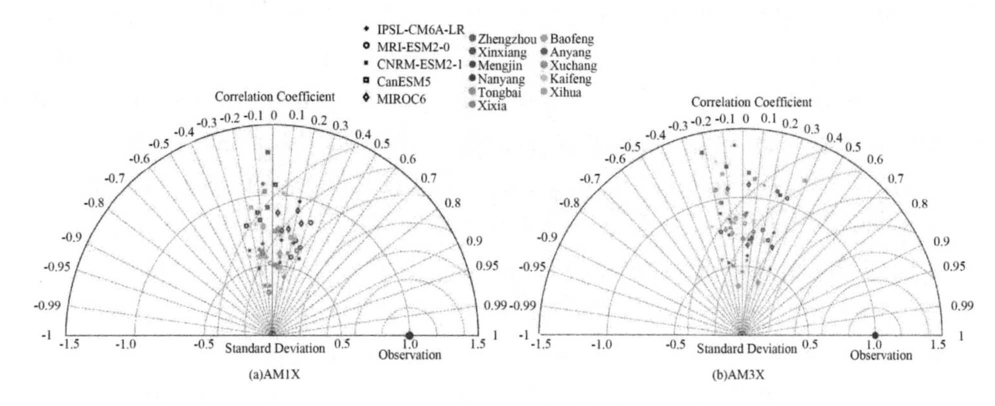

Figure 8　Evaluation of CMIP6 climate models by Taylor diagrams

Table 5　The best fitted CMIP6 climate model of cities

Station	AM1X	AM3X
Zhengzhou	MRI-ESM2 - 0	MRI-ESM2 - 0
Xinxiang	MRI-ESM2 - 0	MRI-ESM2 - 0
Mengjin	MRI-ESM2 - 0	MRI-ESM2 - 0
Nanyang	CNRM-ESM2 - 1	CNRM-ESM2 - 1
Tongbai	IPSL-CM6A-LR	MIROC6
Xixia	MRI-ESM2 - 0	CNRM-ESM2 - 1
Baofeng	MRI-ESM2 - 0	CNRM-ESM2 - 1
Anyang	MRI-ESM2 - 0	MRI-ESM2 - 0
Xuchang	CNRM-ESM2 - 1	MIROC6

After identifying the best CMIP6 climate model for every city, the extreme precipitation series regenerated from four future scenarios (SSP1～2.6, SSP2～4.5, SSP3～7.0, SSP5～8.5) were compared with the observed series to predict the future variation. Likewise, the AM1X and AM3X series were obtained by the arithmetic mean method and moving statistics method sampling from four future scenarios. Then, the bootstrap method and P-Ⅲ curve fitting were used to obtain the design values of urban extreme precipitation with 10%, 1%, 0.1%, and 0.01% frequencies of every city under different future scenarios (2015—2100). As shown on the right-hand side of Figure 4, the difference between future and observed urban extreme precipitation series of each city in every period can be obtained. Generally, the enhancement of urban extreme precipitation within different frequencies in each area will be relatively stable, and the maximum precipitation will appear in Xihua, except for AM1X in 0.1% and 0.01% of Nanyang.

Figure 9 presents the specific change rate of urban extreme precipitation under different frequencies by comparing the design values in future and observed conditions. In detail, the design value of urban extreme precipitation in the future under different frequencies was obtained by arithmetic mean method from all future scenarios, and the observed condition under different frequencies was obtained from the whole period. As for most areas in the future, the variation rates of the AM1X and AM3X show a monotonically increasing trend with the increase in the recurrence period, that is, the variation degree of the extreme precipitation with the increase in the recurrence period. However, the variation rates of the AM3X in Mengjin and Xuchang decrease monotonically with the increase in the recurrence period. It is supposed, as a premise, that the intensity characteristics are reflected by AM1X and the duration characteristics are reflected by AM3X. Compared with the observed period, the duration and intensity of future extreme precipitation will increase in most regions under different frequencies, except for the intensity of Zhengzhou and the duration of Mengjin. Under different frequencies, the most significant increases in intensity were found in Xinxiang (37. 20%~62. 55%), Tongbai (49. 28%~55. 72%), Anyang (32. 05%~55. 14%), and Kaifeng (32. 79%~51. 79%), while the most significant increases in duration were found in Xinxiang (18. 58%~42. 25%) and Tongbai (30. 94%~41. 72%). With the increase in the recurrence period, the change rate of intensity is the fastest in Xihua (2. 14 times), and the change rate of duration is the fastest in Zhengzhou (39. 40 times).

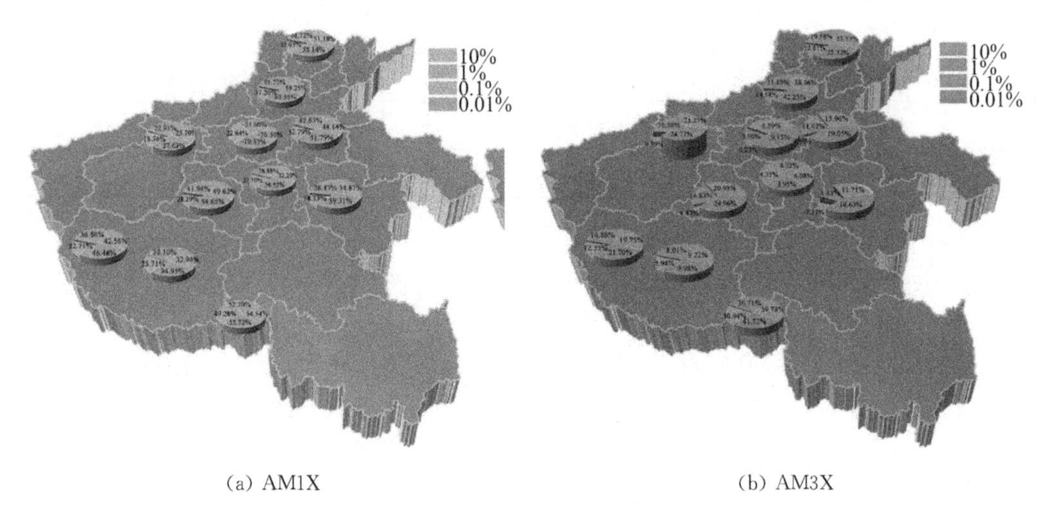

(a) AM1X (b) AM3X

Figure 9 The future change in urban extreme precipitation under different frequency

Based on the above analysis, extreme precipitation in the typical cities of Henan Province will intensify in the future, so the drainage standards of urban drainage facilities should be further improved, and the urban development level and the capacity of urban rainstorm and flood prevention should be taken into account integrally.

5 Conclusions

This study proposes a new theoretical frame to interpret the attribution of urban extreme precipitation from the perspective of teleconnection under the condition of urbanization. First, urban extreme precipitation series were diagnosed, and statistical characteristics were recognized. Then, dominant teleconnection factors were identified using Granger causality tests. Subsequently, design precipitation under four design frequencies was derived by the bootstrap method and P-Ⅲ curve fitting, and quantitative attribution of urban extreme precipitation was realized by comparing the reconstructed series by applying teleconnection factors and the observation series. Meanwhile, essential urbanization indicators were recognized, which were purposed to interpret the trend of quantitative attribution. Finally, the future variations in urban extreme precipitation were obtained from the CMIP6. The conclusions were drawn as follows:

(1) There are obvious regional commonalities in the teleconnection factors controlling urban extreme precipitation, such as the West Pacific 850 mb Trade Wind Index and the Western Pacific Subtropical High Intensity Index, which are related to Xixia—Baofeng—Kaifeng; the West Pacific 850 mb Trade Wind Index and the Tropical Northern Atlantic SST Index, which are related to Zhengzhou—Xinxiang—Mengjin—Anyang; the West Wind Drift Current SST Index and the NINO B SSTA Index, which are related to Xuchang—Xihua; and the Asian Meridional Circulation Index which is related to Nanyang—Tongbai.

(2) Teleconnection factors are the main driving force of urban extreme precipitation in the study area (contribution rate of 50.3%~99.8%). The contribution rate of urbanization presents a radial spatial distribution mode, that is, the overall decreasing in the central and southern part of the city and the overall increasing at the edge. The contribution of urbanization increases with the increase in the recurrence period in the areas with a high level of urbanization, maintaining the remarkable influence of urbanization indicators such as road area, built-up district area, botanical garden areas, and length of road.

(3) For most cities, the intensity and duration of extreme precipitation will increase (18.33%~62.55%, 0.23%~42.55%) in the future, and the growth rate will increase with the increase in recurrence period (0.86~2.14 times, 1.35~39.40 times).

Although this study established a framework for applying teleconnection factors to explore the mechanism of urban extreme precipitation under urbanization, there are still questions that need further investigation. For instance, what are the main dynamical physical processes in geopotential and wind fields leading to extreme precipitation with different return periods through the method of composite analysis? How the effects of different categories of urbanization activities on urban local climate through synthetic land surface models be simulated and quantified? Can a higher horizontal resolution further improve the prediction of such small-scale precipitation systems, like cities? Most importantly, more deep explorative work is needed to gain in-depth understanding of the associated atmospheric circulation, underlying surface modification, and precipitation processes. Nevertheless, the present results have important implications for understanding the dynamic mechanisms of urban extreme precipitation and predicting future unprecedented extreme precipitation.

References

[1] WANG J,FENG J M,WU Q Z,et al. Impact of anthropogenic aerosols on summer precipitation in the Beijing-Tianjin-Hebei urban agglomeration in China: Regional climate modeling using WRF-Chem[J]. Advances in Atmospheric Sciences, 2016, 33(6): 753-766.

[2] AJAAJ A A, MISHRA A K, KHAN A A. Urban and peri-urban precipitation and air temperature trends in mega cities of the world using multiple trend analysis methods[J]. Theoretical & Applied Climatology. 2018, 132(1-2): 403-418.

[3] KANG C X, LUO Z J, ZONG W, et al. Impacts of urbanization on variations of extreme precipitation over the Yangtze River Delta[J]. Water, 2021, 13(2): 150.

[4] LI Y N,WANG W W, CHANG M,et al. Impacts of urbanization on extreme precipitation in the Guangdong-Hong Kong-Macau Greater Bay Area[J]. Urban Climate, 2021, 38: 100904.

[5] HAN L F, XU Y P, PAN G B, et al. Changing properties of precipitation extremes in the urban areas, Yangtze River Delta, China, during 1957—2013[J]. Natural Hazards, 2015, 79(1):437-454.

[6] OH S-G, SON S-W, MIN S-K. Possible impact of urbanization on extreme precipitation-temperature relationship in East Asian megacities[J]. Weather and Climate Extremes, 2021, 34: 100401.

[7] ZHANG D-L. Rapid urbanization and more extreme rainfall events[J]. Science Bulletin, 2020, 65(7): 516-518.

[8] ZHANG Y Y, PANG X, XIA J,et al. Regional patterns of extreme precipitation and urban signatures in metropolitan areas[J]. Journal of Geophysical Research: Atmospheres, 2019, 124(2): 641-663.

[9] SILVA F N, VEGA-OLIVEROS D A, YAN X R, et al. Detecting climate teleconnections with Granger Causality[J]. Geophysical Research Letters, 2021, 48(18): e2021GL094707.

[10] YOO C, JOHNSON N C, CHANG C H, et al. Subseasonal prediction of wintertime east Asian temperature based on atmospheric teleconnections[J]. Journal of Climate, 2018, 31(22): 9351-9366.

[11] ZHAO S Y, ZHANG J Y. Causal effect of the tropical Pacific sea surface temperature on

the upper Colorado river basin spring precipitation[J]. Climate Dynamics, 2022, 58(3-4): 941-959.

[12] DENG Z F, WANG Z L, WU X S, et al. Effect difference of climate change and urbanization on extreme precipitation over the Guangdong-Hong Kong-Macao Greater Bay Area [J]. Atmospheric Research, 2023, 282: 106514.

[13] WEI N, WANG N L, ZHENG Y R, et al. Contribution of climate change and urbanization to the variation of extreme precipitation in the urban agglomerations over the Loess Plateau[J]. Hydrological Processes, 2022, 36(2): e14489.

[14] LIN L J, GAO T, LUO M, et al. Contribution of urbanization to the changes in extreme climate events in urban agglomerations across China[J]. Science of the Total Environment, 2020, 744: 140264.

[15] SONG X M, QI J C, ZOU X J, et al. Potential effects of urbanization on precipitation extremes in the Pearl River Delta region, China[J]. Water, 2022, 14: 2466.

[16] ZHU X D, ZHANG Q, SUN P, et al. Impact of urbanization on hourly precipitation in Beijing, China: Spatiotemporal patterns and causes[J]. Global & Planetary Change, 2019, 172: 307-324.

[17] PAUL S, GHOSH S, MATHEW M, et al. Increased spatial variability and intensification of extreme monsoon rainfall due to urbanization[J]. Scientific Reports, 2018, 8(1): 3918.

[18] XU Y, CHEN X, LIU M, et al. Spatial-temporal relationship study between NWP PWV and precipitation: A case study of 'July 20' Heavy Rainstorm in Zhengzhou[J]. Remote Sensing, 2022, 14(15): 3636.

[19] SUN J H, FU S M, WANG H J, et al. Primary characteristics of the extreme heavy rainfall event over Henan in July 2021[J]. Atmospheric Science Letters, 2023, 24(1):1-11.

[20] QIN H, YUAN W, WANG J, et al. Climate change attribution of the 2021 Henan extreme precipitation: Impacts of convective organization[J]. Science China Earth Sciences, 2022, 65(10): 1837-1846.

[21] LIU X, YANG M X, WANG H, et al. Moisture sources and atmospheric circulation associated with the record-breaking rainstorm over Zhengzhou city in July 2021[J]. Natural Hazards, 2023, 116(1): 817-836.

[22] ZHANG G S, MAO J Y, HUA W, et al. Synergistic effect of the planetary-scale disturbance, Typhoon and Meso-β-scale convective vortex on the extremely intense rainstorm on 20 July 2021 in Zhengzhou[J]. Advances in Atmospheric Sciences, 2023, 40(3): 428-446.

[23] YIN J F, GU H D, LIANG X D, et al. A possible dynamic mechanism for rapid production of the extreme hourly rainfall in Zhengzhou City on 20 July 2021[J]. Journal of Meteorological Research, 2022, 36(1): 6-25.

[24] WEI P, XU X, XUE M, et al. On the key dynamical processes supporting the 21. 7

Zhengzhou record-breaking hourly rainfall in China[J]. Advances Atmospheric Sciences, 2022, 40:337-349.

[25] DENG L, FENG J N, ZHAO Y, et al. The remote effect of binary Typhoon Infa and Cempaka on the "21. 7" heavy rainfall in Henan Province, China[J]. Journal of Geophysical Research: Atmospheres, 2022, 127(16):e2021JD036260.

[26] WANG H L, WANG H Y, LI H, et al. Analysis of drainage efficiency under extreme precipitation events based on numerical simulation[J]. Hydrological Processes, 2022, 36(6): e14624.

[27] ZHAO Y, SON S W, BACK S Y. The critical role of the upper-level synoptic disturbance on the China Henan "21. 7" extreme precipitation event[J]. SOLA, 2023, 19: 42-49.

[28] EFRON B, TIBSHIRANI R. Bootstrap methods for standard errors, confidence intervals, and other measures of statistical accuracy. With a comment by J. A. Hartigan and a rejoinder by the authors[J]. Statistical Science, 1986, 1(1): 54-77.

[29] GRANGER C W J. Investigating causal relations by econometric models and cross-spectral methods[J]. Econometrica, 1969, 37(3): 424-438.

[30] Yin L, Ping F, Mao J H, et al. Analysis on precipitation efficiency of the "21. 7" Henan extremely heavy rainfall event[J]. Advances in Atmospheric Sciences, 2023, 40(3): 374-392.

[31] LI H R, MOISSEEV D, LUO Y L, et al. Assessing specific differential phase (K_{DP})-based quantitative precipitation estimation for the record-breaking rainfall over Zhengzhou city on 20 July 2021[J]. Hydrology and Earth System Sciences, 2023, 27(5): 1033-1046.

[32] HENAN PROVINCE BUREAU OF STATISTICS. Henan Statistical Yearbook[M]. China Statistics Press: Beijing, China, 2002-2022.

[33] MANN H B. Nonparametric tests against trend[J]. Econometrica, 1945, 13(3): 245-259.

[34] KENDALL M G. Rank Correlation Methods[M]. Griffin: London, UK, 1975.

[35] PETTITT A N. A non-parametric approach to the change-point problem[J]. Journal of the Royal Statistical Society. Series C: Applied Statistics, 1979, 28(2): 126.

[36] TAYLOR K E. Summarizing multiple aspects of model performance in a single diagram [J]. Journal of Geophysical Research, 2001, 106(D7): 7183-7192.

Safety Assessment of the Yellow River Control Revetment of Flat Stones in Zhoumenqian of Liaocheng

Min Zhang[1,2], Xizhong Shen[1*], Yongzhi Wang[1], Chenghui Dong[1], Yan Lan[1] and Haoming Yang[1]

(1. Yellow River Institute of Hydraulic Research, Yellow River Conservancy Commission, Zhengzhou 450003, China; 2. Research Center on Levee Safety and Disaster Prevention, Ministry of Water Resources, Zhengzhou 450003, China;3. Henan River Diversion and Huaihe River Engineering Co. , Ltd. , Zhengzhou 450000, China)

Abstract: The stability of the flat stone revetment is directly related to the safety and security of the river regulation project. Based on the field measurement of the Zhoumenqian Yellow River guide, these were evaluated such as the slope ratio of the outer slope of the dam bank, the thickness and quality of the stone body. Based on an iterative self-organizing data analysis techniques algorithm with unsupervised learning and suggestions for the reinforcement of the guide slope were made. The results showed that the slope ratio of the outer slope of the flat stone body of the Zhoumenqian control project was designed to be 1∶1. 5, the minimal slope ratio of the current situation was 1∶1. 2, and the slope ratio of the Zhoumenqian control guide met the standard rate of 80%. The maximal thickness of the flat stone body was 0. 4 m, it was much less than the design value of 1. 11 m, and 80% of the weight did not meet the standard; the percentage of missing flat stone body was 68% in the estimated section, which affected the estimated percentage of missing flat stone bodies was 68%, and Dams 9 and 10 need to be prioritized for reinforcement. The results can provide technical support for the comprehensive management of the Yellow River channel in Liaocheng of Shandong.

Keywords: Yellow River; Zhoumenqian; guide control; flat stone slope protection; safety evaluation

1 Introduction

The lower reaches of the Yellow River have a long history of river training projects, some of which can be traced back to the Ming and Qing dynasties, such as the Yangqiao

Dangerous Works in Zhongmou County, which was built in 1661, and the Liuyuankou Dangerous Works in Kaifeng, which was built in the 21st year of the Qing Daoguang period, both of which were gradually repaired based on the people's weirs. Due to the age of the construction of these river training projects, long-term non-reliance on the main slip, the root stone has not been effectively reinforced, the project has serious aging, poor stability, and other problems. With the use of Xiaolangdi reservoir since the river bed scour undercut, the main channel scour depth before the construction of the reservoir increased by 1～3 m, resulting in a further reduction in engineering stability, the main slip by its chances of danger will greatly increase, posing a serious threat to flood safety[1]. Therefore, it is of great significance to carry out a safety analysis and evaluation of the lower reaches of the Yellow River regulation project of flat stone slope protection, to grasp the safety status of unreinforced dangerous works and control guide projects in the lower reaches of the Yellow River, eliminate engineering hidden dangers, clarify the scale of alteration or reinforcement of the lower reaches of the Yellow River regulation project, and provide basic data support for the feasibility study of the lower reaches of the Yellow River comprehensive river regulation project.

Tan stone slope protection is the Yellow River dangerous work, control guide project protection barrier, its danger or not and river regulation project safety and security are closely related, so many experienced front-line practitioners of Tan stone dangerous reasons for in-depth analysis, that Tan stone thickness, weight, size, construction method are important factors affecting the stability of the project. For example, Zhang et al. (1998)[2] concluded that increasing the weight of boulders appropriately could improve the impact resistance of rock slopes through the analysis of the danger of sliding of the 3# dam of the Daliudian Upper Extension Project. Gao et al. (2005)[3] analyzed and researched the causes and countermeasures of damage to the stone slope of the secondary lake embankment of Dongping Lake, and concluded that the causes of damage to the stone slope include the insufficient thickness of the stone slope design and the construction quality of some of the stone slopes, etc. Li et al. (2006)[4] conducted an in-depth analysis of the causes of the dangerous situation of "lost root stone and collapse of the stone" that often occurs in the Yellow River control project, and concluded that the main factors are water flow, engineering section, stone size, engineering layout, and construction method, and proposed specific countermeasures. Aung et al. (2023)[5] conducted an in-depth study of temporal and spatial morphological patterns around individual dingbats and cascading dingbats, which can predict the depth of scour around dingbats. Gu et al. (2023)[6] investigated the flow characteristics around a non-inundated revetment set continuously on the same side of a river by numerical simulation. An iterative self-organizing data analysis techniques algorithm (ISODATA) have been initially used in classification studies[7], but have not been used in the classification of flat stones hazards. However, there is a lack of data to support the comprehensive management of the lower reaches of the Yellow River, there are no results have been carried out on the prioritization of stabilization of flat stones, and there is an urgent need to carry out the safety evaluation of the Yellow River control and guidance project.

Based on the on-site mapping and measurement, the slope ratio of the outer slope of the dam bank, the thickness and quality of the tandem stone body were evaluated, and the missing amount of tandem stone, the reinforcement of the control project were proposed based on the ISODATA with unsupervised learning. Thus, it will provide technical support for the comprehensive management of the Yellow River channel in Liaocheng of Shandong Province.

2 Project Overview

The Zhoumenqian control guide is located on the left bank of the Linhuang River embankment in Dong'e County, Liaocheng, Shandong Province, with the corresponding embankment pile number 50 + 960 to 51 + 522. Immediately below the head of Zhoumenqian Dangerous Work, the length of the control guide project is 700 m, with 26 sections of existing dam banks, including 5 stacks, 13 sections of earth-linked dams and 8 sections of shore protection, numbered 1# to 10^{-4}#. Alteration and reinforcement since 1998: The project was built in 1953 and has not been renovated and reinforced to meet the year 2000 defense standards. The construction of the Zhoumenqian control guide project in Liaocheng, Shandong Province, dates from the 1950s, with a thin flat stone body, a cracked flat stone roof, and multiple under-stings in the flat stone body. The project 10^{-1}# to 10^{-4}# dam 315 m without flat stone berm, 1# to 9# dam 385 m although there is flat stone berm, but the flat stone slope is insufficient.

3 Field Measurement Content and Methods

3.1 Field Measurement Contents and Methods

To comprehensively assess the safety state of the planned river training project tandems, tests were carried out on the external dimensions of the tandems, the thickness of the section, the quality of the regional blocks, and the description of defects. Measurement of the external dimensions of the tambour (tambour elevation, slope, top width, wrap length, etc.), at least 2 per dam stack, with additional measurements at defective areas. A typical section of a dangerous dam was sampled, and the thickness of the typical tambour section and the regional mass distribution of the blocks were measured and counted. The state of cracking and stinging of rocks was checked. The inspection of the thickness and quality of the tandoori body was carried out based on a random sample of 10% of the number of stacks for each project, with a minimum of 1 for each project.

To analyse the engineering quality, a quantitative evaluation of the engineering quality compliance was carried out using the engineering compliance rate of sampling tests, which was calculated using the following formula:

$$ECR = 100 * MSN/TN \tag{1}$$

where, ECR is the engineering compliance rate of sampling tests, the unit is %; MSN is the number of the meeting standards of the sampled samples; TN is the total number of the sampled samples.

3.2 Reinforcement Prioritization of Flat Stones based on the ISODATA with Unsupervised Learning

The ISODATA is a soft clustering method, the case of the sample object initial features are not obvious, it will gradually approach the most essential characteristics of things in the iterative process. The key step lies in the merging and splitting operation of clustering, through multiple thresholds to limit the distance between classes is too small to merge them, and the distance between similar samples is too large to split them, so as to achieve the desired clustering effect, the specific calculation steps are as follows[7].

Step 1: Input N sample data $\{x_i = 1, 2, 3, \cdots, N\}$, randomly select the Nc initial cluster centers $\{z_1, z_2, \cdots, z_{Nc}\}$.

Step 2: Distribute the N samples to the nearest cluster S_j, the distance between the samples and the cluster centers use the Euclidean Distance. If D_j is equal to min $\{||x - z_i||\ i = 1,2,\cdots,N_C\}$, then $x \in S_j$.

Step 3: If the number of samples in S_j is less than θ_N, then cancel the subset of samples.

Step 4: Correct the correction formula for each cluster center Z_j to be

$$z_j = \frac{1}{N_j} \sum_{x \in S_j} x \qquad j = 1,2,\cdots,N_C \tag{2}$$

Step 5: Determine whether to split the operation, generally the following three cases need to be split: N_C is less than or equal to $K/2$ that is, the final number of clusters is less than 1/2 of the given value; It does not meet the number of iterative operations is an even number of times or N_C is more than or equal to $2K$ at the same time; The maximum of the standard deviation $\sigma_{j\max}$ is more then θ_S for the distance vector of the samples in one of the clusters. Each time the split to form the center of the new clusters expressions are

$$Z_1 = Z_i + f_{\text{actor}} \times \sigma_{j\max} \tag{3}$$

$$Z_2 = Z_i - f_{\text{actor}} \times \sigma_{j\max} \tag{4}$$

Step 6: Judge the merge operation, calculate the distance D_{ij} between the classes. If D_{ij} is less than θ_C, or the number of samples in a class is less than the specified θ_N, then the merge operation is performed. The new clustering center is

$$Z_i = \frac{1}{N_i + N_j}(N_i \times Z_i + N_j \times Z_j) \tag{5}$$

Step 7: Repeat the iteration until the number of iterations is reached.

The main parameters to be inputted into ISODATA are: the estimated number of clustering categories K; the minimum number of samples in each cluster θ_N; the threshold of standard deviation of the samples in each cluster θ_S, i. e., the splitting coefficient, if it is larger than this number the cluster needs to be split; the threshold of the distance between the centers of the clusters θ_C, i. e., the merging coefficient, if it is smaller than this number, the two clusters will be merged; and the total number of iterations performed I.

4 Field Measurement Results and Analysis

4.1 Field Measurement Results

The on-site investigation found that the Zhoumenqian control guide project flat stone body thin, local soil tires exposed, part of the weed-covered; flat stone body undulation, large gaps; flat stone local weathering serious; upper and lower span angle flat stone top cracked in many places, the flat stone body under sting; control guide project many for emergency dam section, flat stone body thickness was uneven, there was a general phenomenon of the upper of the slope under sting; part of the dam section flat stone body completely missing or the original design for earth dam. From July 19th, 2019 to July 21st, 2019, the site surveyed and measured the dimensions of dams 1 to 10 and 10—1 to 10—4 of the Zhoumenqian control guide project in Dong'e County, Liaocheng (the current state was vegetation and woods, no dam head and side slopes, no flat stones), a total of 14 dams, and checked their external defect characteristics, and extracted and measured the section thickness of 2 dams and their block quality. The main defect site was shown in Figure 1, the results of the external dimensional testing were shown in Table 1, the thickness and quality of the tanzanite was shown in Table 2, and the elevation in the table used the 85 national elevation system.

(a) Partially free of flat stones

(b) Overwhelmingly no flat stones

Figure 1 Diagram of the main defects of the Zhoumenqian control guide project

Table 1 Verification of Flat stone Embodiment Site No. 1～10 of the Zhoumenqian Control Project

Dam No.	Construction Time	Structure Type	Flat stone Type	Measured values for external dimensions				
				Wraparound Length (m)	Section location	Flat stone top elevation (m)	Flat stone top width (m)	Flat stone body external slope ratio
1	1953	Traditional willowstone	Loose tossing	34	0+00	63.46	1.00	1∶1.71
					0+21	63.19	1.05	1∶1.62
					0+34	63.35	1.00	1∶1.88
2	1953	Traditional willowstone	Loose tossing	35	0+00	63.42	1.00	1∶1.69
					0+23	63.47	1.10	1∶1.54
					0+35	63.20	1.05	1∶1.73
3	1953	Traditional willowstone	Loose tossing	33	0+00	63.40	1.10	1∶1.73
					0+22	63.28	1.05	1∶1.24
					0+33	63.30	1.10	1∶1.38
4	1953	Traditional willowstone	Loose tossing	24	0+00	63.30	1.10	1∶1.78
					0+8	63.42	1.10	1∶1.85
					0+24	63.43	1.00	1∶1.64
5	1953	Traditional willowstone	Loose tossing	20	0+00	63.43	1.10	1∶1.75
					0+8	63.44	1.10	1∶1.69
					0+20	63.52	1.10	1∶1.84

Continued

Dam No.	Construction Time	Structure Type	Flat stone Type	Measured values for external dimensions				
				Wraparound Length (m)	Section location	Flat stone top elevation (m)	Flat stone top width (m)	Flat stone body external slope ratio
6	1953	Traditional willowstone	Loose tossing	32	0+00	63.60	1.00	1∶1.93
					0+10	63.63	1.10	1∶1.97
					0+32	63.46	1.10	1∶1.83
7	1953	Traditional willowstone	Loose tossing	22	0+00	63.44	1.10	1∶1.97
					0+8	63.40	1.10	1∶1.62
					0+22	63.43	1.10	1∶1.66
8	1953	Traditional willowstone	Loose tossing	30	0+00	63.49	1.10	1∶1.85
					0+13	63.28	1.10	1∶1.88
					0+30	63.40	1.10	1∶1.79
9	1953	Traditional willowstone	Loose tossing	55	0+00	63.35	1.00	1∶1.87
					0+21	63.29	1.00	1∶1.51
					0+55	63.38	1.00	1∶1.21
10	1953	Traditional willowstone	Loose tossing	90	0+00	63.40	0.80	1∶1.26
					0+64	63.41	0.80	1∶1.20
					0+90	63.33	0.80	1∶1.25

Table 2　Thickness and quality of Zhoumenqian control project

No.	Revealing the state of the flat stone body					
	Location	Area size [length(m)×width(m)]	Flat stone body		Stone	
			Distance from the top(m)	Thickness(m)	Number	Quality(kg)
2	0+20	0.9×1.1	1.00	0.40	15	18.5, 6.4, 12.1, 15.8, 6.5, 2.2, 15.1, 16.2, 6.0, 7.2, 1.8, 22.5, 32.0, 50.2, 60.7

The thickness was shown in Table 3 for the tambourine body the Zhoumenqian control project. According to the design index of the standard cross-sectional tandoori body in the Preliminary Design Report of the Lower Yellow River Flood Control Project approved by the Ministry of Water Resources, the tandoori body had an external slope ratio of 1 : 1. 5 and an internal slope ratio of 1 : 1. 3. Table 3 shows that the slope ratio of the outer slope of the flat stone body of the Zhoumenqian control project is designed to be 1 : 1. 5, and the minimum slope ratio of the current situation is 1 : 1. 2, which is less than the design value. The thickness of the dam section is shown in Table 3, the measured value is much less than the design value, and the body is thin.

According to the document "Notice of the Planning Bureau of the Yellow River Commission on Further Clarification of the Design Requirements of the Yellow River Flood Control Project" (Huang Gui Gui [2014] No.9), it is "the weight of a single block of rock for slope protection in river training projects is greater than 25 kg". The standard for the assessment of the stone in the Zhoumenqian control project is greater than 25 kg. 15 pieces of stone were taken from the dam section, three pieces of stone greater than 25 kg, accounting for 20%, and 12 pieces of stone less than 25 kg, accounting for 80%(Table 4).

Statistics on the slope ratio of the outer slope, the thickness and quality of the flat stone body of the Zhoumenqian control guide project, and the missing quantity and quality of the project stone at each location were shown in Table 5 (the design standard is 1 : 1. 5 for the outer slope ratio and 1 : 1. 3 for the inner slope ratio). The estimated percentage of missing sections of the Zhoumenqian control project is 68%; the quality of the flat stone body does not reach the design value; the flat stone body has a weakened flood control capacity, which affects the safety of flood control.

Table 3 Thickness of the tambourine body of the Zhoumenqian control project

Dam Number and location	Flat stone external slope ratio	Flat stone inner slope ratio	Measured area distance from the top of the slope(m)	Design value (m)	Measured values (m)
2	1 : 1. 5	1 : 1. 2	1. 00	1. 04	0. 40
			1. 50	1. 04	0. 35
			2. 00	1. 04	0. 35

Table 4 Engineering compliance rate of sampling tests

TN of external slope ratio (individual)	*MSN* of external slope ratio (individual)	*ECR* of external slope ratio(%)	*TN* of stone quality (individual)	*MSN* of stone quality (individual)	*ECR* of stone quality(%)
30	24	80	15	3	20

Table 5　Missing Flat stone stones for the Zhoumenqian control works

Dam No.	Wrap length (m)	Wide at the top of flat stone(m)	Wide underneath flat stone(m)	Design stone volume(m^3)	Missing percentage(%)	Amount of stone missing(m^3)
1	34.00	1.00	1.28	98.10	68	66.71
2	35.00	1.00	1.28	100.99	68	68.67
3	33.00	1.00	1.28	95.22	68	64.75
4	24.00	1.00	1.28	69.25	68	47.09
5	20.00	1.00	1.28	57.71	68	39.24
6	32.00	1.00	1.28	92.33	68	62.78
7	22.00	1.00	1.28	63.48	68	43.16
8	30.00	1.00	1.28	86.56	68	58.86
9	55.00	1.00	1.28	158.69	68	107.91
10-1	90.00	1.00	1.28	259.68	68	176.58
10-2	50.00	1.00	1.28	144.27	68	98.10
10-3	50.00	1.00	1.28	144.27	68	98.10
10-4	50.00	1.00	1.28	144.27	68	98.10
Total						1 030.05

4.2　Reinforcement priority analysis based on the ISODATA

The elevation of the top elevation of flat stones, the length of wrapping, the top width of flat stones, the outside slope ratio of flat stones, and the missing volume of stones of No. 1～10 of the Zhoumenqian Project were selected as the influencing factors, and the ISODATA was used to analyze the results using the following parameters (input parameters: the estimated number of clustering categories K is equal to 2; the number of samples containing the minimum number of samples in each clustering sample θ_N is equal to 1; the threshold for the standard deviation of the samples in each clustering sample θ_S is equal to 1, which means that the clusters need to be divided if the standard deviation is greater than this number this cluster needs to be split; the threshold value of the distance between each cluster center θ_C is equal to 4, i. e., the merging coefficient, if less than this number, the two clusters are merged; the total number of iterations carried out I is equal to 5). The two cluster centers were generated autonomously and the corresponding dam numbers of the elements of the cluster centers were shown in Table 6.

Dam numbers 1～8 and dam numbers 9 and 10 are similar categories of dams in Table 6. From the parameters of the dams in the clustering centers, it can be seen that the outer slope ratio of the body in the first category clustering center is relatively steeper, and the amount of stone missing is relatively larger, which needs to be prioritized for reinforcement. Accordingly, it is proposed that the prioritized reinforced dam numbers are 9 and 10 dams, which can provide technical support for the project de-risking and reinforcing.

Table 6 Classification results of the bodies of flat stones based on the ISODATA

Cluster center category	Dam parameter of the cluster center	Dam number of the elements to the cluster center	Recommended order of reinforcement
1	Top elevation of flat stones (63.36 m) Length of wrapping (72.50 m) Top width of flat stones (0.90 m) Outside slope ratio of flat stones (1 : 1.35) Missing volume of stones (112.82 m^3)	9, 10-1, 10-2, 10-3, 10-4	Prior level
2	Top elevation of flat stones (63.41 m) Length of wrapping (28.75 m) Top width of flat stones (1.07 m) Outside slope ratio of flat stones (1 : 1.72) Missing volume of stones (56.41 m^3)	1,2,3,4,5,6,7,8	Ordinary level

5 Conclusions

The slope ratio of the outer slope of the flat stone body of the Zhoumenqian control guide project was designed to be 1 : 1.5, and the minimal slope ratio of the current situation was 1 : 1.2, which was less than the design value, and the slope ratio of the Zhoumenqian control guide met the standard rate of 80%; the maximal thickness of the flat stone body was 0.4 m, which was much less than the design value of 1.11 m, and the flat stone body was thin; 80% of the weight of the sampled flat stone blocks did not meet the standard; the percentage of missing flat stone body in the estimated section was 68%. It was proposed that dams 9 and 10 need to be prioritized for reinforcement based on the ISODATA with unsupervised learning.

According to the results of the safety analysis and evaluation of the flat stone body of the Zhoumenqian control project, it is necessary to design and treat the reinforcement of the flat stone slope of the Zhoumenqian control project to compensate for the deficiency of the flood control capacity of the project, in view of the thinness of the flat stone body, the unevenness of the flat stone body, the serious local weathering of the flat stone and the absence of the flat stone body in some sections of the dam.

As the thickness of the flat stone body and the amount of missing stone cubes were only evaluated by randomly selecting 10% of the number of dam stacks for each project, there were problems of limited quantity and lack of representativeness. It is suggested to further carry out the demonstration of the reasonableness of the sampled samples and the rationalization of the stone utilization rate, to improve the accuracy of the accounting of the stone volume of the Tan Shi body, and thus provide more scientific data support for the preliminary design of the river training project.

References

[1] LI J W, YIN S Q, BO Q T, et al., 2012. Talking about the importance of rootstone removal and reinforcement of the Yellow River dangerous work and control guide project in the new period[J]. Modern manufacturing technology and equipment (5): 75-76.

[2] ZHANG J H, WANG Z Z, 1998. Analysis of the danger of slippage of the #3 dam flat stone of the Daliudian Upward Extension Project[J]. Water Resources Management Technology, 18(5): 37-38.

[3] GAO F, LI B, LI H S, 2005. Analysis of the causes of damage and countermeasures of stone slope protection of secondary lake dike in Dongping Lake The Tenth Collection of Excellent Academic Papers of Shandong Water Conservancy Society: 176-178.

[4] LI G L, ZHANG F Z, GAO Y, 2006. Causes and protective measures of the downstream control project of the Yellow River[J]. Journal of the Yellow River Conservancy Vocational and Technical College (3): 19-20.

[5] AUNG H, ONORATI B, OLIVETO G, et al., 2023. Riverbed Morphologies Induced by Local Scour Processes at Single Spur Dike and Spur Dikes in Cascade[J/OL]. Water, 15: 1746. https://doi.org/10.3390/w15091746.

[6] GU Z H, CAO X M, CAO MX, et al., 2023. Integrative Study on Flow Characteristics and Impact of Non-Submerged Double Spur Dikes on the River System[J/OL]. International journal of environmental research and public health, 20(5): 4262. https://doi.org/10.3390/ijerph20054262.

[7] LI Z H, LIU R H, 2019. A Load Curve Clustering Algorithm Based on ISODATA[J]. Journal of Shanghai University of Electric Power, 35(4): 327-332.

Stability Analysis on Dam Banks of the Jiangjia Control Project in the Jinan Yellow River

Min Zhang[1,2], Xizhong Shen[1*], Fan Zhang[3], Chenghui Dong[1], Yan Lan[1] and Haoming Yang[1]

(1. Yellow River Institute of Hydraulic Research, Yellow River Conservancy Commission, Zhengzhou 450003, China; 2. Research Center on Levee Safety and Disaster Prevention, Ministry of Water Resources, Zhengzhou 450003, China; 3. Henan Xinhua Wuyue Pumped Storage Power Generation Co., Ltd, Xinyang 465450, China)

Abstract: Many dam banks of the Yellow River downstream control projects have not been reinforced due to the limitation of project scale and investment, which is a hidden danger affecting flood control safety. Based on the field survey of the dam banks of the Jiangjia Control Project, the stability was analyzed for the dam banks of the project, and suggestions were made for reinforcement of the dam banks of control projects. The results showed that the outer slope ratio was designed to be 1 : 1.5 for the dam bank of the Jiangjia Control Project. However, the current minimal slope ratio was 1 : 1.2, which was less than the design value. 94.7% of the slope ratio did not meet the standard. The maximal thickness of the flat stone body was 0.2 m, which was much less than the design value of 1.11 m. The flat stone body was thin. 81.25% of the weight did not meet the standard. The percentage of missing flat stone bodies was 81% in the estimated section, and the stability of the dam bank was significantly reduced for the control project. Thus, the results can provide technical support for the comprehensive management of the Yellow River in Jinan.

Keywords: Yellow River; Jiangjia; control project; dam bank; stability analysis

1 Introduction

Since The 10th Five-year Plan of China, the Yellow Conservancy Commission in accordance with the "priority" to some key by slipping dangerous work of the important dam pallets were raised and reinforced, the important dam stacks of the nodal projects planned for the treatment line were rock-throwing reinforced, greatly improving the overall flood resistance of the river training project. However, restricted by the scale of the project and investment, no reinforcement has been arranged for some dam stacks of dangerous works and control guide projects that do not rely on slips or rivers. The problems of insufficient height, steep slope of root stones, shallow depth and poor stability of these dam stacks have not been solved[1]. The main types of flat stone slope protection in the lower Yellow River regulationproject are loose-throw stone slope protection, buckled stone slope protection, dry stone slope protection, and slurry stone slope protection. A flat stone is the protective barrier of the Yellow River's dangerous work and control guide project. Thus, its distribution status and solid condition are directly related to the safety of the river regulation projects.

Some scholars have conducted relevant studies on the quality assessment of the dam bank of the control guide project. Tang Youquan (1998) used the average gradation and median weight as the key indicators for the evaluation of stone-throwing and evaluated the quality of the stone-throwing slope of Daguan Dam[2]. Jiang Suyang et al. (2001) carried out an analysis of the calculation of the downstream Yellow River embankment dyke and its construction technology characteristics, focusing on the stability of the embankment and calculating the slope, thickness, diameter, and root stone diameter and weight of the flat stone, and discussing the construction technology requirements of the dyke[3]. Wang Li et al. (2013) summarized the methods used for testing the quality of physical works based on many years of experience in testing and evaluating the quality of Yangtze dry embankments[4], combined with relevant regulations and specifications, design documents, and the actual working conditions of the project and proposed a system of indicators for testing and evaluating the quality of physical works of Yangtze dry embankments, which includes the testing methods, testing contents and evaluation indicators of slope protection works. Dave N et al. (2017) used aerial images from 1993 to 2016 to analyze the effectiveness of bank stability measures on the Cedar River in Nebraska[5]. Some scholars also carry out experimental research and mechanism analysis of control engineering. Specifically, Xu H et al. (2023) established formulas for calculating the maximum local scour depth of a submerged control project dam bank and the distance between the submerged dam bank and the dam axis[6]. Hu J L et al. (2023) studied the effect of riverbed scour under unsteady water flow and analyzed the spatial characteristics of scour holes in rock-throwing berms[7]. The model testshows that the 170 m long low-top breakwater connected to the north bank at an angle of 45 degrees and the 25 m long south side short spur scheme has the best effect of wave attenuation by Lin L et al. (2015)[8]. Farshad R et al. (2022) studied the maximal scour depth of dams in diagonal arrangement and its main influencing factors[9]. Han X et al. (2018) developed a three-dimensional numerical model to study the flow characteristics of the double ding-da of the Yangtze River during flooding[10]. However, there is a lack of data to support the comprehensive management of the lower reaches of the Yellow River, and there is an urgent need to carry out a safety assessment of the dam banks of the Yellow River Control Project.

The dam banks were taken as an example for the Jiangjia Control Project of the Yellow River in Jinan, Shandong Province. Several indexes were evaluated based on field inspection such as slope ratio, thickness, and quality of the outer slope of the dam bank, and recommendations were made on the amount of missing tandem stone and reinforcement of the control project. It will provide technical support for the comprehensive management of the lower reaches of the Yellow River.

2 Project overview

Jiangjia Control Project is located on the right bank of the Yellow River, west of Jiangjia Village, Huanghe Town. The corresponding embankment pile number is 74+484 to 77+961, the project length is 3477 m, the retaining length of 2875.1 m, and the existing dam bank has 30 sections, including 25 sections of stacks, retaining five sections, all are for messy stone structure. The project was built in 1950. The top of the dam bank and the elevation of the dam base are all below the flood control standard in 2000. The project was built in an emergency. The prepared stone is seriously inadequate and the foundation is shallow with the river trough gradually brushing deeper in recent years. Thus, it increases the possibility of dangerous situations occurring when the foundation is brushed. Since the transfer of water and sand, the downstream river trough gradually brushes deep undercut, the height of the dam surface formed by the rescue has not been applied to the current depth of the river trough, resulting in the constant slow sinking of the slope surface in recent years, pulling thin the thickness of the dam surface root stone, since the transfer of water and sand, small risks occur from time to time for the Jiangjia Control Project, it becomes one of the important risk points of the Zhangqiu Bureau of flood control and rescue. At present, the stone body of the Jiangjia Control Project is thin, the top of the stone is cracked, the stone body is dormant in many places, the resistance to danger is low, and the engineering appearance is poor.

3 Testing content and methods

To comprehensively assess the safety state of the planned river training project, tests were carried out on the external dimensions, section thickness, regional block quality, and description of defects of the tambourine body. The external dimensions of the rock (rock elevation, slope, top width, wrapping length) were measured, at least 2 measurements for each dam stack and additional measurements for defective areas; We took a typical section of a dangerous dam, measured and counted the thickness of the typical rock section and the regional block quality distribution, checked and reflected the cracking and stinging state of the rock body. The thickness of the flat stone body and the measurement of the flat stone body were carried out based on a random selection of 10% of the number of dam stacks for each project, ensuring that there is no less than one project per site.

4 Field test results and analysis

From July 14th, 2019 to July 16th, 2019, the outer dimensions of dams 1 to 21 of the Jiangjia Control Project, a total of 21 dams, were inspected, and their external defect characteristics were checked, and the section thickness of two dams and their block quality were extracted and measured. The results of the outer dimensions inspection are shown in Table 1. The thickness and quality of the flat stone are shown in Table 2.

The 1985 national elevation system was used for the elevation in the inspection table. The maximal thickness of the typical section was 0.2 m, which was much less than the design value of 1 m.

Table 1 Results of the embodiment field verification for the control guide project of flat stone

No.	Building time(year)	Structure type	Flat stone type	Measured values for external dimensions				
				Length (m)	Location	Top elevation (m)	Top width (m)	External slope ratio
1	1972	Traditional willowstone	Scattered stones	57	0+00	19.39	1.0	1∶1.85
					0+22	19.41	1.0	1∶1.59
					0+57	19.39	1.0	1∶1.64
2	1955	Traditional willowstone	Scattered stones	121	0+00	19.53	1.0	1∶1.63
					0+72	19.54	1.0	1∶1.79
					0+121	19.35	1.0	1∶1.45
3	1955	Traditional willowstone	Scattered stones	51	0+00	19.43	1.0	1∶1.47
					0+25	19.40	1.0	1∶1.70
					0+51	19.53	1.0	1∶1.82
4	1955	Traditional willowstone	Scattered stones	74	0+00	19.40	1.0	1∶1.61
					0+37	19.30	1.0	1∶1.71
					0+74	19.93	1.0	1∶1.88

Continued

No.	Building time(year)	Structure type	Flat stone type	Measured values for external dimensions				
				Length (m)	Location	Top elevation (m)	Top width (m)	External slope ratio
5	1955	Traditional willowstone	Scattered stones	55	0+00	19.34	1.0	1∶1.50
					0+34	19.48	1.0	1∶1.67
					0+55	19.47	1.0	1∶1.67
6	1955	Traditional willowstone	Scattered stones	52	0+00	19.40	1.0	1∶1.73
					0+22	19.57	1.0	1∶1.73
					0+52	19.42	1.0	1∶1.60
7	1955	Traditional willowstone	Scattered stones	56	0+00	19.42	1.0	1∶1.38
					0+20	19.33	1.0	1∶1.56
					0+56	19.19	1.0	1∶1.80
8	1955	Traditional willowstone	Scattered stones	58	0+00	19.29	1.0	1∶1.44
					0+28	19.43	1.0	1∶1.87
					0+58	19.34	1.0	1∶1.75
9	1955	Traditional willowstone	Scattered stones	64	0+00	19.82	1.0	1∶1.75
					0+30	19.82	1.0	1∶1.82
					0+64	19.66	1.0	1∶1.89
10	1955	Traditional willowstone	Scattered stones	54	0+00	19.92	1.0	1∶1.86
					0+24	19.92	1.0	1∶1.95
					0+54	19.70	1.0	1∶1.89
11	1955	Traditional willowstone	Scattered stones	36	0+00	19.72	1.0	1∶2.30
					0+20	19.74	1.0	1∶2.60
					0+36	19.85	1.0	1∶2.00
12	1955	Traditional willowstone	Scattered stones	63	0+00	19.83	1.0	1∶1.92
					0+18	19.81	1.0	1∶2.60
					0+63	19.10	1.0	1∶2.00
13	1955	Traditional willowstone	Scattered stones	195	0+00	19.21	1.0	1∶1.52
					0+113	19.40	1.0	1∶1.83
					0+195	19.08	1.0	1∶1.64

Continued

No.	Building time(year)	Structure type	Flat stone type	Measured values for external dimensions				
				Length (m)	Location	Top elevation (m)	Top width (m)	External slope ratio
14	1955	Traditional willowstone	Scattered stones	42	0+00	19.21	1.0	1∶2.00
					0+14	19.15	1.0	1∶2.10
					0+42	19.13	—	—
17	1951	Soil side slopes	None	34	0+00	18.74	1.0	1∶1.92
					0+23	18.67	1.0	1∶1.24
					0+34	19.59	1.0	1∶1.82
18	1951	Soil side slopes	The head of the dam	40	0+00	19.34	1.0	1∶1.52
					0+21	19.36	1.0	1∶2.00
					0+40	19.48	1.0	1∶2.00
19	1951	Traditional willowstone	Scattered stones	31	0+00	19.51	0.8	1∶2.00
					0+22	19.54	0.9	1∶2.00
					0+31	19.43	0.8	1∶1.93
20	1951	Traditional willowstone	Scattered stones	50	0+00	19.15	0.8	1∶1.86
					0+31	19.97	0.8	1∶2.10
					0+50	19.06	0.8	1∶2.00
21	1951	Traditional willowstone	Scattered stones	51	0+00	19.12	1.0	1∶1.43
					0+24	19.12	0.9	1∶1.38
					0+51	19.13	1.0	1∶1.10

Table 2　Thickness and quality inspection results of the flat stone body

No.	Revealing the state of the flat stone body					
	Location	Length(m)×width(m)	Flat stone body		Stone	Quality (kg)
			Distance (m)	Thickness (m)	Number	
6	0+10	1.0×1.2	0.00	0.21	16	50.5, 60.1, 10.2, 18.9, 16.7, 30.2, 20.8, 19.9, 10.7, 16.9, 18.9, 20.2, 10.7, 16.6, 18.5, 5.8
			0.50	0.30		
			1.00	0.19		
13	0+30	0.9×1.0	0.00	0.20	11	20.5, 11.7, 40.6, 19.9, 17.2, 10.2, 10.1, 17.0, 5.8, 32.0, 6.2
			0.50	0.25		
			1.00	0.20		

The thickness of the tambourine body of the Jiangjia Control Project was shown in Table 3. According to the design index of the standard cross-sectional tandoori body in the Preliminary Design Report of the Lower Yellow River Flood Control Project approved by the Ministry of Water Resources, the flat stone body has an external slope ratio of 1 : 1. 5 and an internal slope ratio of 1 : 1. 3. From Table 3, it can be seen that the slope ratio of the outer slope of the flat stone body is designed to be 1 : 1. 5, and the minimum slope ratio of the current situation is 1 : 1. 1, which is less than the design value. The maximum thickness of the typical section is 0. 2 m, and the measured values are much less than the design value with a single thin flat stone body.

According to the "Notice of the Planning Bureau of the Yellow Committee on Further Clarifying the Requirements for the Design of the Yellow River Flood Control Project" (Yellow Planning 〔2014〕 No. 9), the weight of a single block of stone for slope protection in river training projects is greater than 25 kg. The standard for the river training project is more than 25 kg. 16 pieces of stone were taken from the dam section, of which three pieces were more than 25 kg, accounting for 18. 75%. 13 pieces were less than 25 kg, accounting for 81. 25%.

Statistics on the slope ratio of the outer slope of the dam bank, the thickness and quality of the frank stone body of the Jiangjia Control Project, and the estimated missing amount and quality of the project stone at each location were shown in Table 4 (the design standard is 1 : 1. 5 for the outer slope ratio and 1 : 1. 3 for the inner slope ratio). Table 4 shows the estimated percentage of missing sections of the control guide project flat stone body is 81%, the quality of the flat stone body does not reach the design value, and the flood control capacity is weakened, which affects the flood control safety.

Table 3 The thickness of the tambourine body of the Jiangjia Control Project

Dam number and location	Flat stone external slope ratio	Flat stone inner slope ratio	Distance from the top of the slope (m)	Design value (m)	Measured values (m)
6	1 : 1. 5	1 : 1. 3	0. 00	1. 02	0. 205
			0. 50	1. 03	0. 302
			1. 00	1. 02	0. 185

Table 4　Table of rock deficiencies on the dam bank of the Jiangjia Control Project

No.	Dimensions					Design stone volume (m^3)	Missing percentage (%)	Amount of stone missing (m^3)
	Wrap length (m)	Height difference (m)	Slope ratio	Wide at the top of flat stone (m)	Wide underneath of flat stone(m)			
1	57.00	3.12	Outer slopes 1∶1.50 Inner Slope 1∶1.30	1.00	1.35	208.96	81	169.26
2	121.00			1.00	1.35	443.59		359.30
3	51.00			1.00	1.35	186.97		151.44
4	74.00			1.00	1.35	271.28		219.74
5	55.00			1.00	1.35	201.63		163.32
6	52.00			1.00	1.35	190.63		154.41
7	56.00			1.00	1.35	205.30		166.29
8	58.00			1.00	1.35	212.63		172.23
9	64.00			1.00	1.35	234.62		190.05

5　Conclusions

Field inspection showed that the slope ratio of the outer slope of the dams of the Jiangjia Control Project was 1∶1.5, but the minimal slope ratio of the current situation was 1∶1.2, which was less than the design value, and the slope ratio was 94.7%; The maximal thickness of the flat stone body was 0.4 m, which was much less than the design value of 1.11 m and the flat stone body was thin; 81.25% of the weight of the sampled flat stone blocks did not meet the standard. The percentage of the missing flat stone body in the estimated section was 81%.

According to the results of the dam bank stability analysis of the Jiangjia Control Project, it is necessary to design and treat the reinforcement of the dam bank of the Jiangjia Control Project to improve the flood control capacity of the project, because of the thinness of the flat stone body, the unevenness of the flat stone body, the seriouslocal weathering of the flat stone and the absence of the flat stone body in some sections of the dam.

As only 10% of the results of each dam stack were randomly selected for evaluation, it is recommended that the frequency of sampling be further increased to improve the accuracy of accounting for the number of stone cubes in the flat stone body and to better provide scientific and technological support for project design and management.

References

[1] LAN H L, WANG Z Y, TIAN Z Z, 2005. Study on the defensive level and rescue measures of the downstream control project of the Yellow River[J]. People's Yellow River,

27 (8):9-11, 17.

[2] TANG Y Q,1998. Exploration on the quality evaluation of stone-throwing slope protection of Da Guang Dam[J]. Hubei Hydropower (2): 33-37.

[3] JIANG S Y, ZHANG Q B, YU Q Y,2001. Design and construction technology analysis of Yellow River embankment dykes[J]. Journal of the Yellow River Conservancy Vocational Technology Institute (2): 18-19.

[4] WANG L, LI X E, WANG C,2013. Construction of inspection methods and inspection evaluation indexes for Yangtze River drywall reinforcement project[J]. Proceedings of the 2013 Annual Conference of the China Water Resources Society-S3 Flood and Drought Mitigation: 166-171.

[5] DAVE N, MITTELSTET A R,2017. Quantifying Effectiveness of Streambank Stabilization Practices on Cedar River, Nebraska[J/OL]. Water,9(12): 930. https://doi. org/10. 3390/w9120930.

[6] XU H, LI Y F, ZHAO Z Y,et al. ,2023. Experimental Study on the Local Scour of Submerged Spur Dike Heads under the Protection of Soft Mattress in Plain Sand-Bed Rivers [J/OL]. Water, 15(3): 413. https://doi. org/10. 3390/w15030413.

[7] HU J L, WANG G S, WANG P Y, et al. ,2023. Experimental Study on the Influence of New Permeable Spur Dikes on Local Scour of Navigation Channel[J/OL]. Sustainability, 15(1): 570. https://doi. org/ 10. 3390/su15010570.

[8] LIN L, DEMIRBILEK Z, WARD D, et al. ,2015. Wave and Hydrodynamic Modeling for Engineering Design of Jetties at Tangier Island in Chesapeake Bay, USA[J/OL]. Journal of Marine Science and Engineering, 3(4): 1474 - 1503. https://doi. org/10. 3390/jmse3041474.

[9] FARSHAD R, KASHEFIPOUR S M, GHOMESHI M, et al. ,2022. Temporal Scour Variations at Permeable and Angled Spur Dikes under Steady and Unsteady Flows[J/OL]. Water, 14:3310. https://doi. org/10. 3390/w14203310.

[10] HAN X, LIN P Z,2018. 3D Numerical Study of the Flow Properties in a Double-Spur Dikes Field during a Flood Process[J/OL]. Water, 10(11): 1574. https://doi. org/10. 3390/w10111574.

第三篇

科学试验与研究

基于层次分析法的PCCP混凝土管芯生产质量控制

尚鹏然[1,2]，刘桂荣[1,2]，王　军[3]，付强军[3]，裴松伟[2]，赵顺波[1,2]

(1. 华北水利水电大学黄河流域水资源高效利用省部共建协同创新中心，河南 郑州 450046；
2. 华北水利水电大学河南省生态建材工程国际联合实验室，河南 郑州 450045；
3. 河南省富臣管业有限公司，河南 新乡 453400)

摘　要： 预应力钢筒混凝土管道(PCCP)的混凝土管芯成型因受多种因素影响而成为其生产中质量控制的关键环节。基于层次分析法(AHP)建立了多准则决策分析模型，以混凝土强度、管壁外观质量、管壁裂缝作为控制准则，分析了其受不同生产措施影响的权重及规律。结果表明：经一致性检验的AHP方法计算得到的各准则权重合理，符合工程实际；混凝土28 d强度为管芯质量的主要控制指标，管壁裂缝为次要控制指标；砂石骨料含泥量是混凝土管芯强度的主要影响因素，脱模温差是混凝土管芯纵向开裂的主要影响因素。AHP是一种可避免单凭经验进行处理的多准则决策方法，应用于PCCP混凝土管芯的质量控制具有良好效果。

关键词： PCCP；混凝土管芯；AHP；判断矩阵；一致性检验

预应力钢筒混凝土管道(Prestressed Concrete Cylinder Pipe，PCCP)是一种由混凝土、钢筒、预应力钢丝、保护砂浆及防腐涂料组合而成的复合管材[1]。PCCP以钢筒内衬离心成型或薄钢筒内外立式浇筑混凝土形成混凝土管芯，在钢筒外侧或混凝土表面缠绕预应力钢丝，最后以致密的砂浆喷射覆盖钢丝表面形成保护层。钢丝为PCCP提供环向预压应力，钢材处于水泥基材料所提供的高碱性环境中，可防止锈蚀[2]。目前，PCCP已被广泛应用于输水领域[3-4]。

PCCP管芯在承受内水压力的同时也是外部荷载的主要承受部分。因此，制作管芯的混凝土质量直接影响PCCP成品的服役性能。混凝土质量从时间上研究可分为硬化前及硬化后两个阶段，硬化前的混凝土质量主要取决于原材料质量、配合比的合理性以及施工的规范性；硬化后的质量则更多取决于养护环境与养护措施。混凝土质量控制问题较为复杂，一方面是评价准则不唯一，每个方案指标都可能在某一个评价准则上表现良好，而在另一评价准则上表现较差；另一方面是对于每一个评价准则，影响因素较多，较难直接得出影响因素的最佳排序[5]。这种复杂性使PCCP管芯的成型控制更多依赖于现场技术人员的经验判断。因此，如何确保和提高混凝土管芯的生产质量，是PCCP生产过程中亟待解决的重要问题。

综上所述，需采取更科学有效的方法来降低生产现场因技术人员的经验判断所产生的局限性与负面影响。混凝土质量的现场控制问题可视为多准则决策问题。针对此类问题,国外学者 Saaty T. L. 基于矩阵理论提出了层次分析法(Analytic Hierarchy Process, AHP),通过建立 AHP 多准则决策模型,得到了不同准则及对应影响因素的最佳排序[5-6]。但在使用中其可量化的信息有限,专家在采用 1~9 标度法进行打分时,可能存在非客观判断的情况,进而导致一致性检验结果较差。

为此,以某输水工程的 PCCP 生产过程为例,其输水管道采用单管埋置式 PCCP,总长 61.62 km,设计流量 13.80 m^3/s,管道内径 3.2 m,有效长度 5.0 m,工作压力 0.4 MPa,覆土深度 5~8 m,工程等级为Ⅰ等大(1)型;管芯混凝土强度等级为 C55,水泥、粉煤灰和外加剂货源稳定,货量充足;砂、石骨料生产场地受环境防控影响,部分时段需采用备用料源。基于 AHP,通过选取不同评价准则及相应的影响因素,建立了 PCCP 混凝土管芯质量控制多准则决策模型;依据专家打分,结合 Monte Carlo 法确定了最终的模型判断矩阵;结合实际生产情况,进一步分析了模型计算所得各准则及相应影响因素排序的合理性,以期为 PCCP 混凝土管芯质量控制提供科学方法。

1 决策模型

AHP 模型的建立步骤一般为:①建立问题层次递阶结构;②构建比较判断矩阵;③进行层次单排序和层次总排序[5]。

1.1 PCCP 混凝土管芯生产质量控制

PCCP 管芯的成型方式采用立式振捣浇筑,养护方式为蒸汽养护。管芯在缠绕预应力钢丝之前的质量控制以混凝土强度和管壁裂缝为主要依据,并辅以管芯内外壁的外观质量。

1.1.1 混凝土强度

混凝土强度分为脱模强度、缠丝强度和龄期 28 d 强度。脱模强度满足要求时可进行脱模,缠丝强度决定缠丝工序的开始时间,28 d 强度用来判断混凝土是否达到了设计强度等级。结合现场情况,脱模强度可达设计强度的 50%~70%(32~45 MPa),符合规范要求(不小于 20 MPa)[7];缠丝强度在冬季施工期间偏低时,可采取缠丝工序时间后推 1~2 d 的措施。因此,脱模强度与缠丝强度不作为影响混凝土管芯质量的因素,仅考虑龄期 28 d 强度。

1.1.2 管壁裂缝

管壁裂缝可分为外壁纵向裂缝、插口端环状裂缝、内壁环状或螺旋状裂缝[8-10]。外壁纵向裂缝多发生于缠丝前,主要由温度应力引起;插口端环状裂缝主要由于缠丝后的结构应力及吊运过程中的应力引起;内壁环状或螺旋状裂缝主要发生于钢筒焊缝处的搭接平台以及存放期间的干燥收缩[8-9]。

1.1.3 管壁外观质量

管壁外观质量主要取决于混凝土拌和物的工作性能(流动性、保水性及黏聚性)。若工作性能差，混凝土管芯成型脱模后表面会出现气孔、水纹等外观缺陷。其一方面会影响 PCCP 成品验收；另一方面会影响 PCCP 的内壁粗糙度，进而增大输水过程中的沿程损失[11]。

1.2　PCCP 混凝土管芯质量评价准则及相应影响因素的确定

综上所述，PCCP 混凝土管芯质量的 3 个评价标准分别为：①混凝土 28 d 强度；②管壁外观质量；③管壁裂缝。

对于混凝土 28 d 强度，施工阶段的影响因素主要为原材料的货源稳定性、浇筑成型方法等。结合工程现场实际情况，选取砂率、砂石骨料含泥量、碎石级配、振动时间等作为影响因素。

对于管壁外观质量，主要考虑对混凝土拌和物工作性能影响较大的因素，选取砂石骨料含泥量、碎石级配、振动时间等作为影响因素。

对于管壁裂缝，混凝土强度不足或管壁外观质量问题均可在一定程度上引发混凝土开裂[9]。此外，由于 PCCP 管芯混凝土采用蒸汽养护，脱模时如果管芯混凝土与外界环境的温差过大，混凝土将产生温度裂缝[7-9]。因此，脱模温差也被视为主要影响因素。

1.3　建立层次递阶关系结构图

综上所述，结合专家讨论投票，选取砂率、砂石骨料含泥量、碎石级配、振动时间、脱模温差（管芯蒸汽养护脱模时的温度与环境温度的差值）作为影响因素，建立层次递阶关系结构图，如图 1 所示。

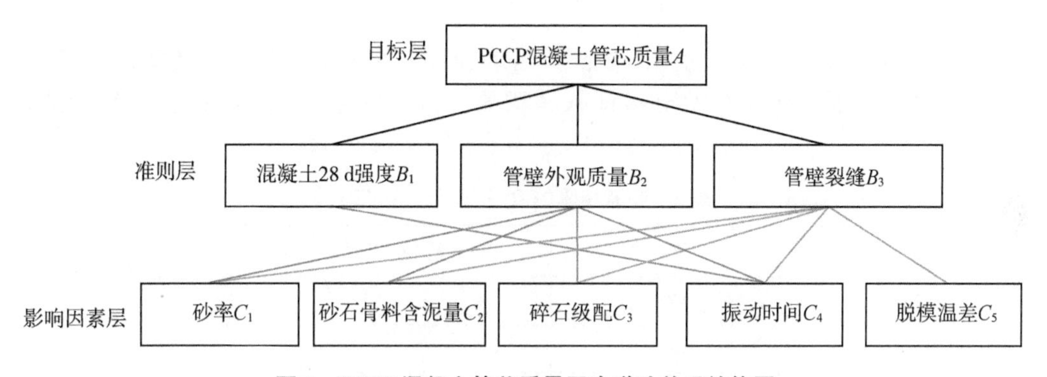

图 1　PCCP 混凝土管芯质量层次递阶关系结构图

1.4　构建判断矩阵及层次排序

根据 1～9 标度法打分，对各层级构造比较判断矩阵，确定各影响因素的权重。1～9 标度法中各数值的含义见表 1。

表 1　1～9 标度法数值含义

数值	含义
1	B_i 与 B_j 两者重要性相同

续表

数值	含义
3	B_i 比 B_j 稍重要,倒数为 B_j 比 B_i 稍重要
5	B_i 比 B_j 明显重要,倒数为 B_j 比 B_i 明显重要
7	B_i 比 B_j 很重要,倒数为 B_j 比 B_i 很重要
9	B_i 比 B_j 极端重要,倒数为 B_j 比 B_i 极端重要
2、4、6、8	上述相邻两判断的中间值,其各自倒数同上

层次排序分为单排序与总排序。单排序指对于准则层的判断矩阵 $\boldsymbol{B}$,计算满足 $\boldsymbol{BW}=\lambda_{max}\boldsymbol{W}$ 的特征值与特征向量。其中,λ_{max} 为 $\boldsymbol{B}$ 的最大特征值,$\boldsymbol{W}$ 为相应于 λ_{max} 的正规化特征向量,即权重。层次总排序在准则层单排序完成的基础上进行。依据准则层的排序结果与影响因素层的各因素重新构造一个新的判断矩阵,综合评价各影响因素的权重,并计算判断矩阵的随机一致性比例 C_R。其计算公式为

$$C_R=\frac{C_I}{R_I}$$

$$C_I=\frac{\lambda_{max}-n}{n-1}$$

式中:C_I 表示判断矩阵的一致性指标;R_I 为不同阶判断矩阵的平均随机一致性指标,根据表 2 取值[4];n 为矩阵 $\boldsymbol{B}$ 的阶数。

当 $0\leqslant C_R<0.10$ 时,认为判断矩阵具有满意的一致性,否则需要调整判断矩阵,再次重复上述步骤,直至判断矩阵具有满意的一致性为止。C_R 越接近于 0,一致性越强。

表 2 判断矩阵的 R_I 取值(1～10 阶)

阶数	R_I	阶数	R_I
1	0.00	6	1.25
2	0.00	7	1.35
3	0.52	8	1.42
4	0.89	9	1.46
5	1.12	10	1.49

1.5 判断矩阵及排序结果

首先,由专家判断各准则及影响因素间的重要性标度范围,例如矩阵 $\boldsymbol{A}-\boldsymbol{B}$ 中,B_1 与 B_2 相比,重要性在 5 标度以上,那么此时标度值可取为 6、7、8、9。因此,初步构造的矩阵具有不唯一性,即在一定范围内会出现各判断矩阵的最终排序结果一致,但矩阵不唯一的情况。

其次，依据专家判断出的各准则及影响因素间的重要性标度范围，基于 Monte Carlo 法模拟出所有可能的判断矩阵排序结果。最后，遵循以下原则进行筛选，确定最终选用的判断矩阵：①所构建的判断矩阵中各准则或影响因素的影响程度互不相等；②所构建的判断矩阵必须满足一致性检验要求，即 $C_R<0.1$，同时为避免完全一致，所构建的判断矩阵一致性比例 $C_R\neq 0$；③在满足前两项原则的基础上，遵循 C_R 取小的原则。

以 $\boldsymbol{A}-\boldsymbol{B}$ 的判断矩阵为例，按照上述①、②原则，构建 $\boldsymbol{A}-\boldsymbol{B}$ 的判断矩阵，见表 3。由于两种判断矩阵的计算结果中各准则的最终排序一致，此时遵循③原则，选择编号 1 的矩阵作为 $\boldsymbol{A}-\boldsymbol{B}$ 的判断矩阵。确定 $\boldsymbol{A}-\boldsymbol{B}$ 的判断矩阵后，以相同的方式，建立 $\boldsymbol{B}-\boldsymbol{C}$ 的判断矩阵并进行单排序，结果分别见表 4、表 5、表 6，总排序结果见表 7。

表 3　$\boldsymbol{A}-\boldsymbol{B}$ 的判断矩阵及单排序结果

编号	评价准则	判断矩阵 **B**			权重 **W**	λ_{max}	C_I	R_I	C_R	排序
		B_1	B_2	B_3						
1	B_1	1	7	2	0.592	3.013 3	0.007	0.52	0.013	1
	B_2	1/7	1	1/5	0.075					3
	B_3	1/2	5	1	0.333					2
2	B_1	1	7	2	0.582	3.0317	0.016	0.52	0.031	1
	B_2	1/7	1	1/6	0.070					3
	B_3	1/2	6	1	0.348					2

表 4　$\boldsymbol{B}_1-\boldsymbol{C}$ 的判断矩阵及单排序结果

影响因素	判断矩阵 **B**				权重 **W**	λ_{max}	C_I	R_I	C_R	排序
	C_1	C_2	C_3	C_4						
C_1	1	1/7	1/4	1/3	0.059	4.118 0	0.039	0.89	0.044	4
C_2	7	1	3	5	0.570					1
C_3	4	1/3	1	3	0.252					2
C_4	3	1/5	1/3	1	0.119					3

表 5　$\boldsymbol{B}_2-\boldsymbol{C}$ 的判断矩阵及单排序结果

影响因素	判断矩阵 **B**				权重 **W**	λ_{max}	C_I	R_I	C_R	排序
	C_1	C_2	C_3	C_4						
C_1	1	4	2	1/2	0.276	4.021 9	0.007	0.89	0.008	2
C_2	1/4	1	1/3	1/7	0.064					4
C_3	1/2	3	1	1/3	0.164					3
C_4	2	7	3	1	0.496					1

表6 B_3—C 的判断矩阵及单排序结果

影响因素	判断矩阵 B					权重 W	λ_{max}	C_I	R_I	C_R	排序
	C_1	C_2	C_3	C_4	C_5						
C_1	1	1/2	2	4	1/4	0.137	5.067 5	0.017	1.12	0.015	3
C_2	2	1	4	6	1/3	0.238					2
C_3	1/2	1/4	1	2	1/7	0.070					4
C_4	1/4	1/6	1/2	1	1/9	0.040					5
C_5	4	3	7	9	1	0.515					1

表7 影响因素 C 层总排序结果

影响因素	判断矩阵 B			权重 W	C_I	R_I	C_R	排序
	B_1	B_2	B_3					
C_1	0.035	0.021	0.046	0.102	0.029	0.967	0.030	5
C_2	0.337	0.005	0.079	0.421				1
C_3	0.149	0.012	0.023	0.184				2
C_4	0.070	0.037	0.014	0.121				4
C_5	0.000	0.000	0.172	0.172				3

2 结果分析与讨论

2.1 评价准则排序

由表3可知，评价准则 B_1、B_2、B_3 的权重分别为0.592、0.075、0.333，按其大小对3个准则进行排序为：混凝土28 d强度、管壁裂缝、管壁外观质量，表明混凝土28 d强度对PCCP混凝土管芯质量的影响最大。

混凝土28 d强度为PCCP设计的重要指标，通常以95%保证率的试配强度计算水灰(胶)比。若试配强度不足，成品PCCP管芯将直接报废。

PCCP的插口端环状裂缝以及内壁环状或螺旋状裂缝在生产中尚无根治的措施，只要裂缝宽度在规范要求的限值内，尚允许这两类裂缝的存在[7-9]。此外，这两类裂缝在PCCP通水运行后有自愈合的趋势[12]。管芯外壁纵向裂缝多为温度裂缝，规范GB/T 19685—2017[7]中对于此类裂缝并未有明确规定。现场出现的纵向裂缝均存在于外壁插口端，呈现“上宽下窄”的形态特征，这与南水北调中线工程中管径4 m的PCCP管芯外壁纵向裂缝相似[10]。对管径4 m的纵向裂缝PCCP进行原型外压试验测得的最大裂缝宽度达1.5 mm[13-14]，结果表明，管壁纵向裂缝并未显著削弱PCCP的外压承载能力。故管壁裂缝的重要性排在混凝土28 d强度之后是合理的。

管壁外观缺陷体现在气孔、蜂窝麻面等方面，主要影响PCCP成品验收。规范GB/T 19685—2017[7]规定，对于尺寸不大于10 mm的气孔可不作处理，大于10 mm的气孔可进行人工修补。此外,混凝土管壁的缺陷面积不得大于总面积的10%。以管径3.2 m的PCCP为例,其内壁总面积的10%约为5 m^2,生产中极少出现管壁缺陷面积为5 m^2的情况。故管壁外观质量准则的权重最低。

2.2 影响因素排序

由表7可知5个影响因素按权重从大到小的排序结果为:砂石骨料含泥量、碎石级配、脱模温差、振动时间、砂率。其中,砂石骨料含泥量所占权重最大(0.421),其次是碎石级配与脱模温差,砂率的权重最小。

由表6和表7可知,砂石骨料含泥量不仅是混凝土28 d强度准则中的主要影响因素,也是管壁裂缝准则中的主要影响因素(在管壁裂缝准则中权重排第2位)。砂石中的泥粉是指粒径小于0.075 mm的细粉微粒。砂石骨料含泥量在一定程度上抑制减水剂(特别是聚羧酸系减水剂)对水泥的电荷保护作用以及减水分散能力[15-16]。混凝土中的泥粉在吸附水与减水剂的同时也作为一种惰性掺料,当砂石骨料含泥量超过某一限值时会导致混凝土强度降低[17-19]。此外,砂石骨料含泥量对混凝土强度的负面影响在高强度混凝土中更为明显[20]。混凝土强度不足,导致抵抗拉应力的能力不足,易于开裂。因此,应严格控制砂石骨料的含泥量。

碎石级配不合理表现为粒径偏小或偏大。粒径偏小会增大用水量,用水量增加引起水灰比增大进而降低混凝土强度。粒径偏大则易因焊缝(螺旋焊)处混凝土沉降形成富集水区域,导致插口端与钢筒螺旋焊缝之间的混凝土骨浆分离,造成强度不均匀;同时,也为后续干燥收缩引起管壁环状或螺旋状裂缝提供了条件[8]。

脱模温差是混凝土管芯外壁开裂的主要影响因素,现场出现的裂缝多由此产生,且管芯外壁纵裂现象集中发生于冬季施工期间。现场蒸汽养护恒温段温度为52℃,脱模后管芯外壁表面实测温度可达40℃～50℃,而管芯外壁混凝土内部的温度更高,混凝土内、外温度差ΔT最大可达12℃[21]。根据规范GB 50010—2010[22],取混凝土线膨胀系数l_c为1×10^{-5}/℃,可计算管芯外壁混凝土内、外温差产生的最大温度应变ε_T为:$\varepsilon_T=l_c\Delta T=120\times10^{-6}$。此时混凝土极限拉应变约为$100\times10^{-6}$,容易因混凝土的抗拉能力不足而导致开裂。此外,管芯缠丝前采取立式存放,管芯外壁直接接触外部环境,而管芯内壁仅在顶部插口端接触外部环境,承口端直接接触地面。外壁混凝土的散热速率远大于内壁混凝土的,进一步增大了混凝土管芯开裂的风险。因此,为避免拆模时出现裂缝,控制混凝土管芯内、外温差十分必要。

振动时间主要影响混凝土的外观质量。同一工作性能的混凝土拌和物,振捣时间短,混凝土基体密实度不足;过度振动则会增大泌水、离析的风险。因此,振动时间存在一个合理范围,在该范围内能保证混凝土拌和物密实又不会出现水纹等外观缺陷。

砂率的调整是为了改善混凝土拌和物的工作性能,进而改善管壁外观质量。在实际生产过程中,若出现原材料波动(如粗细骨料粒径变化等)的情况,可以通过调整砂率的方式改善拌和物的工作性能。但对于直接影响强度的水灰(胶)比、用水量以及胶凝材料用量,严禁随意更改。由于其仅作为工作性能调整的手段,故权重最低。

综上所述,根据AHP多决策模型计算结果,若PCCP混凝土管芯出现强度问题,应首先检查现场砂石骨料的含泥量和级配是否合理;若出现管壁纵向裂缝问题,应立即检查施工记录,确定脱模温差是否过大;若出现管壁外观质量问题,应重点检查浇筑施工记录,检查振捣时间是否合理。

3　实际现场控制

PCCP 生产现场若出现了管壁纵裂以及管壁外观问题,依据 AHP 模型的计算结果对不同问题采取相应措施。

3.1　管壁纵裂问题

PCCP 在生产过程中出现了混凝土管芯外壁纵裂的现象,如图 2 所示。由图 2 可知,纵向裂缝均始于插口端,向下延伸,呈现“上宽下窄”的形态特征。统计生产中的裂管情况见表 8。由表 8 可知:管芯裂缝在 2020 年 11 月份的出现频次最多。

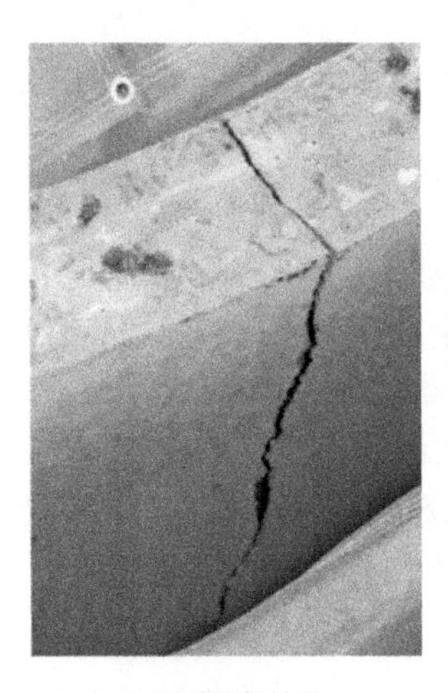

(a) 裂缝起始处

(b) 裂缝延伸

图 2　PCCP 混凝土管芯外壁纵裂

表 8　裂管统计情况

时间(年.月)	裂管数量(根)	当月生产总量(根)	裂管数量与当月生产总量之比(%)
2020.10	1	475	0.2
2020.11	5	354	1.4
2020.12	3	520	0.6
2021.1	2	282	0.7
2021.2	1	243	0.8
2021.3	1	611	0.2

据现场提供的施工记录,裂缝多在脱模前就已发生,且裂缝管的蒸汽养护环境与正常管芯的一致。由 AHP 模型的计算结果可知,脱模温差是管芯外壁纵裂的主要影响因素。

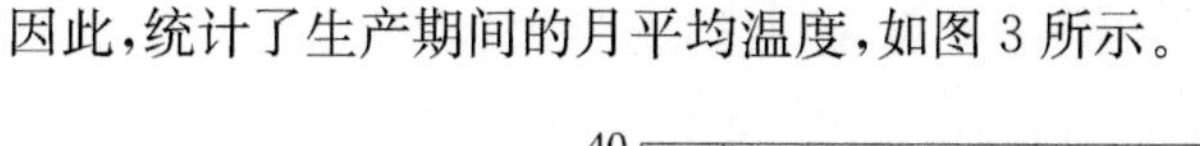
因此，统计了生产期间的月平均温度，如图 3 所示。

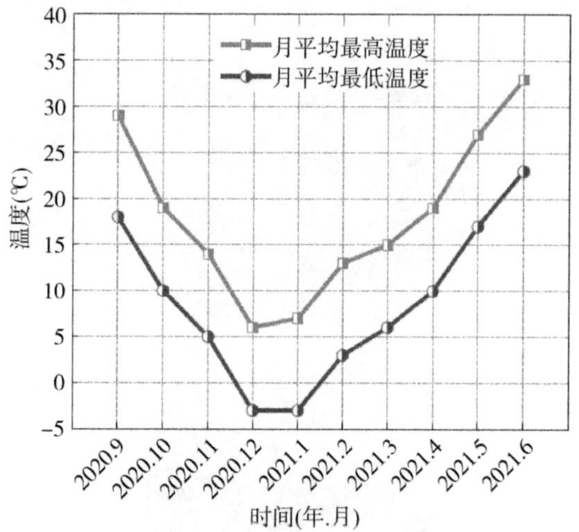

图 3　PCCP 生产期间各月份温度

由图 3 可知，2020 年 11 月份时月平均最低温度仅为 5℃，混凝土管芯蒸养结束脱模时的表面温度与环境温差超过 30℃。因此，从 2020 年 12 月份开始，除在现场采取拌合水加热、预热骨料等措施外，增加了以下措施：①增加管芯养护前的静停时间；②适当减少管芯浇筑的数量，延长管芯的降温时间；③严禁在管芯降温过程中去除蒸养罩；④当插口端的浮浆过厚时，采取人工抛石等方式处理。通过采取以上措施，实现了冬季施工期平缓过渡到升温期的目标，裂管数量得到了控制。2021 年 2 月份以后，随着环境温度逐渐回升，纵裂问题逐渐得到了解决。

3.2　管壁外观问题

在生产过程中，某段时间内天然河砂的级配质量出现较大波动，采用了级配偏粗的河砂。实际浇筑时出现了插口端收口困难的情况，脱模后管壁出现大量气孔，如图 4 所示。

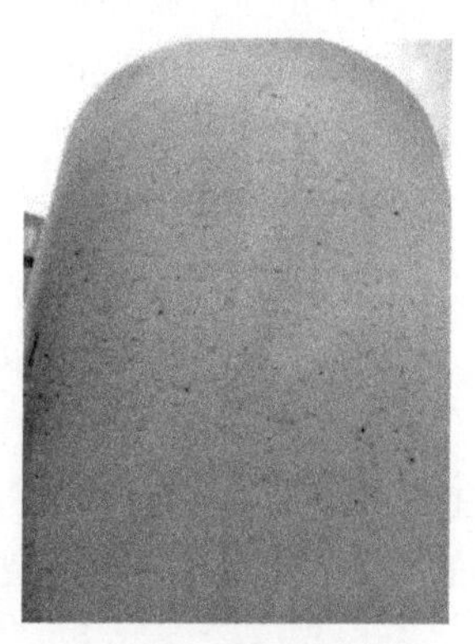

图 4　管壁气孔

针对此类问题,由实验室提供的检测记录可知,砂的细度模数达到了 3.0～3.2,且 4.75 mm 以上的颗粒含量较多,而原有配比使用的砂细度模数为 2.6～2.8,应在原有配比不变的情况下,减少浆体量,增多骨料。因此,施工现场采取了增大砂率的调整方法。但该方法引发了管芯水纹的外观质量问题,如图 5 所示。

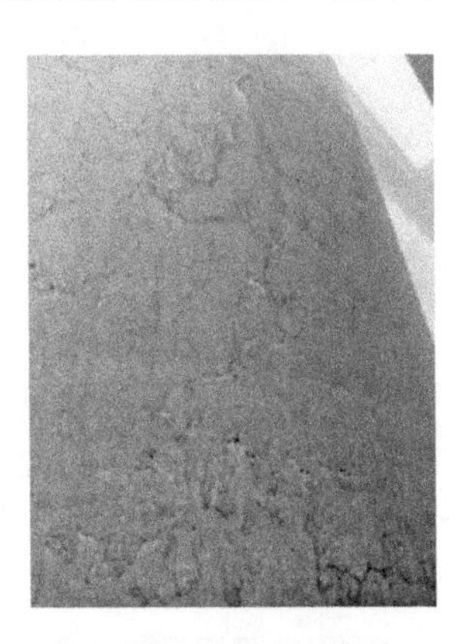

图 5 管壁水纹

根据 AHP 模型的计算结果可知,管壁外观质量的首要影响因素是混凝土振动时间。以往管芯模具振动器开启后持续工作至混凝土浇筑完毕,因管芯采用立式浇筑,上下部混凝土振动时间不同,调整砂率后增大了混凝土的浆体量,导致出现底部水纹、顶部气孔的现象。因此,采取了如下措施:①浇筑时控制下料速度为 6～8 min/罐;②振动器随着混凝土高度的变化分上、中、下 3 层逐层振动,每层振动时间控制在 10～15 min,严禁过度振动;③严格控制内外壁混凝土的高度差。通过采取以上措施,保证了现场混凝土管芯的外观质量。

4 结语

本文借助 AHP,从混凝土 28 d 强度、管壁外观质量、管壁裂缝 3 个准则层出发,选取了砂率、砂石骨料含泥量、碎石级配、振动时间、脱模温差 5 个影响因素,建立了 PCCP 混凝土管芯质量控制多准则决策模型,计算了各影响因素的权重,并结合某输水工程,分析了 PCCP 混凝土管芯生产过程中出现的管壁裂缝及管壁外观问题的原因,基于决策模型的计算结果提出了相应的解决措施,得出以下结论。

(1) 针对判断矩阵构建时存在的不唯一的情况,提出了相应的筛选原则,减少了 AHP 使用的不确定性。经对比,AHP 计算结果满足一致性检验要求,各评价指标的权重排序合理,符合工程实际。

(2) PCCP 混凝土管芯质量主要受混凝土 28 d 强度、管壁外观质量和管壁裂缝的影响;混凝土 28 d 强度为管芯质量的主要控制指标,管壁裂缝为次要控制指标,管壁外观质量的影响最小。

(3) AHP 是一种可避免单凭经验进行处理的多准则决策方法,可用于混凝土管芯的质量控制和其他相关领域。

参考文献

[1] 张树凯.预应力钢筒混凝土管发展回顾与前景展望[J].混凝土与水泥制品,2007(2):25-28.

[2] American National Standards Institute,American Water Works Association. AWWA standard for prestressed concrete pressure pipe, steel cylinder type: ANSI/AWWA C301—2014[S]. Denver,Colo:[s. n.],2014.

[3] 李珠,刘元珍,闫旭,等.引黄入晋:万家寨引黄工程综述及高新技术应用[J].工程力学,2007,24(S2):21-32.

[4] 王东黎,刘进,石维新,等.南水北调工程 PCCP 管道设计的关键技术研究[J].水利水电技术,2009,40(11):33-39.

[5] 杜纲.管理数学基础:理论与应用[M].天津:天津大学出版社,2003.

[6] 侯慧敏,周冬蒙,徐存东,等.基于云理论改进 AHP 的泵站节能增效综合评价[J].华北水利水电大学学报(自然科学版),2019,40(4):15-21.

[7] 中国建筑材料联合会.预应力钢筒混凝土管:GB/T 19685—2017[S].北京:中国标准出版社,2017.

[8] 余洪方,刘红飞.预应力钢筒混凝土管裂缝产生机理及对策研究[J].混凝土与水泥制品,1996(6):40-43.

[9] 张成军,陈尧隆,李宇,等.大直径预应力钢筒混凝土管道裂缝产生机理与防治研究[J].西北农林科技大学学报(自然科学版),2005,33(7):93-98.

[10] 寇建章.4 m 直径 PCCP 管芯插口端外表面裂缝成因分析[J].山西水利科技,2007(3):31-33.

[11] 郑双凌,马吉明,南春子,等.预应力钢筒混凝土管(PCCP)的阻力系数与粗糙度研究[J].水力发电学报,2012,31(3):126-130.

[12] 鹿丙全.PCCP 管芯内层混凝土裂缝湿胀愈合性能试验研究[D].郑州:郑州大学,2015.

[13] 胡少伟,沈捷,王东黎,等.超大口径预存裂缝的预应力钢筒混凝土管结构分析与试验研究[J].水利学报,2010,41(7):876-882.

[14] 赵晓露,窦铁生,燕家琪,等.管芯外侧带有纵向裂缝 PCCP 管体承载能力的试验研究[J].混凝土与水泥制品,2012(12):37-40.

[15] 冯乃谦.流态混凝土[M].北京:中国铁道出版社,1988.

[16] 马永贵,韩青峰.抗泥型聚羧酸系减水剂的合成及在 PCCP 混凝土中的应用[J].水利水电技术,2016,47(8):59-62.

[17] 王春发.砂石含泥量对混凝土强度的影响[J].混凝土及建筑构件,1982(1):37-41.

[18] 赵尚传,邱晖,贡金鑫,等.粗集料含泥量对混凝土力学性能及抗冻耐久性的影响[J].公路交通科技(应用技术版),2007(1):111-115.

[19] 仇影.含泥量对掺高效减水剂的混凝土性能影响研究[J].硅酸盐通报,2014,33(10):2508-2513.

[20] 刘斌,何廷树,何娟,等. 含泥量对掺聚羧酸减水剂混凝土性能的影响[J]. 硅酸盐通报,2015,34(2):349-353.
[21] 张雷顺,张敏,葛巍,等. 考虑温度效应的 PCCP 蒸养阶段温度场分析[J]. 建筑材料学报,2016,19(5):855-859.
[22] 中国建筑科学研究院. 混凝土结构设计规范:GB 50010—2010[S]. 北京:中国建筑工业出版社,2015.

引黄灌区水资源调配模型及和谐评估

陶　洁[1,2,3]，李　行[1]，孙鑫豪[1]，路振广[4]，左其亭[1,2,3]

（1. 郑州大学水利与土木工程学院，河南 郑州 450001；2. 郑州大学黄河生态保护与区域协调发展研究院，河南 郑州 450001；3. 河南省地下水污染防治与修复重点实验室，河南 郑州 450001；4. 河南省水利科技应用中心，河南 郑州 450000）

摘　要：基于引黄灌区普遍特征及存在的水资源问题，构建考虑水资源、经济社会和生态环境多维目标的水资源优化调配模型，建立引黄灌区水资源和谐评估指标体系，并将模型和评估体系应用到赵口引黄灌区二期工程。基于模型解集中选取的4种代表性优化调配方案进行水资源、经济社会、生态环境的效益分析，选定P4方案为赵口二期水资源多目标优化调度方案，并基于该方案开展和谐评估和多方案调控研究。结果表明：模型优化后灌区和谐度明显提高，通过对和谐度较低的地下水开采率、农业用水比例、城镇化率、人均粮食产量、绿化覆盖率等指标调控后，和谐度可进一步提高到0.790。

关键词：水资源调配模型；和谐评估；和谐调控；赵口引黄灌区二期工程；引黄灌区

1　研究背景

近些年来，由于区域经济发展，水源情势丰枯变化区水资源短缺风险不断增加，严重制约了其和谐可持续发展[1]。水资源优化调配技术是解决区域多水源、多用户水量分配矛盾的有效手段[2]。现阶段已形成较成熟的水资源优化调配技术[3]。如金菊良等[4]提出依据最小相对熵原理确定区域水资源分配权重的新方法；黄强等[5]基于流域水资源分配网络节点图建立了水资源优化配置模型。桑学锋等[6]基于二元水循环理论和水资源配置理论，建立了水资源综合模拟与调配一体化模型。但是目前从人水和谐角度对水资源调配方案进行优化的研究不多。“人水和谐”是我国现代治水的主导思想，其基本思路就是采取一系列措施使人和水的关系达到一种和谐的状态[7]。人水和谐理论的意义就是解决人水系统中的多方矛盾，以促进多方和谐共生[8]。因此从人水和谐角度优化引黄灌区水资源调配是可行且有意义的。鉴于此，本文面向引黄灌区特征和面临的现状，构建协同灌区水资源—经济社会—生态环境多维度的优化调配模型和水资源和谐评估指标体系，并应用于赵口引黄灌区二期工程，以期为合理制定引黄灌区水资源调配方案、推进其和谐发展提供参考。

2 研究区概况与数据来源

2.1 研究区概况

赵口引黄灌区二期工程(简称“赵口二期”)是赵口引黄灌区的重要组成部分,位于河南省黄河南岸豫东平原,属淮河流域,总土地面积2 174 km^2,涉及郑州市的中牟县和开封市的鼓楼区、城乡一体化示范区、祥符区、通许县、杞县以及周口市的太康县和商丘市的柘城县。工程范围内有涡河、惠济河两条主要河流,以及多条人工沟渠和多座拦河闸。区域用水以地下水和引黄水为主,主要保障农业用水,兼顾生产、生活用水。灌区内旱涝等自然灾害时有发生,盐碱化问题目前基本消除。然而现状年多数河沟淤积严重,因此赵口二期工程的主要任务就是对现有灌排工程系统进行改扩建。工程已于2019年12月开工,总工期32个月,拟建设渠道31条,治理河道28条,设计灌溉面积14.7×10^4 hm^2。通过采用井、渠、河结合的灌排合一供水体系,实现灌区水资源的高效开发利用,缓解供需矛盾,改善灌区生态环境。赵口引黄灌区二期工程地理位置及范围如图1所示。

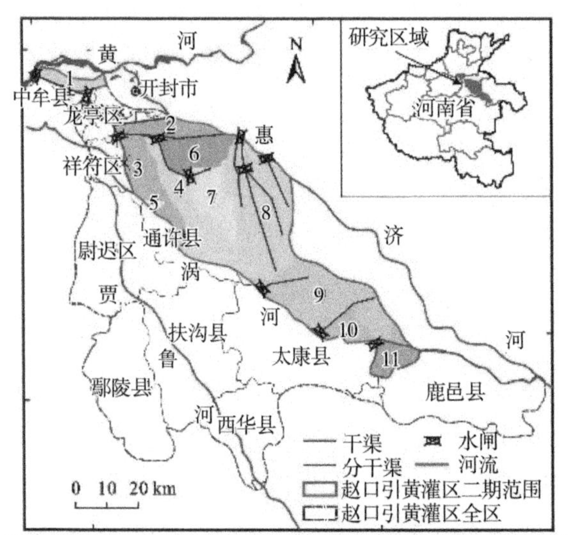

1.总干灌片 2.东一干灌片 3.朱仙灌片 4.下惠贾灌片 5.姜清沟灌片 6.陈留灌片
7.石岗灌片 8.惠济灌片 9.幸福灌片 10.团结灌片 11.宋庄灌片

注:该图是赵口二期工程初设报告中灌溉分区图经过校正配准后绘制而成。

图1 赵口引黄灌区二期工程地理位置及范围示意图

2.2 单元节点

根据赵口二期地形、地貌、土壤、气象水文条件、工程建设和布局,以及行政区划情况,以主要渠系和输水河道为主线,以重要引水闸和节制闸为控制节点将赵口二期分为11个灌片(图1);并以灌片为计算单元,结合河流渠系分布状况,确定各灌片节点水力联系,赵口二期工程各灌片节点关系如图2所示。

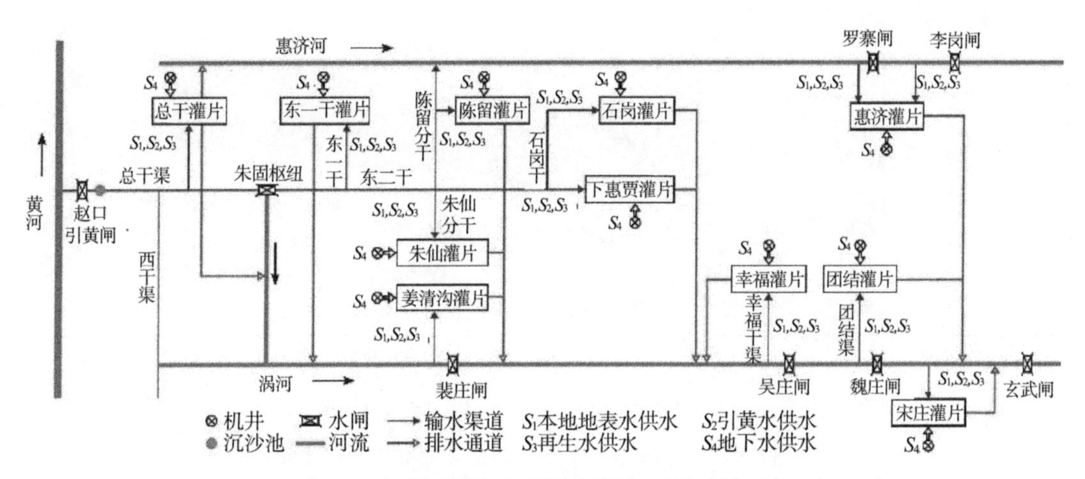

图 2 赵口引黄灌区二期工程各灌片节点关系图

2.3 数据来源

研究包含水资源、经济社会和生态环境三个维度的多种数据，主要来源于《河南省赵口引黄灌区二期工程初步设计报告》(2019 年)，其中部分数据参考 2000—2015 年河南省及其地级市统计年鉴与水资源公报、黄河与淮河流域综合规划，用水定额的确定依据河南省地方标准 DB41/T 385—2014、DB41/T 985—2014，并参考最新的河南省地方标准 DB41/T 385—2020、DB41/T 985—2020。

3 研究方法

3.1 水资源调配模型

目前引黄灌区中大中型灌区偏多，灌区范围内以渠系工程为主，水源结构复杂，多以引黄水和地下水为主，区域经济社会欠发达，用水以农田灌溉为主。灌区普遍存在地表水开发利用程度低、地下水超采严重、生态水源不足以及供需矛盾突出、水资源利用效率偏低、工程老化和管理环节薄弱等问题[9-11]。

3.1.1 目标函数

灌区水资源调配研究涉及水资源、经济社会和生态环境 3 个维度。调配模型目标函数也从该 3 个维度进行设置。其中水资源维度以总缺水量 $W(x)$ 最小为目标；经济社会维度以供水经济效益 $S(x)$ 最大为目标；生态环境维度以生态用水满足度 $E(x)$ 最大为目标。模型目标函数如下，模型构建符号说明见表 1。

$$\begin{cases} W(x) = \min\sum_{k=1}^{n}\sum_{j=1}^{4}\sum_{t=1}^{m}\left[(D_{k,j,t} - \sum_{i=1}^{4}R_{ij}x_{k,i,j,t})/D_{k,j,t}\right] \\ S(x) = \max\sum_{i=1}^{4}\sum_{j=1}^{4}(e_jR_{ij}\sum_{k=1}^{n}\sum_{t=1}^{m}x_{k,i,j,t}) \\ E(x) = \max\sum_{k=1}^{n}\sum_{t=1}^{m}(\sum_{i=1}^{4}x_{k,i,4,t}/D_{k,4,t}) \end{cases} \quad (1)$$

表1 水资源调配模型构建符号说明表

符号	含义	取值范围及解释说明	单位
i	供水水源	i=1(当地地表水)、2(引黄水)、3(其他水)、4(地下水)	
j	用水户	j=1(生活用水)、2(工业用水)、3(农业用水)、4(生态用水)	
k	计算单元	k=1(总干灌片)、2(东一干灌片)、3(朱仙灌片)、4(下惠贾灌片)、5(姜清沟灌片)、6(陈留灌片)、7(石岗灌片)、8(惠济灌片)、9(幸福灌片)、10(团结灌片)、11(宋庄灌片)	
t	调配时段	调配时段为年时,t=1;调配时段为月时,$t\in[1,12]$	
R_{ij}	配水关系	水源 i 向用水户 j 的配水关系,0 表示不配水,1 表示配水	
$D_{k,j,t}$	需水量	调配时段 t 内分区 k 用水户 j 的需水量	10^4m^3
$x_{k,i,j,t}$	分配水量	调配时段 t 内分区 k 中水源 i 向用水户 j 的分配水量	10^4m^3

3.1.2 约束条件

约束条件包括供水约束、需水约束和变量非负约束。

(1) 需水约束:各用水户的需水量不超出其需水量的上、下限。

$$\sum_{t=1}^{m}D_{k,j_{\min},t} \leqslant \sum_{i=1}^{4}\sum_{t=1}^{m}x_{k,i,j,t} \leqslant \sum_{t=1}^{m}D_{k,j_{\max},t} \quad (2)$$

式中:$D_{k,j_{\max},t}$、$D_{k,j_{\min},t}$ 分别为不同时段 t 分区 k 用水户 j 的需水量上下限,10^4m^3。

(2) 供水约束:各水源供水量不超过其可供水量。

$$\sum_{k=1}^{n}\sum_{j=1}^{4}\sum_{t=1}^{m}x_{k,i,j,t} \leqslant \sum_{k=1}^{n}\sum_{t=1}^{m}S_{k,i,t} \quad (3)$$

式中:$S_{k,i,t}$ 为不同时段 t 分区 k 水源 i 的可供水量,10^4m^3。

(3) 非负约束:

$$x_{k,i,j,t} \geqslant 0 \quad (4)$$

3.1.3 模型参数

(1) 用水净效益系数 e_j 和配水关系 R_{ij}。用水效益系数利用单位水资源产生的经济效益表示,通过查阅相关文献资料[12-14],并结合引黄灌区不同水平年经济社会发展状况综合确定。配水关系应考虑引黄灌区实际情况，按照一定规则，实现多水源多用户的联合调配。一般情况下引黄灌区配水关系如表2所示，其中1表示配水，0表示不配水。实际应用时可具体分析。

表2　一般情况下引黄灌区水源向用水户配水关系

水源	生活	工业	农业	生态环境
当地地表水	0	0	1	0
黄河水	0	1	1	0
再生水	0	1	0	1
地下水	1	1	1	0

(2) 需水量上、下阈值 $D_{j\max}$、$D_{j\min}$。水资源系统中各用水户需水量存在阈值范围，超过其范围均会造成水资源系统的退化甚至崩溃。为保障灌区内人民基本生活、粮食用水安全、生态环境用水的需求，并考虑工业和商品服务业用水特征，确定生活需水量的上、下阈值均取生活需水量预测值；农业需水量的上、下阈值分别取农业需水量预测值及其值的75%；工业和商品服务业用水需水量的上、下阈值分别取相应的需水量预测值及其值的80%；生态环境需水量的上、下阈值分别取生态环境需水量预测值及其值的70%。

3.1.4　模型求解

采用带经营策略的快速非支配排序遗传算法（non-dominated sorting genetic algorithm Ⅱ，NSGA-Ⅱ算法）[15]来求解模型。该算法通过非支配快速排序和拥挤距离筛选个体，提供多种决策方案供参考，对解决水资源优化调配问题具有良好的适用性[16]。算法函数[17]如下

$$[x, fval] = gamultiobj(fitnessfcn, nvars, \mathbf{A}, b, \mathbf{Aeq}, beq, lb, ub, options) \quad (5)$$

式中：x 为决策变量；$fval$ 为 x 对应的函数值；$fitnessfcn$ 为模型目标函数；$nvars$ 为变量个数；$\mathbf{A}$，b 分别为线性不等式约束矩阵及其约束值；$\mathbf{Aeq}$，beq 分别为线性等式约束矩阵及其约束值，即 $\mathbf{A} \cdot x \leqslant b$，$\mathbf{Aeq} \cdot x = beq$；$lb$ 和 ub 分别为 x 的下限和上限；$options$ 为算法的参数设置。

3.2　和谐评估

结合引黄灌区实际特征和存在的水资源问题，通过理论分析、相关文献频率统计、专家咨询等方法，从水资源、经济社会和生态环境3个维度筛选合适的和谐评估指标，按照“目标—准则—分类—指标”4个层次构建引黄灌区水资源和谐评估指标体系（表3），并参考相关文献[18-20]与地区发展规划，综合确定各指标节点值（表4）。

表 3 引黄灌区水资源和谐评估指标体系

目标层	准则层	分类层	指标层		
			指标名称	指标序号	指标单位
引黄灌区人水和谐	水资源	水资源现状	单位面积水资源量	X_{1101}	$10^4 m^3/km^2$
			人均水资源占有量	X_{1102}	m^3
		水资源开发	本地地表水开发利用率	X_{1201}	%
			地下水开采率	X_{1202}	%
			引黄水供水比例	X_{1203}	%
		水资源利用	生活用水比例	X_{1301}	%
			农业用水比例	X_{1302}	%
			工业用水比例	X_{1303}	%
	经济社会	社会	人口自然增长率	X_{2101}	%
			城镇化率	X_{2102}	%
			人均综合用水量	X_{2103}	m^3
			恩格尔系数	X_{2104}	%
			人均粮食产量	X_{2105}	kg
			农村居民收入	X_{2106}	10^4 元
		经济	人均 GDP	X_{2201}	10^4 元
			GDP 增长率	X_{2202}	%
			工业产值占 GDP 比重	X_{2203}	%
		科技	万元 GDP 用水量	X_{2301}	m^3
			万元工业增加值用水量	X_{2302}	m^3
			单位面积灌溉用水量	X_{2303}	m^3/hm^2
			灌溉水利用系数	X_{2304}	
			人均日生活用水量	X_{2305}	L
	生态环境	环境	绿化覆盖率	X_{3101}	%
			生态用水满足度	X_{3102}	%
		保护	污水处理率	X_{3201}	%
			环保投资占 GDP 比重	X_{3202}	%
			公众环保意识	X_{3203}	

表 4 引黄灌区水资源和谐评估各指标节点值

指标序号	最差值 a	较差值 b	及格值 c	较优值 d	最优值 e	指标方向
X_{1101}	0.1	1	5	15	25	正向
X_{1102}	100	400	1 000	1 500	2 400	正向
X_{1201}	1	10	30	50	70	正向

续表

指标序号	最差值 a	较差值 b	及格值 c	较优值 d	最优值 e	指标方向
X_{1202}	150	100	80	60	30	逆向
X_{1203}	5	10	20	30	50	正向
X_{1301}	3	6.5	9	11	14	正向
X_{1302}	90	80	60	50	40	逆向
X_{1303}	7	13.5	28	45	60	正向
X_{2101}	10	7	5.7	3.8	2	逆向
X_{2102}	15	25	35	50	70	正向
X_{2103}	800	660	520	360	200	逆向
X_{2104}	60	55	50	40	30	逆向
X_{2105}	80	200	400	700	1 000	正向
X_{2106}	3 000	5 000	10 000	15 000	25 000	正向
X_{2201}	1	2	5	10	15	正向
X_{2202}	2	3.5	5	6.5	8	正向
X_{2203}	20	32.5	45	52.5	60	正向
X_{2301}	610	355	100	60	20	逆向
X_{2302}	200	160	120	65	10	逆向
X_{2303}	600	487.5	375	300	225	逆向
X_{2304}	0.2	0.4	0.6	0.8	0.95	正向
X_{2305}	5	30	65	85	110	正向
X_{3101}	5	10	20	30	40	正向
X_{3102}	5	30	60	85	100	正向
X_{3201}	5	30	60	85	100	正向
X_{3202}	1	1.5	2	3	5	正向
X_{3203}	20	40	60	75	90	正向

采用“单指标量化—多指标综合—多准则集成”评价方法(即“SMI-P”方法)[21]，评估引黄灌区水资源和谐度。其中：①单指标量化，采用分段模糊隶属度计算单指标和谐度。函数分为5段，并将对应的5个特征值($a\sim e$)的和谐度分别定为0、0.3、0.6、0.8、1.0[21]。②多指标综合，运用层次分析法[22]和熵权法[23]分别计算各指标的主、客观权重，再利用最小相对熵原理[24]得到各指标综合权重，进而计算水资源、经济社会和生态环境3个维度的和谐度。③多准则集成，对各维度和谐度进一步加权得到灌区综合和谐度。为了直观

地反映引黄灌区和谐水平,设置7个和谐等级(表5)。

表5 引黄灌区水资源和谐等级

和谐度	0	(0,0.2)	[0.2,0.4)	[0.4,0.6)	[0.6,0.8)	[0.8,1)	1.0
和谐等级	完全不和谐	较不和谐	基本不和谐	接近和谐	基本和谐	较和谐	完全和谐

4 结果与分析

4.1 供需预测结果

以2015年为现状年,利用定额法开展规划年2030年的供需水预测,其中农田灌溉用水定额在综合考虑赵口二期灌溉用水现状、规划年作物种植结构、节水措施推广、不同灌溉方式和田面损失后综合确定,预测结果如图3所示。

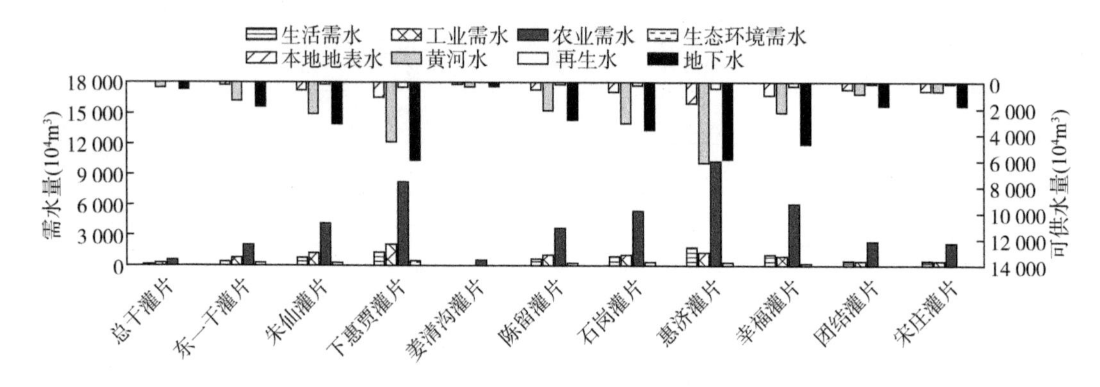

(a) 保证率 $P=50\%$

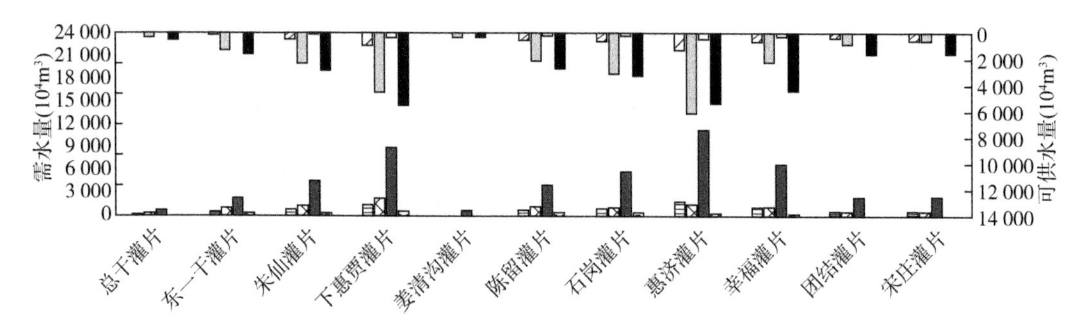

(b) 保证率 $P=75\%$

图3 2030年50%、75%保证率下赵口二期水资源供、需量预测结果

由图3可知,保证率 $P=50\%$ 条件下,2030年赵口二期可供水总量为65 427.5×10^4 m^3,总需水量为64 726.1×10^4 m^3,可供水量有所富余,各用水户用水过程可得到保障;但 $P=75\%$ 条件下,可供水总量为62 042.6×10^4 m^3,总需水量为68 278.6×10^4 m^3,缺水量为6 236.0×10^4 m^3,各灌片将出现不同程度的缺水。

4.2　优化调配结果

利用 MATLAB 编程，运行模型后求得 Pareto 最优解集。按照对各维度目标效益的侧重，从解集中选择 4 种有代表性的优化调配方案，分别记作 $P_1 \sim P_4$。其中：P_1 侧重水资源效益，P_2 侧重经济社会效益，P_3 侧重生态环境效益，P_4 综合考虑平衡水资源、经济社会、生态环境三者间的效益。规划年不同保证率下调配方案见表 6。

表 6　2030 年不同保证率下赵口二期水资源 4 种优化调配方案　　单位：10^4 m^3

方案	用水户	P=50%					P=75%				
		本地地表水	引黄水	再生水	地下水	合计	本地地表水	引黄水	再生水	地下水	合计
P_1	生活	0	0	0	7 583.8	7 583.8	0	0	0	7 583.8	7 583.8
	工业	0	1 159.5	1 187.4	7 036.9	9 383.8	0	1 062.4	1 087.9	6 447.6	8 598.0
	农业	5 781.7	23 219.8	0	16 759.1	45 760.6	5 571.5	22 375.6	0	16 149.8	44 096.9
	生态环境	0	889.0	1 108.8	0	1 997.8	0	785.0	979.0	0	1 764.0
P_2	生活	0	0	0	7 583.8	7 583.8	0	0	0	7 583.8	7 583.8
	工业	0	1 159.9	1 205.6	7 018.3	9 383.8	0	1 125.9	1 170.3	6 813.1	9 109.4
	农业	5 839.4	23 377.6	0	16 543.6	45 760.6	5 571.5	22 304.7	0	15 784.4	43 660.6
	生态环境	0	937.3	1 060.6	0	1 997.8	0	792.3	896.6	0	1 688.9
P_3	生活	0	0	0	7 583.8	7 583.8	0	0	0	7 583.8	7 583.8
	工业	0	1 140.4	1 053.3	7 190.2	9 383.8	0	1 038.6	959.2	6 548.4	8 546.2
	农业	5 805.0	23 233.7	0	16 721.9	45 760.6	5 571.5	22 298.9	0	16 049.1	43 919.4
	生态环境	0	887.6	1 110.2	0	1 997.8	0	885.5	1 107.7	0	1 993.2
P_4	生活	0	0	0	7 583.8	7 583.8	0	0	0	7 583.8	7 583.8
	工业	0	1 319.0	1 015.2	7 049.6	9 383.8	0	1 072.9	1 072.9	6 505.0	8 650.8
	农业	6 661.9	21 251.6	0	17 847.2	45 760.6	5 571.5	22 357.8	0	16 092.4	44 021.7
	生态环境	0	0	1 997.8	0	1 997.8	0	792.3	994.1	0	1 786.4

4.3　方案效益分析

为了进一步优选方案，依据表 6 中水资源调配结果，比较规划年 $P_1 \sim P_4$ 方案下的缺水率、经济效益和生态用水满足度，分别代表不同方案的水资源、经济社会和生态环境效益，结果如图 4～图 6 所示。

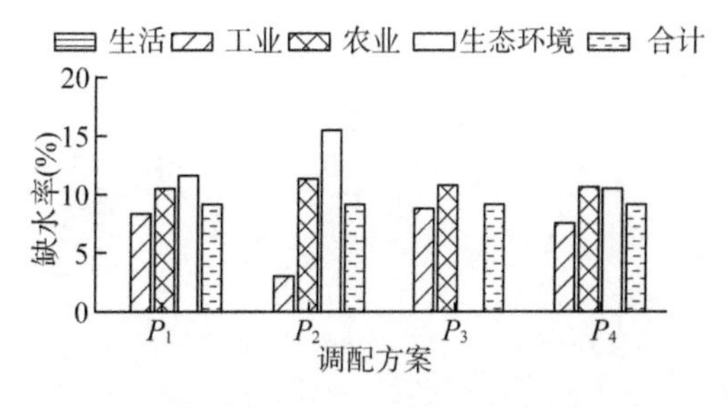

图 4　2030 年方案 $P_1 \sim P_4$ 的缺水情况（P=75%）

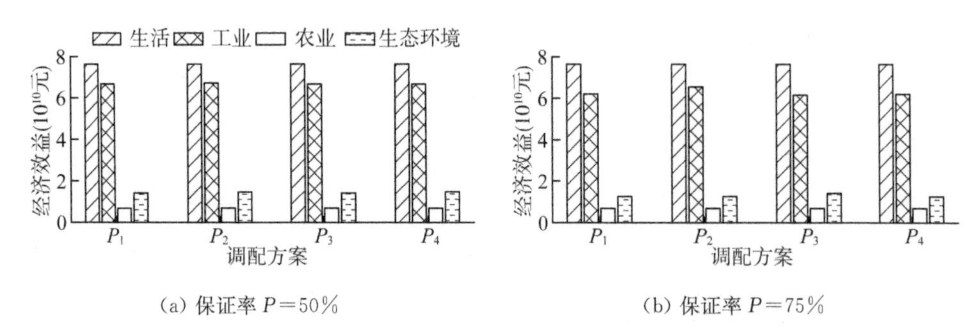

(a) 保证率 $P=50\%$ (b) 保证率 $P=75\%$

图5 2030年不同保证率下方案 $P_1 \sim P_4$ 的经济效益

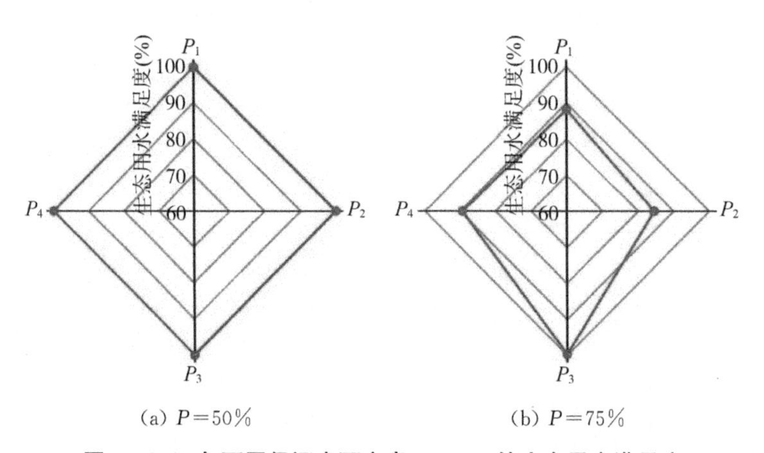

(a) $P=50\%$ (b) $P=75\%$

图6 2030年不同保证率下方案 $P_1 \sim P_4$ 的生态用水满足度

综合图4～图6来看，P_1 方案体现了灌区间水资源的公平分配，但各用水户均存在一定程度缺水，经济效益不高。P_2 方案经济效益最大，但农业和生态环境缺水量较大，生态环境效益最低。P_3 方案生态用水满足度最高，但工业缺水较大，经济效益最低。P_4 方案水资源效益与 P_1 方案相近，但经济和生态效益均比 P_1 方案大，体现了各维度之间的协调发展。故选取 P_4 方案作为赵口二期规划年水资源优化调配方案，且方案年内调配结果如图7所示。

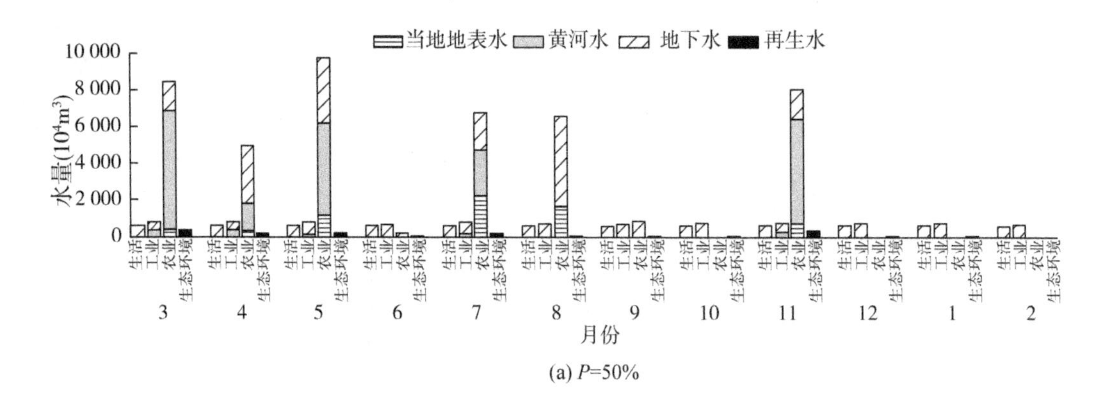

(a) $P=50\%$

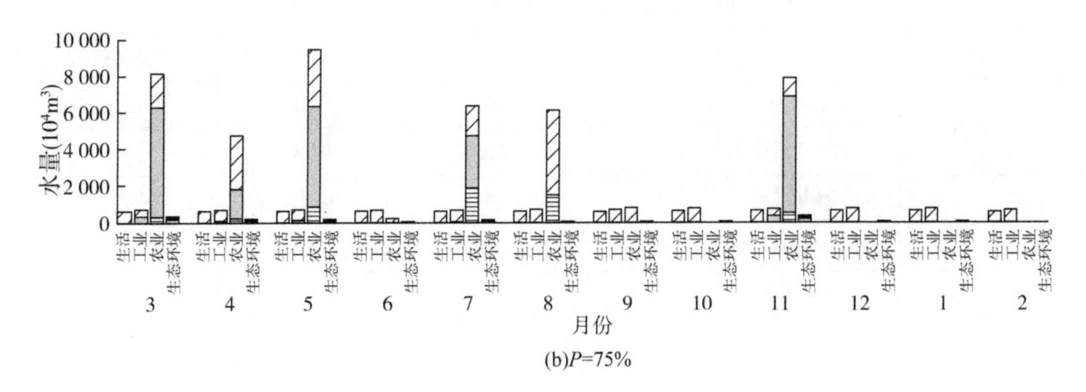

图 7　赵口二期不同保证率下 2030 年水资源年内优化调配结果

4.4　和谐评估与调控

依据上述和谐评估方法计算出赵口二期不同水平年各维度及综合和谐度，如图 8 所示。由图 8 可知，现状年 2015 年赵口二期综合和谐度为 0.614，刚达到“基本和谐”；其中水资源维度和谐度最低，仅为 0.407，从侧面反映出灌区水资源供需矛盾突出；2015 年经济社会和生态环境维度和谐度相对较高，分别为 0.640 和 0.612，说明现状年赵口二期经济发展良好，且具有一定的生态环境保护基础。规划年 2030 年通过模型调配后，在 50%和 75%保证率下全区综合和谐度分别达到 0.747 和 0.716，均达到“基本和谐”。其中，水资源维度和谐度在 50%和 75%保证率下分别提升至 0.680 和 0.672；经济社会维度分别提升至 0.740 和 0.736，生态环境维度分别提升至 0.790 和 0.694。综合来看，通过优化调配后规划年赵口二期和谐度有明显提升，但仍有一定的提升空间。

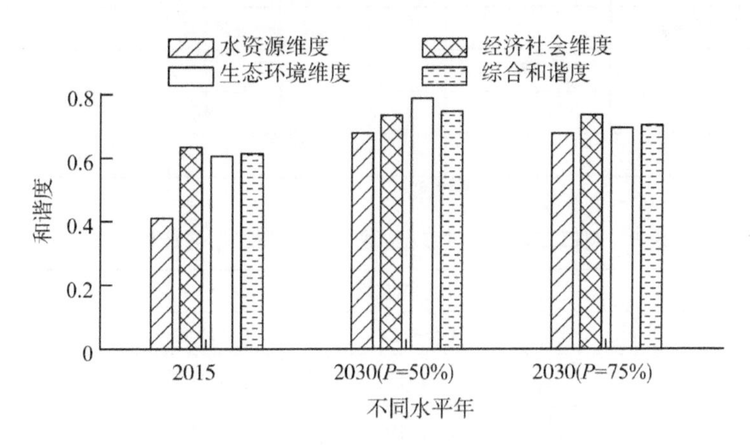

图 8　不同水平年赵口二期各维度及综合和谐度

将优化调配方案 P_4 记为基础方案 F_0。基于和谐评估结果，综合考虑指标可操作性，选择部分和谐度较低的指标作为赵口二期和谐度多维调控指标，并按照表 4 中对应的节点值确定其调控范围，具体如表 7 所示。

表 7 赵口二期和谐度多维调控指标及其调控范围

维度	调控指标	规划年取值	最差值	最优值
水资源	地下水开采率 X_{1202}(%)	84.6	150	30
	农业用水比例 X_{1302}(%)	70.7	90	40
经济社会	城镇化率 X_{2102}(%)	26.4	15	70
	人均粮食产量 X_{2105}(kg)	333.3	80	1 000
生态环境	绿化覆盖率 X_{3101}(%)	5.0	5	40

根据基础方案 F_0 和谐度评价结果,结合赵口二期实际情况及发展规划,将水资源、经济社会、生态环境和谐度调控目标分别设为 0.70、0.75、0.80。在此基础上,对各维度调控指标在其调控范围内向下阶梯取值,作为不同调控方案中各指标调控值,并将其排序组合,共得到 36 个调控方案,记作 F_1~F_{36}。以 $P=50\%$保证率为例,计算得到所有调控方案 F_1~F_{36} 对应的和谐度结果,并筛选出各维度和谐度达标的 8 种有效方案及其和谐度结果,具体如表 8、表 9 所示。

表 8 赵口二期和谐度多维调控有效方案

方案	水资源调控指标		经济社会调控指标		生态环境调控指标
	X_{1202}(%)	X_{1302}(%)	X_{2102}(%)	X_{2105}(kg)	X_{3101}(%)
F_{16}	75	70	35	400	30
F_8	80	65	35	400	30
F_{28}	70	70	35	400	30
F_{20}	75	65	35	400	30
F_{12}	80	60	35	400	30
F_{32}	70	65	35	400	30
F_{24}	75	60	35	400	30
F_{36}	70	60	35	400	30

表 9 赵口二期和谐度多维调控有效方案和谐度计算结果

方案	各维度和谐度			综合和谐度
	水资源	经济社会	生态环境	
F_{16}	0.705	0.751	0.823	0.785
F_8	0.708	0.751	0.823	0.785
F_{28}	0.711	0.751	0.823	0.786
F_{20}	0.714	0.751	0.823	0.787
F_{12}	0.718	0.751	0.823	0.787
F_{32}	0.720	0.751	0.823	0.788

续表

方案	各维度和谐度			综合和谐度
	水资源	经济社会	生态环境	
F_{24}	0.724	0.751	0.823	0.789
F_{36}	0.730	0.751	0.823	0.790

结合表8、表9可知，当地下水开采率控制在70%、农业用水比例控制在60%、城镇化率控制在35%、人均粮食产量控制至400 kg、绿化覆盖率控制在30%时，灌区各维度和谐度均达标，综合和谐度达到0.790(方案F_{36})，接近“较和谐”，和谐度较基本方案F_0有明显提升。

5　讨论

(1) 本文构建的引黄灌区水资源调配时间尺度为年和月，从指导渠系工程实际调度运行角度，有必要进一步细化时间尺度到旬、天、实时。同时引黄灌区水循环转化机制非常复杂，涉及外调引黄水、当地地表水、土壤水、地下水、再生水等，后续调配模型构建中可以引入灌区地表-土壤-地下的水文模拟模型，用以描述引黄灌区复杂的水循环转化过程。

(2) 本文通过理论分析、相关文献频率统计、专家咨询等方法，从水资源、经济社会和生态环境3个维度构建了引黄灌区水资源和谐评估指标体系。许多学者也从其他角度选取水资源和谐评价指标，如张金鑫等[25]从发展、效率、协调3个要素入手选取评价指标；杨丹等[26]从水系统健康度、水文系统发展度、人水系统协调度3个维度出发选取评价指标。不同学者选取的评价指标会因研究背景、对象或专业而不同，但指标体系构建和指标节点值设定应该符合研究区域时代特性和未来发展需求。同时在其他引黄灌区(包括灌区)的水资源和谐评估研究及应用过程中，可以根据实际情况对构建的指标体系进行完善修改，使其更具针对性。

(3) 利用和谐量化理论技术对水资源优化调配方案进行评估和调控，虽然能够实现促进人水和谐的目的，但是优化调配方案与和谐评估工作属于分阶段的工作，并未形成一个整体，未来有必要将两部分工作深入融合，构建面向灌区多水源循环转化关系的水资源和谐调配模型，真正打造现代化的智慧灌区。

6　结论

本文构建了考虑水资源、经济社会、生态环境多目标下的引黄灌区水资源优化调配模型和水资源和谐评估体系，并进行了赵口引黄灌区二期工程水资源优化调配方案以及多方案下的和谐评估和调控研究，主要结论如下。

(1) 2030年75%来水保证率下赵口二期工程各灌片出现不同程度缺水，按照对水资源、经济社会、生态环境3个维度目标效益的侧重优化调配得到4种方案，从总缺水率、供水经济效益、生态用水满足度角度分别对4种方案进行效益分析，最终选择3个维度均协

调发展的 P_4 方案作为最终优化调配方案。

(2) 对优选出的 P_4 方案开展和谐评估和调控研究发现,规划年2030年水资源优化调配后赵口灌区二期工程和谐度明显提高,但仍有上升空间;进一步对和谐度较低的地下水开采率、农业用水比例、城镇化率、人均粮食产量、绿化覆盖率5个指标调控后,灌区和谐度可进一步提高到0.790,接近"较和谐"等级。

(3) 在后续开展引黄灌区水资源调配模型构建工作时,可以引入灌区多水源循环转换关系模拟模型,并深入融合人水和谐评估和调控技术体系,建立基于灌区自然一人工多水源循环转换机制的水资源和谐调配模型。

参考文献

[1] 彭少明,郑小康,严登明,等. 黄河流域水资源供需新态势与对策[J]. 中国水利,2021(18):18-20,26.

[2] 李茉,曹凯华,付强,等. 不确定条件下考虑水循环过程的灌区多水源高效配置[J]. 农业工程学报,2021,37(18):62-73.

[3] 樊红梅,刘晓民,刘廷玺,等. 基于空间均衡的水资源合理配置研究[J]. 水资源与水工程学报,2022,33(2):61-67.

[4] 金菊良,程吉林,魏一鸣,等. 确定区域水资源分配权重的最小相对熵方法[J]. 水力发电学报,2007,26(1):28-32.

[5] 黄强,赵冠南,郭志辉,等. 塔里木河干流水资源优化配置研究[J]. 水力发电学报,2015,34(4):38-46,58.

[6] 桑学锋,王浩,王建华,等. 水资源综合模拟与调配模型WAS(Ⅰ):模型原理与构建[J]. 水利学报,2018,49(12):1451-1459.

[7] 左其亭. 人水和谐论及其应用研究总结与展望[J]. 水利学报,2019,50(1):135-144.

[8] 左其亭,邱曦,符运友,等. 人与自然和谐共生的灌区水利现代化建设框架及实践探索[J]. 人民黄河,2022,44(9):30-35,45.

[9] 金菊良,沈时兴,崔毅,等. 半偏减法集对势在引黄灌区水资源承载力动态评价中的应用[J]. 水利学报,2021,52(5):507-520.

[10] 卞艳丽,黄福贵,曹惠提. 黄河下游三刘寨引黄灌区引水能力分析[J]. 人民黄河,2019,41(1):507-520.

[11] 王军涛,李根东,宋常吉,等. 黄河灌区高效节水灌溉发展对策与建议[J]. 灌溉排水学报,2021,40(S2):111-114.

[12] 张妍,郭萍,张帆. 黑河中游农业水资源多目标优化配置[J]. 中国农业大学学报,2019,24(5):185-192.

[13] 刘寒青,赵勇,李海红,等. 基于区间两阶段随机规划方法的北京市水资源优化配置[J]. 南水北调与水利科技,2020,18(4):34-41,137.

[14] 成波,李怀恩,徐梅梅. 西安市农业灌溉水效益分摊系数及效益的时间变化研究[J]. 水资源与水工程学报,2017,28(1):244-248.

[15] WANG Y Z, GUO S S, GUO P. Crop-growth-based spatially-distributed optimization

model for irrigation water resource management under uncertainties and future climate change[J]. Journal of Cleaner Production, 2022,345: 131182.

[16] XU W, CHEN C. Optimization of operation strategies for an interbasin water diversion system using an aggregation model and improved NSGA-Ⅱ algorithm[J]. Journal of Irrigation and Drainage Engineering, 2020, 146(5): 0402006.

[17] GOORANI Z, SHABANLOU S. Multi-objective optimization of quantitative-qualitative operation of water resources systems with approach of supplying environmental demands of Shadegan Wetland[J]. Journal of Environmental Management, 2021, 292: 112769.

[18] 吴青松,马军霞,左其亭,等.塔里木河流域水资源-经济社会-生态环境耦合系统和谐程度量化分析[J].水资源保护,2021,37(2):55-62.

[19] 于磊,郭佳航,王慧丽.区域水资源-能源-粮食耦合系统和谐评价[J].南水北调与水利科技(中英文),2021,19(3):437-445.

[20] 宋秋英,赵德芳,刘恩民,等.鲁西北灌区农业水资源特征及评价方法刍议[J].灌溉排水学报,2021,40(S1):112-116.

[21] 左其亭.人水和谐论及其应用[M].北京:中国水利水电出版社,2020.

[22] ARAUJO J C, DIAS F F. Multicriterial method of AHP analysis for the identification of coastal vulnerability regarding the rise of sea level: Case study in Ilha Grande Bay, Rio de Janeiro, Brazil[J]. Natural Hazards, 2021, 107: 53-72.

[23] 陈雨晴,席海洋,李斌,等.改进TOPSIS法在甘肃省农村饮水安全评价中的应用[J].水资源与水工程学报,2022,33(2):27-34.

[24] 姜秋香,张舜凯,张旭,等.三江平原水资源开发利用程度变化与驱动因素[J].南水北调与水利科技,2020,18(1):74-81.

[25] 张金鑫,唐德善,丁亿凡,等.基于云模型的流域人水和谐评价方法[J].水电能源科学,2015,33(9):155-158,127.

[26] 杨丹,唐德善,周祎.基于正态云模型的人水和谐度评价[J].水资源与水工程学报,2020,31(3):53-58.

引江济淮工程河南受水区水资源利用效率及其空间自相关性分析

左其亭[1,2],杨振龙[1],路振广[3],王 敏[3],陶 洁[1,2]

(1. 郑州大学水利科学与工程学院,河南 郑州 450001;2. 河南省水循环模拟与水环境保护国际联合实验室,河南 郑州 450001;3. 河南省水利科技应用中心,河南 郑州 450000)

摘 要:选取引江济淮工程河南受水区 9 个县(区),构建包括水资源、经济社会和生态环境 3 个维度的水资源利用效率测算指标体系,采用"单指标量化-多指标综合-多准则集成"评价方法对水资源利用效率进行测算,构建障碍度模型辨析受水区水资源利用效率制约因素,通过空间自相关模型分析各县(区)水资源利用效率的集聚性特征。结果表明:受水区水资源利用效率指数(water resource utilization efficiency index,WREI)呈现波动上升趋势,年均增幅为 3.55%;主要障碍因子是生态用水占比和人均水资源占有量;WREI 具有较为明显的空间正相关作用,空间集聚性呈降低趋势。

关键词:引江济淮工程河南段;水资源利用效率;SMI-P;障碍因子分析;空间自相关

引江济淮工程河南受水区是河南省重要的粮食产地,是重要的灌溉区域,对水资源的需求量常年处于河南省前列。该区域水资源供需矛盾突出,水资源影响了受水区经济社会发展和生态环境改善[1]。分析受水区水资源利用效率水平可以明确受水区发展制约因素,为实现受水区高质量发展提供建议。

水资源利用效率是指消耗单位水资源量所能产出包含经济、社会和生态多方面的效益,可以有效反映一个地区水资源利用水平。国内外学者对水资源利用效率的计算研究已较为完善,研究方法主要是数据包络法[2-3]和指标评价法[4-5],对不同城市[6]、流域[7]和部门[8-9]进行水资源利用效率的测算并为制定政策提供建议。例如:应卓晖等[10]构建 SB-MDEA 模型,以劳动力、固定资产投资和用水量作为投入指标,GDP 和污水排放量作为产出指标,测算河南省 18 个地市近十年的水资源利用效率,发现郑州市水资源利用效率最高,各区域之间的水资源利用效率差距呈现逐渐缩小趋势;白惠婷等[11]优选指标体系,构建模糊综合评价模型,对京津冀城郊农业园区水资源利用效率进行测算,发现农业园区的供用水方式对水资源利用效率起着重要的影响;操信春等[12]基于水足迹理论构建多维指标体系,利用模糊综合评价模型对不同灌溉方式下稻田水资源利用效率进行评价,提出蓄水控灌为稻田最佳灌溉方式;David 等[13]以美国加利福尼亚州为例,将其成本收益与资本投资评价方法结合,深入分析了在自然状态发生变化时水资源利用效率的投资回报风险;Gabriel 等[14]基于模拟数据对亚马孙河流域水资源利用效率进行评估,结果显示亚马孙河流域水资源利用效率具有明显的季节性模式，旱季与雨季的水资源利用效率相差3%左右。此外，Tanja等[15]对挪威云杉的水分利用效率进行研究，得出其水分利用效率与生产率呈现相反趋势的结论。

国内外水资源利用效率研究尺度多为流域和省市等大尺度，缺乏对县区等小尺度研究区的水资源利用效率及其影响制约因素研究，对部分微观研究区的实际指导意义并不强。测算水资源利用效率需因地制宜，细化研究区尺度，根据不同区域实际情况制定更具针对性的政策建议。因此，以引江济淮工程河南受水区9个县区为研究对象，评估水资源利用效率等级，分析其时空变化特征，辨析其制约因素，以期为河南段受水区提升水资源利用效率提供一定的参考价值。

1　研究区概况及数据来源

1.1　研究区概况

引江济淮重大调水工程对联通国家大水网，改善中国水资源空间格局具有重要意义，对工程受水区可持续发展具有积极影响。引江济淮工程福泽安徽、河南2个省份15个地市55个县区，受水区总面积达7.06万km^2。

引江济淮工程河南受水区属于淮河流域，位于河南省东部，包括梁园区、睢阳区、柘城县、夏邑县、永城市、郸城县、淮阳区、太康县和鹿邑县共9个县区，受水面积为1.21万km^2，见图1。该受水区属于典型的暖温带大陆性季风气候，冬季寒冷干燥，夏季炎热多雨，四季分明，多年平均降水量稳定在750 mm左右，年际变化幅度小，年内分配不均，夏季雨量充沛，约占全年的50%以上。受水区主要发展农业，是河南省重要的粮食产地，对水资源依赖程度较高，随着近年来经济社会发展，水资源矛盾逐渐成为首要制约因素。豫东地区地下水过量开采现象严重，地下漏斗现象典型，除建设引调水工程外，仍需提高水资源利用效率。

1.2　数据来源

选取受水区2010—2021年近12年的数据，其中，年降水量数据来源于中国气象数据网，人均水资源占有量和地下水供水占比数据来源于商丘和周口两市的水资源公报和《引江济淮工程(河南段)初步设计报告》，城镇化率、人均GDP和第三产业占GDP比重数据来源于《商丘统计年鉴》和《周口统计年鉴》，污水处理率、生活垃圾无害化处理率、生态用水占比和集中饮用水水质达标率数据来源于商丘和周口两市的《生态环境状态公报》和《引江济淮河南省水资源供需分析报告》，产水模数依据受水区受水面积和水资源总量计算得出，人口密度由受水区人口数量与受水区面积进行二次计算得出。由于数据年限较长，部分年鉴数据缺失，依据内插法对其进行插补延长，以保证数据完整性。

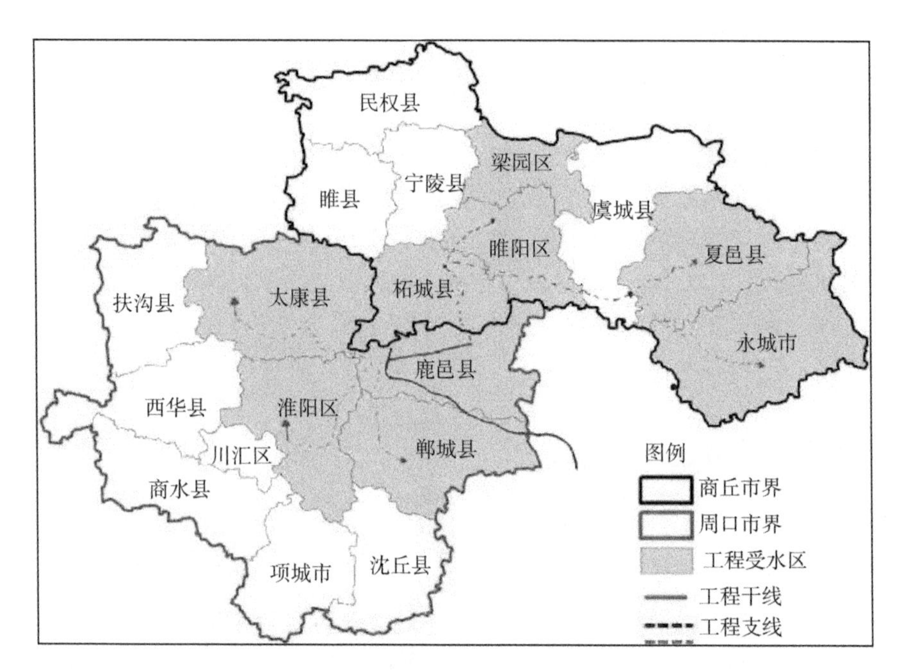

图1 引江济淮工程河南段及其受水区

2 研究方法

2.1 构建指标体系

依据研究区实际水资源利用情况并参考相关文献[16-17]，基于科学性、全面性和代表性等原则，构建针对引江济淮河南受水区水资源利用效率指数评价指标体系，见表1。目标层为水资源利用效率指数，准则层包括水资源、经济社会和生态环境3个维度。水资源维度是对水资源利用效率最直接的表征，其水平以水资源指数(water resources index，WRI)表征，反映研究区自然条件和人为开采的水资源利用效率水平，该维度包括产水模数、人均水资源占有量、年降水量和地下水供水占比等指标。产水模数指单位流域面积上单位时间所产生的径流量，反映在区域水资源开发利用过程中对径流量的影响；人均水资源占有量是衡量受水区淡水资源人均拥有量的重要指标，反映在区域水资源开发利用过程中对淡水资源的影响；年降水量则反映水资源开发时对区域水源的影响作用；地下水供水占比则更能反映水资源的利用水平，减少地下水的开发是区域水资源利用的主要目标之一。经济社会的发展不可避免地会对区域水资源造成一定的影响，过度的生产建设会破坏原有的水资源系统，经济社会水平也对水资源利用效率具有一定的促进作用。经济社会指数(economic and social indicators，ESI)反映人类活动和经济社会的发展对受水区水资源利用效率指数(water resource utilization efficiency index，WREI)的影响作用，包括城镇化率、人口密度、人均GDP和第三产业占GDP比例4个指标。城镇化率、人口密度和人均GDP是经济社会进程的重要表征指标，综合反映水资源利用效率与经济社会发展的互馈关系；第三产业占 GDP 比例可以直观反映区域内第三产业的发展现状，改善经济结构，减少第一、第二产业对水资源的消耗。在大力推动生态文明建设的环境背景下，提升研究区水资源利用效率不能以牺牲生态环境为代价，生态环境是提升水资源利用效率的红线，不可触碰。生态环境指数（ecological environment index，EEI）表征受水区在水资源开发利用过程中对生态环境的反馈程度。本文选取污水处理率、生活垃圾无害化处理率、生态用水占比、集中饮用水水质达标率构成生态环境维度。污水处理率和生活垃圾无害化处理率是从水和生活垃圾 2 个角度反映区域在水资源利用过程中对生态环境的反馈程度；生态用水占比则反映了区域在水资源开发利用过程中对生态环境的重视程度；集中饮用水水质达标率反映水资源开发利用对居民生活最基本的保障程度。

表 1　水资源利用效率指数指标体系

目标层	准则层	指标层	类型
水资源利用效率	水资源维度	A_1 产水模数（万 m^3/km^2）	正
		A_2 人均水资源占有量（m^3）	正
		A_3 年降水量（mm）	正
		A_4 地下水供水占比（%）	负
	经济社会维度	B_1 城镇化率（%）	正
		B_2 人口密度（人/km^2）	负
		B_3 人均 GDP（万元）	正
		B_4 第三产业占 GDP 比例（%）	正
	生态环境维度	C_1 污水处理率（%）	正
		C_2 生活垃圾无害化处理率（%）	正
		C_3 生态用水占比（%）	正
		C_4 集中饮用水水质达标率（%）	正

注：正向指标表示指标数值越大则评价结果越优，反之亦然。

2.2　SMI－P 模型

指标量化的方法可分为定量指标量化和定性指标量化两大类。对于定量指标量化的方法研究已经十分成熟，较为常见的评价方法有模糊综合评价、层次分析法、TOPSIS 法、分层聚类法等。本研究选择由左其亭[18]于 2008 年提出的“单指标量化-多指标综合-多准则集成”的综合评价方法，即“SMI－P 模型”。该方法主要由以下 3 个步骤组成。

单指标量化：该模型对单指标量化的方法不做唯一要求，为解决不同指标的量纲问题，选择采用模糊隶属度方法以消除量纲误差，通过模糊隶属函数将各指标映射到[0，1]上，具体计算公式如下。

$$\mu_i=\begin{cases}0 & x_i\leqslant a_i\\ 0.3\left(\dfrac{x_i-a_i}{b_i-a_i}\right) & a_i<x_i\leqslant b_i\\ 0.3+0.3\left(\dfrac{x_i-b_i}{c_i-b_i}\right) & b_i<x_i\leqslant c_i\\ 0.6+0.2\left(\dfrac{x_i-c_i}{d_i-c_i}\right) & c_i<x_i\leqslant d_i\\ 0.8+0.2\left(\dfrac{x_i-d_i}{e_i-d_i}\right) & d_i<x_i\leqslant e_i\\ 1 & e_i<x_i\end{cases}\quad(i=1,2,3,\cdots,n)\tag{1}$$

$$\mu_i=\begin{cases}1 & x_i\leqslant e_i\\ 0.8+0.2\left(\dfrac{d_i-x_i}{d_i-e_i}\right) & e_i<x_i\leqslant d_i\\ 0.6+0.2\left(\dfrac{c_i-x_i}{c_i-d_i}\right) & d_i<x_i\leqslant c_i\\ 0.3+0.3\left(\dfrac{b_i-x_i}{b_i-c_i}\right) & c_i<x_i\leqslant b_i\\ 0.3\left(\dfrac{a_i-x_i}{a_i-b_i}\right) & b_i<x_i\leqslant a_i\\ 0 & a_i<x_i\end{cases}\quad(i=1,2,3,\cdots,n)\tag{2}$$

式中:μ_i 为指标的单指标量化值;x_i、a_i、b_i、c_i、d_i、e_i 分别表示指标的原始数据、最差值、较差值、及格值、较优值、最优值;i 表示不同指标。式(1)和式(2)分别为正向和负向指标计算公式。

多指标综合:测算水资源利用效率指数的指标体系分为水资源维度、经济社会维度和生态环境维度 3 个准则层,计算准则层的综合得分步骤称之为多指标综合,通过对指标加权求得准则层的隶属度,具体计算公式如下。

$$S_t=\sum_{i=1}^{n}w_i\mu_i\tag{3}$$

式中:S_t 表示不同准则层的得分;w_i 表示第 i 个指标的权重,采取层次分析法与熵权法计算各单指标的组合权重[19]。

多准则集成:多准则集成是将不同准则层的得分通过加权得到水资源利用效率综合指数。

$$T=\sum_{t=1}^{n}w_tS_t\tag{4}$$

式中:T 为水资源利用效率综合指数;w_t 表示准则层权重,3 个维度的权重均为 1/3。

基于和谐理论并参考相关文献[20],将水资源利用效率水平划分为 5 个等级,见表 2。

表2　水资源利用效率水平划分等级

WREI	[0,0.2)	[0.2,0.4)	[0.4,0.6)	[0.6,0.8)	[0.8,1]
等级	较低	很低	一般	较高	很高

2.3　障碍因子分析模型

基于“SMI－P”模型对受水区水资源利用效率评价结果，构建障碍因子分析模型辨识受水区提升水资源利用效率的制约因素，基于指标偏离度的障碍度诊断模型是较为常用的障碍因子诊断分析模型，具体计算公式[21]如下。

$$L_i = 1 - x'_i \tag{5}$$

$$P_i = \frac{L_i w_i}{\sum_{i=1}^{n} L_i w_i} \tag{6}$$

式中：L_i 为指标偏离度；x'_i 为指标标准化后数值；w_i 为指标权重；P_i 为指标障碍度；n 为指标数量。

2.4　空间自相关模型

2.4.1　全局空间自相关

全局空间自相关是从整体宏观的角度判断要素的聚合程度，计算结果用全局莫兰指数表示，莫兰指数的范围为[－1,1]：当全局莫兰指数为负时，说明受水区水资源利用效率在空间上呈负相关关系；当全局莫兰指数为正时，说明受水区水资源利用效率在空间上呈正相关关系；当全局莫兰指数为0时，则不存在任何相关关系。借助GeoDa软件，采用 k－nearest法构建空间矩阵计算引江济淮工程河南受水区2010年、2015年和2021年水资源利用效率的全局莫兰指数，具体计算公式[22]如下。

$$I_{GM} = \frac{\sum_{i=1}^{n}\sum_{j=1}^{n} \omega_{ij}(z_i - \bar{z})(z_j - \bar{z})}{S^2 \sum_{i=1}^{n}\sum_{j=1}^{n} \omega_{ij}} \tag{7}$$

式中：I_{GM} 表示全局空间莫兰指数；z_i，z_j 表示不同县区的水资源利用效率；$\bar{z}$ 为整个受水区的水资源利用效率指数平均值；$n=9$；w_{ij} 为空间权重矩阵；S 为样本的方差值。

2.4.2　局部空间自相关

局部空间自相关是分析相邻单元之间的空间关联性，可以有效表示受水区水资源利用效率局部空间分布特征。如果局部莫兰指数为正，则受水区内单元之间存在高-高集聚或低-低集聚的空间分布特征，反之则存在高-低或者低-高集聚的空间特征。具体计算公式如下。

$$I_{LM}=\frac{n(z_i-\overline{z})\sum_{j=1}^{m}\omega_{ij}(z_j-\overline{z})}{\sum_{i=1}^{n}(z_i-\overline{z})^2} \tag{8}$$

式中变量含义同上。

3 结果分析

3.1 水资源利用效率测算结果

3.1.1 时间维度测算分析

通过对受水区WREI的时间特征分析,近10年来受水区WREI呈现波动上升趋势,由2010年的0.287上升至2021年的0.677,年均增长率为3.55%,说明在可持续发展背景下,受水区水资源利用效率稳步提升,已经达到"较高"水平。

由图2得知,2013—2019年是水资源利用效率指数平均增速最高的年份,因为在这几年间河南省加强水安全保障和实施水生态环境保护规划,商丘和周口两市坚定执行打赢污染防治攻坚战的政策,两市水环境质量得到有效改善,水资源利用效率也快速上升。这与左其亭等[23]得出的黄河流域水资源利用水平在2013年以后持续上升的结论具有一致性。通过对WRI、ESI和EEI分析可得,3个维度与WREI呈现明显协同性,EEI的年均增幅最大(4.6%),WRI的年均增幅次之(3.2%),ESI的年均增幅最低(2.9%),说明受水区近年来水生态环境得到明显改善,人们对生态环境的重视程度增强,大力推动生态文明建设,这与两市实施碧水工程有一定联系,完善受水区在内的所有县区的污水处理厂管网等基础设施,与张满满等[24]对河南省水生态安全评价结果具有一致性。

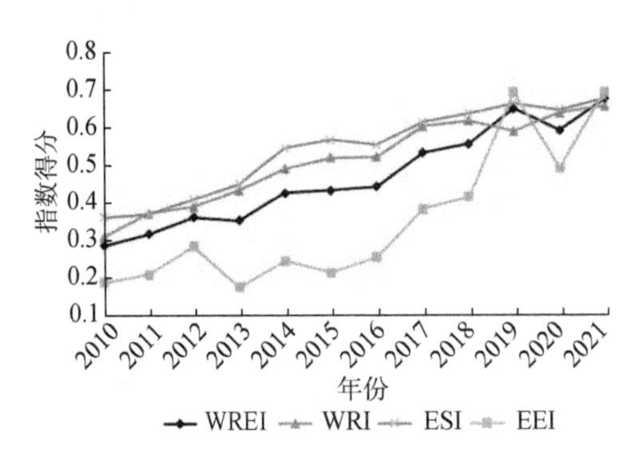

图2 受水区水资源利用效率指数

3.1.2 空间维度测算分析

通过ArcGIS软件,绘制受水区水资源利用效率测算结果,见图3。9个县区的WREI

由2010年的存在较大空间差异到逐渐趋同。从WREI的多年均值来看，永城市和睢阳区处于9县区中领先位置，太康县则处于较低水平，这与受水区经济社会发展情况具有趋同趋势，部分县区现阶段以大力推动经济建设为主，对水资源的重视程度不高，导致WREI水平较低，也为其他区域提供警示作用。淮阳区近12年来WREI跨越3个等级，由2010年的极低等级(0.15)提升至2021年的较高等级(0.60)，通过对3个准则层维度分析，淮阳区的EEI由最初的0.09提升至0.74，EEI的提升对WREI的提升贡献最大，这也与近年来淮阳区高度重视生态文明建设息息相关，推动可持续发展，扎实推动生态文明建设，重点解决废污水排放问题，严格限制企业排污。虽然跨越了3个等级，但是淮阳区却不是WREI提升最多的县区，柘城县由2010年的较低等级(0.23)提升至2021年的较高等级(0.76)，WREI的增加值高达0.53，从3个准则层维度分析，WRI提高0.40，ESI提高0.44，EEI提升0.72，与淮阳区一致，EEI的巨大提升也是柘城县WREI提升的重要因素。睢阳区WREI的排名由2010年的第一(0.50)降低至2021年的第六(0.63)，WREI仅提高了0.13，是受水区9个县区中WREI提升最少的县区，这也为睢阳区制定水资源政策提供了新的建议，不可照搬固有的水资源政策。

3.2 障碍因子诊断分析

通过公式(5)～(6)计算受水区整体指标障碍度结果见表3，水资源利用效率障碍因子排名前5的为生态用水占比(C_3)、人均水资源占有量(A_2)、人口密度(B_2)、产水模数(A_1)和第三产业占GDP比例(B_4)分别占总障碍度的31.40%、21.25%、13.11%、11.32%和8.55%，生态用水占比和人均水资源占有量是制约受水区提高水资源利用效率的关键因素，提高受水区生态用水占比和人均水资源量是目前首先要解决的问题，这也与国务院加快推动建设引江济淮工程具有契合性。引江济淮工程的目标之一就是补充河南受水区生态用水量，该工程建成投入使用，可为受水区提高水资源利用效率起到极大的推动作用。降低人口密度和提高产水模数也是提高受水区水资源利用效率时重点考虑的因素，应适当转移城镇人口，降低人口密度，减少水供应危机出现的概率。

各县区水资源利用效率障碍度计算结果见表4，表4中仅展示各县区水资源利用效率障碍因子位于前2位的指标，由上文可知，太康县WREI最低，通过对其障碍因子进行分析可知，生态用水占比和人均水资源占有量是制约其WREI的主要因素，这就要求太康县加大生态用水投入，发展绿色环保型产业，改善当地水资源环境，严格限制污水排放，引江济淮工程进行水资源配置时，应着重考虑太康县缺水问题，在合理范围内应多分配水量。大多数县区的主要障碍因子为人均水资源占有量、生态用水占比，但是也有个别县区如鹿邑县，城镇化率是其第二高的障碍因子，这就要求鹿邑县以推动经济发展为重心，深化改革产业结构，进而提高水资源利用效率。

表3　受水区整体障碍因子

指标	A_1	A_2	A_3	A_4	B_1	B_2	B_3	B_4	C_1	C_2	C_3	C_4
障碍度(%)	11.32	21.25	2.72	2.29	4.18	13.11	5	8.55	0.06	0.11	31.4	0.01

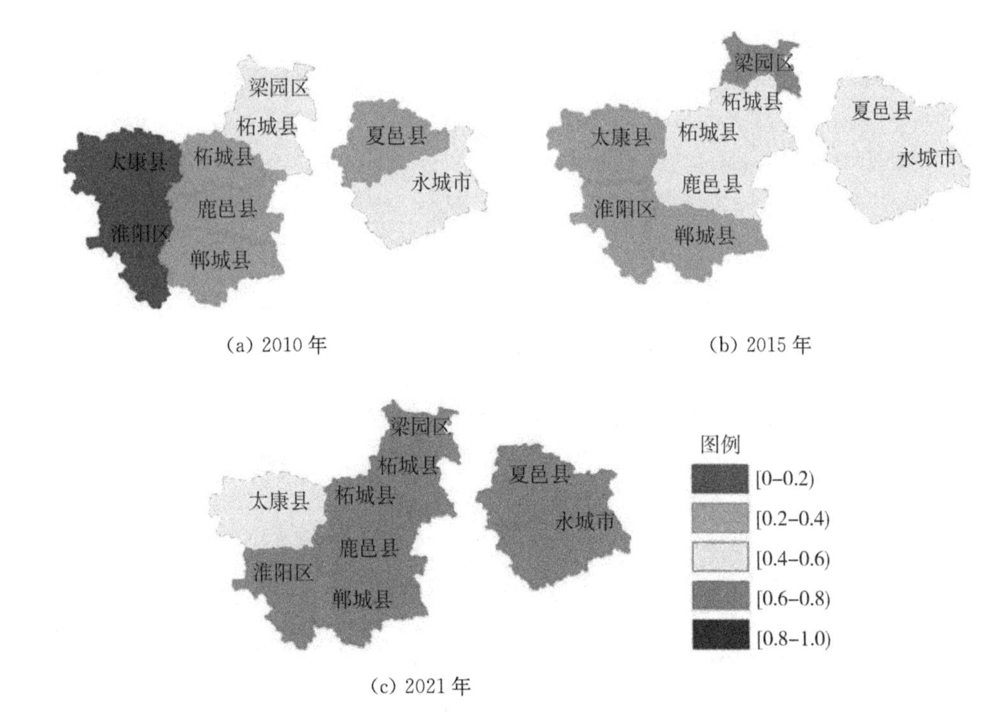

图 3 受水区水资源利用效率空间特征

表 4 受水区整体障碍因子

地区	梁园区	睢阳区	柘城县	夏邑县	永城市	郸城县	淮阳县	太康县	鹿邑县
指标	A_2	A_2	C_3	C_3	A_1	C_3	A_2	C_3	C_3
障碍度(%)	29.5	20.3	34.1	46.7	19.8	39.1	29.5	25.4	59.6
指标	B_4	B_2	B_2	B_2	B_4	A_2	C_3	A_2	B_1
障碍度(%)	20.7	16.8	13.1	16.3	9.7	15.9	21.3	25.4	12.6

3.3 空间自相关分析

3.3.1 全局空间自相关

利用 GeoDA 软件，对受水区 2010 年、2015 年和 2021 年的 WREI 进行全局空间自相关分析，基于模型内部构建的 k-nearest 矩阵，对结果进行 999 次随机化置换，计算 WREI 的全局莫兰指数结果见图 4。2010 年、2015 年和 2021 年受水区 WREI 的全局空间莫兰指数分别为 0.559 1、0.555 9 和 0.322 0，呈现正相关现象，即 WREI 较高的县区会带动周围县区的 WREI 提高，反之亦然。通过全局空间莫兰指数可以直观地看到受水区 9 个县区 WREI 的空间集聚度呈现先持平后下降的趋势。通过对 P 值分析可得，2010 年通过了 1%的显著性检验，而 2021 年仅通过了 10%的显著性检验，也印证了受水区各县区之间的空间集聚程度逐渐下降的结论。

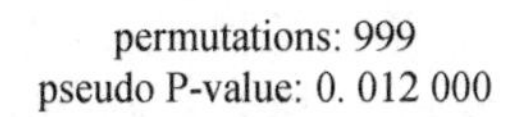

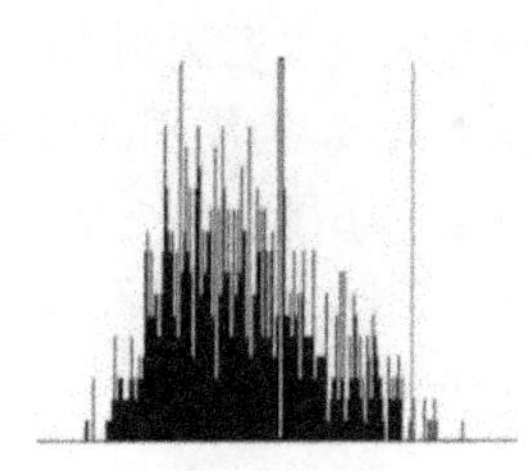

I: 0.558 9 E[I]: −0. 125 0
mean: −0. 142 8
sd: 0.304 4 z-value: 2.304 9

(a) 2010 年

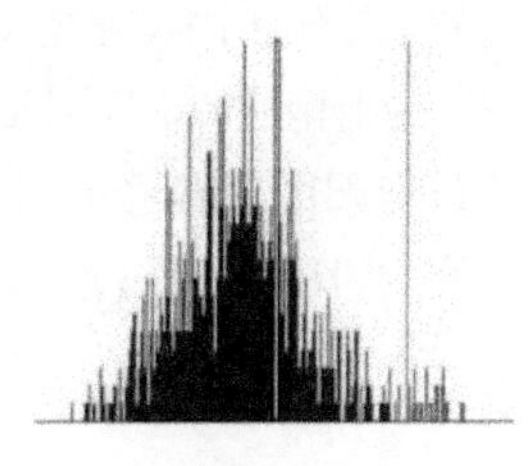

I: 0.555 2 E[I]: −0. 125 0
mean: −0. 134 0
sd: 0.284 5 z-value: 2.422 9

(b) 2015 年

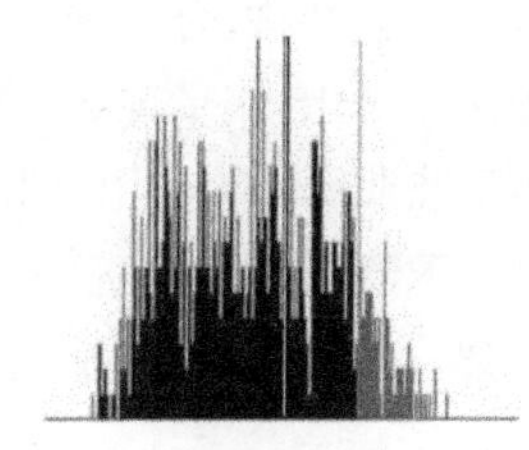

I: 0.320 9 E[I]: −0. 125 0
mean: −0. 121 5
sd: 0.332 4 z-value: 1.330 7

(c) 2021 年

图 4　受水区水资源利用效率莫兰指数结果

3.3.2　局部空间自相关

利用 GeoDA 软件，绘制受水区 2010 年、2015 年和 2021 年的局部莫兰指数 LISA 聚类图见图 5，受水区主要呈现高-高、低-低和高-低集聚 3 种类型模式。2010 年太康县、淮阳区呈现低-低集聚模式，2015 年淮阳区与 2021 年一样仍然呈现低-低集聚，睢阳区具有高-高集聚模式，2021 年与 2015 年相比，睢阳区的高-高集聚模式消失，柘城县呈现高-低集聚模式。

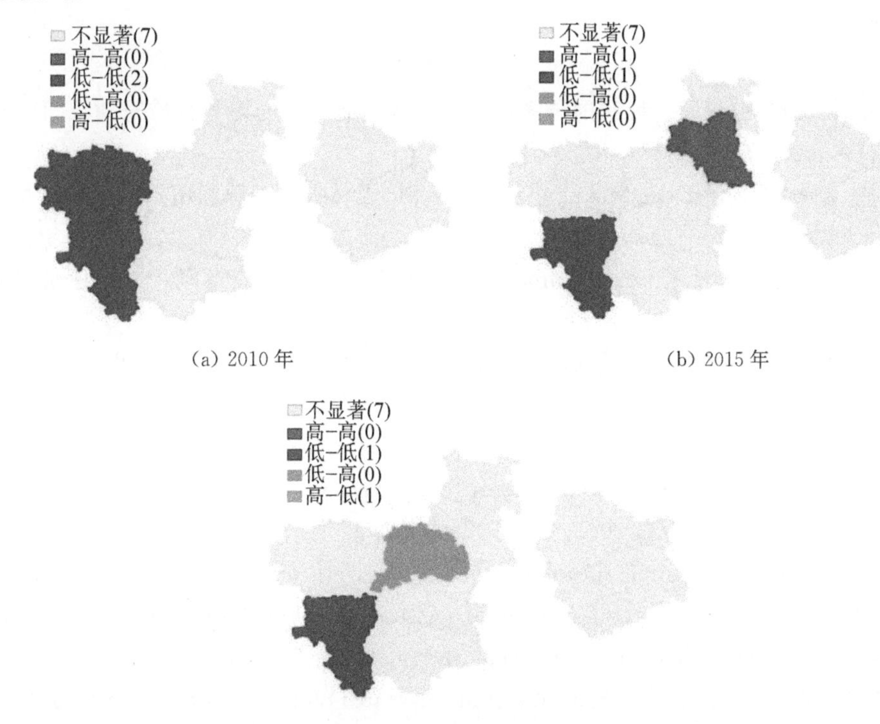

(c) 2021 年

图 5　受水区水资源利用效率 LISA 聚类图

对 LISA 聚类图分析:太康县持续呈现低-低集聚模式,说明太康县的 WREI 水平较低,并且这种低水平会辐射周围县区,这也为其周围县区提出了警示,这些地区应合理调整经济结构和产业结构,合理规划水资源配置,提升居民用水意识,进而提升区域水资源利用效率。睢阳区于 2015 年呈现高-高集聚模式,睢阳区的高 WREI 会辐射周围区域,为周围区域提升 WREI 带来积极的作用,周围县区可向睢阳区借鉴经验,学习其水资源利用模式。2021 年柘城县 WREI 处于热点区域,周围县区的 WREI 水平较低,这就要求睢阳区、太康县和鹿邑县加快建设节约型社会,推动绿色发展,避免水资源成为制约经济发展的因素。

4 结论

近 10 年来引江济淮工程河南受水区 WREI 呈现波动上升的趋势,年均增长率为 3.55%。3 个准则层维度均呈现增长趋势,EEI 的年均增幅最大,WRI 次之,WRI 的年均增幅最小。

生态用水占比和人均水资源占有量为受水区 WREI 提升的主要制约因素,也有部分县(区)的主要障碍因素为城镇化率和产水模数等指标,这为整个受水区和各个县(区)制定提升 WREI 政策提供了技术支撑。

受水区水资源利用效率存在较为明显的正相关作用,其中,太康县持续呈现低-低集聚模式,2021 年睢阳区的高-高集聚模式消退,柘城县呈现高-低集聚模式。

参考文献

[1] 张知非,倪红珍,陈根发,等. 我国分区水压力变化趋势分析与差异化应对建议[J]. 水利水电技术,2020,51(11):41-48.

[2] 乔睿楠,金明姬. 基于 DEA-Malmquist 指数模型的吉林省水资源利用效率分析[J]. 中国农村水利水电,2022(9):162-167.

[3] 何楠,袁胜楠,王军. 基于 DEA-Malmquist 模型的黄河流域水资源利用效率评价[J]. 人民黄河,2021,43(5):7-11.

[4] 白芳芳,齐学斌,乔冬梅,等. 黄河流域九省区农业水资源利用效率评价和障碍因子分析[J]. 水土保持学报,2022,36(3):146-152.

[5] MENG Y, ZHANG X, SHE D X, et al. The spatial and temporal variation of water use efficiency in the Huai River basin using a comprehensive indicator[J]. Water Science & Technology: Water Supply, 2017, 17(1):229-237.

[6] LI P, SHI P J. Spatiotemporal evolution of water use efficiency in water conservation areas in the upper reaches of the Yellow River: A case study of the Lanzhou[J]. IOP Conference Series: Materials Scienceand Engineering, 2020, 768(5):052080.

[7] WANG Z W, WU L X, HUANG W, et al. Research on the potential of water resources utilization efficiency in the North Canal basin to improve environmental flow guarantee degree[J]. IOP Conference Series: Earth and Environmental Science, 2021, 831(1):

012077.

[8] HUANG Y J, HUANG X K, XIE M N, et al. A study on the effects of regional differences on agricultural water resource utilization efficiency using super-efficiency SBM model[J]. Scientific Reports, 2021,11(1):1-11.

[9] 朱丽娟,陆秋雨.中国省域耕地与灌溉水资源利用效率及其耦合协调度的空间相关性分析[J].中国农业大学学报,2022,27(3):297-308.

[10] 应卓晖,赵衡,王富强,等.基于DEA和Tobit模型的河南省水资源利用效率评价及影响因素[J].南水北调与水利科技(中英文),2021,19(2):255-262.

[11] 白惠婷,刘玉春,赵晗,等.京津冀城郊农业园区水资源利用效率评价方法及实例[J].中国农村水利水电,2019(10):84-92.

[12] 操信春,崔思梦,吴梦洋,等.水足迹框架下稻田水资源利用效率综合评价[J].水利学报,2020,51(10):1189-1198.

[13] DAVID A, ADAM L. Incorporating uncertainty in the economic evaluation of capital investments for water-use efficiency improvements[J]. Land Economics, 2021, 97(3): 655-671.

[14] GABRIEL D O, NATHANIEL A B, ELISABETE C M, et al. Evaluation of MODIS-based estimates of water-use efficiency in Amazonia[J]. InternationalJournal of Remote Sensing, 2017, 38(19):5291-5309.

[15] TANJA G M, INGO H, BJORN G, et al. Increasing water use efficiency comes at a cost for Norwayspruce[J]. Forests, 2016, 7(12):296.

[16] 何伟,王语苓,傅毅明,等.黄河流域城市水资源利用效率评估及需水量估算[J].环境科学学报,2022,42(6):482-498.

[17] LIU G, OMAID N, FAN Z. Evolution and the drivers of water use efficiency in the water-deficient regions:A case study on Ω-shaped region along the Yellow River, China.[J]. Environmental Science and Pollution Research International, 2021, 29(13): 19324-19336.

[18] 左其亭.和谐论:理论·方法·应用[M].北京:科学出版社,2012.

[19] 左其亭,张志卓,吴滨滨.基于组合权重TOPSIS模型的黄河流域九省区水资源承载力评价[J].水资源保护,2020,36(2):1-7.

[20] 左其亭,杨振龙,曹宏斌,等.基于SMI-P方法的黄河流域水生态安全评价与分析[J].河南师范大学学报(自然科学版),2022,50(3):10-19,165.

[21] 李文正,刘宇峰,张晓露,等.陕西省城市绿色发展水平时空演变及障碍因子分析[J].水土保持研究,2019,26(6):280-289.

[22] 李志刚,王梦雨,牛继强,等.基于空间自相关分析的市域耕地空间格局演变分析:以洛阳市为例[J].信阳师范学院学报(自然科学版),2021,34(3):415-421.

[23] 左其亭,张志卓,马军霞.黄河流域水资源利用水平与经济社会发展的关系[J].中国人口·资源与环境,2021,31(10):29-38.

[24] 张满满,于鲁冀,张慧,等.基于PSR模型的河南省水生态安全综合评价研究[J].生态科学,2017,36(5):49-54.

复阻抗法土壤密度及含水率测试的标定试验研究

杨浩明[1,2],王永智[3],王　辉[3]

(1. 黄河水利委员会黄河水利科学研究院,河南 郑州 450003;2. 水利部堤防安全与病害防治工程技术研究中心,河南 郑州 450003;3. 河南省引江济淮工程有限公司,河南 郑州 450000)

摘　要:为确定复阻抗法土壤密度及含水率标定试验的影响因素及合理参数,采用室内试验与现场验证相结合的方法进行研究。通过配置多组干密度及质量含水率的土样样本,并选取不同样本数量及样本组合方式,构建土样干密度-复阻抗、体积含水率-电容电阻比的标定关系。结果表明,选取合理的土样干密度与质量含水率范围、样本数量能够显著提高标定关系的拟合程度,而样本组合方式影响相对较小。此外,将基于上述试验得到的标定关系应用于工程现场测试的结果准确程度较高,验证了上述参数的合理性。

关键词:土壤密度;含水率;复阻抗法;标定试验;拟合优度

0　引言

压实度是评价土方填筑工程质量的关键指标,通过测试土的干密度计算得到。干密度由土的湿密度和含水率两项指标换算所得,土体密度测试方法包括环刀法、灌砂法、灌水法、核子密度法和复阻抗法等[1-3],前3种测试方法因直观、准确而在我国普遍使用,但对工程实体存在不同程度的破坏;核子密度法无损且准确程度高,但受制于放射性,难以广泛应用;复阻抗法是一种建立土体阻抗参数与密度、含水率函数关系的测试方法,最先由美国提出并进行了相关试验研究与应用,具有快速、无损且无放射性的优点,形成了相关技术规范[4-5],但在我国实际应用的准确性尚存在一定争议,主要原因是尚未形成统一、标准的标定过程[6-7],主要体现在两个方面:一是标定样本的土体干密度、含水率适宜范围;二是标定样本的数量及组合方式。

在标定样本的土体干密度、含水率适宜范围方面,美国工程材料协会标准 ASTM D7698—2021 和美国国家公路与运输协会标准 TP 112—2021 仅指出了在一定的干密度和含水率范围外统计结果的方差可能会增大;Christopher 等[8]在美国 Dover 和 Middletown 地区选取两种黏土土样,制备测试样本[干密度范围为(0.91～1.00)ρ_{dmax},质量含水率范围在最优含水率以下6%至最优含水率],测试结果相对较准,但未对上述范围以外的样本进行测试;Rose 等[9]在美国 Idaho、郑建国等[10]在陕西延安等地取土进行试验,结果显示,相较于 ASTM D7698—2021 等规范提出的建议范围,标定样本的含水率在更窄的范围内所建立的标定模型测试结果较准确。在标定样本的数量及组合方式方面，ASTM D7698—2021 标准中采用矩阵法，即由一定组数的干密度和含水率配置组合，样本数量不宜少于 6 个；TP 112—2021 标准中参照击实试验的土样配置方法，按照不少于 5 个含水率（相连两个试样含水率差值宜为 2%）配置 5 组标定土样进行测试；许进和等[11]、赵春梅[12]采用散点法配置样本进行试验，认为标定模型的样本数对于现场测试准确程度影响极大，合理配置标定土样的含水率变化梯度能够在样本较少时取得较好效果，测点数量应大于 7 个。虽然国内外学者进行了一定的试验研究，并针对标定样本的参数范围、数量及组合方式提出相关意见，但对不同类型土样进行较为系统的比对试验成果较少，尚未形成统一的标定方法，仍需要进一步开展试验研究。

笔者选取 2 种土样开展室内标定试验，分析标定土样的参数（干密度、含水率范围）、样本数量及组合方式对测试结果的影响程度，提出适宜不同类型土样的标定方法。

1　复阻抗法原理及试验方案

1.1　复阻抗法原理

土体的导电性质主要由导电性和介电性决定，主要表现为土体复阻抗，其中导电性决定复阻抗的实部，介电性决定复阻抗的虚部。物理上理想的土体模型可以等效为电容(C)和电阻(R)并联电路[13]。复阻抗设备测量原理如图 1 所示，通过埋入土体的探针向被测区域施加 3.0 MHz 的射频电压，测量穿过电极的电压、电流以及电压与电流间的相位差，以此计算得到土壤的复阻抗$|Z|$、等效电阻 R 和电容 C，建立土壤干密度 ρ_d 与复阻抗$|Z|$、体积含水率 θ_V 与电容电阻比(C/R)的相关关系。通过多组测量数据建立如下关系式

$$\rho = a|Z| + b \tag{1}$$

$$\theta_v = c\frac{C}{R} + d \tag{2}$$

$$\rho_d = \rho - \theta_v \rho_w \tag{3}$$

$$\theta_v = \frac{\rho_d}{\rho_w} w \tag{4}$$

$$K = \frac{\rho_d}{\rho_{dmax}} \tag{5}$$

式中：ρ_d 为土壤干密度；ρ_w 为水的密度，一般取 1.00 g/cm^3；w 为质量含水率；K 为土方压实度；ρ_{dmax} 为土壤最大干密度，通过室内击实试验获取；a，b，c，d 为土壤模型系数。

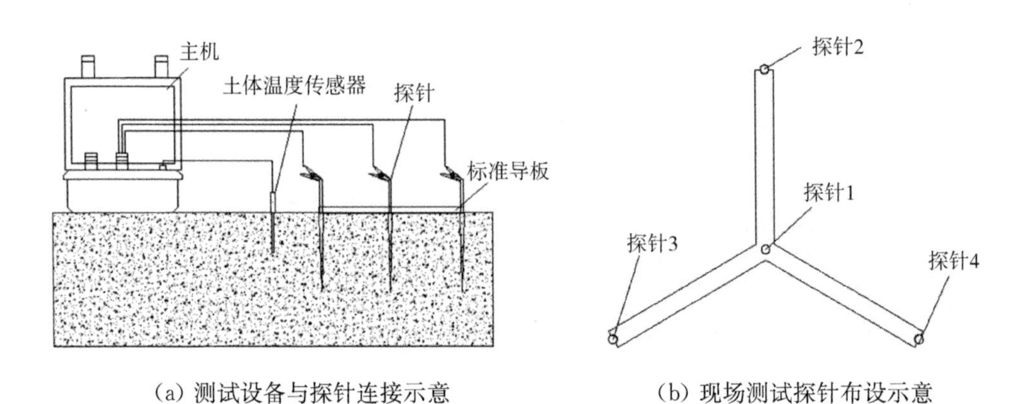

(a) 测试设备与探针连接示意　　(b) 现场测试探针布设示意

图1　复阻抗设备测量原理示意

1.2　试验土料及设备

选取的土样有黏土、粉土两种。土样来源及相关物理参数见表1。

表1　试验土料情况

编号	土料来源	液限(%)	塑限(%)	塑性指数	最大干密度(g/cm^3)	最优含水率(%)	土样类型
1	山东淄博小清河治理工程料场	32.3	16.6	15.7	1.79	15.9	低液限黏土
2	河南商丘引江济淮工程七里桥水库工程料场	28.0	18.2	9.8	1.69	17.4	低液限粉土

复阻抗法土壤标定试验采用的设备为EDG－1型土壤无核密度仪,试验过程中采用的土壤标样为圆柱形,高度300 mm、直径400 mm;为满足制样需要及模具不导电的要求,所采用的标样模具高300 mm、内径400 mm、壁厚12 mm,外部设有3道铁箍以防止制样受压时筒壁产生变形;静压设备为液压式,压力范围为0～2 000 kN,压力加载精度为0.1% F.S,压盘尺寸与模具内径保持一致;制样方式为分3层静压,接触面凿毛。

1.3　标定样本参数(干密度、质量含水率)适宜范围试验

标定试验的目的是建立准确的标定模型并最终进行土方填筑工程压实度测试,因此在设计标定样本的干密度和含水率时须考虑土方填筑工程的实际情况。在我国的各类土方填筑工程中,根据工程类型、等级不同,压实度的最低设计值一般为0.90～0.96[14-15],理论上压实度最大值为1.00,即实测干密度与最大干密度值相等。基于上述情况,同时考虑标定过程的干密度范围,本试验中干密度数值范围设置为(0.85～1.00)ρ_{dmax},以(0.02～0.03)ρ_{dmax}为间距,共设置7组干密度。根据各类型土料室内制样的实际效果,干密度的起始数值会有一定差别;而对于质量含水率范围的设置,考虑到理论上在最优质量含水率下可碾压达到土体最大干密度,但施工过程中受水分蒸发的影响,在进行压实度检测过程中,所测量的质量含水率一般低于最优(质量)含水率。基于上述考虑,质量含水率有效区间的范围以最优(质量)含水率为基准,向下浮动8%、向上浮动4%,按照2%的间

距，共设置 7 组含水率，部分土样因太湿或太干导致制样效果较差，适当对质量含水率上限、下限进行调整（设置方案见表 2）。

表 2　标定样本干密度、质量含水率设置方案

组号	干密度		含水率	
	1 号土样	2 号土样	1 号土样	2 号土样
1	$0.85\rho_{dmax}$	$0.87\rho_{dmax}$	$w_{op}-8.0\%$	$w_{op}-8.0\%$
2	$0.87\rho_{dmax}$	$0.89\rho_{dmax}$	$w_{op}-6.0\%$	$w_{op}-6.0\%$
3	$0.89\rho_{dmax}$	$0.91\rho_{dmax}$	$w_{op}-4.0\%$	$w_{op}-4.0\%$
4	$0.91\rho_{dmax}$	$0.93\rho_{dmax}$	$w_{op}-2.0\%$	$w_{op}-2.0\%$
5	$0.94\rho_{dmax}$	$0.95\rho_{dmax}$	w_{op}	w_{op}
6	$0.97\rho_{dmax}$	$0.97\rho_{dmax}$	$w_{op}+2.0\%$	$w_{op}+2.0\%$
7	$1.00\rho_{dmax}$	$1.00\rho_{dmax}$	$w_{op}+4.0\%$	$w_{op}+3.6\%$

注：1）按本表格方案最多可配置 49 个标样，实际试验中当质量含水率超过最优含水率时，个别试样无法配置，实际样本数量为 46 或 47 个。2）w_{op} 为土体最优含水率。

1.4　标定样本数量及组合方式试验

根据已有研究成果，标定样本数量定为 4～12 个，样本的干密度与质量含水率范围由标定样本参数适宜范围试验确定。样本的组合方式包括矩阵法和散点法两种，具体设置方案见表 3。

表 3　标定样本组合方式设置方案

样本数量	组合方式	
	矩阵法	散点法
4	2 个干密度、2 个质量含水率	5 组（每组随机 4 个样本）
6	2 个干密度、3 个质量含水率	5 组（每组随机 6 个样本）
9	3 个干密度、3 个质量含水率	5 组（每组随机 9 个样本）
12	3 个干密度、4 个质量含水率	5 组（每组随机 12 个样本）

2　标定样本参数适宜范围研究

2.1　标定试验结果

采用复阻抗设备测量标定土样的复阻抗 $|Z|$ 与电容电阻比（C/R），通过环刀法获取土样湿密度 ρ，通过烘干法获取质量含水率 w，计算得到土样干密度 ρ_d 和体积含水率 θ_V。建立土样湿密度 ρ 与复阻抗 $|Z|$、体积含水率 θ_V 与电容电阻比（C/R）的相关关系（部分拟合关系见图 2、图 3），不同干密度和质量含水率范围样本所构成的标定关系见表 4～表 7[对由不同样本构建的关系式进行编号，编号中的 SD 为山东（淄博），HN 为河南商丘，

"-"前的数字1代表$\rho-|Z|$标定关系,"-"前的数字2代表θ_V-C/R标定关系,"-"后的数字按标定关系式的数量依次排序;所制备标定土样的干密度和质量含水率与设计值存在小范围的偏离]。

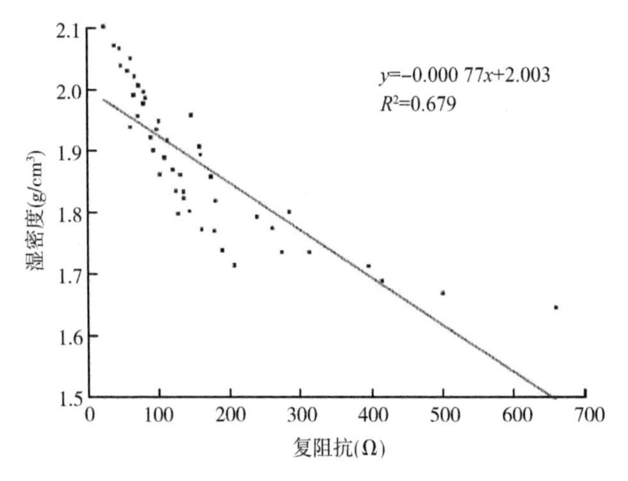

图2 $\rho-|Z|$标定关系 SD1-1(1号土样)

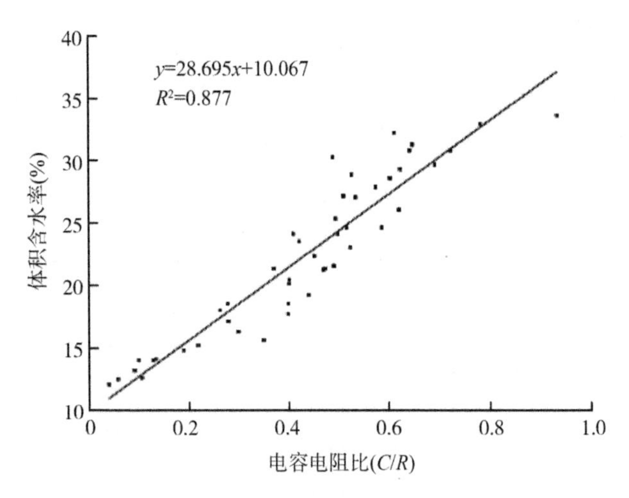

图3 θ_V-C/R标定关系 SD2-1(1号土样)

表4 不同参数范围样本的土壤湿密度ρ与复阻抗$|Z|$的标定关系(1号土样)

关系式编号	样本数量	样本参数范围		标定关系式常数		决定系数R^2
		干密度	质量含水率	a	b	
SD1-1	46	$(0.847\sim1.002)\rho_{dmax}$	$(w_{op}-8.1\%)\sim(w_{op}+4.1\%)$	-0.000 77	2.003	0.679
SD1-2	39	$(0.867\sim1.002)\rho_{dmax}$	$(w_{op}-8.1\%)\sim(w_{op}+4.0\%)$	-0.001 16	2.022	0.713
SD1-3	32	$(0.888\sim1.002)\rho_{dmax}$	$(w_{op}-8.1\%)\sim(w_{op}+4.0\%)$	-0.001 45	2.058	0.765
SD1-4	27	$(0.888\sim1.001)\rho_{dmax}$	$(w_{op}-6.2\%)\sim(w_{op}+4.0\%)$	-0.002 23	2.117	0.851
SD1-5	24	$(0.888\sim1.001)\rho_{dmax}$	$(w_{op}-6.2\%)\sim(w_{op}+2.1\%)$	-0.002 31	2.130	0.878
SD1-6	23	$(0.888\sim0.972)\rho_{dmax}$	$(w_{op}-6.2\%)\sim(w_{op}+2.1\%)$	-0.002 16	2.103	0.843

表 5　不同参数范围样本的土壤体积含水率 θ_V 与电容电阻比(C/R)的标定关系(1 号土样)

关系式编号	样本数量	样本参数范围		标定关系式常数		决定系数 R^2
		干密度	质量含水率	a	b	
SD2-1	46	$(0.847\sim1.002)\rho_{dmax}$	$(w_{op}-8.2\%)\sim(w_{op}+4.1\%)$	28.690	10.070	0.827
SD2-2	39	$(0.867\sim1.002)\rho_{dmax}$	$(w_{op}-8.1\%)\sim(w_{op}+4.0\%)$	28.950	9.645	0.836
SD2-3	39	$(0.847\sim1.002)\rho_{dmax}$	$(w_{op}-6.2\%)\sim(w_{op}+4.1\%)$	30.810	8.948	0.814
SD2-4	34	$(0.849\sim1.001)\rho_{dmax}$	$(w_{op}-6.2\%)\sim(w_{op}+4.0\%)$	29.070	9.541	0.891
SD2-5	24	$(0.888\sim1.001)\rho_{dmax}$	$(w_{op}-6.2\%)\sim(w_{op}+2.1\%)$	32.310	8.019	0.835
SD2-6	23	$(0.888\sim0.972)\rho_{dmax}$	$(w_{op}-6.2\%)\sim(w_{op}+2.1\%)$	32.030	7.895	0.848

表 6　不同参数范围样本的 ρ-$|Z|$ 的标定关系(2 号土样)

关系式编号	样本数量	样本参数范围		标定关系式常数		决定系数 R^2
		干密度	质量含水率	a	b	
HN1-1	47	$(0.871\sim1.001)\rho_{dmax}$	$(w_{op}-8.1\%)\sim(2w_{op}+3.6\%)$	−0.003 20	2.227	0.815
HN1-2	40	$(0.886\sim1.001)\rho_{dmax}$	$(w_{op}-8.1\%)\sim(2w_{op}+3.6\%)$	−0.003 41	2.239	0.783
HN1-3	40	$(0.872\sim1.001)\rho_{dmax}$	$(w_{op}-6.2\%)\sim(2w_{op}+3.6\%)$	−0.003 77	2.298	0.768
HN1-4	34	$(0.871\sim1.001)\rho_{dmax}$	$(w_{op}-6.2\%)\sim(2w_{op}+2.5\%)$	−0.004 08	2.342	0.860
HN1-5	35	$(0.886\sim0.973)\rho_{dmax}$	$(w_{op}-8.1\%)\sim(2w_{op}+3.6\%)$	−0.003 96	2.336	0.832
HN1-6	29	$(0.886\sim1.001)\rho_{dmax}$	$(w_{op}-6.2\%)\sim(2w_{op}+2.4\%)$	−0.003 88	2.319	0.848

表 7　不同参数范围样本的 θ_V-(C/R)标定关系(2 号土样)

关系式编号	样本数量	样本参数范围		标定关系式常数		决定系数 R^2
		干密度	质量含水率	a	b	
HN2-1	47	$(0.871\sim1.001)\rho_{dmax}$	$(w_{op}-8.1\%)\sim(2w_{op}+3.6\%)$	7.600	12.49	0.831
HN2-2	40	$(0.886\sim1.001)\rho_{dmax}$	$(w_{op}-8.1\%)\sim(2w_{op}+3.6\%)$	7.751	12.13	0.822
HN2-3	40	$(0.871\sim1.001)\rho_{dmax}$	$(w_{op}-6.2\%)\sim(2w_{op}+3.6\%)$	7.182	13.48	0.877
HN2-4	34	$(0.871\sim1.001)\rho_{dmax}$	$(w_{op}-6.1\%)\sim(2w_{op}+2.5\%)$	8.901	11.24	0.879
HN2-5	34	$(0.886\sim0.973)\rho_{dmax}$	$(w_{op}-8.1\%)\sim(2w_{op}+3.6\%)$	8.881	11.18	0.892
HN2-6	29	$(0.886\sim1.001)\rho_{dmax}$	$(w_{op}-6.1\%)\sim(2w_{op}+2.5\%)$	9.013	11.03	0.881

2.2　样本参数范围对标定关系影响分析

据表 4～表 7 两类土样标定试验结果可知，标定关系式的样本组的土样干密度和质量含水率对标定关系式的影响显著，随着干密度和质量含水率范围的收窄，标定关系式的常数逐步趋于稳定，标定关系式的拟合程度整体向好。以决定系数 $R^2 \geqslant 0.85$ 作为判别标准时，较为合理的土样样本参数范围：土样干密度下限为 $(0.87\sim0.89)\rho_{dmax}$、上限 $1.00\rho_{dmax}$，质量含水率下限为 w_{op} 以下 6.0%左右、上限为 w_{op} 以上 2.0%～2.5%。

3 标定样本数量及组合方式研究

3.1 不同样本数量及组合方式的标定试验结果

在土样干密度(0.89～1.00)ρ_{dmax}、质量含水率(ω_{op}−2.5%)～(ω_{op}+6.0%)范围内分别按照矩阵法和散点法选取4、6、9、12个样本进行测试并建立标定关系，每种样本数量均包括5组不同的标定数据；分析标定关系式的决定系数R^2的变化趋势，计算其平均值及标准差。其中：1号土样试验成果见图4、图5，2号土样试验成果见图6、图7。

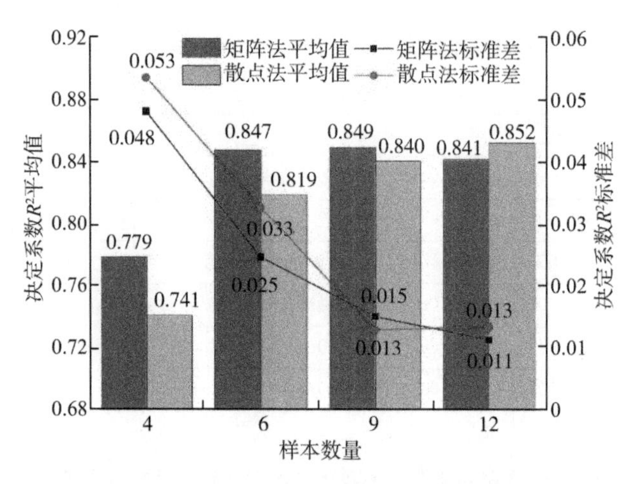

图4 不同数量及组合样本的ρ-|Z|标定关系的决定系数变化情况(1号土样)

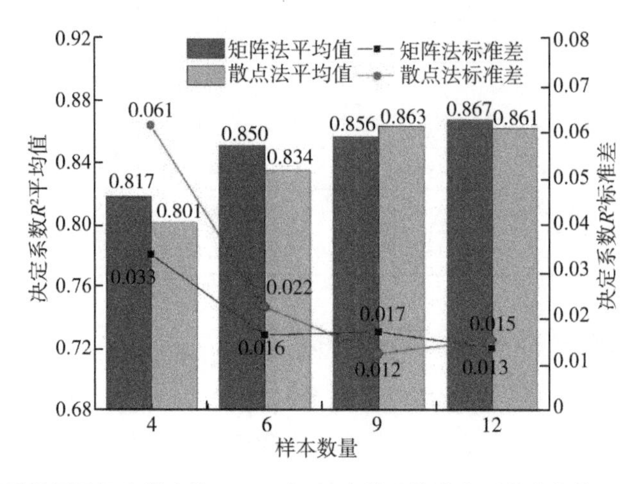

图5 不同数量及组合样本的θ_V-C/R标定关系的决定系数变化情况(1号土样)

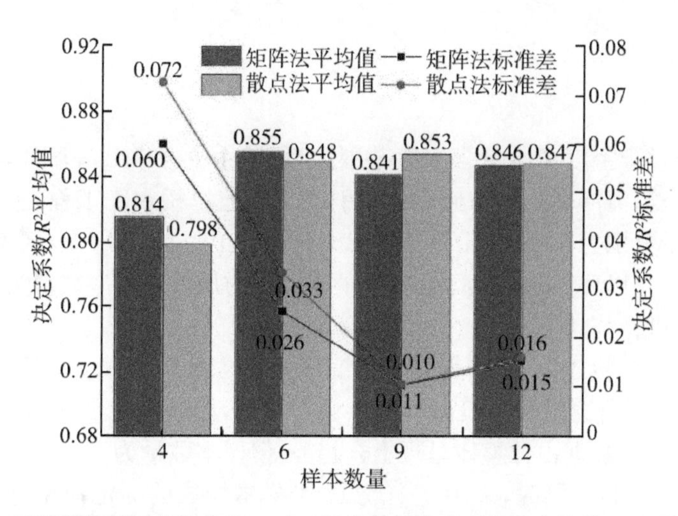

图6　不同数量及组合样本的ρ-$|Z|$标定关系的决定系数变化情况(2号土样)

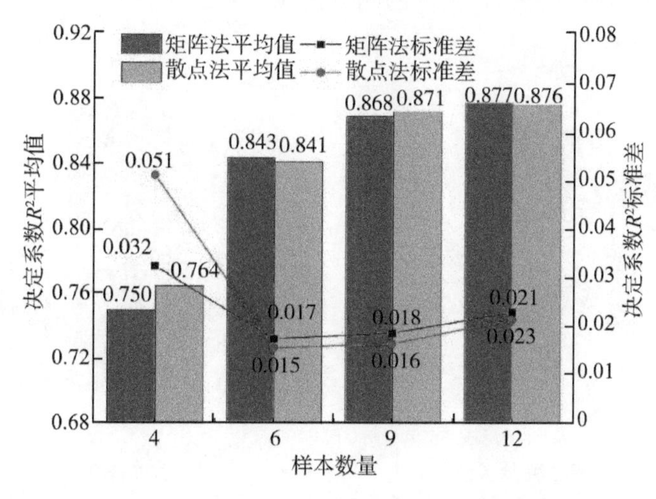

图7　不同数量及组合样本的θ_V-C/R标定关系的决定系数变化情况(2号土样)

3.2　数量及组合方式对拟合优度的影响分析

根据图4～图7两类土样标定试验结果可知，构建标定关系式的样本数量对标定关系式的拟合优度影响显著，随着样本数量的增加，决定系数R^2的平均值的变化趋势为总体增大，标准差整体降低；样本数量由4个增加到6个时，以上变化趋势十分明显；由6个增加到9个时，增大(降低)趋势变缓；9个增加到12个时，变化趋势不明显；对于样本组合方式，在样本数量为6个时，矩阵法稍优于散点法；样本数量增加到9个及以上时，差异较小。基于上述情况，在进行复阻抗法的标定试验中，样本数量宜为9个及以上，矩阵及散点的组合方式均可。

4 工程验证

在选定的土样干密度和质量含水率范围内,构建由 9 个和 12 个样本组成的标定关系,在山东淄博小清河治理工程和河南商丘引江济淮七里桥水库工程土方填筑过程中开展测试,测点数量分别为 242 个(山东淄博小清河治理工程)和 193 个(河南商丘引江济淮七里桥水库工程)。以环刀法和烘干法获得的干密度与质量含水率数值为基准值,计算测试结果的误差并进行统计。

基于现场比对试验成果,统计得到干密度和质量含水率测试误差区间分布(见图 8、图 9),可以看出随着所选用标定模型样本数量的增加,干密度和质量含水率测量误差在±5%和±3%以内的数据占比整体呈现上升趋势,但样本数量为 12 时相对于样本数量为 9 时的上升幅度不明显。同时,采用 9 个或 12 个样本构成的标定模型进行测量时,干密度误差在±5%以内的测点占比为 89.1%~92.3%,在±3%以内的占比为 71.1%~76.7%;质量含水率误差在±5%以内的测点占比为 91.7%~94.3%,在±3%以内的占比为 78.1%~82.4%。

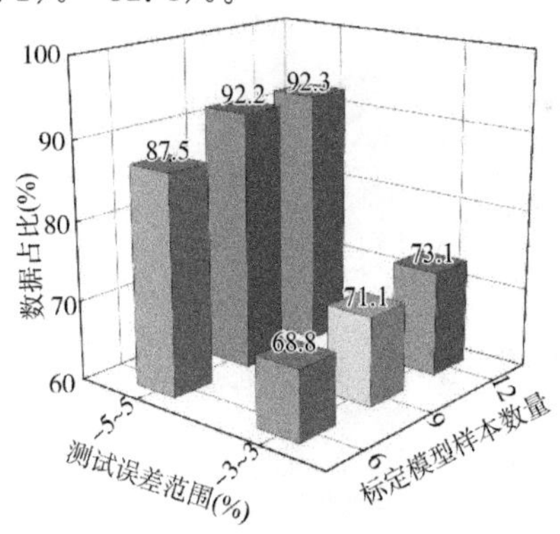

(a) 干密度测量误差

(b) 含水率测量误差

图 8 采用不同标定关系的干密度及质量含水率测试结果(山东淄博小清河治理工程)

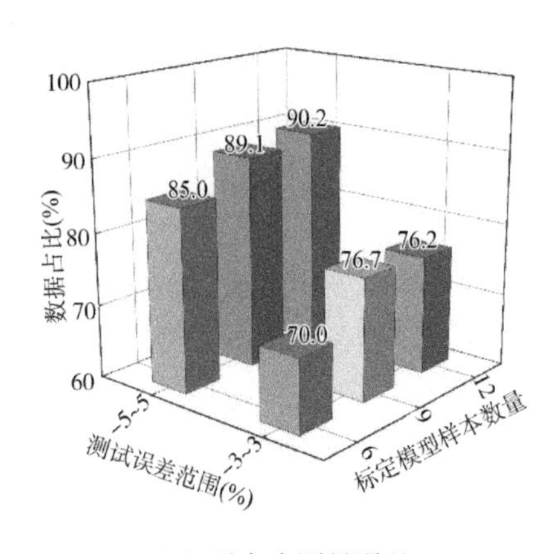

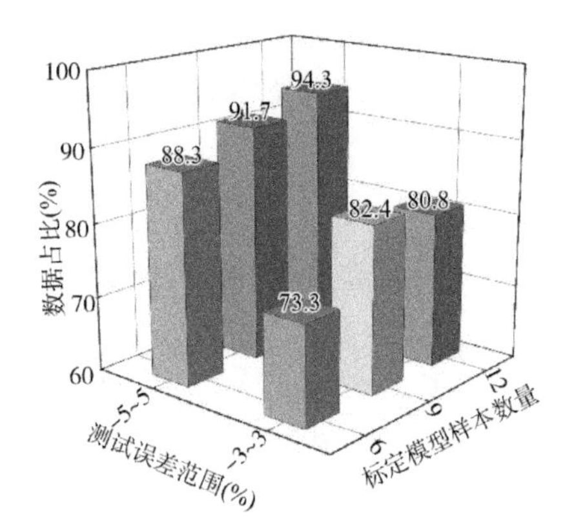

(a) 干密度测量误差

(b) 含水率测量误差

图 9 采用不同标定关系的干密度及质量含水率测试结果(河南商丘引江济淮七里桥水库工程)

5　结论

通过选取不同类型土样进行复阻抗法的室内标定试验，研究不同干密度和含水率范围、不同样本数量和组合方式情况下标定关系的变化趋势，分析影响复阻抗法标定试验精度的因素和适宜参数值。结果表明：

(1) 标定土样干密度下限为(0.87～0.89)ρ_{dmax}、上限为1.00ρ_{dmax}，质量含水率下限为w_{op}以下6%左右、上限为w_{op}以上2.0%～2.5%，在此范围内标定关系的拟合程度较高。

(2) 建立标定关系的土样样本数量宜在9个及以上，矩阵式及散点式组合方式均可。

(3) 采用结论(1)(2)条件下所建立的标定关系进行工程现场测试时，9个测点和12个测点构成的标定模型测试准确程度优于6个测点，土样干密度和质量含水率的测值误差在±5%以内的测点数量占比基本在90%以上，测试效果较好。

参考文献

[1] 中华人民共和国水利部. 土工试验方法标准：GB/T 50123—2019[S]. 北京：中国计划出版社，2019：19-20.

[2] 中华人民共和国水利部. 核子水分-密度仪现场测试规程：SL 275—2014[S]. 北京：中国水利水电出版社，2014：3-5.

[3] JEFF B, WILLAM E A. Non-Nuclear Compaction Gauge Comparison Study (Final Report) [R]. Vermont：State of Vermont Agency of Transportation Materials and Research Section，2007：1-22.

[4] American Society for Testing and Materrial. Standard Test Method for In-Place Estimation of Density and Water Content of Soil and Aggregate by Correlation with Complex Impedance Method：D 7698—2021[S]. West Conshohocken：American Society for testing and Material(ASTM)，2021：1-7.

[5] American Association of State Highway and Transportation Officials. Standard Method of Test for Determining In-Place Density and Moisture Content of Soil and Soil Aggregate Using Complex Impedance Methodology：TP 112—2021[S]. Washington：American Association of State Highway and Transportation Officials，2021：1-7.

[6] 顾欢达，薛国强，胡舜，等. SDG密度仪路基压实度检测及效果评价[J]. 北京工业大学学报，2013，39(12)：1835-1842.

[7] YANG H M, YANG X P, ZHANG M, et. al. Influencing Factors on the Accuracy of Soil Calibration Models by EDG[J]. Processes，2021，9：1892.

[8] CHRISTOPHER L M，JASON S H. Using a Complex-Impedance Measuring Instrument to Determine in Situ Soil Unit Weight and Moisture Content [J]. Geotechnical Journal，2013，36(1)：1-19.

[9] ROSE M，WEN H F，SHARMA S. Evaluation of Non-Nuclear-Density Gauges for Measuring In-Place Density of Soils and Base Materials[C]. Transportation Research Board

93rd Annual Meeting:Washington DC,USA,2014:144381.

[10] 郑建国,羊群芳,刘争宏,等. EDG 无核密度仪标定模型与测试误差的试验研究[J]. 岩石力学与工程学报,2016,35(8):1697-1704.

[11] 许进和,朱良,吴立彬,等. EDG 无核密度与在率定试验检测中的应用[J]. 人民珠江,2014(5):117-119.

[12] 赵春梅. SDG 密度仪在堤防压实快速检测中的应用[D]. 哈尔滨:黑龙江大学,2017.

[13] CHRISTOPHER L M, JASON S H. Using Electrical Density gauges for Filed Compaction Control[R]. Newark:Delaware Center for Transportation University of Delaware,2011:1-18.

[14] 中华人民共和国水利部. 堤防工程施工规范:SL 260—2014[S]. 北京:中国水利水电出版社,2014:38-44.

[15] 中华人民共和国水利部. 碾压式土石坝设计规范:SL 274—2020[S]. 北京:中国水利水电出版社,2020:9-15.

机制砂混凝土应用于 PCCP 试验研究

曲福来[1,2,3]，杨亚彬[2,3]，宋万万[2,3]，刘　杰[4]，马　磊[4]，丁新新[1,2,3]

（1. 华北水利水电大学黄河流域水资源高效利用省部共建协同创新中心，河南 郑州 450046；2. 华北水利水电大学土木与交通学院，河南 郑州 450045；3. 华北水利水电大学河南省生态建材工程国际联合实验室，河南 郑州 450045；4. 河南省富臣管业有限公司，河南 新乡 453400）

摘　要：为保证 PCCP 管芯混凝土的生产质量，以机制砂代替天然砂制备混凝土的适用性问题亟待解决。采用对比试验方法，进行了强度等级为 C55 的机制砂混凝土和天然砂混凝土的工作性能、抗压强度、抗渗和收缩性能研究。结果表明：机制砂混凝土和天然砂混凝土均具有满足 PCCP 生产浇筑要求的良好工作性能；PCCP 管芯混凝土浇筑后，在蒸汽养护条件下，混凝土的早期强度快速提升，机制砂混凝土强度随龄期的发展速度高于天然砂混凝土；机制砂混凝土的抗水渗透和抗氯离子渗透能力高于天然砂混凝土，收缩率则低于天然砂混凝土。研究成果为机制砂取代天然砂配制 PCCP 管芯混凝土提供了科学依据。

关键词：PCCP；机制砂；天然砂；工作性能；抗压强度；抗渗性；收缩性能

预应力钢筒混凝土管(Prestressed Concrete Cylinder Pipe，PCCP)的混凝土管芯作为 PCCP 的主体结构，承受覆土荷载和内水压力等的共同作用，因此管芯混凝土除了要满足浇筑成型时的工作性能要求外，硬化后还要具有足够的强度和较好的耐久性[1]。管芯混凝土的质量受原材料的影响较大，在我国环境保护力度不断加强的形势下天然砂源面临枯竭，亟待寻求性能稳定的替代砂源。采用石料加工制作的机制砂，因制砂生产工艺相对稳定，其成品砂可根据混凝土制备要求进行颗粒级配和细度模数调整，近年来在混凝土结构工程中得到了越来越多的应用，因而可作为制备 PCCP 管芯混凝土的备选细骨料。但机制砂的颗粒形状不规则、多棱角、表面粗糙且含有一定量的石粉，与天然砂的颗粒圆润、不含石粉但有限定的含泥量具有明显差别[2-3]。因此，与天然砂混凝土相比，机制砂混凝土配合比设计需调整砂率或减水剂用量才能得到同样的拌合物工作性能，混凝土配制强度计算方法及力学性能换算关系也需调整[3-5]。由于 PCCP 管芯混凝土在浇筑成型及蒸汽养护等生产工艺方面具有特殊性，目前有关机制砂代替天然砂制备 PCCP 管芯混凝土的研究与工程实践较少，故开展机制砂制备 PCCP 管芯混凝土的可行性研究是非常必要的。

本文结合工程实践，采用对比试验方法，根据 PCCP 混凝土管芯生产工艺要求，分别制备了强度等级为 C55 的机制砂混凝土和天然砂混凝土，测试了其工作性能、抗压强度、抗渗性和收缩性能。试验结果证实了在颗粒级配和细度模数相当的情况下，机制砂混凝土的强度、抗渗性和抗收缩性能均优于相同强度等级的天然砂混凝土，这为PCCP工程采用机制砂混凝土提供了研究依据。

1　试验概况

1.1　混凝土原材料及配合比

水泥采用P·O 52.5;矿物掺合料选用F类Ⅰ级粉煤灰;细骨料为天然河砂与机制砂，细度模数分别为2.6和2.9，同属于2区中砂，其级配曲线如图1所示，各材料的性能分别见表1至表3。

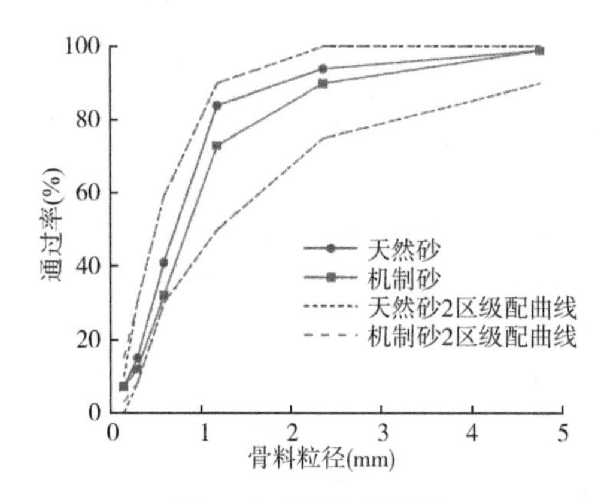

图1　细骨料级配曲线

表1　实测P·O 52.5的主要物理力学性能指标

密度(kg/m³)	烧失量(%)	比表面积(m²/kg)	初凝时间(min)	终凝时间(min)	抗折强度(MPa)		抗压强度(MPa)	
					3 d	28 d	3 d	28 d
3 125	1.4	352	110	205	5.5	8.3	31.7	56.3

表2　粉煤灰的性能指标

密度(kg/m³)	比表面积(m²/kg)	细度(%)	含水率(%)	烧失量(%)	需水量比(%)	CaO含量(%)	SO_3含量(%)	碱含量(%)
2 404	502.5	8.2	0.8	3.6	92	0.1	1.6	1.18

表3　细骨料的性能指标

种类	表观密度(kg/m³)	堆积密度(kg/m³)	空隙率(%)	吸水率(%)	含水率(%)	含泥量或石粉含量(%)
天然砂	2 600	1 510	42	1.3	1.6	1.5
机制砂	2 680	1 520	43	1.9	1.0	3.7

粗骨料为粒径 5～20 mm 连续级配石灰岩质碎石，表观密度为 2 770 kg/m^3。减水剂为缓凝型聚羧酸高性能减水剂，减水率为 27.2%。拌合水为城市自来水。

试验中，PCCP 管芯混凝土的设计强度等级为 C55，依据假定质量法进行配合比设计，砂率以天然河砂为基准，采用机制砂完全取代。将坍落度作为 PCCP 混凝土工作性能判定的主要指标，坍落度目标值为(150±30) mm。通过试拌调整，PCCP 天然河砂混凝土(River Sand Concrete，RSC)和机制砂混凝土(Manufactured Sand Concrete，MSC)的配合比见表 4。与天然河砂混凝土相比，机制砂混凝土除减水剂用量略有增加，其他原材料用量均相同。

表 4　PCCP 天然砂、机制砂混凝土的配合比　单位：kg/m^3

混凝土	水	水泥	粉煤灰	砂	碎石	减水剂
RSC	130	361	64	758	1 137	5.10
MSC	130	361	64	758	1 137	5.18

1.2　试件成型与养护

实际工程中，PCCP 管芯混凝土浇筑后采用蒸汽养护。蒸汽养护时长共计 12 h，可分为 4 个阶段：自然状态静置 2 h、以 15℃/h 升温 2 h 左右、温度达到(47±5)℃后恒温约 6 h、自然降温 2 h。蒸汽养护各阶段温度变化曲线如图 2 所示。

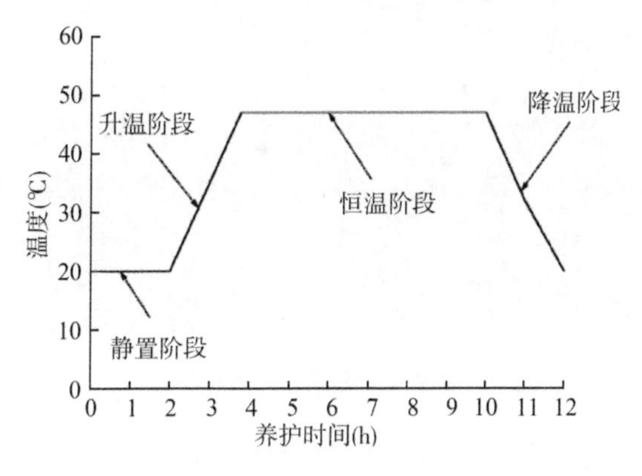

图 2　PCCP 管芯混凝土蒸汽养护各阶段温度变化

为模拟 PCCP 管芯混凝土的养护条件，更加真实地反映 PCCP 管芯混凝土的性能，所有试块前期 12 h 均采用蒸汽养护方式，然后根据规范要求在特定条件下进行养护[6-7]。养护条件见表 5。

表 5　混凝土试块养护条件

试验项目	养护条件
立方体抗压强度、抗水渗透性能、抗氯离子渗透性能	前期：蒸汽养护 12 h；后期：温度(20±2)℃、相对湿度≥95%
干燥收缩性能	前期：蒸汽养护 12 h；后期：温度(20±2)℃、相对湿度(60±5)%

1.3 试验方法

PCCP 管芯混凝土的拌合物工作性能包括流动性、密实性、抗离析性等。依据规范 GB/T 50080—2016[8]开展混凝土拌合物性能试验,流动性以测定的坍落度表征,密实性以含气量判定,抗离析性以泌水率评价。

立方体抗压强度试验按照规范 GB/T 50081—2019[6]进行。试块为边长 150 mm 的立方体标准试件,每组 3 个。抗渗试验按照规范 GB/T 50082—2009[7]进行。抗水渗透试件采用圆台体,顶面和底面直径分别为 175 mm 和 185 mm,圆台高 150 mm,每组 6 个,水压稳定控制在(1.2±0.05)MPa,在恒压过程中持续稳压 24 h,得到各组试件的平均渗水高度。抗氯离子渗透试件采用直径 100 mm、高 200 mm 的圆柱体,每组 3 个。试验前 7 d,将圆柱体试块切割成厚度为(50±2)mm 的样本,养护 28 d 后采用电通量法进行抗氯离子渗透试验,如图 3 所示,以通过混凝土样本的电通量判断混凝土抗氯离子渗透性。

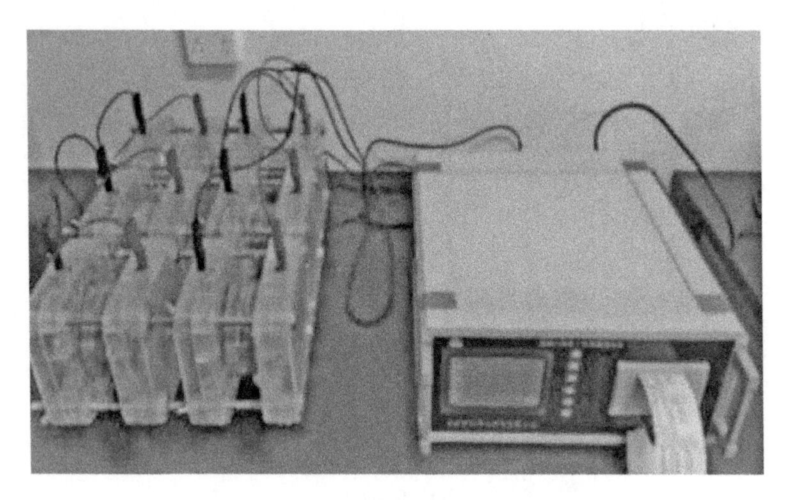

图 3 混凝土抗氯离子渗透试验装置

收缩性能试验按照规范 GB/T 50082—2009[7]进行。试件采用 100 mm×100 mm×515 mm 棱柱体,每组 3 个。蒸汽养护 12 h 后拆模,以拆模时的试件长度作为管芯混凝土干燥收缩的初始长度值,如图 4 所示。蒸汽养护结束后,随着养护龄期的增长,分别测量混凝土试件不同龄期的干燥收缩变化,得到混凝土的干燥收缩值。

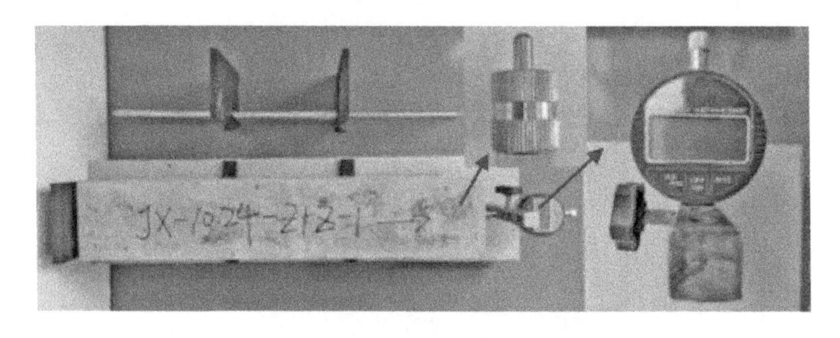

图 4 混凝土干燥收缩试验装置

2　试验结果分析

2.1　混凝土拌合物工作性能

机制砂和天然砂混凝土拌合物的坍落度、含气量和泌水率的试验结果见表6。由表6可知：拌合物均未出现离析或泌水现象，表现出良好的工作性能；与天然砂混凝土拌合物相比，机制砂混凝土拌合物的坍落度、含气量和泌水率均呈下降趋势，主要原因是机制砂中存在一定含量的石粉，石粉颗粒的比表面积较大，提高了混凝土拌合物的黏稠度，改善了混凝土的和易性。因此，机制砂混凝土拌合物的流动性有所下降，但黏聚性相应提高，且其密实程度与抗离析性能得到提升，满足PCCP管芯混凝土浇筑的工作性能要求。

表6　PCCP管芯混凝土拌合物工作性能实测值

混凝土拌合物	坍落度(mm)	含气量(%)	泌水率(%)
RSC	160	1.3	5
MSC	150	1.1	3

2.2　抗压强度

天然砂和机制砂混凝土立方体的抗压强度随龄期的变化情况如图5所示。由图5可知：蒸汽养护12 h后，混凝土试件的抗压强度均超过了45 MPa。在蒸汽养护条件下，水泥的水化反应加快进行，并促进了矿物掺合料的二次水化反应，水化产物相互交错连接，形成水泥石[9-10]，使早期抗压强度得以较快地增加。养护28 d后，混凝土立方体抗压强度增长缓慢。天然砂混凝土试件在养护龄期达90 d后出现了强度降低的现象，原因在于蒸汽养护导致水泥熟料在早龄期反应过快，生成的水泥石包裹了未水化的水泥颗粒，在一定程度上阻碍了水化反应的持续进行，导致试件的后期强度增长减慢[11]。同时，受热膨胀变形不一致的影响，水泥石与集料的界面过渡区会产生微裂缝，易出现钙矾石富集现象，导致混凝土密实结构变松散[12]。

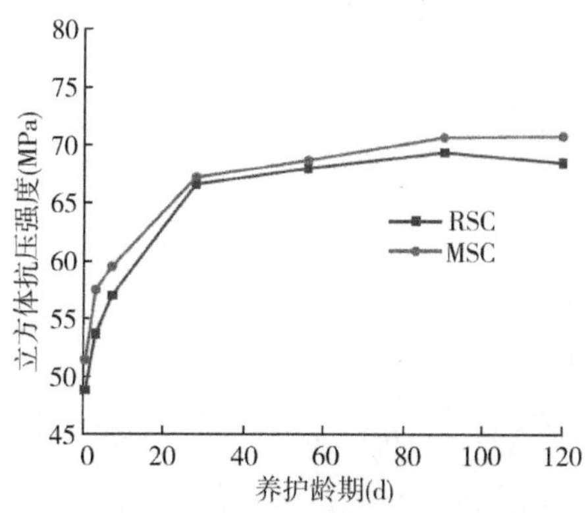

图5　混凝土立方体抗压强度随养护龄期的变化规律

配合比相同时,机制砂混凝土在不同龄期的抗压强度均高于天然砂混凝土。主要是相对于颗粒圆润的天然砂,机制砂颗粒表面粗糙、多棱角,较大的比表面积和粗糙的表面使得其与浆体间具有更好的握裹咬合效应[2-3],与浆体的黏结性能更强。同时,机制砂中的少量石粉,具有可填充水化反应后产生的微小孔隙的微颗粒填充效应和促进水泥水化的晶核效应,可促使混凝土的内部结构更加密实,改善水泥持续水化反应的微环境,最终表现为混凝土抗压强度的提升[2,5,13]。因此,机制砂取代天然砂用于制备 PCCP 管芯混凝土可以满足强度要求。

2.3 抗水渗透性能

机制砂混凝土和天然砂混凝土的平均渗水高度分别为 7 mm 和 9 mm。在配合比和养护条件相同时,两种混凝土的渗水高度均低于 10 mm,抗渗性能均较好,且机制砂混凝土优于天然砂混凝土,能够满足 PCCP 管芯混凝土的抗渗性能要求。

2.4 抗氯离子渗透性能

混凝土抗氯离子渗透试件电通量的初始值基本一致,电通量随时间的增长趋势均匀稳定。按照规范 GB/T 50082—2009[7]要求,将通过试件的总电通量换算为直径 95 mm 试件的电通量值,得到机制砂混凝土和天然砂混凝土的电通量分别为 685 C 和 833 C,说明机制砂混凝土具有更好的抗氯离子渗透的能力。两种混凝土的电通量值范围为 500～1 000 C,抗氯离子渗透性能符合 Q-Ⅳ等级[14],均满足 PCCP 管芯混凝土抗氯离子渗透性能的要求。

2.5 收缩性能

机制砂混凝土和天然砂混凝土的实测干燥收缩率随时间的变化情况如图 6 所示。由图 6 可知:两种混凝土的收缩率逐渐增大,且前期收缩率增长较快;机制砂混凝土的收缩率小于天然砂混凝土,龄期 120 d 时前者的收缩率比后者小 5.9%。

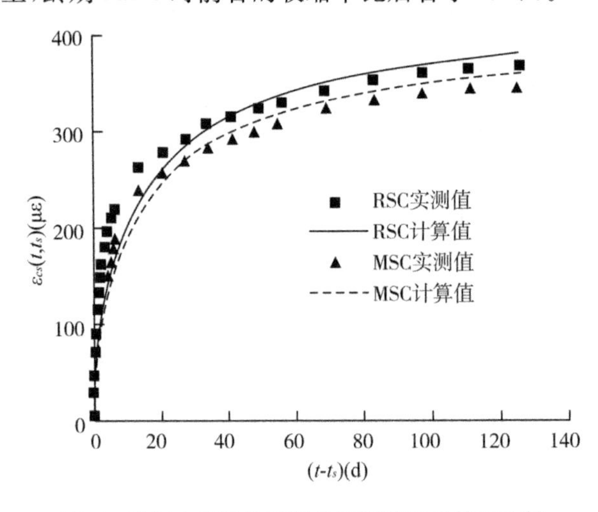

图 6 混凝土干燥收缩率的实测值与计算值比较

采用 CEB-FIP—1990 规范中混凝土干燥收缩模型[2,15]来拟合本试验数据，具体如下

$$\varepsilon_{cs}(t,t_s)=F_a\beta_s(t,t_s)\varepsilon_{cs,0} \tag{1}$$

$$\beta_s(t,t_s)=\sqrt{\frac{t-t_s}{k_1h^2+t-t_s}} \tag{2}$$

$$\varepsilon_{cs,0}=[160+\beta_{sc}(90-f_{cm})]\times10^{-6} \tag{3}$$

式中：$\varepsilon_{cs}(t,t_s)$为龄期 t 时混凝土的干燥收缩率；F_a 为细骨料影响系数，天然砂取 1.0，机制砂根据本次试验数据回归分析后取 0.95；$\varepsilon_{cs,0}$ 为混凝土干燥收缩率的最终值；t 为混凝土龄期，d；t_s 为混凝土干缩开始时的龄期，取 $t_s=0.5$ d；h 为截面有效厚度，mm；k_1 为试块形状影响系数，$k_1=0.014$；β_{sc} 为水泥类型系数，普通硅酸盐水泥取 5；f_{cm} 为龄期 28 d 时混凝土圆柱体抗压强度，MPa。本试验中天然砂混凝土和机制砂混凝土的圆柱体抗压强度分别取为 56.6 MPa 和 57.1 MPa。

试验数据的拟合曲线如图 6 中的实线所示。由图 6 可知，在 28 d 龄期之前，混凝土干燥收缩率的计算值小于实测值；28 d 龄期之后，混凝土干燥收缩率的计算值略大于实测值。总体来说，公式(1)具有较高的预测精度。

在本次试验条件下，机制砂混凝土的抗收缩性能优于天然砂混凝土。主要原因在于机制砂中少量的石粉可以填充混凝土内的孔隙，使得毛细通道减少、自由水与结合水的散失量降低，这使混凝土的抗收缩性能更好，这与已有研究结果[15]一致。但是，如果机制砂的石粉含量较多，则会增加细集料的比表面积，使机制砂混凝土的收缩增加，高于相同配合比下天然砂混凝土的收缩值[2]。因此，合理控制机制砂的石粉含量对于控制机制砂混凝土的收缩率是必要的。

3　结论

(1) 机制砂与天然砂混凝土拌合物的坍落度、含气量和泌水率等工作性能均满足 PCCP 管芯混凝土浇筑成型要求。

(2) 蒸汽养护可快速提升混凝土的早期抗压强度，但不利于混凝土后期强度增长，甚至使天然砂混凝土出现后期强度倒缩现象。机制砂混凝土的抗压强度略高于天然砂混凝土。

(3) 机制砂混凝土的抗水渗透和抗氯离子渗透能力均高于天然砂混凝土，两者的平均渗水高度均不超过 10 mm，抗水渗透性能较好；抗氯离子渗透能力均达到 Q-Ⅳ等级。

(4) 机制砂混凝土的抗收缩性能优于天然砂混凝土，并基于已有模型给出了考虑砂的种类影响的干燥收缩率计算公式。

(5) 机制砂混凝土能够满足 PCCP 管芯混凝土的生产工艺、强度与耐久性要求。考虑到机制砂的原料和稳定的生产工艺、成品性能，其用于制备 PCCP 管芯混凝土是可行的。

参考文献

[1] 中华人民共和国国家质量监督检验检疫总局,中国国家标准化管理委员会.预应力钢筒混凝土管:GB/T19685—2017[S].北京:中国标准出版社,2017.

[2] 李凤兰,刘春杰,潘丽云,等.机制砂混凝土概论[M].北京:中国水利水电出版社,2014:19-28.

[3] 刘春杰,丁新新,卢亚召,等.高强机制砂混凝土抗压性能试验研究[J].华北水利水电大学学报(自然科学版),2014,35(5):51-55.

[4] 李凤兰,凡有纪,肖文,等.双高混凝土优化配制试验研究[J].华北水利水电大学学报(自然科学版),2017,38(2):37-42.

[5] 李凤兰,肖文,丁新新,等.双高混凝土研发及其在预制箱梁中的应用[J].华北水利水电大学学报(自然科学版),2017,38(6):25-31.

[6] 中华人民共和国住房和城乡建设部.混凝土物理力学性能试验方法标准:GB/T 50081—2019[S].北京:中国建筑工业出版社,2019.

[7] 中华人民共和国住房和城乡建设部.普通混凝土长期性能和耐久性能试验方法标准:GB/T 50082—2009[S].北京:中国建筑工业出版社,2009.

[8] 中华人民共和国住房和城乡建设部.普通混凝土拌合物性能试验方法标准:GB/T 50080—2016[S].北京:中国建筑工业出版社,2016.

[9] SHI J Y,LIU B J,HE Z H,et al. Properties evolution of high-early-strength cement paste and interfacial transition zone during steam curing process [J]. Construction and building materials,2020,252(5):119095.

[10] 彭波.蒸养制度对高强混凝土性能的影响[D].武汉:武汉理工大学,2007:83-84.

[11] LIU B J,XIE Y J,ZHOU S Q,et al. Some factors affecting early compressive strength of steam-curing concrete with ultrafine fly ash[J]. Cement and concrete research,2001,31(10):1455-1458.

[12] MALTAIS Y,MARCHAND J. Influence of curing temperature on cement hydration and mechanical strength development of fly ash mortars[J]. Cement and concrete research,1997,27(7):1009-1020.

[13] DING X X,LI C Y,XU Y Y,et al. Experimental study on long-term compressive strength of concrete with manufactured sand[J]. Construction and building materials,2016,108:67-73.

[14] 中华人民共和国住房和城乡建设部.混凝土耐久性检验评定标准:JGJ/T 193—2009[S].北京:中国建筑工业出版社,2009.

[15] 李凤兰,罗俊礼,赵顺波.不同骨料高强混凝土自收缩试验研究[J].港工技术,2009,46(1):35-37.

赵楼泵站(竖井式贯流泵)进出水流道优化及CFD仿真计算

刘团结,赵子昂,王志久

(河南省水利勘测设计研究有限公司,河南 郑州 450016;河南省引江济淮工程有限公司,河南 商丘 476000)

摘 要: 结合引江济淮工程(河南段)赵楼泵站进、出水流道优化,应用CFD(计算流体动力学)技术对赵楼泵站进、出水流道和叶轮及导叶内的流动进行三维紊流数值模拟,确定了综合考虑泵段性能、超声波流量计安装要求和土建投资的进出水流道优化方案。研究结果表明:进水流道竖井头部和尾部的收缩曲线影响流线流速分布;减小进水流道竖井总长度,同时竖井头部形状为渐变、收缩尾部形状为圆弧的进水流道方案总体水力性能较好。直管式出水流道的断面面积及断面平均流速变化均匀,并且水力损失较小。研究结果可为大中型竖井式泵站的进、出水流道优化提供理论参考。

关键词: 进水流道;出水流道;泵装置;数值模拟;优化设计

0 引言

竖井式贯流泵装置将电机、齿轮箱安装于钢筋混凝土竖井内[1],由于这种安装形式具有进出水流道顺直、水力损失小、工程投资少、泵站装置效率高、结构简单等多重优点[2],因此被广泛应用在各种低扬程泵站中。周亚军等对竖井式贯流泵装置进出水流道进行数值模拟,分析并提出一种最优底部上翘角的出水流道优化设计方案[3]。孙衍等采用三维湍流数值计算的方法,提出竖井式贯流泵装置出水流道型线、进水流道高度宽度及型线等的优化设计方案[4]。陈松山等通过泵装置能量特性试验得出竖井进水流道渐缩段采用椭圆型线有较好的性能[5]。颜红勤等采用CFD技术对卧式泵站直管式出水流道不同型线进行数值模拟计算,对比得出不同方案对出水流道流态和水力损失影响[6]。伴随着计算流体力学的长足发展,CFD技术更多地应用于研究泵装置的优化设计[7]。王福军等总结了泵站内部流动分析过程中的各种模型,对水泵流动分析方法的最新研究成果进行总结[8]。陈加琦等采用三维湍流数值模拟深入研究了不同工况下竖井式贯流泵装置水力特性[9]。Lu等通过数值模拟对进水流道内部流动的水力特性进行预测和分析,优化进水流道的设计[10]。朱红耕等运用数值计算方法模拟泵站进水流道内部三维紊流,从而定性分析流道内部流态,计算出流道水力特性指标,进而优选出进水流道设计方案[11]。关醒凡等在对贯流泵装置模型优化设计的基础上展开模型试验,试验结果表明贯流泵的性能指标比普通立式轴流泵更具优势,以此对实际工程总的泵站方案预选提供参考[12]。杨雪林等结合竖井式贯流泵装置流道的三维数值模拟优化流道型线和模型试验结果的验证,表明优化后的水泵装置效率较高,并且水力性能较好[13]。周春峰等就竖井长度、头部和尾部型线对进出水流道的水力性能影响进行研究,并用模型试验验证了数值模拟结果的可靠性[14]。

本文的研究基于引江济淮工程(河南段)赵楼泵站,应用CFD技术对泵站进出水流道和叶轮及导叶内的流动进行三维紊流数值模拟,比较并确定进出水流道优化方案,为大中型竖井式贯流泵站的进出水流道优化提供理论参考。

1 泵站基本参数和优化目标

1.1 基本参数

赵楼泵站安装竖井式贯流泵机组4台套,叶轮直径2 350 mm,叶轮转速135 r/min,设计单机流量14 m^3/s,本研究基于整体泵装置应用CFD技术对赵楼泵站进出水流道和叶轮及导叶内的流动进行三维紊流数值模拟,揭示泵装置全流道水流流态及流动状况,优化进出水流道,并预测其水力性能。

1.2 流道水力优化目标

泵站进出水流道型式需要结合泵型、泵房布置、泵站扬程及进出水池水位变化幅度等因素进行确定。

1.2.1 进水流道水力优化目标

根据《泵站设计标准》的要求[15],泵站进水流道布置应符合下列规定:

(1) 流道型线平顺,各断面面积沿程变化应均匀合理;

(2) 出口断面处的流速和压力分布应比较均匀;

(3) 进口断面处流速宜取0.8～1.0 m/s;

(4) 在各种工况下,流道内不应产生涡带。

1.2.2 出水流道水力优化目标

泵站出水流道布置应符合下列规定[15]:

(1) 与水泵导叶出口相连的出水室形式应根据水泵的结构和泵站总体布置确定;

(2) 流道型线比较均匀,当量扩散角宜取8°～12°;

(3) 出口流速不宜大于1.5 m/s,出口装有拍门时,不宜大于2.0 m/s。

2 计算参数及边界条件

图1为赵楼泵站计算实体造型图,包括进水延长段、进水流道及闸门槽、叶轮、导叶、

出水流道及闸门槽和出水延长段。其中进出水延长段根据进水池及出水池的设计水位来确定。叶轮直径为 2 350 mm，叶片数为 3 片，导叶数为 6 片。

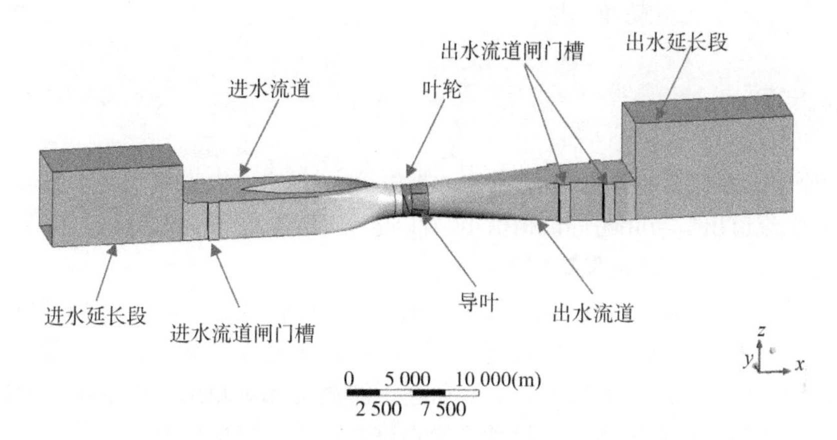

图 1　赵楼泵站全流道计算实体造型

本次计算采用分块网格计算，对复杂的计算模型进行分块并采用不同的网格剖分方法。叶轮和导叶结构复杂，其中流场变化急剧，特别是叶轮，属于旋转部件，其网格的质量好坏会影响到计算结果的精确度，因而对叶轮和导叶采用自动网格剖分。在本次 CFD 计算分析中，在边界层处部分物理参数存在梯度变化很大的情况，因此需要在进出水流道边界层处设置膨胀层以加密网格，从而能够更精确地描述这些参数。最终，叶轮网格数为 507 万，导叶为 392 万，整体网格数量为 1 875 万。

本次计算分别取进水延长段进口和出水延长段出口为整体计算域的进口和出口，进口边界条件和出口边界条件分别采用流量进口和压力出流，进出水延长段水面采用刚盖假定设置为 symmetry。计算格式为一阶迎风，收敛精度为 10^{-4}。本次计算流量范围为 8.4～18.2 m^3/s。

3　性能预测模型

根据伯努利能量方程计算泵装置净扬程，泵装置进水流道进口 1 - 1 与出水流道出口 2 - 2 的总能量差定义为泵站扬程，用下式表示

$$H_{net}=\left(\frac{\int_{s1} p_1 u_t \mathrm{d}s}{\rho Qg}-\frac{\int_{s2} p_2 u_t \mathrm{d}s}{\rho Qg}\right)+(H_1-H_2)+\left(\frac{\int_{s1} {u_1}^2 u_t \mathrm{d}s}{2Qg}-\frac{\int_{s2} {u_2}^2 u_t \mathrm{d}s}{2Qg}\right) \tag{1}$$

等式右边：第一项为静压能水头差；第二项为高程差；第三项为动能水头差。

由上式计算得到流速场和压力场，叶轮上左右的扭矩 T_p 则可通过数值积分计算得来，由此可预测泵装置的效率。

因此，水泵装置的效率为

$$\eta = \frac{\rho g Q H_{net}}{T_p \omega} \tag{2}$$

式中：T_p 为扭矩，ω 为叶轮角速度。

4 计算方案

由于原型出水流道断面收缩均匀，水力损失较小，而进水流道相较出水流道水力损失大，而且进水流道出口与叶轮进口相衔接，所以进水流道出口断面流速均匀度及出流加权平均角的优劣对水泵性能的发挥较为重要。

本次流道 CFD 优化主要针对进水流道原型方案进行优化，其中方案 1 为原型方案，经计算，原型方案进水流道进口流速为 0.83 m/s，符合规范要求。由于赵楼泵站进水流道内部需要设置超声波流量计进行测流，而超声波流量计对测试断面变化均匀度及流态有要求，所以初步考虑将超声波流量计安装在进水流道闸门槽后方。为了保证超声波流量计测试断面变化规则，提高流量计测试精度，考虑在竖井中心位置不变情况下，将竖井头部整体后移，从而形成方案 2。为了进一步压缩竖井头部空间，将竖井头部外轮廓线由渐变收缩曲线改为圆弧，从而形成方案 3。方案 3 中竖井头部及尾部形状都设计成圆弧，考虑到竖井头部及尾部圆弧段处断面过渡较剧烈，将方案 3 中尾部圆弧段改为渐变收缩曲线，从而形成方案 4。在保证超声波流量计安装及测流空间不变情况下，对方案 4 头部进行优化，由圆弧段改为渐变收缩曲线，从而形成方案 5。

原型出水流道断面面积过渡较为均匀，型线也较为均匀。同时经计算可知，原型出水流道当量扩散角为 8.03°，出水流道出口流速为 0.83 m/s，符合规范要求。所以采用原型设计出水流道方案进行计算分析。

具体方案见表 1。

表 1 方案对比

方案名称	进水流道	出水流道	竖井长度	竖井宽度	竖井头部形状	竖井尾部形状
方案 1	原型方案	原型方案	7 500 mm	3 000 mm	渐变收缩	圆弧
方案 2	优化方案 1	原型方案	6 800 mm	3 000 mm	渐变收缩	圆弧
方案 3	优化方案 2	原型方案	6 800 mm	3 000 mm	圆弧	圆弧
方案 4	优化方案 3	原型方案	6 800 mm	3 000 mm	圆弧	渐变收缩
方案 5	优化方案 4	原型方案	6 800 mm	3 000 mm	渐变收缩	渐变收缩

赵楼泵站进水流道设计方案如表 2 所示。

表 2　赵楼泵站进水流道设计方案

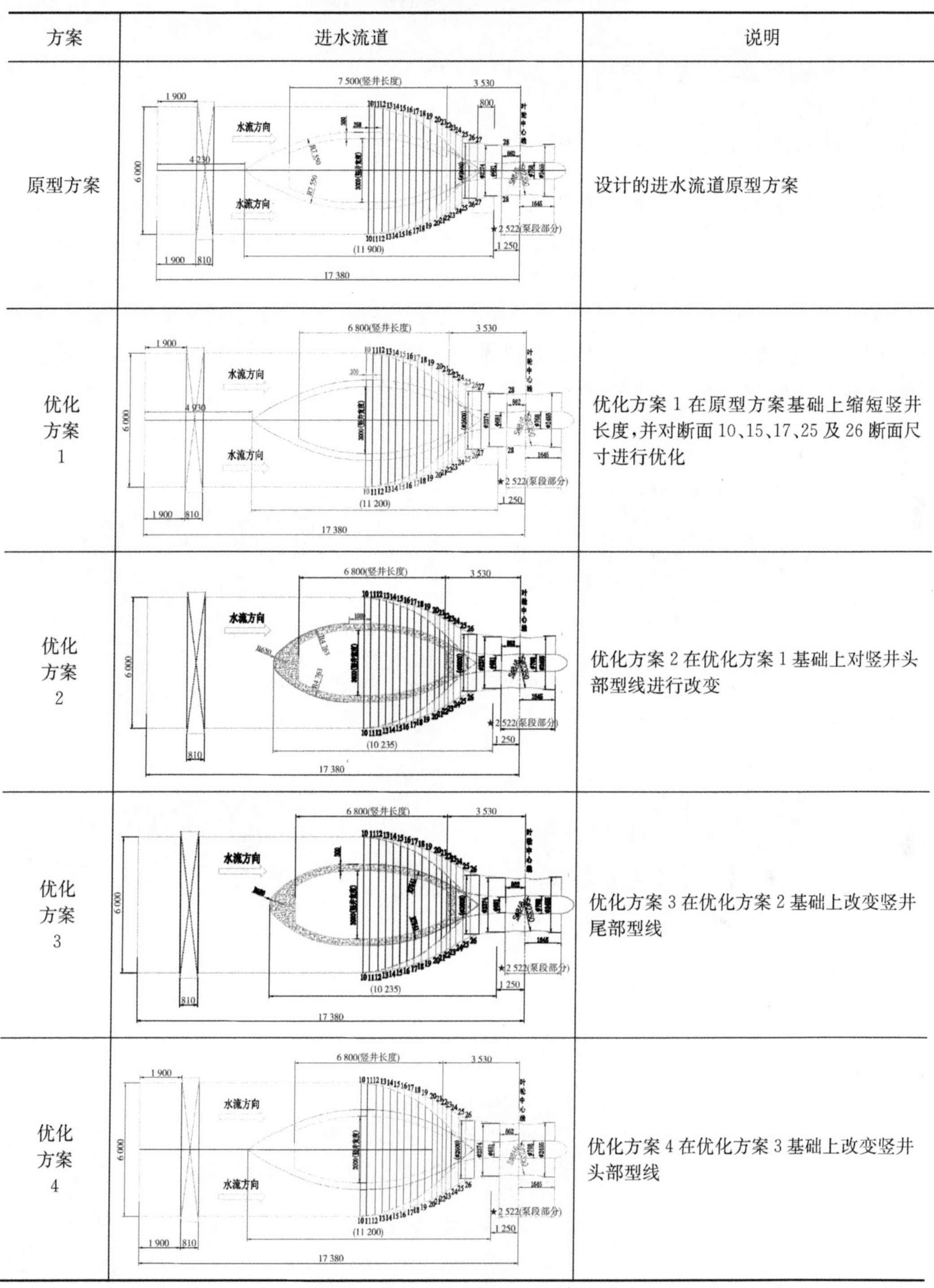

方案	进水流道	说明
原型方案		设计的进水流道原型方案
优化方案 1		优化方案 1 在原型方案基础上缩短竖井长度，并对断面 10、15、17、25 及 26 断面尺寸进行优化
优化方案 2		优化方案 2 在优化方案 1 基础上对竖井头部型线进行改变
优化方案 3		优化方案 3 在优化方案 2 基础上改变竖井尾部型线
优化方案 4		优化方案 4 在优化方案 3 基础上改变竖井头部型线

5 流道优化结果分析

5.1 进水流道水力优化分析

5.1.1 进水流道流态分析

在不带泵工况下，对不同方案进水流道进行五个流量工况下的数值模拟计算，并对进水流道内部流态、水力损失以及进水流道出口断面流速均匀度及加权平均角进行分析。

图 2 为方案 1 分别在 8.4 m³/s、11.2 m³/s、14 m³/s、15.4 m³/s、18.2 m³/s 流量工况下进水流道内的三维流线图。结果表明，在各流量工况下，方案 1 中进水流道内流线均较为平顺，随着流道型线收缩，流道内流速逐渐增大，流道内未发现不良流态，但竖井尾部由于圆弧段收缩较快，断面过渡稍剧烈，流速存在一定的突降。

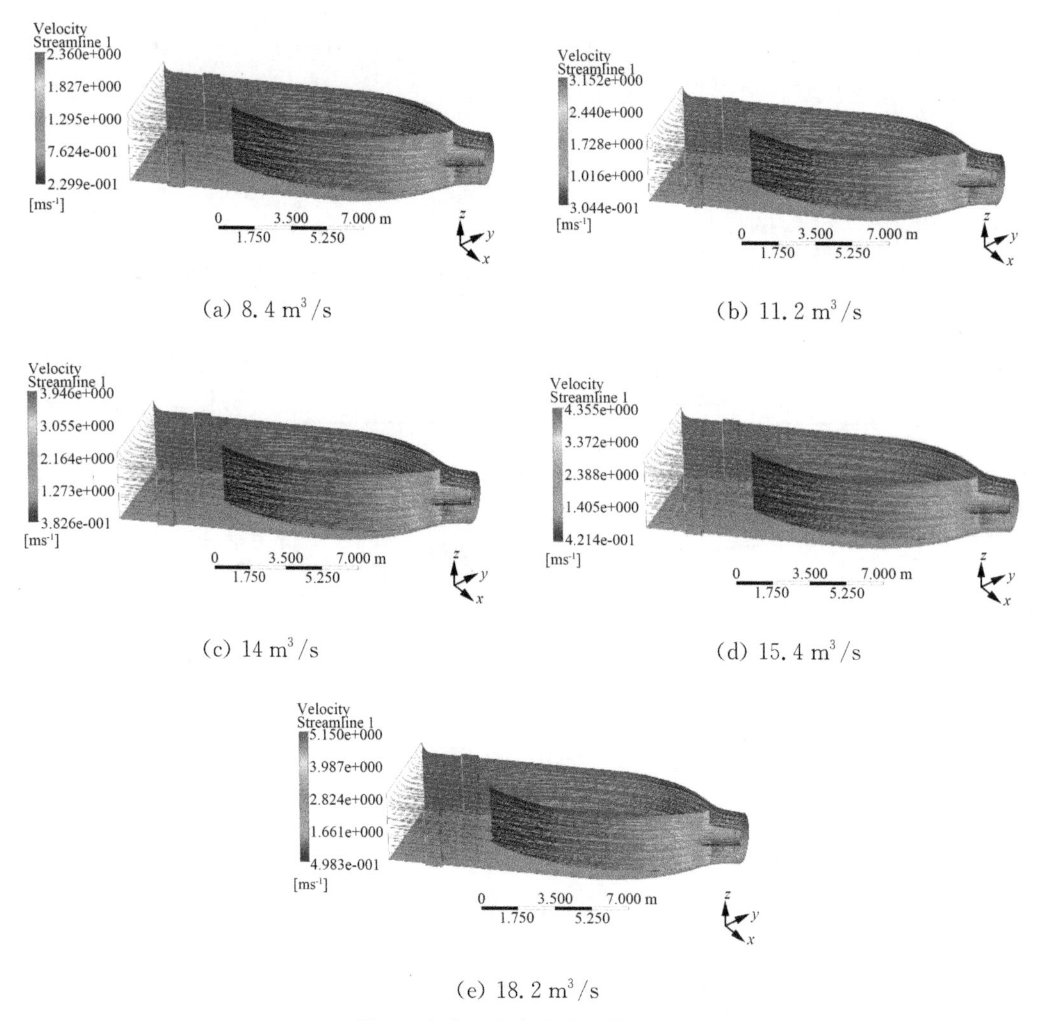

(a) 8.4 m³/s (b) 11.2 m³/s

(c) 14 m³/s (d) 15.4 m³/s

(e) 18.2 m³/s

图 2 方案 1 进水流道三维流线图

图 3 为方案 1 分别在 8.4 m^3/s、11.2 m^3/s、14 m^3/s、15.4 m^3/s、18.2 m^3/s 流量工况下进水流道断面流速分布云图。计算表明，在各流量工况下，方案 1 中进水流道内竖井段断面流速分布呈左右对称，水流在进入竖井段后的圆环形流道断面后，断面流速上下及左右都对称分布。随着进水流道断面面积减小，流速逐渐增大，进水流道出口断面流速分布较均匀。

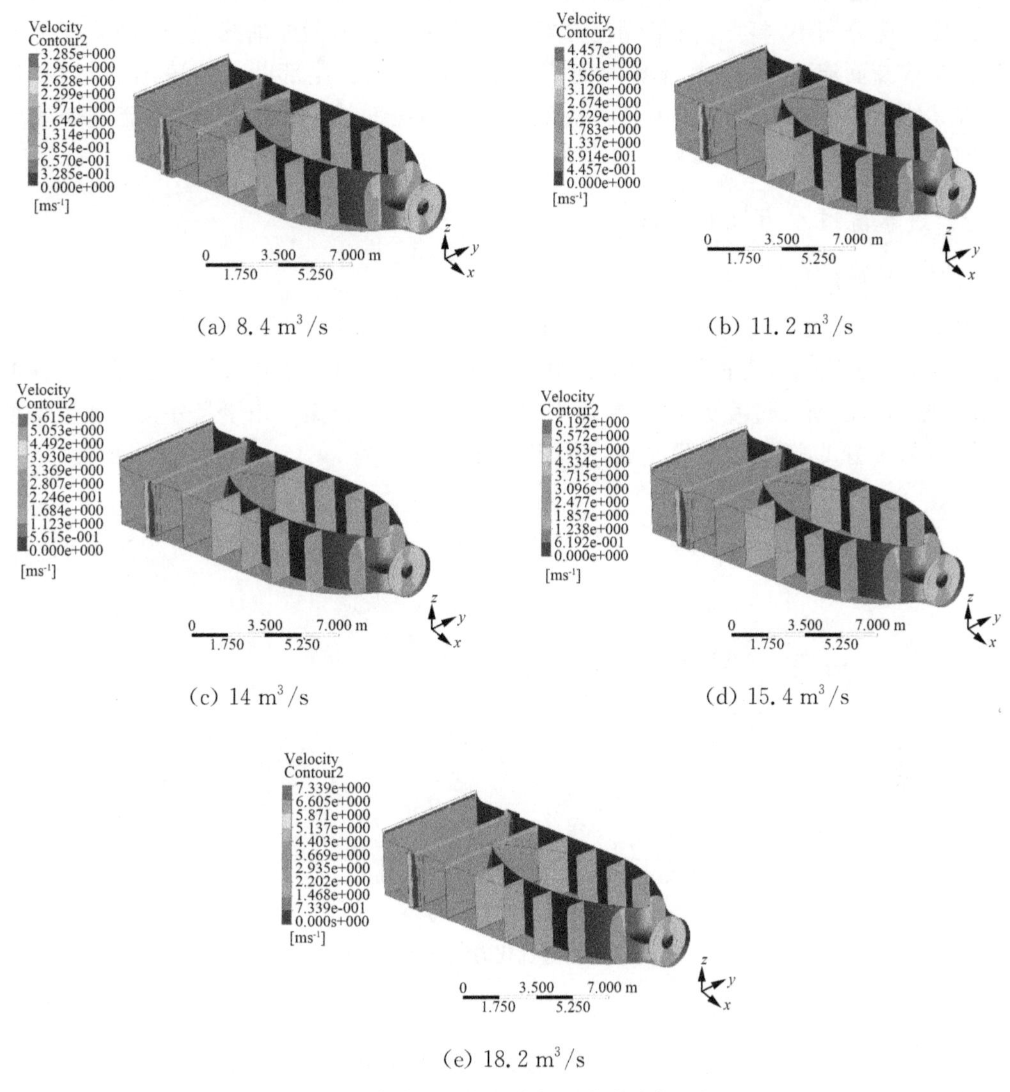

(a) 8.4 m^3/s　(b) 11.2 m^3/s　(c) 14 m^3/s　(d) 15.4 m^3/s　(e) 18.2 m^3/s

图 3　方案 1 进水流道断面流速分布云图

结果表明，五个方案中进水流道内流线均较为平顺，随着流道型线收缩，流道内流速逐渐增大，流道内未发现不良流态。原型方案、优化方案 1 竖井尾部由于圆弧段收缩较快，断面过渡稍剧烈，流速存在一定的突降。优化方案 2 较原型方案、优化方案 1 竖井头部由渐变收缩变为圆弧收缩，断面过渡较剧烈。优化方案 3 较优化方案 2 竖井尾部改为渐缩曲线，可以看出竖井尾部过渡更为均匀，流速分布较均匀。优化方案 4 相较优化方案

3 由于竖井头部也改为渐缩曲线,可以看出竖井头部及尾部过渡更为均匀,流道内流线流速分布更均匀。

计算表明,五个方案中进水流道内竖井段断面流速分布呈左右对称,水流在进入竖井段后的圆环形流道断面后,断面流速上下及左右都对称分布。随着进水流道断面面积减小,流速逐渐增大,进水流道出口断面流速分布较均匀。优化方案 2 竖井头部断面及尾部断面流速分布与原型方案及优化方案 1 相比稍不均匀,进水流道出口断面上下部分出现流速分布不对称。由于优化方案 3 竖井尾部改为渐缩曲线,相比之前三个方案竖井尾部断面流速分布,尾部断面面积减小,流速更大,尾部断面流速出现不均匀。优化方案 4 相较优化方案 3 由于竖井头部也改为渐缩曲线,所以竖井尾部流速变化更加均匀对称。

5.1.2 进水流道水力性能分析

(1) 水力损失

图 4 为不同进水流道优化方案在 8.4 m^3/s、11.2 m^3/s、14 m^3/s、15.4 m^3/s、18.2 m^3/s 流量工况下进水流道水力损失对比图。由图可知,方案 5 由于竖井头部及尾部型线为渐缩曲线型式,所以断面过渡更均匀,流道水力损失也更小。方案 3 由于竖井头部及尾部型线为圆弧曲线型式,断面过渡更剧烈,所以损失最大。

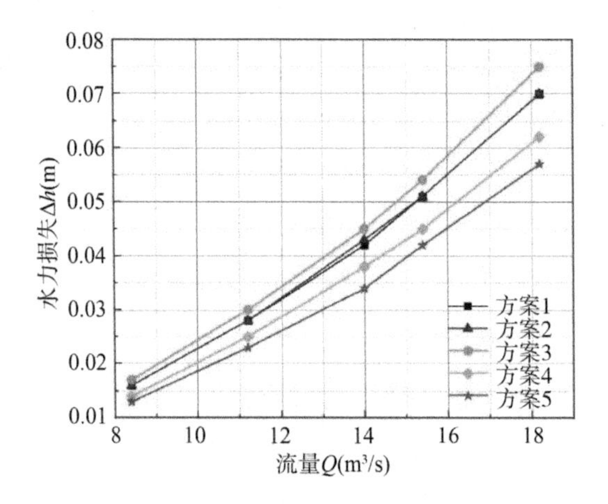

图 4 不同进水流道优化方案水力损失对比图

(2) 轴向速度分布均匀度

根据计算和模拟结果,对比五个不同方案下进水流道出口断面的轴向速度分布均匀度可以发现,五个方案的进水流道出口断面的轴向速度分布均匀度相差不大,其中在设计流量 14 m^3/s 工况下,方案 2 的轴向速度分布均匀度为 93.33%,为五个方案之中最好;方案 1 的轴向速度分布均匀度则相对较差,为 92.86%。

(3) 速度加权平均角

根据计算和模拟结果,对比五个不同方案下进水流道出口断面的速度加权平均角可以发现,五个方案的进水流道出口断面的速度加权平均角相差不大,其中在设计流量工况

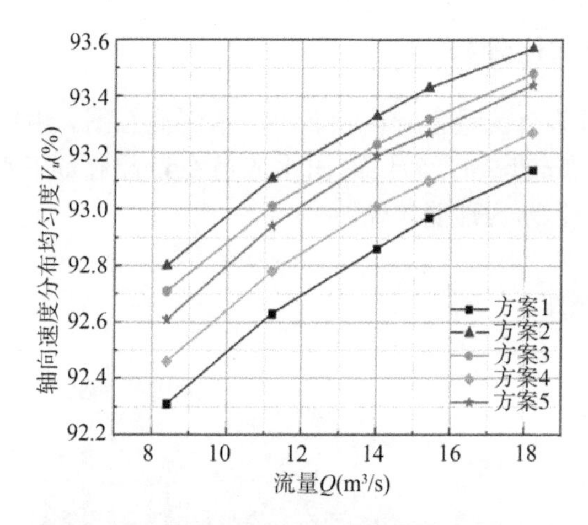

图 5　不同进水流道优化方案出口断面轴向流速分布均匀度对比图

下，方案 1 的速度加权平均角最好，为 87.02°；方案 3 的速度加权平均角相对较差，为 86.78°。主要因为方案 1 中进水流道的竖井长度最长，水流角度调整最好，所以方案 1 的速度加权平均角最优。

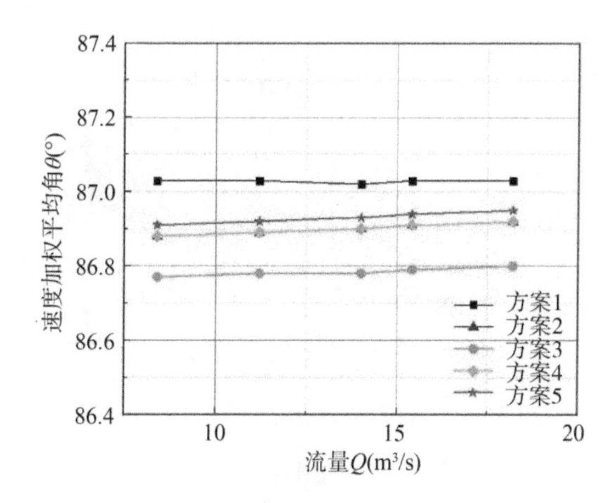

图 6　不同进水流道优化方案出口断面速度加权平均角对比图

综上所述，对比五个不同的进水流道优化方案水力特性可以发现，五个方案的进水流道内部水流流态都较均匀，但对比五个方案的水力损失可以看出，方案 1 的流道水力损失最大，方案 5 的流道水力损失最小，其次是方案 4，主要是因为方案 4 和方案 5 竖井尾部采用渐缩曲线型式，能够较好调整水流流态；对比五个方案的流道出口轴向速度分布均匀度可以看出，方案 2 最优，方案 1 最差；对比五个方案的流道出口速度加权平均角可以看出，方案 1 最优，方案 3 最差，但由于流道内需要安装超声波流量计，所以需要尽可能减小竖井长度对流量计的影响。综合考虑，未带泵工况下，方案 2 和方案 5 中进水流道水力性能更优。

5.2 出水流道水力优化分析

图 7 为出水流道在设计流量 14 m^3/s 下内部水流流态图。由图可知,出水流道内部水流流态较好,速度分布较均匀,经计算,出水流道在设计流量下水力损失为 0.096 m。综上,出水流道型线合理,水力性能较优。

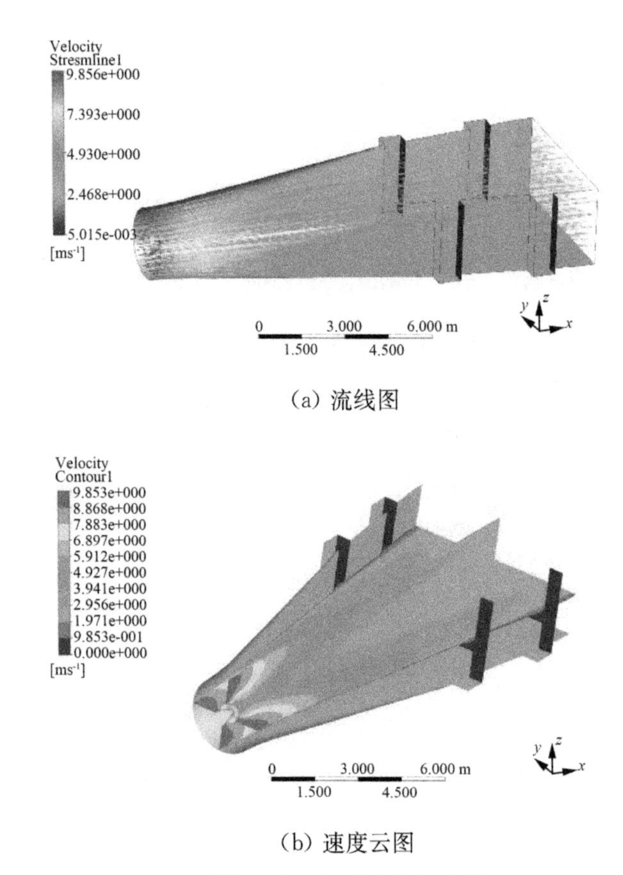

(a) 流线图

(b) 速度云图

图 7 出水流道内部流态图

5.3 泵段能量性能预测

表 3 为各方案下泵站轴流泵段(叶轮进口断面前—导叶出口断面后)的水力性能。对比五个方案,其中方案 2、方案 4 及方案 5 扬程稍高,效率方面方案 1 最优,其次是方案 2。方案 4 及方案 5 由于将竖井尾部改为渐缩曲线,相当于延长了竖井尾部长度,导致叶轮轴功率增大,效率降低。综合考虑泵段性能及超声波流量计安装要求,方案 2 最优。

表 3 设计流量工况下泵段的能量特性

编号	扬程(m)	效率(%)
方案 1	2.03	97.92
方案 2	2.04	93.16

续表

编号	扬程(m)	效率(%)
方案 3	2.03	93.07
方案 4	2.04	78.95
方案 5	2.04	79.39

6　结论与建议

(1) 通过分析方案 2 进水流道平均流速及断面面积变化曲线图,方案 2 断面面积及断面平均流速变化均匀。同时对比不带泵工况下五个进水流道优化方案的水力特性,方案 2 和方案 5 的综合性能较优。综合五个进水流道优化方案下的泵段性能分析,方案 2 综合性能最优,方案 1 效率较高,但是方案 1 竖井长度较长,容易影响超声波流量计测试精度,同时考虑土建,竖井长度可缩短。方案 2 的泵装置设计流量下净扬程及效率满足要求,故推荐方案 2 进水流道型式。

(2) 方案 2 进水流道总体水力性能较好,来流均匀,水力损失较小,流道出口断面轴向速度分布均匀度达 93.33%,出口断面速度加权平均角达 86.90°。

(3) 通过分析原型出水流道平均流速及断面面积变化曲线图,出水流道的断面面积及断面平均流速变化均匀,并且水力损失较小。综合出水流道水力特性来看,原型出水流道水力性能较优,故推荐原型出水流道型式。

(4) 综上,建议进水流道采用方案 2 型式,出水流道采用原型方案。

参考文献

[1] 刘超. 水泵及水泵站[M]. 北京:中国水利水电出版社,2009.

[2] 陈会向,周大庆,张蓝国,等. 基于 CFD 的双向竖井贯流泵装置水力性能数值模拟[J]. 水电能源科学,2013,31(11):183-187.

[3] 周亚军,王铁力,杨建峰,等. 基于 CFD 方法的竖井贯流泵装置进出水流道优化设计[J]. 水利水电技术,2019,50(11):59-66.

[4] 孙衍,李尚红,颜蔚,等. 竖井式贯流泵装置进出水流道优化 CFD[J]. 中国农村水利水电,2018(8):186-189,193.

[5] 陈松山,葛强,严登丰,等. 大型泵站竖井贯流泵装置能量特性试验[J]. 中国农村水利水电,2006(3):54-56.

[6] 颜红勤,蒋红樱,周春峰,等. 卧式泵站直管式出水流道型线变化水力性能数值模拟[J]. 中国农村水利水电,2020(1):188-191,196.

[7] 陆林广. 高性能大型低扬程泵装置优化水力设计[M]. 北京:中国水利水电出版社,2013.

[8] 王福军,唐学林,陈鑫,等. 泵站内部流动分析方法研究进展[J]. 水利学报,2018,49(1):47-61,71.

[9] 陈加琦,苏志敏,王梦成,等.竖井贯流泵装置水力特性的数模分析[J].中国农村水利水电,2018(7):152-157.

[10] LU L G,FENG H M. Optimum hydraulic design for inlet passage of a large pumping station[C]//Proceedings of international conference on pumps and systems,Beijing:1992.

[11] 朱红耕,袁寿其.大型泵站进水流道技术改造优选设计[J].水力发电学报,2006,25(2):51-55.

[12] 关醒凡,商明华,谢卫东,等.后置灯泡式贯流泵装置水力模型[J].排灌机械,2008,26(1):25-28.

[13] 杨雪林,黄毅,陈国标.竖井贯流泵装置流道水力性能分析[J].浙江水利科技,2012(6):49-51,61.

[14] 周春峰,张敬波,焦伟轩,等.竖井对低扬程贯流泵装置性能影响的数值模拟[J].排灌机械工程学报,2021,39(3):231-237.

[15] 中华人民共和国水利部.泵站设计标准:GB 50265—2022[S].北京:中国计划出版社,2022.

基于 A-NSGA-Ⅲ的引江济淮工程(河南段)水资源优化配置研究

陶　洁[1,2],王沛霖[1],王　辉[3],袁建文[4],左其亭[1,2]

(1. 郑州大学水利与交通学院，河南 郑州 450001;2. 河南省水循环模拟与水环境保护国际联合实验室，河南 郑州 450001;3. 河南省引江济淮工程有限公司，河南 郑州 450003;4. 河南省豫东水利保障中心，河南 开封 475000)

摘　要:为优化引江济淮工程(河南段)水资源配置,构建了以经济效益最大、缺水量最小和污染物排放量最小为目标函数的水资源优化配置模型,利用改进的第三代非支配排序遗传算法(A-NSGA-Ⅲ)对模型进行求解,并优选出了 4 种侧重不同目标的水资源优化配置方案进行模拟分析。结果表明:引江济淮水的引入可极大地缓解受水区供需矛盾,规划年 2030 年、2040 年缺水率可分别降至 10.43%、5.47%,并有助于优化供水结构,改善生态环境;经济、社会、生态环境耦合协调度最大的方案 4 为最优方案,方案 4 规划年地下水供水占比分别下降至 53.32%、46.59%;A-NSGA-Ⅲ在解决多目标高维水资源配置问题时具有较好的适用性,优化方案可为引江济淮工程(河南段)水资源调配方案制定提供参考。

关键词:水资源优化配置;耦合协调;A-NSGA-Ⅲ;引江济淮工程河南段

引江济淮工程是沟通长江、淮河两大流域,实现长江下游向淮河中游地区跨流域补水,支撑中部地区崛起的重要战略水源工程。河南段为江水北送分段的一部分,主要通过西淝河向河南省商丘、周口地区供水。受水区是河南省乃至全国人口密度最大、耕地率最高的区域,区域内水资源短缺、地下水超采、水生态环境污染等问题已严重制约其经济社会可持续发展[1-3]。从 20 世纪 80 年代开始,水资源配置一直是水文学及水资源学科的研究热点[4-6]。水资源配置研究也历经了层次性的发展变化,从"就水论水配置""广义水资源配置"到"量质一体化配置",从"以需定供""以供定需"到基于宏观经济、可持续发展的水资源优化配置等[7-8]。模型求解方面,遗传算法[9-10]、模拟退火算法[11-13]、粒子群优化算法[14-15]、布谷鸟算法[16-17]等大量智能优化算法得到应用。上述算法在求解时具有简单、高效的优点,却又存在着仅能针对单一目标函数,参数难以确定导致求解精度不理想等不同缺点。第三代非支配排序遗传算法(NSGA-Ⅲ)能够较好地处理多目标高维问题,但存在过早收敛的问题[18]。为此,改进的 NSGA-Ⅲ(A-NSGA-Ⅲ)引入了自适应机制,利用参考点约束、维持种群的多样性,收敛精度高,提高了 NSGA-Ⅲ求解大规模高维多目标优化问题的能力[19]。

本文以 2020 年为现状水平年,以 2030 年、2040 年为规划水平年,构建以经济、社会和生态环境效益最大化为目标函数的跨流域调水工程水资源优化配置模型，并运用A-NSGA-Ⅲ进行模型求解和方案选择，以期为引江济淮工程(河南段)实现经济、社会与生态环境耦合协同发展与水资源高效利用提供参考。

1 研究区概况

引江济淮工程(河南段)地处淮河流域中上游的豫东地区，属暖温带大陆性季风气候，年均气温14.24～15.8℃，年均降水量723～752 mm，区域内主要有涡河、惠济河、清水河、包河、浍河、沱河等河流，均为典型的平原季节性河流，涉及商丘市的梁园区、睢阳区、永城市、柘城县、夏邑县，周口市的鹿邑县、郸城县、淮阳区和太康县这9个受水区(图1)。根据《引江济淮工程(河南段)初步设计报告》(2019)，受水区多年平均地表水资源量11.63亿 m^3，地下水资源量16.86亿 m^3。2020年受水区总供水量15.67亿 m^3，其中地下水供水量12.68亿 m^3(含矿坑水0.31亿 m^3)，占供水总量的80.94%；地表水供水量2.66亿 m^3，仅占16.95%。多年来受水区水资源及其开发利用主要存在如下问题：①水资源短缺、供需矛盾尖锐。受水区人口密集、耕地率高，受河道季节性影响，范围内蓄引提调工程先天条件不足，有限的引黄调水仅用于农田灌溉，受水区人均水资源量仅为312 m^3，远低于全国平均水平(2 239.8 m^3)。②水污染严重。2020年，受水区21个水功能区97个水质监测断面监测评价结果显示，Ⅰ～Ⅲ类水质断面共27个，Ⅳ～劣Ⅴ类水质断面共70个。③地下水超采严重。据统计，受水区地下水超采面积达10 685 km^2，占受水区总土地面积的88.2%，导致地下水位大幅下降、地面沉降、地下水污染等系列生态环境问题。

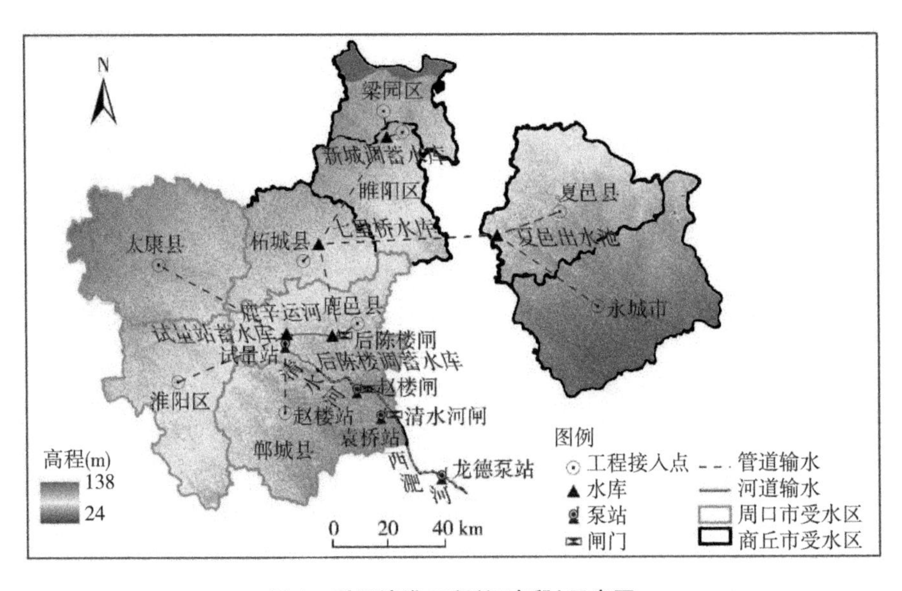

图1 引江济淮工程(河南段)示意图

水利部行政许可文件《引江济淮工程(河南段)初步设计报告准予行政许可决定书》(水许可决〔2019〕38号)许可引江济淮工程向试量站断面供水,2030年年均分配水量为5.00亿m^3,2040年为6.34亿m^3;工程建设任务为以城乡供水为主,兼顾改善水生态环境。供水系统水源除引江济淮调水外,还包括当地地表水(含引黄调水)、地下水(含永城市的矿坑排水)和中水,其中供水工程有中小型蓄水工程、引水工程、拦河闸、引黄灌区和井灌区工程等。蓄水工程现状供水能力0.22亿m^3,设计供水能力0.84亿m^3;引提水工程现状供水能力3.12亿m^3,设计供水能力为6.65亿m^3;多年平均浅层地下水资源可开采量为13.67亿m^3。

2　水资源优化配置模型

2.1　基本原则

(1) 贯彻“山水林田湖草生命共同体”理念,优先保证各区域生态环境用水。

(2) 供水水源配置次序:引江济淮水、当地地表水(包括已经分配好的供给当地的引黄调水)、浅层地下水、中水。考虑到受水区地下水超采严重、地下水漏斗问题,规划年全面禁采深层地下水,只将其作为备用水源。

(3) 引江济淮水源配置用水次序:生活、工业、生态环境;当地水配置用水次序:生活、农业、工业、生态环境。

(4) 考虑到中水的水质和供水成本因素,主要将其用于煤电、工业园区等大用水企业、市政杂用水和生态环境用水等。浅层地下水主要用于农业灌溉及少量乡镇工业用水。

2.2　目标函数

受水区供水水源分为独立水源和公共水源,其中独立水源包括当地地表水、浅层地下水和中水,分别用$i=1,2,3$表示;公共水源仅有引江济淮水,用$c=1$表示。受水区9个区(县),分别用$k=1,2,\cdots,9$表示。用水部门分为生活、工业、农业、生态环境,分别用$j=1,2,3,4$表示。

(1) 以受水区供水效益最大为经济目标,目标函数为

$$\max f_1(x)=\sum_{k=1}^{9}\sum_{j=1}^{4}\left[\sum_{i=1}^{3}(b_{ijk}-e_{ijk})x_{ijk}\gamma_k\chi_{ijk}+(b_{cjk}-e_{cjk})x_{cjk}\gamma_k\chi_{cjk}\right] \tag{1}$$

其中,$\gamma_k=\dfrac{1+p_{k\max}-p_k}{\sum\limits_{j=1}^{4}(1+p_{k\max}-p_k)}$

$$\chi_{ijk}=\frac{1+q_{ik\max}-q_{ijk}}{\sum\limits_{i=1}^{3}(1+q_{ik\max}-q_{ijk})}$$

$$\chi_{cjk}=\frac{1+q_{ck\max}-q_{cjk}}{\sum\limits_{i=1}^{3}(1+q_{ck\max}-q_{cjk})}$$

式中：x_{ijk}、x_{cjk} 分别为独立水源 i、公共水源 c 对 k 受水区 j 用水部门的供水量，万 m^3；b_{ijk}、b_{cjk} 分别为独立水源 i、公共水源 c 向 k 受水区 j 用水部门的单位供水的效益系数，元/m^3；e_{ijk}、e_{cjk} 分别为独立水源 i、公共水源 c 向 k 受水区 j 用水部门的单位供水的费用系数，元/m^3；γ_k 为 k 受水区各个水源的供水次序系数；$p_{k\max}$ 为 k 受水区水源供水次序序号的最大值；p_k 为 k 受水区各个水源的供水次序序号；χ_{ijk}、χ_{cjk} 分别为独立水源 i、公共水源 c 向 k 受水区 j 用水部门的配水优先系数；$q_{ik\max}$、$q_{ck\max}$ 为独立水源 i、公共水源 c 向 k 受水区 j 用水部门供水次序序号的最大值；q_{ijk}、q_{cjk} 分别为独立水源 i、公共水源 c 向 k 受水区 j 用水部门的供水次序序号。

(2) 以缺水量最小为社会目标，目标函数为

$$\min f_2(x)=\sum_{k=1}^{9}\sum_{j=1}^{4}\left(D_{jk}-\sum_{i=1}^{3}x_{ijk}-x_{cjk}\right) \tag{2}$$

式中：D_{jk} 为 k 受水区 j 用水部门的需水量，万 m^3，包括生活需水量、工业需水量、农业需水量和生态环境需水量。

(3) 以污染物排放量最小为生态环境目标，选取污水中主要污染物化学需氧量(COD)为评价其生态环境效益的主要因子，目标函数为

$$\min f_3(x)=\sum_{k=1}^{9}\sum_{j=1}^{4}0.01\rho_{jk}h_{jk}\left(\sum_{i}^{3}x_{ijk}+x_{cjk}\right) \tag{3}$$

式中：ρ_{jk} 为 k 受水区 j 用水部门单位污水排放量中 COD 的质量浓度，mg/L；h_{jk} 为 k 受水区 j 用水部门的污水排放系数。

2.3 约束条件

(1) 用水部门需水量约束

$$D_{jk\min}\leqslant\sum_{i=1}^{3}x_{ijk}+x_{cjk}\leqslant D_{jk\max} \tag{4}$$

式中：$D_{jk\min}$、$D_{jk\max}$ 分别为 k 受水区 j 用水部门的最低需水量和额定需水量，万 m^3，最低需水量的确定以满足部门最低需水保证率而定。

(2) 供水系统的供水能力约束。独立水源和公共水源约束分别为

$$\sum_{j=1}^{4}x_{ijk}\leqslant D_{ik} \tag{5}$$

$$\sum_{k=1}^{9}\sum_{j=1}^{4}x_{cjk}\leqslant W_c \tag{6}$$

式中：D_{ik} 为 k 受水区独立水源最大供水能力，万 m^3；W_c 为公共水源 c 的可供水量，万 m^3。

(3) 排水系统的水质约束

$$\sum_{k=1}^{9}\sum_{j=1}^{4}0.01\rho_{jk}h_{jk}\left(\sum_{i=1}^{3}x_{ijk}+x_{cjk}\right)\leqslant W_0 \tag{7}$$

式中：W_0 为污染物允许排放量，万 t/a。

（4）非负约束

$$x_{ijk} \geqslant 0 \tag{8}$$

$$x_{cjk} \geqslant 0 \tag{9}$$

3　参数确定和方案优选

3.1　参数确定

3.1.1　效益系数和费用系数

工业、农业用水的效益系数分别由工农业生产总值与相应用水量确定[20]。生活用水的效益系数根据优先保障居民生活用水的原则，充分考虑受水区过去和现阶段经济社会发展状况确定；生态环境用水与生活用水净效益系数取值相同[18]。由此计算出规划年 2030 年生活、工业、农业、生态环境的用水效益系数分别为 600.00、567.23、61.86、599.12 元/m^3，2040 年分别为 700.00、670.21、83.22、699.00 元/m^3；用水费用系数依据商丘市、周口市水费征收标准，最终确定 2030 年生活、工业、农业、生态环境的用水费用系数分别为 2.68、0.47、3.25、1.80 元/m^3，2040 年在现状基础上取整，分别为 3、1、4、2 元/m^3。

3.1.2　水源供水次序及用水部门配水优先系数

基于优化区域用水结构，保障区域经济社会可持续发展的总体目标，计算得各供水水源的供水次序系数分别为引江济淮水 0.4，当地地表水 0.3，浅层地下水 0.2，中水 0.1。受水区当地水源、引江济淮水源的生活、工业、农业、生态环境 4 个用水部门的配水优先系数分别为：对于当地水源，生活 0.4，农业 0.3，工业 0.2，生态环境 0.1；对于引江济淮水源，生活 0.5，工业 0.33，生态环境 0.17。

3.1.3　污染物排放质量浓度、污水排放系数、污染物允许排放量

根据近年来受水区城镇生活、工业和农业的用水与排水比例来确定污水排放系数。以污染物 COD 为主要水质指标，根据受水区污水排放状况，确定规划年生活废水中的 COD 排放质量浓度为 398 mg/L，污水排放系数为 0.5；工业污水中的 COD 排放质量浓度为 500 mg/L，污水排放系数为 0.8；梁园区、睢阳区、永城市、柘城县、夏邑县的农业污水中的 COD 排放质量浓度为 329 mg/L，污水排放系数为 0.2，而其余 4 个区（县）（郸城县、鹿邑县、太康县、淮阳区）农业污水中的 COD 排放质量浓度为 210.73 mg/L，污水排放系数为 0.2。污染物允许排放量综合考虑受水区污水处理工艺、水质管理目标和水域纳污能力等因素加以确定[18]。

3.2　方案优选

利用 A-NSGA-Ⅲ对模型求解，A-NSGA-Ⅲ流程可参考相关文献[21]。在求解多目标优化

问题时,由于每个目标函数达到最优解时所对应的非劣解不同,本文选取4种侧重于不同目标的方案供决策选择:方案1以受水区经济效益最高为目标,方案2以受水区缺水量最小为目标,方案3侧重于生态环境效益,方案4围绕受水区水资源可持续发展的目标,采用耦合协调度模型进行综合协调进而得到最优解。耦合协调度的计算公式[22-23]如下。

$$U=\sqrt{CT} \tag{10}$$

其中,

$$C=\frac{3\sqrt[3]{f_1(x)f_2(x)f_3(x)}}{f_1(x)+f_2(x)+f_3(x)}$$

$$T=af_1(x)+bf_2(x)+cf_3(x)$$

式中:C为耦合度;$f_1(x)$、$f_2(x)$、$f_3(x)$分别为经济发展、缺水量和生态环境3个目标函数的综合得分;T为$f_1(x)$、$f_2(x)$、$f_3(x)$3个目标函数的综合评价指数;U为耦合协调度;a、b、c为3个目标函数的权系数,本文取$a=b=c=1/3$。

4 结果与分析

4.1 供需平衡分析

依据《河南省国民经济和社会发展第十四个五年规划和二〇三五年远景目标纲要》《商丘市国民经济和社会发展第十四个五年规划和二〇三五年远景目标纲要》《周口市城市总体规划(2016—2030年)》及各个县区发展规划等资料,结合河南省地方标准《工业与城镇生活用水定额》(DB41/T 385—2020)、《农业与农村生活用水定额》(DB41/T 958—2020),立足2010—2020年社会经济发展和用水情况,采用定额法,对基准年、2030年和2040年引江济淮工程(河南段)受水区生活、工业、农业及生态环境进行需水量预测。基于现状情况下水利工程设施、水资源的开发利用程度和开发潜力,综合考虑《引江济淮工程(河南段)初步设计报告》成果,分别开展地表水、地下水、其他水源的可供水量预测。基于供需预测结果开展供需平衡分析,其中未考虑引江济淮工程(河南段)引水方案下的受水区多年平均供需平衡分析成果见表1。由表1可知,基准年2020年受水区多年平均总需水量为22.54亿m^3,未引入引江济淮水年平均总供水量为15.59亿m^3,缺水量为6.95亿m^3,缺水率达到30.82%,当地水源供水量已不能满足各行各业的水资源需求。规划年2030年、2040年多年平均总需水量分别为25.75亿m^3、27.93亿m^3,总供水量为18.07亿m^3、20.06亿m^3,缺水率达到29.83%、28.18%。引江济淮水引入后,缺水率分别降低至10.43%、5.47%。

4.2 水资源优化配置方案

运用A-NSGA-Ⅲ求解多目标优化模型,设置种群规模为200,迭代1 000次后得到帕累托最优解,选取的4种侧重于不同目标的方案见表2,各个方案的经济、社会和生态环境目标效益见表3。由表2和表3可知，在规划水平年2030年、2040年，受水区在方案1下经济效益可得到最大程度发展，但缺水程度也较大，且污染物COD排放量最多；在方案2下，受水区缺水量最小，但依然存在COD排放量较大的问题；在方案3下，受水区COD排放量最低，但经济效益较方案1分别减少29.24亿元、21.73亿元，且缺水量最大，社会效益得不到满足；方案4以耦合协调度最大为目标，缺水量最低，且在经济与生态环境目标上表现良好，达到经济、社会与生态环境协同发展的耦合协调。因此，以方案4为最优方案，具体分配方案见表4、表5。

表1　未考虑引江济淮工程情况下基准年、规划年受水区供需平衡分析　单位：万 m^3

受水区	2020年			2030年			2040年		
	可供水量	需水量	缺水量	可供水量	需水量	缺水量	可供水量	需水量	缺水量
郸城县	19 629	25 925	6 296	24 472	29 234	4 762	25 878	31 107	5 229
淮阳区	18 484	25 185	6 701	22 978	27 563	4 585	24 396	29 174	4 778
太康县	25 864	27 669	1 805	29 263	31 605	2 342	31 046	33 830	2 784
梁园区	12 168	13 513	1 345	19 206	29 598	10 392	21 397	33 542	12 145
睢阳区	12 113	19 168	7 055	12 978	16 093	3 115	15 864	18 153	2 289
柘城县	11 233	21 462	10 229	13 580	22 261	8 681	15 919	23 745	7 826
夏邑县	14 172	28 724	14 552	13 448	23 614	10 166	15 098	25 027	9 929
永城市	25 789	38 757	12 968	16 663	30 686	14 023	18 867	32 250	13 383
鹿邑县	16 462	24 969	8 508	28 083	46 878	18 795	32 134	52 440	20 306
合计	155 914	225 372	69 459	180 671	257 532	76 861	200 599	279 268	78 669

表2　4种侧重于不同目标的水资源优化配置方案　单位：万 m^3

方案	供水水源	供水量							
		2030年				2040年			
		生活	工业	农业	生态环境	生活	工业	农业	生态环境
1	地表水	16 220.12	6 244.93	20 281.23	2 842.96	18 826.96	6 434.85	23 601.56	3 692.00
	地下水	0	3 405.28	119 584.72	0	0	0	120 094.5	0
	中水	0	7 585.49	0	4 506.68	0	0	0	4 476.08
	引江济淮	24 966.34	22 774.33	0	2 256.37	36 056.93	34 478.30	0	3 027.04
2	地表水	10 574.02	17 215.66	14 705.58	3 093.46	17 244.34	12 939.64	20 323.05	2 046.07
	地下水	0	2 317.19	120 672.81	0	0	2 700.59	120 289.41	0
	中水	0	6 845.18	0	5 245.82	0	17 359.20	0	7 697.86
	引江济淮	30 698.46	17 987.84	0	1 317.47	36 056.93	25 917.45	0	1 426.41
3	地表水	13 246.29	10 596.84	18 019.89	3 725.73	17 535.21	10 224.02	21 652.53	3 142.79
	地下水	0	3 242.15	119 747.85	0	0	2 282.59	120 707.41	0
	中水	0	7 804.29	0	4 292.73	0	21 124.31	0	3 931.06
	引江济淮	27 962.93	20 427.17	0	1 608.61	35 744.52	23 554.88	0	4 100.82

续表

方案	供水水源	供水量							
		2030 年				2040 年			
		生活	工业	农业	生态环境	生活	工业	农业	生态环境
4	地表水	17 162.63	5 066.06	21 513.38	1 847.22	17 590.63	6 791.21	24 213.70	3 958.42
	地下水	0	3 136.00	119 854.00	0	0	3 305.94	119 684.06	0
	中水	0	7 585.21	0	4 508.16	0	20 381.30	0	4 674.27
	引江济淮	23 858.89	22 858.26	0	3 281.88	35 700.13	25 158.54	0	2 541.52

表 3　不同水资源优化配置方案下经济、社会和生态环境效益

方案	2030 年			2040 年		
	经济效益(亿元)	缺水量(万 m^3)	COD 排放量(t)	经济效益(亿元)	缺水量(万 m^3)	COD 排放量(t)
1	688.46	27 005.40	316.65	1 487.03	15 306.60	401.00
2	676.52	26 860.26	308.35	1 471.75	15 266.68	394.77
3	659.22	27 270.89	295.80	1 465.30	15 327.11	389.24
4	669.83	26 860.26	303.57	1 472.72	15 266.68	393.65

表 4　规划年 2030 年引江济淮工程(河南段)水资源最优配置方案　单位:万 m^3

受水区	分水源供水量					分用户配置水量				
	地表水	地下水	中水	引江济淮	合计	生活	工业	农业	生态	合计
郸城县	6 100	17 259	1 113	3 908	28 380	4 400	3 913	19 716	351	28 380
淮阳区	6 489	15 544	946	4 037	27 016	4 187	3 270	18 011	1 548	27 016
太康县	6 213	21 687	1 358	2 016	31 274	4 831	5 267	20 098	1 078	31 274
鹿邑县	3 882	13 916	1 409	7 396	26 603	4 500	5 534	15 987	582	26 603
梁园区	5 994	6 065	923	1 475	14 457	3 503	3 104	6 681	1 169	14 457
睢阳区	5 156	7 252	1 172	6 215	19 795	4 466	3 549	10 915	864	19 794
柘城县	3 234	9 307	906	5 343	18 790	3 737	2 801	11 464	788	18 790
夏邑县	3 790	11 855	1 018	6 609	23 272	4 506	2 658	15 561	547	23 272
永城市	4 730	20 105	3 248	13 001	41 084	7 081	10 640	20 666	2 697	41 084
合计	45 588	122 990	12 093	50 000	230 671	41 211	40 736	139 099	9 624	230 670

表 5　规划年 2040 年引江济淮工程(河南段)水资源最优配置方案　单位:万 m^3

受水区	分水源供水量					分用户配置水量				
	地表水	地下水	中水	引江济淮	合计	生活	工业	农业	生态	合计
郸城县	6 266	17 259	2 354	3 367	29 246	5 802	5 312	17 687	446	29 247
淮阳区	6 838	15 542	2 015	3 946	28 341	5 583	3 416	17 554	1 787	28 340
太康县	6 563	21 687	2 796	2 165	33 211	6 284	6 193	19 487	1 248	33 212

续表

受水区	分水源供水量					分用户配置水量				
	地表水	地下水	中水	引江济淮	合计	生活	工业	农业	生态	合计
鹿邑县	4 262	13 916	3 220	11 020	32 418	5 761	9 134	16 672	851	32 418
梁园区	7 807	6 067	1 990	1 856	17 720	4 538	3 917	7 997	1 268	17 720
睢阳区	6 378	7 252	2 289	6 793	22 712	5 778	4 914	11 063	958	22 713
柘城县	3 908	9 307	1 882	7 500	22 597	4 713	4 060	12 905	919	22 597
夏邑县	4 870	11 855	2 142	7 325	26 192	5 822	4 178	15 552	640	26 192
永城市	5 663	20 105	6 367	19 429	51 564	8 999	15 720	23 787	3 059	51 565
合计	52 555	122 990	25 055	63 401	264 001	53 280	56 844	142 704	11 176	264 004

4.3　最优配置结果分析

4.3.1　受水区缺水率分析

引江济淮工程河南段不同水平年各受水区缺水状况如图 2 所示，引江济淮水引入后，2030 年受水区多年平均缺水率为 10.43%，其中夏邑县、柘城县缺水率相对较高，分别为 24.16%、20.43%，其次是永城市、睢阳区、梁园区和鹿邑县，缺水率均在 12%左右，其余区(县)缺水率均在 3%以内。2040 年受水区多年平均缺水率较 2030 年降低 4.96%，除了夏邑县的缺水率达到 18.78%外，其余区(县)缺水率均在 10%以内，供需矛盾得到缓解。缺水主要集中在农业上，其次是工业。受水区作为重要的粮食产区，承担着粮食增产的重任。在现状情况下，生活用水和工业用水严重挤占了农业用水，引江济淮水的引入可以返还被挤占的部分农业用水，提高农业用水保障能力，但缺水问题仍然不可忽视，2030 年、2040 年多年平均农业缺水量分别为 20 694 万 m^3、12 023 万 m^3，分别占总缺水量的 77.06%、78.41%。除了太康县，其余区(县)分配至农业的水量均未满足农业需水要求，夏邑县农业缺水率最高，不同规划年分别达到 30.11%、27.77%。

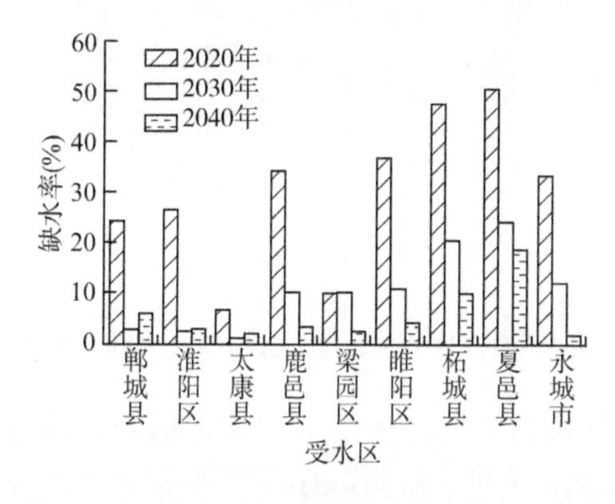

图 2　引江济淮工程(河南段)受水区缺水状况

综上分析,受水区未来应充分落实《河南省水利发展"十三五"规划》,继续完善与水土资源条件和现代农业发展要求相适应的节水灌溉体系,统筹协调发展农业与水环境,改善农村水生态环境。同时需要加快发展工业节水技术,提高工业用水利用率,提高水资源承载能力。

4.3.2 供用水结构优化分析

从供给侧来看,现状年2020年河南段受水区地表水、地下水、中水实际供水占比分别为16.95%、80.94%、2.11%。引江济淮水引入后,2030年上述水源供水占比分别为19.76%、53.32%、5.24%,2040年供水占比分别为19.91%、46.59%、9.49%。可见,新增了引江济淮水后,地下水供水占比显著降低,地表水和中水回用供水比例有所提升,供水结构优化明显。其中,太康县地下水供水占比最高(占69.34%),地下水源在满足农业用水要求时,仍可供给少量乡镇工业部门。

从需求侧来看,现状年2020年河南段受水区实际生活、工业、农业、生态环境用水占比分别为17.59%、14.22%、63.51%、4.68%;最优配置方案下,规划年2030年生活、工业、农业、生态环境用水占比分别为17.81%、18.19%、60.10%、3.90%,2040年用水占比分别为20.08%、22.17%、53.79%、3.96%。由于受水区经济快速发展,生活、工业等刚性部门用水占比呈现出增加趋势,而农业由于节水的推广,用水占比呈减少趋势,但依然是用水比例最高的部门。预计社会经济发展将使农业和工业用水部门保持规划年最大用水部门的地位,其次是生活用水和生态环境用水部门。各受水区中,永城市的水量分配最大,梁园区最小,这是因为永城市作为一座新型能源工业城市,工业需水量较大;而梁园区的农业耕地面积相对其他区(县)来说较少,农业相对不发达,导致农业需水量最小。引江济淮工程(河南段)受水区用水结构见图3。

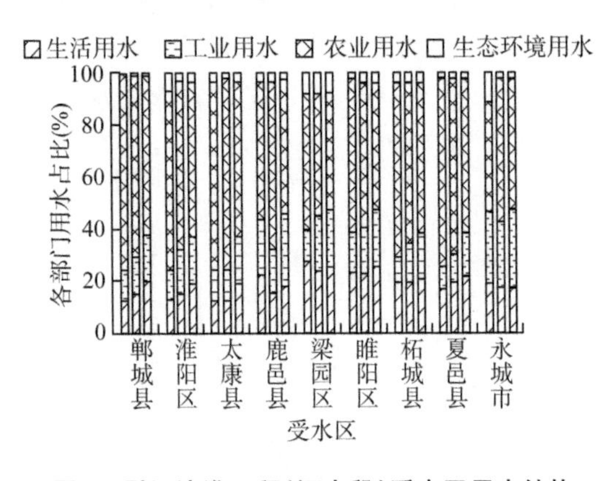

图3 引江济淮工程(河南段)受水区用水结构

上述对供用水结构优化的分析,为引江济淮河南段产业结构改革提供一定的参考依据。引江济淮水的引入,优化了供水结构,通过禁用深层地下水,遏制了地下水的开采,使得生态环境得到改善。未来应落实"四水四定"原则,统筹城乡、工业、农业与生态环境用水,从供给侧和需求侧全方位推进结构改革。

5　结论

(1) 利用 A-NSGA-Ⅲ对引江济淮工程河南段经济、社会、生态多目标水资源优化配置模型进行求解，基于生成的帕累托最优解设置 4 种侧重于不同目标的方案以供决策选择，最终确定经济、社会、生态环境耦合协调度最大的方案 4 为最优方案。

(2) 引江济淮水的引入可极大地缓解受水区供需矛盾，优化供水结构，改善生态环境。规划年 2030 年、2040 年受水区地下水供水占比明显降低，缺水率分别降至 10.43%、5.47%，其中农业部门缺水量最大，不同规划年分别占总缺水量的 77.06%、78.41%。受水区是全国重要的粮食产区，农业还存在一定的节水潜力，可以从调整农业种植结构、加强灌区工程节水配套改造、改善耕作方式等方面进行节水。

(3) A-NSGA-Ⅲ在解决多目标高维水资源配置问题时具有较好的适用性，优化方案可为引江济淮工程河南段水资源调配方案制定提供参考。本文仅考虑了受水区多年平均下的水资源配置，在数据充足的情况下，有必要进一步开展平、枯水年情景下的精细化配置。同时，可运用其他求解方法进行研究并对其性能进行对比分析，进一步验证方法的适用性和有效性。

参考文献

[1] 左其亭，赵衡，马军霞. 水资源与经济社会和谐平衡研究[J]. 水利学报，2014，45(7)：785-792，800.

[2] 李友光，袁榆梁，李卓成，等. 基于能值水生态足迹的河南省水资源可持续利用评价[J]. 人民黄河，2022，44(6)：100-104，162.

[3] 焦士兴，王安周，张崇崇，等. 河南省水资源效率综合测度及时空分异[J]. 水资源保护，2022，38(2)：48-55.

[4] 田进宽，郭佳航，左其亭，等. 沙颍河流域水资源配置思路与计算模型[J]. 水资源保护，2022，38(2)：62-67.

[5] 姜秋香，何晓龙，王子龙，等. 基于区间多阶段随机规划的水资源优化配置模型及应用[J]. 水利水电科技进展，2022，42(6)：1-7.

[6] 姜秋香，曹璐，王子龙，等. 基于 CVaR-TSP 的黑龙江城市水资源配置及风险管理[J]. 水利水电科技进展，2022，42(1)：40-46.

[7] 王浩，游进军. 水资源合理配置研究历程与进展[J]. 水利学报，2008，39(10)：1168-1175.

[8] 赵勇，裴源生，王建华. 水资源合理配置研究进展[J]. 水利水电科技进展，2009，29(3)：78-84.

[9] 李琳，吴鑫淼，郄志红. 基于改进 NSGA-Ⅱ算法的水资源优化配置研究[J]. 水电能源科学，2015，33(4)：34-37.

[10] 陈南祥，李跃鹏，徐晨光. 基于多目标遗传算法的水资源优化配置[J]. 水利学报，2006，37(3)：308-313.

[11] 杜佰林,张建丰,高泽海,等.基于模拟退火粒子群算法的水资源优化配置[J].排灌机械工程学报,2021,39(3):292-299.

[12] LI X, MA X D. An improved simulated annealing algorithm for interactive multi-objective land resource spatial allocation [J]. Ecological Complexity, 2018, 36:184-195.

[13] WANG Z P,TIAN J C,FENG K P. Optimal allocation of regional water resources based on simulated annealing particle swarm optimization algorithm [J]. Energy Reports,2022, 8:9119-9126.

[14] ZARGHAMI M, HAJYKAZEMIAN H. Urban water resources planning by using a modified particle swarm optimization algorithm [J]. Resources, Conservation and Recycling,2013,70:1-8.

[15] 王文君,方国华,李媛,等.基于改进多目标粒子群算法的平原坡水区水资源优化调度[J].水资源保护,2022,38(2):91-96,127.

[16] 王钰娟,罗健,薛晴,等.基于混沌高斯扰动布谷鸟算法的水资源优化配置[J].水电能源科学,2021,39(9):45-49.

[17] 陆晓,吴云,杨侃,等.基于改进多目标布谷鸟算法的水资源配置研究[J].中国农村水利水电,2020(4):56-60.

[18] 王一杰,王发信,王振龙,等.基于NSGA-Ⅲ的水资源多目标优化配置研究——以安徽省泗县为例[J].人民长江,2021,52(5):73-77,85.

[19] CHENG Q, DU B, ZHANG L P, et al. ANSGA-Ⅲ:a multiobjective endmember extraction algorithm for hyperspectral images[J]. IEEE Journal of Selected Topics in Applied Earth Observations and Remote Sensing,2019,12(2):700-721.

[20] 李建美,田军仓. NSGA-Ⅲ算法在水资源多目标优化配置中的应用[J].水电能源科学,2021,39(2):22-26,81.

[21] JAIN H, DEB K. An evolutionary many-objective optimization algorithm using reference-point based nondominated sorting approach, Part Ⅱ: handling constraints and extending to an adaptive approach [J]. IEEE Transactions on Evolutionary Computation, 2014, 18(4):602-622.

[22] 姜磊,柏玲,吴玉鸣.中国省域经济、资源与环境协调分析——兼论三系统耦合公式及其扩展形式[J].自然资源学报,2017,32(5):788-799.

[23] 赵晨光,马军霞,左其亭,等.黄河河南段资源-生态-经济和谐发展水平及耦合协调分析[J].南水北调与水利科技(中英文),2022,20(4):660-669,747.

基于改进 MULTIMOORA 方法的 PCCP 焊接工艺参数优选

郭 磊[1,2,3],李思豪[1],郭利霞[1,2,3],王 军[4],陈平平[1],朱建涛[5]

(1. 华北水利水电大学,河南 郑州 450046;2. 河南水谷研究院,河南 郑州 450046;
3. 河南省水环境模拟与治理重点实验室,河南 郑州 450002;4. 河南省富臣管业有限公司,河南 新乡 453400;5. 河南省范县水利局,河南 濮阳 457500)

摘 要:焊接作为预应力钢筒混凝土管(prestressed concrete cylinder pipe, PCCP)钢筒加工的主要技术,焊接工艺控制参数直接影响焊缝质量,进而影响 PCCP 应用性能。故确定 PCCP 钢筒最优焊接工艺参数尤为重要,基于现场采集数据和改进 MULTIMOORA 方法,以焊缝特征指标为评价依据,对螺旋焊接工艺进行综合优选。首先获取并整理各指标数据,将各指标转化为多属性决策问题,通过评价指标数据,定义权重因子用来分配优先级、量化指标,根据优化原则对方案进行排序,过程采用 OWA 算子和熵权法消除主观评价值中极端值影响,得到指标综合权重,进行决策排序优选,最后利用占优理论对焊接控制工艺技术参数进行最终评价。结果表明,PCCP 钢筒最优焊接工艺参数为焊接电流 340 A、电弧电压 24 V、焊接速度 10.81 mm/s,以期为 PCCP 钢筒焊接工艺提供技术参考。

创新点:考虑多属性客观因素进行焊接工艺参数综合评价优选

关键词:预应力钢筒混凝土管;焊接工艺参数;焊缝质量;MULTIMOORA 方法

0 引言

近年来,随着国内跨流域调水工程的大规模发展,高水压、长距离输水工程问题突显,预应力钢筒混凝土管(prestressed concrete cylinder pipe, PCCP)以其高性能和相对较低成本已经得到广泛应用,其中包括中国南水北调工程和利比亚大人工河输水工程等水利工程。PCCP 质量安全直接关系水利工程能否长久安全稳定输水,钢筒作为 PCCP 的重要组成部分,如因钢筒焊缝质量问题发生高压水流渗透,将直接威胁 PCCP 应用安全,引起“爆管”事件产生[1-4],因此对 PCCP 钢筒加工技术提出了更高的要求,要求焊缝具有良好的质量,避免出现裂缝。

据统计,因 PCCP 钢筒焊缝出现裂缝而导致其失效,是 PCCP 工程失事的主要原因之一[5],为了避免这种情况发生,要进一步重点研究 PCCP 钢筒焊缝质量以及焊接工艺控制参数[6-8]。史亚贝[9]研究了激光焊接工艺参数对 AM80 镁合金焊接热裂倾向及接头抗拉强度的影响,结果表明,焊接工艺参数是影响产品质量最主要的因素。陈云霞等人[10]以焊缝宏观形貌、微观组织等为评价依据通过正交试验优选 CMT 搭接焊焊接工艺参数。结果表明,在焊接电流 40~60 A、焊接速度 36~41 cm/min 的条件下,能得到各项性能良好的焊接接头。张玉等人[11]以管道焊缝双裂纹的有限元模型为研究对象,建立了更为合理的评价模型。李志林等人[12]研究不同焊接工艺对奥氏体型及双相型不锈钢角焊缝力学性能的影响,结果表明氩弧焊试件表现出了更好的力学性能。王龙等人[13]采用实心焊丝气体保护焊与药芯焊丝气体保护焊组合的焊接方法对焊接工艺进行宏观、微观试验研究,并制订了适合于双面不锈钢复合板的焊接工艺。通过上述文献可知,焊缝工艺参数优选对于延长结构物的使用寿命具有重要意义,但目前对不同焊接方式的工艺优选研究大多基于数值模拟手段或宏微观测试结果进行主观评估选取,而以评价模型为手段,以焊缝工艺参数和质量指标为对象进行综合评价选取最优工艺的研究较少。

现有的评价方法如 GA-BP 神经网络、主观法赋值指标权重、熵权法及层次分析法多为单因素评价,或主观性较强。为了对焊缝工艺控制参数进行合理评价,提出改进 MULTIMOORA 方法[14-19]对实测焊接参数与焊缝质量特征指标进行多因素决策客观评价,以引江济淮(河南段)PCCP 管钢筒焊缝为研究对象,以期为 PCCP 钢筒制造提出最优焊接工艺控制参数。

1 基本方法

1.1 决策表征集

根据《埋弧焊焊缝坡口的基本形式与尺寸》标准,螺旋焊缝应满足避免出现裂缝和质量耐久性等设计要求,针对螺旋焊缝控制技术工艺,选取钢筒质量决策表征指标为焊缝宽度、焊缝高度及咬边深度。采用向量归一法[20]对数据标准化处理。首先建立所选取的数据指标集 $A=\{a_1,a_2,\cdots,a_m\}$ 和所选取方案集 $C=\{c_1,c_2,\cdots,c_n\}$,初始矩阵 $\mathbf{V}=[v_{ij}]$,v_{ij} 代表 a_i 指标下 c_j 方案的评价值($i=1,2,\cdots,\mathrm{m}$; $j=1,2,\cdots,n$),对 $\mathbf{V}$ 进行标准化,得到标准化矩阵 $\mathbf{V}^*=[v_{ij}^*]$ 。

$$v_{ij}^*=\frac{v_{ij}}{\sqrt{\sum_{j=1}^{n}v_{ij}^2}} \tag{1}$$

1.2 确定权重

1.2.1 OWA 算子理论

有序加权平均(ordered weighted averaging, OWA)算子理论多用于多水平决策问题,是一种通过主观赋值去削弱极端值的一种方法,有序加权平均算子方法如下。

(1) 邀请 Z 位专家对指标进行分数评定,结果记为 $(e_1,e_2,\cdots,e_z)$,将打分结果降序排列,得到新数组用向量 $\boldsymbol{b}_i$ 表示,$\boldsymbol{b}_i=[b_{l+1}]=(b_1,b_2,\cdots,b_z)$,其中 $l=0,1,2,\cdots,z-1$。

(2) 运用组合数公式消除极端值,求得向量 $\boldsymbol{b}_i$ 的加权向量 $\boldsymbol{w}_i=[w_{l+1}]$。

$$w_{l+1}=\frac{C_{z-1}^{l}}{\sum_{k=0}^{z-1} C_{z-1}^{k}}=\frac{C_{z-1}^{l}}{2^{l-1}}, l=0,1,2,\cdots,z-1 \tag{2}$$

(3) 通过加权向量 $\boldsymbol{w}_i$ 对评价指标赋权,求得指标 a_i 的绝对权重 $\overline{w}_i$。

$$\overline{w}_i=\sum_{l=1}^{z} w_{l+1} \cdot b_{l+1}, w_{l+1} \in [0,1], l \in [0, n-1] \tag{3}$$

(4) 计算指标集 A 中各指标的主观权重 w_i^1。

$$w_i^1=\frac{\overline{w}_i}{\sum_{i=1}^{m} \overline{w}_i}, i=1,2,\cdots,m \tag{4}$$

1.2.2 熵权法理论

熵权法[21]是一种通过客观赋值来确定指标权重的方法。通过极差法对数据标准化处理,确定第 i 个指标熵值 H_i。

$$H_i=-\frac{1}{\ln n}\left(\sum_{j=1}^{n} f_{ij} \ln f_{ij}\right), i=1,2,\cdots,m; j=1,2,\cdots,n \tag{5}$$

$$f_{ij}=\frac{1+x_{ij}}{\sum_{i=1}^{m}(1+x_{ij})} \tag{6}$$

式中:x_{ij} 为第 i 个指标在第 j 个试验方案下的标准化结果。

确定权重,如式(7)所示。

$$w_i^2=\frac{1-H_i}{n-\sum_{j=1}^{m} H_i}, i=1,2,\cdots,m \tag{7}$$

式中:w_i^2 为第 i 个评价指标的熵权;H_i 为第 i 个熵权指标。

1.2.3 权重优化模型

权重确定方法体现了评价的主观性和客观性影响,将 OWA 算子法和熵权法耦合建立权重优化模型,削弱各自影响,即

$$W_i=\frac{w_i^1 w_i^2}{\sum_{j=1}^{m}(w_i^1, w_i^2)}, i=1,2,\cdots,m \tag{8}$$

式中:w_i^1,w_i^2 分别代表 OWA 算子法和熵权法第 i 个指标的权重;W_i 代表第 i 个指标的综合权重。

1.3 基于改进 MULTIMOORA 方法的评价理论

文中涉及螺旋焊缝整体性能的评价,结合工程设计对各性能的不同需求,对该理论进行一定的扩展[22]。

(1) 比例系统法。计算方案 c_i 的评价值 y_i。

$$y_i = \sum_{i=1}^{m} W_i v_{ij}^* - \sum_{i=m+1}^{n} W_i v_{ij}^* \tag{9}$$

式中:v_{ij}^* 为第 i 个指标第 j 个方案下的具体物理量。对应的 y_i 越大,控制工艺参数所属的焊缝性能越好。

(2) 参照点法。通过该方法能确定每个焊缝数据指标的最优参考点。

$$r_i = \begin{cases} \max v_{ij}^*, & i \leqslant g \\ \min v_{ij}^*, & i > g \end{cases} \tag{10}$$

式中:r_i 为第 i 个指标中的最优参照点;g 为对焊缝有益的指标。

确定试验方案评价值 z_j。

$$z_j = \max | W_i (r_i - v_{ij}^*) | \tag{11}$$

式中:z_j 值越小表示方案越好,最后根据 z_j 值的大小进行方案排序。

(3) 完全相乘法。

$$u_j = \frac{\prod_{i=1}^{g} v_{ij}^{*W_i}}{\prod_{i=g+1}^{g} v_{ij}^{*W_i}} \tag{12}$$

式中:u_j 值越大表示对应方案越好,根据 u_j 值的大小进行方案排序。

(4) 占优理论。占优理论将上述几种数据排序的结果整合为一种排序,得到最优排序。

2 数据采集与分析

2.1 数据采集

研究数据来源为现场采集,钢筒焊缝图片如图 1 所示。采集的焊接工艺控制参数为焊接电流、电弧电压及焊接速度,共 10 组,如表 1 所示。焊缝测量仪器为 HJC—40 型焊缝检测尺,采集参数包括焊缝宽度、焊缝高度及咬边深度,每项工艺参数对应的焊缝均不存在明显焊接质量缺陷。为了避免采集数据的偶然性,同一组控制参数下焊缝质量参数采集 6 次,采集完成后计算得到各焊缝指标的平均值,如表 2 所示。

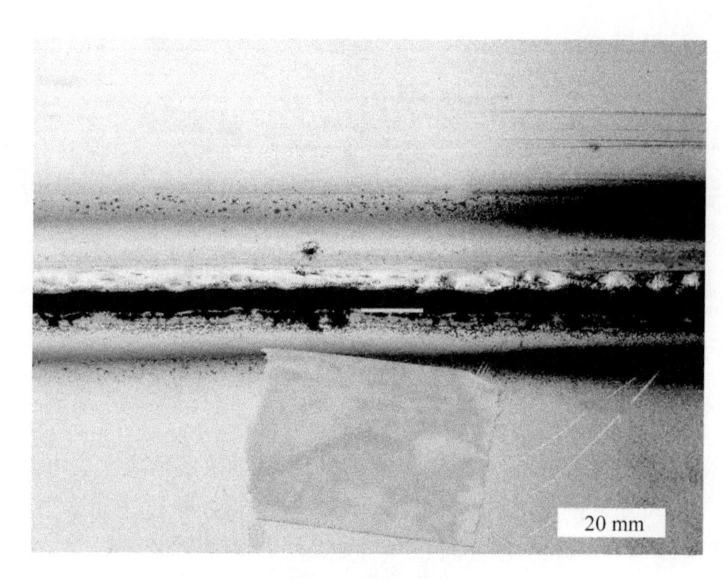

图 1　实测焊缝

表 1　螺旋焊控制工艺参数

编号	焊接电流 I(A)	电弧电压 U(V)	焊接速度 v(mm/s)
1	340	24	10.81
2	340	24	10.67
3	340	24	11.31
4	340	24	12.31
5	360	24	11.85
6	360	24	12.40
7	340	24	12.80
8	340	24	13.33
9	340	26	12.80
10	360	26	12.45

表 2　螺旋焊焊缝质量参数

编号	焊缝宽度 W(mm)	焊缝高度 H(mm)	咬边深度 d(mm)
1	5.117	1.157	0.967
2	5.883	1.486	1.117
3	5.716	1.514	1.150
4	5.733	1.614	1.100
5	6.133	1.657	1.167

续表

编号	焊缝宽度 W(mm)	焊缝高度 H(mm)	咬边深度 d(mm)
6	6.183	2.014	1.150
7	5.917	1.928	1.133
8	5.733	2.000	1.067
9	5.767	1.971	1.150
10	5.800	2.414	0.983

2.2 数据分析

结合表1和表2对采集数据进行初步分析发现,不同的焊接电流、电弧电压及焊接速度对焊缝质量有不同程度的影响。同时现有研究结果[23-25]表明,在相同工艺控制参数下,焊缝高度、焊缝宽度越小,焊缝的表面平整度越好,焊缝的质量越高。现基于MULTIMOORA方法对采集数据做进一步分析,通过综合考虑焊缝质量参数变化,得到最优的工艺控制参数。

3 基于改进MULTIMOORA方法的螺旋焊缝控制工艺评价

3.1 建立评价指标

文中以试验测量的焊缝宽度、焊缝高度、咬边深度指标数据作为评价指标,其指标数据与焊接工艺参数具有直接相关性,并在满足焊接效果的情况下,认为焊缝宽度、焊缝高度及咬边深度最小为最优。采用MULTIMOORA方法对螺旋焊缝控制工艺参数进行评价分析。

3.2 确定指标权重

3.2.1 OWA算子确定指标权重

邀请5名专家(均为从事螺旋焊缝10年以上的高校教授、相关行业专家、现场技术人员)对各指标进行评分,每项指标评分分值在0~5之间,并保留1位小数。分值越大,表示指标对螺旋焊缝参数影响越大,具体评分结果如表3所示。

表3 专家评分结果(分)

评价指标	专家1	专家2	专家3	专家4	专家5
焊缝宽度	4.0	3.5	3.0	4.5	1.6
焊缝高度	4.5	3.0	4.0	2.0	3.5
咬边深度	3.0	2.0	4.5	1.5	2.5

以焊缝宽度为例，针对所属参数3降序排序：$b_1=(4.5,4.0,3.5,3.0,1.6)$，$n=5$，根据式(2)计算其加权向量：$\mathbf{w}_1=(0.281,1,1.312,0.75,0.1)$。根据式(3)求得其绝对权重$\overline{w}_1=3.444$。同理得到其他指标的绝对权重为：焊缝高度$\overline{w}_2=3.469$，咬边深度$\overline{w}_3=2.563$。根据式(4)可以求得各指标主观权重向量$\mathbf{w}_1=(0.364,0.366,0.270)$。

3.2.2　熵权法确定指标权重

首先根据表1试验结果构造出判断矩阵$\mathbf{A}$，然后采用极差法对不同指标数据标准化处理，以消除指标量纲差异，进而构造出新的判断矩阵，判断矩阵数据与表2一致。

通过式(5)～式(7)的求解，得到指标权重记为$w_2^2=(0.34,0.361,0.299)$，通过式(7)对$w_1^2 \cdot w_2^2$进行耦合，得到各指标综合权重记为w^2，$w^2=(0.368,0.390,0.241)$。

3.3　基于MULITIMOORA方法的试验组排序

对所得到的焊缝判断矩阵数据进行统一的标准化处理，运用向量归一法处理焊缝数据，消除焊缝各个指标间量纲影响，从而得到标准化的矩阵。具体数据如表4所示。

分别通过式(9)～式(12)采用改进的MULITIMOORA比例系统法、参照点法和完全相乘法对数据评价值进行计算，确定评级值及排序结果。螺旋焊控制工艺综合性能评价结果如表5所示。

使用占优理论对焊接工艺控制参数进行最终排序，将各排序结果进行累加，以排名总和大小进行最终排序，排序结果如表6所示。由表6综合性能排名得出，第1组与第2组焊接工艺在综合排序中数值比较接近，试验结果中其指标数据均比较显著，其差别在于焊接速度，分别为10.81 mm/s和10.67 mm/s。在保证相同焊缝质量的情况下，焊接速度的大小会影响到焊接生产率，故最终选取第一组控制工艺参数为最优。

表4　采用向量归一法标准化后焊缝数据

编号	焊缝宽度 W(mm)	焊缝高度 H(mm)	咬边深度 d(mm)
1	0.279	0.202	0.278
2	0.321	0.260	0.321
3	0.311	0.265	0.330
4	0.312	0.282	0.316
5	0.334	0.290	0.335
6	0.337	0.352	0.330
7	0.322	0.337	0.326
8	0.312	0.350	0.307
9	0.314	0.345	0.330
10	0.316	0.422	0.283

表 5　各试验组的评价值

编号	y_i	z_i	u_i
1	−0.248 60	0.085 96	1 840.420 0
2	−0.296 90	0.063 49	1 079.164 0
3	−0.297 82	0.061 54	1 058.086 0
4	−0.301 53	0.054 70	1 034.640 0
5	−0.317 10	0.051 77	888.313 6
6	−0.341 37	0.027 35	735.407 5
7	−0.329 00	0.033 21	814.515 1
8	−0.325 59	0.028 33	861.199 4
9	−0.330 08	0.030 28	805.686 1
10	−0.349 49	0.012 69	764.983 7

表 6　综合性能评价排名

编号	比例系统法	参照点法	完全相乘法	总和	综合排序
1	1	10	1	12	1
2	2	9	2	13	2
3	3	8	3	14	3
4	4	7	4	15	4
5	5	6	5	16	6
6	9	2	10	21	10
7	7	5	7	19	7
8	6	3	6	15	5
9	8	4	8	20	8
10	10	1	9	20	9

4　结论

(1) 不同的焊接工艺控制参数对焊缝宽度、焊缝高度及咬边深度均有不同程度的影响，故对焊接质量的要求不能局限于单一工艺控制参数，通过比例系统法、参照点法、完全相乘法及占优理论多因素客观综合排序使得工艺控制参数优选过程更为合理。

(2) 通过对 10 组工艺控制参数进行优选，得出最优工艺参数为焊接电流 340 A、电弧电压为 24 V、焊接速度为 10.81 mm/s。

参考文献

[1] 胡少伟. PCCP在我国的实践与面临问题的思考[J]. 中国水利,2017(18):25-29.
[2] 董晓农,窦铁生,赵丽君,等. 预应力钢筒混凝土管安全评估概述[J]. 水利水电技术,2020,51(10):72-80.
[3] 胡少伟,沈捷,王东黎,等. 超大口径预存裂缝的预应力钢筒混凝土管结构分析与试验研究[J]. 水利学报,2010,41(7):876-882.
[4] 陈湧城,温晓英,李世龙,等. 大口径PCCP管应用的关键技术问题解析[J]. 中国给水排水,2012,28(8):1-5.
[5] GE S Q, SINHA S. Failure analysis, condition assessment technologies, and performance prediction of prestressed-concrete cylinder pipe: state-of-the-art literature review [J]. Journal of Performance of Constructed Facilities, 2014, 28(3): 618-628.
[6] 肖文波,何银水,袁海涛,等. 镀锌钢GMAW焊缝成形特征与焊枪方向同步实时检测[J]. 焊接学报,2021,42(12):78-82,101.
[7] 李亚杰,李峰峰,吴志生,等. 工艺参数对AZ31镁合金搅拌摩擦焊接头组织和性能的影响[J]. 焊接学报,2020,41(4):31-37,98-99.
[8] 张理,郭震,周伟,等. 焊接速度和焊接电流对竖向高速GMAW驼峰焊缝的影响[J]. 焊接学报,2020,41(4):56-61,100.
[9] 史亚贝. 激光工艺参数对AM80镁合金焊接接头性能的影响研究[J]. 兵器材料科学与工程,2021,44(4):97-101.
[10] 陈云霞,冯菲玥,李芳,等. 焊接工艺参数对铝/镀锌钢板CMT搭接接头组织与性能的影响[J]. 焊接技术,2021,50(5):21-25.
[11] 张玉,马国印,任晖邦,等. 基于有限元的管道焊缝裂纹干涉问题研究[J]. 北京理工大学学报,2020,40(1):23-28,47.
[12] 李志林,杨璐,崔瑶,等. 焊接工艺对不锈钢角焊缝连接试件力学性能影响研究[J]. 工程力学,2021,38(2):179-186,210.
[13] 王龙,毛琪钦,刘挺松. 双面不锈钢复合板焊接工艺及组织性能[J]. 焊接技术,2021,50(5):135-138,180.
[14] 朱亚辉,高迺. 基于Hamacher范数的广义概率犹豫模糊MULTIMOORA决策方法[J]. 西北工业大学学报,2020,38(6):1361-1369.
[15] 周文财,魏朗,邱兆文,等. 模糊环境下汽车故障模式风险水平综合评价方法[J]. 机械科学与技术,2021,40(12):1952-1960.
[16] 张文宇,刘思洋,张茜. 基于犹豫概率模糊语言集的改进MULTIMOORA决策方法[J]. 统计与决策,2020,36(6):25-30.
[17] 代文锋,仲秋雁. 基于前景理论和区间二元语义MULTIMOORA的多属性决策方法[J]. 系统管理学报,2019,28(2):222-230.
[18] 齐春泽. 基于梯形模糊MULTIMOORA的混合多属性群决策方法[J]. 统计与决策,2019,35(5):41-45.

[19] 熊升华,陈振颂,陈勇刚,等. 基于指标模糊分割和 MULTIMOORA 的航空公司机队可靠性识别模型[J]. 计算机集成制造系统,2019,25(2):431-438.
[20] 刘竞妍,张可,王桂华. 综合评价中数据标准化方法比较研究[J]. 数字技术与应用,2018,36(6):84-85.
[21] YAGER R R. Families of OWA operators[J]. Fuzzy Sets & Systems,1993,59(2):125-148.
[22] 关罡,李伟伟,韩海坤. 基于熵权 TOPSIS 法的城镇污水治理绩效评价[J]. 人民长江,2019,50(6):20-24.
[23] 杨林丰,许广权. 二氧化碳焊接机器人焊接特性试验研究[J]. 焊接技术,2020,49(11):68-70.
[24] 朱海,孙朝伟,孙金睿,等. 2024 铝合金搅拌摩擦焊工艺参数对焊接质量的影响研究[J]. 热加工工艺,2019,48(23):159-162.
[25] 权国政,施瑞菊,卢顺,等. 自动化平板堆焊的单层多道焊缝表面平整度研究[J]. 塑性工程学报,2020,27(10):203-211.

突发水污染事件风险分析——以引江济淮工程（河南段）为例

余姚果[1]，赵子昂[2]，陈　喆[2]，蒋　恒[2]，郭深深[2]，陈　钊[2]

（1. 长江科学院流域水资源与生态环境科学湖北省重点实验室，湖北 武汉 430010；
2. 河南省引江济淮工程有限公司，河南 郑州 450003）

摘　要：为了给引江济淮工程（河南段）突发水污染事件风险管理提供技术支撑，从交通事故风险、污水排入风险以及其他风险等方面识别引江济淮工程（河南段）突发水污染事件的风险源，建立适应性的风险评价指标体系、指标等级划分标准和风险等级评价模型，综合评估7个评价河段突发水污染事件风险等级。结果表明，2个评价河段的风险等级为重大（Ⅱ级），5个评价河段的风险等级为较大（Ⅲ级）。并从降低风险源危险性、提高风险控制有效性等方面提出突发水污染事件风险管控对策措施。本研究为降低引江济淮工程（河南段）突发水污染事件的发生概率和危害程度提供了支撑，对发挥工程综合效益、保障受水区供水安全、维护良好的水生态环境具有重要意义。

关键词：河南省；引江济淮工程；突发水污染事件；风险评价；风险管控

引江济淮工程（河南段）属于引江济淮工程江水北送段中的一部分，被列为河南省十大水利工程之一。2022年12月30日引江济淮工程（河南段）全线试通水。引江济淮工程（河南段）的工程任务以城乡供水为主，兼顾改善水生态环境。近期规划水平年2030年引水量5.0亿m^3，远期规划水平年2040年引水量6.34亿m^3。引江济淮工程（河南段）对完善豫东地区水资源供水配置格局，提高水资源利用效率和效益，保障城乡供水安全，缓解城市工业用水缺水，改善河湖生态环境具有重要作用[1]。

引江济淮工程（河南段）主要由2条输水明渠（清水河段、鹿辛运河段）、4个调蓄水库（试量、后陈楼、七里桥、新城调蓄水库）、3条输水管线（后陈楼调蓄水库—七里桥调蓄水库、七里桥调蓄水库—新城调蓄水库、七里桥调蓄水库—夏邑永城出水池）等组成。虽然4个调蓄水库和3条输水管线突发水污染事件的风险极小，但是2条输水明渠沿线交通运输业发达、平立交叉建筑物多，容易发生突发性水污染事件。引江济淮工程（河南段）执行《地表水环境质量标准》（GB 3838—2002）Ⅲ类标准，水质要求高，一旦发生水污染事件，将给受水区居民饮水安全、工业用水保障和生态环境安全造成巨大的影响。因此，开展引江济淮工程（河南段）突发水污染事件风险分析和管控对策研究，对发挥工程综合效益、保障受水区供水安全、维护良好的水生态环境具有重要意义。

因此，本研究在充分调研已有引调水工程突发水污染事件风险分析与管控对策基础上，识别引江济淮工程（河南段）突发水污染事件的风险因素，建立适应性的风险评价指标体系和评价模型,综合评估突发水污染事件风险等级,提出突发水污染事件风险监测和风险调控对策措施,为引江济淮工程(河南段)突发水污染事件风险管理及应急管理提供支撑,以期减小突发污染事件对经济、社会和环境造成的不利影响。

1 引江济淮工程(河南段)基本情况

引江济淮工程(河南段)以豫皖省界为起点,利用清水河通过 3 级泵站提水至试量闸上游,一部分进入试量调蓄水库,供周口市的郸城县、淮阳县、太康县;一部分经鹿辛运河自流至鹿邑后陈楼调蓄水库,然后通过加压泵站和 3 条输水管线依次将水输送至商丘市境内,供柘城县、夏邑县、梁园区和睢阳区、永城市等。工程主要由 2 条输水明渠、4 个调蓄水库、3 条输水管线以及若干节制闸和提水泵站等组成,工程概化图见图 1。

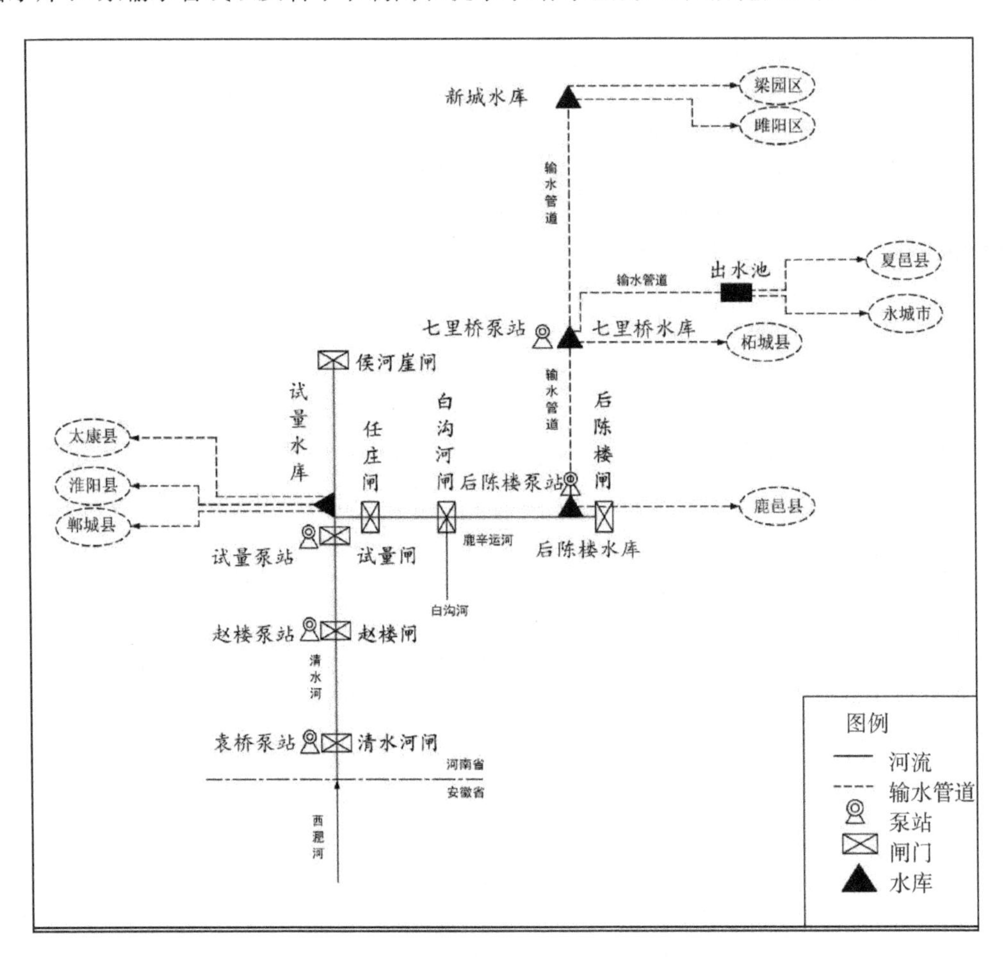

图 1 引江济淮工程(河南段)概化图

引江济淮工程(河南段)共设有 2 条输水明渠,分别为清水河和鹿辛运河。其中,清水河段总长 57.90 km,输水河段长度为 47.46 km,回水调蓄河段长度为 10.44 km;鹿辛运河段总长 16.27 km,输水河段长度为 16.26 km,回水河段长度为 0.01 km。引江济淮工程(河南段)共设调蓄水库4座,分别是试量调蓄水库(调蓄库容70万 m^3)、后陈楼调蓄水库(调蓄库容256万 m^3)、七里桥调蓄水库(调蓄库容143万 m^3)和新城调蓄水库(调蓄库容163万 m^3)。

考虑到4个调蓄水库和3条输水管线突发水污染事件的风险极小,本研究仅对清水河段、鹿辛运河段2条输水明渠的突发水污染事件风险进行分析。根据节制闸的分布情况,将清水河段(A)进一步划分为清水河闸至赵楼闸段(A1)、赵楼闸至试量闸段(A2)、试量闸至侯河崖闸段(A3)3个河段,将鹿辛运河段(B)进一步划分为任庄闸至白沟河闸段(B1)、白沟河闸至后陈楼闸段(B2)2个河段。

2　突发水污染事件风险识别

2.1　风险类型分析

结合国内外大型已建引调水工程突发水污染事件风险研究成果[2-3],根据实地调研和资料整理分析,引江济淮工程(河南段)突发水污染事件的主要风险类型包括交通事故风险、污水排入风险以及其他风险等。

交通事故风险是指由于清水河段和鹿辛运河段上的跨河桥梁和沿线公路发生交通事故,导致汽油、危化品和货物等进入输水明渠,从而造成的突发性水污染。污水排入风险是指清水河段和鹿辛运河段沿线周边的加油站、食品加工厂、建材厂、水泥厂以及混凝土搅拌厂等固定风险源由于突发事故导致废污水直接排入输水明渠或支流及上游污染水体汇入输水明渠,从而造成的突发性水污染。按照排入方式可以分为直接排入、支流汇入和上游汇入。其他风险包括对社会不满分子、恐怖组织恶意向输水明渠投毒造成的突发性水污染。

2.2　风险识别结果

(1) 交通事故风险

根据实地调研和资料整理分析,引江济淮工程(河南段)输水明渠沿线共有跨河桥梁40座,其中清水河段24座,鹿辛运河段16座。清水河段和鹿辛运河段两岸大部分设有公路,车辆可以通行。虽然输水明渠沿岸设置了护栏,但是若发生交通事故,仍可能导致车辆上的汽油、危化品和货物等进入输水明渠,造成突发性水污染。

(2) 污水排入风险

引江济淮工程(河南段)输水明渠沿线布设有排污口14个,均采用涵管形式穿过河堤,全部位于清水河段。若工程周边污水处理厂、工业企业等发生突发事故导致未经处理达标的废污水通过排污口直接排入输水渠道,则会引起突发性水污染。

引江济淮工程(河南段)输水明渠沿线共有53个沟渠汇入,每个沟渠均建有沟口闸;其中,清水河段38个,鹿辛运河段15个。虽然所有沟口闸供水期间处于关闭状态,但是如果发生春汛、秋汛,或者沟口闸发生故障,沟渠中的污染水体可能通过沟口闸排入输水明渠,引起突发性水污染。

3 突发水污染事件风险评估

3.1 指标体系构建

目前，突发水污染事件风险评价常用的指标体系构建框架有 2 种，一是从风险源、风险受体、风险控制角度出发构建[4-5]；二是采用"驱动力-压力-状态-影响-响应"模型（即 DPSIR 模型）构建[6-7]。DPSIR 模型能很好地反映经济运作与环境之间的相互关系，因此被广泛应用于突发水污染事件风险评价。本研究基于 DPSIR 模型框架构建引江济淮工程（河南段）突发水污染事件风险评估指标体系。

针对引江济淮工程（河南段）突发水污染事件风险源类型及特性、风险受体特性、风险控制措施等，根据 DPSIR 模型理论，研究建立了风险评估指标体系。指标体系共有 3 个层次，分别是目标层、准则层和指标层，见图 2。目标层即引江济淮工程（河南段）突发水污染事件的风险等级评估。准则层反映了引江济淮工程（河南段）突发水污染事件风险因子以及受体影响与环境之间相互作用，包括驱动力、压力、状态、影响和响应。驱动力准则层设有指标包括沿线公路里程、跨河桥梁数量、固定风险源规模；压力准则层设有指标包括入河排污口数量、汇入支流情况；状态准则层设有指标包括输水水质状况、闸泵工程情况、水库调蓄能力；影响准则层设有指标包括受影响人口数量、社会经济影响；响应准则层设有指标包括防护栏安装比例、视频监控情况和应急处理能力。各指标具体内涵见表 1。

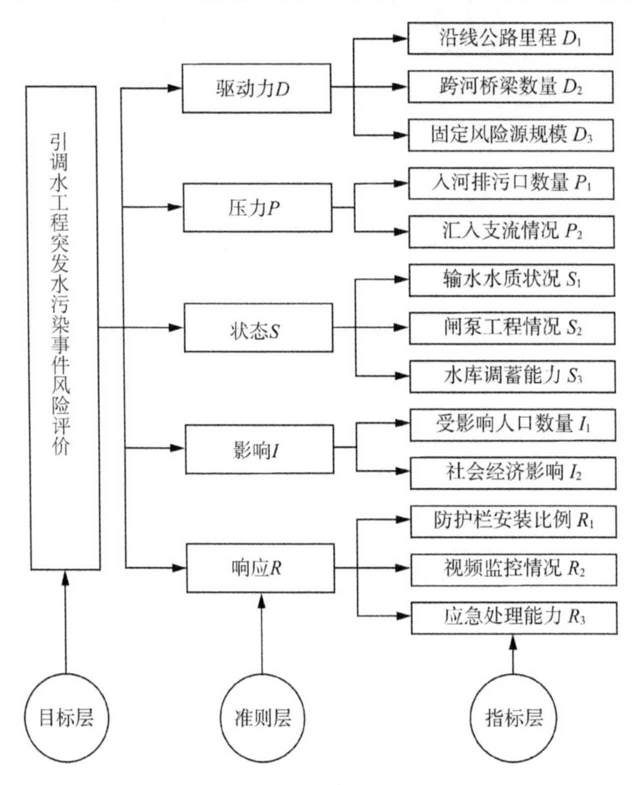

图 2 突发水污染事件风险评估指标体系

3.2　指标等级划分

参考《国家突发环境事件应急预案》中对突发环境事件的分级方法，本研究将引江济淮工程(河南段)突发水污染事件风险分为Ⅰ、Ⅱ、Ⅲ和Ⅳ四个等级，风险程度由高到低依次为特别重大、重大、较大和一般，各等级风险指数分别为[0.75,1]、[0.5,0.75)、[0.25,0.5)、[0,0.25)。参考相关文献资料[8-9]，结合引江济淮工程(河南段)工程实际，进一步提出了适用于引江济淮工程(河南段)突发水污染事件风险评估的单项指标分级标准，见表1。

3.3　评价指标确定

通过收集资料、现场查勘等，在突发水污染事件风险识别基础上，整理得到各评价指标的定性描述和定量表达，结合表1给出的指标分级标准，确定了引江济淮工程(河南段)突发水污染事件风险评估的各指标风险指数，见表2。

表1　突发水污染事件风险评估的指标分级标准

指标名称	指标描述	风险等级与风险指数			
		Ⅰ级	Ⅱ级	Ⅲ级	Ⅳ级
		[0.75,1]	[0.5,0.75)	[0.25,0.5)	[0,0.25)
沿线公路里程(D_1)	沿线公路长度与输水明渠长度比值(%)	[100,200]	[50,100)	[25,50)	[0,25)
跨河桥梁数量(D_2)	输水明渠上实际可通车的跨河桥梁数量(座)	≥30	[20,30)	[10,20)	[0,10)
固定风险源规模(D_3)	工业企业、有毒化学品仓库、污水处理厂等密集程度	高度密集	密集	较分散	分散
入河排污口数量(P_1)	直接向输水明渠内排放污水的工业排污口、生活排污口以及混合排污口数量	工业排污口≥10个；或工业生活混合排污口≥20个；或生活排污口≥30个	工业排污口6～9个；或工业生活混合排污口10～19个；或生活排污口20～29个	工业排污口2～5个；或工业生活混合排污口4～9个；或生活排污口10～19个	工业排污口<2个；或工业生活混合排污口<3个；或生活排污口<10个
汇入支流情况(P_2)	汇入支流数量(个) 截污工程比例(%)	≥30 [0,25)	[20,30) [25,50)	[10,20) [50,75)	[0,10) [75,100]
输水水质状况(S_1)	输水水质类别	Ⅰ类水	Ⅱ类水	Ⅲ类水	Ⅳ、Ⅴ类水
闸泵工程情况(S_2)	每十千米闸泵工程数量(座)	[0,0.5)	[0.5,1)	[1,2)	≥2
水库调蓄能力(S_3)	事故段下游调蓄水库容积与事故段日输水量比值(天)	[0,0.5)	[0.5,1)	[1,2)	≥2
受影响人口数量(I_1)	受影响人口数量占工程受益人口总数的比值(%)	[75,100]	[50,75)	[25,50)	[0,25)

续表

指标名称	指标描述	风险等级与风险指数			
		Ⅰ级	Ⅱ级	Ⅲ级	Ⅳ级
		[0.75,1]	[0.5,0.75)	[0.25,0.5)	[0,0.25)
社会经济影响(I_2)	受水区范围内工业企业减产损失、服务业营收损失、农牧渔减产损失以及水污染事件应急处置费用等(万元)	≥10 000	[5 000,10 000)	[1 000,5 000)	[0,1 000)
防护栏安装比例(R_1)	防护栏安装长度与输水明渠长度的比值(%)	[0,50)	[50,100)	[100,150)	[150,200]
视频监控安装情况(R_2)	输水明渠上视频监控安装密集程度	分散	较分散	密集	高度密集
应急处理能力(R_3)	应急预案、应急设备、应急队伍等方面情况	无应急预案;无应急队伍;无应急设备	有初步应急预案;有少量应急设备;有应急队伍但人数不足	有较完善应急预案;有较多应急设备;有较多应急人员	有完善应急预案;有足够应急设备;有健全的应急队伍且定期开展应急演练

表2 突发水污染事件风险评估的指标风险指数

评价河段	评价指标												
	D_1	D_2	D_3	P_1	P_2	S_1	S_2	S_3	I_1	I_2	R_1	R_2	R_3
A	0.72	0.6	0.2	0.62	0.48	0.33	0.66	0.58	1	0.25	0.18	0.87	0.1
A_1	0.73	0.1	0.12	0.08	0.32	0.33	0.42	0.58	1	0.25	0	0.83	0.1
A_2	0.71	0.25	0.15	0.36	0.14	0.33	0.69	0.58	1	0.25	0	0.83	0.1
A_3	0.72	0.25	0.13	0.29	0.03	0.33	0.3	0.58	1	0.25	0.93	0.9	0.1
B	0.87	0.4	0.25	0	0.19	0.33	0.28	0.18	0.63	0.16	0	0.83	0.1
B_1	0.93	0.25	0.21	0	0.1	0.33	0.25	0.18	0.63	0.16	0	0.83	0.1
B_2	0.77	0.15	0.24	0	0.09	0.33	0.11	0.18	0.63	0.16	0	0.83	0.1

3.4 指标权重确定

(1) 指标权重确定方法

目前指标权重确定方法主要有主观赋权法、客观赋权法和综合赋权法。常用的主观赋权法主要有德尔菲法[10]、层次分析法[11]、G1法[12]等方法;常用的客观赋权法主要有拉开档次法[13]、熵值法[14]、主成分分析法[15]等;综合赋权法包括基于单位化约束条件的综合赋权法、基于博弈论的综合赋权法、基于离差平方和的综合赋权法等[16]。

基于博弈论的综合赋权法的基本思想是在不同权重之间寻找一致或妥协,使得理想综合权重与各主、客观权重的偏差极小化,能最大程度保留各主、客观权重值的信息[17]。本研究采用基于博弈论的综合赋权法对指标权重进行计算,主要方法如下。

①采用G1法确定指标主观权重$\boldsymbol{W}_1^{\mathrm{T}}=(\omega_{11},\omega_{12},\cdots,\omega_{1m})$。

②采用熵值法确定指标客观权重$\boldsymbol{W}_2^{\mathrm{T}}=(\omega_{21},\omega_{22},\cdots,\omega_{2m})$。

③采用基于博弈论的综合赋权法对主观权重和客观权重进行综合集成，具体步骤如下。

首先，构建主观权重和客观权重的线性组合：

$$\boldsymbol{W}=a_1\boldsymbol{W}_1^{\mathrm{T}}+a_2\boldsymbol{W}_2^{\mathrm{T}} \tag{1}$$

式中：a_1和a_2为指标权重向量集的线性组合系数。因此，寻找最满意的权重向量可归结为对式(1)中2个线性组合系数进行优化，优化的目的是使$\boldsymbol{W}$与各个权重向量的离差极小化。由此，构建如下的最优化对策模型：

$$\begin{pmatrix}\boldsymbol{W}_1\boldsymbol{W}_1^{\mathrm{T}} & \boldsymbol{W}_1\boldsymbol{W}_2^{\mathrm{T}}\\ \boldsymbol{W}_2\boldsymbol{W}_1^{\mathrm{T}} & \boldsymbol{W}_2\boldsymbol{W}_2^{\mathrm{T}}\end{pmatrix}\begin{bmatrix}a_1^*\\ a_2^*\end{bmatrix}=\begin{bmatrix}\boldsymbol{W}_1\boldsymbol{W}_1^{\mathrm{T}}\\ \boldsymbol{W}_2\boldsymbol{W}_2^{\mathrm{T}}\end{bmatrix} \tag{2}$$

基于式(2)求得线性组合系数a_1^*和a_2^*，将其进行归一化处理得到a'_1和a'_2，最后计算评价指标的最优综合权重：

$$\boldsymbol{W}^*=a'_1\boldsymbol{W}_1^{\mathrm{T}}+a'_2\boldsymbol{W}_2^{\mathrm{T}} \tag{3}$$

(2) 指标权重计算结果

根据表2给出的引江济淮工程(河南段)突发水污染事件风险评估各指标风险指数，采用基于博弈论的综合赋权法，得到引江济淮工程(河南段)突发水污染事件风险评估指标权重，见表3。

表3　突发水污染事件风险评估指标权重

序号	指标名称	综合权重
1	D_1	0.097
2	D_2	0.071
3	D_3	0.063
4	P_1	0.113
5	P_2	0.074
6	S_1	0.015
7	S_2	0.044
8	S_3	0.071
9	I_1	0.071
10	I_2	0.068
11	R_1	0.168
12	R_2	0.133
13	R_3	0.012

3.5 风险等级确定

目前常见的突发水污染事件风险评价方法包括层次分析法[18-20]、模糊综合评价法[21-23]、贝叶斯网络法[24-26]、TOPSIS 排序法[27-29]、线性加权法[30]等。考虑到线性加权法能够对多个因素进行综合评价且简单易行，本研究采用线性加权法评价引江济淮工程(河南段)突发水污染事件风险等级。

(1) 风险评价值计算

基于指标风险指数(表 2)及其综合权重(表 3)，引江济淮工程(河南段)各评价河段突发水污染事件风险评价值计算如下。

$$D_i = \sum_{j=1}^{m} \gamma_{ij}\omega_j \tag{4}$$

式中：D_i 为第 i 个评价河段的突发水污染事件风险评价值；ω_j 为第 j 个指标的综合权重；γ_{ij} 为第 i 评价河段第 j 个指标风险指数。

(2) 风险等级评价

计算得到各评价河段突发水污染事件的风险评价值后，参照风险评估分级标准确定引江济淮工程(河南段)突发水污染事件风险等级，结果如表 4 所示。结果表明，除了清水河段全段(A)及其子河段试量节制闸至侯河崖闸段(A3)突发水污染事件风险等级为重大(Ⅱ级)外，其他评价河段的突发水污染事件风险等级均为较大(Ⅲ级)。

表 4 突发水污染事件风险评估结果

评价河段	风险评价值	风险等级
A	0.541	Ⅱ级
A_1	0.382	Ⅲ级
A_2	0.423	Ⅲ级
A_3	0.555	Ⅱ级
B	0.340	Ⅲ级
B_1	0.325	Ⅲ级
B_2	0.297	Ⅲ级

3.6 评估结果分析

风险评估结果表明引江济淮工程(河南段)突发水污染事件风险等级均在Ⅲ级及以上。主要原因有 2 个方面：①清水河段和鹿辛运河段两岸绝大部分设有公路，各评价河段的沿线公路里程风险指数均为特别重大(见表 2)；②清水河段和鹿辛运河段现状安装的视频监控数量较少、分布较散，各评价河段的视频监控安装情况风险指数均为特别重大(见表 2)。

风险评估结果表明清水河段及其子河段试量节制闸至侯河崖闸段突发水污染事件风险等级为重大，比其他河段的风险等级高。主要原因有 2 个方面：①清水河段上跨河桥梁数量、污水排污口数量和汇入支流数量远大于鹿辛运河段，增加了污水排入引起突发水污染事件的风险；②试量节制闸至侯河崖闸段为清水河段上的回水调蓄段，工程设计时未考虑安装防护栏，增加了交通事故导致突发水污染事件的风险。

4　突发水污染事件风险管控

为降低引江济淮工程（河南段）突发水污染事件风险，从降低风险源危险性方面、提高风险控制有效性方面提出以下管理措施。

（1）降低风险源危险性方面

①在清水河子河段试量节制闸至侯河崖闸段补充安装防护栏；在清水河段和鹿辛运河段跨河桥梁以及重点公路段设置限速、禁止超车等警示标志，并提示所属水域功能；定期对跨河桥梁进行检修并对路面进行维护修理，保障桥梁安全运行，降低交通事故引起的突发水污染事件风险。

②封堵清水河段上的 14 个入河排污口，严禁工业企业污水和生活污水直接排入输水渠道，降低污水直接排入引起的突发水污染事件风险。加强对清水河段和鹿辛运河段上节制闸和沟口闸的巡查维护，保证闸门正常运行使用，降低支流污水汇入引起的突发水污染事件风险。

（2）提高风险控制有效性方面

①在清水河段和鹿辛运河段的重点河段设置远程视频监控点，引入人工智能识别，自动分析和预警车辆翻车入渠和人为投毒等事故。

②在清水河段和鹿辛运河段的重点河段设置自动水质监测站，加强输水渠道水质监测；对于监控设备做到定期检查和维修，确保监测结果准确。

③加强引江济淮工程（河南段）信息化建设，提高突发水污染事件应急模拟能力，及时掌握突发水污染事件影响范围和影响程度。

④制定突发水污染事件应急预案，配备专业救援队和救援设备，定期开展突发水污染事件应急演练。

5　结论

本研究在识别引江济淮工程（河南段）突发水污染事件风险源基础上，综合评价了突发水污染事件风险等级，提出了风险管控措施，为保障引江济淮工程（河南段）输水安全提供了支撑。

引江济淮工程（河南段）突发水污染事件风险源主要包括公路交通事故风险、污水排入风险和其他风险。

引江济淮工程（河南段）突发水污染事件风险评估结果表明，除了清水河段及其子河段试量节制闸至侯河崖闸段的突发水污染事件风险等级为重大（Ⅱ级）外，其他 5 个评价河段的突发水污染事件风险等级均为较大（Ⅲ级）。

为降低引江济淮工程(河南段)突发水污染事件风险,需要进一步降低风险源危险性以及提高风险控制有效性。

参考文献

[1] 左其亭,杨振龙,路振广,等.引江济淮工程河南受水区水资源利用效率及其空间自相关性分析[J].南水北调与水利科技(中英文),2023,21(1):39-47,75.

[2] 肖伟华,庞莹莹,张连会,等.南水北调东线工程突发性水环境风险管理研究[J].南水北调与水利科技,2010,8(5):17-21.

[3] 熊雁晖,漆文刚,王忠静.南水北调中线运行风险研究(一)——南水北调中线工程风险识别[J].南水北调与水利科技,2010,8(3):1-5.

[4] 靳春玲,王运鑫,贡力.基于模糊层次评价法的黄河兰州段突发水污染风险评价[J].安全与环境学报,2018,18(1):363-368.

[5] 周宏伟,黄佳聪,高俊峰,等.太湖流域太浦河周边区域突发水污染潜在风险评估[J].湖泊科学,2019,31(3):646-655.

[6] 田洁.黄河流域河谷型城市突发水污染事故风险评价研究[D].兰州:兰州交通大学,2022.

[7] 周一,靳春玲,贡力,等.内陆河流域突发水污染安全评价:以黑河流域张掖段为例[J].水利水电技术(中英文),2023,54(5):126-135.

[8] 杨星,崔巍,穆祥鹏,等.南水北调中线总干渠Ⅲ级水污染应急处置水力调控方案研究[J].南水北调与水利科技,2018,16(2):21-28.

[9] 马梦含.长距离输水工程突发水污染事件风险评价[D].兰州:兰州交通大学,2021.

[10] 陈扬.太湖流域河网-湖泊水环境安全评价体系构建——基于德尔菲法的研究[J].科学技术创新,2018(26):7-8.

[11] 陈铭瑞,靳燕国,刘爽,等.明渠突发水污染事故段及下游应急调控[J].南水北调与水利科技(中英文),2022,20(6):1188-1196.

[12] 王妍.基于G1法的节水型社会指标体系评估探析[J].水利规划与设计,2018(6):55-57.

[13] 陈沅江,袁红.基于拉开档次法-TOPSIS的煤尘抑制剂优选决策模型[J].水土保持通报,2018,38(3):162-166,173.

[14] 刘引鸽,史鹏英,张妍.渭河干流陕西段河流水质污染风险评价[J].水资源与水工程学报,2015,26(3):51-54.

[15] 秦天玲,候佑泽,郝彩莲,等.基于主成分分析法的武烈河流域水质评价研究[J].环境保护科学,2011,37(6):102-105.

[16] ZHAO J T,ZHANG X J,QI L J, et al. A comprehensive post evaluation of the implementation of water-saving measures in Xiangtan, Hunan Province, China[J]. Sustainability,2022,14(8):4505.

[17] 刘婧怡,王炎,汤家道,等.基于博弈论综合权重法的场地地下水环境污染风险评价[J].安全与环境工程,2023,30(1):221-230.

[18] ZHANG X J, QIU N, ZHAO W R, et al. Water environment early warning index sys-

tem in Tongzhou District[J]. Natural Hazards, 2015,75(3):2699-2714.

[19] LONG Y, XU G, MA C, et al. Emergency control system based on the analytical hierarchy process and coordinated development degree model for sudden water pollution accidents in the Middle Route of the South-to-North Water Transfer Project in China[J]. Environmental Science and Pollution Research, 2016, 23(12):12332-12342.

[20] SUN K, HE W B, SHEN Y F, et al. Ecological security evaluation and early warning in the water source area of the Middle Route of South-to-North Water Diversion Project[J]. Science of The Total Environment, 2023, 868:161561.

[21] 崔玉荣,戴志清,刘喜峰,等.基于模糊证据推理的南水北调工程突发事件风险评价[J].水力发电,2021,47(4):102-107.

[22] 吴钢,蔡井伟,付海威,等.模糊综合评价在大伙房水库下游水污染风险评价中应用[J].环境科学,2007(11):2438-2441.

[23] 匡佳丽,唐德善.基于熵权模糊综合模型的水污染风险评价——以鄱阳湖流域为例[J].人民长江,2021,52(9):32-37,45.

[24] 傅婕,曹若馨,曾维华,等.基于贝叶斯网络的流域水环境承载力超载风险评价——以北运河流域为例[J].环境科学学报,2023,43(3):516-528.

[25] 李强,李子阳,王长生,等.长距离输水隧洞盾构法施工风险事件路径预测[J].南水北调与水利科技(中英文),2022,20(5):999-1009.

[26] ZHU Y Y,CHEN Z,ASIF Z. Identification of point source emission in river pollution incidents based on Bayesian inference and genetic algorithm: inverse modeling, sensitivity, and uncertainty analysis[J]. Environmental Pollution,2021,285(15):117497.

[27] 魏媛媛.基于熵权-TOPSIS法的安徽省水资源承载力评价研究[D].南京:南京工业大学,2022.

[28] 孟定华,朱诗洁,毛劲乔.基于TOPSIS法的鄱阳湖水环境评价研究[J].水电能源科学,2023,41(3):44-47.

[29] 王杰,李占玲.基于熵权的TOPSIS综合评价法在大气环流模式优选中的应用[J].南水北调与水利科技(中英文),2020,18(2):14-21.

[30] 王富强,马尚钰,赵衡,等.基于AHP和熵权法组合权重的京津冀地区水循环健康模糊综合评价[J].南水北调与水利科技(中英文),2021,19(1):67-74.

调水工程建设期安全-进度-投资系统风险分析——以引江济淮工程(河南段)为例

何　山[1],王　辉[2],程卫帅[1],刘　渊[2],范嘉懿[2],王永强[1],桑连海[1]

(1. 长江科学院水资源综合利用研究所,湖北 武汉 430010;
2. 河南省引江济淮工程有限公司,河南 郑州 450000)

摘　要: 以引江济淮工程(河南段)为例,在确定安全-进度-投资系统风险评价指标体系的基础上,基于层次分析-模糊综合评价方法,分析安全、进度、投资的单项风险;在考虑工程建设期安全、进度、投资的相互影响后,基于改进的综合风险评价方法,分析安全-进度-投资系统风险。结果表明,当分析单项风险时,安全、进度和投资风险的评价结果均为一般风险;当分析系统风险时,得到安全风险>进度风险>投资风险;进一步分析指标体系中的准则层和指标层,安全风险的现场风险中施工技术方案风险排序第一,是后续风险管控的重点。本研究为提高工程建设期安全-进度-投资系统的可靠性、降低风险事件的发生提出了理论和技术参考。

关键词: 施工风险;改进综合风险评价法;安全-进度-投资系统风险;调水工程;引江济淮工程(河南段)

调水工程是解决地区水资源分配不均、缓解水资源短缺矛盾的重要手段,可以有效提高区域水资源配置和水安全保障能力,很大程度上改善了受水区供水状况,是区域协调发展的金纽带[1-2];同时骨干调水工程也是国家水网的重要通道,为加快构建国家水网提供了有力支撑[3]。调水工程通常跨越多个行政区和流域,是典型的复杂系统工程,与区域社会、经济、气候、环境等方面存在着密切联系,其施工期潜藏着各种风险[4-5]。开展调水工程施工阶段风险分析和评价,是整个工程建设期的重要内容,将有利于项目管理者把握工程整体风险水平,为后续制定风险管控对策和保障措施提供基础[6-7]。

调水工程建设期的风险有很多,总体可以归纳为安全风险、进度风险和投资风险等。目前,已有很多学者对调水工程建设项目的安全、进度、投资风险分别进行了定性的研究或定量的评价[8-11]。在安全风险分析方面,刘帅等[12]基于模糊综合评价和BP神经网络建立了水电工程施工安全隐患评价模型,构建了一个具有多层次和多指标特性的水电工程施工安全隐患诊断指标体系,并对某水电工程施工安全风险进行了评价。在进度风险分析方面,何清华等[13]基于113份调查问卷和实例,采用贝叶斯网络分析了大型复杂工程项目群的进度风险,识别出了进度风险的关键敏感因素和最大致因链;王彦涛[14]采用层次分析法(Analytic Hierarchy Process,AHP)构建了施工进度风险评价模型,通过对各级指标一致性检验得到各指标权重,基于指标权重对施工进度风险进行评价。在投资风险分析方面，孙会堂[15]采用层次分析法灰色关联评价模型评价了河道治理投资风险；范向辉[16]分析了郑州市10年间主要材料价格的变化，及对工程建设和工程造价的影响。

以上的研究方法多种多样，各有各的优点；但是目前的研究大多都是对单项风险进行分析，从整体上对安全-进度-投资系统风险进行综合分析的研究很少[17-18]，目前的研究也没有考虑各项风险之间的相关关系。在工程建设期，只考虑单项风险不利于工程项目总体管控。并且，工程建设期安全、进度、投资之间存在显而易见的相互作用关系[19]，例如发生安全事故很可能影响工程建设进度，工程建设进度滞后也将影响投资计划进度，投资计划执行不到位将影响工程进度，还可能引发额外的安全事故[20]。

本研究以引江济淮工程(河南段)为研究区域，分析了安全、进度、投资单项风险，在分析安全、进度、投资风险之间相关性的基础上，构建了安全-进度-投资系统风险评价指标体系；建立了改进的综合风险评价方法，对安全-进度-投资系统风险进行综合评价，明确了系统风险等级，以期为引江济淮工程(河南段)建设期安全-进度-投资系统风险决策提供参考。

1 研究区概况

引江济淮工程(河南段)项目属引江济淮工程江水北送段中的一部分，为新建项目。该工程主要通过西淝河向河南省受水区供水，工程任务以城乡供水为主、兼顾改善水生态环境，工程等级为Ⅰ等，工程规模为大(1)型。项目建设地点涉及周口市的郸城县、鹿邑县及商丘市的柘城县、睢阳区、虞城县、夏邑县，共6个县(区)。工程总体布局主要包括输水河道、输水管道和调蓄水库等内容[21-22]。

该项目属于长距离调水工程，沿线所经地区环境复杂多变，穿越公路、河流等各类交叉建筑物众多，部分建筑物结构复杂、施工难度大；程序流程涉及多个政府部门，制约工程进展。工程建设期可能发生的大部分风险事件主要体现在安全、进度、投资风险方面，需开展引江济淮工程(河南段)建设期安全-进度-投资系统风险分析工作，以提高工程安全可靠性，降低风险事件发生概率。

2 研究方法

2.1 安全-进度-投资系统风险评价指标体系

影响安全-进度-投资系统风险的因素有很多，各种因素之间存在相互影响，建立完善的系统风险评价指标体系是风险分析的关键。

2.1.1 安全风险评价指标体系

工程项目建设期的安全因素主要有人、物、技术、环境及管理。结合引江济淮工程(河南段)安全风险源清单、风险识别结果、施工质量缺陷情况和安全风险源隐患情况，参照文献资料以及专家经验对安全风险进行筛选[8-9]，过滤掉公认影响程度小的风险，该工程建设期安全风险可以分解为人员风险、材料设备风险和现场风险，其中施工质量不足是施工人员素质不高、操作失误等导致的。安全风险评价指标体系见图1。

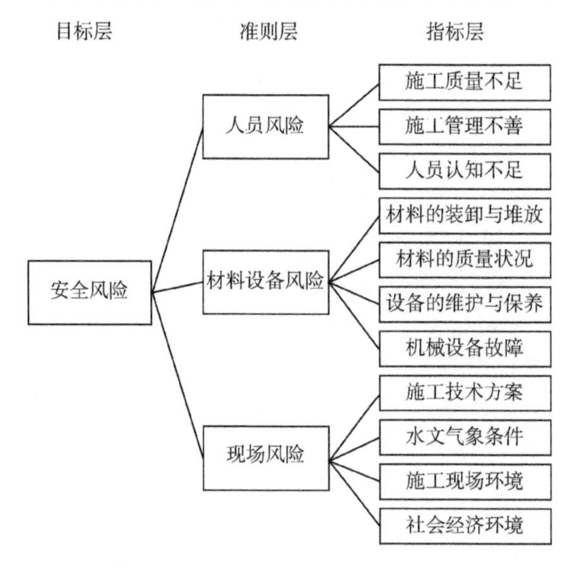

图1 引江济淮工程(河南段)建设期安全风险评价指标体系

2.1.2 进度风险评价指标体系

影响施工进度的因素有人、技术、材料、设备、资金、水文地质与气象、其他环境和社会因素以及其他难以预料的因素。根据风险评价指标选取原则，结合引江济淮工程（河南段）建设期进度风险源清单、影响进度的问题、工期调整情况，参照文献资料以及专家经验对进度风险进行筛选[10,13-14]，结合该项目建设期实际情况，过滤掉公认影响程度小的风险，形成进度风险评价指标体系，见图2。

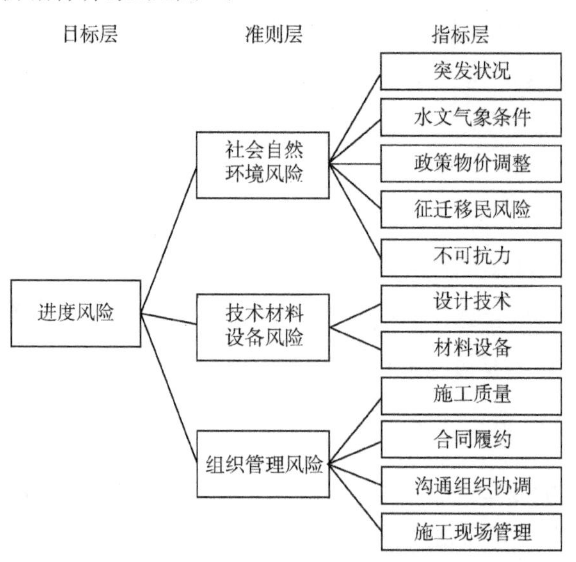

图2 引江济淮工程(河南段)建设期进度风险评价指标体系

2.1.3 投资风险评价指标体系

根据风险评价指标选取原则，结合引江济淮工程(河南段)建设期投资风险源清单、投资实施计划调整情况、投资计划执行的制约因素以及施工期设计变更情况，参照文献资料以及专家经验对投资风险进行筛选[11]，过滤掉公认影响程度小的风险，结合该项目施工期投资情况和工程特点，形成投资风险评价指标体系，见图3。

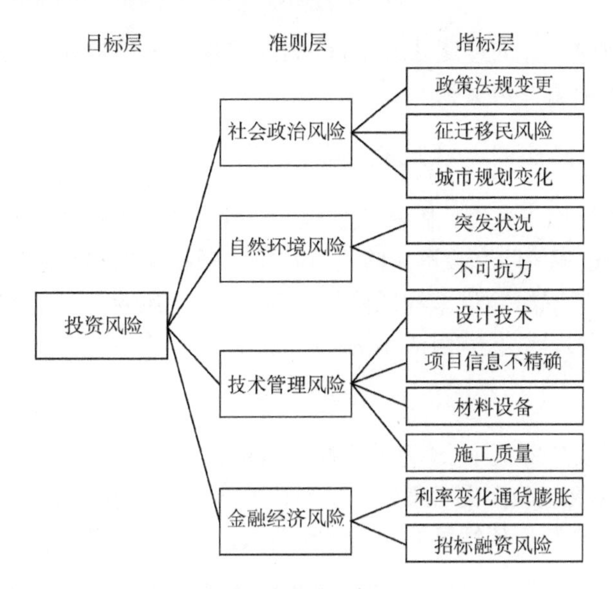

图3 引江济淮工程(河南段)建设期投资风险评价指标体系

2.2 安全-进度-投资系统风险评价方法

在建立的风险评价指标体系的基础上，采用层次分析-模糊综合评价方法分析安全、进度、投资风险的单项风险及其系统风险。其基本流程分为两个部分：首先采用层次分析法分配指标权重，随后采用模糊综合确定隶属函数。在此基础上，采用改进的综合风险评价方法进行系统风险的分析。

2.2.1 基于层次分析法的指标权重分配

层次分析法可以用于分析风险因素以及风险层级间存在的决策结构，并对各施工风险因素进行权重赋值[23]。其步骤如下：首先，确定判断矩阵，构建判断矩阵可以将定性分析转换为定量分析，将主观信息量化；采用相对重要程度标度法，通过两两比较同层级各指标对上层级指标的相对重要程度，并采用九标度表来量化，得到各因子数量值并构成判断矩阵[14]。其次，计算判断矩阵特征值和特征向量。最后，当判断矩阵通过一致性检验后，判断矩阵所对应的特征向量的各分量，即为各指标的权重。

2.2.2 基于LEC法的单项风险评价

根据《河南省水利水电工程施工安全风险辨识管控与隐患排查治理双重预防体系建

设实施细则》和《水利水电工程施工危险源辨识与风险评价导则(试行)》,结合引江济淮工程(河南段)现场环境和作业的实际情况,采用基于作业条件危险性评价法(LEC)的单项风险评价方法确定安全风险评价值[24-25],得到各个安全生产隐患的安全风险评价值。将引江济淮工程(河南段)建设期施工安全风险水平分为 4 个等级——重大风险、较大风险、一般风险、低风险[26]。风险度(R)计算公式可表示为

$$R = L \times E \times C \tag{1}$$

式中:L 为事故或危险事件的可能性大小;E 为人体暴露于危险环境的频率;C 为危险严重程度。L、E、C 的取值参考文献[26]。

2.2.3 基于风险矩阵法的单项风险评价

由于 LEC 法不适用于进度风险和投资风险评价,在参考相关文献后,采用风险矩阵法[27]对工程建设期进度风险和投资风险进行评价。根据层次关系和级别,依次揭示各层级的风险,通过综合考虑风险概率和风险损失后果,确定风险等级。该方法简洁、直观且不易遗漏。风险度(R)计算公式可表示为[28]

$$R = L \times S \tag{2}$$

式中:L 为风险因素发生的概率,S 为风险损失后果。

风险发生的概率和风险损失后果分成 5 个等级,见表 1。形成风险矩阵后,根据定级方法的风险评估矩阵将风险评价结果 R 分成 4 个等级。R 的取值范围在 0.004～6.4 之间。

表 1 风险发生概率和损失后果

风险发生概率 L		风险损失后果 S		风险等级 R	
等级	定量	等级	定量	等级	定量
不可能	0.02	可忽略	0.2	Ⅰ(低)	[0.004,0.1)
较低	0.2	较小	2	Ⅱ(一般)	[0.1,1.0)
中等	0.4	中等	4	Ⅲ(较大)	[1.0,3.0)
较高	0.6	严重	6	Ⅳ(重大)	[3.0,6.4]
频繁	0.8	非常严重	8		

风险概率和风险损失后果的评价采用基于模糊综合评判原理的隶属度计算[5]。在确定因素集和评价集后,根据专家打分和文献数据,采用逐级估量法和模糊集法,在考虑所有因素对评价风险因素的影响后,对施工期各风险概率和风险损失后果打分,利用加权平均法对数据进行处理,得到指标层的评价结果。

2.2.4 改进的综合风险评价

本文单项安全风险分析采用 LEC 法,单项进度和投资风险分析采用风险矩阵法。这两个方法存在统计维度不一致的问题,因此,本文先将安全、进度、投资的单项风险进行归一化处理。然后,参考文献[10]将层次分析法确定的权重向量($\boldsymbol{W}$)和指

标层的单项风险评价结果(R)进行运算，可以得出综合风险评价结果。风险度计算公式可表示为

$$R' = R \times \mathbf{W} \tag{3}$$

2.3　安全-进度-投资系统分析

建设期安全、进度、投资风险之间的关系是相辅相成、不可分割的。工程安全是进度和投资的必要条件，工程出现安全问题将面临返工、整改，产生负进度，不仅直接造成成本增加，且更可能造成企业无形资产的损失；投资计划执行不到位必然影响工程进度，还可能引发额外的安全事故。因此，在项目建设阶段，引江济淮工程(河南段)项目所面临的安全、进度、投资风险不是独立、静态的，风险间存在着相互依赖、相互影响和相互作用关系；且受到系统内部和外部环境的干扰，导致工程整体风险的强度和性质发生改变，这也是导致风险突变的重要诱因，需要对安全-进度-投资系统风险进行综合分析。本研究对安全、进度、投资风险进行整合，构建安全-进度-投资系统风险评价指标体系，见图4。可以看出，安全、进度、投资风险存在共同影响因素。比如，汛期大暴雨(水文气象条件)可能会导致正在施工的工程被破坏，影响安全风险；也会导致工程延期，影响进度风险。材料更新设备故障会同时影响安全风险、进度风险和投资风险。

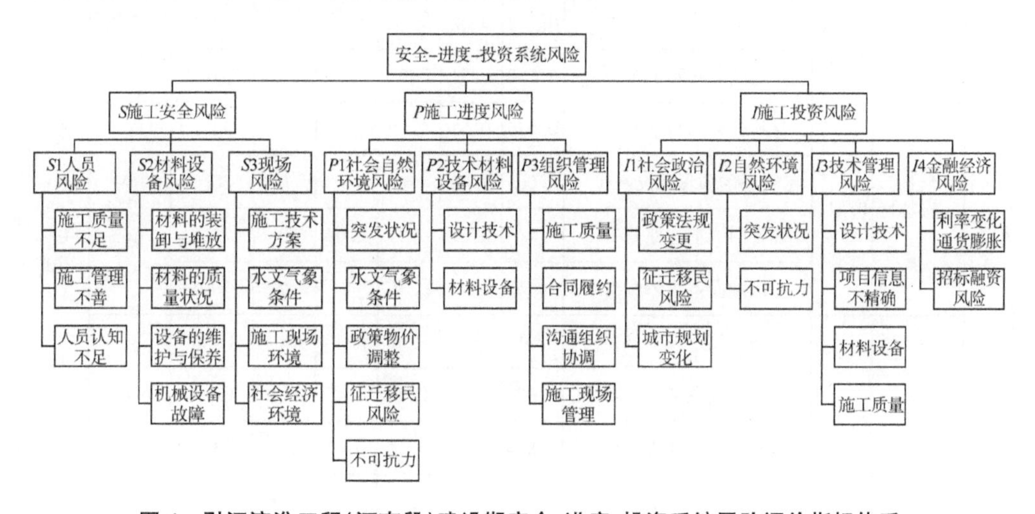

图4　引江济淮工程(河南段)建设期安全-进度-投资系统风险评价指标体系

3　结果分析

3.1　安全风险分析

3.1.1　权重确定

权重的确定是根据收集整理的引江济淮工程(河南段)建设期各施工标段安全生产隐

患整改台账，将每个安全生产隐患情况按照图 1 分类，按照指标层进行统计，可得如表 2 所示指标层的权重。表 2 中无安全生产隐患数据的，采用层次分析法确定权重。得到指标层对准则层和准则层对目标层的判断矩阵后，采用一致性检验公式进行检验。对判断矩阵的特征向量进行计算，并进行归一化处理，即可确定基于层次分析法的指标权重，比如 $\boldsymbol{W}_S=(0.506,0.214,0.280)$。

3.1.2　隶属度计算

采用基于 LEC 法的单项风险评价，确定每个安全隐患的评价等级；根据安全隐患的分类结果，得到各个指标层的指标评价等级情况，即各个指标层中的安全隐患处于低风险、一般风险、较大风险和重大风险的概率，从而得到指标层 $S1$、$S2$、$S3$ 的单因素评价隶属度，见表 2。

表 2　引江济淮工程(河南段)建设期安全风险评价表

目标层	准则层	权重	指标层	权重	指标评价等级				指标层风险	准则层风险	目标层风险
					低风险	一般风险	较大风险	重大风险			
安全风险(S)	人员风险 $S1$	0.506	施工质量不足 $S11$	0.745	0.88	0.11	0.01	0	45.9	64.2(低风险)	84.7(一般风险)
			施工管理不善 $S12$	0.102	0.82	0.18	0	0	49.4		
			人员认知不足 $S13$	0.153	0.31	0.05	0.64	0	170.2		
	材料设备风险 $S2$	0.214	材料的装卸与堆放 $S21$	0.095	0.91	0.09	0	0	42.2	69.9(低风险)	
			材料的质量状况 $S22$	0.009	1.00	0	0	0	35.0		
			设备的维护与保养 $S23$	0.741	0.57	0.41	0.02	0	71.9		
			机械设备故障 $S24$	0.155	0.44	0.56	0	0	79.8		
	现场风险 $S3$	0.280	施工技术方案 $S31$	0.613	0	0.67	0.33	0	156.3	131.1(一般风险)	
			水文气象条件 $S32$	0.099	0.16	0.37	0.45	0.02	166.0		
			施工现场环境 $S33$	0.223	0.83	0.17	0.01	0	51.0		
			社会经济环境 $S34$	0.065	0.28	0.56	0.15	0.01	115.1		

3.1.3　安全风险模糊综合评价

根据图 1 的工程施工安全风险评价指标体系，引江济淮工程(河南段)建设期施工安全风险评价指标因素集 $S=[S1,S2,S3]$。结合 LEC 法，取施工安全风险评价等级 $V=$[低风险，一般风险，较大风险，重大风险]$=[35,115,240,490]$。

采用多级模糊综合评价方法，得到指标层的单项风险评价结果(表 2 第十列)和目标层 S 的模糊隶属度矩阵

$$\boldsymbol{R}_S=\begin{bmatrix}S1\\S2\\S3\end{bmatrix}=\begin{bmatrix}W_{S1}\cdot R_{S1}\\W_{S2}\cdot R_{S2}\\W_{S3}\cdot R_{S3}\end{bmatrix}=\begin{bmatrix}0.787&0.108&0.105&0.000\\0.586&0.399&0.015&0.000\\0.219&0.522&0.259&0.003\end{bmatrix}\tag{4}$$

安全风险评价结果为：$S=\boldsymbol{W}_S\times\boldsymbol{R}_S=[0.585\ 0.286\ 0.129\ 0.001]$，则 $G_S=S\times V^{T}=84.68$，属于一般风险。

本研究采用基于建设期各施工标段安全生产隐患整改台账得到的大量安全生产隐患现场数据，计算得到指标层隶属度，而不是利用调查问卷或者专家打分，因此本研究具有可信性。

3.2　进度风险分析

3.2.1　权重确定

基于进度风险评价指标体系，结合工程建设期进度风险特点，参考 Saaty 标度法[5,14]对工程建设期进度风险建立判断矩阵，确定指标权重，并通过一致性检验。

目标层为进度风险（P），准则层有社会自然环境风险（$P1$）、技术材料设备风险（$P2$）、组织管理风险（$P3$）3 个要素。依据项目特点、参考其他项目及相关文献，确定准则层对目标层和指标层对准则层的判断矩阵。比如参考文献[14]，组织管理风险＞社会政策风险＞技术材料设备风险。采用一致性检验公式计算，可得 P、$P1$、$P2$、$P3$ 矩阵的最大特征值 λ_{max}、一致性指标 CI、一致性比例 CR，计算结果见表 3。由表可知，目标层和准则层指标判断矩阵的 CR 均小于 0.1，说明指标矩阵均通过一致性检验。

表 3　进度风险指标一致性检验结果

	P	$P1$	$P2$	$P3$
λ_{max}	3.009 2	5.014 2	2.000	4.045 8
CI	0.004 6	0.003 6	0	0.015 3
CR	0.008 8	0.003 2	0	0.017 2

对判断矩阵的特征向量进行计算，并进行归一化处理，即可得出基于层次分析法的进度风险指标权重，见表 4 第三列和第五列。

3.2.2　进度风险模糊综合评价

基于模糊理论，采用风险矩阵法（表 1），选取 10 名现场施工经验丰富的水电工程专家进行问卷调查，由专家根据工程及环境等具体情况，对引江济淮工程（河南段）施工过程的进度风险发生概率及进度风险发生对工程造成的损失程度进行判断赋值，并对数据进行处理[10]。由此得到进度风险评价结果，见表 4 第六至九列。则进度风险评价结果为：$P=\boldsymbol{W}_P\times\boldsymbol{R}_P=[0.539\ 0.164\ 0.297]\times[1.069\ 1.080\ 0.176]^{T}=0.806$，风险等级为Ⅱ（一般风险）。

表 4 引江济淮工程(河南段)建设期进度风险评价表

目标层	准则层	权重	指标层	权重	L	S	R	风险等级	准则层风险	目标层风险
进度风险 P	社会自然环境风险 $P1$	0.539	突发状况 $P11$	0.186	0.2	4	0.8	Ⅱ	1.069(Ⅲ)	0.806(Ⅱ)
			水文气象条件 $P12$	0.467	0.4	2	0.8	Ⅱ		
			政策物价调整 $P13$	0.096	0.02	2	0.04	Ⅰ		
			征迁移民风险 $P14$	0.202	0.6	4	2.4	Ⅲ		
			不可抗力 $P15$	0.049	0.2	6	1.2	Ⅲ		
	技术材料设备风险 $P2$	0.164	设计技术 $P21$	0.667	0.4	4	1.6	Ⅲ	1.080(Ⅲ)	
			材料设备 $P22$	0.333	0.02	2	0.04	Ⅰ		
	组织管理风险 $P3$	0.297	施工质量 $P31$	0.184	0.2	4	0.8	Ⅱ	0.176(Ⅱ)	
			合同履约 $P32$	0.097	0.02	0.2	0.004	Ⅰ		
			沟通组织协调 $P33$	0.433	0.02	2	0.04	Ⅰ		
			施工现场管理 $P34$	0.287	0.2	0.2	0.04	Ⅰ		

3.3 投资风险分析

3.3.1 权重确定

对于投资风险,同理进度风险,基于投资风险评价指标体系,结合工程建设期投资风险特点,对工程建设期投资风险建立判断矩阵,确定指标权重,并通过一致性检验。

目标层为投资风险(I),准则层有社会政治风险($I1$)、自然环境风险($I2$)、技术管理风险($I3$)、金融经济风险($I4$)这 4 个要素。依据项目特点、参考其他项目及相关文献,确定投资风险各层次的判断矩阵。一致性检验结果见表 5,可知判断矩阵的 CR 均小于 0.1,说明指标矩阵均通过一致性检验。

表 5 投资风险指标一致性检验结果

	I	$I1$	$I2$	$I3$	$I4$
λ_{max}	4.096 8	3.009 2	2.000	4.003 0	2.000
CI	0.032 3	0.004 6	0	9.905 9e−04	0
CR	0.036 3	0.008 8	0	0.001 1	0

对判断矩阵的特征向量进行计算,并进行归一化处理,即可得出基于层次分析法的投资风险指标权重,见表 6 第三列和第五列。

3.3.2 投资风险模糊综合评价

基于模糊理论,采用风险矩阵法(表 1),选取相同的水电工程专家进行问卷调查,由专家根据工程及环境等具体情况,对引江济淮工程(河南段)施工过程的投资风险发生概率及投资风险发生对工程造成的损失程度进行判断赋值,并对数据进行处理[10]。由此得到投资风险评价结果见表 6 第六至九列。则投资风险评价结果为：$I = \boldsymbol{W}_I \times \boldsymbol{R}_I = [0.070\ 0.483\ 0.186\ 0.261] \times [1.457\ 1.100\ 0.852\ 0.040]^T = 0.802$，风险等级为Ⅱ（一般风险）。

表 6　引江济淮工程（河南段）建设期投资风险评价表

目标层	准则层	权重	指标层	权重	L	S	R	风险等级	准则层风险	目标层风险
投资风险 I	社会政治风险 $I1$	0.070	政策法规变更 $I11$	0.324	0.02	2	0.04	Ⅰ	1.457（Ⅲ）	0.802（Ⅱ）
			征迁移民风险 I12	0.587	0.6	4	2.4	Ⅲ		
			城市规划变化 $I13$	0.089	0.2	2	0.4	Ⅱ		
	自然环境风险 $I2$	0.483	突发状况 $I21$	0.250	0.2	4	0.8	Ⅱ	1.100（Ⅲ）	
			不可抗力 $I22$	0.750	0.2	6	1.2	Ⅲ		
	技术管理风险 $I3$	0.186	设计技术 $I31$	0.315	0.4	4	1.6	Ⅲ	0.852（Ⅱ）	
			项目信息不精确 $I32$	0.063	0.02	0.2	0.004	Ⅰ		
			材料设备 $I33$	0.197	0.02	2	0.04	Ⅰ		
			施工质量 $I34$	0.425	0.2	4	0.8	Ⅱ		
	金融经济风险 $I4$	0.261	利率变化通货膨胀 $I41$	0.333	0.2	0.2	0.04	Ⅰ	0.040（Ⅰ）	
			招标融资风险 $I42$	0.667	0.02	2	0.04	Ⅰ		

3.4　安全-进度-投资系统风险分析

以上研究采用层次分析法基于相对重要程度标度法分别确定目标层、准则层和指标层的判断矩阵，通过一致性检验后，分别得到目标层、准则层和指标层的权重。在确定安全、进度和投资的单项风险评价结果后，采用改进的综合风险评价方法，即可得到引江济淮工程（河南段）建设期安全-进度-投资系统风险综合评价结果，见表 7。

本研究采用层次分析法来确定目标层安全、进度和投资风险的权重，并在层次分析法中，采用主客观相结合的相对重要程度标度法和文献数据信息来确定安全、进度和投资风险的相对重要程度。对一定领域研究的次数在一定程度上可以展示出学者们对这一领域的重视和关注程度，也可反映这个领域的重要程度。因此，本研究分别查询调水工程建设期安全、进度和投资风险的文献，以"安全风险"和"施工"、"进度风险"和"施工"、"投资风险"和"施工"为主题，以水利水电工程为学科，在中国知网（CNKI）检索中文文献，分别检索到 728、102、53 篇。由此形成判断矩阵，通过一致性检验后，得到目标层安全、进度和投资风险的权重为（0.825，0.116，0.060）。

安全、进度和投资的单项风险评价结果分别为 84.7、0.806 和 0.802，很明显由于采用的方法不同，得到的结果存在统计维度不一致的问题，需要对单项风险评价结果进行归一化处理。则得到改进的安全风险为 0.058，改进的进度风险为 0.012，改进的投资风险为 0.006，故安全风险＞进度风险＞投资风险。

由表 7 和图 5 可知，在安全-进度-投资系统风险中，安全风险的现场风险中施工技术方案（S31）风险最高，排序第一；其次是安全风险的人员风险中人员认知不足（S13）、材料设备风险中设备的维护与保养（S23）。可见安全风险的影响因素对引江济淮工程（河南段）施工的影响最大。投资风险的技术管理风险中项目信息不精确($I32$)风险最小，排序最后。

表 7 引江济淮工程(河南段)建设期安全-进度-投资系统风险综合评价表

	目标层	权重	准则层	指标层	权重 W	单项风险 R	归一化处理	改进 R' (10^{-3})	排序	改进准则层风险 (10^{-3})	改进目标层风险
安全-进度-投资系统风险	安全风险 S	0.825	人员风险 $S1$	施工质量不足 $S11$	0.310 7	45.85	0.046 7	1.45	13	14.668	0.058
				施工管理不善 $S12$	0.042 6	49.40	0.050 3	2.14	11		
				人员认知不足 $S13$	0.064 0	170.20	0.173 2	11.08	2		
			材料设备风险 $S2$	材料的装卸与堆放 $S21$	0.016 8	42.20	0.042 9	0.72	18	12.583	
				材料的质量状况 $S22$	0.001 5	35.00	0.035 6	0.05	24		
				设备的维护与保养 $S23$	0.131 0	71.90	0.073 2	9.58	3		
				机械设备故障 $S24$	0.027 4	79.80	0.081 2	2.23	10		
			现场风险 $S3$	施工技术方案 $S31$	0.141 9	156.25	0.159 0	22.56	1	30.874	
				水文气象条件 $S32$	0.022 9	165.95	0.168 9	3.87	5		
				施工现场环境 $S33$	0.051 6	51.00	0.051 9	2.68	8		
				社会经济环境 $S34$	0.015 0	115.10	0.117 1	1.76	12		
	进度风险 P	0.116	社会自然环境风险 $P1$	突发状况 $P11$	0.011 6	0.80	0.103 0	1.19	14	8.573	0.012
				水文气象条件 $P12$	0.029 1	0.80	0.103 0	3.00	7		
				政策物价调整 $P13$	0.006 0	0.04	0.005 2	0.03	27		
				征迁移民风险 P14	0.012 6	2.40	0.309 1	3.88	4		
				不可抗力 $P15$	0.003 1	1.20	0.154 6	0.47	21		
			技术材料设备风险 $P2$	设计技术 $P21$	0.012 6	1.60	0.206 1	2.60	9	2.632	
				材料设备 $P22$	0.006 3	0.04	0.005 2	0.03	26		
			组织管理风险 $P3$	施工质量 $P31$	0.006 3	0.80	0.103 0	0.65	19	0.779	
				合同履约 $P32$	0.003 3	0.00	0.000 5	0.00	32		
				沟通组织协调 $P33$	0.014 9	0.04	0.005 2	0.08	22		
				施工现场管理 $P34$	0.009 8	0.04	0.005 2	0.05	25		
	投资风险 I	0.060	社会政治风险 $I1$	政策法规变更 $I11$	0.001 4	0.04	0.005 4	0.01	31	0.836	0.006
				征迁移民风险 $I12$	0.002 5	2.40	0.325 9	0.81	15		
				城市规划变化 $I13$	0.000 4	0.40	0.054 3	0.02	29		
			自然环境风险 $I2$	突发状况 $I21$	0.007 2	0.80	0.108 6	0.79	16	4.325	
				不可抗力 $I22$	0.021 7	1.20	0.163 0	3.54	6		
			技术管理风险 $I3$	设计技术 $I31$	0.003 5	1.60	0.217 3	0.76	17	1.290	
				项目信息不精确 $I32$	0.000 7	0.00	0.000 5	0.00	33		
				材料设备 $I33$	0.002 2	0.04	0.005 4	0.01	30		
				施工质量 $I34$	0.004 7	0.80	0.108 6	0.51	20		
			金融经济风险 $I4$	利率变化通货膨胀 $I41$	0.005 2	0.04	0.005 4	0.03	28	0.085	
				招标融资风险 $I42$	0.010 5	0.04	0.005 4	0.06	23		

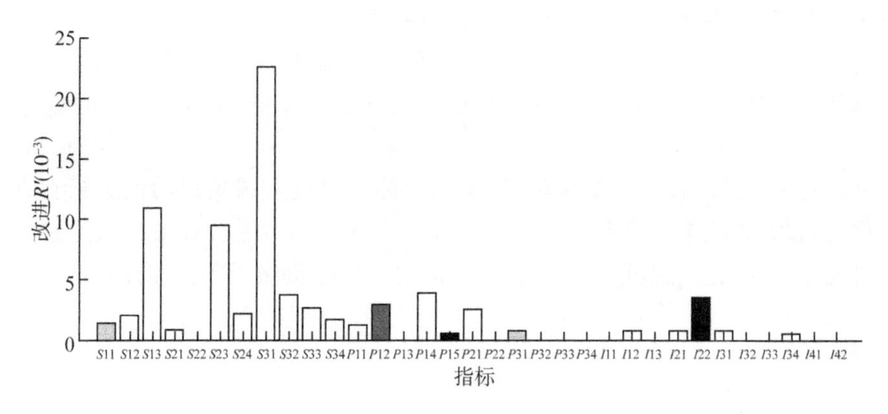

图 5　引江济淮工程(河南段)建设期改进的安全-进度-投资系统风险综合评价结果

王志玮等[29]在研究基于全生命周期的高速公路工程项目风险时,得到进度风险、安全风险和质量风险的权重分别为 0.15、0.06 和 0.28,如果将安全和质量风险合并,同样得到安全质量风险>进度风险。昝彦国[30]将建筑工程项目施工阶段安全风险的影响因素分为五大类:人的不安全状态、物的不安全状态、技术工艺上的缺陷、组织管理上的不足、环境及其他方面不适应状态,并借鉴文献中调查统计的相关数据,确定了五大类因素的权重为(0.26,0.18,0.20,0.20,0.16)。当将组织管理风险合并入人员风险、技术工艺风险和环境风险合并为现场风险时,同样得到人员风险>现场风险>材料设备风险(物)。虽然不同工程在构建风险评价指标体系时采用的指标有差异、指标权重的赋值也不同;但是经过对比分析,本研究与其他某些工程建设期风险分析研究结果具有一定程度上的一致性,这也证明了本研究的合理性。

从图 5 也可以看出进度风险中不可抗力($P15$)与投资风险中不可抗力($I22$)的评价结果不一致,进度风险中水文气象条件($P12$)与安全风险中水文气象条件($S32$)的评价结果不一致,安全风险中材料的质量状况($S22$)与进度风险中材料设备($P22$)、投资风险中材料设备($I33$)的评价结果也不一致,安全风险中施工质量不足($S11$)与进度风险中施工质量($P31$)、投资风险中施工质量($I34$)的评价结果也不一致。这是因为目前的风险评价虽然考虑了系统风险的失效模式,但是没有考虑安全-进度-投资系统风险之间共因失效问题,这些风险还存在着除了共因失效基本事件以外的其他单独失效基本事件。此时,我们需要识别安全、进度和投资风险之间的关系,辨识出导致安全、进度、投资风险中两项或三项风险失效的事件,即共因失效事件。因此,在以后的研究中还需要进一步对安全-进度-投资系统风险的共因失效模式和事件进行分析研究。

4　结论

本文基于层次分析-模糊综合评价方法,分析了引江济淮工程(河南段)安全、进度、投资的单项风险。由于只考虑单个风险不利于工程项目总体管控,在此基础上,本文继续对安全-进度-投资系统风险进行了综合分析。结果显示,只考虑单项分项时,进度风险大于投资风险;综合考虑安全-进度-投资系统风险时,总体上安全风险影响最大,与工程实际风险情况基本相符,由此可认为该评价结果合理、可行。

通过本研究发现,安全、进度、投资风险间相互影响作用体现在他们之间存在着共同影响因素,即共因失效基本事件,在后续的研究中需要对共因失效问题进行分析研究。

在分析安全-进度-投资系统风险时,安全风险与进度和投资风险的分析存在统计维度不一致的问题,为此本文提出一种改进的综合风险评价方法,对系统风险进行综合分析。该研究方法为安全-进度-投资系统风险的协同管控提供了理论和技术参考。

参考文献

[1] 王兴菊,孙杰豪,赵然杭,等.基于可变模糊集理论的跨流域调水工程水资源优化调度[J].南水北调与水利科技(中英文),2020,18(6):85-92,100.

[2] 张慧,刘永强,汪小进,等.基于熵组合权重的调水工程项目管理模式选择[J].南水北调与水利科技,2015,13(6):1207-1211.

[3] 徐宗学,庞博,冷罗生.河湖水系连通工程与国家水网建设研究[J].南水北调与水利科技(中英文),2022,20(4):757-764.

[4] 程琍,胡小梅,李德,等.引江济汉工程施工风险控制与管理[J].人民长江,2016,47(2):56-58,66.

[5] 赵延喜,徐卫亚.基于AHP和模糊综合评判的TBM施工风险评估[J].岩土力学,2009,30(3):793-798.

[6] 陈志鼎,张扬,闫海兰.基于熵权和改进AHP的中小型水电工程施工风险评估模型及应用[J].水电能源科学,2016,34(7):171-174,162.

[7] 强跃,何运祥,刘光华.基于模糊层次分析法的中小型水利水电工程施工风险评价[J].施工技术,2013,42(21):51-54.

[8] 孙开畅,蒙彦昭,颜鑫,等.基于PLS-SEM的水利工程施工安全分析[J].水利水电技术,2019,50(6):115-119.

[9] 汪涛,廖彬超,马昕,等.基于贝叶斯网络的施工安全风险概率评估方法[J].土木工程学报,2010,43(S2):384-391.

[10] 李晓英,田佳乐,郑景耀,等.水利工程施工进度风险分析[J].水利水电技术,2018,49(6):141-147.

[11] 刘国东.工程项目投资风险管理研究[D].保定:河北农业大学,2005.

[12] 刘帅,盛金保,王昭升,等.基于模糊神经网络的水电施工安全隐患评价[J].水利水运工程学报,2020(1):105-111.

[13] 何清华,杨德磊,罗岚,等.基于贝叶斯网络的大型复杂工程项目群进度风险分析[J].软科学,2016,30(4):120-126,139.

[14] 王彦涛.基于AHP的施工进度风险评价模型研究及应用[J].现代隧道技术,2022,59(S2):5-12.

[15] 孙会堂.层次分析法灰色关联评价模型评价河道治理投资风险[J].水利技术监督,2019(2):79-81,163.

[16] 范向辉.水利工程建设投资风险分析[J].河南水利与南水北调,2015(16):85-86.

[17] 汤洪洁,赵亚威.跨流域长距离调水工程风险综合评价研究与应用[J].南水北调与水利科技(中英文),2023,21(1):29-38.

[18] 黄锦林,杨光华,王盛.堤防工程安全综合评价方法[J].南水北调与水利科技,2015,13(5):1011-1015.

[19] 赵云,张向东,娄鹏.大型基坑项目风险评估与投资安全的经济分析[J].水利水电技术,2011,42(2):66-70.

[20] 马艳红.浅论南水北调工程质量、进度、效益间的辩证关系[J].科技经济市场,2014,(10):80.

[21] 左其亭,杨振龙,路振广,等.引江济淮工程河南受水区水资源利用效率及其空间自相关性分析[J].南水北调与水利科技(中英文),2023,21(1):39-47,75.

[22] 陶洁,张李婷,左其亭,等.基于泰尔指数的水资源配置公平性研究——以引江济淮工程河南段为例[J].人民长江,2023,54(12):113-119.

[23] 吴静涵,江新,周开松等.地下洞室施工安全风险综合评价——基于ISM-ANP的灰色聚类分析[J].人民长江,2020,51(6):159-165.

[24] 许兴武,吴浩,刘永强,等.基于改进LEC法的堤防施工危险源辨识及评价[J].水电能源科学,2022,40(5):131-134.

[25] 朱渊岳,付学华,李克荣,等.改进LEC法在水利水电工程建设期危险源评价中的应用[J].中国安全生产科学技术,2009,5(4):51-54.

[26] 金远征,崔守臣,赵礼,等.基于改进LEC法的水利施工安全风险评估与管控[J].人民长江,2018,49(19):63-66,104.

[27] 邱礼球.基于物元可拓模型的改扩建隧道施工安全风险评估[J].隧道建设(中英文),2018,38(S2):25-30.

[28] 陈钟,王莉莉,吴玉栋,等.基于LS—FAM模型船闸工程安全风险评价与管控[J].水利技术监督,2022(6):107-111,133.

[29] 王志玮,蔡贞秀,吴栋梁.基于全生命周期的高速公路工程项目风险识别与模糊综合评价应用研究[J].项目管理技术,2012,10(12):46-51.

[30] 咎彦国.建筑工程项目施工阶段安全风险的动态识别和实时预警研究[D].北京:华北电力大学,2016.

An integrated diagnostic framework for water resource spatial equilibrium considering water-economy-ecology nexus

Yu Zhang[1,2], Qiting Zuo[1,2*], Qingsong Wu[1,2], Chunhui Han[3] and Jie Tao[1,2]

(1. School of Water Conservancy and Civil Engineering, Zhengzhou University, Zhengzhou 450001, China; 2. Zhengzhou Key Laboratory of Water Resource and Environment, Zhengzhou 450001, China; 3. College of Water Resources, North China University of Water Resources and Electric Power, Zhengzhou 450046, China)

Abstract: The mismatch of spatial distribution between water resources and human activities presents a considerable challenge to the sustainable utilization of water resources. This trend is further exacerbated by the impact of climate change and the increasingly frequent occurrence of extreme weather. Therefore, it is imperative to conduct an in-depth study on water resource spatial equilibrium (WRSE). This paper proposed an integrated diagnostic framework for WRSE considering the water-economy-ecology nexus, in which an improved evaluation index system of WRSE was constructed. The WRSE states of three criteria layers are quantified with the spatial equilibrium indices of water resource endowment, economic and social development, and ecological environment protection. The water resource spatial equilibrium index (WRSEI) was calculated using the Euclidean distance to reflect the overall spatial equilibrium state. The key influencing factors of WRSE are analyzed through the obstacle degree model. The findings indicate that: a) the WRSEI in the Yangtze River to Huaihe River Water Transfer Project (YHWTP) area showed a gradual increase from 0.641 in 2011 to 0.662 in 2020; b) the WRSE level of each criterion layer attained a general equilibrium or fair equilibrium state, and the WRSE state shows a trend from dispersion to aggregation during 2011 and 2020; c) per capita water resources, per capita gross domestic product and per capita urban wastewater discharge are the main factors limiting the realization of a benign WRSE in the YHWTP, with the obstacle degrees reaching 0.347, 0.324 and 0.326 in 2020 respectively. This framework can provide a theoretical reference for the study of WRSE, and provide a scientific basis and suggestions for policymakers to enhance WRSE and achieve sustainable utilization of water resources.

1 Introduction

Water resources are the most widely distributed substance on earth, and play an irreplaceable role in environmental protection and human life (Shiklomanov, 1991). With rapid economic development and a growing population, water problems facing mankind today are becoming more complex, showing a tendency to increase in number, expand in scope and change in variety (Hoekstra et al., 2018). In particular, due to the differences in natural climatic conditions, geographical location, and economic development scale in various regions, it is difficult to achieve water resource spatial equilibrium (WRSE)(Rosa et al., 2020). Together with the increasing impact of global climate change on water cycle processes, it will inevitably bring new challenges to WRSE, leading to more severe conflicts between water supply and demand, and undermining sustainable utilization of water resources (Piao et al., 2010).

It is crucial to carry out an in-depth analysis of the WRSE in order to adjust regional water utilization, consumption, and conservation, and achieve efficient and sustainable water resource utilization. Unsustainable water withdrawals have been identified as a significant issue in the Asia-Pacific region by the UN World Water Development Report 2021 (WWAP, 2018), with some countries already extracting more than half of their total domestic water resources. The UN Sustainable Development Summit (United Nations, 2015) listed the provision and sustainable management of water and sanitation for all people as one of the 17 Sustainable Development Goals to be accomplished by 2030. Meanwhile, accelerating the construction of the national water network has become an important goal in the new phase of China's high-quality water development. On this basis, the Ministry of Water Resources of the People's Republic of China has stated that the provincial water administration departments should speed up the preparation of water network construction plans based on the overall layout of the national water network construction plan, major national strategic deployment and regional development requirements (Ministry of Water Resources of the People's Republic of China, 2022). Based on the above background, defining the concept of WRSE, effectually evaluating WRSE at various spatial scales, analyzing the changing trends of the WRSE state, and diagnosing the key factors affecting WRSE, can provide a basis for policymakers to implement the water management idea of "defining city, land, population, and industry based on water resources", and offer new ideas and directions to accelerate the construction of national water network.

At present, a large number of research findings have been achieved, but there are still certain deficiencies in some aspects, which will be discussed in Section 2. In view of the inadequacy of current research, the water-economy-ecology (WEE) nexus is considered to provide a theoretical basis for the study of WRSE in this paper, and an integrated diagnostic framework for WRSE was developed by applying a combination of quantitative, discriminatory, and diagnostic methods. As shown in Figure 1, the framework mainly consists of four steps, which are theoretical analysis, quantification, state discrimination, and attribution analysis. Taking the YHWTP area as a real case, the objectives and contributions of this paper are: (a) clarifying the connotation of WRSE and proposing an evaluation index system based on the WEE nexus, including three criteria layers of water resource endowment, economic and social development, and ecological environment protection; (b)modifying the existing WRSE methods, and proposing the spatial equilibrium indices of water resource endowment (WREI), economic and social development (ESDI), ecological environment protection (EEPI), and the water resource spatial equilibrium index (WRSEI) to effectively quantify the WRSE of different criteria layers and overall degree; (c)discriminating the spatial equilibrium state of different criteria layers according to the threshold range in which WREI, ESDI, and EEPI are situated, combining 27 different WRSE states, and deriving WRSEI from the set of WREI, ESDI, and EEPI by Euclidean distance; (d) diagnosing the main factors affecting WRSE

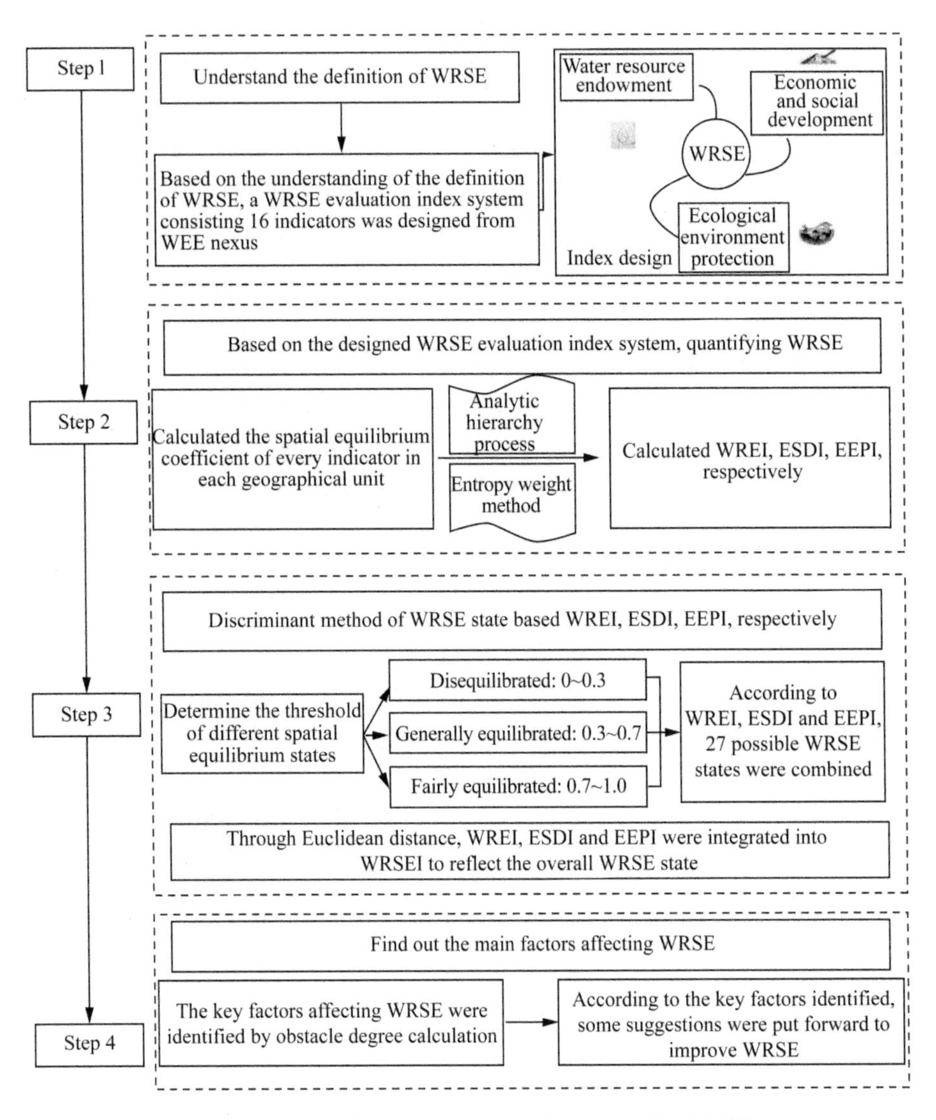

Figure 1 The integrated diagnostic framework for WRSE

with the obstacle degree model and proposing practical recommendations to help improve WRSE.

2 Background of literature

In contrast to WRSE, there have been numerous studies on spatial distribution patterns of water consumption. For instance, Chakravorty and Umetsu (2003) proposed a watershed spatial model, which considered the allocation of surface water and the reuse of lost water, and provided a new idea to evaluate agricultural water consumption along the upper and lower reaches of the river. Sanchez et al. (2018) analyzed the relationship between water consumption and the spatial pattern of developed land in the southeastern United States through non-spatial and spatial regression methods. Feizizadeh et al. (2021) analyzed the changes of urban water consumption hot spots in the Tabriz metropolitan area of Iran by using the Moran'I, providing a new idea for urban water management under COVID-19. Strictly speaking, the study of spatial distribution patterns of water consumption also belongs to the study of WRSE. However, the theory and method of WRSE are more macroscopic and comprehensive compared to the aforementioned studies. In detail, it takes into account more factors of water yield and consumption and reflects more accurately the spatial distribution of water resources. Currently, studies on the WRSE are mainly focused on two aspects: (a) the concept of WRSE, including its definition, significance, and criteria; (b) the quantitative method of WRSE. In detail, starting from the concept of WRSE, specific mathematical and statistical methods are used to efficiently quantify the regional WRSE and evaluate its spatial equilibrium state. The earliest study on WRSE was conducted by Flinn and Guise (1970), which analyzed the impact of WRSE on the efficient allocation of water resources and water prices. And then, Marin and Smith (1988) proposed a WRSE evaluation method, which involved four aspects: supply and demand balance, economic efficiency, cost recovery, and equity. In China, with the establishment of the water management policy of "water-saving priority, spatial equilibrium, system governance, and two-handed force", "spatial equilibrium" has been adopted as a major principle of water management in the new era (Jin et al., 2019). As a result, the study of WRSE has been growing rapidly in recent years.

Regarding the concept of WRSE, it has been discussed in different ways and no consensus has yet been formed. For instance, Zuo et al. (2019) believed that WRSE refers to a balanced state of water resource exploitation, utilization, and protection in space, which has certain harmonious and sustainable attributes. Jin et al. (2019) argued that WRSE is a double balance of water resource supply and demand that is coordinated and matched in time and space by the water resources and economic, social, and ecological systems. Although different scholars have discussed the definition of WRSE in different ways, the core of the definition is to explore the balance between the spatial distribution of water resources, the scale of economic development, and ecological protection. At the same time, the study of the quantization of WRSE has developed at a fast pace. The relevant earliest studies focused on exploring the relationship between water resources and economic development, which can reveal the matching relation between water resources and a single economic development indicator, such as the Gini coefficient (Dai et al., 2018), the Theil index (Ma and Ma, 2017), and the Moran'I (Tu and Xia, 2008). However, the aforementioned methods could not reflect spatial relationships in a meaningful way and are only used to explore the matching relations between individual factors, making it difficult to assess WRSE from a comprehensive perspective.

The study of the quantization of WRSE has gradually shifted from the study of matching relations between individual factors to multi-system coupling and synthesis studies. For example, Zuo et al. (2019) proposed the application rules and quantization methods of WRSE, including discriminatory criteria, equilibrium degree calculation, equilibrium planning methods, warning evaluation, and comprehensive control. Jin et al. (2021) proposed a method for evaluating WRSE based on the combined method of connection number and coupling coordination degree, and constructed an index system for evaluating the WRSE based on the support capacity and pressure. Bian et al. (2022a, 2022b) proposed a three-stage hybrid WRSE model that included state-space analysis, pattern analysis, and obstruction factor analysis based on the water-social-economic-natural compound ecosystem; then a novel method for quantifying WRSE based on game theory coupling weight method and coupled coordination degree is proposed and applied in 31 provinces in mainland China. Bian et al. (2023) quantified the WRSE based on the improved coupled coordination model, used the state discriminant method and standard deviation elliptic model to analyze the evolution features of WRSE, and measured the decoupling effect between economy, society, ecology, and water consumption by employing the decoupling model. Bai et al. (2022) analyzed the definition of WRSE from two aspects of water resources bearing pressure and support force, combined the multi-dimensional cloud model and coupling coordination degree to quantify WRSE, and used the obstacle degree model to identify the key influencing factors of WRSE. By coupling the variable fuzzy set and Gini coefficient methods, Yang et al. (2022) proposed a framework for WRSE evaluation, and the WRSE of China's Yangtze River Economic Zone was quantified by using three indicators: water resources load index, water and soil matching coefficient, and water use efficiency.

It can be found that despite the rapid development of research on WRSE in recent years, its definition has not been unified and the research basis for its evaluation index system is still inadequate (Jin et al., 2019). In addition, studies of the quantitative methods are mainly used to quantify the overall WRSE state of the study area, but it has not studied the WRSE state of different systems and the WRSE states have not been refined divided. Therefore, there is an urgent need to explore the definition of WRSE, expand and improve the quantitative approach to WRSE, and enrich its theoretical and methodological regime.

With the continuous promotion of national water network construction, China has built a basic framework of "four horizontal and three vertical" national water network with four east-west rivers, namely the Haihe River, Yellow River, Huaihe River, and Yangtze River, and the East, Central, and West lines of the South-North Water Transfer Project. In this context, the provincial water transfer projects (e. g. , the Yellow River to Qingdao, the Yellow River to Shanxi province, and the Songhua River to Changchun) continue to enhance the construction of the national water network. The research on water resources in water transfer project area mainly located at water resource supply and demand analysis (Mourad and Alshihabi, 2016), water resource planning (Nicklow et al. , 2010), and water resource optimal allocation (Li et al. ,2021). However, there have been few studies of WRSE in the water transfer project area. The study of WRSE is an important basis for decision-making of regional water resource planning and optimal allocation. As a typical provincial water transfer project in China, the integrated assessment of WRSE of the Yangtze River to Huaihe River Water Transfer Project (YHWTP) area can provide a reference for the scientific allocation and reasonable management of water resources.

3 Methodology

3.1 Conception of WRSE

In fact, WRSE is not simply defined as the equilibrium of spatial distribution of water resources, but is a specific study of the WEE system with the water cycle as the nexus (Figure 2), so that the spatially coordinated and orderly development of water, economic and ecological systems. Thus, the concept of different subsystems should be fully investigated when clarifying the idea of WRSE, and then a precise definition of WRSE can be given in terms of the nexus within the WEE coupled system.

In this paper, the water system is simplified to refer to water resource endowment, which specifically means the quantity, exploitation potential, and accessibility of water resources; the economic system is simplified to refer to economic and social development, which indicates the scale and quality of economic and social development, and the conversion efficiency of resource utilization; and the ecological system is simplified to refer to ecological environment protection, which reflects the level of investment, vul-

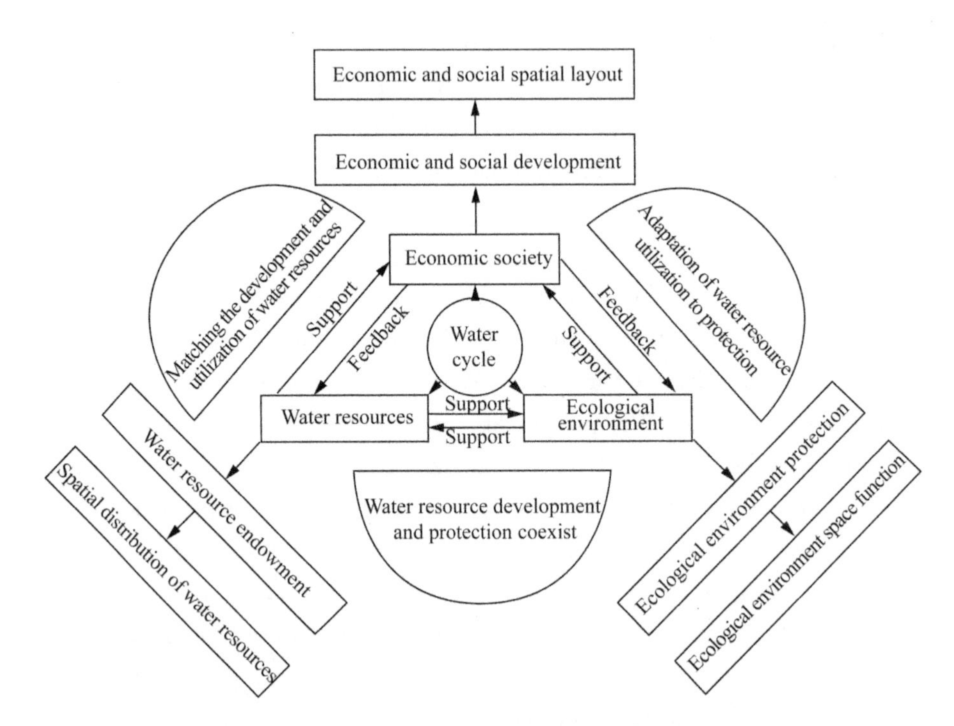

Figure 2 Conceptual graph of water-economy-ecology nexus

nerability and carrying capacity of ecological protection.

WEE nexus is a complex and nonlinear dynamic feedback relationship, which makes the three systems coupled into a multi-level regional complex system within the determined geographic space, which influences each other and coevolves (Hao et al., 2022). Water resource endowment can determine the extent to which the water system supports the economic and ecological systems. It is mainly reflected in the supporting effect of water resource endowment on local agriculture, industrial development, and urbanization, as well as the maintenance effect on vegetation growth and soil and water conservation in ecological system (Dolan et al., 2021). Economic and social development has an impact on water and ecological systems. With the continuous development of the human economy and society, the development and utilization of water resources and ecosystems will inevitably be improved, including the consumption of water resources and the ecological environment through agricultural activities, industrialization, urbanization, and population growth (Zhang et al., 2022). Ecological environmental protection can provide favorable support for the water resources system and economic and social development. On the one hand, ecological environment protection can conserve water sources and improve water quality; on the other hand, it can provide support for the development of economic and social system (Tundisi and Tundisi, 2016). In general, the nexus among the three systems can be seen as the relationship among water resource exploitation, utilization, and protection (Wang et al., 2020). From the perspective of spatial distribution, the meanings of water resource endowment, economic and social development, and ecological environment protection can be extended to spatial distribution of water resources, economic and social spatial layout, ecological environment space function, respectively (Wang, 2019). In particular, the matching of spatial distribution of water resources, economic and social spatial layout, ecological environment space function can be judged to indicate the three systems have reached WRSE.

Based on the above understanding of the WRSE connotation and WEE nexus, an index system (Table 1) was established to achieve comprehensive evaluation of WRSE. In this paper, we set up an evaluation index system based on three criteria layers: water resource endowment, economic and social development, and ecological environment protection. Some indicators selected in this paper reflect the WEE nexus. For instance, water resources per capita and water supply modulus reflect the relationship between water resource endowment and social development level, water resources exploitation and utilization rate reflects the relationship between water resources quantity and economic development scale. The proportion of ecological water consumption to total water consumption and the average daily sewage treatment capacity reflect the relationship between water resource quantity and ecological environment protection. In contrast to the traditional WRSE evaluation method, the integrated evaluation based on the WEE nexus has a certain theoretical foundation, which takes into account the matching relations among individual factors, enhancing the rationality and scientificity of the evaluation results.

Table 1　The evaluation index system of water resources spatial equilibrium

Objective layer	Criteria layer	Indicator layer	Code	References
WRSE	Water Resource Endowment	Water resources per capita (m^3)	(A1)	Hussien et al. (2016)
		Water yield modulus (10 000 m^3/km^2)	(A2)	Guo et al. (2023)
		The proportion of surface water resources to total water resources (%)	(A3)	Wang et al. (2020)
		Water supply modulus (10 000 m^3/km^2)	(A4)	Arfelli et al. (2022)
		Precipitation (mm)	(A5)	Stephens et al. (2015)
		Water resources exploitation and utilization rate (%)	(A6)	He et al. (2018, 2019)
	Economic and Social Development	Population density (person/km^2)	(B1)	Batabyal and McCollum (2022)
		Gross domestic product (GDP) per capita (10 000 yuan)	(B2)	Wang et al. (2023)

Continued

Objective layer	Criteria layer	Indicator layer	Code	References
WRSE	Economic and Social Development	Urbanization rate (%)	(B3)	Wang et al. (2022)
		Water consumption of 10 000 yuan GDP (m^3/10 000 yuan)	(B4)	Wan et al. (2021)
		Crop sown area per capita (ha)	(B5)	Zhou et al. (2022)
	Ecological Environment Protection	Proportion of ecological water consumption to total water consumption (%)	(C1)	Feng et al. (2022)
		Urban wastewater discharge per capita (L/day)	(C2)	Olaf et al. (2022)
		Percentage of energy saving and environmental protection expenditure to fiscal expenditure (%)	(C3)	Fan et al. (2019)
		Greening coverage of built-up areas (%)	(C4)	Chen et al. (2022)
		Average daily sewage treatment capacity (10 000 tons)	(C5)	Yuan et al. (2023)

3.2 Calculation method of WRSE

3.2.1 Calculation of spatial equilibrium coefficient

In this paper, the spatial equilibrium coefficient is introduced to represent the degree of the spatial distribution of each indicator in different geographical units, which is mainly determined by the offset of the value of the spatial equilibrium indicator from the value of the spatial equilibrium target, as shown in the following equation (Wu et al. ,2022).

$$C_{i,j}=\begin{cases} 0 & x_{i,j}<\bar{x}_j-\Delta x_{i,j,1} \\ \dfrac{x_{i,j}-\bar{x}_j+\Delta x_{i,j,1}}{\Delta x_{i,j,1}} & \bar{x}_j-\Delta x_{i,j,1}\leqslant x_{i,j}\leqslant \bar{x}_j \\ \dfrac{\bar{x}_j-x_{i,j}+\Delta x_{i,j,2}}{\Delta x_{i,j,2}} & \bar{x}_j<x_{i,j}\leqslant \bar{x}_j+\Delta x_{i,j,2} \\ 0 & x_{i,j}>\bar{x}_j+\Delta x_{i,j,2} \end{cases} \tag{1}$$

where $C_{i,j}$ is the spatial equilibrium coefficient of indicator j in geographical unit i; $x_{i,j}$ is the value of indicator j in geographical unit i; $\bar{x}_j$ is the target value of indicator j. $\Delta x_{i,j,1}$, $\Delta x_{i,j,2}$ are the values of $\bar{x}_j$ increasing or decreasing in the positive or negative direction respectively, which denote that the closer the value of an indicator is to the spatial equilibrium target value, the closer the spatial equilibrium coefficient is to 1. In particular, when $x_{i,j}=\bar{x}_j$, $C_{i,j}=1$, when $x_{i,j}\leqslant \bar{x}_j-\Delta x_{i,j,1}$ or $x_{i,j}\geqslant \bar{x}_j+\Delta x_{i,j,2}$,

$C_{i,j}=0$. In order to avoid numerous "0" values of the spatial equilibrium coefficient, $\bar{x}_j$ is taken as the average value of indicator j, $\Delta x_{i,j,1}=\Delta x_{i,j,2}=\bar{x}_j$, considering the large differences among the original data of different geographical units.

3. 2. 2 Calculation of water resource spatial equilibrium index

To characterize the spatial equilibrium degree of different criterion layers of each geographical unit, the WREI, ESDI, and EEPI are calculated based on the weights of indicators determined within the different criterion layers, as shown in the following equation.

$$WREI_i=\sum_{j=1}^{6} w_j C_{ij} \tag{2a}$$

$$ESDI_i=\sum_{j=7}^{11} w_j C_{ij} \tag{2b}$$

$$EEPI_i=\sum_{j=12}^{16} w_j C_{ij} \tag{2c}$$

where $WREI_i$, $ESDI_i$, $EEPI_i$ have a domain of [0, 1], the closer the index is to 1 indicates that the better the spatial equilibrium degree of a certain criterion layer of geographical unit i. w_j is the comprehensive weight of $C_{i,j}$ of each criterion layer.

Euclidean distance is a definition of distance, expressed in mathematical concepts as the norm length of a vector, used to represent the spatial distance between two points in space or the natural length of a vector (Li et al., 2022). In this paper, the WREI, ESDI, and EEPI are aggregated to compute the WRSEI, which represents the overall spatial equilibrium of water resources in a geographic unit, by using Euclidean distance. As shown in the following equation.

$$WRSEI_i=\frac{\sqrt{WREI_i^2+ESDI_i^2+EEPI_i^2}}{\sqrt{3}} \tag{3}$$

where $WRSEI_i$ have a domain of [0,1], the closer the index is to 1 means that the better the overall spatial equilibrium of water resources of geographical unit i.

3.3 Discriminant method of spatial equilibrium state

Based on the different results of WREI, ESDI, EEPI, and WRSEI, the spatial equilibrium state of water resources in different criteria layers and the overall spatial equilibrium of water resources in each geographical unit can be reflected more clearly and intuitively, providing a certain basis for achieving WRSE. In the paper, considering the characteristics of the quantitative membership function of WRSE, the overall spatial equilibrium is divided into three cases to be able to describe clearly the spatial equilibrium of each criterion layer (Table 2)(Yang et al., 2023). It should be noted that this division is only a qualitative description of the need, a subjective division by approximately equal step size.

Table 2 Criteria for discriminating the spatial equilibrium state of water resources

WREI/ESDI/EEPI/WRSEI	[0, 0.3)	[0.3, 0.7)	[0.7, 1.0)
Spatial equilibrium state	Disequilibrated	Generally equilibrated	Fairly equilibrated

The 27 possible states of WRSE (Figure 3) are combined according to different criteria layers to identify the overall state of each geographical unit. For instance, the LLL indicates that the WREI, ESDI, and EEPI of geographical unit i are far from the region-averaged states of WRSE; that is, the level of water resource endowment, economic and social development, and ecological environment protection is too large or too small compared to the average regional level. The HLH indicates that the level of water resource endowment and ecological environment protection in geographical unit i is close to the regional average, while its economic and social development is far from it. Another example is the HHH, which means that the WREI, ESDI, and EEPI of geographical unit i are less far from the regional average equilibrium state; that is, the level of water resource endowment, economic and social development, and ecological environment protection is closer to the regional average. Based on the criteria presented in Table 2, the spatial equilibrium state of water resources at each criterion layer in different geographical units can be determined. In this paper, because different cities have their own natural climate conditions and economic and social development basis, the WRSE of each geographical unit not only reflects the state of a unit in the region, but also can reveal the coordinated development condition of water resource endowment, economic and social development, and ecological environment protection within each geographical unit.

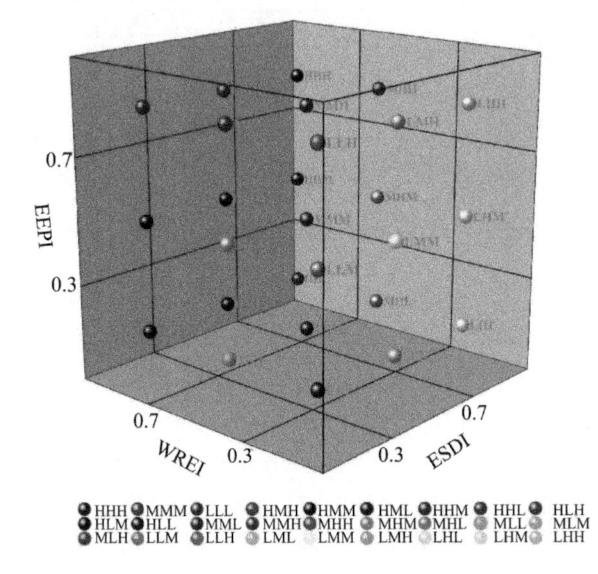

Figure 3 Possible states of water resource spatial equilibrium

3.4 Obstacle factor identification method

The integrated diagnostic framework for WRSE requires not only the evaluation and discrimination part, but also the diagnosis of the obstacle factors affecting WRSE. Therefore, the obstacle degree model is used to diagnose and analyze the key obstacle factors affecting WRSE. The calculation equations are shown below (Xu et al., 2021).

$$O_{i,j}=\frac{\overline{w}_j \times I_{i,j}}{\sum_{j=1}^{m}\overline{w}_j \times I_{i,j}} \tag{4a}$$

$$I_{i,j}=1-C_{i,j} \tag{4b}$$

where $I_{i,j}$ is the deviation of indicator j, w_j is the weight of indicator j, and $O_{i,j}$ is the degree of impairment of indicator j.

4 Case study

4.1 Overview of the study area

The Yangtze River to Huaihe River Water Transfer Project is a major water conservancy project linking the Yangtze River and Huaihe River basins, which transfers water from the lower reaches of the Yangtze River to the middle and upper reaches of the Huaihe River (Li et al., 2019). The YHWTP area has great differences in natural climate, hydrometeorology, and economic and social development. Therefore, it is typical to study the WRSE in the YHWTP. Figure 4 presents that the YHWTP area involves 14 cities in Henan and Anhui provinces, including Zhoukou and Shangqiu in Henan, and Hefei, Huaibei, Haozhou, Suzhou, Bengbu, Fuyang, Huainan, Chuzhou, Maanshan, Wuhu, Tongling and Anqing in Anhui (Cao et al., 2018). It straddles the warm temperate and subtropical zones, and receives extremely unevenly distributed rainfall throughout the year under the influence of the monsoon circulation, mainly concentrated from June to August with a multi-year average of 1 025 mm (Tang et al., 2022). In 2020, the per capita GDP is 62 000 yuan, lower than the average level of China (70 900 yuan), and the per capita water resources is only 760 m^3, making the problem of water shortage more serious. In addition, the economic and social development of the YHWTP area is uneven, with a 2~3 times difference in GDP per capita among different cities, and obvious differences exist in water resource endowment, showing a distribution pattern of "less in the north and more in the south". Consequently, a diagnosis of WRSE in the YHWTP area can help coordinate water use conflicts between various receiving areas and departments and alleviate the deterioration of the water environment, which is important in achieving its WRSE and improving the sustainable utilization of water resources. In addition, since the YHWTP area involves two scales, watershed and region, the study on WRSE and some relevant policy suggestions are put forward, which is helpful to provide some references and inspirations for coordinating water resource management at watershed and regional scales.

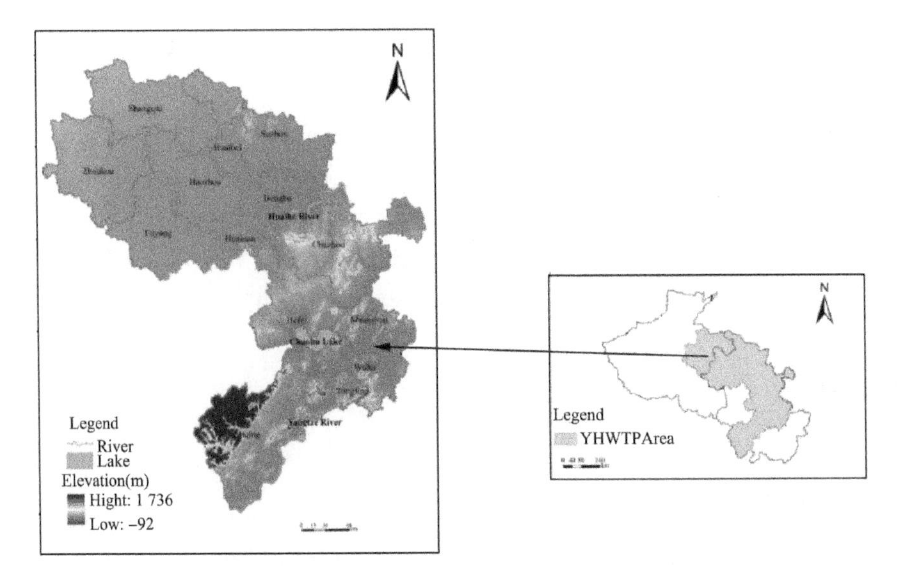

Figure 4 The location and basic condition of study area

4.2 Data source and description

The data applied in this paper are mainly related to the indicator system, DEM data, and ESRI Shapefile data. Specifically, data for the indicators are collected from the Anhui Statistical Yearbook, the Henan Statistical Yearbook, the Anhui Water Resources Bulletin, and the Henan Water Resources Bulletin; the DEM data comes from the Geospatial Data Cloud (http://www.gscloud.cn); and the data of rivers, lakes and administrative boundaries are derived from the Resource and Environment Science and Data Centre of the Chinese Academy of Sciences (https://www.resdc.cn).

The weighting of indicators is a crucial step in the comprehensive evaluation and can have a direct impact on the results. Methods for weight determination are mainly divided into subjective weighting methods and objective weighting methods. However, both the subjective and objective weighting methods have their own unavoidable drawbacks (Narayanamoorthy et al., 2020). The weights obtained by subjective weighting methods are determined by subjective judgment, which tends to ignore the objective rules among the indicator data; as for objective weighting methods, the determination of weights relies much on the objective rules among the indicator data, which tends to be inconsistent with the real situation (Zheng et al., 2022). Hence, the combination of the subjective and objective weighting methods can cleverly avoid the shortcomings of both and make the determination of weights more scientific and reasonable. In this research, the entropy weighting method (Zhao et al., 2020) and the Analytic Hierarchy Process (AHP) (Kursunoglu et al., 2021) method are used to determine the weight of each indicator under different criterion layers, and the average of both is used as the final weight to calculate the spatial equilibrium index of different criterion layers and the corresponding obstacle degree of different indicators. The indicator weights are shown in Table 3.

Table 3　Weights of spatial equilibrium coefficient of water resources

Objective layer	Indicator layer	Entropy weighting method	AHP	Combination weights
Water Resource Endowment	Water resources per capita (m^3)	0.165	0.357	0.261
	Water yield modulus (10 000 m^3/km^2)	0.166	0.160	0.163
	The proportion of surface water resources to total water resources (%)	0.169	0.106	0.138
	Water supply modulus (10 000 m^3/km^2)	0.165	0.098	0.132
	Precipitation (mm)	0.169	0.214	0.191
	Water resources exploitation and utilization rate (%)	0.166	0.065	0.115
Economic and Social Development	Population density (person/km^2)	0.201	0.317	0.259
	GDP per capita (10 000 yuan)	0.198	0.183	0.190
	Urbanization rate (%)	0.202	0.120	0.161
	Water consumption of 10 000 yuan GDP (m^3/10 000 yuan)	0.199	0.317	0.258
	Crop sown area per capita (ha)	0.200	0.063	0.132
Ecological Environment Protection	Proportion of ecological water consumption to total water consumption (%)	0.197	0.158	0.177
	Urban wastewater discharge per capita (L/day)	0.197	0.305	0.251
	Percentage of energy saving and environmental protection expenditure to fiscal expenditure (%)	0.203	0.147	0.175
	Greening coverage of built-up areas (%)	0.204	0.057	0.130
	Average daily sewage treatment capacity (10 000 tons)	0.199	0.333	0.267

5 Results analysis

5.1 Analysis of spatial equilibrium index of water resources

5.1.1 Evaluation results of WREI, ESDI, EEPI and WRSEI

The WREI, ESDI, EEPI, and WRSEI of each city in the YHWTP area from 2011 to 2020 are shown in Figure 5, where Figure 5 (o) is calculated with the weights that are determined by the proportion of the administrative area of each city to the total area. It can be seen from Figure 5 (o) that the WRSEI of the YHWTP area from 2011 to 2020 shows a slight upward trend, rising from 0.641 in 2011 to 0.662 in 2020. WREI shows a fluctuating downward trend from 0.631 in 2011 to 0.536 in 2016, although it rises to 0.673 in 2018 before falling back to 0.586 in 2020. Oppositely, ESDI only shows little change, fluctuating between 0.703 and 0.722 from 2011 to 2020. In addition, EEPI shows a gradual increase tendency over the decade, rising steadily from 0.577 in 2011 to 0.682 in 2020. The main reason is that local governments have actively implemented ecological civilization construction, attached importance to ecological environment protection, and increased the proportion of ecological investment, which has contributed to the growth of EEPI.

During 2011—2020, the two cities with the highest multi-year average WRSEI in the YHWTP area are Bengbu and Huainan, with WRSEI reaching 0.816 and 0.726 respectively, with Bengbu's WRSEI of 0.855 in 2019 being the highest value for any city in the decade. Conversely, the two cities with the lowest WRSEI are Tongling and Zhoukou, with WRSEI of 0.578 and 0.599 respectively, and Tongling's WRSEI even reached 0.471 in 2011, which is the lowest value for any city between 2011 and 2020. In terms of WREI, Bengbu and Hefei have the highest annual average WREI, reaching 0.845 and 0.822 respectively. The Anqing and Shangqiu have relatively low WREI, with mean values of 0.324 and 0.515 over the decade. The WREI of Bengbu reaches 0.941 in 2017, which is the highest value in the study period. In 2019, the WREI of Anqing is only 0.266, which is the lowest among all cities from 2011 to 2020. Regarding ESDI, the two cities with the highest multi-year average ESDI are Bengbu and Wuhu, with ESDI of 0.935 and 0.787 respectively; the ESDI in Hefei and Maanshan are relatively low, with average values of ESDI being only 0.563 and 0.641 from 2011 to 2020. The two cities with the highest multi-year average EEPI are Huainan and Anqing, with an EEPI of 0.820 and 0.759 respectively; Hefei and Tongling have a relatively low EEPI, with an average EEPI of 0.461 and 0.518 from 2011 to 2020.

During 2011—2020, the multi-year average change rate of the WRSEI in the YH-

WTP area is only 0. 38%. Among them, the change degree in the EEPI is relatively large, with a multi-year average change rate of 1. 9%, with Zhoukou having the largest multi-year average change rate of 6. 2% among all cities, and Anqing having the smallest at −0. 57%. The degree of change in WREI is in the middle, with a multi-year average change rate of −0. 40%, of which only 2017 and 2018 years show an increasing trend. Huainan and Tongling have a large multi-year average change rate of 4. 60% and Shangqiu has a relatively small change rate of −0. 16%; the change in ESDI is relatively small, with a multi-year average change rate of only 0. 04%, while the change in Hefei is relatively large, with a multi-year average change rate of −2. 47%.

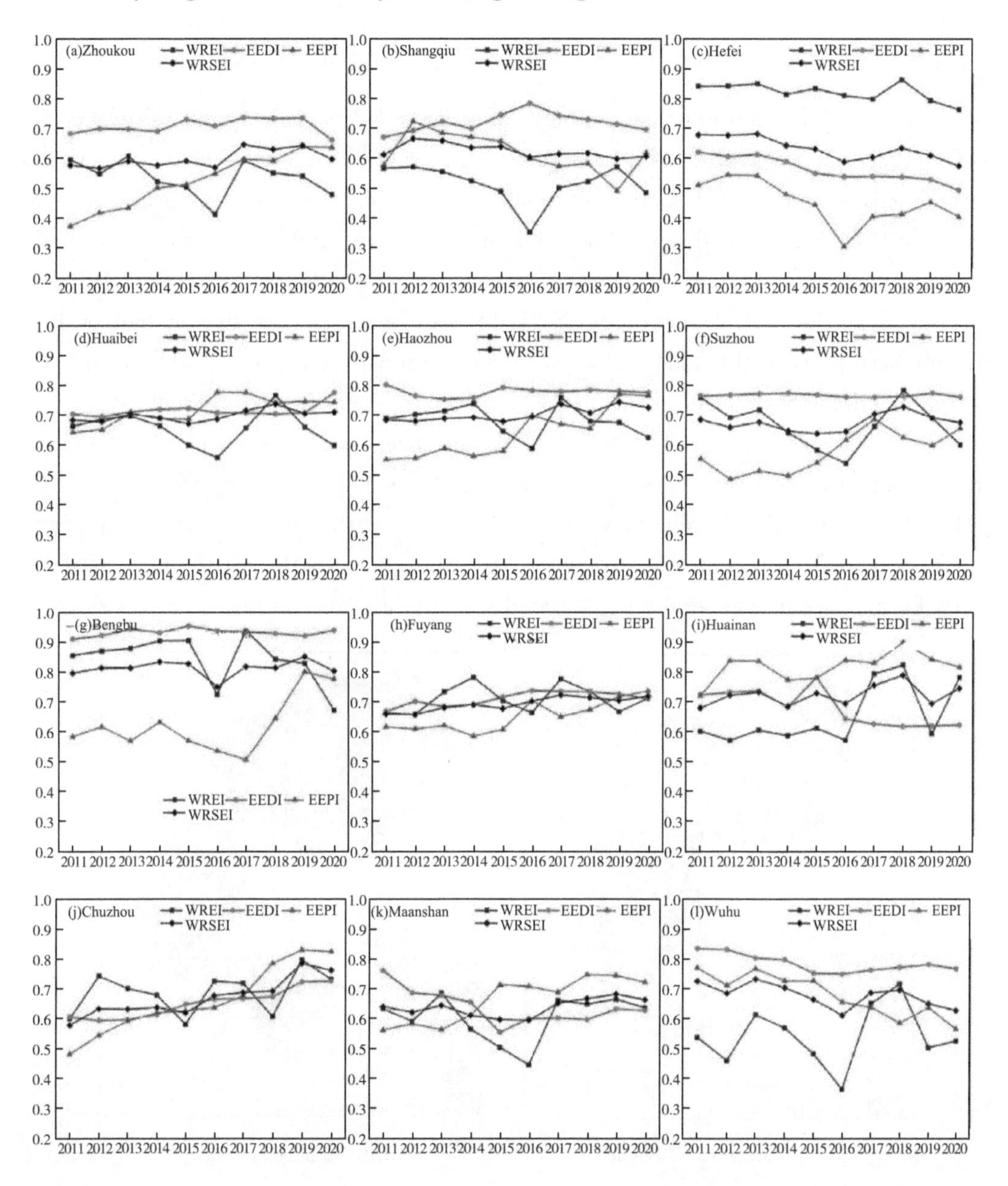

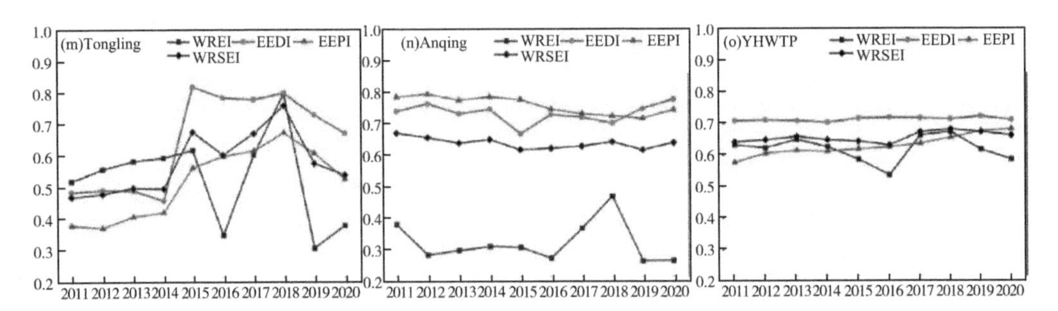

Figure 5 WREI, ESDI, EEPI, WRSEI of cities in YHWTP area from 2011 to 2020

5.1.2 Distribution of the WREI, ESDI, EEPI, and WRSEI

The spatial distribution characteristics of WREI, ESDI, EEPI, and WRSEI of the YHWTP area in 2020 are shown in Figure 6. In general, the states of water resource endowment, economic and social development, ecological environment protection and overall WRSE in 2020 in the YHWTP area are relatively equilibrium, and most of the cities are in the range of general equilibrium and fairly equilibrium in terms of WRSEI. The WRSE in the central part of the YHWTP area is better than that in the southern and northern parts of the YHWTP area, which are mostly fairly equilibrated, while the southern and northern parts of the YHWTP area are generally equilibrated.

From the perspective of different criterion layers, in terms of water resource endowment, the equilibrium states of the cities located in the central part of the YHWTP area in 2020 are relatively well equilibrated, with Hefei, Huainan, Chuzhou, and Fuyang in a fairly equilibrated state. All the cities in the northern part of the YHWTP area are in a generally equilibrated state, while cities in the southern part of the

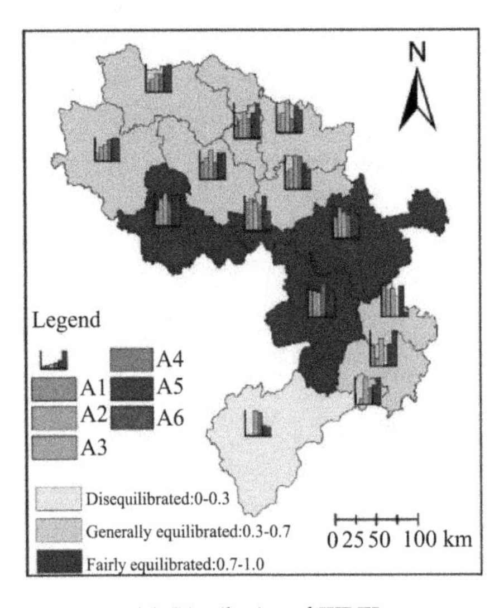

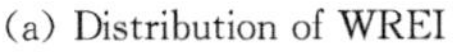

(a) Distribution of WREI

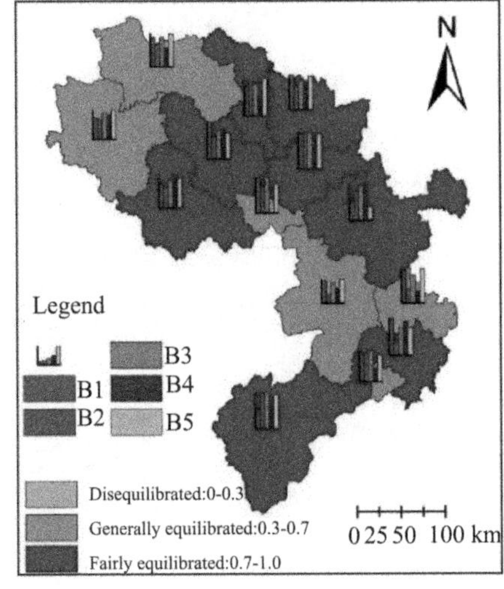

(b) Distribution of ESDI

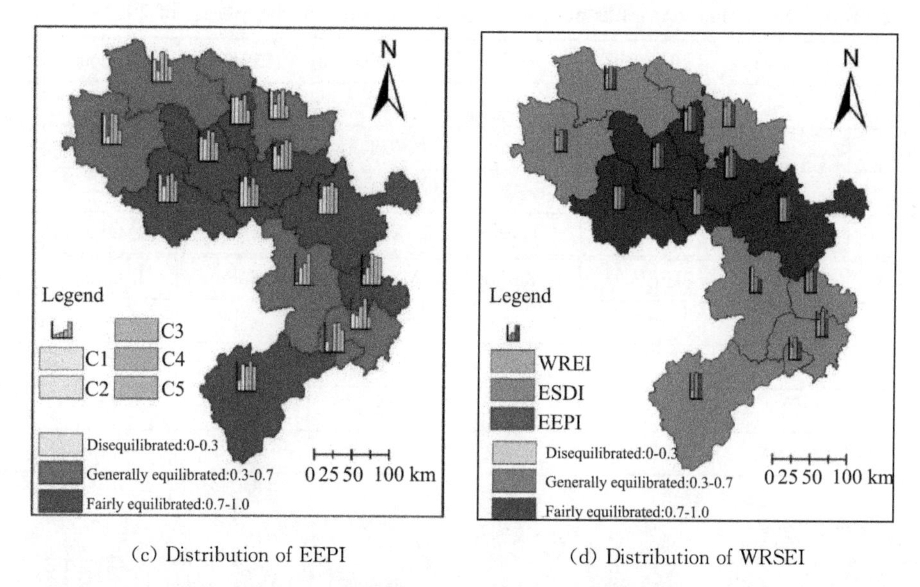

(c) Distribution of EEPI

(d) Distribution of WRSEI

Figure 6 Spatial Distribution of WREI, ESDI, EEPI and WRSEI in YHWTP area in 2020

YHWTP region have worse equilibrium, with Wuhu and Tongling in a generally equilibrated state and Anqing in a disequilibrated state. Regarding economic and social development, the YHWTP area exhibits strong spatial heterogeneity, except for Zhoukou and Shangqiu in a generally equilibrated state in the northern part of the study area, all other cities are in a fairly equilibrated state. In the central and southern parts of the YHWTP area, the equilibrated states of the cities are not consistent, with Huainan, Hefei, Maanshan, and Tongling being fairly equilibrated, while the rest of the cities are generally equilibrated. As for ecological environment protection, the number of cities in a generally equilibrated state and in a fairly equilibrated states is relatively consistent, and there are no cities in a disequilibrated state. With the exception of Zhoukou, Shangqiu, and Suzhou in the northern part of the YHWTP area, and Hefei, Maanshan, and Tongling in the central and southern parts, which are in a generally equilibrated state, all other cities are in a fairly equilibrated state.

5.2 Discriminant analysis of spatial equilibrium state of water resources

The discrimination results of WRSE state according to the spatial equilibrium index of each criterion layer are shown in Table 4 and Figure 7. The average discrimination results for the WRSE state of each criterion layer for each city during 2011—2020 are shown in Table 4. As can be seen from Table 4, the overall WRSE state for 2011—2020 in each city is in a generally equilibrated or fairly equilibrated state.

Table 4 Discrimination results of spatial equilibrium state on the average of 2011—2020

City	Zhoukou	Shangqiu	Hefei	Huaibei	Haozhou	Suzhou	Bengbu
WREI	M	M	H	M	M	M	H
ESDI	H	H	M	H	H	H	H
EEPI	M	M	M	H	M	M	M
WRSE State	MHM	MHM	HMM	MHH	MHM	MHM	HHM
City	Fuyang	Huainan	Chuzhou	Maanshan	Wuhu	Tongling	Anqing
WREI	H	M	M	M	M	M	M
ESDI	H	M	M	M	H	M	H
EEPI	M	H	M	M	M	M	H
WRSE State	HHM	MMH	MMM	MMM	MHM	MMM	MHH

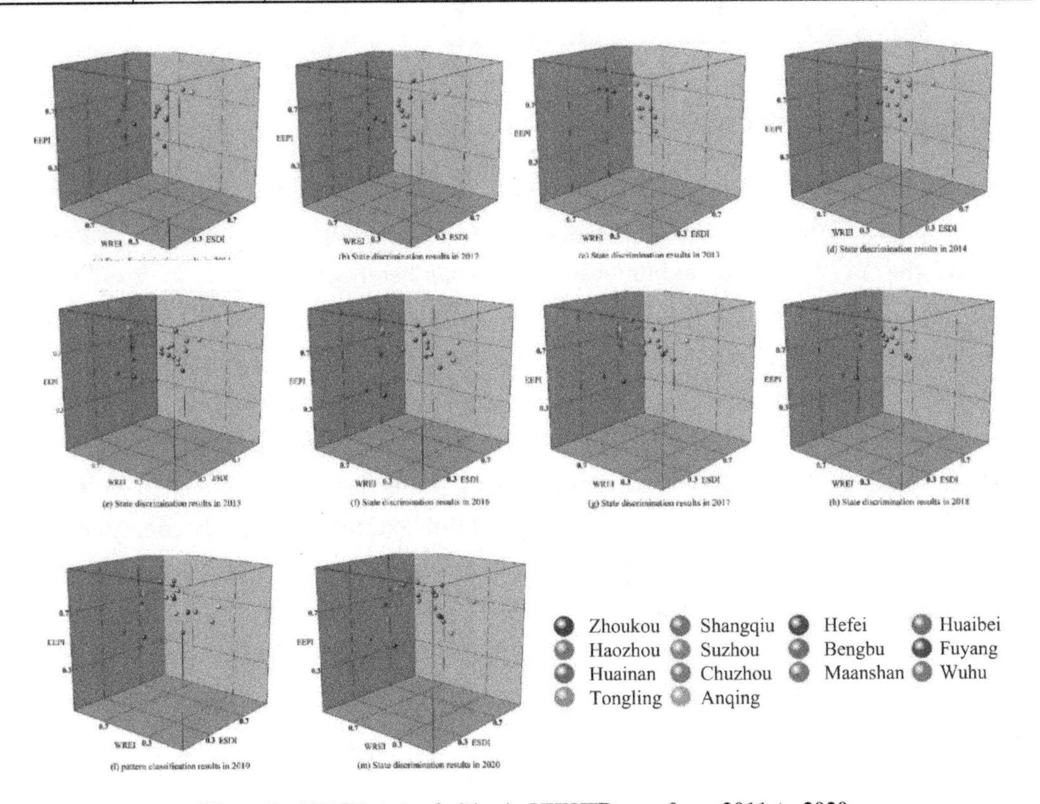

Figure 7 WRSE state of cities in YHWTP area from 2011 to 2020

Bengbu and Fuyang are in a fairly equilibrated state in terms of water resource endowment and economic and social development, but in a disequilibrated state in terms of ecological environment protection. Results indicate that the levels of ecological environment protection in Bengbu and Fuyang have a certain gap compared with the average level of the YHWTP area, which also reveals that the levels of ecological environment protection are not coordinated with water resource endowment and economic and social development. Therefore, ecological environment protection should be emphasized in these cities, the urban sewage treatment capacity needs to further be improved, and the financial expenditure on ecological environment protection is suggested to increase so that the development of water resource endowment, economic and social development, and ecological environment protection can be coordinated with each other and a benign WRSE can be realized.

Figure 7 represents the WRSE state for each city in the YHWTP area from 2011 to 2020. It can be seen from Figure 7 that the WRSE state of each city shows a tendency to change from dispersion to convergence, and from general equilibrium to fair equilibrium continuously. For example, the WRSE state in Chuzhou has changed from MMM in 2011 to HHH in 2020, indicating that Chuzhou's water resource endowment, economic and social development, and ecological environment protection have gradually converged to the average level of the YHWTP area.

5.3 Results of the obstacle degree of indicators

As can be seen from Figure 8, there are obvious differences in the obstacle degree of water resource endowment indicators in each city. In particular, the water resources per capita (A1) in 2011, 2016, and 2020 are higher in each city than other indicators, with mean values of 0.349, 0.324, and 0.347, respectively, while the obstacle degree of water resources exploitation and utilization rate (A6) is lower in each city, with mean values of 0.125, 0.109, and 0.106, respectively. Results demonstrate that the difference in total water resources per capita is the main factor affecting the spatial equilibrium of water resource endowment in the YHWTP area.

It can be found in Figure 9 that the obstacle degree of economic and social development indicators varies among cities. Generally, the obstacle degree of GDP per capita (B2) is higher in all cities in 2011, with an average value of 0.324, while the obstacle degree of crop sown area per capita (B5) is lower in all cities with an average value of only 0.087. The obstacle degree of water consumption of 10 000 yuan GDP (B4) gradually increased during the study period, with its average value rising from 0.246 in 2011 to 0.333 in 2016 and to 0.338 in 2020. Results indicate that the gap in water use efficiency between the various cities in the YHWTP area has been increasing persistently, and that water use efficiency should be improved while developing the economy reasonably. In particular, the water consumption of Huaibei and Huainan with 10 000 yuan GDP is the indicator with the highest obstacle degree in 2011, 2016 and 2020; the GDP per capita (B2) of Huzhou, Maanshan, and Wuhu has a higher obstacle degree in 2011, 2016 and 2020.

Figure 10 presents that the obstacle degree of urban wastewater discharge per capita (C2) and daily sewage treatment capacity (C5) are maximum among all cities, with average

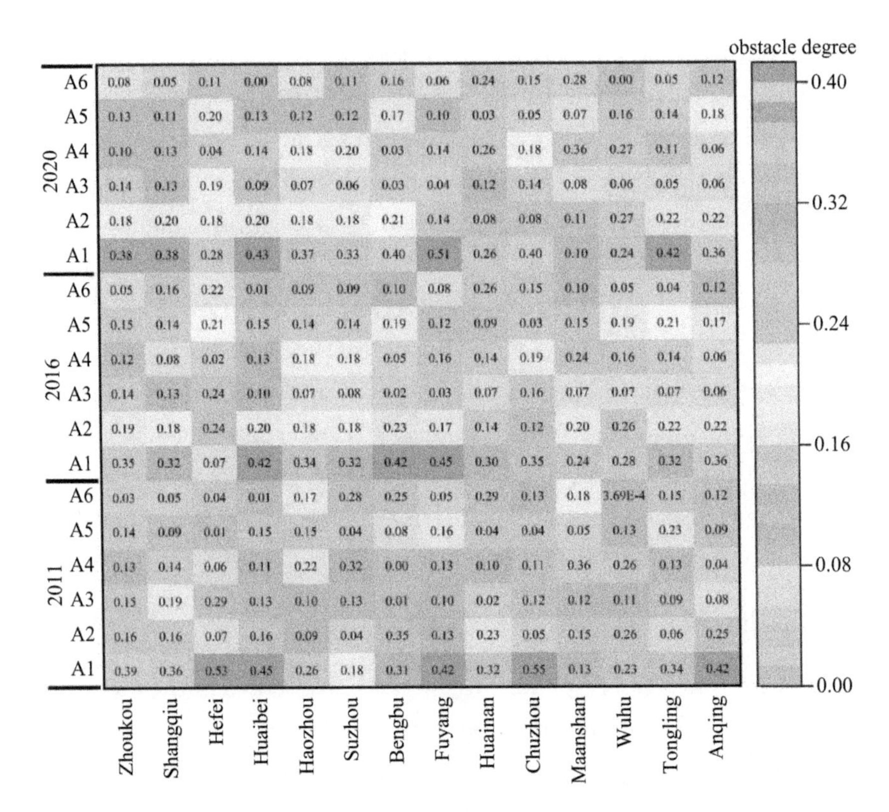

Figure 8 Obstacle degree of indices in the water resource endowment criteria layer

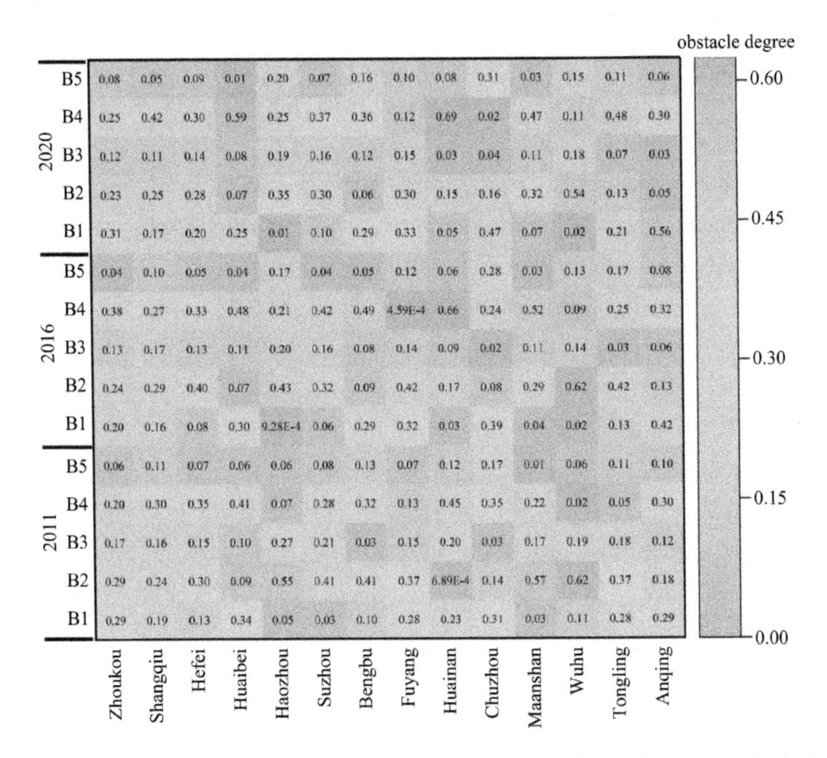

Figure 9 Obstacle degree of indices in the economic and social development criteria layer

values of 0.327 and 0.334 respectively in 2020; the obstacle degree of greening coverage of built-up areas (C4) is the smallest in all cities, with the average value of 0.251 in 2020. Results show that urban wastewater discharge per capita (C2) and wastewater treatment capacity (C5) are the main factors causing the gap in ecological environment protection. Thus, the scale of the economy should be developed on the basis of effectively improving wastewater treatment capacity and limiting production and domestic wastewater discharge through policy adjustment.

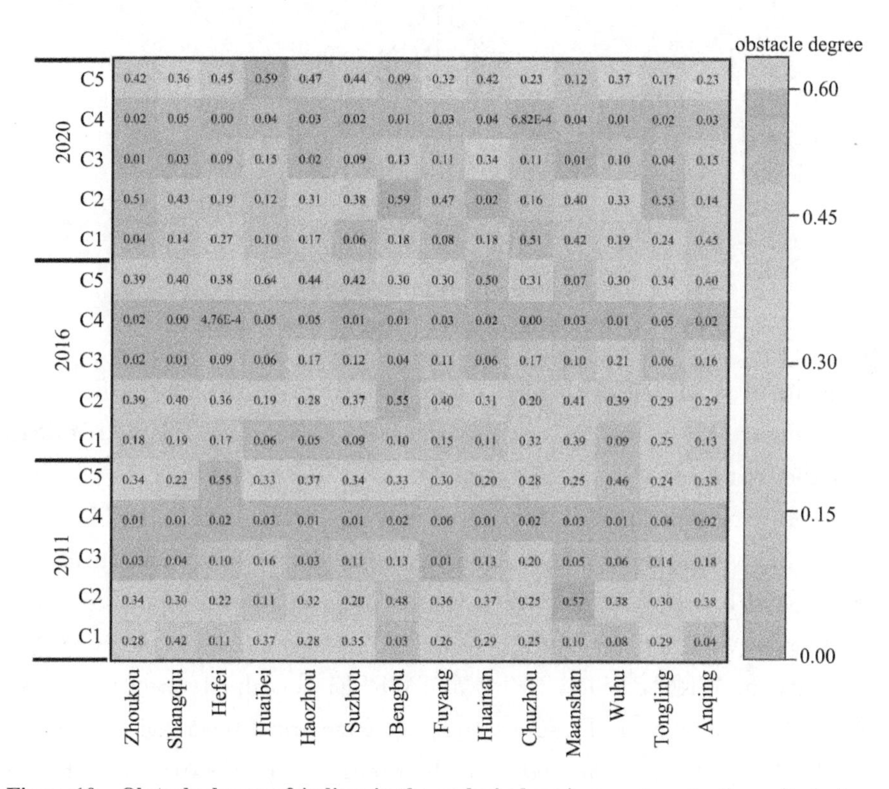

Figure 10　Obstacle degree of indices in the ecological environment protection criteria layer

6　Discussion

6.1　Sensitivity analysis and adaptability validation of evaluation method

In order to verify the adaptability of the diagnostic framework of WRSE, sensitivity analysis is carried out on the evaluation method, in which the uncertainty of the output results is verified by changing the input variables or parameters of the model (Chen et al., 2017). Specifically, three scenarios are set by adjusting the values of $\Delta x_{i,j,1}$ and $\Delta x_{i,j,2}$ (Figure 11), which respectively are: a) the baseline scenario (S0) that represents the initial situation (i.e., $\Delta x_{i,j,1} = \Delta x_{i,j,2} = \bar{x}_j$); b) Scenario 1 (S1) that means narrowing the values of $\Delta x_{i,j,1}$ and $\Delta x_{i,j,2}$, where $\Delta x_{i,j,1} = \Delta x_{i,j,2} = 0.8 * \bar{x}_j$; c) Scenario 2 (S2) that means expanding the values of $\Delta x_{i,j,1}$ and $\Delta x_{i,j,2}$, where $\Delta x_{i,j,1} = \Delta x_{i,j,2} = 1.2 * \bar{x}_j$; the sensitivity of the adopted method can be determined by observing the changes of WREI, ESDI, EEPI, and WRSEI in 2020.

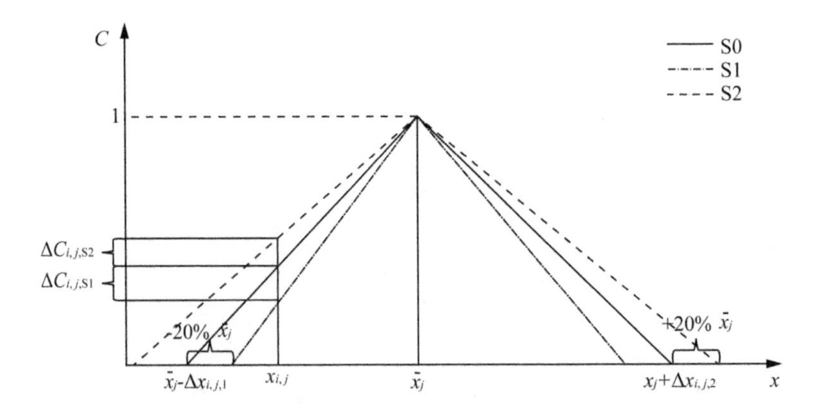

Figure 11 Schematic diagram of scenarios S0, S1 and S2

The results of WREI, ESDI, EEPI, and WRSEI in 2020 under different scenarios are shown in Figure 12. It can be seen that the WREI, ESDI, EEPI, and WRSEI of the 14 cities in the YHWTP area in S1 are reduced by 14.27%, 9.28%, 10.06%, and 10.38%, respectively, compared to S0. Meanwhile, WREI, ESDI, EEPI, and WRSEI are closer to the average value, showing a tendency for aggregation. In contrast, the WREI, ESDI, EEPI, and WRSEI of the 14 cities increased to varying degrees in the S2, with their average values increasing by 10.28%, 6.44%, 7.04%, and 7.38%, respectively. Besides, the WREI, ESDI, EEPI, and WRSEI of each city are further away from the average value, showing a discrete trend. By comparing the results of S0, S1, and S2, it can be found that in S1 and S2, the contraction or expansion of interval of $\Delta x_{i,j,1}$ and $\Delta x_{i,j,2}$ can affect the increase or decrease of WREI, ESDI, EEPI, and WRSEI in different degrees. Thus, the adaptability of the method can be confirmed to some extent in the case of the above exploration.

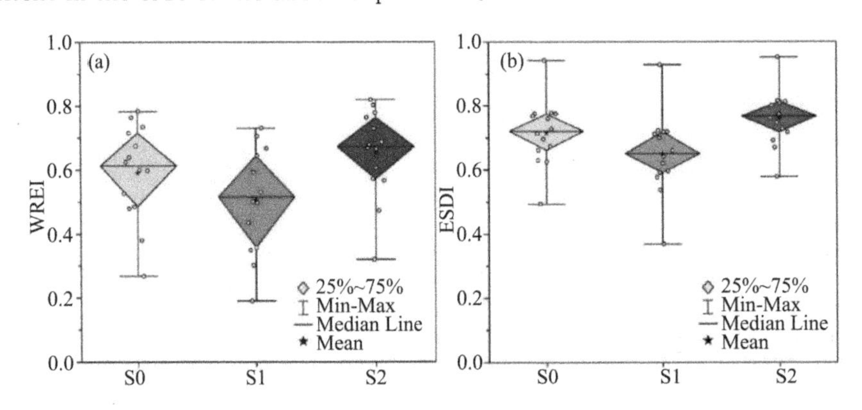

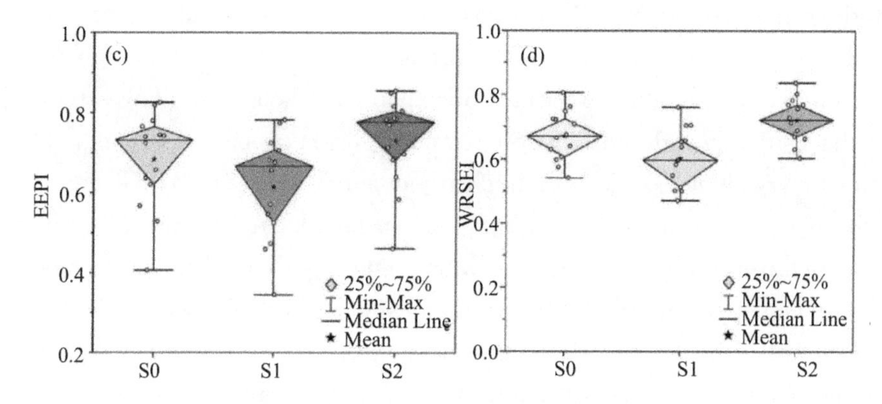

Figure 12 Results of WREI, ESDI, EEPI and WRSEI under different scenarios in 2020

In addition, the framework consists of a combination of methods, which have been fully applied in relevant studies (Fan and Fang, 2020; Yang and Mei, 2017). And the ability to select the target value and deviation value of spatial equilibrium within the calculation of the spatial equilibrium coefficient reflects its applicability at different regional scales. Previous studies have demonstrated the applicability of this method on different spatial scales, such as international (Wang et al., 2018), national (Wang et al., 2022), watershed (Wu et al., 2022), and provincial (Li et al., 2021).

6.2 Advantages and benefits of the developed diagnostic framework

The diagnostic framework developed in this paper is based on the WEE system, has a strong theoretical foundation, and is methodologically capable of effectively evaluating, discriminating, and diagnosing the WRSE in different subsystems and in general. Theoretically, Bai et al. (2022) took the coordinated changes in water stress and water carrying capacity as the penetration point, which prefers to consider the WRSE at the level of water supply and demand. Bian et al. (2022a) considered both the endowment and distribution of water resources in the assessment of WRSE, which focuses on studying the matching relationship between the natural distribution of water resources and production space, living space, ecological space. Relatively, this paper takes the WEE nexus as the starting point of the study. We consider water resource endowment, economic and social development, and ecological environment protection extended by the WEE system as the research criteria of WRSE. It can reflect multiple aspects and provide a more comprehensive picture of WRSE, including: (a) the quantity, exploitation potential, and accessibility of water resources; (b) the scale, quality, and conversion efficiency of resource utilization of economic and social development; (c) the level of investment, vulnerability and carrying capacity of ecological protection. In terms of methodology, Bai et al. (2022) developed a comprehensive evaluation model by combining the multidimensional connectivity clouds model and coupled coordination model, and quantified the fuzziness of WRSE transformation through cloud connectivity. Bian et al. (2022b, 2023) evaluated the WRSE through the coupled coordination model, and determined its state through the natural breakpoint method. The above studies mainly consider the coupling and coordination relationships between subsystems. This paper uses the membership degree function to clearly quantify the spatial equilibrium of indicators of different subsystems, and the method can be adjusted by changing the parameters of the membership degree function, which indicates that it has strong methodological flexibility and applicability at different application scales. The overall WRSE is quantified and described by characterizing the location of the spatial equilibrium degrees of different subsystems from the best point by Euclidean distance. In addition, considering the spatial equilibrium states of different subsystems, the WRSE state of different geographical units can be determined by quantifying the location of their spatial equilibrium results on the same space illustrated in Figure 3. On the research scale, Bian et al. (2022a, 2022b, 2023) studied WRSR on the national scale, taking mainland China as the study area. Bai et al. (2022) investigated WRSE at the provincial scale and the Anhui Province of China had been selected as the case. This paper applies the diagnostic framework to a vital water transfer project area in China, which can provide some references for the efficient allocation of water resources, and has great significance to the study area.

6.3 Implications based on the obtained results and analysis

Based on the application of the developed framework to the YHWTP area, combined with the obtained results, the following recommendations can be made in terms of different spatial scale.

From the perspective of watershed scale, the YHWTP can realize the integrated and coordinated development of the lower reaches of the Yangtze River and the middle and upper reaches of the Huaihe River to a certain extent. However, for the Huaihe River Basin area involved in the YHWTP, the main goal should be to restore the local ecological environment, relieve the pressure of local water resources shortage with the help of external water transfer, maintain the reasonable ecological flow of local rivers, control the scale of economic development, and build a set of basin management mode with green development as the core concept. For the Yangtze River Basin, the coordinated development of the economy and ecology should be further improved. While transferring water resources, the impact of the implementation of YHWTP on the utilization of water resources in the lower reaches of the Yangtze River should be taken into account, and the scale of water transfer should be reasonably determined. In addition, the shortage of water resources in the water source area should be prevented in dry years.

From the perspective of regional scale, the results show that the southern region of the YHWTP area (e. g. , Anqing and Tongling), as the water source area of the transfer project, should further strengthen the protection of the water source, build supporting measures for the centralized treatment of sewage and wastewater, to protect the water quality. In addition, the construction of reservoirs should be strengthened to reduce the impact of drought and flood damage on the water security of the YHWTP, and actively develop green industries. Reduce unnecessary consumption of water resources caused by economic construction, and build an ecologically livable green city with the help of the Yangtze River Economic Belt construction strategy; As the central region (e. g. , Hefei, Maanshan, etc.) is the central region supporting the economic and social development of YHWTP area, and its own water resources are sufficient, it should focus on strengthening ecological construction, guaranteeing and increasing ecological water use, implementing the source management of pollution caused by the local secondary industry, conducting classification supervision of local enterprises, and limiting the discharge of wastewater containing heavy metals and high concentration. For light processing industries such as stone, glass, and printing, which have a large amount of wastewater, corresponding management measures should be formulated to strengthen the recycling of wastewater and improve the comprehensive utilization efficiency of water resources. At the same time, Chaohu Lake should be taken as the key object of local water resources and ecological environment protection. In terms of economic development, Hefei, as the capital of Anhui Province, has scientific and technological advantages and a good foundation for economic development. It should actively play the role of economic radiation to drive the development of surrounding cities. In the northern region (e. g. , Zhoukou and Shangqiu), the water resources shortage is serious, the agricultural sown area is large, and the phenomenon of water consumption is serious. At the same time, the excessive exploitation of groundwater has caused the degradation of the local water ecological environment. Therefore, local governments should focus on restoring the ecological environment and limiting the use of agricultural fertilizers to reduce non-point source pollution caused by agricultural development. At the same time, new water-saving appliances and irrigation methods should be adopted to improve local water-saving levels.

7 Conclusions

In this paper, an integrated diagnostic framework is developed for evaluating the regional WRSE, and an improved WRSE index system is constructed based on the WEE nexus. As well as WRSE quantification, state discrimination, and obstacle factor diagnosis methods. By analyzing the example of the YHWTP area, this framework is applicable to the study of WRSE. The following main conclusions are drawn.

(a) The WRSE evaluation index system based on the WEE nexus has a certain theoretical foundation, and combining it with quantification methods can effectively evaluate WRSE at different criteria layers and the overall WRSE. It has usability and applicability in different spatial scales.

(b) WRSEI in the YHWTP area increased from 0. 642 in 2011 to 0. 662 in 2020, showing a slow-rising trend. WREI showed a decreasing trend from 0. 631 in 2011 to 0. 586 in 2020, while ESDI showed a steady trend over the entire study period. EEPI showed an overall upward trend from 0. 577 in 2011 to 0. 687 in 2022.

(c) The overall WRSE state and the spatial equilibrium state of each criterion layer in the YHWTP area are generally equilibrated and fairly equilibrated. The WRSE state shows a trend from dispersion to aggregation between 2011 and 2020.

(d) Key factors affecting the WRSE in the YHWTP area are effectively identified. Per capita water resources, per capita GDP, and per capita urban wastewater discharge are the main factors limiting the realization of a benign WRSE, with the obstacle degrees reaching 0. 347, 0. 324 and 0. 326 in 2020 respectively.

In addition, this study still has several deficiencies, which should be further investigated and explored. First, the management procedure for WRSE has been neglected. In the future, it is necessary to put forward a feasible regulation method of WRSE to enhance the coordinated development level of regional water, economic and ecological systems. Second, the integrated diagnostic framework has only been applied in China's YHWTP area, and it can be considered to be applied to different geographical units in the future. On the one hand, the feasibility of this framework can be further tested, and on the other hand, it can provide a reference for supporting regional sustainable development.

References

[1] ARFELLI F, CIACCI L, VASSURA I, et al. , 2022. Nexus analysis and life cycle assessment of regional water supply systems: A case study from Italy[J/OL]. Resources, Conservation and Recycling, 185:106446. https://doi. org/10. 1016/j. resconrec. 2022. 106446.

[2] BAI X, JIN J L, ZHOU R X, et al. , 2022. Coordination evaluation and obstacle factors recognition analysis of water resource spatial equilibrium system[J/OL]. Environmental research ,210: 112913. https://doi. org/10. 1016/j. envres. 2022. 112913.

[3] BATABYAL S, MCCOLLUM M, 2023. Should population density be used to rank social vulnerability in disaster preparedness planning? [J/OL] Economic Modelling, 125: 106165. https://doi. org/10. 1016/j. econmod. 2022. 106165.

[4] BIAN D H, YANG X H, LU Y, et al. , 2023. Analysis of the spatiotemporal patterns and decoupling effects of China's water resource spatial equilibrium[J/OL]. Environmental research,216(3): 114719. https://doi. org/10. 1016/j. envres. 2022. 114719.

[5] BIAN D H, YANG X H, WU F F, et al., 2022. A three-stage hybrid model investigating regional evaluation, pattern analysis and obstruction factor analysis for water resource spatial equilibrium in China[J/OL]. Journal of Cleaner Production, 331: 129940. https://doi.org/10.1016/j.jclepro.2021.129940.

[6] BIAN D H, YANG X H, XIANG W Q, et al., 2022. A new model to evaluate water resource spatial equilibrium based on the game theory coupling weight method and the coupling coordination degree [J/OL]. Journal of Cleaner Production, 366: 132907. https://doi.org/10.1016/j.jclepro.2022.132907.

[7] CAO Z G, LI S, ZHAO Y E, et al., 2018. Spatio-temporal pattern of schistosomiasis in Anhui Province, East China: potential effect of the Yangtze River—Huaihe river water transfer project[J/OL]. Parasitology International, 67 (5): 538-546. https://doi.org/10.1016/j.parint.2018.05.007.

[8] CHAKRAVORTY U, UMETSU C, 2003. Basinwide water management: a spatial model[J/OL]. Journal of Environmental Economics and Management, 45 (1): 1-23. https://doi.org/10.1016/S0095-0696(02)00012-8.

[9] CHEN J H, ZHANG W P, SONG L, et al., 2022. The coupling effect between economic development and the urban ecological environment in Shanghai port[J/OL]. Science of The Total Environment, 841: 156734. https://doi.org/10.1016/j.scitotenv.2022.156734.

[10] CHEN Y Z, LU H W, LI J, et al., 2017. A leader-follower-interactive method for regional water resources management with considering multiple water demands and eco-environmental constraints[J/OL]. Journal of Hydrology, 548: 121-134. https://doi.org/10.1016/j.jhydrol.2017.02.015.

[11] DAI C, QIN X S, CHEN Y, et al., 2018. Dealing with equality and benefit for water allocation in a lake watershed: a Gini-coefficient based stochastic optimization approach[J/OL]. Journal of Hydrology, 561: 322-334. https://doi.org/10.1016/j.jhydrol.2018.04.012.

[12] DOLAN F, LAMONTAGNE J, LINK R, et al., 2021. Evaluating the economic impact of water scarcity in a changing world[J/OL]. Nature communications, 12 (1): 1-10. https://doi.org/10.1038/s41467-021-22194-0.

[13] FAN Y P, FANG C L, 2020. Evolution process and obstacle factors of ecological security in western China, a case study of Qinghai province [J/OL]. Ecological Indicators, 117(6): 106659. https://doi.org/10.1016/j.ecolind.2020.106659.

[14] FAN Y, WU S Z, LU Y T, et al., 2019. Study on the effect of the environmental protection industry and investment for the national economy: an input-output perspective[J/OL]. Journal of Cleaner Production, 227: 1093-1106. https://doi.org/10.1016/j.jclepro.2019.04.266.

[15] FEIZIZADEH B, OMARZADEH D, RONAGH Z, et al., 2021. A scenario-based approach for urban water management in the context of the COVID-19 pandemic and a case study for the Tabriz metropolitan area, Iran[J/OL]. Science of The Total Environment, 790: 148272. https://doi.org/10.1016/j.scitotenv.2021.148272.

[16] FENG Y J, ZHU A K, LIU P, et al., 2022. Coupling and coordinated relationship of water utilization, industrial development and ecological welfare in the Yellow River Basin, China[J/OL]. Journal of Cleaner Production, 379: 134824. https://doi.org/10.1016/j.jclepro.2022.134824.

[17] FLINN J C, GUISE J W B, 1970. An application of spatial equilibrium analysis to water resource allocation[J/OL]. Water Resources Research, 6 (2): 398-409. https://doi.org/10.1029/WR006i002p00398.

[18] GUO Q, YU C X, XU Z H, et al., 2023. Impacts of climate and land-use changes on water yields: similarities and differences among typical watersheds distributed throughout China[J/OL]. Journal of Hydrology: Regional Studies, 45: 101294. https://doi.org/10.1016/j.ejrh.2022.101294.

[19] HAO L G, YU J J, DU C Y, et al., 2022. A policy support framework for the balanced development of economy-society-water in the Beijing-Tianjin-Hebei urban agglomeration[J/OL]. Journal of Cleaner Production, 374: 134009. https://doi.org/10.1016/j.jclepro.2022.134009.

[20] HE Y H, LIN K R, ZHANG F, et al., 2018. Coordination degree of the exploitation of water resources and its spatial differences in China[J/OL]. Science of The Total Environment, 644: 1117-1127. https://doi.org/10.1016/j.scitotenv.2018.07.050.

[21] HE Y H, WANG Y L, CHEN X H, 2019. Spatial patterns and regional differences of inequality in water resources exploitation in China[J/OL]. Journal of Cleaner Production, 227: 835-848. https://doi.org/10.1016/j.jclepro.2019.04.146.

[22] HOEKSTRA A Y, BUURMAN J, VAN GINKEL K C H, 2018. Urban water security: a review[J/OL]. Environmental Research Letters, 13 (5): 053002. https://doi.org/10.1088/1748-9326/aaba52.

[23] HUSSIEN W A, MEMON F A, SAVIC D A, 2016. Assessing and modelling the influence of household characteristics on per capita water consumption[J/OL]. Water Resources Management, 30: 2931-2955. https://doi.org/10.1007/s11269-016-1314-x.

[24] JIN J L, LI J Q, WU C G, et al., 2019. Progress on spatial equilibrium of water resources[J/OL]. Journal of North China University Water Resources Electric Power (Natural Science Edition), 40 (6): 47-60. https://doi.org/10.19760/j.ncwu.zk.2019081.

[25] JIN J L, XU X G, ZHOU R X, et al., 2021. Water resources spatial balance evaluation method based on connection number and coupling coordination degree[J/OL]. Water Resources Protection, 37 (1): 1-6. https://doi.org/10.3880/j.issn.1004-6933.2021.01.001.

[26] KURSUNOGLU S, KURSUNOGLU N, HUSSAINI S, et al., 2021. Selection of an appropriate acid type for the recovery of zinc from a flotation tailing by the analytic hierarchy process[J/OL]. Journal of Cleaner Production, 283: 124659. https://doi.org/10.1016/j.jclepro.2020.124659.

[27] LI C L, LI H F, ZHANG Y, et al., 2019. Predicting hydrological impacts of the Yan-

gtze-to-Huaihe water diversion project on habitat availability for wintering waterbirds at caizi lake[J/OL]. Journal of Environmental Management, 249: 109251. https://doi. org/10. 1016/j. jenvman. 2019. 07. 022.

[28] LI D L, ZUO Q T, WU Q S, et al. , 2021. Achieving the tradeoffs between pollutant discharge and economic benefit of the Henan section of the South-to-North Water Diversion Project through water resources-environment system management under uncertainty [J/OL]. Journal of Cleaner Production, 321:128857. https://doi.org/10.1016/j. jclepro. 2021. 128857.

[29] LI D L, ZUO Q T, ZHANG Z Z, 2022. A new assessment method of sustainable water resources utilization considering fairness-efficiency-security: a case study of 31 provinces and cities in China[J/OL]. Sustainable Cities and Society, 81: 103839. https://doi. org/ 10. 1016/j. scs. 2022. 103839.

[30] LI J Y, CUI L B, DOU M, et al, 2021. Water resources allocation model based on ecological priority in the arid region[J/OL]. Environmental Research, 199: 111201. https://doi. org/10. 1016/j. envres. 2021. 111201.

[31] LI Q W, ZUO Q T, LI D L, et al. , 2021. Spatial equilibrium analysis of water resources development and utilization in Xinjiang [J/OL]. Water Resources Protection, 37 (2): 28-32. https://doi. org/10. 3880/j. issn. 1004-6933. 2021. 02. 005.

[32] MARIN C M, SMITH M G, 1988. Water resources assessment: a spatial equilibrium approach[J/OL]. Water Resources Research, 24 (6): 793-801. https://doi. org/10. 1029/WR024i006p00793.

[33] MA X L, MA Y J, 2017. The spatiotemporal variation analysis of virtual water for agriculture and livestock husbandry: a study for Jilin Province in China[J/OL]. Science of The Total Environment, 586: 1150-1161. https://doi. org/10. 1016/j. scitotenv. 2017. 02. 106.

[34] Ministry of Water Resources of the People's Republic of China, 2022. Guidelines of the Ministry of Water Resources on accelerating the construction of provincial water networks. In: Gazette of the ministry of water resources of the people's republic of China, 60:18-21. http:// www. mwr. gov. cn/zw/slbgb/202209/P020220919545202735560. pdf.

[35] MOURAD K A, ALSHIHABI O, 2016. Assessment of future Syrian water resources supply and demand by the WEAP model[J/OL]. Hydrological Sciences Journal, 61 (2): 393-401. https://doi. org/10. 1080/02626667. 2014. 999779.

[36] NARAYANAMOORTHY S, ANNAPOORANI V, KANG D, et al. , 2020. A novel assessment of bio-medical waste disposal methods using integrating weighting approach and hesitant fuzzy MOOSRA[J/OL]. Journal of Cleaner Production, 275:122587. https://doi. org/10. 1016/j. jclepro. 2020. 122587.

[37] NICKLOW J, REED P, SAVIC D, et al. , 2010. State of the art for genetic algorithms and beyond in water resources planning and management[J/OL]. J. Water Resour. Plann. Manag, 136 (4): 412-432. https://doi. org/10. 1061/(ASCE)WR. 1943-5452.

0000053.

[38] BÜTTNER O, JAWITZ J W, BIRK S, et al., 2022. Why wastewater treatment fails to protect stream ecosystems in Europe[J/OL]. Water Research, 217: 118382. https://doi. org/10. 1016/j. watres. 2022. 118382.

[39] PIAO S L, CIAIS P, HUANG Y, 2010. The impacts of climate change on water resources and agriculture in China[J/OL]. Nature, 467: 43-51. https://doi. org/10. 1038/nature09364.

[40] ROSA L, CHIARELLI D D, RULLI M C, et al., 2020. Global agricultural economic water scarcity[J/OL]. Science Advances, 6 (18): eaaz6031. https://doi. org/10. 1126/sciadv. aaz6031.

[41] SANCHEZ G M, SMITH J W, TERANDO A, et al., 2018. Spatial patterns of development drive water use[J/OL]. Water Resources Research, 54 (3): 1633-1649. https://doi. org/10. 1002/2017WR021730.

[42] SHIKLOMANOV I A, 1991. The world's water resources[J]. Proc. Int. Sympos. Commemor, 25: 93-126.

[43] STEPHENS E, DAY J J, PAPPENBERGER F, et al., 2015. Precipitation and floodiness[J/OL]. Geophysical Research Letters, 42 (23): 10316-10323. https://doi. org/10. 1002/2015GL066779.

[44] TANG S K, QIAO S B, FENG T C, et al., 2022. Predictability of the record-breaking rainfall over the Yangtze and Huaihe River valley in 2020 summer by the NCEP CFSv2[J/OL]. Atmospheric Research, 266: 105956. https://doi. org/10. 1016/j. atmosres. 2021. 105956.

[45] TU J, XIA Z G, 2008. Examining spatially varying relationships between land use and water quality using geographically weighted regression I: model design and evaluation[J/OL]. Science of The Total Environment, 407 (1): 358-378. https://doi. org/10. 1016/j. scitotenv. 2008. 09. 031.

[46] TUNDISI J G, TUNDISI T M, 2016. Integrating ecohydrology, water management, and watershed economy: case studies from Brazil[J/OL]. Ecohydrology & Hydrobiology, 16 (2): 83-91. https://doi. org/10. 1016/j. ecohyd. 2016. 03. 006.

[47] UNITED NATIONS, 2015. Transforming our world: the 2030 agenda for sustainable development[J/OL]. In: Outcome Document for the UN Summit to Adopt the Post-2015 Development Agenda: Draft for Adoption, 20. New York. https://www. webofscience. com/wos/alldb/full-record/WOS:000508948300007.

[48] WANG H J, ZUO Q T, HAO L G, et al., 2018. Analysis of spatial-temporal characteristics and spatial equilibrium of precipitation in West Asia area of "Belt and Road" [J/OL]. Water Resources Protection, 34 (4): 35-41. https://doi. org/10. 3880/j. issn. 1004-6933. 2018. 04. 07.

[49] WANG J Y, ZUO Q T, WU Q S, et al., 2022. Evaluation and spatial equilibrium analysis of high-quality development level in mainland China considering water constraints[J/

OL]. Water, 14(15): 2364. https://doi.org/10.3390/w14152364.

[50] WANG L, 2019. Changing Spatial Elements in Chinese Socio-Economic Five-year Plan: from Project Layout to Spatial Planning[M]. Singapore: Springer.

[51] WANG T Z, JIAN S Q, WANG J Y, et al., 2022. Dynamic interaction of water-economic-social-ecological environment complex system under the framework of water resources carrying capacity [J/OL]. Journal of Cleaner Production, 368: 133132. https://doi.org/10.1016/j.jclepro.2022.133132.

[52] WANG X X, CHEN Y N, LI Z, et al., 2020. Development and utilization of water resources and assessment of water security in Central Asia[J/OL]. Agricultural Water Management, 240: 106297. https://doi.org/10.1016/j.agwat.2020.106297.

[53] WANG X X, XIAO X M, ZOU Z H, et al., 2020. Gainers and losers of surface and terrestrial water resources in China during 1989—2016[J/OL]. Nature Communications, 11:3471. https://doi.org/10.1038/s41467-020-17103-w.

[54] WANG X Y, ZHANG S L, TANG X P, et al., 2023. Spatiotemporal heterogeneity and driving mechanisms of water resources carrying capacity for sustainable development of Guangdong Province in China[J/OL]. Journal of Cleaner Production, 412: 137398. https://doi.org/10.1016/j.jclepro.2023.137398.

[55] WAN X H, YANG T, ZHANG Q, et al., 2021. A novel comprehensive model of set pair analysis with extenics for river health evaluation and prediction of semi-arid basin—a case study of Wei River Basin, China[J/OL]. Science of The Total Environment, 775: 145845. https://doi.org/10.1016/j.scitotenv.2021.145845.

[56] WU Q S, ZUO Q T, HAN C H, et al., 2022. Integrated assessment of variation characteristics and driving forces in precipitation and temperature under climate change: a case study of Upper Yellow River basin, China[J/OL]. Atmospheric Research, 272: 106156. https://doi.org/10.1016/j.atmosres.2022.106156.

[57] WWAP U, 2018. The United Nations world water development report (WWDR) 2021: valuing water [R/OL]. https://www.unesco.org/reports/wwdr/2021/en/download-report.

[58] XU X Y, ZHANG Z H, LONG T, et al., 2021. Mega-city region sustainability assessment and obstacles identification with GIS-entropy-TOPSIS model: a case in Yangtze River Delta urban agglomeration, China[J/OL]. Journal of Cleaner Production, 294: 126147. https://doi.org/10.1016/j.jclepro.2021.126147.

[59] YANG S Q, MEI X R, 2017. A sustainable agricultural development assessment method and a case study in China based on euclidean distance theory[J/OL]. Journal of Cleaner Production, 168: 551-557. https://doi.org/10.1016/j.jclepro.2017.09.022.

[60] YANG Y F, WANG H R, LI Y Y, et al., 2023. New green development indicator of water resources system based on an improved water resources ecological footprint and its application[J/OL]. Ecological Indicators, 148: 110115. https://doi.org/10.1016/j.ecolind.2023.110115.

[61] YANG Y F, WANG H R, WANG C, et al., 2022. Coupling variable fuzzy sets and Gini coefficient to evaluate the spatial equilibrium of water resources[J/OL]. Water Resources, 49 (2): 292-300. https://doi.org/10.1134/S0097807822020154.

[62] YUAN L, YANG D Q, WU X, et al., 2023. Development of multidimensional water poverty in the Yangtze River Economic Belt, China[J/OL]. Journal of Environmental Management, 325: 116608. https://doi.org/10.1016/j.jenvman.2022.116608.

[63] ZHANG Y, KHAN S U, SWALLOW B, et al., 2022. Coupling coordination analysis of China's water resources utilization efficiency and economic development level[J/OL]. Journal of Cleaner Production, 373: 133874. https://doi.org/10.1016/j.jclepro.2022.133874.

[64] ZHAO D F, LI C B, WANG Q Q, et al., 2020. Comprehensive evaluation of national electric power development based on cloud model and entropy method and TOPSIS: a case study in 11 countries[J/OL]. Journal of Cleaner Production, 277: 123190. https://doi.org/10.1016/j.jclepro.2020.123190.

[65] ZHENG H, KHAN Y A, ABBAS S Z, 2022. Exploration on the coordinated development of urbanization and the eco-environmental system in central China[J/OL]. Environmental Research, 204: 112097. https://doi.org/10.1016/j.envres.2021.112097.

[66] ZHOU X, WU D, LI J F, et al., 2022. Cultivated land use efficiency and its driving factors in the Yellow River Basin, China[J/OL]. Ecological Indicators, 144: 109411. https://doi.org/10.1016/j.ecolind.2022.109411.

[67] ZUO Q T, HAN C H, MA J X, 2019. Application rules and quantification methods of water resources spatial equilibrium theory[J/OL]. Hydro-Science Engineering (6): 50-58. https://doi.org/10.16198/j.cnki.1009640X.2019.06.006.

Predictive analysis of water resource carrying capacity based on system dynamics and improved fuzzy comprehensive evaluation method in Henan Province

Juntao Ji[1], Xiaoning Qu[2], Quan Zhang[1] and Jie Tao[1,3,4]

(1. School of Water Conservancy Engineering, Zhengzhou University, Zhengzhou 450001, China; 2. Henan Water & Power Engineering Consulting CO., Ltd, Zhengzhou 450001, China; 3. Henan International Joint Laboratory of Water Cycle Simulation and Environmental Protection, Zhengzhou 450001, China; 4. Zhengzhou Key Laboratory of Water Resource and Environment, Zhengzhou 450001, China)

Abstract: The water resource carrying capacity (WRCC) is a carrying capacity of natural resources. It affects the application and expansion of the carrying capacity of water resources. This subject involves various elements, such as water resources, the ecological environment system, humans and their economic and social systems, and a wider range of biological groups and their survival needs. Based on the objective recognition of the complex relationship between the water resource system, ecological environment system, and economic and social system, the support scale of water resources and the ecological environment for economic and social development is studied. Current research on the carrying capacity of water resources has mostly shifted from the previously limited support capacity of water resources to include factors such as the population, economy, and ecology, establishing the internal relationships between the economics, water resources, and ecological environment. This reflects the comprehensive carrying capacity of the entire region (or river basin) of water resources and the ecological environment system on an overall economic and social scale. Based on the conceptual connotation of the WRCC and the actual problems facing water resources in Henan Province, the paper uses a system dynamics method to develop information feedback between the four subsystems of Henan Province: economic, population, water resource, and water environment subsystems. The index system of the WRCC in Henan Province is also determined. The weight of each index is comprehensively determined by a combination weighting method of the analytic hierarchy process and an entropy weight method, and then a fuzzy comprehensive evaluation method is used to evaluate the WRCC of Henan Province under four different development models. The validation period of the model is 2010—2020, and the forecast period is 2021—2030. The results indicate that during the period 2021—2030, the WRCC of Henan Province showed a slight upward trend overall under the four models, but the increase rates were different under the different models. Among the four models, the comprehensive model's benefit was the best, which not only maintained the healthy and stable development of the economy and society but also improved the pressure on the water resources and the quality of the water environment.

Keywords: Water resource carrying capacity; Economy-population-water resource-water environment; Information feedback model; Indicator; System; Combining weights; Future development model

1 Introduction

Water is one of the most basic and indispensable natural resources that support human survival, social and economic development, and ecosystem health (Kala et al., 2008). However, excessively rapid socioeconomic development has greatly increased the demand for water resources, which has led to a series of problems such as water shortages, the deterioration of water environments, and the destruction of ecosystems (Ergül et al., 2013). Socioeconomic development cannot progress healthily, sustainably, and effectively. The national economic losses caused by water problems are also increasing every year (Lenzen et al., 2013; Pahl-Wostl, 2017; Reed et al., 2013). Human activities are putting more and more pressure on water resources, and the "water resource carrying capacity limit" has been exceeded in many parts of the world (Yang et al., 2021). Therefore, it is highly necessary to assess the carrying capacity of regional water resources and examine whether the pressure exerted by human activities exceeds this capacity (Åse & Christine, 2017). The origin of the concept of a carrying capacity can be traced back to the Malthusian era. It refers to a region's ability to support the development of the eco-economic system by taking into account the impact of predictable technological, cultural, institutional, and personal value choices and adopting appropriate management techniques at specific historical stages of development (Jonathan & Scott, 1999). In recent years, the WRCC has gradually become an indicator of regional development potential (Zhao et al., 2021). At present, the research on the carrying capacity of water resources has changed focus from the supporting capacity of water resources for a certain population, economy, and ecology to comprehensive carrying capacity research based on the internal relationships between water, ecology, and the economy (Meriem & Ewa, 2016; Peng et al., 2021; Ren et al., 2016).

Relevant studies by many scholars around the world have found that index evaluation methods and system dynamics methods are the most commonly used in the evaluation and prediction of the WRCC (Wang et al., 2021). The index evaluation methods include principal component analysis (Tripathi & Singal, 2019), trend analysis (Tabari et al., 2011), multi-objective analysis (Opricovic, 2011), artificial neural networks (Adamowski & Chan, 2011), and fuzzy comprehensive evaluation (Chen et al., 2015).

Principal Component Analysis (PCA) is a statistical analysis method for dimensionality reduction, which can replace and reflect the original information of many variables with a few independent comprehensive indicators (Cao et al., 2020). PCA is mainly used to group sample data by determining the general relationship between the data (Bingöl et al., 2013). However, there are uncertainties in the determination of the principal components, contribution rates, and weights (Zhang et al., 2019). Trend analysis is a method to analyze the variation trend of the benchmark year indicators in different periods using relevant indicators in the system. However, it can only analyze the overall trend and lacks interaction analysis between the internal indicators of the system (Li et al., 2014). The multi-objective analysis method links operations research with management and can comprehensively consider the complex relationship between water resources, the social economy, and natural ecology. However, it also has shortcomings such as the subjectivity of the weighted value of each objective, the inoperability of the optimization degree of each objective in the optimization process, and the complexity of the objective function structure (Carvalho et al., 2019). Artificial neural network predictions are applicable to relatively independent systems, and it is difficult to consider the coupling between subsystems (Gadekar & Ahammed, 2019). A fuzzy comprehensive evaluation is a highly effective multielement decision-making method for the comprehensive evaluation of systems affected by multiple factors, but the evaluation results are limited by variable weights (Salih et al., 2019).

Single methods tend to be subjective or objective (Qiao et al., 2021), and thus, scholars often try to use a combination of multiple methods to determine the weights in the evaluation process (Peng & Deng, 2020; Zhou et al., 2017). In this paper, a combination of an analytic hierarchy process and entropy weight method is used to determine the weights.

Henan Province, as a newly industrialized province, is also an important major grain-producing area in the main function zoning of nine provinces along the Yellow River (Qinghai, Sichuan, Gansu, Ningxia, Inner Mongolia, Shanxi, Shaanxi, Henan, and Shandong) (Zhang et al., 2020). In recent years, economic development has been active and has made significant contributions to economic development and energy consumption growth in China, but the water resource problem is also very complex (Huang et al., 2021; Lyu et al., 2016; Peng et al., 2017; Yi et al., 2020). Based on the actual water resource problems in Henan Province, in this paper, an evaluation method of the water resource carrying capacity that combines the improved fuzzy comprehensive evaluation method with the system dynamics model is proposed. The innovation is that based on the information feedback model, the internal dynamic response relationship of the large-scale system of water resources carrying capacity coupled with the four subsystems of the population-economy-water resources-water environment is constructed, and the improved fuzzy comprehensive evaluation method considering the combined weighting of subjective and objective factors is established, and the evaluation and prediction analysis of water resources carrying capacity in Henan Province is carried out with four development modes. It provides a basis for formulating future development plans in Henan Province.

2 Materials and methods

2.1 Study area and data acquisition

Henan Province is located in the middle-eastern part of China. The middle and lower reaches of the Yellow River, in the ranges of 31°23′~36°22′ N and 110°21′~116°39′ E (Figure 1), belong to the warm temperate-subtropical and humid-semi-humid monsoon climate. The annual average precipitation is about 500~900 mm. There are more than 1 500 rivers in Henan Province, spanning the four major river basins of the Haihe River, Yellow River, Yangtze River, and Huaihe River. There are 493 rivers with a basin area of more than 100 km^2. The average annual water resources of the province are 41.3 billion m^3, ranking 19th in the country. Henan Province has a shortage of water resources, with uneven spatial and temporal distribution, and the utilization efficiency needs to be improved (Liu et al., 2022). The contradiction between supply and demand is prominent. The per capita share is only about 440 m^3, ranking 22nd in China, which is lower than the international water resource shortage standard of 500 m^3 per capita. Surface water pollution is severe, but in recent years, there has been a positive trend. In 2020, in 141 provincial river sections, there were 37 water quality sections of Ⅳ~Ⅴ, accounting for 26.2% of the sections. According to the environmental quality standards for surface water, Ⅳ indicates that the water quality is suitable for general industrial protection areas and recreational water areas that are not in direct contact with the human body, while Ⅴ indicates that the water quality is suitable for agricultural water areas and general landscape requirements (Guo et al., 2018). The main pollution factors are the chemical oxygen demand (COD) and ammonia nitrogen. The problem of groundwater overexploitation cannot be ignored. There are various problems in most areas, such as excessive groundwater exploitation and groundwater level decline (Jing et al., 2021).

The socioeconomic, water resource, and water-environment-related indicator data required for this research are derived from the "Henan Provincial Statistical Yearbook" (2005—2020), "China Statistical Yearbook" (2005—2020), "Henan Provincial Water Resources Bulletin" (2005—2020), "Henan Provincial Standards—Industrial and Urban Domestic Water Quotas (DB41/T 385—2020)," "Bulletin of the State of the Ecological Environment in Henan Province" (2005—2020), and relevant government documents.

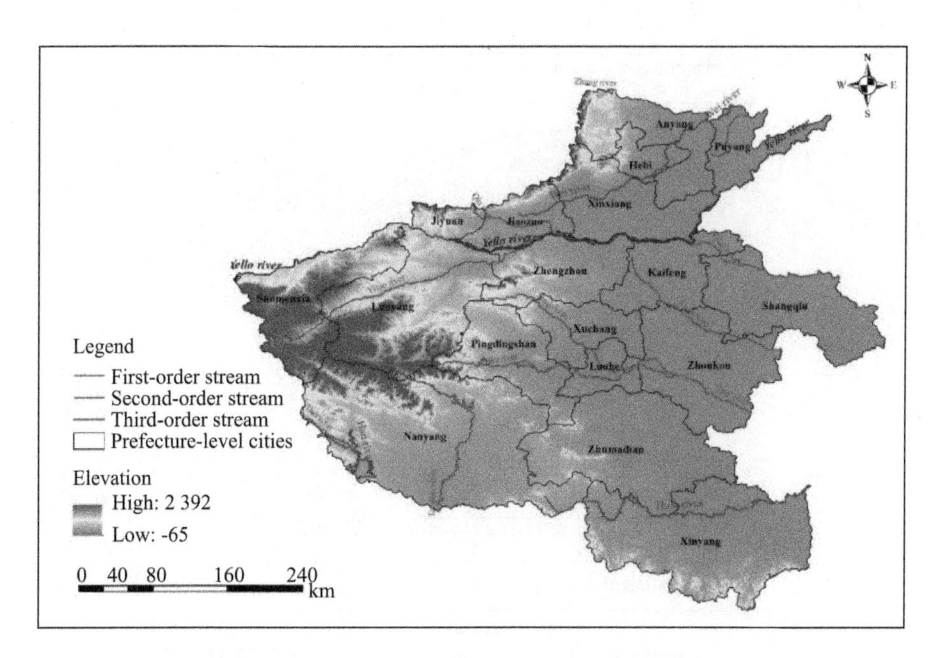

Figure 1 Location of Henan Province and its main rivers

2.2 Computational framework and method

2.2.1 Model computing framework

The calculation framework of the WRCC model based on the system dynamics and improved fuzzy comprehensive evaluation method is shown in Figure 2. Through in-depth analysis of the definition, connotation, and key influencing factors of water resources carrying capacity, four subsystems and their main variables under the complex large system of water resources carrying capacity are constructed. Based on the interconnection, mutual restriction and mutual cause and effect between the four subsystems, the complex large system of water resources carrying capacity is formed. Some results are published in related papers and monographs (Zhang & Tao, 2021; Zuo, 2017).

The WRCC system is a system controlled by many factors. This paper divides it into four subsystems: economic, population, water resource, and water environment subsystems. The population subsystem mainly describes the total population and population structure changes. The economic subsystem reflects the level of regional economic development. The water resource subsystem mainly reflects the quantity of water resources and the cycle conversion relationship. The water environment subsystem mainly reflects the relationship between the water resource quality and the pollutant cycle conversion. The four subsystems influence and restrict each other. The population and economic subsystems have a direct impact on the water resources and water environ-

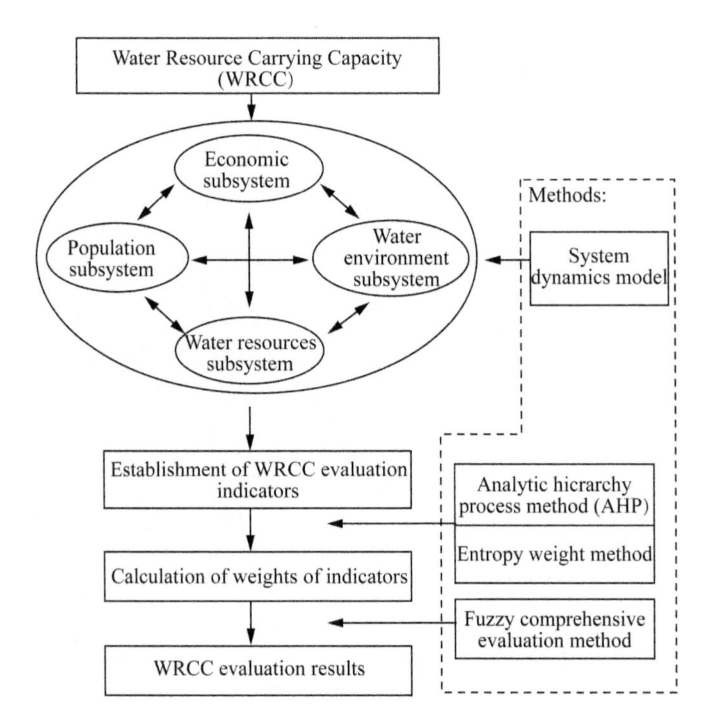

Figure 2 Calculation framework of water resource carrying capacity (WRCC) in Henan Province

ment through the development, utilization, governance, and protection of water resources. Furthermore, the water resources and water environment subsystems affect the development of the population and economic subsystem because of their quantity and quality. The population subsystem is the main body of the economic subsystem. It is the starting and ending point of the economic movement. Reasonable population distribution and density are conducive to economic development. The economic subsystem relies on the existence and development of the population subsystem, which affects and restricts the production, migration, and development of the population. The water resource subsystem is the basic element of the water environment subsystem. The change in the water resources will have different effects on the water environment. The water environment subsystem imposes control constraints on the water resource subsystem, and the health of the water environment determines the amount and quality of the water resources.

2.2.2 System dynamics

The subject of system dynamics is a comprehensive interdisciplinary subject that combines natural science theory and social economics theory. It uses the structure and method of a system to simulate complex systems, divides the system into several subsystems, and establishes information feedback mechanisms between each subsystem (Brian & Ni-Bin, 2004). The essence of the system dynamics is a first-order differential equation system used to describe the dependence of the rate of change of each state variable of the system on each state variable or specific input (Zhang et al., 2014). The system contains four basic variable types: level variables (L), rate variables (R), auxiliary variables (A), and constants. The variables are quantitatively described by differential equations, as follows:

$$L_{(t)} = L_0 + \int_0^t \sum (R_1(t) - \sum R_0(t))dt \tag{1}$$

$$R_{(t_i)} = [L_{(t_{i+1})} - L_{(t_i)}]/\Delta t \tag{2}$$

where $L_{(t)}$ is the value of the horizontal variable L at t time; L_0 is the initial value of L; R_1 and R_0 are the output and input values of L, respectively; $R_{(t_i)}$ is the rate variable at time t_i, and Δt is the time interval between t_{i+1} and t_i.

Based on the principle of system dynamics, an information feedback process of the four subsystems in Henan Province was constructed, as shown in Figure 3.

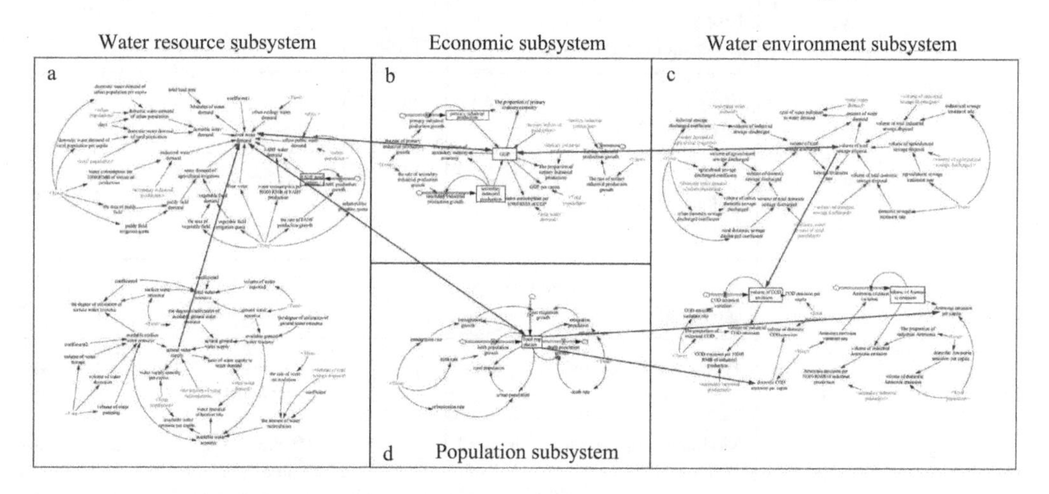

Figure 3　System dynamics model of four subsystems of WRCC in Henan Province: (a) water resource subsystem; (b) economic subsystem; (c) water environment subsystem; (d) population subsystem

2.2.3　Water resource carrying capacity (WRCC) evaluation indicators

The water resources carrying capacity system is a complex and huge system. The scientific establishment of an evaluation index system is the key to accurately evaluating the water resources carrying capacity (Wang et al., 2022). Therefore, the evaluation index system needs to be able to truly and comprehensively reflect the situation of the study area (Bu et al., 2020). From the concept of water resources carrying capacity "water quantity, water quality, water space, streamflow" four dimensions combined with the influencing factors of water resources carrying capacity and the development status of Henan Province (Wang J et al., 2017; Wang Z et al., 2017; Zhang et al.,

2021; Zuo et al., 2005), according to the four principles of systemicity, comprehensiveness, dynamics, and practicality (Jin et al., 2019), and combined with numerous references (Djuwansyah, 2018; Kuspilić et al., 2018; Xia & Zhu, 2002), the evaluation index system of the WRCC in Henan Province is finally determined and constructed based on the four subsystems (economic, population, water resource, and water environment subsystems). In total, there are 17 indicators, as shown in Table 1.

Table 1 Evaluation indicators of WRCC in Henan Province

Water resource carrying capacity	Subsystem	Indicator	Unit	Indicator description
	Economic subsystem (A)	Gross domestic product (GDP) per capita (A1, +)	yuan/people	Reflects the overall state of economy
		Proportion of primary industry economy (A2, −)	%	Reflects the economic structure
		Proportion of secondary industry economy (A3, −)	%	
		Proportion of tertiary industry economy (A4, +)	%	
	Population subsystem (B)	Urbanization rate (B1, +)	%	Reflects demographic structure and number
	Water resources subsystem (C)	Available water resource per capita (C1, +)	m^3/people	Reflects the amount of available water resources
		Water supply quantity per capita (C2, +)	m^3/people	Reflects the amount of water supply capacity
		Modulus of water demand (C3, −)	m^3/km^2	Reflects the regional water demand capacity
		Rate of water recirculation (C4, +)	%	Reflects water resource reuse capacity
		Rate of water supply to water demand (C5, +)	dmnl	Reflects the relationship between water supply and demand
		Water consumption per 10 000 RMB of industrial production (C6, −)	m^3/10 000 yuan	Reflects industrial water efficiency
		Water consumption per 10 000 RMB of GDP (C7, −)	m^3/10 000 yuan	Reflects the relationship between total water and economy
		Water resource utilization rate (C8, −)	%	Reflects the effective development and utilization of water resources

Continued

Water resource carrying capacity	Subsystem	Indicator	Unit	Indicator description
	Water environment subsystem (D)	Ratio of water pollution to water demand (D1, −)	%	Reflects the impact of water pollution on water supply and demand
		Sewage treatment rate (D2, +)	%	Reflects the capacity of sewage treatment
		COD emission per 10 000 RMB of industrial production (D3, −)	m^3/10 000 yuan	Reflects the relationship between industrial output and chemical oxygen demand (COD) emission
		Ammonia emission per capita (D4, −)	m^3/people	Reflects the pollution status per capita of the water environment

+indicates a positive indicator, indicating that the greater the indicator value is, the greater the WRCC is, − indicates a negative indicator, indicating that the greater the indicator is, the smaller the carrying capacity of water resources is.

2.2.4 Analytic hierarchy process and entropy weight method

To combine the advantages of the analytic hierarchy process and entropy weight method, the weight of the WRCC indicator is determined by a weighted combination method. The analytic hierarchy process (AHP) was developed and proposed by Thomas L. Saaty, an American operational researcher. The essence of AHP is a combination of qualitative and quantitative attributes. This process has a strong systematic and hierarchical nature and has been used to deal with many complex problems (Al-Harbi, 2001). The analytic hierarchy process establishes a hierarchical structure model based on the constructed indicator system, and then determines the relative importance of each indicator. According to the expert scoring table (Table 2), a judgment matrix is constructed by scoring, the consistency test of the judgment matrix (consistency ratio <0.1) is carried out to obtain the judgment of comprehensive decision-makers, and then the subjective weight of each indicator (W_1) is determined (Li et al., 2011; Subramanian & Ramanathan, 2012). This paper invited eight local professional institutions and experts with more local research to form an expert group to participate in AHP. The main research areas are hydrology and water resources, water environment, water ecology, water resources planning, and management. The consistency of the test results of the WRCC indicator system in Henan Province is shown in Table 3.

Table 2　Expert scoring system

Numerical scale	Definition
1	Equal significance between the two factors
3	Slight significance of one factor compared to the other

Continued

Numerical scale	Definition
5	Strong significance of one factor compared to the other
7	Dominance of one factor over the other
9	Absolute dominance of one factor over the other
2, 4, 6, 8	Intermediate values between two neighboring levels
Reciprocals	If the ratio of the importance of factors i and j is a_{ij}, then the ratio of the importance of j to i is a_{ij}

Table 3 Consistency ratio of judgment matrix in Henan Province

Water resource carrying capacity consistency: 0.066 8					
	Economic subsystem	Population subsystem	Water resources subsystem	Water environment subsystem	Wi
Economic subsystem	1.000	3.320	2.226	2.718	0.467
Population subsystem	0.301	1.000	2.718	1.822	0.244
Water resources subsystem	0.449	0.368	1.000	0.819	0.134
Water environment subsystem	0.368	0.549	1.221	1.000	0.155

The basic principle of the entropy weight method stems from information theory. Information is a measure of the system order, and entropy is a measure of system disorder (Delgado & Romero, 2016). The smaller the information entropy in the evaluation system is, the greater the amount of information provided and the weights in the evaluation system are, and vice versa. Therefore, the objective weight W_2 of each indicator is calculated by information entropy (Wang J et al., 2017; Wang Z et al., 2017). The main calculation process is as follows.

(1) The positive indicator is directly normalized as follows:

$$x'_{ij} = x_{ij} / \sum_{i=1}^{m} x_{ij} \quad (i=1,2,\cdots,m; j=1,2,\cdots,n) \tag{3}$$

where the negative indicator is made positive by the inverse ratio method and then normalized.

(2) The information entropy E_j is calculated as follows:

$$E_j = -1/\ln n \sum_{j=1}^{n} x'_{ij} \ln x'_{ij} \tag{4}$$

(3) The weight W_2 is calculated as follows:

$$W_2 = 1 - E_j / n - \sum_{j=1}^{n} E_j \tag{5}$$

In Eqs. (3)～(5), x_{ij} is the value of the jth indicator in the ith year after being made smaller, x'_{ij} is the normalized indicator value, m is the total number of years, n is the number of indicators, and W_2 is an objective weight (entropy weight method).

The subjective weight W_1 obtained by the AHP and the objective weight W_2 obtained by the entropy weight method is calculated as follows to obtain the final weight W:

$$W = W_1 W_2 / \sum W_1 W_2 \tag{6}$$

Table 4 shows the calculation result of the comprehensive weight of the indicator system of the WRCC in Henan Province.

Table 4　Indicator weights of WRCC in Henan Province

Subsystem	Indicators	Objective weight (W_1)	Subjective weight (W_2)	Composite weighting (W)
Economic subsystem	GDP per capita	0.06	0.15	0.16
	Proportion of primary industry economy	0.06	0.08	0.08
	Proportion of secondary industry economy	0.04	0.13	0.09
	Proportion of tertiary industry economy	0.09	0.10	0.16
Population subsystem	Urbanization rate	0.05	0.07	0.06
Water resource subsystem	Available water resource per capita	0.07	0.05	0.06
	Water supply quantity per capita	0.04	0.03	0.02
	Modulus of water demand	0.04	0.09	0.06
	Rate of water recirculation	0.04	0.04	0.03
	Rate of water supply to water demand	0.06	0.03	0.03
	Water consumption per 10 000 RMB of industrial production	0.10	0.03	0.05
	Water consumption per 10 000 RMB of GDP	0.09	0.02	0.03
	Water resource utilization rate	0.05	0.01	0.01

Continued

Subsystem	Indicators	Objective weight (W_1)	Subjective weight (W_2)	Composite weighting (W)
Water environment subsystem	Ratio of water pollution to water demand	0.05	0.08	0.07
	Sewage treatment rate	0.03	0.02	0.01
	COD emission per 10 000 RMB of industrial production	0.06	0.03	0.03
	Ammonia emission per capita	0.09	0.03	0.04

2.2.5 Fuzzy comprehensive evaluation method

The fuzzy comprehensive evaluation method is a method that uses fuzzy mathematics to evaluate a target that is affected by multiple factors. Its essence is to transform qualitative evaluation into quantitative evaluation based on the membership theory of fuzzy mathematics (Büyüközkan & Çifçi, 2012). The steps are as follows:

(1) Establish impact factor sets U and review sets V of the evaluation object.

The impact factor set is denoted as $U=\{u1, u2\cdots, um\}$, where ui is a single factor, i.e., the selected evaluation indicator. The review set is denoted as $V=\{v1, v2, \cdots, vn\}$, where vj is the evaluation level of each indicator.

(2) Calculate the membership degree and construct the membership matrix $\boldsymbol{R}$.

The membership degree (rij) of a single factor ui on the evaluation grade vj is determined. The calculation formula is detailed in previous publications (Dai et al., 2016; Li et al., 2019). The membership matrix $\boldsymbol{R}$ is then obtained:

$$\boldsymbol{R}=\begin{bmatrix} r_{11} & r_{12} & \cdots & r_{1n} \\ r_{21} & r_{22} & \cdots & r_{2n} \\ \vdots & \vdots & & \vdots \\ r_{m1} & r_{m2} & \cdots & r_{mn} \end{bmatrix}$$

(3) The membership $\boldsymbol{R}$ and the weight $\boldsymbol{W}$ are multiplied together to calculate the comprehensive evaluation matrix $\boldsymbol{B}$:

$$\boldsymbol{B}=\boldsymbol{W}\times\boldsymbol{R} \tag{7}$$

Based on the domestic "Environment quality standards for surface water" (GB 3838—2002) classification standard and related WRCC research (Zuo et al., 2020), the evaluation standard of the WRCC indicator in Henan Province is divided into five grades, as shown in Table 5.

Table 5　Classification standard of the evaluation indicator of WRCC in Henan Province

Level	Economic subsystem (A)				Population subsystem (B)	Water resources subsystem (C)		
	A1	A2	A3	A4	B1	C1	C2	C3
Ⅰ	≥70 000	<8	<46	≥46	≥50	≥2 200	≥250	≥20
Ⅱ	[35 000,70 000)	[8,11)	[46,47)	[42,46)	[45,50)	[1 700,2 200)	[240,250)	[15,20)
Ⅲ	[25 000,35 000)	[11,14)	[47,48)	[38,42)	[40,45)	[1 000,1 700)	[230,240)	[10,15)
Ⅳ	[15 000,25 000)	[14,15)	[48,50)	[35,38)	[35,40)	[500,1 000)	[210,230)	[5,10)
Ⅴ	<15 000	≥15	≥50	<35	<35	<500	<210	<5

Level	Water resources subsystem(C)					Water environment subsystem(D)			
	C4	C5	C6	C7	C8	D1	D2	D3	D4
Ⅰ	≥25	≥1.05	<15	<24	<35	<6	≥80	<0.1	<0.1
Ⅱ	[24,25)	[1.02,1.05)	[15,50)	[24,60)	[35,55)	[6,9)	[70,80)	[0.1,0.5)	[0.1,0.3)
Ⅲ	[23,24)	[0.99,1.02)	[50,100)	[60,140)	[55,75)	[9,12)	[60,70)	[0.5,1)	[0.3,0.5)
Ⅳ	[22,23)	[0.93,0.99)	[100,300)	[140,220)	[75,95)	[12,15)	[50,60)	[1,3)	[0.5,1)
Ⅴ	<22	<0.93	≥300	≥220	≥95	≥15	<50	≥3	≥1

To quantitatively reflect the status of the WRCC, values of 0～1 were assigned to the evaluation criteria Ⅰ～Ⅴ, as follows: $a_1 = 0.75$, $a_2 = 0.65$, $a_3 = 0.55$, $a_4 = 0.35$, and $a_5 = 0.15$ (Meng et al., 2021). Thus, the comprehensive score of the WRCC was calculated by multiplying the corresponding scores to each grade. Based on the state classification method (Yang et al., 2010), according to the final WRCC score, the carrying degree was divided into five categories: "serious overload" (0,0.2], "overload" (0.2,0.4], "critical" (0.4,0.6], "weak carrying" (0.6,0.8], and "carrying" (0.8,1].

2.3　Model verification

According to the actual economic situation and water resource development and utilization in Henan Province, the evaluation model of the WRCC was verified. The verification period was selected from 2010 to 2020. If the percentage of relative error between the simulated value and the actual value was less than 10% (Yang et al., 2019), it indicated that the model could achieve the desired simulation effect and had the ability to reflect the real system (Table 6).

Table 6　Model verification results of Henan Province from 2010 to 2020

Year	Total population (10^4 people)			GDP (100 million yuan)			Total water demand (10^8 m^3)		
	H	*S*	*E* (%)	*H*	*S*	*E* (%)	*H*	*S*	*E* (%)
2010	10 437	10 019	−4.005 0	37 084.10	37 445	0.973 2	222.83	217.2	−2.526 6
2011	10 489	10 069	−4.004 2	26 318.68	26 171	−0.561 1	229.04	223.1	−2.593 4

Continued

Year	Total population (10^4 people)			GDP (100 million yuan)			Total water demand (10^8 m^3)		
	H	*S*	*E* (%)	*H*	*S*	*E* (%)	*H*	*S*	*E* (%)
2012	10 543	10 138	−3. 841 4	28 961. 92	29 099	0. 473 3	238. 61	232. 5	−2. 560 7
2013	10 691	10 231	−4. 302 7	31 632. 50	31 891	0. 817 2	240. 57	236. 8	−1. 567 1
2014	10 662	10 349	−2. 935 7	34 574. 76	34 727	0. 440 3	209. 29	203. 5	−2. 766 5
2015	10 722	10 492	−2. 145 1	37 084. 10	37 445	0. 973 2	222. 83	217. 2	−2. 526 6
2016	10 788	10 656	−1. 238 7	40 249. 34	40 607. 10	0. 888 9	227. 60	238. 14	4. 628 7
2017	10 853	10 828	−0. 230 9	44 824. 92	44 021. 50	−1. 792 4	233. 77	245. 35	4. 951 9
2018	11 444	11 001	−4. 026 9	49 935. 90	48 250. 10	−3. 375 9	234. 63	249. 18	6. 200 8
2019	11 486	11 165	−2. 875 1	53 717. 70	52 947. 10	−1. 434 5	237. 85	250. 12	5. 160 4
2020	11 526	11 323	−1. 792 8	54 997. 07	57 634. 60	4. 795 8	237. 15	255. 69	7. 817 4

Year	Total sewage water (10^8 m^3)			Volume of COD emission (ton)			Volume of ammonia emission (ton)		
	H	*S*	*E* (%)	*H*	*S*	*E* (%)	*H*	*S*	*E* (%)
2010	35. 867 9	35. 44	−1. 193 0	620 000	618 359	−0. 264 7	72 500	71 769	−1. 008 3
2011	37. 878 5	37. 53	−0. 920 0	1 436 700	1 434 000	−0. 187 9	153 800	152 151	−1. 072 2
2012	40. 366 8	39. 88	−1. 205 8	1 393 600	1 391 000	−0. 186 6	149 800	147 586	−1. 478 0
2013	41. 258 2	41. 3	0. 101 4	1 354 200	1 349 000	−0. 384 0	144 200	141 683	−1. 745 5
2014	42. 283 2	41. 84	−1. 048 2	1 318 700	1 309 000	−0. 735 6	139 000	136 016	−2. 146 8
2015	43. 348 7	43. 3	−0. 112 3	1 287 200	1 270 000	−1. 336 2	134 300	131 935	−1. 761 0
2016	40. 205 5	39. 40	2. 041 1	464 200	457 213	−1. 528 2	64 800	63 329. 1	−2. 269 9
2017	40. 910 0	38. 76	5. 541 5	430 700	425 208	−1. 291 6	62 100	61 429. 2	−1. 080 2
2018	42. 097 2	38. 61	9. 035 5	416 412	403 947	−3. 085 8	55 794	59 586. 3	6. 797 0
2019	44. 602 5	41. 00	8. 793 5	251 854	241 829	−4. 145 5	20 590	20 798. 7	1. 013 6
2020	27. 349 9	28. 16	−2. 866 1	1 445 681	1 380 074	−4. 753 9	46 344	46 064. 8	−0. 602 5

H is the actual value, *S* is the simulated value, and *E* is the error percentage.

2.4 Setting simulation scenarios

To predict the WRCC of Henan Province in 2030, four development models were set up by adjusting the model parameter values (Table 7) through the latest statistical data from 2020 to 2021 and the suggestions for the 14th Five-Year Development Plan and vision goals of Henan Province.

Table 7　Related parameters in different scenarios

Parameter(%)	Status-quo model	Development model	Environmental protection model	Comprehensive model
Birth rate	1	1.5	1	1
Urbanization rate	60	65	60	60
Rate of secondary industrial production growth	7.5	8.0	7.5	7.5
Industrial discharge rate of effluent	10	10	8	9
Sewage treatment rate	80	80	90	85
COD emission variation rate	−3	−2	−5	−3
Ammonia emission variation rate	−3	−2	−4	−3

(1) Status-quo model

To maintain the development trend of Henan Province and improve the level and quality of urbanization, by 2030, the urbanization rate of the permanent population exceeds 60%. In addition, the construction of the modern economic system has made significant progress, the economic structure is more optimized, the proportion of the manufacturing industry remains basically stable, the industrial base is advanced, and the level of the industrial chain modernization is significantly improved. The total emissions of major pollutants continue to decrease, and the black and odorous water bodies in inferior Ⅴ water bodies and urban builtup areas above the county level are basically eliminated.

(2) Development model

By improving the intensity of the economic development and strengthening the technological innovation and innovation-driven, the annual growth rates of the main economic indicators are higher than those of the status-quo model. This comprehensively strengthens the development of industry, tertiary industry, agriculture, and other real economic factors. As a result, the comprehensive strength and the quality and efficiency of development are greatly improved. The per capita GDP strives to reach the levels of moderately developed countries. The new industrialization, informatization, urbanization, and agricultural modernization are basically realized, the modern infrastructure system is more perfect, and a modern economic system is built.

(3) Environmental protection model

The focus of the environmental protection model is to improve the quality of the ecological environment, focusing on the improvement of the water environment during economic development. This strengthens the ecological protection and management of rivers and lakes, improves the management system of river and lake control units, reduces the total discharge of water pollutants, and reduces the wastewater discharge rate.

Furthermore, it changes the ammonia nitrogen discharge rate, COD discharge rate, and river inflow rate, reducing the solubility of pollutants in the water to ensure the water quality and improve the WRCC. This accelerates the transformation of water pollution discharge in key industries to meet the standards. Furthermore, it improves the centralized sewage treatment facilities and support pipe networks in industrial agglomeration areas, strengthens urban river sewage interception pipes and sewage outlet remediation and dredging, promotes the quality and efficiency of urban sewage treatment, provides full coverage of sewage pipe networks and sewage resource utilization, and completely eliminates urban black-odorous water.

(4) Comprehensive model

The comprehensive model is based on the status-quo model. Combined with the characteristics of the development model and environmental protection model described above, it strengthens the construction of the corporate environmental governance responsibility system and comprehensively implements an emission permit system. This focuses on industrial agglomeration areas, accelerates the implementation of professional third-party governance of environmental pollution, improves the supervision system of the ecological environment protection and the vertical management system of supervision and law enforcement of ecological environment institutions in the province, and promotes the reform of the comprehensive law enforcement of ecological environment protection. The model strengthens the capacity-building of ecological environment monitoring, surveillance and control, and law enforcement improves the integrated ecological environment monitoring and supervision platform and improves the cross-sectoral and cross-regional joint law enforcement mechanism.

3 Results and discussion

The simulation results of the WRCC in Henan Province under four models are shown in Figure 4. Under the status-quo model, the WRCC of Henan Province will increase from 0.462 8 in 2021 to 0.545 9 in 2030, with a slight upward trend. The carrying capacity of water resources under the development model will increase from 0.478 1 in 2021 to 0.626 5 in 2030. The overall trend is also increasing, and the increase is greater than that of the status-quo model. However, the predicted turning point in 2029 may be caused by the intensification of the contradiction between the rapid economic development and the water resource and water environment systems. Under the environmental protection model, the WRCC will increase from 0.490 1 in 2021 to 0.648 4 in 2030, with a large increase from 2021 to 2025 and steady growth from 2025 to 2030. Under the comprehensive model, the WRCC will increase from 0.496 1 in 2021 to 0.655 3 in 2030. The comprehensive model's WRCC has a high upward trend. The simulation results showed that the WRCC of Henan Province exhibited an upward trend under the four development models, and the comprehensive benefits are ranked as comprehensive model > environmental protection model > development model > status-quo model.

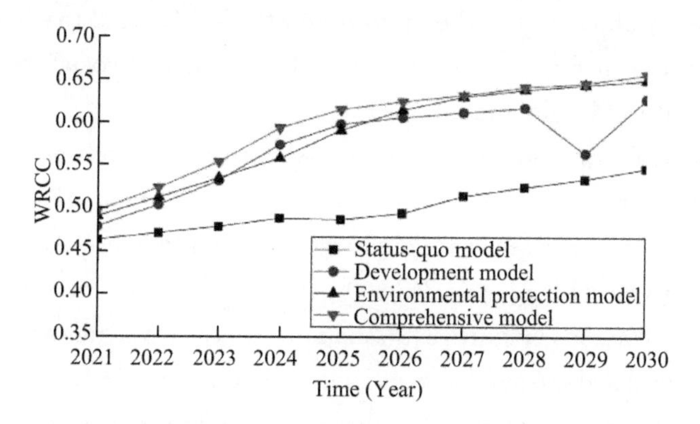

Figure 4　Dynamic trends of WRCC scores in different scenarios

Figures 5, 6, 7, 8, 9, and 10 show the simulation results of the total population, total GDP, total water demand, total wastewater discharge, total COD discharge, and total ammonia nitrogen discharge in Henan Province. Figures 8, 9, and 10 show that by 2030, under the status-quo model, the subsystems of the economy, population, and water resources in Henan Province maintained a normal level of development with a small increase, but the total amount of wastewater, COD, and ammonia nitrogen emissions in the water environment subsystem increased significantly. This showed that the economic and population subsystems could barely maintain the normal level of development, the water environment subsystem could not maintain good development trends, and the contradiction between the ecological environment and social economy intensified. This showed that the water resources in Henan Province could maintain a basic balance of supply and demand in the short term, but the contradiction between the supply and demand of water resources became more and more tense in the long term.

The development model improved the development level of the economic and social indicators. Figures 5 and 6 show that by 2030, the total population of Henan Province will reach 136. 9 million, the total GDP will reach 16. 04 trillion yuan, and the proportion of the primary, secondary, and tertiary industries will be 9. 17%, 47. 9%, and 42. 91%, respectively. This may be because society and the economy of Henan Province have developed rapidly, and the economic structure has shifted to tertiary industry. However, Figures 8, 9, and 10 show that by 2030, the total amount of wastewater discharge in Henan Province reached a maximum of 6. 199 billion tons under the four models, which was much higher than the status-quo model, environmental protection model, and comprehensive model. At the same time, the quality of the water environment was deteriorating. The total amount of COD and ammonia nitrogen reached 350 500 tons and 51 800 tons, respectively, which was the highest value of the four models. This may have been due to the unreasonable discharge of sewage from various industries, due to the rapid development of the social economy. With the rapid development of the economy and society, the pressure on the WRCC and the ecological environment has been greatly increased, which affects the stability of social development and is not conducive to future development.

The environmental protection model has slowed the pace of economic and social development, focusing on water resources and water environment protection. The results showed that by 2030, the total amount of wastewater discharge in Henan Province was 4. 812 billion tons, the total amount of COD discharge was 242 300 tons, and the total amount of ammonia nitrogen discharge was 35 800 tons (Figures 8,9, and 10), which was significantly lower than those of the status-quo model and the development model. At the same time, the WRCC entered the stage of a weak carrying capacity after 2025 (Figure 4), and the ecological environment quality and WRCC were significantly improved.

The comprehensive model integrates the characteristics of the three models. According to this model, by 2030, the total GDP of Henan Province will reach 14. 89 trillion yuan, which is higher than the status-quo model and environmental protection model predictions (Figure 6). The total population will reach 132. 82 million, which is lower than the total population predicted under the development model. The total water demand is at the middle level (Figure 7), and the pressure on the water resources is relatively small. In addition, the total amount of wastewater discharge in 2030 will be 5. 067 billion tons, which is significantly lower than wastewater emissions under the status-quo model and development model (Figure 8). Figures 9 and 10 show that through the improvement of sewage treatment methods, the predicted total COD and ammonia nitrogen are 280 300 and 41 300 tons, respectively, which are lower than those predicted by the status-quo and development models. The pressure on the ecological environment is significantly reduced, and the quality of the water environment is effectively improved. Under this model, the WRCC will also enter the weak carrying level after 2025.

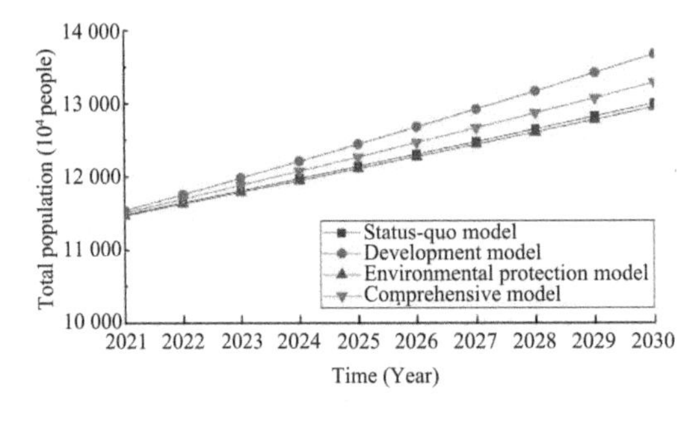

Figure 5 Total population

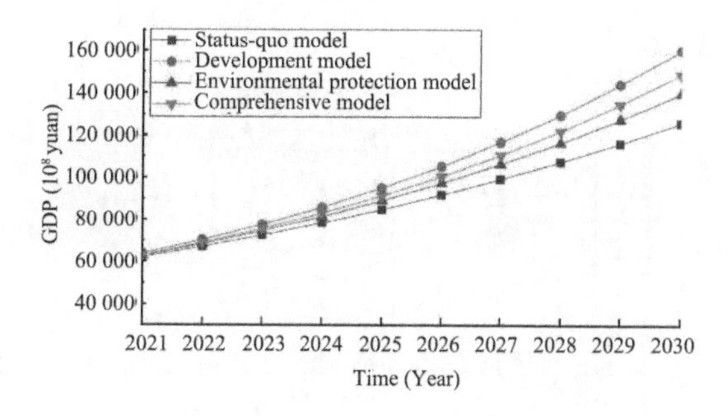

Figure 6　Gross domestic product（GDP）

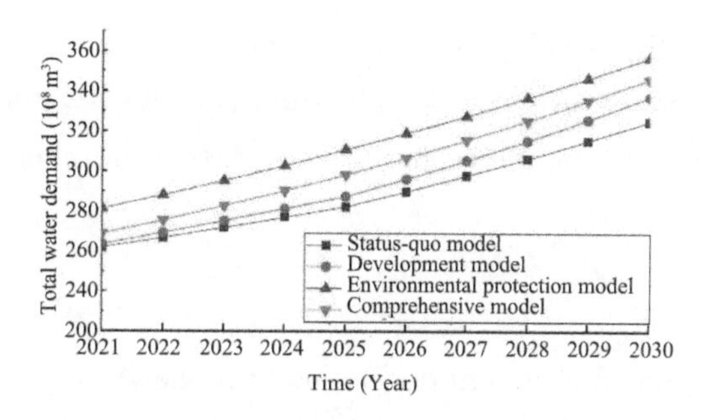

Figure 7　Total water demand

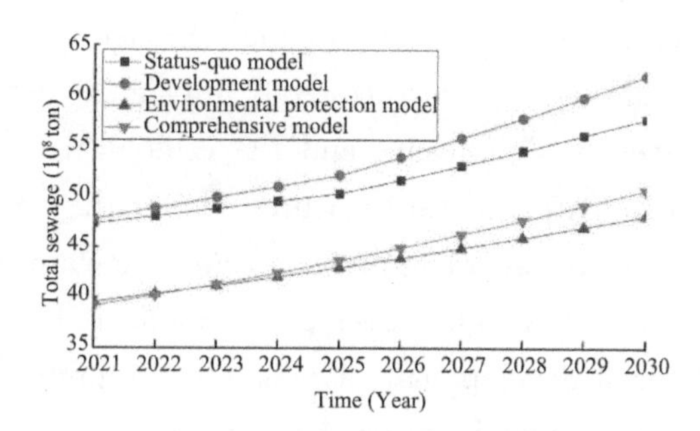

Figure 8　Total sewage discharge

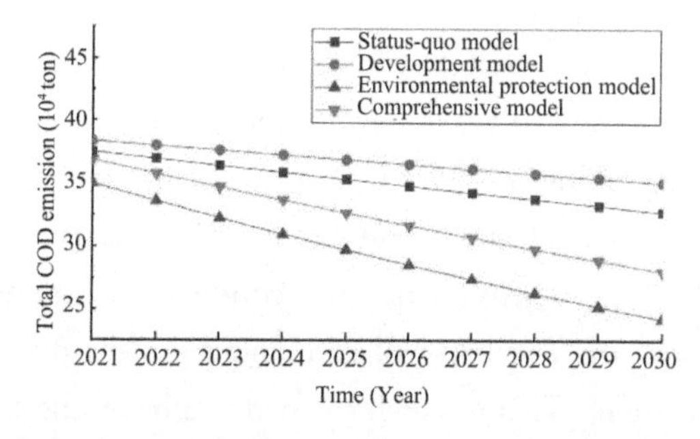

Figure 9　Total chemical oxygen demand（COD）emission

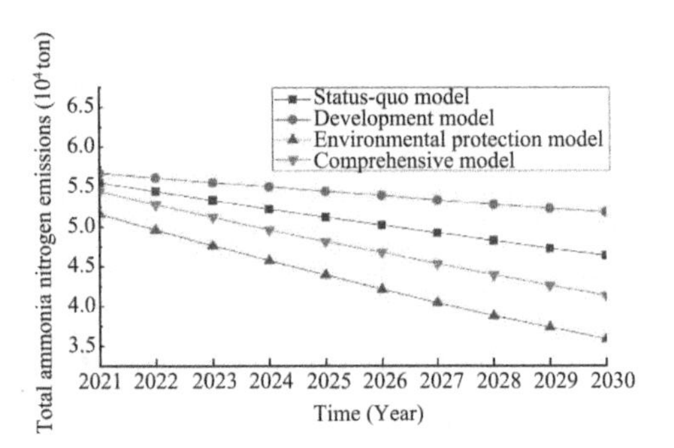

Figure 10 Total ammonia nitrogen emissions

While ensuring the healthy development of the economy and society, this model greatly reduces the contradiction between the supply and demand of water resources, improves the quality of the water environment, and has the best comprehensive benefit.

4 Conclusions

(1) Without changing the current development model, the pressure on the water resources will increase in the future developments of the WRCC in Henan Province. According to the status-quo model, the WRCC of Henan Province will be in the critical range from 2021 to 2030. Although the development model ensures the rapid economic and social development of Henan Province, the imbalance between the supply and demand of water resources is significant, and the ecological environment cost is too high, resulting in greater environmental pressure. Under the environmental protection model, water resources have the smallest pressure, and the water environment quality is higher than those of the status-quo and development models. However, this model also restricts economic and social development. Under the comprehensive model, the comprehensive benefit is the best, which not only maintains healthy and stable development of the economy and society but also improves the pressure on water resources and the quality of the water environment.

(2) The carrying capacity of water resources in Henan Province is closely related to the overall economic level, agricultural development status, and natural conditions of the water resources. Improving the WRCC through intensive treatment of domestic wastewater, regulating industrial water use, and improving the sewage treatment level and water resource utilization efficiency is more conducive to long-term development.

(3) This study proved the feasibility of combining system dynamics with an improved fuzzy comprehensive evaluation. This research method combines the quantitative results of the system dynamics model with the qualitative analysis of the fuzzy comprehensive evaluation, breaking through the limitations of the sustainability quantitative indicators, predicting and an-

alyzing the future dynamic trends of the WRCC, and improving the accuracy of the predictions. Comprehensive analysis of the water resource subsystem and the whole system can be realized by improving the combination of the two methods.

References

[1] ADAMOWSKI J, CHAN H F, 2011. A wavelet neural network conjunction model for groundwater level forecasting[J/OL]. Journal of Hydrology, 407(1-4): 28-40. https://doi.org/10.1016/j.jhydrol.2011.06.013.

[2] AL-HARBI K M A, 2001. Application of the AHP in project management[J/OL]. International Journal of Project Management, 19(1): 19-27. https://doi.org/10.1016/S0263-7863(99)00038-1.

[3] ÅSE J, CHRISTINE W, 2017. What does resilience mean for urban water services? [J/OL]Ecology and Society, 22(1). https://doi.org/10.5751/ES-08870-220101.

[4] BINGÖL D, AY Ü, KARAYÜNLÜ BOZBAŞ S, et al., 2013. Chemometric evaluation of the heavy metals distribution in waters from the Dilovası region in Kocaeli, Turkey [J/OL]. Marine Pollution Bulletin, 68(1-2): 134-139. https://doi.org/10.1016/j.marpolbul.2012.12.006.

[5] BRIAN D, NI-BIN C, 2004. Forecasting municipal solid waste generation in a fast-growing urban region with system dynamics modeling[J/OL]. Waste Management, 25(7): 669-679. https://doi.org/10.1016/j.wasman.2004.10.005.

[6] BU J H, LI C H, WANG X, et al., 2020. Assessment and prediction of the water ecological carrying capacity in Changzhou city, China[J/OL]. Journal of Cleaner Production, 277:123988. https://doi.org/10.1016/j.jclepro.2020.123988.

[7] BÜYÜKÖZKAN G, ÇIFÇI G, 2012. A novel hybrid MCDM approach based on fuzzy DEMATEL, fuzzy ANP and fuzzy TOPSIS to evaluate green suppliers[J/OL]. Expert Systems with Applications, 39(3): 3000-3011. https://doi.org/10.1016/j.eswa.2011.08.162.

[8] CAO F F, LU Y, DONG S J, et al., 2020. Evaluation of natural support capacity of water resources using principal component analysis method: A case study of Fuyang district, China[J/OL]. Applied Water Science, 10(8):1-8. https://doi.org/10.1007/s13201-020-1174-7.

[9] CARVALHO L, MACKAY E B, CARDOSO A C, et al., 2019. Protecting and restoring Europe's waters: An analysis of the future development needs of the Water Framework Directive[J/OL]. Science of the Total Environment, 658: 1228-1238. https://doi.org/10.1016/j.scitotenv.2018.12.255.

[10] CHEN J, HSIEH H, DO Q H, 2015. Evaluating teaching performance based on fuzzy AHP and comprehensive evaluation approach[J/OL]. Applied Soft Computing, 28: 100-108. https://doi.org/10.1016/j.asoc.2014.11.050.

[11] DAI M H, WANG L C, WEI X P, 2016. Spatial difference of water resource carrying capacity of Guangxi using fussy comprehensive evaluation model based on entropy weight method[J/OL]. Research of Soil and Water Conservation, 23(1):193-199. https://doi.org/10.13869/j.cnki.rswc.2016.01.029.

[12] DELGADO A, ROMERO I, 2016. Environmental conflict analysis using an integrated grey clustering and entropy-weight method: A case study of a mining project in Peru[J/OL]. Environmental Modelling & Software, 77: 108-121. https://doi.org/10.1016/j.envsoft.2015.12.011.

[13] DJUWANSYAH M R, 2018. Environmental sustainability control by water resources carrying capacity concept: Application significance in Indonesia[J/OL]. IOP conference series: Earth and Environmental Science, 118(1): 12027. https://doi.org/10.1088/1755-1315/118/1/012027.

[14] ERGÜL H A, VAROL T, AY Ü, 2013. Investigation of heavy metal pollutants at various depths in the Gulf of Izmit[J/OL]. Marine Pollution Bulletin, 73(1): 389-393. https://doi.org/10.1016/j.marpolbul.2013.05.018.

[15] GADEKAR M R, AHAMMED M M, 2019. Modelling dye removal by adsorption onto water treatment residuals using combined response surface methodology-artificial neural network approach[J/OL]. Journal of Environmental Management, 231: 241-248. https://doi.org/10.1016/j.jenvman.2018.10.017.

[16] GUO C, FAN W X, ZHANG M M, 2018. Research on the environment ecological safety with SPSS Software—A case study of water environment, Henan Province[J]. China Rural Water and Hydropower, 7:69-73.

[17] HUANG C S, GENG L H, YAN B, et al., 2021. Dynamic prediction and regulation of water resource carrying capacity: A case study on the Yellow River basin[J/OL]. Advances in Water Science, 32(1): 59-67. https://doi.org/10.14042/j.cnki.32.1309.2021.01.006.

[18] JIN J L, SHEN S X, CHEN M L, et al., 2019. Application of genetic analytic hierarchy process in screening the evaluation index system of regional water resources carrying capacity[J/OL]. Journal of North China University of Water Resources and Electric Power (Natural Science Edition), 40(2): 1-6, 15. https://doi.org/10.19760/j.ncwu.zk.2019014.

[19] JING Z K, YAN Q, XIAO H, et al., 2021. Evolution law of the phreatic aquifer water table in the water intake area of South-to-North Water Diversion Central Line in Henan Province[J/OL]. Coal Geology and Exploration, 49(6): 230-236. https://doi.org/10.3969/j.issn.1001-1986.2021.06.027.

[20] JONATHAN M H, SCOTT K, 1999. Carrying capacity in agriculture: Global and regional issues[J/OL]. Ecological Economics, 29(3):443-461. https://doi.org/10.1016/S0921-8009(98)00089-5.

[21] KUSPILIĆ M, VUKOVIĆ Ž, HALKIJEVIĆ I, 2018. Assessment of water resources

carrying capacity for the Island of Cres[J/OL]. Građevinar, 70(4):305-313. https://doi. org/10. 14256/JCE. 2167. 2017.

[22] LENZEN M, MORAN D, BHADURI A, et al. , 2013. International trade of scarce water[J/OL]. Ecological Economics, 94(1): 78-85. https://doi. org/10. 1016/j. ecolecon. 2013. 06. 018.

[23] LI D F, XIE H T, XIONG L H, 2014. Temporal Change Analysis Based on Data Characteristics and Nonparametric Test[J/OL]. Water Resources Management, 28(1):227-240. https://doi. org/10. 1007/s11269-013-0481-2.

[24] LI H, LIU G Y, YANG Z F, 2019. Improved gray water footprint calculation method based on a mass-balance model and on fuzzy synthetic evaluation[J/OL]. Journal of Cleaner Production, 219: 377-390. https://doi. org/10. 1016/j. jclep ro. 2019. 02. 080.

[25] LI X, SHI J P, CAO H, 2011. Water environment carrying capacity of Erhai Lake based on index system and analytic hierarchy process[J/OL]. Acta Scientiae Circumstantiae, 31(6):1338-1344. https://doi. org/10. 13671/j. hjkxxb. 2011. 06. 030.

[26] LIU J T, LIU R Y, XU Y X, 2022. Evaluation research on water resources carrying capacity of prefecture-level cities in Henan Province[J/OL]. Yellow River, 44(3): 53-58. https://doi. org/10. 3969/j. issn. 1000-1379. 2022. 03. 011.

[27] LYU S B, MA Y Q, YE J X, et al. , 2016. Quantitative correlation between urbanization and water resources utilization in central Henan urban agglomeration[J/OL]. Journal of Irrigation and Drainage, 35(11): 7-12. https://doi. org/10. 13522/j. cnki. ggps. 2016. 11. 002.

[28] MENG L, WEI X, WU S, et al. , 2021. Dynamic assessment on water resources carrying capacity evaluation of Ganzhou City based on fuzzy comprehensive evaluation model [J]. Mathematics in Practice and Theory, 51(4):300-309.

[29] MERIEM N A, EWA B, 2016. Water resources carrying capacity assessment: The case of Algeria's capital city[J/OL]. Habitat International, 58:51-58. https://doi. org/10. 1016/j. habitatint. 2016. 09. 006.

[30] OPRICOVIC S, 2011. Fuzzy VIKOR with an application to water resources planning[J/OL]. Expert Systems with Applications, 38(10):12983-12990. https://doi. org/10. 1016/j. eswa. 2011. 04. 097.

[31] PAHL-WOSTL C, 2017. Governance of the water-energy-food security nexus: A multi-level coordination challenge[J/OL]. Environmental Science & Policy, 92: 356-367. https://doi. org/10. 1016/j. envsci. 2017. 07. 017.

[32] PENG S M, ZHENG X K, WANG Y, et al. , 2017. Study on water-energy-food collaborative optimization for Yellow River basin[J/OL]. Advances in Water Science, 28(5): 681-690. https://doi. org/10. 14042/j. cnki. 32. 1309. 2017. 05. 005.

[33] PENG T, DENG H W, 2020. Comprehensive evaluation on water resource carrying capacity in karst areas using cloud model with combination weighting method: A case study of Guiyang, southwest China[J/OL]. Environmental Science and Pollution Re-

search, 27(29): 37057-37073. https://doi.org/10.1007/s11356-020-09499-1.

[34] PENG T, DENG H W, LIN Y, et al., 2021. Assessment on water resources carrying capacity in karst areas by using an innovative DPESBRM concept model and cloud model [J/OL]. Science of the Total Environment, 767: 144353. https://doi.org/10.1016/j.scitotenv.2020.144353.

[35] QIAO R, LI H M, HAN H, 2021. Spatio-temporal coupling coordination analysis between urbanization and water resource carrying capacity of the provinces in the Yellow River Basin, China[J/OL]. Water, 13(3): 376. https://doi.org/10.3390/w13030376.

[36] REED P M, HADKA D, HERMAN J D, et al., 2013. Evolutionary multiobjective optimization in water resources: The past, present, and future[J/OL]. Advances in Water Resources, 51: 438-456. https://doi.org/10.1016/j.advwatres.2012.01.005.

[37] REN C F, GUO P, LI M, et al., 2016. An innovative method for water resources carrying capacity research—Metabolic theory of regional water resources[J/OL]. Journal of Environmental Management, 167: 139-146. https://doi.org/10.1016/j.jenvman.2015.11.033.

[38] SALIH M M, ZAIDAN B B, ZAIDAN A A, et al., 2019. Survey on fuzzy TOPSIS state-of-the-art between 2007 and 2017[J/OL]. Computers & Operations Research, 104: 207-227. https://doi.org/10.1016/j.cor.2018.12.019.

[39] KALA V, SUNIL D G, ASSELA P, 2008. Managing urban water supplies in developing countries—Climate change and water scarcity scenarios[J/OL]. Physics and Chemistry of the Earth, 33(5): 330-339. https://doi.org/10.1016/j.pce.2008.02.008.

[40] SUBRAMANIAN N, RAMANATHAN R, 2012. A review of applications of analytic hierarchy process in operations management[J/OL]. International Journal of Production Economics, 138(2): 215-241. https://doi.org/10.1016/j.ijpe.2012.03.036.

[41] TABARI H, MAROFI S, AEINI A, et al., 2011. Trend analysis of reference evapotranspiration in the western half of Iran[J/OL]. Agricultural and Forest Meteorology, 151(2): 128-136. https://doi.org/10.1016/j.agrformet.2010.09.009.

[42] TRIPATHI M, SINGAL S K, 2019. Use of Principal Component Analysis for parameter selection for development of a novel Water Quality Index: A case study of river Ganga India[J/OL]. Ecological Indicators, 96: 430-436. https://doi.org/10.1016/j.ecolind.2018.09.025.

[43] WANG G, XIAO C L, QI Z W, et al., 2021. Development tendency analysis for the water resource carrying capacity based on system dynamics model and the improved fuzzy comprehensive evaluation method in the Changchun city, China[J/OL]. Ecological Indicators, 122:107232. https:// doi.org/10.1016/j.ecolind.2020.107232.

[44] WANG J H, JIANG D C, XIAO W H, et al., 2017. Study on theoretical analysis of water resources carrying capacity: Definition and scientific topics[J/OL]. Journal of Hydraulic Engineering, 48(12): 1399-1409. https://doi.org/10.13243/j.cnki.slxb.20170651.

[45] WANG X Y, LIU L, ZHANG S L, et al., 2022. Dynamic simulation and comprehensive evaluation of the water resources carrying capacity in Guangzhou City, China[J/OL]. Ecological Indicators, 135: 108528. https://doi.org/10.1016/j.ecolind.2021.108528.

[46] WANG Z X, QIU J L, WANG J, et al., 2017. Evaluation of water resources carrying capacity based on improved fuzzy set pair evaluation method: A case study in the Longchuan River Basin[J/OL]. Journal of Water Resources and Water Engineering, 28(5): 70-75. https://doi.org/10.11705/j.issn.1672-643X.2017.05.12.

[47] XIA J, ZHU Y Z, 2002. The measurement of water resources security: A study and challenge on water resources carrying capacity[J]. Journal of Natural Resources, 17(3): 262-269.

[48] YANG G, WANG Y J, HE X L, et al., 2010. The study of three evaluation models of water resources carrying capacity in Manas River Basin[J/OL]. Advanced Materials Research, 113-116:442-449. https://doi.org/10.4028/www.scientific.net/AMR.113-116.442.

[49] YANG H Y, TAN Y N, SUN X B, et al., 2021. Comprehensive evaluation of water resources carrying capacity and analysis of obstacle factors in Weifang City based on hierarchical cluster analysis-VIKOR method[J/OL]. Environmental Science and Pollution Research, 28(36), 50388-50404. https://doi.org/10.1007/s11356-021-14236-3.

[50] YANG Z Y, SONG J X, CHENG D D, et al., 2019. Comprehensive evaluation and scenario simulation for the water resources carrying capacity in Xi'an City, China[J/OL]. Journal of Environmental Management, 230: 221-233. https://doi.org/10.1016/j.jenvman.2018.09.085.

[51] YI J L, GUO J, OU M H, et al., 2020. Sustainability assessment of the water-energy-food nexus in Jiangsu Province, China[J/OL]. Habitat International, 95:102094. https://doi.org/10.1016/j.habitatint.2019.102094.

[52] ZHANG J, ZHANG C L, SHI W L, et al., 2019. Quantitative evaluation and optimized utilization of water resources-water environment carrying capacity based on nature-based solutions[J/OL]. Journal of Hydrology, 568:96-107. https://doi.org/10.1016/j.jhydrol.2018.10.059.

[53] ZHANG W Q, DU J H, WANG Y X, et al., 2020. Bottlenecks facing protection and utilization of water resources in Henan Province and the solutions to resolve them [J/OL]. Journal of Irrigation and Drainage, 39(10): 123-129. https://doi.org/10.13522/j.cnki.ggps.2020455.

[54] ZHANG X Y, TAO J, 2021. Calculation model and application of China's water resources carrying capacity[M]. Wuhan: Hubei Science & Technology Press.

[55] ZHANG Z Y, LIU C W, GAO C, et al., 2021. Study on water resources carrying capacity and influencing factors of typical townships in rapid urbanization area[J/OL]. Journal of Ecology and Rural Environment, 37(7): 877-884. https://doi.org/10.19741/j.issn.1673-4831.2021.0116.

[56] ZHANG Z, LU W X, ZHAO Y, et al., 2014. Development tendency analysis and evalu-

ation of the water ecological carrying capacity in the Siping area of Jilin Province in China based on system dynamics and analytic hierarchy process[J/OL]. Ecological Modelling, 275: 9-21. https://doi.org/10.1016/j.ecolmodel.2013.11.031.

[57] ZHAO Y, WANG Y Y, WANG Y, 2021. Comprehensive evaluation and influencing factors of urban agglomeration water resources carrying capacity[J/OL]. Journal of Cleaner Production, 288: 125097. https://doi.org/10.1016/j.jclepro.2020.125097.

[58] ZHOU R X, PAN Z W, JIN J L, et al., 2017. Forewarning model of regional water resources carrying capacity based on combination weights and entropy principles[J/OL]. Entropy, 19(11):574. https://doi.org/10.3390/e19110574.

[59] ZUO Q, et al., 2005. Urban Water Resources Carrying Capacity: Theory, Method and Application[M]. Beijing: Chemical Industry Press.

[60] ZUO Q T, 2017. Review of research methods of water resources carrying capacity [J/OL]. Advances in Science and Technology of Water Resources, 37(3): 1-6,54. https://doi.org/10.3880/j.issn.1006-7647.2017.03.001.

[61] ZUO Q T, ZHANG Z Z, WU B B, 2020. Evaluation of water resources carrying capacity of nine provinces in Yellow River Basin based on combined weight TOPSIS model [J/OL]. Water Resources Protection, 36(2): 1-7. https://doi.org/10.3880/j.issn.1004-6933.2020.02.001.

A stochastic simulation-based risk assessment method for water allocation under uncertainty

Shu Chen[1,2], Zhe Yuan[1,2], Caixiu Lei[3], Qingqing Li[1,2] and Yongqiang Wang[1,2]*

(1. Water Resources Department, Changjiang River Scientific Research Institute, Wuhan, China; 2. Hubei Key Laboratory of River Basin Water Resources and Ecological Environment Science, Wuhan, China; 3. Hubei Institute of Water Resources Survey and Design, Wuhan, China

* Corresponding author. E-mail: wangyq@mail.crsri.cn)

Abstract: There are a lot of uncertainties in the water resources system, which makes the water allocation plan very risky. In order to analyze the risks of water resources allocation under uncertain conditions, a new methodology called the stochastic simulation-based risk assessment approach is developed in this paper. First, the main hydrological stochastic variable is fitted by a proper probability distribution. Second, suitable two-stage stochastic programming is constructed to obtain the expected benefit and optimized water allocation targets. Third, the Monte Carlo method is used to obtain a suitable stochastic sample of the hydrological variable. Fourth, a pre-allocated water optimization model is proposed to obtain optimized actual benefit. The methodology can give a way for risk analysis of water allocation plans obtained by uncertain optimization models, which provides reliable assistance to water managers in decision-making. The proposed methodology is applied to the Zhanghe Irrigation District and the risk of the water allocation plan obtained under the randomness of annual inflow is assessed. In addition, three different division methods of the annual inflow are applied in the first step, namely three levels, five levels and seven levels, respectively. From the results, the risk of the water allocation scheme obtained by the TSP model is 0.372～0.411 and decreases with the increase of the number of hydrological levels. Considering both the risk and model complexity, seven hydrological levels are recommended when using the TSP model to optimize water allocation under stochastic uncertainty.

Keywords: changing environment; Monte Carlo stochastic simulation; two-stage stochastic programming; water allocation risk analysis

GRAPHICAL ABSTRACT

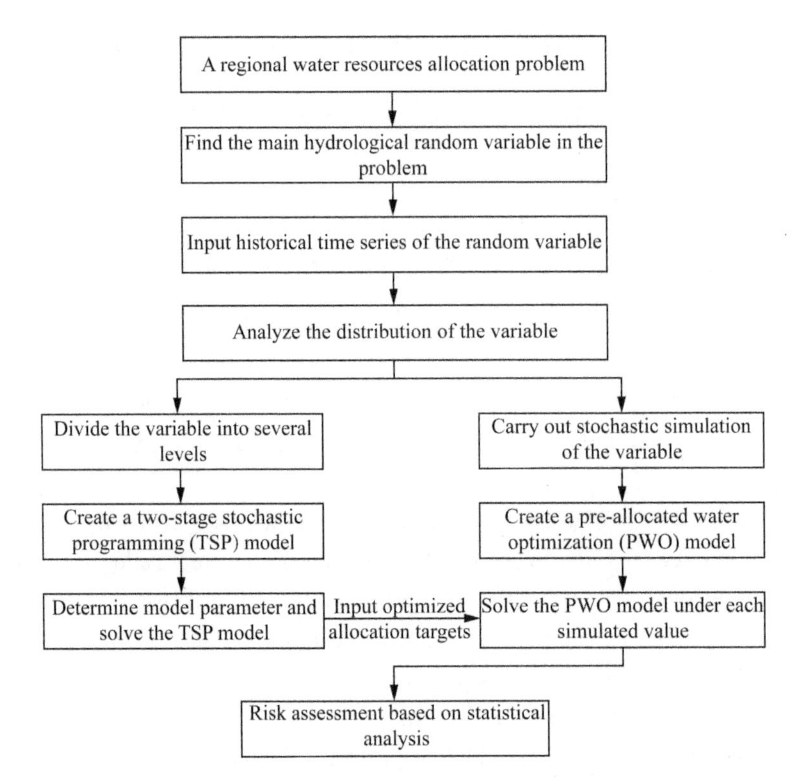

(1) The flowchart of the proposed method for water allocation under uncertain condition

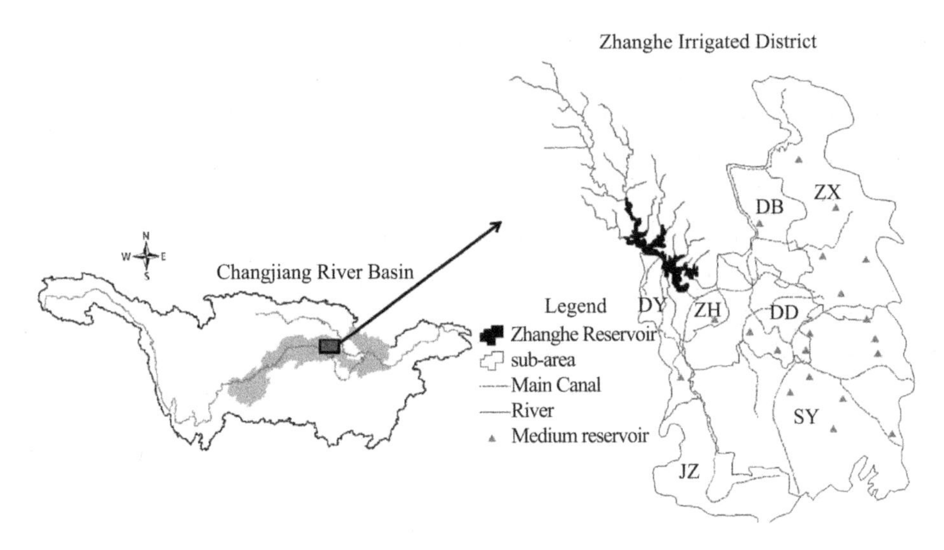

(2) The application of the proposed method in the Zhanghe Irrigation District

1 INTRODUCTION

As one of the necessary natural resources, water plays an important role in human life and socio-economic development. However, because of population growth and economic development, limited water resources are no longer enough to meet increasing water demand (Mapani et al., 2016). The resulting water shortage has become a restrictive factor affecting social-economic development in some regions (Kang & Cao, 2012). So, various methods should be taken to develop sound management plans to improve water utilization efficiency (Wheater & Gober, 2015). Optimization methods can be divided into two categories: deterministic methods and uncertain methods. Deterministic optimization methods do not take into account the various uncertainties that exist in the water resources system. However, uncertain optimization methods can handle one or more uncertainties, such as randomness, imprecision and ambiguity. Among all the uncertainties, the randomness of runoff and rainfall is the most important uncertainty factor affecting water resources allocation.

Given that deterministic optimization methods have difficulties in handling the stochastic uncertainty that exists in water management systems, various uncertain optimization methods have been developed over the past decades. Stochastic dynamic programming was employed to optimize the operation of reservoirs, crop irrigation and so on (Alaya et al., 2003; Cervellera et al., 2006; Davidsen et al., 2015). Then, chance constraint programming was also developed for collaborative management of water quantity and quality (Birhanu et al., 2014; Grosso et al., 2014; Kaviani et al., 2015). In addition, two-stage stochastic programming and multi-stage stochastic programming were successively developed and applied to optimize urban water supply, hydropower scheduling and agricultural planting (Wang & Huang, 2011; Fu et al., 2018; Guo et al., 2019). Among all the above methods, two-stage stochastic programming (TSP) is considered to be a proper, sample method to optimize water resources allocation under stochastic uncertainty. For example, Ortiz-Partida et al. (2019) formulated a TSP model to optimize a monthly set of single reservoir releases under the randomness of the streamflow. Khosrojerdi et al. (2019) coupled the TSP model and interval-parameter programming to optimize water resources allocation between multi-reservoir and multi-user in Iran.

In TSP, a pre-decision is made to maximize the "benefits" before the stochastic events have occurred; then, a second decision is undertaken to minimize "penalties" due to the target not being met after the value of the random variable is known (Huang & Loucks, 2000). However, the method is optimized using expectation as an evaluation criterion in the second stage, which indicates that it is a kind of expected risk method.

So, conditional value-at-risk has been employed and integrated into uncertain optimization models to reduce the risk (Shao et al., 2011; Syme, 2014; Hu et al., 2016). The risk of a water resource allocation scheme obtained by an uncertain method is lower than that obtained by a deterministic method. Uncertain methods still have some certain risks, making the water resources allocation scheme unable to achieve the expected results. To provide reliable assistance to water managers in decision-making, risk analysis should be carried out for the water allocation scheme obtained by uncertain optimization models like the TSP model. So far, many studies have been conducted to analyze the risks in water management plans obtained by deterministic optimization models (Gu et al., 2009; Lambourne & Bowmer, 2013). However, there are few studies on risk assessment of water resource management plans obtained by uncertain methods like TSP model.

In this paper, a new methodology named the stochastic risk assessment method is proposed to carry out risk analysis for water allocation schemes obtained by the TSP model. The methodology mainly includes four contents: (1) uncertain optimization—a proper TSP model is constructed to obtain the expected benefit and optimized water allocation targets after probability distribution analysis of the hydrological random variable; (2) stochastic simulation—a suitable stochastic sample of the random variable is obtained through the Monte Carlo method; (3) deterministic optimization—a pre-allocated water optimization model is formulated to obtain the actual benefit based on the optimized allocation targets as input; (4) risk assessment—the risk is calculated through statistical analysis. The developed methodology is used for a water allocation plan obtained under uncertainty in the Zhanghe Irrigation District.

2 RESEARCH METHODOLOGY

To carry out risk analysis of a water allocation scheme obtained by the TSP model under uncertainty, a stochastic simulation-based risk assessment (SSRA) method is developed (see Figure 1). The methodology mainly includes four contents: create a suitable two-stage stochastic programming model, carry out stochastic simulation, create a proper pre-allocated water optimization model, and carry out risk assessment, which will be described separately as follows.

2.1 Two-stage stochastic programming model

Although the TSP method can handle continuous variables, it usually estimates discrete random variables to simplify model solutions. Assume ξ is the selected main hydrological random variable in the water allocation system. After fitting the suitable probability distribution of the hydrological random variable, divide ξ into Nr levels and let ξ take on value ξ_k with probability P_k for $k = 1, 2, \cdots, Nr$. Thus, following the simplified method by Huang & Loucks (2000), the TSP model for water allocation is presented as follows:

$$\max f^* = \sum_{i=1}^{Nu} T_i B_i - \sum_{i=1}^{Nu} \sum_{k=1}^{Nr} P_k S_{ik} C_i$$

$$s.t. \begin{cases} WA_k \geqslant \sum_{i=1}^{Nu} (T_i - S_{ik}), \forall k \\ T_i^{\max} \geqslant T_i \geqslant S_{ik} \geqslant 0, \forall i, k \end{cases} \tag{1}$$

where f^* represents the expected net benefit of the system (yuan), yuan represents the legal currency of China; i represents a water user; Nu represents the number of water users participating in the allocation; T_i represents the water allocation target for user i (m^3), which is the decision variable in the first stage; B_i represents the net benefit of water allocated for user i (yuan/m^3); S_{ik} represents the water shortage for user i under level k (m^3), which is the decision variable in the second stage; C_i represents the penalty of water shortage for user i (yuan/m^3); WA_k represents the available water of the system under level k (m^3); $T_i^{\max}$ represents the maximum water demand of user i. After model-solving, let T_i^* represent the optimized water allocation target for user i.

2.2 Stochastic simulation

The Monte Carlo method is a well-known method focused on stochastic modeling (Golasowski et al. 2015) and is used for stochastic simulation of the hydrological random variable. There are three steps to achieve the goal. Firstly, 10 000 stochastic samples with 1 000 simulated values in each sample can be obtained after fitting a suitable probability distribution of the random variable. Each simulated value is a possible value of the random variable. After that, probability distribution analysis is carried out for each sample to obtain its distribution parameters. Finally, the sample with the most suitable distribution parameters is chosen as the optimized simulation sample and the simulated values in the sample are used as the inputs for the following calculation.

2.3 Pre-allocated water optimization model

In order to calculate actual benefit under each simulated value, a pre-allocated water optimization (PWO) model is developed. Based on the optimized water allocation target obtained by Equation (1), the PWO model is used to maximize the benefit of the system by optimizing the water shortage of each water user under each simulated value. The model is expressed as follows:

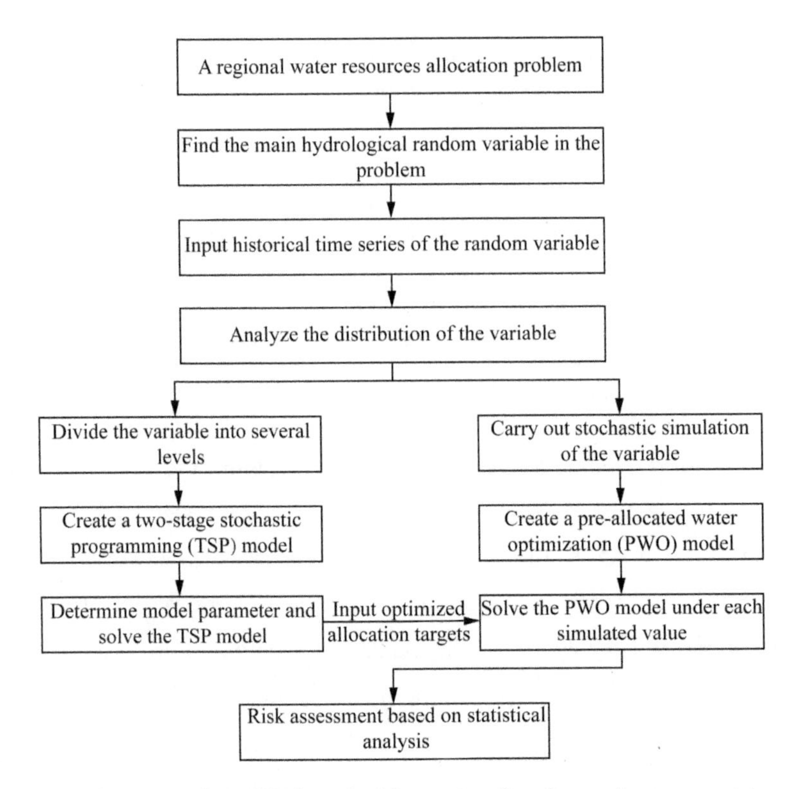

Figure 1 The flowchart of the SSRA method for water allocation under an uncertain condition

$$\max f_j = \sum_{i=1}^{Nu} T_i^* B_i - \sum_{i=1}^{Nu} S_{ij} C_i$$
$$s.t. \begin{cases} WA_j \geqslant \sum_{i=1}^{Nu} (T_i^* - S_{ij}) \\ T_i^* \geqslant S_{ij} \geqslant 0, \forall i \end{cases} \tag{2}$$

where f_j represents the actual net benefit of the system under a simulated value j (yuan); T_i^* represents the optimized water allocation target to user i obtained by Equation (1) (m^3); S_{ij} represents the water shortage for user i under a simulated value j (m^3), decision variable; WA_j represents the available water of the system under a simulated value j (m^3).

2.4 Risk assessment

Let Nr represent the number of times that f_j is less than f^*. The risk of the water allocation scheme (R) obtained by the TSP model can be calculated by Equation (3):

$$R = \frac{Nr}{Nj} \tag{3}$$

where Nj represents the total number of the simulated values.

3 CASE STUDY

3.1 Problem description

Zhanghe Irrigation District (ZID) is located in the middle reaches of the Yangtze River. It can be divided into seven subregions with some small and medium reservoirs in each subregion (see Figure 2). In addition, Zhanghe Reservoir, which is a large reservoir, is the main irrigation water source for three main crops (semi-late rice, winter rape, and cotton) in the ZID. In order to utilize the water resources reasonably and efficiently in the ZID, the manager is responsible for making a water allocation scheme to optimize water allocation between the above main crops in each subregion every year beforehand. Considering that the annual inflow of Zhanghe reservoir (AIZR) is a stochastic variable, the TSP method can be used to obtain the water allocation scheme. However, the actual benefit from the above water allocation scheme may less than the expected benefit in some years. Thus, there is a need to carry out a risk analysis of the water allocation scheme obtained by the TSP method.

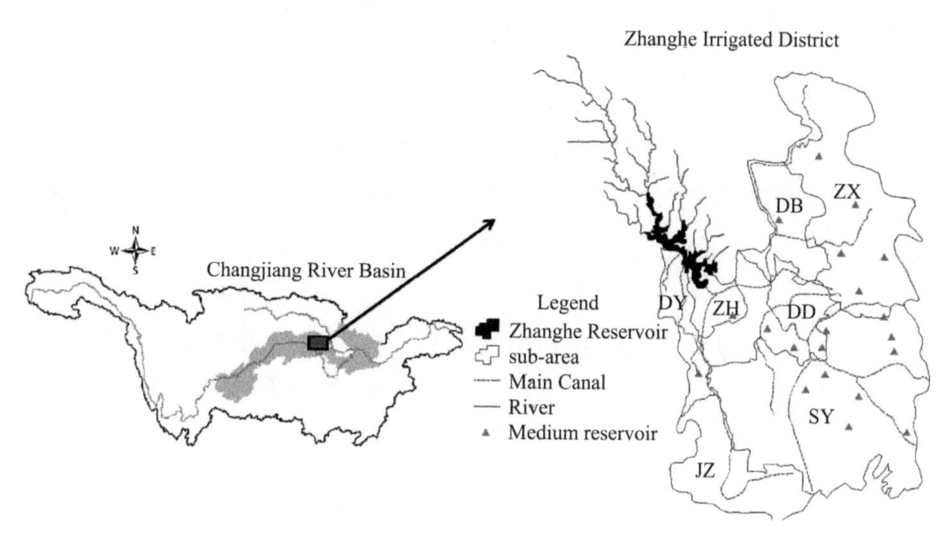

DB, Dongbao district; DD, Duodao district; DY, Dangyang county; JZ, Jingzhou city; SY, Shayang county; ZH, Zhanghe district; ZX, Zhongxiang county

Figure 2 Schematic of the Zhanghe Irrigation District

3.2 Problem solution

The SSRA method is applied to solve the above problem. The main steps are as follows: analyze the probability distribution of the AIZR; set the hydrological level; create the TSP model; simulate the AIZR; create the PWO model; solve the model and perform statistical analysis.

3.2.1 Probability distribution analysis

In this study, the Pearson type Ⅲ distribution is selected to fit the historical series of the AIZR, which has the length of 54 years (from 1963 to 2016). The Pearson type Ⅲ distribution has been widely used to fit hydrological variables, such as runoff and precipitation in China. Following Wilks (1993), the normal quantile-quantile diagram of residuals (Q-Q diagram) is applied to assess the degree-of-fit. Figure 3(a) demonstrates the Q-Q diagram between the AIZR historical series and the best-fitted Pearson type Ⅲ distribution, which indicates that the degree-of-fit is satisfactorily good.

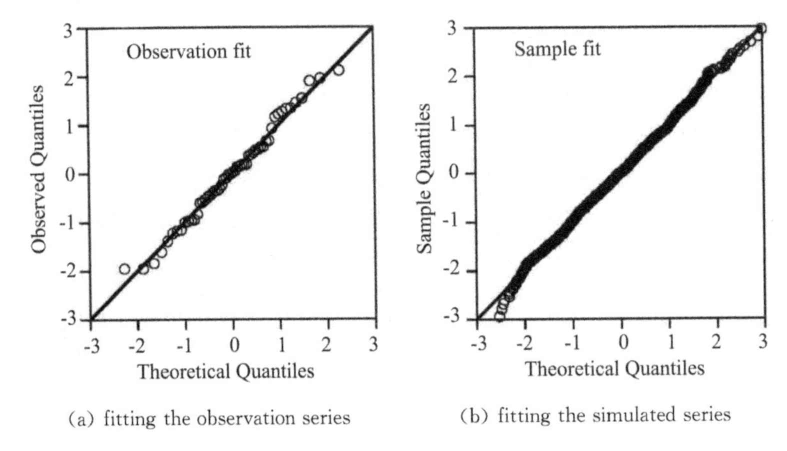

(a) fitting the observation series (b) fitting the simulated series

Figure 3 Diagnostic diagram showing goodness-of-fit of the fitted distribution to the AIZR historical series

3.2.2 Hydrological level setting

Based on the fitted probability distribution, the AIZR can be divided into several levels by selected percentiles as in Chen et al. (2021). In order to analyze the impact of the number of levels on the risk of the TSP model, three scenarios of hydrological level setting are applied as follow: (a) two percentiles (25th and 75th) are applied to divide the AIZR random variable into three levels. The probabilities are 0.25, 0.5 and 0.25, respectively; (b) four percentiles (12.5th, 37.5th, 62.5th, and 87.5th) are applied to divide the AIZR random variable into five levels. The probabilities are 0.125, 0.25, 0.25, 0.25 and 0.125, respectively; (c) six percentiles (12.5th, 25th, 37.5th, 62.5th, 75th and 87.5th) are applied to divide the AIZR random variable into seven levels. The probabilities are 0.125, 0.125, 0.125, 0.25, 0.125, 0.125 and 0.125, respectively. Under each inflow level, the inflow is an interval number and the expected inflow is calculated according to the method proposed by Chen et al. (2021), which is shown in Table 1.

Table 1 The expected inflow of each inflow level in each scenario

Inflow level	Probability	Inflow range (10^4 m^3)	Expected inflow (10^4 m^3)
Three-level scenario			
T1	0.25	Less than 56 199.4	42 934.5
T2	0.5	[56 199.4,99 294.8]	76 344.0
T3	0.25	More Than 99 294.8	124 065.9
Five-level scenario			
F1	0.125	Less than 44 726.9	35 146.3
F2	0.25	[44 726.9, 65 998.3]	55 937.5
F3	0.25	[65 998.3, 86 320.9]	75 852.9
F4	0.25	[86 320.9, 118 549.8]	100 283.0
F5	0.125	More than 118 549.8	140 083.6
Seven-level scenario			
S1	0.125	Less than 44 726.9	35 146.3
S2	0.125	[44 726.9, 56 199.4]	50 722.7
S3	0.125	[56 199.4, 65 998.3]	61 152.9
S4	0.25	[65 998.3, 86 320.9]	75 852.9
S5	0.125	[86 320.9, 99 294.8]	92 517.9
S6	0.125	[99 294.8, 118 549.8]	108 048.2
S7	0.125	More than 118 549.8	140 083.6

3.2.3 Creation of the TSP model

According to the actual situation of Zhanghe Irrigation District, the suitable TSP model for this water allocation problem is given as follows:

$$\max f^* = \sum_{r=1}^{7}\sum_{t=1}^{5} T_{rt}B_{rt} - \sum_{r=1}^{7}\sum_{t=1}^{5}\sum_{k=1}^{N} P_k S_{rtk} C_{rt}$$

$$s.t.\begin{cases} WA_k^{zh} \geq \sum_{r=1}^{7} I_{rk}, \forall k \\ I_{rk} = \begin{cases} 0, \sum_{t=1}^{3}(T_{rt} - S_{rk}) < WA_r^{in}\eta_{dr} \\ \left(\sum_{t=1}^{3}(T_{rt} - S_{rk}) - WA_r^{in}\eta_{dr}\right)/(\eta_{dr}\eta_{cr}), others \end{cases}, \forall r,k \\ T_{rt}^{max} \geq T_{rt} \geq S_{rtk} \geq 0, \forall r,t,k \end{cases} \tag{4}$$

where f^* represents the expected net benefit of the ZID (yuan); T_{rt} represents the water allocation target of crop t in subregion r (m^3), decision variable; B_{rt} represents the net benefit of crop t in subregion r (yuan/m^3); S_{rtk} represents the water shortage for crop t in subregion r under inflow level k (m^3), decision variable; C_{rt} represents the penalty of water shortage for crop t in subregion r (yuan/ m^3); WA_k^{zh} represents the available irrigation water supplied by Zhanghe Reservoir under inflow level k (m^3); I_{rk} represents the irrigation water allocated for subregion r under inflow level k (m^3); WA_r^{in} represents the internal available irrigation water supplied by reservoirs in subregion r (m^3); η_{dr} represents the water use efficiency in subregion r; η_{cr} represents the conveyance efficiency of the canal between subregion r and Zhanghe Reservoir; T_{rt}^{max} represents the maximum water demand of crop t in subregion r (m^3).

3.2.4 Stochastic simulation

Based on the best-fitted probability distribution, an optimized stochastic sample with 1 000 simulated inflows is obtained by the method described in section 2.2. Then, the normal quantile-quantile plot of residuals is applied to show the degree-of-fit of the optimized stochastic sample, which is shown in Figure 3(b). It demonstrates satisfactorily good agreements between the best-fitted probability distribution and optimized stochastic sample.

3.2.5 Creation of the PWO model

Based on Equations (2) and (4), the suitable PWO model is given as follows:

$$\max f_j = \sum_{r=1}^{7}\sum_{t=1}^{5} T_{rt}^* B_{rt} - \sum_{r=1}^{7}\sum_{t=1}^{5} S_{rtj} C_{rt}$$

$$s.t.\begin{cases} WA_j^{zh} \geqslant \sum_{r=1}^{7} I_{rj} \\ I_{rj} = \begin{cases} 0, \sum_{t=1}^{3}(T_{rt} - S_{rtj}) < WA_r^{in}\eta_{dr} \\ \left(\sum_{t=1}^{3}(T_{rt} - S_{rtj}) - WA_r^{in}\eta_{dr}\right)/(\eta_{dr}\eta_{cr}), others \end{cases}, \forall r \\ T_{rt}^{max} \geqslant T_{rt} \geqslant S_{rtj} \geqslant 0, \forall r, t \end{cases} \tag{5}$$

where j represents a simulated inflow; f_j represents the actual net benefit of the ZID under a simulated inflow j (yuan); T_{rt}^* represents the optimized water allocation target obtained by Equation (4); S_{rtj} represents the pre-allocated water not satisfied for crop t in subregion r under a simulated inflow j (m^3), decision variable; WA_j^{zh} represents the available water supplied by Zhanghe Reservoir under a simulated inflow j (m^3).

The PWO model is optimized under each simulated inflow within the optimized stochastic sample.

3.2.6 Parameter determination

In order to run the above two models, some parameters should be determined. Table 2 demonstrates the maximum demands, benefits, and penalties for three crops. The maximum water demands are calculated by multiplying the planting area and crop irrigation quotas. The benefit and penalty for each crop are approximated from socio-economic indicators, for example crop price, potential crop yield, and irrigation benefit coefficient. In addition, the available irrigation water supplied by Zhanghe Reservoir under each inflow level is obtained through expected inflow minus domestic and industrial water consumption and water loss. Table 3 shows the internal available irrigation water (WA_r^{in}), the water use efficiency (η_{dr}) and conveyance efficiency(η_{cr}) for each subregion.

Table 2 The maximum demands, benefits and penalties for three crops in seven subregions

Water user		Maximum water demand(10^4 m^3)	Benefit(yuan/m^3)	Penalty(yuan/m^3)
Dongbao	Semi-late rice	2 044.96	1.58	2.77
	Winter rape	213.25	5.49	9.62
	Cotton	16.20	6.48	11.35
Duodao	Semi-late rice	4 698.67	1.50	2.77
	Winter rape	490.15	5.21	9.62
	Cotton	37.40	6.15	11.35
Dangyang	Semi-late rice	3 152.37	1.61	2.77
	Winter rape	336.80	5.58	9.62
	Cotton	50.37	6.59	11.35
Jingzhou	Semi-late rice	3 154.15	1.39	2.77
	Winter rape	349.31	4.84	9.62
	Cotton	26.66	5.71	11.35
Shayang	Semi-late rice	19 881.18	1.34	2.77
	Winter rape	2 088.47	4.65	9.62
	Cotton	159.05	5.49	11.35
Zhanghe	Semi-late rice	1 353.98	1.74	2.77
	Winter rape	141.20	6.05	9.62
	Cotton	10.75	7.14	11.35

Continued

Water user		Maximum water demand(10^4 m^3)	Benefit(yuan/m^3)	Penalty(yuan/m^3)
Zhongxiang	Semi-late rice	4 586.73	1.42	2.77
	Winter rape	478.00	4.93	9.62
	Cotton	36.52	5.82	11.35

Table 3 The internal available irrigation water, the water use efficiency and conveyance efficiency for each subregion

Subregion	Internal available water(10^4 m^3)	Water use efficiency(η_{dr})	Conveyance efficiency(η_{cr})
Dongbao	1 681.3	0.65	0.92
Duodao	1 425.5	0.61	0.92
Dangyang	526.1	0.63	0.96
Jingzhou	519.9	0.64	0.82
Shayang	1 544.3	0.6	0.83
Zhanghe	757.7	0.66	0.98
Zhongxiang	2 440.7	0.62	0.85

3.3 Results analysis

3.3.1 Results of model optimization

Just as presented in section 3.2, the AIZR is converted into discrete variables under three scenarios (three-level, five-level and seven-level), respectively. For each scenario, the TSP model is first applied to obtain the expected benefit (f^*) and optimized target (T_{rt}^*). Then, the PWO model is used to calculate the actual benefit (f_j) under all 1 000 simulated inflows based on the optimized target as input. By statistical analysis of 1 000 optimization results, the frequency of each actual benefit can be calculated and is shown in Figure 4.

It can be seen that the frequency distributions of the actual benefits are similar under the three scenarios. In each plot, the frequency first increases and then decreases with the actual benefit, and finally increases to the maximum. However, When the AIZR is divided into three levels, the first peak is obtained at 400 million yuan [see Figure 4(a)]. When the AIZR is divided into five levels or seven levels, the first peaks are both obtained at 450 million yuan [see Figures 4(b) and 4(c)].

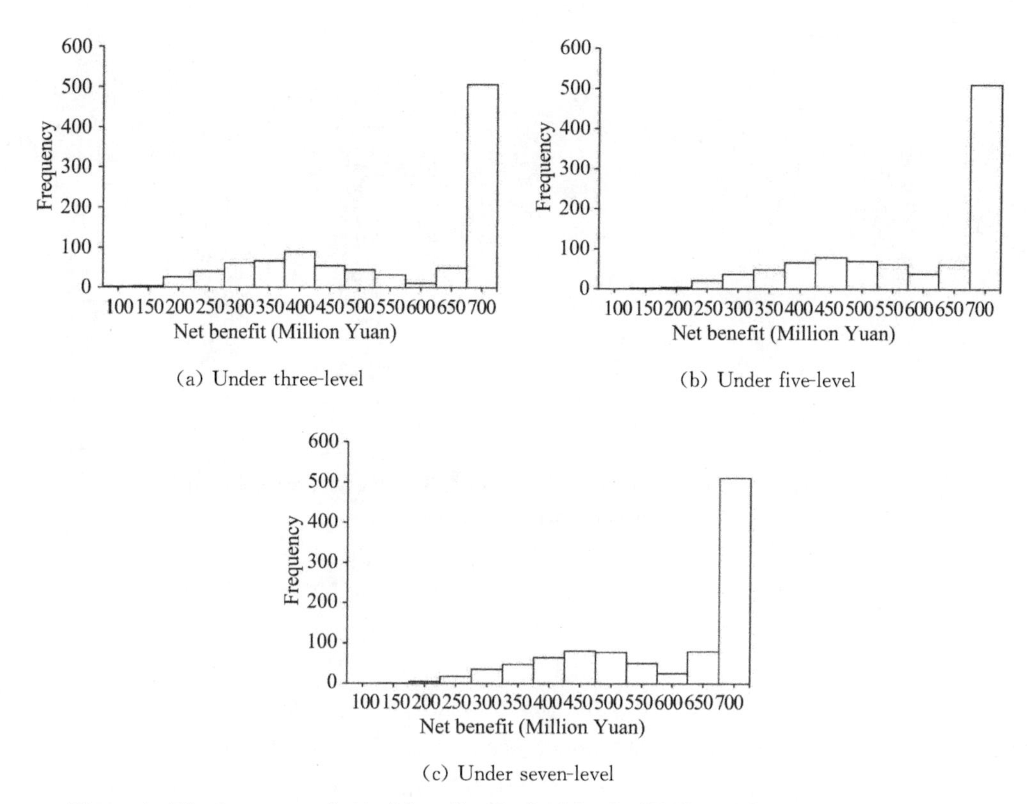

Figure 4 The frequency of actual benefits obtained by the PWO model under three scenarios

3. 3. 2 Risks of optimized allocation schemes

According to the expected benefit and the distribution of the actual benefits, the risks of the water allocation scheme under the three scenarios are obtained by Equation (3) and the results are shown in Figure 5(a). The larger the risk, the less likely it is to reach the expected benefit. It is demonstrated that the risk of water allocation by the TSP method in the ZID is 0. 372～0. 411. In addition, the risk is the largest when the AIZR is divided into three levels. However, the risk is the smallest when the AIZR is divided into seven levels. The above results indicate that the more the number of dividing levels of the AIZR, the smaller the risk of the TSP method.

In addition, the difference between the risk under five levels and seven levels is much smaller than that between the risk under three levels and five levels. It is expected that the difference between the risk under seven levels and nine levels may be smaller than that between the risk under five levels and seven levels. The more the number of dividing levels of the random variable, the more the decision variables of the TSP model and the more difficult it is to solve the model. Therefore, it is recommended to divide the random variable into seven levels when using the TSP model to optimize water allocation under uncertainty.

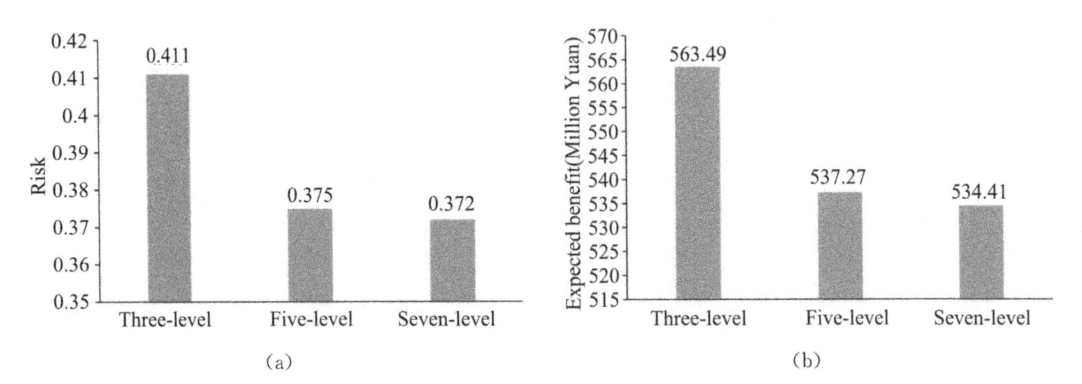

Figure 5 The risk and expected benefit of the water allocation schemes obtained by the TSP model under each scenario

4 DISCUSSION

To investigate the reason for the above results, expected benefit and optimized targets obtained by the TSP model under each scenario are compared. The optimized water allocation target for each crop (T_{rt}^{*}) can be written as $Z_{rt}T_{rt}^{\max}$ by introducing optimized allocation coefficients (Z_{rt}). Table 4 shows the optimized allocation coefficients of three crops obtained by the TSP model under the three scenarios. The optimized allocation coefficients under three levels are larger than that under five levels and seven levels. It indicates that in a wet year in which the available water is enough for all water users, larger benefit could be obtained under three levels than that under the other two scenarios, while in a dry year in which the available water is not enough for all water users, higher recourse cost may be achieved under three levels than that under the other two scenarios. Therefore, actual benefit at the first peak under three levels is lower than that under the other two scenarios (see Figure 4).

Figure 5(b) shows the expected benefits obtained by the TSP model under the three scenarios. The expected benefit is the largest under three levels, while it is the smallest under seven levels. The above results are similar to those of the risks [see Figure 5(a)]. Because the expected benefit is larger and recourse cost is higher in a dry year, the expected benefit is harder to achieve under three levels. Therefore, the risk is larger under three levels than that under the other two scenarios.

Table 4 The optimized allocation coefficients for three crops obtained by the TSP model under the three scenarios

Scenario	Sub-district	Semi-late rice	Winter rape	Cotton
Three-level	Dongbao	1	1	1
	Duodao	1	1	1
	Dangyang	1	1	1
	Jingzhou	0.77	1	1
	Shayang	0.77	1	1
	Zhanghe	1	1	1
	Zhongxiang	1	1	1
Five-level	Dongbao	1	1	1
	Duodao	1	1	1
	Dangyang	1	1	1
	Jingzhou	0.77	1	1
	Shayang	0.77	1	1
	Zhanghe	1	1	1
	Zhongxiang	0.87	1	1
Seven-level	Dongbao	1	1	1
	Duodao	1	1	1
	Dangyang	1	1	1
	Jingzhou	0.77	1	1
	Shayang	0.77	1	1
	Zhanghe	1	1	1
	Zhongxiang	0.81	1	1

5 CONCLUSIONS

This study develops a methodology to carry out risk analysis of the water allocation scheme obtained by the TSP model. The method mainly includes four parts: uncertain optimization, stochastic simulation, deterministic optimization, and risk assessment. After probability distribution analysis of the hydrological stochastic variable, a suitable TSP model is constructed to calculate the expected benefit and optimized water allocation targets. Then, the Monte Carlo method is used to generate the optimized stochastic sample. After that, a deterministic optimization model called a pre-allocated water optimization model is proposed to obtain the actual benefit under each simulated value in the optimized stochastic sample. Finally, the risk of the TSP model is calculated through comparing all the actual benefits and the expected benefit.

The methodology has been applied to the ZID to carry out risk analysis of a water allocation scheme obtained under the randomness of AIZR. The results show that the risk of the water allocation scheme obtained by the TSP model is 0. 372～0. 411 and decreases with the increase of number of hydrological levels in the ZID. The obtained water allocation plan and its corresponding risk can provide a good foundation for water resources management in the ZID. Moreover, it is recommended to divide the random variable into seven levels when using the TSP model to obtain a water allocation scheme under uncertainty.

There are various uncertainties in the process of water allocation, such as the randomness of hydrologic features, imprecision of water demand, and ambiguity of social-economic parameters. This paper only considers the impact of stochastic uncertainty on the risk of water allocation. Furthermore, this paper only discusses the allocation risk from the perspective of water quantity, and does not include the risk of joint allocation of water quality and quantity. The risk of the joint allocation of water quality and quantity needs further research.

References

[1] ALAYA A B, SOUISSI A, TARHOUNI J, et al., 2003. Optimization of Nebhana reservoir water allocation by stochastic dynamic programming[J]. Water Resources Management, 17(4):259-272.

[2] BIRHANU K, ALAMIREW T, DINKA M O, et al., 2014. Optimizing reservoir operation policy using chance constraint nonlinear programming for Koga irrigation dam, Ethiopia[J]. Water Resources Management, 28(14): 4957-4970.

[3] CERVELLERA C, CHEN V C P, WEN A, 2006. Optimization of a large-scale water reservoir network by stochastic dynamic programming with efficient state space discretization[J]. European Journal of Operational Research, 171(3): 1139-1151.

[4] CHEN S, XU J J, LI Q Q, et al., 2021. Nonstationary stochastic simulation method for the risk assessment of water allocation[J]. Environmental Science: Water Research & Technology, 7(1): 212-221.

[5] DAVIDSEN C, PEREIRA-CARDENAL S J, LIU S X, et al., 2015. Using stochastic dynamic programming to support water resources management in the Ziya River Basin, China[J]. Journal of Water Resources Planning and Management, 141(7):4014086.

[6] FU Q, LI T X, CUI S, et al., 2018. Agricultural multi-water source allocation model based on interval two-stage stochastic robust programming under uncertainty[J]. Water Resources Management, 32(4): 1261-1274.

[7] GOLASOWSKI M, LITSCHMANNOVÁ M, KUCHAŘ S, et al., 2015. Uncertainty modelling in rainfall-runoff simulations based on parallel Monte Carlo method[J]. Neural

Network World, 25(3): 267-286.

[8] GROSSO J M, OCAMPO-MARTÍNEZ C, PUIG V, et al., 2014. Chance-constrained model predictive control for drinking water networks[J]. Journal of Process Control, 24(5): 504-516.

[9] GU W Q, SHAO D G, HUANG X F, et al., 2009. Multi-objective risk assessment on water resources optimal allocation[J]. Advances in Water Resources and Hydraulic Engineering, 39(3): 339-345(in Chinese with English abstract).

[10] GUO S S, ZHANG F, ZHANG C L, et al., 2019. An improved intuitionistic fuzzy interval two-stage stochastic programming for resources planning management integrating recourse penalty from resources scarcity and surplus[J]. Journal of Cleaner Production, 234:185-199.

[11] HU Z N, WEI C T, YAO L M, et al., 2016. A multi-objective optimization model with conditional value-at-risk constraints for water allocation equality[J]. Journal of Hydrology, 542:330-342.

[12] HUANG G H, LOUCKS D P, 2000. An inexact two-stage stochastic programming model for water resources management under uncertainty[J]. Civil Engineering and Environmental Systems, 17(2): 95-118.

[13] KANG G D, CAO Y M, 2012. Development of antifouling reverse osmosis membranes for water treatment: a review[J]. Water Research, 46(3):584-600.

[14] KAVIANI S, HASSANLI A M, HOMAYOUNFAR M, 2015. Optimal crop water allocation based on constraint-state method and nonnormal stochastic variable[J]. Water Resources Management, 29(4): 1003-1018.

[15] KHOSROJERDI T, MOOSAVIRAD S H, ARIAFAR S, et al., 2019. Optimal allocation of water resources using a two-stage stochastic programming method with interval and fuzzy parameters[J]. Natural Resources Research, 28(3): 1107-1124.

[16] LAMBOURNE M, BOWMER K H, 2013. Investigating over-allocation of water using risk analysis: a case study in Tasmania, Australia[J]. Marine and Freshwater Research, 64(8): 761-773.

[17] MAPANI B, MECK M, MAKURIRA H, et al., 2016. Water: the conveyor belt for sustainable livelihoods and economic development[J]. Physics and Chemistry of the Earth, 92: 1-2.

[18] ORTIZ-PARTIDA J P, KAHIL T, ERMOLIEVA T, et al., 2019. A two-stage stochastic optimization for robust operation of multipurpose reservoirs[J]. Water Resources Management, 33(11):3815-3830.

[19] SHAO L G, QIN X S, XU Y, 2011. A conditional value-at-risk based inexact water allocation model[J]. Water Resources Management, 25(9): 2125-2145.

[20] SYME G J, 2014. Acceptable risk and social values: struggling with uncertainty in Australian water allocation[J]. Stochastic Environmental Research and Risk Assessment, 28(1): 113-121.

[21] WANG S,HUANG G H, 2011. Interactive two-stage stochastic fuzzy programming for water resources management [J]. Journal of Environmental Management, 92 (8): 1986-1995.

[22] WHEATER H S, GOBER P, 2015. Water security and the science agenda[J]. Water Resources Research, 51(7): 5406-5424.

[23] WILKS D S, 1993. Comparison of three-parameter probability distributions for representing annual extreme and partial duration precipitation series [J]. Water Resources Research, 29(10): 3543-3549.